Die großen Erfindungen

Schall · Bild
Optik

Roland Gööck

Die großen Erfindungen

Schall · Bild
Optik

sigloch edition

Titelbild auf Seite 2: Modell des ersten Grammophons von Emil Berliner. So urtümlich uns dieses Gerät vorkommen mag – Berliner hatte bereits 1887 mit der Scheibe auf den Tonträger gesetzt, der die Edison-Walzen bald völlig vom Markt verschwinden ließ und der sich bis heute behaupten konnte.

Redaktionelle Betreuung: Angelika Weigand und Günther Schmidt
Bildredaktion: Angelika Weigand
Layout: Günther Schmidt
Reproduktionen: Eder Repros, Ostfildern
Satz: Setzerei Lihs, Ludwigsburg
Druck: J. Fink, Ostfildern
Papier: 150 g/qm BVS der Papierfabrik Scheufelen, Lenningen
Bindung: Buchbinderei Sigloch, Künzelsau und Leonberg
Auslieferung an den deutschen Buchhandel: Stürtz Verlag, Würzburg
ISBN 3 8003 0236 5

Inhaltsverzeichnis

Schallaufzeichnung

Walze und Schallplatte

Die Magnetaufzeichnung

Die Stereofonie

Die Musikautomaten

Foto und Filmtechnik

Fototechnik

Filmtechnik

Optische Techniken

Das Wesen des Lichts

Optische Geräte

Elektronenstrahlen und Lichtwellen

Astronomische Geräte

Anhang

REGISTERED IN U.S. PATENT OFFICE. AUG. 9, 1904.
COPYRIGHT 1900 BY THE NATIONAL PHONOGRAPH CO.
TRADE MARK
Thomas A Edison.
REG.U.S.PAT.OFF.
SCHELLHORN
Electra

Schallaufzeichnung

Als der „Lügenbaron" Karl Friedrich Hieronymus Freiherr von Münchhausen vor über zweihundert Jahren seine unglaubliche Geschichte von den in seinem Jagdhorn festgefrorenen Tönen zum besten gab, hätte sich wohl keiner seiner belustigten Zuhörer in seinen kühnsten Träumen vorstellen können, daß sich einmal eine gigantische Industrie mit konservierten Tönen entwickeln würde. „Und stellen Sie sich vor, meine Herrschaften", fabulierte Münchhausen, „als mein Postillion in der warmen Gaststube sein Horn an einen Nagel beim Herdfeuer hängte, ging es plötzlich los: Tereng, tereng, teng, teng teng!"

Etwa hundert Jahre später war die Phantasterei Münchhausens Wirklichkeit geworden, wenn auch nicht mit Hilfe der Technik des Tiefgefrierens. Außerdem erinnerten die ersten wiedergegebenen Töne wohl eher an ein geisterhaftes Krächzen aus dem Jenseits als an die schmetternden Dreiklänge eines Horns. Aber immerhin hörte im Jahr 1877 zum ersten Mal ein Mensch die Wiedergabe seiner eigenen Stimme: Thomas Alva Edison.

Die kulturellen und gesellschaftlichen Folgen dieser Erfindung sind mit den Auswirkungen der Erfindung der beweglichen Lettern durch Gutenberg vergleichbar. Die beliebige Wiederholbarkeit eines „konservierten" akustischen Ereignisses durch den Massenartikel Schallplatte hatte ungeahnte Auswirkungen. Musik wurde zum Konsumgut, in unserer Zeit sogar zum beliebtesten Freizeit- und Unterhaltungsmedium. Sie veränderte das Leben von Millionen. Durch Schallplatten wurden Stars gemacht, und die Schallplatte trug die ernste Musik aus den Konzertsälen in die Wohnungen der Musikliebhaber.

Im Sommer 1878 nannte Edison in einem Artikel der „North American Review" die möglichen zukünftigen Verwendungsarten seines Phonographen. Unter der Überschrift „Wahrscheinlichkeiten" faßte er zusammen: a) Briefe und Diktate, b) Platten von Büchern nach der Rezitation von Vortragskünstlern, c) mündlicher Unterricht in Sprachen oder in der Aussprache, d) Musik, e) Familienprotokolle, f) Spielzeuge und Musikkästen, g) Glockengeläute, h) Ankündigungen, i) Konservierung der Stimmen und Worte der berühmten Männer. Diese Liste ist für eine Prognose schon ganz beachtlich. Aber damals konnte selbst Edison nicht ahnen, daß sie sich noch beliebig verlängern ließe. Schallplatte und später Tonband sind zu einem Allgemeingut geworden, das sich aus dem täglichen Leben nicht mehr wegdenken läßt.

Im Jahre 1877 hörte zum erstenmal ein Mensch die Wiedergabe seiner eigenen Stimme: Thomas Alva Edison, aufgezeichnet auf einer mit Stanniol belegten Stahlwalze. Später verwendete man als Material Hartwachs. Der Erfinder nannte das Gerät „Phonograph" oder Sprechmaschine.

Walze und Schallplatte

Töne sichtbar gemacht

Wenn man versucht, die Wurzeln der Edisonschen Sprechmaschine auszugraben, sollte man nicht die klugen Köpfe übergehen, die sich schon vor Edison mit einer solchen Apparatur beschäftigt haben, und sei es auch nur als Gedankenexperiment. Freiherr von Münchhausen mit seinem tiefgefrorenen Posthorn war nämlich keineswegs der erste, den dieser Gedanke fasziniert hatte.

Vor fast 400 Jahren prophezeite der große Astronom Johannes Kepler, man werde in fernen Zeiten Sprechmaschinen herstellen, die allerdings einen hohlen Klang haben würden. 1579 hatte der italienische Naturforscher Giambattista Della Porta die phantastische Idee, Worte in Bleirohren aufzufangen, verschlossen aufzubewahren und durch Öffnen eines Deckels nach Belieben wieder herauszulassen. Im Jahr 1682 berichtete der vielseitige deutsche Chemiker Johann Joachim Becher, daß der Nürnberger Optiker F. Gründler den Versuch unternehmen wolle, „etliche Worte als ein Echo durch eine Spirallinie in einer Flasche zu verschließen, daß man sie wohl über eine Stunde lang über Land tragen könne, und wenn man sie öffne, die Worte gehöret werden". Die Vermutung liegt nahe, daß hier bereits die Wellennatur des Schalls angesprochen wird.

Noch deutlicher beschrieb der französische Schriftsteller Cyrano de Bergerac um die Mitte des 17. Jahrhunderts einen Kasten, der durch einen Mechanismus mit einer Nadel Laute ertönen ließ. Auch dem großen Mathematiker Leonard Euler schien es 1761 nicht unmöglich, daß „man eine Maschine bauen könnte, welche imstande wäre, alle Klänge unserer Worte mit allen Artikulationen nachzuahmen". Sein Vorschlag führte dann allerdings nicht zu einer Maschine, die Töne aufnehmen und wiedergeben konnte, sondern zu einer Art Orgel, deren spezielle Zungenpfeifen die Laute der menschlichen Sprache nachahmen sollten.

Chladni und seine Klangfiguren

Im Jahr 1809 stiftete der deutsche Physiker Ernst Florenz Friedrich Chladni (1756 bis 1827) in Paris unter den französischen Wissenschaftlern einige Verwirrung. Er hatte eine ebene, befestigte Metallplatte mit feinem Sand bestreut und sie am Rand mit einem Violinbogen angestrichen. Die Platte begann zu vibrieren, und überall dort, wo sie in Schwingungen geriet, wurde der Sand fortgeschleudert. An den ruhenden Knotenlinien der Schwingung blieb er liegen. Die auf diese Weise entstandenen „Chladnischen Klangfiguren" wurden weltbekannt. Selbst Napoleon konnte seine Neugierde nicht bezähmen und ließ sie sich vorführen. Aus dem Muster, das auf einer solchen Metallplatte entstand, ließ sich viel über die Schwingungen des Schalls ableiten.

1857 konstruierte L. Scott einen „Phonautograph" genannten Apparat, der imstande war, Schallschwingungen sichtbar zu machen. Ursprünglich befestigte man an einem schwingenden Körper, etwa an einem Arm einer Stimmgabel, ein dünnes Metallfederchen, das die Schwingungen auf einer berußten Glasplatte einritzte. Wurde die Glasplatte unter dem Metallfederchen vorbeigezogen, zeichnete es die Wellenlinien der Schwingungen in die Rußschicht. Später wurde dieses Verfahren von Scott verbessert. Er brachte dünne Stifte auch an feinen Membranen an, die bei der Einwirkung von Tönen zu schwingen begannen und den Schwingungsverlauf auf berußte Walzen aufzeichneten.

Der versiegelte Umschlag

Das etwa waren in groben Zügen die Voraussetzungen, die zur Erfindung der ersten Sprechmaschine führten. Man kann mit Sicherheit annehmen, daß Edison als äußerst gründlichem Arbeiter alle diese Vorversuche bekannt waren. Eine Entwicklung allerdings gab es, von der der große Erfinder wahrscheinlich zunächst keine Kenntnis hatte, weil sie im fernen Frankreich, genauer in Paris, stattfand. Am 30. April 1877 übergab der französische Dichter Charles Cros (1842–1888) den Herren der Pariser Akademie der Wissenschaften ein versiegeltes Kuvert, das aber zunächst offenbar keine Beachtung fand. Den Kabarett-Liebhabern in Paris war Cros ein Begriff. Er trug seine witzig geschriebenen „Monologe" persönlich im Pariser Kabarett „Chat-Noir" mit großem Erfolg vor. 1869 erfand Cros ein Farbfotografieverfahren.

Als am 3. Dezember 1877 sein versiegeltes Schreiben von der Pariser Akademie der Wissenschaften schließlich geöffnet wurde, lasen die erstaunten Herren, daß Cros darin vorschlug, anstelle der berußten Glasscheibe zum Aufzeichnen der Schallschwingungen einen wächsernen Zylinder zu verwenden, das Grundprinzip des Phonographen. Cros' Erfindung war ein wenig zu spät ans Licht der Öffentlichkeit gelangt. Edison hatte sich nicht lange mit versiegelten Umschlägen aufgehalten und einen Vorläufer seines Phonographen bereits am 30. Juli 1877 in Großbritannien zum Patent angemeldet. Am 24. Dezember 1877 folgte die endgültige Patentanmeldung in den USA.

Edison und der Phonograph

Thomas Alva Edison (1847–1931) wird wohl zu Recht der „König der Erfinder" genannt, denn niemals zuvor war es einem einzelnen Menschen gelungen, so viel Neues zu erfinden. Am Lebensende konnte er auf eine Liste von über 1500 Patenten zurückblicken. So ganz genau weiß es offenbar niemand, denn die Zahlen über seine Patentanmeldungen differieren stark. Im Jahr 1923 hatte die „New York Times" ausgerechnet, daß der Wert der „im Gehirn Edisons entstandenen Erfindungen" über 15 Milliarden Dollar betrug. Dabei beziehen sich diese Berechnungen nur auf die amerikanischen Industrien, die durch Edisons Erfindungen einen wesentlichen Auftrieb erhielten. Noch heute profitieren Weltkonzerne von seinen Entdeckungen. Edison hätte der reichste Mann der Welt werden können, aber er lebte fast ständig in Geldschwierigkeiten, weil er den Erlös für seine Patente in immer neue Erfindun-

1–2 – Ende des 18. Jahrhunderts gelang es dem Physiker Ernst Chladni, Schall in Figuren sichtbar zu machen, je nach Art der Schwingungen in den verschiedensten Formen.
3 – Versuchsanordnung zur Erzeugung Chladnischer Klangfiguren.
4–5 – Leon Scott wies 1857 den Schwingungscharakter des Schalls optisch nach. Bei seinem Phonautographen bringen die Schallwellen am Ende des Schalltrichters eine Membran mit Feder zum Schwingen. Die Federspitze überträgt die Schwingungen auf einen rußgeschwärzten, sich drehenden Papierzylinder und zeichnet sie wellenförmig auf. Verblüffend die Ähnlichkeit mit Edisons dreißig Jahre jüngerem Phonographen, der den Ton aber auch wiedergeben konnte.

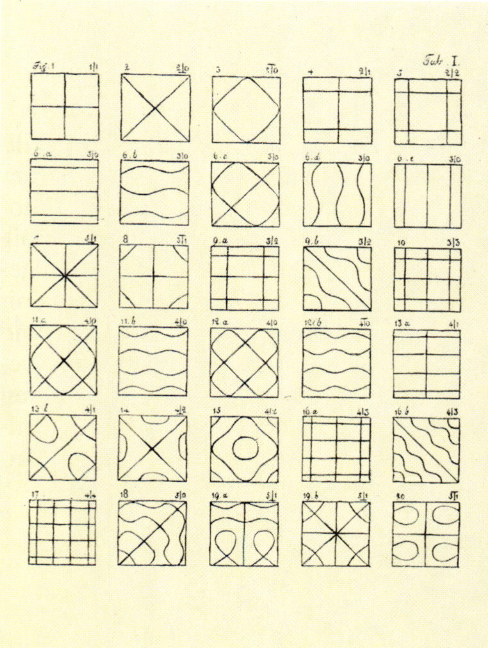

1

2

3

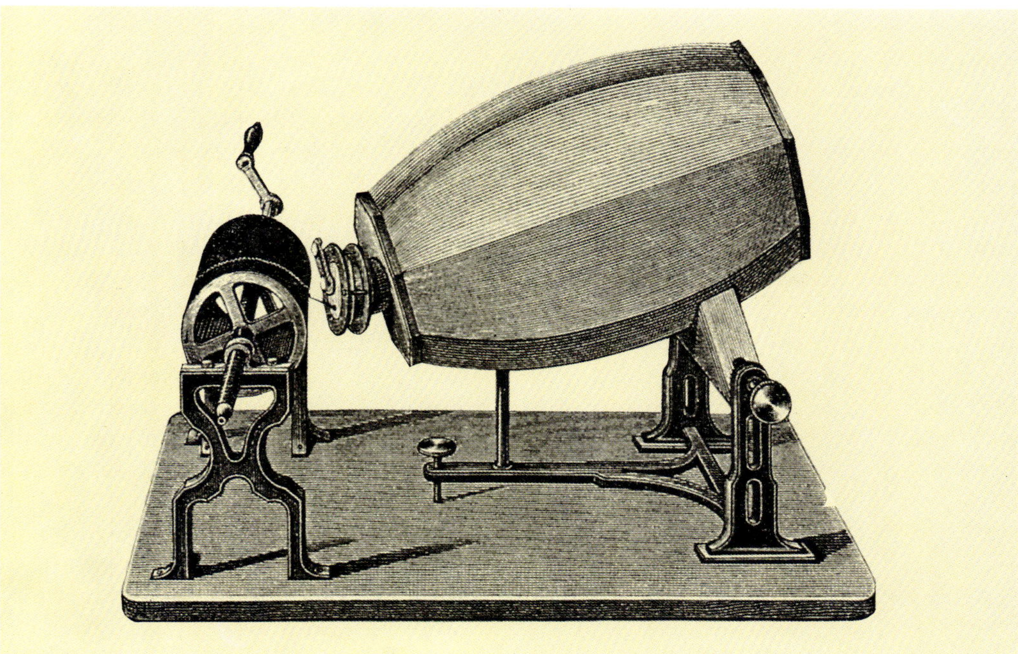
4

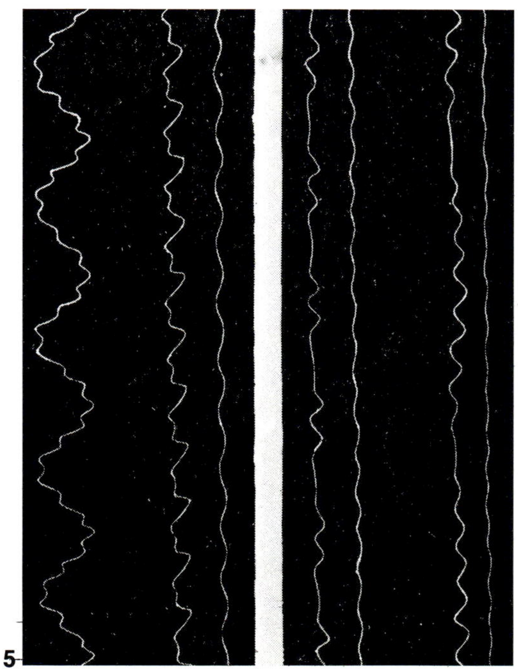
5

gen steckte. Geld interessierte ihn nur als notwendiges Antriebsmittel seiner Erfinderfabrik.

Der Zauberer von Menlo Park

Thomas Alva Edison wurde am 11. Februar 1847 in Milan im amerikanischen Bundesstaat Ohio geboren. Die reguläre Schule besuchte er nur ganze drei Monate lang, dann unterbreitete ein Lehrer seiner entsetzten Mutter, daß ihr Sohn nicht ganz normal sei. Mrs. Edison, selbst Lehrerin, war da ganz anderer Ansicht, und so unterrichtete sie von diesem Zeitpunkt an ihren Sohn selbst. Der junge Edison war eine unersättliche Leseratte und las, was ihm unter die Finger kam. Vor allem aber faszinierten ihn naturwissenschaftliche Bücher. Nach seinem eigenen Zeugnis begann er bereits mit neun Jahren, konsequent und mit großer Ausdauer naturwissenschaftliche Experimente durchzuführen. Das Geld für Geräte und Chemikalien verschaffte sich der aufgeweckte Junge als Zugverkäufer von Zeitungen und Süßigkeiten. Schließlich verfaßte er als Fünfzehnjähriger in einem Güterwagen den „Weekly Herald", druckte ihn selbst und vertrieb ihn im Zug und auf den Bahnhöfen.
Seine erste feste Anstellung fand er als Telegrafist und begann 1868 mit Erfindungen auf diesem Gebiet. Nach fünf Lehr- und Wanderjahren richtete er sich in Menlo Park bei New York ein Laboratorium ein. Menlo Park mauserte sich zur größten Erfinderfabrik der damaligen Zeit. Mehr noch, mit Menlo Park führte Edison eine bedeutsame Neuerung in der Technologie ein, die organisierte Forschung. Für die rasche und billige Entwicklung von Erfindungen sammelte er als erster einen erstklassigen Stab von Mitarbeitern um sich.
In dieser Zeit häuften sich die Erfindungen. 1877 gelang Edison die Verbesserung von Bells Telefon durch seine Entwicklung des Kohlekörner-Mikrofons. In das gleiche Jahr fiel seine originellste Erfindung: der Phonograph. 1879 begann er mit seiner teuersten Erfindung, nämlich der langlebigen Kohlefaden-Glühlampe. Edison hatte 100000 Dollar verbraucht, bevor die erste Lampe zufriedenstellend brannte. Anschließend richtete er in New York das erste öffentliche Elektrizitätswerk ein, entwickelte ein zuverlässiges Leitungs- und Meßsystem und erhielt dafür insgesamt 356 Patente. Ende des Jahres 1882 konnte sich New York bereits mit rund 5000 elektrischen Straßenlampen brüsten.

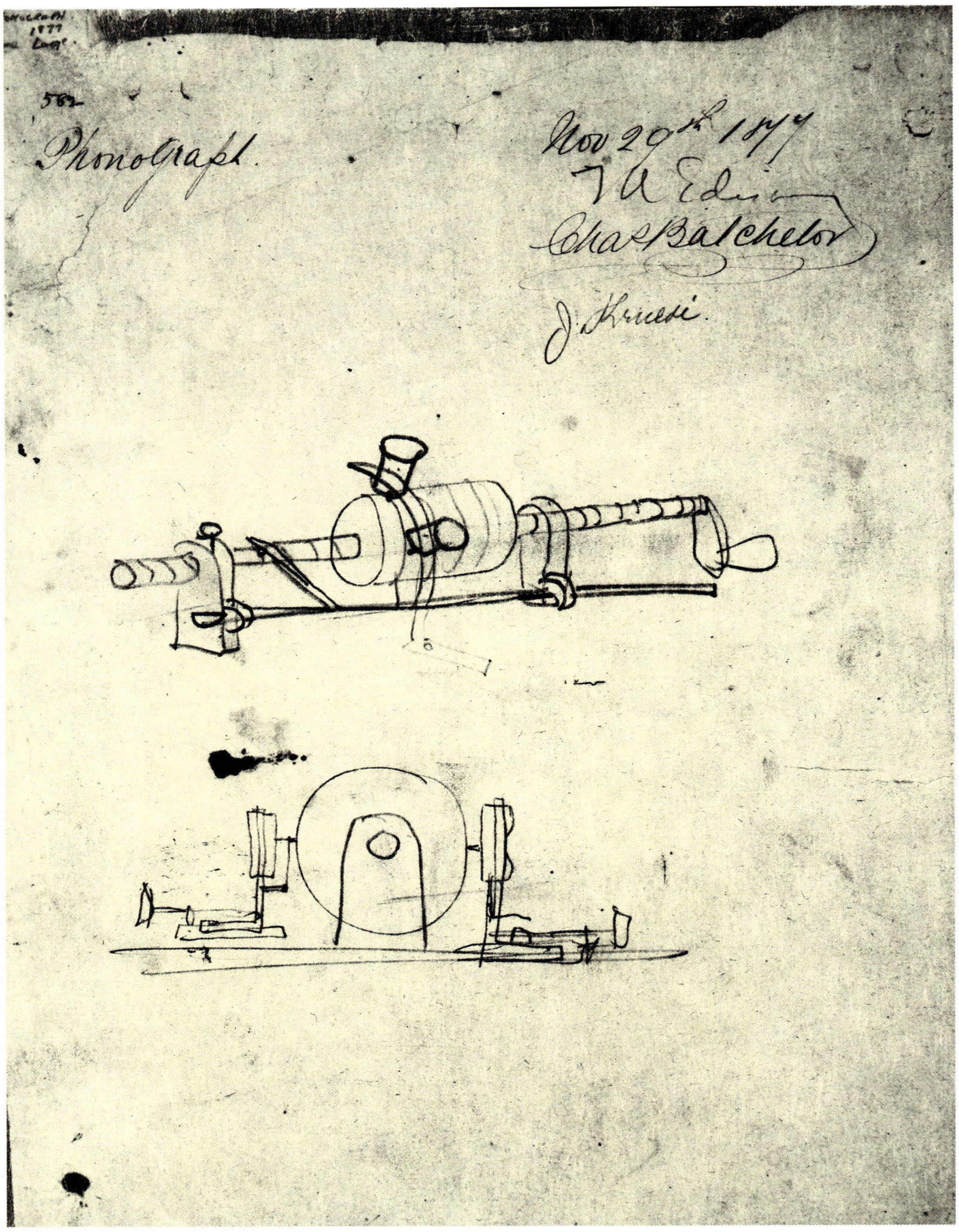

1

1887 bezog Edison mit seinem Mitarbeiterstab ein neues, größeres Laboratorium in West Orange. Auf 5600 Quadratmetern beschäftigte er bis zu 90 Assistenten, darunter bekannte Wissenschaftler. 1891 stellte der Erfinder seinen Kinematographen vor, ein Filmaufnahmegerät, das bereits mit perforierten Zelluloidfilmbändern arbeitete. Seine in einem Arbeitsgang gegossenen Zementhäuser allerdings waren ihrer Zeit weit voraus und fanden nicht den gewünschten Anklang. Am 18. Oktober 1931 starb Edison im Alter von 83 Jahren in West Orange.

Die sprechende Maschine

Am 12. August 1877 tauchte in Edisons Laboratoriumsnotizen zum ersten Mal das Wort „Phonograph" auf, aber das Datum der eigentlichen Erfindung dürfte wohl drei oder vier Monate früher anzusetzen sein. Es begann mit einer einfachen Skizze, die Edison seinem engsten Mitarbeiter, John Heinrich Kruesi, in die Hand gedrückt hatte. Der Schweizer Kruesi war 1870 nach Amerika ausgewandert, begegnete 1871 Edison und übernahm schließlich die Aufgabe, Edisons revolutionäre Ideen in ausführbare Produkte umzusetzen.
Kruesi war zwar von Edison einiges gewohnt, aber der Gedanke an eine sprechende Maschine erschien ihm doch zu absurd. „18 Dollar" hatte Edison an den Rand der Zeichnung geschrieben. Das bedeutete einen Stücklohn von 18 Dollar für das Modell, wenn es in der vorgeschriebenen Zeit fertig wurde. Sollte Kruesi wider Erwarten länger brauchen für die Herstellung, wurde der Lohn erhöht. Bei einer

1 – Thomas Alva Edison hatte einen ganzen Stab von Mitarbeitern, die er dafür bezahlte, daß sie seine Ideen in brauchbare Apparate und Anlagen umsetzten. Nach der Handskizze vom 29. November 1877 baute John Heinrich Kruesi in Edisons Erfinderfabrik Menlo Park den ersten Phonographen. Zur Premiere nahm Edison ein Kinderlied auf, das er seinen erstaunten Mitarbeitern dann vorspielte.
2 – Patentschrift der „Sprechmaschine", wie Edison seine Erfindung auch nannte, Februar 1878.

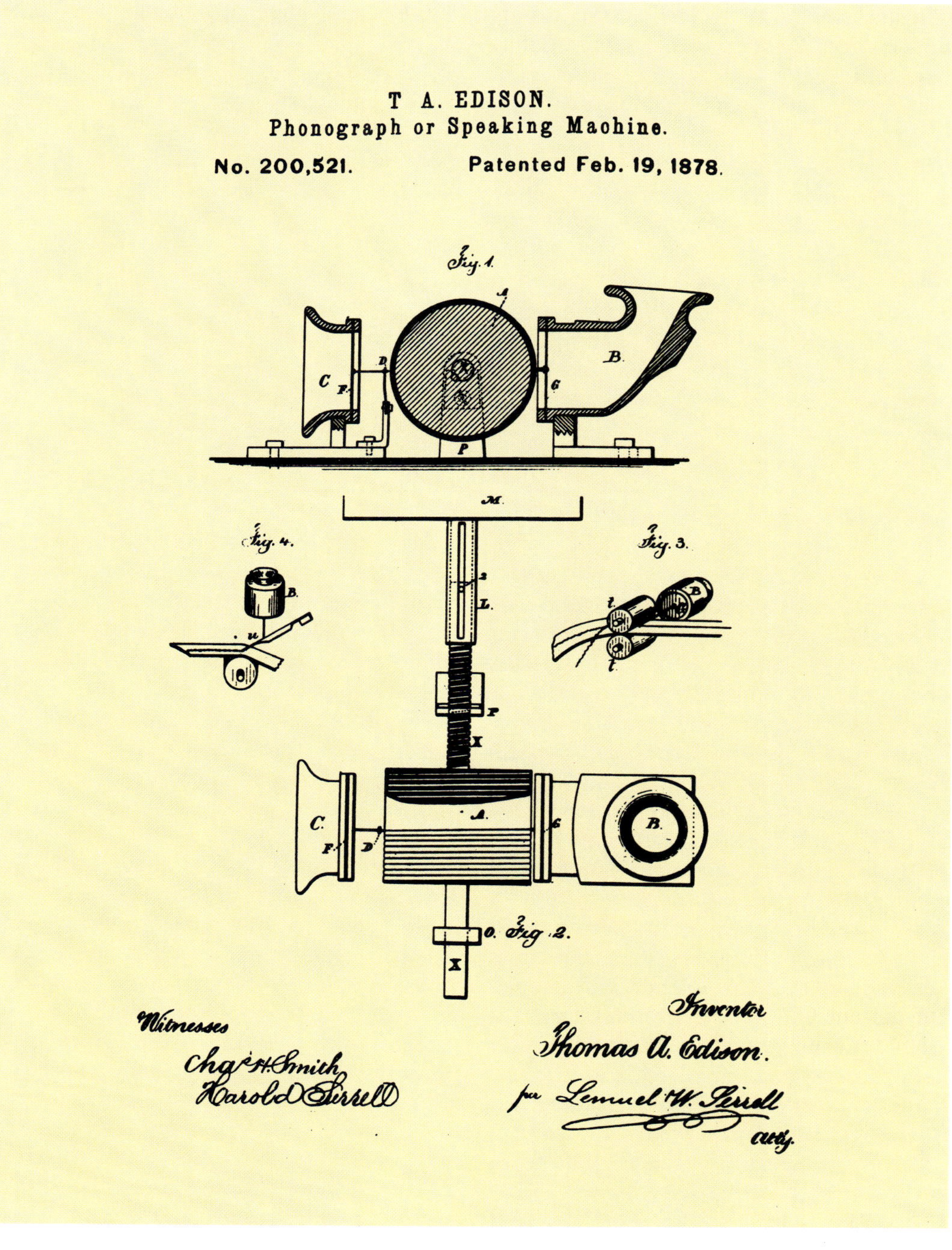

2

kürzeren Arbeitszeit gehörte die Differenz ihm. Edison pflegte immer diese merkwürdige Mischung von Akkordlohn und Stundenlohn vorzuschreiben. Seine Leute fuhren im allgemeinen nicht schlecht dabei.

Die neue Maschine wurde in der vorgeschriebenen Zeit fertig. Sie bestand aus einer neun Zentimeter starken Metalltrommel mit einer Achse. Das Ganze ruhte auf zwei Stützen. Auf jeder Seite befand sich eine verstellbare Sprechmuschel mit einer Pergamentmembran und über deren Mitte eine Stahlnadel. Kopfschüttelnd beobachteten die Mitarbeiter, wie Edison ein dünnes Blatt Stanniol um die metallene Trommel legte. Dann setzte er das Gerät mit der Kurbel in Bewegung, näherte seinen Mund dem kleinen Trichter an der Membran und sang mit lauter Stimme ein altes Kinderlied: „Mary had a little lamb."

Edison drehte die Walze wieder zurück, nestelte an einer Schraube, um die zweite Membran an die Stelle der ersten zu bringen, und kurbelte von vorne. Es knisterte und rauschte. Dann hörte man Edisons Stimme schwach und geisterhaft aus dem Trichter dringen: „Mary had a little lamb."

Die Überraschung in der Runde war perfekt, denn außer Edison selbst hatte niemand an eine derartige Möglichkeit geglaubt, die menschliche Stimme zu reproduzieren.

Gedanken zu einer Erfindung

„Auf diese Entdeckung bin ich fast durch Zufall gekommen", schrieb Edison zehn Jahre später in einem Artikel für die „North American Review". „Ich war bei der Konstruktion einer Maschine, die auf elektrischem Wege Morsebuchstaben übertragen sollte. Dabei waren die Zeichen in Papier eingedrückt, und die Meldung sollte durch einen Stift abgetastet werden, der mit einem elektrischen Kontakt verbunden war.

Als ich mir an dieser Maschine zu schaffen machte, fand ich, daß bei sehr schneller Umdrehung des mit dem Papierstreifen versehenen Zylinders von den Vertiefungen ein summendes Geräusch ausging – ein musikalischer, rhythmischer Klang, der einem undeutlich gehörten menschlichen Gespräch ähnelte. Dies bewog mich zu dem Versuch, in die Maschine eine passende Membran einzusetzen, welche die von meiner Stimme verursachten Schwingungen oder Schallwellen auffangen sollte, wenn ich hineinsprach, und dann diese Schwingungen in ein geeignetes Material,

das auf den Zylinder gelegt war, einstichelte. Das für den unmittelbaren Gebrauch gewählte Material war paraffiniertes Papier, und die damit erreichten Resultate waren vortrefflich.
Die Eindrücke auf dem Zylinder verursachten bei rascher Rotation eine Wiederholung der Originalschwingungen, wobei das Ohr durch die Schwingungen einer Schallplatte (= Membran) getroffen wurde, gerade so, als ob die Maschine selbst spräche. Sogleich erkannte ich, wie das Problem, die menschliche Stimme beliebig oft durch mechanische Mittel wiederzugeben, gelöst sei."

Eine Erfindung geht um die Welt

Nach den ersten Vorführungen kam die Sprechmaschine nicht mehr zur Ruhe. Alle New Yorker Zeitungen waren voll von groß aufgemachten Artikeln über den Phonographen. Auch in der Provinzpresse feierte man den Erfinder als „Magier von Menlo Park". Edisons Laboratorium wurde zur Pilgerstätte, und nach Menlo Park ergossen sich so gewaltige Besucherströme, daß die Eisenbahnen nicht mehr alle Menschen fassen konnten. Sonderzüge wurden eingeschaltet.
Aber mit den Bewunderern kamen auch die Skeptiker. Edisons Aufzeichnungen berichten über einen solchen Fall krasser Ungläubigkeit. „Eines Morgens kam Bischof John Vincent ins Laboratorium und bat, den Phonographen sehen zu dürfen. Ich führte ihm den Apparat vor, und dann fragte er, nachdem er sich im ganzen Raum nach einem versteckten Bauchredner umgesehen hatte, ob er ein paar Worte hineinsprechen könne. Ich zog eine neue Folie auf, und er rasselte mit zungenbrecherischer Geschwindigkeit Namen aus der Bibel herunter. Als der Phonograph sie wiedergab, sagte er: ‚Jetzt bin ich überzeugt. Es gibt in den Staaten niemanden, der mir dieses Tempo nachmacht.'"
Ein paar Wochen lang war Edisons Phonograph eine Sensation ersten Ranges, dann flaute der Wirbel ab, und schließlich hörte man kaum noch etwas von der sprechenden Maschine. Die ungeahnten Möglichkeiten, die der Phonograph in sich barg, wurden noch nicht erkannt. Er fristete sein Schicksal als geheimnisvolles Kuriosum, das man auf Jahrmärkten bestaunte und in Varietés bewunderte. Edison verkaufte sein Ur-Grammophon für klägliche 10000 Dollar und 20 Prozent Gewinnbeteiligung und stürzte sich bis über den Hals in die Probleme der elektrischen Beleuchtung.

Der Phonograph setzt sich durch

Volle zehn Jahre vergingen. Im Frühjahr 1888 nahm Edison seine Arbeit an der Sprechmaschine wieder auf. Er war davon überzeugt, daß das Gerät nach grundlegenden Verbesserungen nicht mehr als neckisches Spielzeug betrachtet werden würde. Schlag auf Schlag kamen die Zusatzerfindungen. In den nächsten fünf Jahren meldete Edison über sechzig neue Phonographenpatente an. An Stelle der Paraffinpapier- oder Stanniolstreifen benutzte er nun Hohlzylinder aus besonders präpariertem Wachs. Statt der Nadel verwendete er einen scharfen Saphirsplitter für die Aufnahme, einen stumpfen Saphirstift für die Wiedergabe.
Edison war nur noch für den Phonographen da. Nach dem Vorgeplänkel der ersten Verbesserungen schloß er sich fünf Tage und Nächte lang in seinem Arbeitszimmer ein und baute die Sprechmaschine von Grund auf um. Während dieser Zeit schlief er nur selten, ließ sich kaum Zeit, um etwas zu essen, und war für niemanden zu sprechen. Besonders schwierig war das Verfahren, um die Wachszylinder zu kopieren. Es war für den Verkauf der Phonographen von entscheidender Bedeutung, daß der Käufer sich nach und nach einen Vorrat von Wachswalzen mit guten Aufnahmen anschaffen konnte. Entgegen der ursprünglichen Annahme Edisons spielte der Phonograph als Diktiergerät keine besondere Rolle. Die Leute wollten fertig aufgenommene Musik.
Der Erfinder löste dieses Problem durch den Prozeß der Vakuumablagerung. Er hängte die Originalwalze in einen luftleeren Raum und überzog sie mit zerstäubtem Gold, um sie elektrisch leitend zu ma-

In Handskizze und Patentschrift des Phonographen kann man deutlich erkennen, daß ursprünglich zwei Trichter mit Membran vorgesehen waren, einer für Aufnahme und einer für Wiedergabe. Bald gab es aber in der Regel nur noch einen Trichter und eine Membran, wie dieses Phonographenmodell zeigt. Angetrieben wurde diese Maschine mit einer Handkurbel.

1

Zehn Jahre nach dem ersten Wurf machte sich Edison an die Verbesserung seines Phonographen, getrieben von der Furcht vor Konkurrenten. Dabei erschien ihm noch immer die Verwendung als Diktiergerät am erfolgversprechendsten. Einige der Verbesserungen: Wachszylinder, Saphirstift, Elektroantrieb, dann Federwerkantrieb, Repetier- und Abschleifvorrichtung.
1 – Werbeplakat mit einem Edison-Konzert-Phonographen, Handkurbelaufzug.
2 – Edison-Standard-Phonograph, 1901; Federwerkantrieb mit Fliehkraftregler. Der Trichterkran (der gußeiserne Bügel über der Walze) ermöglichte es, auch längere Trichter anzubringen.
3 – Edison-Business-Phonograph, 1903; als Diktiergerät gebaut, Elektromotor und Fernbedienung durch pneumatisch gesteuerte Zahnradkupplung.
4 – Die Detailaufnahme desselben Gerätes zeigt deutlich die beiden Schalldosen, eine für die Aufnahme und eine für die Wiedergabe. Das ersparte den Wechsel der Schalldose nach Diktat.

chen. Dann konnte man sie galvanisieren, eine Matrize anfertigen und Kopien aus Wachs herstellen. Zur Verwertung des verbesserten Phonographen, den man nun nicht mehr mit der Hand, sondern mit einem Elektromotor in Bewegung setzte, wurde in Philadelphia eine Gesellschaft gegründet. Sie hielt nichts davon, die Sprechmaschinen zu verkaufen, sondern wollte sie lieber vermieten.
Das Ergebnis war entmutigend. Die Mietverträge wurden nach ihrem Ablauf nicht erneuert. In der Firma häuften sich die zurückgegebenen Geräte.

Ein Federtriebwerk dreht die Walze

In der Praxis hatte sich gezeigt, daß die Ausführung des elektrischen Phonographen-Triebwerks verkehrt war. Die Motoren waren viel zu groß und unhandlich, sehr teuer – und nur da verwendbar, wo es elektrischen Strom gab. Dazu kam, daß die Motoren äußerst störanfällig waren. Es dauerte lange, bis sich Edison zur Verwendung von Federtriebwerken entschloß.
Die Wachswalzen waren für den Verkauf immer noch zu unpraktisch. Edison vertiefte sich in die Fachliteratur und begann eine Versuchsreihe mit über hundert Ölen und Fetten. Endlich gelang ihm die Herstellung einer brauchbaren Mischung. Für die Massenherstellung eignete sie sich aber leider nicht, weil sie zu teuer war. Er probierte es mit einem Papierzylinder, den er mit der neuen Wachsmischung überzog. Die Aufnahmeergebnisse waren ausgezeichnet, aber die Papierwalzen ließen sich nicht verschicken.
Was er suchte, das war ein guter, billiger, leicht herzustellender und ohne Schwierigkeiten versendbarer Zylinder. Schließlich kam er auf ein stearinsaures Sodasalz, das alle Prüfungen bestand. Er ließ es jahrelang in großen Mengen herstellen und verwendete es fast ausschließlich für die Walzenanfertigung.
Zur gleichen Zeit setzte er seine Versuche fort, den Phonographen als automatischen Anrufbeantworter in der Telefontechnik einzuführen. In San Francisco entschloß man sich dazu, eine Sprechmaschine an die Telefonvermittlung anzuschließen. Das ging eine Weile ganz gut. Dann mehrten sich die Beschwerden der Telefonkunden. Sie wunderten sich zunächst über die stereotype Besetztauskunft, dann ärgerten sie sich nur noch. Schließlich kamen sie mit wüsten Drohungen. Die Auskunftmaschinen wurden wieder abmontiert.
Trotz mancher Schwierigkeiten trat der

3

4

verbesserte Phonograph nun seinen Siegeslauf um die ganze Erde an. In Tibet wurde er sogar als eine Art moderne Gebetsmühle eingesetzt, die ständig den Gebetsspruch „Om mani padme hum“ wiederholen konnte.

Der endgültige Durchbruch

Bei allen Veränderungen an der Funktionsweise der Sprechmaschine ging Edison niemals von einem Grundprinzip ab: Die in die Wachswalze eingeschnittene Rille markierte die hohen und tiefen, schwachen und lauten Töne und Laute grundsätzlich durch tiefere oder flachere Gravierungen. Die Saphirnadel bewegte sich auf und ab, tastete mikroskopisch winzige Berge und Täler ab und übersetzte ihren Code in hörbare Töne.

Der endgültige Durchbruch des Phonographen kam auf der Weltausstellung in Paris im Jahre 1889. Diese Weltausstellung stand ganz im Zeichen des Eiffelturms – und des Mr. Thomas Alva Edison aus Amerika. Im Mittelpunkt der Edison-Abteilung prangte die gewaltige, zwölf Meter hohe Nachbildung einer Glühbirne, die aus über zweitausend Glühlampen montiert worden war. Die Lampen auf der linken Seite des Monstrums deuteten die Farben der amerikanischen Flagge an, auf der rechten Seite glühten die Farben der französischen Trikolore. In der Mitte leuchteten in großen Lettern der Name „Edison“ und die Jahreszahl 1889.

Dutzende von Phonographen standen auf einem endlos langen Tisch und redeten in allen europäischen und vielen außereuropäischen Sprachen. In einem kleinen Pavillon konnten die Besucher gegen eine geringe Gebühr selbst eine Phonographenwalze besprechen. Alle zwei Stunden hielt einer der Edison-Angestellten einen Vortrag über die Konstruktion und die Arbeitsweise des Sprechapparates. Tausende hörten Tag für Tag zu. Die Edison-Abteilung bildete die große Sensation der Weltausstellung.

Am Rande der Weltausstellung spielte sich auch die Geschichte mit dem Indianerhäuptling aus Buffalo Bills Zirkustruppe ab. Die in vollem Kriegsschmuck auftretende Rothaut wurde aufgefordert, ein paar Sätze in Edisons Sprechmaschine zu sagen. In unerschütterlichem Gleichmut, trainiert in endlosen Tourneen um die Welt, murmelte der Indianer in seiner gutturalen Sprache einige Worte in den Apparat und sah ungerührt zu, wie die Vorbereitungen für das Abspielen getroffen wurden. Als er jedoch deutlich seine eigenen Worte aus dem Apparat hörte, wurde er bleich unter seiner Kriegsbemalung, warf sich zitternd zu Boden und stöhnte: „Manitou hat gesprochen!“

Der Phonograph wurde zum großen Geschäft, und die zu seiner Fabrikation gegründeten Edison-Werke konnten sich vor Aufträgen kaum retten. Seit 1896 brachte der verbesserte Sprechapparat seinem Erfinder einige hunderttausend Dollar jährlich ein. Eine neue, weltweite Industrie wurde ins Leben gerufen.

Noch 1922 arbeitete Edison daran, seinen Phonographen immer weiter zu verbessern. „Ich werde erst ruhig sein, wenn ich es erreicht habe, die Neunte Symphonie von Beethoven absolut vollkommen wiederzugeben“, soll der zweiundsiebzigjährige Erfinder gesagt haben. Um diese Zeit hatte die Phonographenwalze Edisons jedoch schon längst ihre Bedeutung verloren. Eine runde Platte mit eingeritzter Toninformation war im Begriff, sie abzulösen: die Schallplatte.

Die Erfindung der Schallplatte

Der 16. Mai 1888 war ein denkwürdiger Tag für die sachverständigen Mitglieder des Franklin-Instituts in Philadelphia. Ein Herr mit Stirnglatze und randlosem Kneifer führte eine Erfindung vor, die er „Grammophon“ nannte. Sein Name war Emil Berliner, und die grundlegende Neuerung seiner Erfindung bestand darin, daß die Trompetentöne aus dem Schalltrichter nicht mehr von einer Walze, wie bei Edison, sondern von einer runden Zinkplatte abgetastet wurden.

Ein neues System

Nach dem Edisonschen Prinzip wurde die Tonaufzeichnung senkrecht in die Tiefe des Tonträgers, also der Walze, eingeschnitten. Berliner dagegen ließ seine Nadel nicht auf- und abschwingen, sondern in einer waagerechten Rinne mehr oder weniger weit nach rechts und links ausschlagen. Dieser entscheidende Unterschied reichte aus, um Berliners Patentanspruch zu sichern. Aber das war noch nicht alles. Berliner verzichtete auch auf die unpraktische Walzentechnik und verwendete als Tonträger eine runde Platte. Die Schallplatte war geboren, wenn es sich zunächst auch nur um eine sehr primitive Platte mit einer Rußoberfläche handelte, die der Erfinder nach der Fertigstellung der Aufnahme härtete, um sie wieder abspielen zu können. Berliner wurde zum Vater einer mächtigen Industrie, die in der ganzen Welt jährlich Beträge in Milliardenhöhe umsetzt. Seine Prognose vor dem Gremium des Franklin-Instituts läßt vermuten, daß er eine solche Entwicklung vorausahnte:

„Man wird mit Hilfe meines Grammophons ein Menschenleben in zwanzig Minuten auf Platten zusammenfassen können“, versicherte er den Sachverständigen. „Fünf Minuten lang Kindergebrabbel, fünf Minuten für das Jauchzen des Knaben, fünf Minuten für die Gedanken des Mannes und den Rest für die schwachen, letzten Äußerungen auf dem Totenbett. Dieses Tonbild wird eine ständige Erinnerung sein. Man wird auch von meinen Platten so viele Kopien machen können, wie man will, und prominente Sänger, Sprecher und Schauspieler werden durch den Verkauf ihrer ‚Phonoautogramme‘ zu einem Tantieme-Einkommen gelangen können.“

Den Apparat, den Emil Berliner 1887 in Washington zum Patent anmeldete, nannte er „Grammophon“. Er diente jedoch nur zum Abspielen der Platten. Abgebildet ist ein Gerät aus dem Jahr 1889. Zur Aufnahme entwickelte er eine eigene Vorrichtung (s. S. 39). Durch zahlreiche Versuche gelang es Berliner, seine Aufnahmeplatten elektrisch leitend zu machen, so daß ein galvanischer Abzug der Originalplatte hergestellt und davon Kopien gepreßt werden konnten. Das Problem der Vervielfältigung war damit im Prinzip gelöst: die Voraussetzung für die massenhafte Verbreitung der Schallplatte und ein entscheidender Vorteil gegenüber der Walze.

Ein Deutsch-Amerikaner aus Hannover

Emil Berliner wurde am 20. Mai 1851 in Hannover geboren. Er arbeitete zunächst als Setzerlehrling. Im Kriegsjahr 1870 verabschiedete er sich von seinem Bruder Josef und wanderte nach Amerika aus, unzufrieden mit der Politik des „Eisernen Kanzlers“ Bismarck. Auf die Frage seines Bruders, was er denn in dem fremden Land anzufangen gedächte, antwortete er: „Vielleicht werde ich Erfinder!“

Er sollte recht behalten, aber zunächst schlug er sich als Zeitungsjunge, Hoteldiener und Flaschenspüler im Labor des „Sacharinkönigs“ Fahlberg durch. In seiner Freizeit brütete er über physikalischen und technischen Büchern, um in der notwendigen Theorie für seinen Traumberuf sattelfest zu werden. 1877 gelang ihm schließlich der erste große Wurf als Erfinder. Er entwickelte ein Mikrofon, das die bisherige Fernsprechtechnik revolutionierte. Die Bell Telephone Company erwarb seine Neuerung für die stolze Summe von 75000 Dollar. Aber die Sache hatte einen Haken. Edison hatte praktisch das gleiche Mikrofon erfunden, meldete es aber erst zwei Wochen später zum Patent an. Das Edison-Mikrofon übernahm die Western Union Telegraph Company, Bells hartnäckige Konkurrenz im Telefongeschäft. Ein Patentprozeß war unausweichlich. Vierzehn Jahre lang stritten sich die Bell-Gesellschaft und die Western Union um die Priorität der Erfindung. 1891 schlossen sie schließlich einen Vergleich, bei dem beide Seiten das befriedigende Gefühl hatten, ein gutes Geschäft gemacht zu haben.

Vorher jedoch hatte Berliner die europäische Lizenz für sein Mikrofon erhalten. Er kehrte nach Deutschland zurück und gründete zusammen mit seinem Bruder Josef in Hannover die Telefonfabrik Berliner. Aber mit dem kaufmännischen Elan des Erfinders war es nicht weit her. Als die Fabrik in Hannover florierte, zog es Emil Berliner wieder in die USA. Die von Edison aufgezeigte Möglichkeit, Schall aufzuzeichnen und wiederzugeben, faszinierte ihn. Er beschloß, in diese Technik einzusteigen und es womöglich besser zu machen als Edison. 1887 hatte er seine Pläne verwirklicht und sein Grammophon in Washington zum Patent angemeldet.

Die Entwicklung der Schallplatte

Von seiner berußten Platte kam Berliner bald ab; er begann Versuche mit einer Zinkscheibe, die mit einer dünnen Wachsschicht bedeckt war. In dieses Wachs ritzte der an einer Membran befestigte Stift die Spirallinie der Schallschwingungen ein und legte das blanke Metall frei. Nun konnten die Linien mit Säure in das Zink eingeätzt werden. Das Wachs wurde entfernt, und eine fertige Schallplatte aus Metall war abspielbereit.

Aber damit war das Problem der Vervielfältigung noch nicht gelöst. Dazu kam, daß die Zinkplatten Berliners nur eine Minute Spielzeit besaßen. Edisons Walze drehte sich immerhin drei Minuten lang, und deshalb war die Schallplatte zunächst noch keine ernsthafte Konkurrenz für die Walze. Doch Berliner gab nicht so schnell auf. Zunächst experimentierte er mit Hartgummi als Plattengrundstoff, was aber auch nicht den gewünschten Erfolg hatte. Und dann schließlich hatte Berliner die entscheidende Idee. Statt der Zinkplatte verwendete er nun eine massive Wachsplatte. Sie hatte den Vorteil, daß die Nadel die Schallrillen sehr leicht einschneiden konnte. Die „beschriftete" Wachsplatte wurde mit Graphit behandelt und dadurch elektrisch leitend gemacht. Durch diesen Trick war es möglich, einen galvanischen Abzug der Originalplatte aus Kupfer herzustellen, ein Positiv also, das die Spurrillen als Erhöhungen wiedergab. Von diesem „Vater", wie dieses Positiv auch heute noch in der Branche genannt wird, wurden damals direkt die Platten gepreßt.

Durch die Technik der seitlichen Bewegungen der Abtastnadel, der sogenannten Seitenschrift, war schon eine erhebliche Verbesserung der Tonqualität erreicht worden, und die Kupferscheibe bedeutete noch einen weiteren Schritt nach vorn. Jetzt kam es nur noch darauf an, für die nach dem neuen Verfahren gepreßten Platten ein geeignetes Material zu finden. Berliner nahm 1895 auch diese Hürde und verwendete eine Masse, die zu etwa 70 % aus feinem Gesteinsmehl und zu 30 % aus Schellack mit Zusätzen bestand. Das Gesteinsmehl gab der Schallplatte die notwendige Härte, aber auch die oft beklagte Zerbrechlichkeit. Mit diesem Verfahren hatte Berliner die letzte Hürde zur Herstellung großer Plattenauflagen genommen. Fast sechzig Jahre lang beherrschte die mit 78 U/min abgespielte Schellackplatte den Markt.

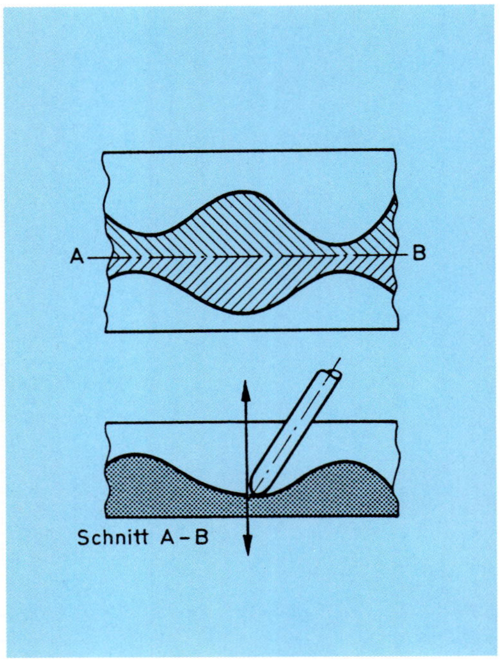

1

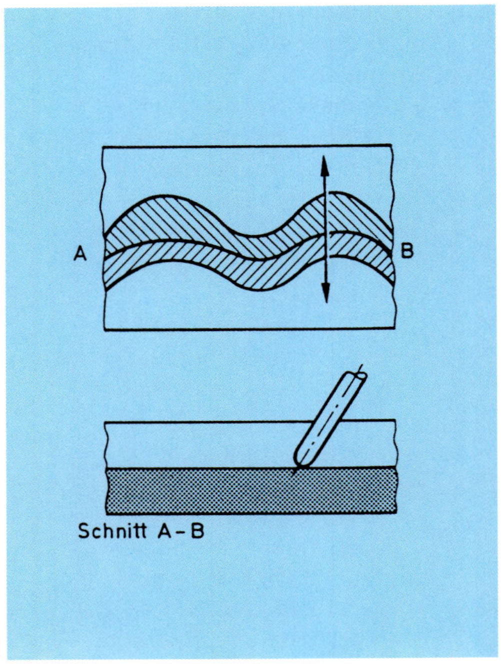

2

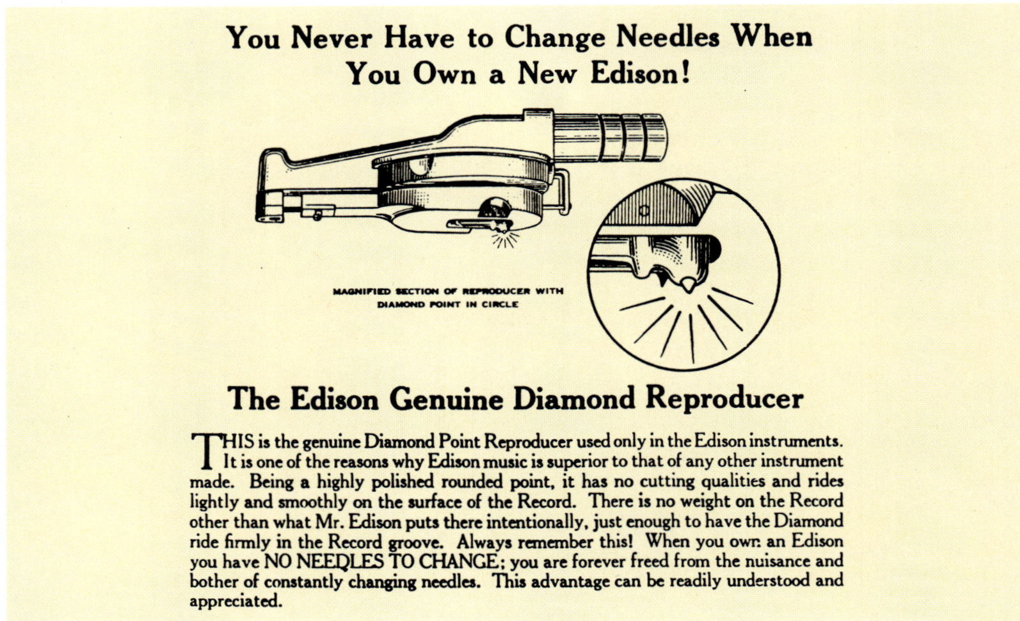

3

Die Langspielplatte

Von nun an nahm das Geschäft mit der runden Scheibe einen ungeahnten Aufschwung. Jeder wollte sich von diesem neuen Kuchen ein deftiges Stück abschneiden. Patentstreitigkeiten waren an der Tagesordnung. So wurde beispielsweise heftig diskutiert, wem das Patent eines erhöhten Plattenrandes, der ein Abrutschen der Nadel verhindern sollte, zustand. Jede Firma wachte eifersüchtig über ihre Neuerungen. Als auf der Leipziger Frühjahrsmesse im Jahr 1904 erstmals eine doppelseitig bespielbare Platte vorgestellt wurde, wollten natürlich sofort auch andere Firmen diese sensationelle Neuerung in ihr Programm aufnehmen. Eine Plattenfirma unternahm diesen Versuch auch, mußte aber aus patentrechtlichen Gründen die Produktion wieder einstellen.

Trotz aller Neuerungen war man dem dringlichsten Problem, nämlich die Spieldauer der Platten zu verlängern, noch nicht nähergekommen. Eine Platte mit 30 Zentimeter Durchmesser hatte eine Aufnahmekapazität von etwa viereinhalb Minuten. Das wirkte sich bei längeren Musikprogrammen ausgesprochen lästig aus. Der englische Pianist Gerald Moore beschwerte sich über die merkwürdigen Aufnahmegewohnheiten: „Bei kürzeren Stücken wurde deshalb oft das Tempo in grotesker Weise beschleunigt, bloß damit die Aufnahmedauer für die Platte reichte."

Aber welche Möglichkeiten gab es, eine längere Spielzeit zu erreichen? Einmal konnte der Plattendurchmesser vergrößert werden. Eine Firma in Frankreich und eine in England schlugen diesen Weg ein. Sie stellten 1905 eine 50-Zentimeter-Platte vor. Aber diese monströsen Scheiben waren unhandlich und leicht zerbrechlich. Das Publikum lehnte sie aus verständlichen Gründen ab. Die beiden anderen Möglichkeiten, zu einer längeren Laufzeit

Das System Berliners unterscheidet sich vor allem in der Methode der Aufzeichnung von anderen.
1 – Bei Edisons Verfahren macht die Nadel gleichsam eine Berg- und Talfahrt, und zur Wiedergabe fährt sie den Höhen und Tiefen nach, senkrecht zur Platte. Deshalb heißt dieses Verfahren Tiefenschrift. Edison benutzte sie auch für seine Langspielplatte.
2 – Berliner dagegen verwendete die Seitenschrift: Die Schwingungen graben sich wie ein gewundenes Bachbett in die Platte ein, und beim Abspielen bewegt sich die Nadel in den Rillen hin und her, parallel zur Plattenoberfläche.
3 – Die Spieldauer einer Platte hatte großen Einfluß auf den Verkaufserfolg. Edison versuchte dies durch größere Rillendichte zu erreichen. Für die feineren Rillen entwickelte er den Diamantabtaster, dessen Vorteile diese Reklame anpreist.
4 – Ab 1897 bestanden die gepreßten Platten von Berliner aus einem Gemisch von Schwerspat, Ruß, Kuhhaaren (später Baumwollflock) und Schellack. Das Warenzeichen des schreibenden Engels und alle Angaben zur Platte wurden anfangs direkt auf die Platte gepreßt.

Nächste Doppelseite: Etiketten kamen erst später auf, und ab 1909 zierte nicht mehr der Engel, sondern ein Hund die Platten der Grammophone Company Berliners wie auch ihrer Tochterfirma Deutsche Grammophon-Gesellschaft. Laut Werbung hatte ein Hund die Stimme seines verstorbenen Herrn so naturgetreu aus dem Trichter vernommen, daß er sich aus Treue nicht davon trennen konnte.

4

zu gelangen, waren enger nebeneinanderliegende Tonrillen und eine Herabsetzung der Umdrehungsgeschwindigkeit. Und beide Möglichkeiten wurden in Betracht gezogen.

Der Altmeister der Tonaufzeichnung hält mit

Ausgerechnet Thomas Alva Edison, der überzeugte Anhänger der Walzen-Phonographie, entwickelte die erste Langspielplatte. Von seinen Gesellschaftern dazu gedrängt, beschäftigte er sich zunächst widerwillig mit dem Konkurrenzmedium. Aber bald fesselte ihn die neue Arbeit so sehr, daß er schon 1912 die ersten Platten auf den Markt bringen konnte. Die von ihm geschaffene Technik der Tiefenschrift zur Schallaufzeichnung behielt er jedoch bei. Der Erfinder ging schon auf die Achtzig zu, als er seine erste Langspielplatte mit einer Spielzeit von 40 Minuten vorstellen konnte. „Edison Record 40 Minutes" stand auf dem Plattenetikett, und die vierzig Minuten bezogen sich auf beide Plattenseiten. Eine Seite hatte also zwanzig Minuten Spielzeit, und das war über die Hälfte länger als bei der ersten, später von Peter Goldmark entwickelten Langspielplatte.
Edison hatte den Weg der größeren Rillendichte gewählt. Auf einem Millimeter brachte er sechzehn Rillen unter. Um eine derartige Dichte erreichen zu können, war ein besonders widerstandsfähiges Material Voraussetzung. Und diese Voraussetzung schuf der belgisch-amerikanische Chemiker Leo Hendrik Baekeland (1863–1944) mit seinem härtbaren, vollsynthetischen Kunstharz, das unter dem Namen „Bakelit" weltbekannt wurde. Dieses Bakelit bildete die harte Oberfläche der Platten von Edison. Besondere Härte war allerdings auch notwendig, denn wegen der feinen und nicht sehr tiefen Rillen mußte der messerähnliche Diamant des Abtasters mit mehr als 300 Gramm aufdrücken, um eine ausreichende Lautstärke zu erzeugen.
Im November 1929 gab der 82jährige Edison die Produktion von Schallplatten und Plattenspielern auf. Seine Langspielplatten waren nicht sonderlich erfolgreich, vermutlich weil sie aus überspielten Aufnahmen alter Stücke bestanden, die willkürlich zusammengestellt worden waren. Bleibt anzumerken, daß die Platten zwischen 500 und 750 Gramm wogen und sechs Millimeter dick waren. Ihr Preis schwankte zwischen 1,75 und 2,75 Dollar.

ODEON-WERKE
ODEON-RECORD
A. 41240
Die Männer sind alle Verbrecher
Marsch aus „Wie einst im Mai" (W. Kollo)
Odeon-Orchester, Berlin

Brunswick
REG. U.S. PAT. OFFICE
Baritone
With Orchestra
In German
WENN ICH EINMAL DER
HERRGOTT WÄR'
(If Power Divine for Once Were Mine)
—Amthor-Binder—
MICHAEL BOHNEN
15074—B
THE BRUNSWICK-BALKE-COLLENDER COMPANY
PATENT APPLIED FOR

ELITE-SPECIAL
BIEM
W 7952
DU UND ICH
Tango
Musik und Text von S. Fellner
RUDI HOFSTETTER
und
Das Radio-Tanzorchester-Wien
Leitung: Ludwig Babinski
8633

PARLOPHON-RECORD
Träumerei
(R. Schumann)
Rudolf Kratina, Cello-Virtuose
Harmoniumbegleitung Walter Fischer
Organist der Kaiser-Wilhelm-Gedächtniskirche
Berlin
2-
2264
MADE IN
GERMANY

ORIGINAL-GOLDORA-PLATTE
Triumphmarsch
aus der Oper „Aida" (Verdi)
ORCHESTER
No. 8102 a.

1066
LIPSIA RECORD
Des Jahres letzte Stunde
Gemischter Chor m. Orchesterbegl.
u. Kirchenglocken

SCHALLPLATTE „GRAMMOPHON"
DEUTSCH
„Serie: Polyfar"
ORCHESTER
„Der Geburtstag der Infantin" (Franz Schreker)
Mitgl. der Kapelle der Staats-Oper, Berlin
Katalog-Nr.
B 20853
Bestell-Nr.
66551
GRAMMOPHON
DEUTSCH
„Serie: Polyfar"
TENOR
„Die Meistersinger von Nürnberg" (Wagner)
Am stillen Herd
Franz Völker, mit Orchesterbegleitung
Katalog-Nr.
B 22374
Bestell-Nr.
95038

VATERLÄNDISCHE „GRAMMOPHON"-AUFNAHME
Wir treten zum Beten
Nebe-Quartett,
11276
Verkauf zum Besten deutscher Krieger und deren Angehörigen.
MAY
1909
NEW
GRAMOPHONE RECORDS
GRAMMOPHON
MONARCH RECORD
Du bist die Ruh', von Schubert
gespielt von
Professor Heinrich Grünfeld, Hofcellist
BERLIN.
047856
Liszt: 2. Ungarische Rhapsodie
II. Teil
Alois Melichar
15364 B
DIE STIMME SEINES HERRN
„DIE STIMME SEINES HERRN"
KÜNSTLER
PLATTEN
1927/28
„Grammophon"
Eingetragene Schutzmarke

Die Platte dreht sich langsamer

Bei Edisons Langspielplatte, die mit 80 Umdrehungen pro Minute rotierte, gab es einen großen Nachteil. Die Rillen lagen so dicht nebeneinander, daß sie sich bei häufigem Gebrauch sehr schnell abnützten. Dazu trug die mit hohem Druck aufsitzende Diamantnadel natürlich ihren Teil bei.
Nun blieb aber noch eine dritte Möglichkeit, die Spieldauer zu verlängern, und zwar durch ein Herabsetzen der Umdrehungsgeschwindigkeit. Bei früheren Versuchen dieser Art war man wieder davon abgekommen, weil durch die Trägheit des mechanischen Systems einfach keine passable Tonqualität erreicht werden konnte. Aber trotz aller Hindernisse wurde diese Möglichkeit weiterverfolgt, wenn auch auf einem ganz anderen Einsatzgebiet. Es war eine Langspielplatte mit 33⅓ Umdrehungen in der Minute, die dem Tonfilm zum Durchbruch verhalf. Am 6. Oktober 1927 fand in New York die Premiere des Tonfilms „The Jazz Singer“ statt. In einem zeitgenössischen Bericht hieß es dazu: „Die Prominenz der Weltstadt trampelte, schrie und gebärdete sich wie im Taumel. Eine halbe Stunde dauerte der Orkan.“
Der Ton zu diesem Film kam von einer Schallplatte mit einer Spieldauer von elf Minuten. Genauso lange lief normalerweise eine Filmrolle, und so lag es nahe, jeweils eine Platte mit einer Rolle zu koppeln. Der Plattendurchmesser betrug 40 Zentimeter, der Rillenabstand war nur geringfügig enger als der einer 78er Platte. Wie es ausgerechnet zu dieser kuriosen Drehzahl kam, beschreibt der Fernsehpionier Walter Bruch: „Von einem Synchronmotor mit 1800 Umdrehungen pro Minute am 60-Hz-Netz ausgehend, wählte man eine Untersetzung von 54:1, die eine Drehzahl von 33,333, also 33⅓ Umdrehungen pro Minute ergab. Eine von dem Motor angetriebene Schnecke, die im Verlauf einer Umdrehung ein Zahnrad mit 54 Zähnen um einen Zahn weitertransportierte, realisierte diese Untersetzung störungsfrei. So entstand diese merkwürdig anmutende Drehzahl von 33⅓ U/min, deren Herkunft sogar bei den Großfirmen der Schallplattenindustrie in Vergessenheit geraten ist.“
Am 17. September 1931 wurde die erste für die Öffentlichkeit bestimmte Langspielplatte mit dieser Umdrehungszahl im Savoy Plaza Hotel in New York vorgestellt. Die Platte sowie der dazugehörige Plattenspieler wurden von der amerikanischen Firma RCA-Victor auf den Markt gebracht. Eine weitere Verbreitung dieser Neuerung scheiterte wahrscheinlich am Preis. Der Plattenspieler mit eingebautem Radio kostete zwischen 250 und fast 1000 Dollar.

Der Initiator der modernen LP

Die „Langspielrevolution“ begann nicht, wie oft behauptet wird, am 21. Juni 1948, als auf einer Händlertagung in Atlantic City, USA, die erste Langspielplatte auf Vinylbasis vorgestellt wurde. Sie begann schon drei Jahre früher, als der gebürtige Ungar Peter Goldmark (1906–1977), Forscher und Ingenieur, sich über die ständigen Unterbrechungen eines auf Platten aufgenommenen Konzerts ärgerte.
Goldmark hatte an der Technischen Hochschule in Berlin studiert, zusammen mit einem berühmten Landsmann, dem späteren Nobelpreisträger Dennis Gábor. Nach seiner Promotion in Wien ging er zunächst nach England und wanderte schließlich nach Amerika aus. Seit 1936 war er bei der CBS (Columbia Broadcasting System) als Entwicklungsingenieur tätig. In seiner Biografie bezeichnet Goldmark sich als Einzelgänger, der notfalls auch mit dem Kopf durch die Wand ginge. Wie er von seinem Forschungsgebiet Nachrichtentechnik zur Schallplatte kam, erzählt Peter Goldmark selbst:
„Eines Abends, es war im Herbst 1945, war ich zum Abendessen bei Freunden in New York. Anschließend spielten sie mir eine Aufnahme des Klavierkonzerts Nr. 2 B-Dur von Brahms vor. Der Pianist war Horowitz, der Dirigent Toscanini. Während des ersten Satzes geschah etwas, das mir wie eine Katastrophe erschien: Es gab ein klickendes Geräusch, gefolgt zunächst von Stille und dann von einer Reihe sehr

Die Dame auf der Hülle oben rechts zeigt auf ein Gerät und erklärt, daß dies der erstaunliche neue Röhren-Verstärker sei. Seit 1927 kamen aufgrund eines Vertrages zwischen der amerikanischen Gesellschaft Brunswick-Balke-Collander Company und der Deutschen Grammophon AG die ersten Wiedergabegeräte mit elektrischem Verstärker auch in Deutschland zum Verkauf.

ESTA
ESTA
SERENÁDA ZA ÚSMĚV
Hraje Dolfi LANGER
merikanische
Brunswick
IDEAS LEAD THE WORLD
BRUNSWICK
Brunswick
NEW HALL OF FAME POPULAR SERIES
STANDCHEN (Serenade)
CLAIRE DUX
10156-A
BRITISH BRUNSWICK LTD
BRUNSWICK NEEDLES
THE latest scientific thought is embodied in Brunswick Needles— loud tone, medium tone and soft tone, 9d. a box of 200.
They are the best you can buy.
Brunswick
Fox Trot
Vocal Chorus Patricia Norman
BETWEEN THE DEVIL AND THE DEEP BLUE SEA
EDDY DUCHIN and his ORCHESTRA
8155
Every Artist an ARTIST
BRUNSWICK RECORD CORPORATION · NEW YORK, N.Y.
low the Star
Brunswick
MODERN RHYTHM SERIES No. 187
IN THE SHADE OF THE OLD APPLE TREE
DUKE ELLINGTON AND HIS FAMOUS ORCHESTRA
WARNER-BRUNSWICK LTD
MADE IN ENGLAND
Bruns
MADE IN ENGLAND
Brunswick
Brunswick
N.P. 505.276
SWING FROM PARIS
QUINTETTE du HOT CLUB de FRANCE
avec Django REINHARDT, guitare
& Stéphane GRAPPELLY, violon
Le disque des grands succès

merkwürdiger Geräusche. Nach kurzer Pause setzte dann endlich wieder die Musik ein. Aber das gleiche wiederholte sich noch viele Male. Zwölf Seiten mußten abgespielt werden, damit man alle vier Sätze des Konzertes hören konnte. So gab es elf Unterbrechungen, von denen acht nicht von Brahms vorgesehen waren. Achtmal fiel ich also aus dem siebenten Himmel der Musik brutal auf die Erde zurück. Wie ist das Prinzip des Phonographen, fragte ich mich auf dem Heimweg."

Mit Phonographen hatte Goldmark schon einige Erfahrungen sammeln können. Während des Krieges wohnte er mit einem Kameraden in einem Zimmer zusammen. Sein Freund ließ ständig das Grammophon laufen, und die Wiedergabequalität machte Goldmark schwer zu schaffen: „Es klang unerträglich blechern, es knackte, zischte und rauschte." Nach dem Krieg beschloß er, diesem Übel abzuhelfen. Mit einigen Mitarbeitern der Firma CBS und viel Begeisterung machte er sich an die Arbeit.

Die Sache mit den Mikrorillen

Goldmarks erste Arbeit bestand darin, in alten Schallplattenarchiven zu stöbern und die unterschiedlichen Längen verschiedener Sinfonien zu vergleichen, denn er war hauptsächlich an klassischer Musik interessiert. Nachdem er unzählige Aufnahmen untersucht hatte, stellte er fest, daß etwa 90% aller Sinfonien auf einer Schallplatte mit 45 Minuten Laufzeit untergebracht werden konnten. Damit war also die Gesamtspielzeit vorgegeben, und durch eine einfache Rechnung ließ sich die Anzahl der dazu notwendigen Rillen ausrechnen.

Schon Edison hatte bei seiner Langspielplatte vor dem Problem gestanden, das richtige Material für die stark verkleinerte Schallplattenschrift zu finden. Bei Goldmark tauchten ähnliche Schwierigkeiten auf. Allerdings wirkte sich vorteilhaft aus, daß der Auflagedruck des Tonabnehmers durch die Elektrifizierung nur noch ein Hundertstel dessen betrug, was Edisons Platte aushalten mußte. Goldmark entschied sich für einen härtbaren Kunststoff aus der Familie der Polyvinylchloride. Dieses Plattenmaterial hatte eine wesentlich feinere Oberflächenstruktur als die grobkörnige Schellackplatte. Deshalb konnte der Abstand zwischen den einzelnen Rillen von 0,3 auf 0,1 Millimeter verkleinert werden. Ebenso wurde die Rillenbreite von 0,13 auf 0,07 Millimeter herabgesetzt.

Aber der Weg bis zur ersten LP (Long Playing Record) war alles andere als einfach. Nachdem das Projekt der RCA-Victor mit der 33er Langspielplatte gescheitert war, stand vor allem der Präsident der CBS, Wallerstein, Goldmarks Enthusiasmus äußerst skeptisch gegenüber, obwohl er das Projekt mit 100000 Dollar finanziert hatte. Goldmark erinnerte sich lebhaft an diese Auseinandersetzungen. „Wallerstein war ständig bemüht, uns Knüppel in den Weg zu legen, selbst dann noch, als wir bereits Fortschritte gemacht hatten. Als es uns gelang, immer dünnere Platten herzustellen und unsere erste Platte zu produzieren, von der jede Seite eine Spieldauer von 15 Minuten hatte, wies er uns darauf hin, daß beispielsweise ein Satz von Berlioz zwanzig Minuten dauerte. Ich glaube, er war wirklich davon überzeugt, uns von einer verlängerten Spieldauer abbringen zu können. Aber dank vereinter Anstrengungen gelang es uns schließlich, eine Platte mit einer Spieldauer von 22 Minuten und 20 Sekunden pro Seite herzustellen."

Dabei blieb es nicht. Die Technik wurde immer mehr verfeinert, und schließlich konnte das Team so feine Mikrorillen herstellen, daß eine Spieldauer von 30 Minuten auf einer Seite erreicht wurde. Die Aufnahmequalität allerdings ließ lange Zeit zu wünschen übrig. Bei einem Test wurde mehrfach das Knallen eines Pistolenschusses aufgenommen. Auf der Platte hörte es sich hinterher an, als würde eine Kartoffel auf den Boden fallen. Eine Überprüfung der elektronischen Geräte blieb erfolglos, bis Goldmark eines Tages dahinterkam, daß das Aufnahmemikrofon für die miserable Qualität verantwortlich war. In Deutschland war ein neuartiger Mikrofontyp hergestellt worden. Goldmark besorgte sich ein solches Mikrofon, und damit war das Problem der tongetreuen Aufnahmen gelöst.

Ein Musical brachte den Durchbruch

Als die CBS diese neuartige Schallplatte auf den Markt brachte, erlebte das Team um Goldmark zunächst eine Enttäuschung. Viele sahen in der LP nur eine geringfügige Verbesserung der alten 78er Platte, und der Rundfunk, sonst wichtigster Werbeträger, hüllte sich in absolutes Stillschweigen. Die RCA hatte sich geweigert, bei dem LP-Projekt der CBS mitzuziehen, und eine Platte mit 16 Zentimeter Durchmesser und 45 Umdrehungen pro Minute entwickelt, das sogenannte „Madame X"-Projekt. Dieses Projekt sollte zusammen mit einem billigen Abspielgerät die Langspielplatte übertrumpfen.

Ein regelrechter Kleinkrieg zwischen den beiden großen Firmen brach aus. Schließlich bot die RCA ihren Plattenspieler sogar gratis an, damit möglichst nur 45er Platten abgespielt wurden. Die CBS führte den Gegenschlag mit einem Plattenspieler, bei dem die gewünschte Geschwindigkeit beliebig eingestellt werden konnte, je nachdem, welche Plattenart man auflegte.

Aber trotz aller Bemühungen dämmerte Goldmarks LP vor sich hin. Der große Durchbruch kam erst, als die CBS das beliebte Broadway-Musical „South Pacific" von Rodgers und Hammerstein auf einer einzigen Platte mit Goldmarkschen Mikrorillen aufnehmen ließ. Ein ganzes Musical ohne ständigen Plattenwechsel, das war neu, und die Kunden stürmten die Musikgeschäfte.

„Als wir die Langspielplatte erfanden", berichtete Peter Goldmark, „haben wir sicher nicht daran gedacht, eine neue Industrie zu schaffen, höchstens daran, die alte zu erneuern. Aber nach und nach entstanden durch den Anspruch auf höchste Tonqualität immer neue Techniken, und es wurde ein Milliardengeschäft. Vom Verkauf der ersten Mikrorillenplatte bis heute hat die CBS mehr als eine Milliarde Dollar kassiert. Sicher wird so mancher denken, daß ich durch die Erfindung der Platte mit 33 Umdrehungen ein Krösus geworden bin. Aber dem ist nicht so. Ich habe keinen prozentualen Anteil am Plattenverkauf und besitze auch keinerlei Patente. Die CBS gibt mir lediglich ein Exemplar von jeder neuen Produktion, und das genügt mir, um glücklich zu sein."

Die Aufnahmekapazität wird weiter vergrößert: das Füllschriftverfahren

Im Deutschland der Nachkriegszeit setzten sich die neuen Plattentypen sehr langsam durch. Noch im Jahr 1954 wird durch eine Statistik belegt, daß über 77% der Plattenproduktion aus den alten 78er Schellackplatten bestanden. Nur 6,2% machte die Produktion an Platten mit 33 Umdrehungen aus, der Rest lief mit 45 Umdrehungen. Aber die neuen Kunststoffplatten aus Polyvinylchlorid ließen sich schließlich nicht mehr aufhalten, und bald wurde die Herstellung der Schellackplatten eingestellt. Die neuen Platten hatten entscheidende Vorteile. Einmal waren sie unzerbrechlich, zum anderen war durch die feine Materialstruktur und die Beimengung von Ruß die Reibung der Tonabnehmernadel stark reduziert worden. Aber bei der Spieldauer war das letzte Wort noch nicht gesprochen.

1 – Die Musik zu dem Broadway-Musical „South Pacific“ brachte 1949 für Peter Goldmark und die CBS mit ihrer Langspielplatte nach vielen Versuchen und Fehlschlägen endlich den Durchbruch.
33 Umdrehungen pro Minute und Mikrorillen auf Polyvinylchlorid-Platten – und die Musik für das ganze Musical paßte auf eine Platte ohne Wechsel.
2 – Zwar lagen diese Mikrorillen dichter beieinander als bei den Schellackplatten, doch blieb der Abstand zwischen den Rillen trotzdem konstant. Er wurde aber nur von den selteneren großen Lautstärken wirklich voll ausgenutzt (linke Abbildung). Eduard Rhein entwickelte nach dem Zweiten Weltkrieg ein Verfahren zur Produktionsreife, durch das der Platz auf der Platte optimal ausgefüllt werden konnte, das Füllschriftverfahren. Dort, wo keine oder geringe Lautstärken auftreten, liegen die Rillen ganz dicht beieinander, und nur der Donnerschlag in Tschaikowskys „Schwanensee“ bekommt viel Platz (rechte Abbildung).
3 – Vereinfacht ausgedrückt, wird bei der Füllschrift dem Schneidkopf (S) die zu schneidende Lautstärke nacheinander über ein Regelorgan und ein Verzögerungsglied um 0,1 Sekunde versetzt mitgeteilt. Außerdem gibt ein Tonabnehmer dem Regelorgan Lage und Lautstärke der vorangegangenen Rille durch (1 und 2), woraus die neue Rille errechnet und dem Schneidkopf mitgeteilt wird.

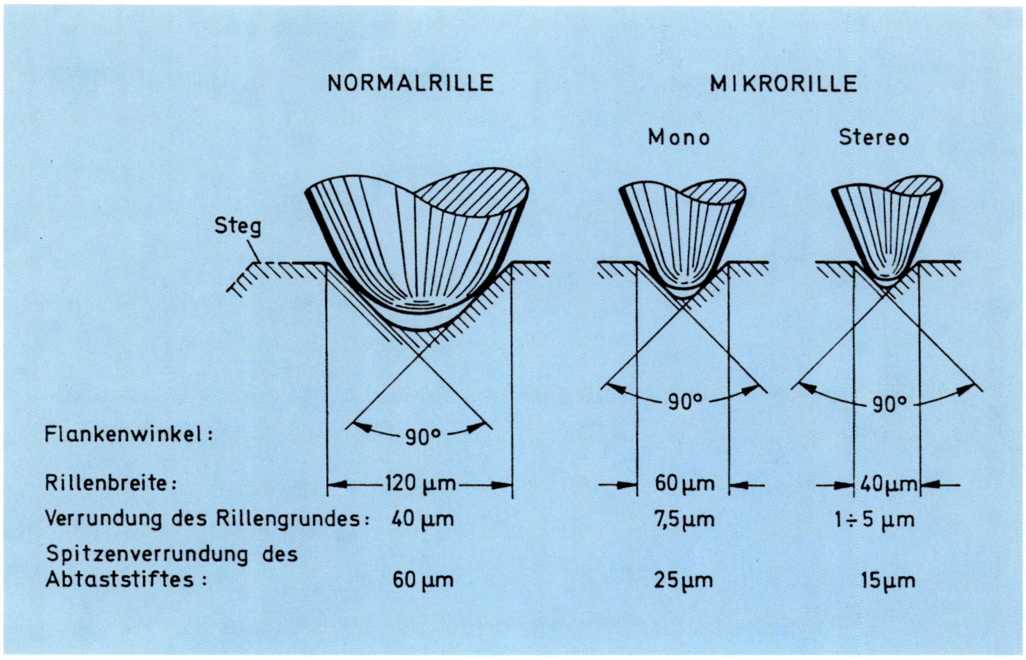

1

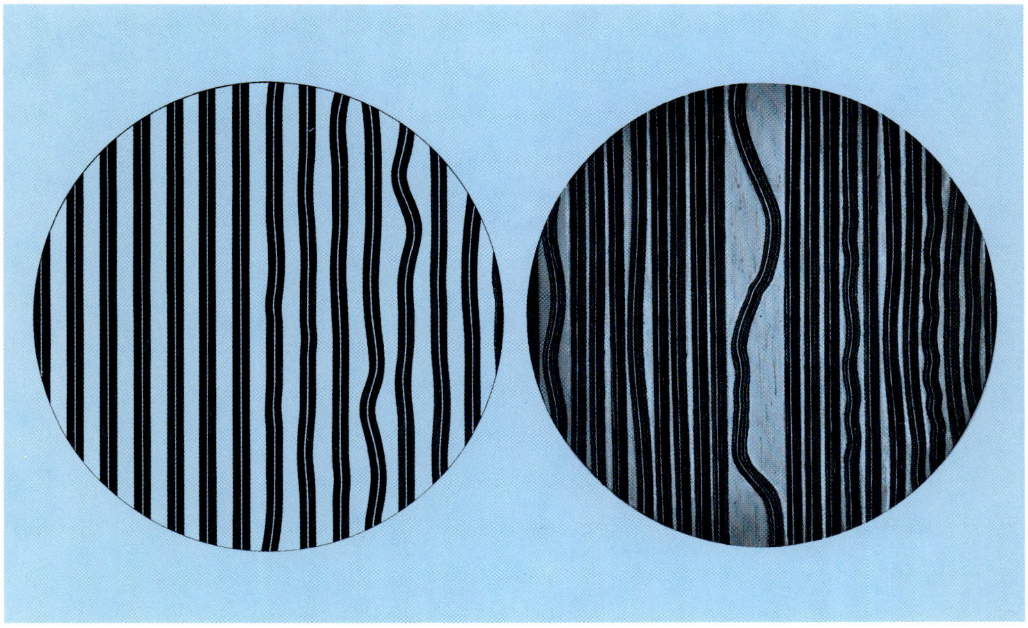
2

Durch eine besondere Technik, das „Füllschriftverfahren“, konnte die Kapazität noch einmal gesteigert werden. Als Vater dieses Verfahrens wird im allgemeinen der Physiker, Erfinder, Journalist und Romanschriftsteller Eduard Rhein (geboren 1900) genannt. Aber als er 1942 sein Verfahren zum Patent anmeldete, mußte er feststellen, daß sein Prinzip schon seit dem 19. April 1928 in London als Patent der Columbia Graphophone Company anerkannt war.
Während die Firma in London aber ihr Projekt offenbar nicht weiter verfolgte, stürzte sich Eduard Rhein konsequent in die Entwicklung seines Verfahrens, für das er sich den Namen Füllschrift schützen ließ. Es ging darum, mit der Platzverschwendung auf den 45er Platten aufzuräumen. Bisher hatte man die Rillen der Tonspur ohne Rücksicht auf ihren tatsäch-

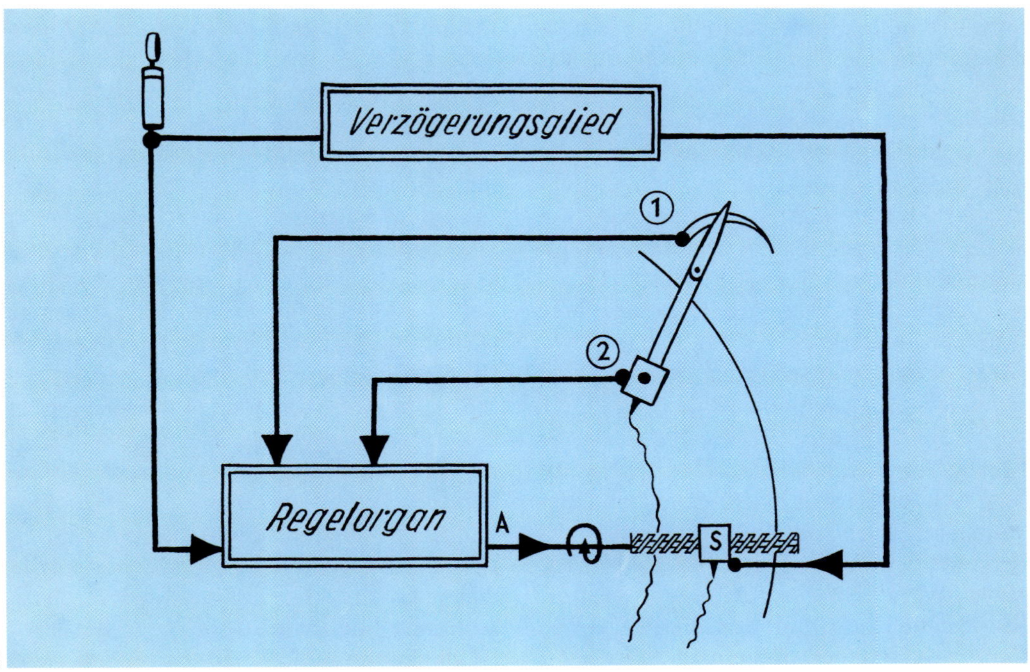

3

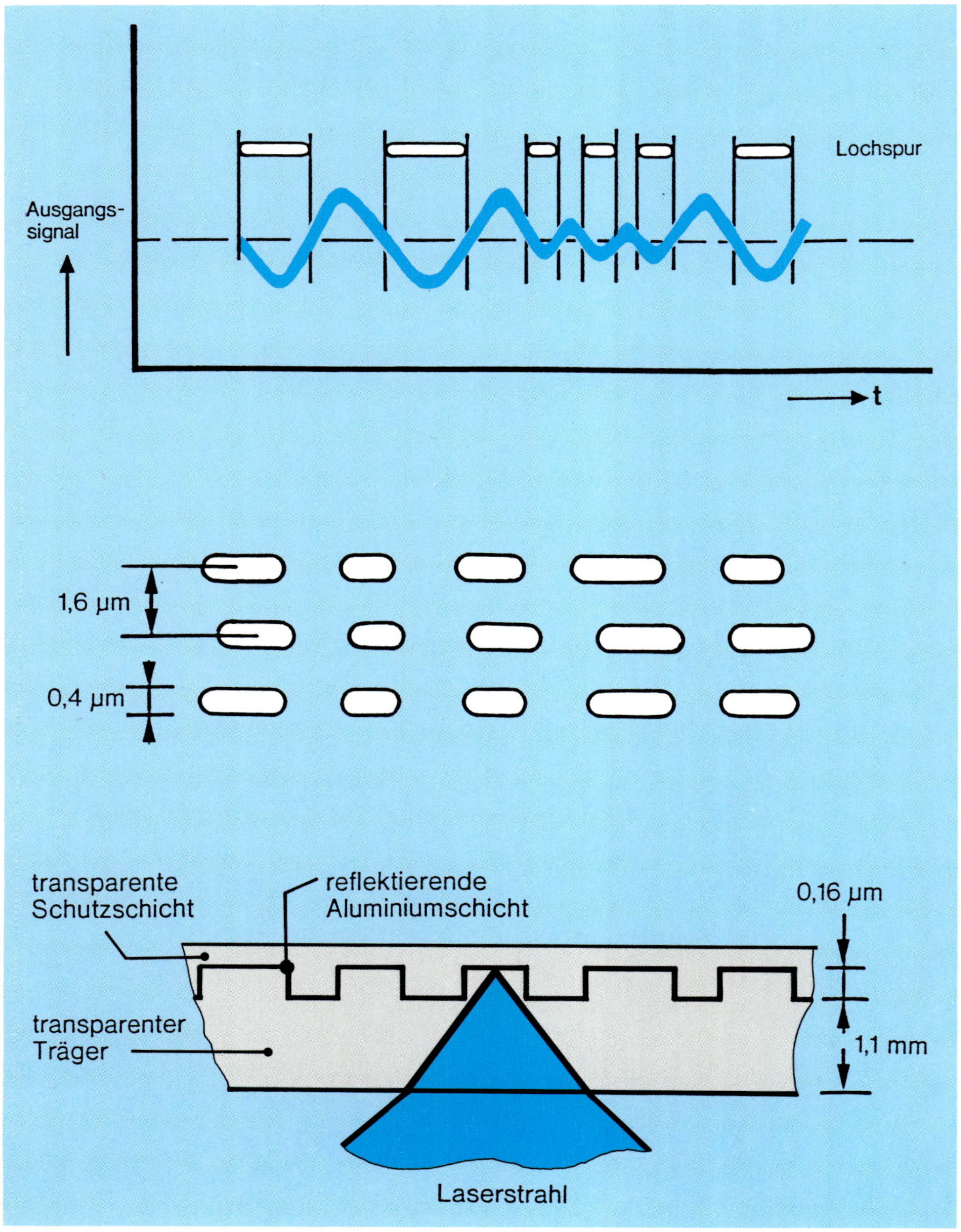

1

1–2 – Rillen werden zu Löchern und Nadeln zu Licht bei der Compact Disc. Die Ähnlichkeiten mit Berliners Grammophon und Edisons Tiefenschrift sind dennoch nicht zu übersehen.
Schallschwingungen, zerlegt in Zahlencodes, gespeichert in Form von Vertiefungen auf PVC, ergeben eine Platte von 10 Gramm Gewicht, 11,5 Zentimeter Durchmesser und einer Spieldauer bis zu einer Stunde. Der Abtastvorgang geht so vor sich, daß das Laserlicht von den vertieften Stellen anders reflektiert wird als von nicht vertieften. Danach fällt das Licht auf eine Fotodiode und beeinflußt den dort fließenden Strom. Aus dieser Beeinflussung kann ein Computer wieder die ursprüngliche Schallschwingung ermitteln.

lichen Raumbedarf gleichmäßig nebeneinandergelegt. Der Ausschlag der Nadel war aber ungleichmäßig: Je größer die Lautstärke, desto größer die Amplitude. Damit sich die Ausschläge auf der Platte nicht gegenseitig ins Gehege kamen, mußte man zwischen zwei nebeneinanderliegenden Tonrillen einen bestimmten Abstand einhalten. War der Ausschlag gering, so war der dazwischenliegende Steg breiter als notwendig.

Beim Füllschriftverfahren von Rhein schmiegt sich jede neue Rille eng an die vorhergehende an. Das funktionierte im Prinzip folgendermaßen: Gleichzeitig mit dem Schneiden der Platte tastet ein Tonabnehmer Lage und Lautstärke der vorhergehenden Rille ab und gibt die elektrischen Werte an ein Regelorgan weiter. Ein Rechner bestimmt danach die richtige Lage des Schneidkopfes auf tausendstel Millimeter genau. Der Rillenabstand wird so eingeregelt, daß zwischen den Rillen nur noch der unbedingt notwendige Steg stehenbleibt.

In der Praxis konnte ein solches mit Trägheit behaftetes System natürlich nicht funktionieren. Rhein ging deshalb schon von Anfang an den Weg über die inzwischen zu hoher Vollendung weiterentwikkelte elektromagnetische Zwischenaufzeichnung. Dadurch konnte der Schneideapparatur über einen zeitlich vorversetzten Aufnahmekopf zunächst schon die zu erwartende Lautstärke signalisiert werden und sie wiederum den an der zu schneidenden Stelle benötigten größeren oder kleineren Rillenabstand sichern.

Die so definierte Lage der Rille wurde magnetisch auf einer mitlaufenden schallplattengroßen Magnetfolie registriert.

Es dauerte bis 1953, bis man die Serienproduktion der „Füllschrift Musikplatten, geschnitten nach dem Rhein'schen Verfahren" aufnehmen konnte. Eduard Rhein schrieb darüber:

„Als ich 1942 mein Verfahren zum Patent anmeldete, glaubte ich, die erste zuverlässig arbeitende Schneid-Apparatur im Laufe eines Jahres bauen zu können. Doch der Krieg, der Zusammenbruch und die Geld-Entwertung wirkten stark verzögernd. Außerdem hatte ich die praktischen Schwierigkeiten unterschätzt; hätte ich sie gekannt, so hätte ich mich privat an diese sehr kostspielige Entwicklung nicht herangewagt, da ich zu dieser Zeit gerade ‚Hör zu' und ‚Kristall' geschaffen hatte und beide Zeitschriften als Chefredakteur leitete. Ich konnte mich mit der Füllschriftplatte immer nur nebenbei beschäftigen. Finanzielle Unterstützungen durch Firmen hatte ich nicht.

2

Am 14. Juli 1950 führte ich dann der Öffentlichkeit zum ersten Mal die nach meinem Verfahren geschnittenen Platten vor. Sie wirkten sensationell."
Die betriebsfertige Apparatur wurde von der Firma Telefunken gegen eine Stücklizenz übernommen.

Platte ohne Rillen: Compact Disc

Seit dieser Zeit haben die Techniker immer wieder versucht, die Aufnahmetechnik und Wiedergabequalität der Schallplatte zu verbessern. Es blieb nicht aus, daß sich auf der Suche nach neuen Wegen auch die Computertechniker zu Wort meldeten. Sie zerlegten die Schallschwingungen in einen Zahlencode, der sich digital speichern ließ. Die Speicherung erfolgte auf einer 11,5 Zentimeter großen Platte, die eine beachtliche Spieldauer von 60 Minuten aufweisen kann.
Ein Laserstrahl tastet die Platte ab. Trifft er auf eine glatte Stelle, wird er reflektiert und fällt auf eine Fotodiode. Die Diode gibt den Spannungsimpuls an einen Kleincomputer weiter. Trifft der Strahl auf eine Vertiefung in der Platte, wird er gestreut, und der Spannungsimpuls bleibt aus. Aus jeweils 16 solchen Ja-Nein-Impulsen errechnet der Computer eine Tonschwingung. Pro Sekunde führt er 44000 Berechnungen aus. Die Abtastung erfolgt dabei von innen nach außen. Die Vorteile dieses Systems liegen auf der Hand. Das Klangvolumen steigt, Plattenkratzer oder Bandrauschen gehören der Vergangenheit an. Die Platte bleibt frei von Abnützungserscheinungen und kann beliebig oft gespielt werden. Die Techniker behaupten, daß der konservierte Ton bei diesem System vom Originalton nicht mehr zu unterscheiden sei.
Die nur zehn Gramm schwere neue Platte, bestehend aus aluminiumbeschichtetem, transparentem PVC mit einer hauchdünnen Schutzschicht aus Kunststoff, ist eine Gemeinschaftsentwicklung des japanischen Sony- und des niederländischen Philips-Konzerns. Ingenieure beider Firmen arbeiteten fast zehn Jahre lang am „Compact Disc", wie das neue Kind der Tontechnik schließlich genannt wurde. Drei Milliarden Mark wurden investiert, bis das Laserverfahren anwendungsreif war.
Am 8. März 1979 führte Philips in Eindhoven den ersten CD-Player vor. Damals war die Abspieltechnik noch transistoriert – ein unter dem Tisch angebrachtes Gehäuse von der Größe einer Kartoffelkiste nahm die komplizierte Apparatur auf. Bald kamen jedoch die ersten kompakten

Abspielgeräte, nicht viel größer als ein Lexikonband, auf den Markt – freilich noch zu Preisen um 2000 Mark. Erst seit der Produktion wesentlich preisgünstigerer Player begann sich der Compact Disc durchzusetzen; zunächst bei Musikfans mit hohen Ansprüchen an die Wiedergabequalität.

Plattenspieler und Aufnahmetechnik

Es war ein langer Weg vom einfachen Grammophon Emil Berliners bis zum modernen Präzisionsplattenspieler mit seinem schweren, exakt ausgewuchteten Plattenteller aus nichtmagnetischem Werkstoff, mit elektronischer Drehzahlregelung und Antiskatingvorrichtung. Eine Reihe von umwälzenden Erfindungen war notwendig, um die Tonaufnahme und -wiedergabe zu perfektionieren und fast Originaltreue in allen Klangbereichen möglich zu machen.

Die mechanische Tonwiedergabe

Die erste Serienproduktion von Berliners Grammophon wurde in Deutschland aufgenommen. Der Erfinder hatte die Puppenfabrik Kämmerer & Reinhardt in Waltershausen damit beauftragt. Die Geräte waren noch recht einfach, und verständlicherweise erlaubte der Handkurbelbetrieb nicht immer die optimale Abspielgeschwindigkeit. Die Geschäfte gingen zunächst ganz gut. Kauflustige Engländer mußten für ein Grammophon damals ganze zwei Guineen anlegen und bekamen als Zugabe noch sechs Platten geschenkt.
Aber es dauerte nicht lange, bis sich ein Rückgang der Verkaufsgeschäfte bemerkbar machte. Das Publikum war durch die bequemere Federmechanik des Edison-Phonographen verwöhnt, und niemand wollte mehr ein Grammophon kaufen, das mit einer Handkurbel in Gang gehalten werden mußte. Bevor die Lage kritisch wurde, lernte Berliner den begabten Mechaniker Eldridge R. Johnson kennen. Johnson konstruierte ein nahezu geräuschloses Antriebswerk mit einer Stahlfeder, das von Hand mit einer Kurbel aufgezogen wurde, und stellte diese Federmotoren in einer eigenen Firma her.
Nach dieser Verbesserung konnte man darangehen, die größere Klangfülle der Schellackplatten gegenüber den Walzen auszuspielen. Berliner beauftragte einen Werbefachmann, und bald suggerierten großformatige Anzeigen in wichtigen amerikanischen Zeitungen dem Leser, was er bisher ohne Grammophon alles versäumt hatte: „Langeweile? Das gibt es nicht mehr seit der Erfindung des Grammophons. Lassen Sie sich die Welt auf der Platte servieren", lautete ein Anzeigentext. Oder: „Finden Sie nicht, daß die Winterabende immer länger und trüber werden? Schließen Sie die Jalousien und hören Sie lieber Grammophon."
Im Jahr 1915 drehte erstmals ein Elektromotor den Plattenteller, aber die Tonabnahme funktionierte immer noch wie gehabt. In eine kleine Schalldose war eine Glimmermembran eingespannt. An die Membran lehnte sich ein kleiner Hebel an, in den unten die Nadel eingesetzt wurde. Die Nadel wurde nun durch die Rille in der Schallplatte gezwungen, nach links und rechts auszuschlagen, und diese Ausschläge wurden durch den Hebel in vergrößertem Maßstab auf die Membran übertragen. Die Membran wiederum versetzte die sie umgebende Luft in Schwingungen. Von der Schalldose aus gelangte der Schall über den Tonarm zum Trichter.
Der Trichter nahm bei der mechanischen Schallabstrahlung natürlich eine Schlüsselstellung ein, und man hatte sehr genaue Vorstellungen, wie der ideale Trichter auszusehen hatte. Zunächst einmal sollte die Eingangsöffnung möglichst klein gehalten werden, damit die Membranbewegung gedämpft wurde. Dagegen hielt man eine große Ausgangsöffnung für erforderlich, damit bei den tiefen Tönen keine lästigen Reflexionen auftraten. Und um eine störungsfreie Schallabstrahlung zu gewährleisten, sollte der Übergang zwischen den beiden Öffnungen ganz allmählich erfolgen. Es gab Geräte, deren Blechtrichter so groß wie der einer Tuba war, und die Lautstärke war so groß, daß man da-

Der Grammophon-Hund im Trichter sitzt noch vor einem Kegeltrichter, aus dem sich der Blumentrichter über den Glockentrichter zur vollen Blüte entfaltet hat. Rechts ein Trichtergrammophon namens „Mammut" aus dem Jahre 1916, links „Urena" (um 1925), beide aus zusammengelöteten und lackierten Zinkblechlamellen.

1 – James Watt setzte 1788 den Fliehkraftregler ein, um bei der Dampfmaschine mehr oder weniger Dampf zuführen zu können. Bei den Walzen- und Plattenapparaten hundert Jahre später dienten sie – bereits bei handbetriebenen – Geräten dazu, die Drehzahl der Walze oder des Plattentellers konstant zu halten.

2 – Fliehkraftregler eines Plattenspielers von Dual mit Federwerkantrieb (1913). Das Aufziehen einer Feder mittels Kurbel gönnte dem Zuhörer eine Verschnaufpause, und diese Bequemlichkeit seiner Käufer bewegte Berliner schließlich auch dazu, bei seinen Grammophonen federgetriebene Laufwerke einzubauen, wie sie schon Edison für den Phonographen verwendete.

3 – Spielzeuggrammophon, um 1910. Wer zehn 30-cm-Schellackplatten auf einmal kaufte, bekam ein solches Gerät geschenkt.

4 – Minigrammophon 1928. Soweit bekannt, ist dies das kleinste Grammophon der Welt, das in Serie hergestellt wurde. Man konnte damit Schellackplatten bis zu einem Durchmesser von 25 Zentimeter abspielen, mußte sie dazu aber jeweils auf dem Teller festschrauben.

5 – Mechanischer Tonabnehmer, Baujahr 1920–1925, für Seitenschrift: In der aufrecht stehenden Schalldose bildet die Membran eine Ebene mit der Rille. Die Membran konnte aus verschiedenem Material bestehen, z. B. aus Kupfer, Aluminium, Glas oder meistens, wie bei diesem Tonabnehmer, aus Glimmer.

6 – Mechanischer Tonabnehmer des Pathéphone, Frankreich um 1900, konstruiert für Tiefenschrift: Die Schalldose steht im rechten Winkel zur Schallrille. Im Unterschied zu den Stahlnadeln für Seitenschrift finden wir hier Saphir-Kugelstifte.

7 – Mit der Konstruktion seines Pathéphone versuchte Charles Pathé (1863–1957) die Patente von Edison und Berliner zu umgehen. Die Platten aus Hartgummi mit einem Durchmesser von 27 oder 38 Zentimeter wurden von innen nach außen abgespielt (Drehzahl 98–100 U/min gegenüber den 78 U/min bei Berliner).

8 – Mit der Installation öffentlicher Stromnetze ab etwa 1910 verbreitete sich auch der Elektroantrieb für Plattenspieler, den schon Edison für seinen Phonographen einsetzte. Doch war das Aufladen der Akkumulatoren zu umständlich und relativ teuer. Die Abbildung zeigt das Innere eines Gerätes von Ebner, eines der ersten elektrisch angetriebenen, deren Antriebsmotor mit Lederriemen und Zugfedern aufgehängt war. Auf diese Weise ließ sich die Körperschallübertragung des Motors vermindern.

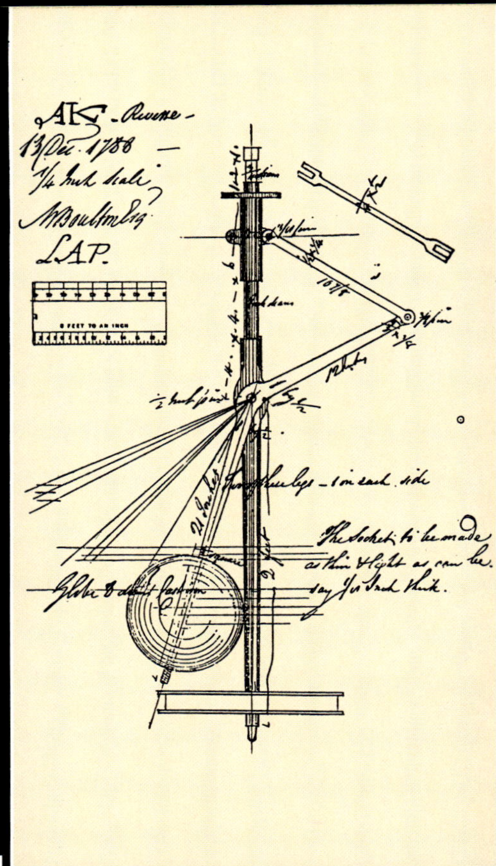

1

2

5

6

7

4

mit selbst einen weitläufigen Salon ausreichend mit Musik versorgen konnte.
Die Tonarme zur Schallübertragung wurden zum Teil aus raffinierten Legierungen hergestellt, die Werbung verstieg sich sogar dazu, „High Fidelity" (höchste Klangtreue) zu versprechen, und die Firmen boten laute und leise Nadeln an. Aber das alles konnte nicht darüber hinwegtäuschen, daß dem mechanischen System physikalische Grenzen gesetzt waren.

Das mechanisch-akustische Aufnahmeverfahren

Das Aufnahmeverfahren war eigentlich eine Umkehrung der Wiedergabe. An der Membran befand sich ein Schneidstichel, der die Schallwellen in eine rotierende Wachsplatte eingrub. Bei der Aufnahme wurde in den Schalltrichter hineingesungen und -gesprochen, sein Durchmesser richtete sich nach der Art der Aufnahme.
Die Nachteile liegen auf der Hand. Durch die Resonanzwirkung des Trichters kam es zu unschönen Verzerrungen. Der Frequenzumfang lag bei den Trichteraufnahmen zwischen 160 und 2000 Hertz. Um aber beispielsweise den Klang eines Orchesters aufnehmen zu können, müssen Frequenzen zwischen etwa 30 und 18000 Schwingungen pro Sekunde wiedergegeben werden. Dazu kam, daß vor den Trichtern bei der Aufnahme ein unglaubliches Gedrängel herrschte. Das Orchester oder die Solisten mußten sich dicht um den Aufnahmetrichter gruppieren, damit die notwendige Schallenergie eingefangen werden konnte. Tanzte einer der Beteiligten aus der Reihe und spielte oder sang

Da die Stahlnadeln nach dem Abspielen einer Platte ausgetauscht werden sollten, war der Verbrauch natürlich hoch. Mit der Einführung der elektrischen Tonwiedergabe wurde der Tonabnehmer leichter, und man konnte Saphirstifte verwenden wie schon bei den Walzengeräten Edisons. Diese hielten das Abspielen vieler Platten aus.

Ia Qualität
Feinste Marschall-Nadeln
mittellaut
200 Nadeln
Burchard's Salon
Nur echt mit dem Namenszug
A. Burchard
200 feinste Sprechmaschinen-Nadeln
MARSCHALL
PICK-UP
Burchard's Starkton-Nadeln
HEROLD DOPPELTON
LAUT u. LEISE
AIGUILLES PEGASUS
Qualité Supérieure
200 FINEST STEEL NEEDLES
200 Pick-up
Gold
PEGASUS SALON NADELN
S. CECILIA
PIANO
Der Sängerkrieg auf der Wartburg
DIESES SORTIMENT ENTHÄLT MARSCHALL NADELN
IN 3 VERSCHIEDENEN LAUTSTÄRKEN
leise
mittellaut
laut
Best Needles for the Gramophone
MARSCHALL
SALON-EXTRA
„POLYFAR"
"DIE STIMME SEINES HERRN"
PICK-UP
Burchard's Salon
Elertromophon
NORMAL
200
MEDIUM NEEDLES
MADE IN GERMANY
TALKING MACHINE NEEDLES
Fürsten Extra
1850
1940
200 feinste
PANZER-NADELN
leise
200
Schutzmarke
HEROLD
RITTER SALON
sehr leise
HEROLD-ELECTRO
TONMEISTER
200 ORIGINAL-PEGASUS
Pick-Up
SCHUTZMARKE
NEEDLES

einen falschen Ton, mußte das gesamte Musikstück wiederholt werden, bis eine fehlerfreie Aufnahme gelang.
Emil Berliner verwendete, wie schon erwähnt, bei seinen Schallplattenaufnahmen eine Platte aus fein poliertem Zinkblech, die vor der Aufnahme in eine dünnflüssige Lösung von Wachs in Benzin getaucht wurde. Wenn das Benzin verdunstet war, blieb auf der Oberfläche eine hauchdünne, gleichmäßige Wachsschicht zurück, in die die Tonspur eingekratzt werden konnte. Aber dieses Einritzen der Tonspur stellte Berliner vor ein Problem. Wenn der Schneidstichel mit der Platiniridiumspitze über das Wachs schabte, schob er das weggekratzte Wachs in Klümpchen vor sich her, und die Spur wurde ungleichmäßig. Berliner löste dieses Problem, indem er den Plattenteller mit einem geschlossenen Blechrand versah. Den so entstandenen flachen Behälter füllte er mit einem Gemisch aus Wasser und Alkohol auf. Die gewachste Zinkplatte drehte sich also in einer Lösung, die alle Wachsteilchen sofort nach dem Losschneiden wegschwemmte. Der Wachsabfall sammelte sich an der Oberfläche. Die fertig geschnittene Platte wurde zehn Minuten lang in ein Ätzbad aus einer dreiprozentigen Chromsäurelösung gelegt, dann waren die Rillen ausreichend tief eingeätzt, und die Platte konnte abgespielt werden.
Zur Verbesserung der Tonqualität unternahm man Versuche mit verschiedenen Umdrehungsgeschwindigkeiten. Einhundert Umdrehungen pro Minute ergaben eine zu kurze Spielzeit, vierzig Umdrehungen zwar eine längere, dafür aber eine miserable Wiedergabe. Bis zum Jahre 1925 etwa hatte sich die Umdrehungsgeschwindigkeit zwischen vierundsiebzig und zweiundachtzig Umdrehungen pro Minute eingependelt. Erst durch die Entwicklung der elektrischen Aufnahme von Platten wurde die Geschwindigkeit auf 78 U/min einheitlich festgelegt.
Der Grund dafür lag in einem weltweiten Austausch von Platten und Preßmatrizen. Eine Normierung war also unumgänglich. Allerdings blieben kleine Unterschiede auch weiterhin bestehen. In Amerika betrug die Frequenz des Stromnetzes 60 Hertz, das bedeutete für einen Zweipolsynchronmotor des Plattenspielers 3600 Umdrehungen pro Minute. Durch ein Untersetzungsgetriebe herabgesetzt, ergab das für den Plattenteller 78,26 Umdrehungen pro Minute. In Europa mußte man von einer Netzfrequenz von 50 Hertz ausgehen und erhielt für den Plattentellerantrieb etwas weniger, nämlich 77,92 Umdrehungen pro Minute.

1

2

3

4
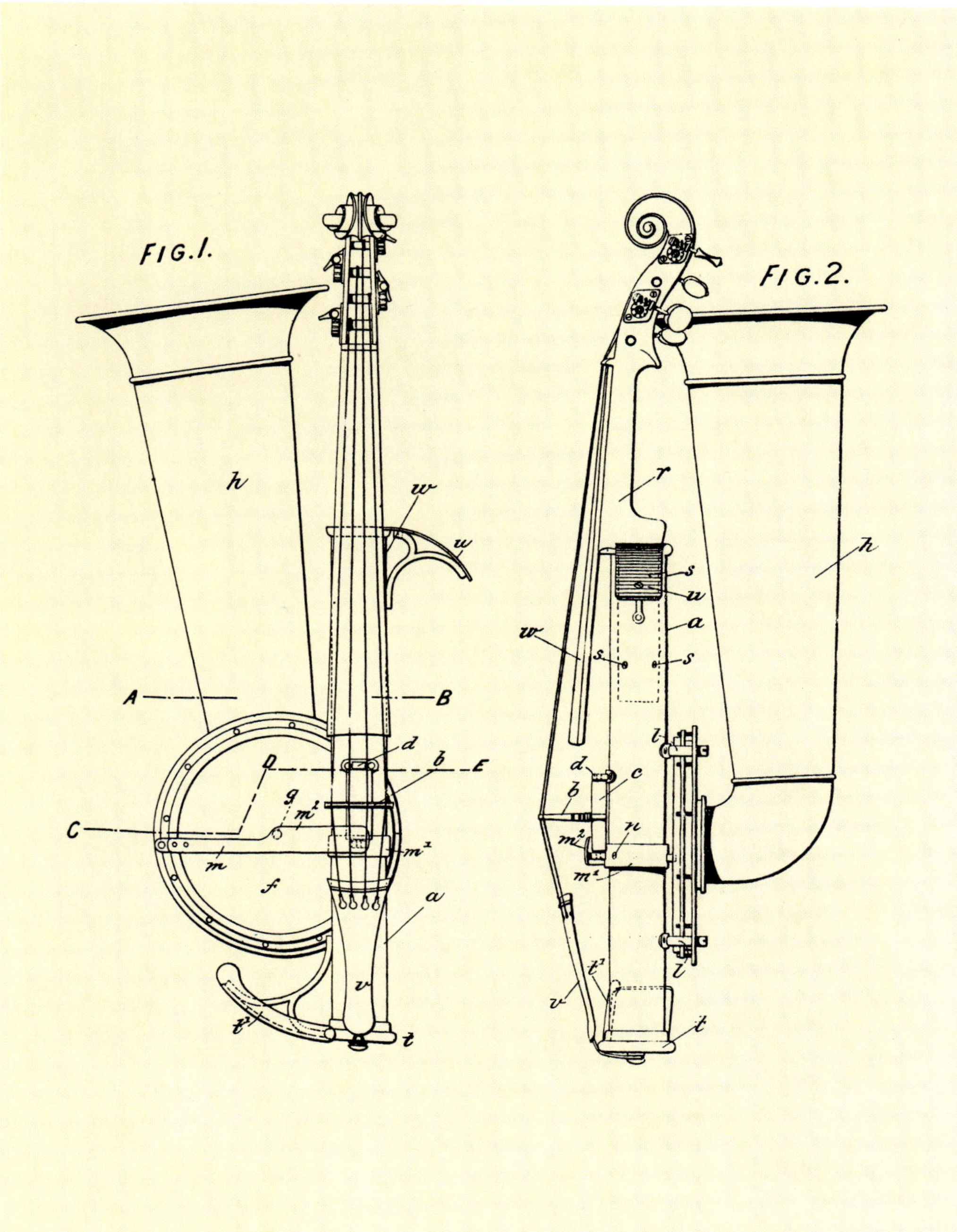

5
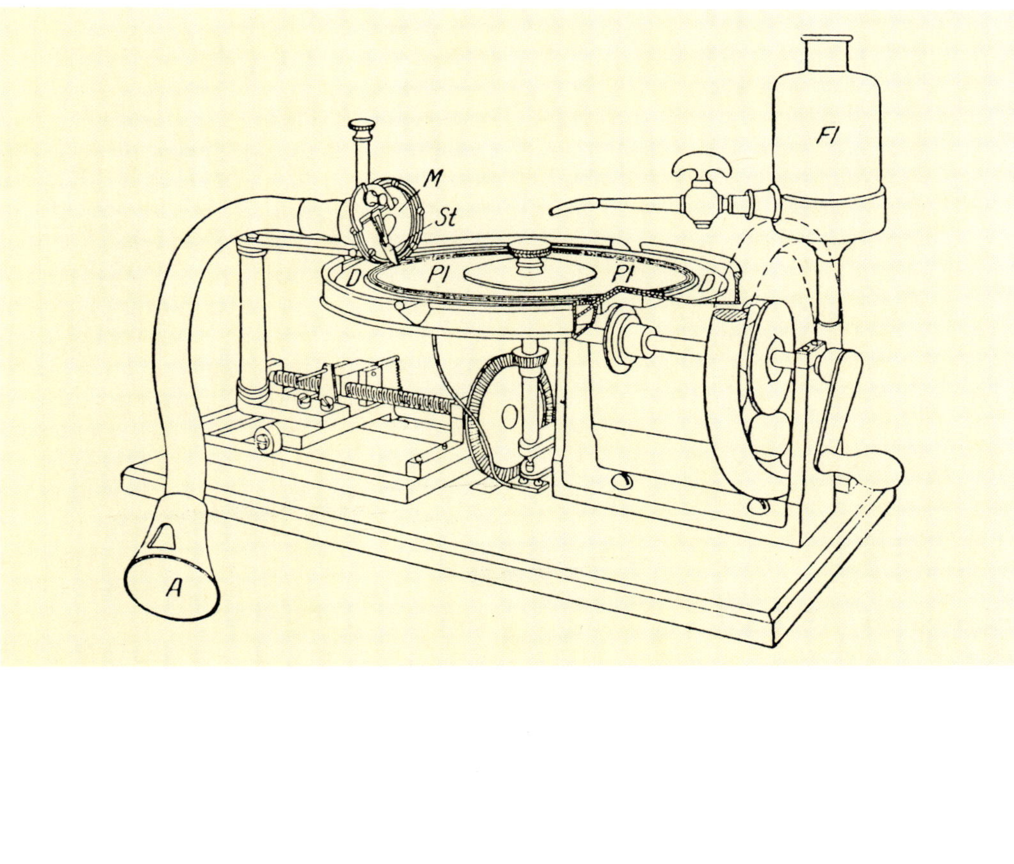

Ein gewaltiger Schritt nach vorn

Im Frühjahr 1925 spielte der Jazzpianist Art Gilham bei einer Plattenaufnahme zum ersten Mal vor einem Mikrofon. Damit brach eine neue Epoche der Aufnahmetechnik an. Die Schallschwingungen wurden nicht mehr unmittelbar in mechanische, sondern zunächst über das Mikrofon in elektrische Schwingungen umgesetzt. Voraussetzung für diese neue Technik war die Entwicklung des amerikanischen Erfinders Lee De Forest (1873 bis 1961). Aufbauend auf Edisons glühelektrischem Effekt und Flemings Gleichrichter erfand er die Triode, bei der sich der Elektronenstrom vom Heizfaden zur Gegenelektrode durch die Gitterspannung steuern ließ. Anders ausgedrückt bedeutete das, daß durch die Änderung eines schwachen Gitterstromes eine Änderung des sehr viel stärkeren Elektronenstroms erreicht werden konnte, und damit war der Verstärker geboren.

Firmen in aller Welt stürzten sich auf diese Erfindung, und es blieb nicht aus, daß auch die Schallplattenindustrie die Triode für ihre Zwecke zu nutzen suchte. Anfang Mai 1922 begann die Deutsche Grammophon Gesellschaft mit elektrischen Aufnahmeversuchen über Mikrofon und Verstärker. Ihre ersten brauchbaren Aufnahmen kamen 1925 auf den Markt. In Amerika entwickelten J. P. Masefield und H. C. Harrison von der Bell-Telephone-Forschungsanstalt eine kommerziell verwertbare elektrische Aufnahmetechnik.

Das Prinzip war überall das gleiche. Die im Mikrofon erzeugten Stromschwankungen wurden erst einem Verstärker, dann einem Tonstärkeregler zugeführt. An die Stelle der alten Membran war nun ein

1 – Vier Walzen auf einmal schafft dieser Sänger. Das war die Vervielfältigungsmethode der Anfangszeit; später gab es dafür Dupliziermaschinen.
2–3 – Das will geübt sein! Jan Kubelik bei der Aufnahme, am Flügel Bruno Seidler-Winkler.
4 – Bei Orchesteraufnahmen versuchte man, die unterschiedliche Tonstärke der einzelnen Instrumente durch die Aufstellung auszugleichen und auch durch die Verwendung einer sogenannten Strohgeige. Der Geigenkörper ist durch einen Tontrichter ersetzt.
5 – Aufnahmeapparat von Emil Berliner für Zinkplatten, die für die Aufnahme dünn mit einer Wachs-Benzin-Mischung beschichtet waren. Flüssigkeit aus der Flasche (Fl) transportierte das abgeschabte Wachs in den vertieften Blechrand der Drehscheibe (D).

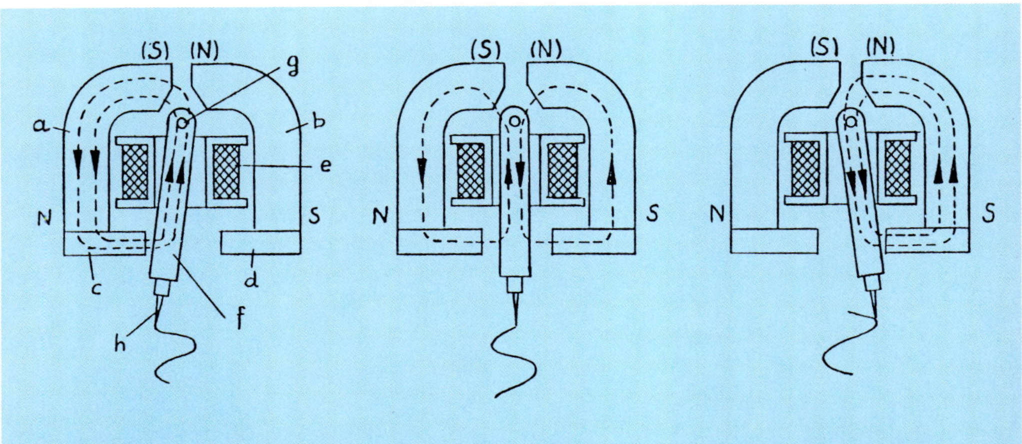

a, b Dauermagnete
c, d Polschuhe aus Weicheisen
e Spule
f Anker aus Weicheisen
g Drehpunkt des Ankers
h Nadel

1

2

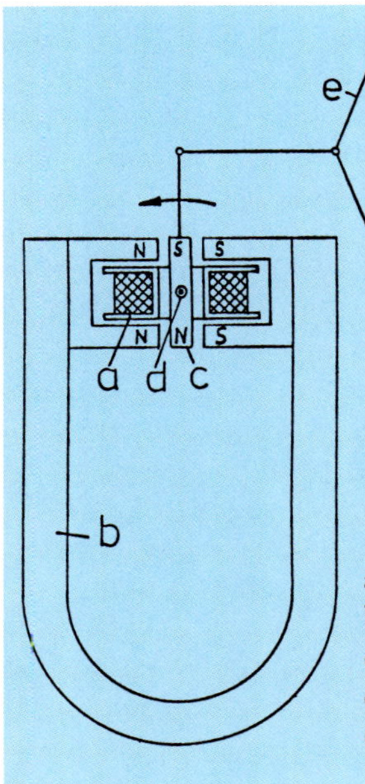

a Spule
b Permanentmagnet
c Weicheisenanker
d Drehpunkt
e Trichteransatz

3

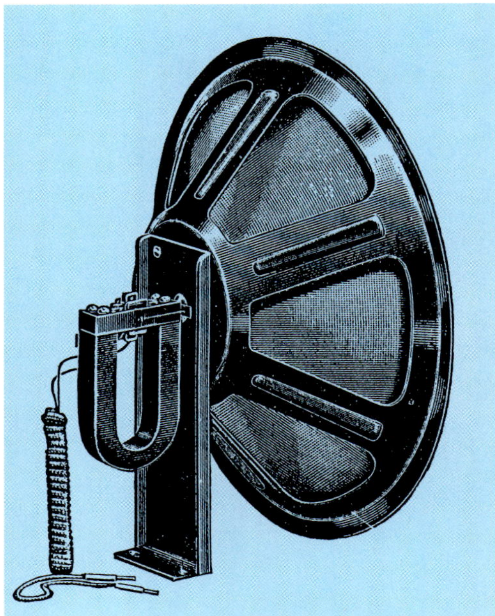

4

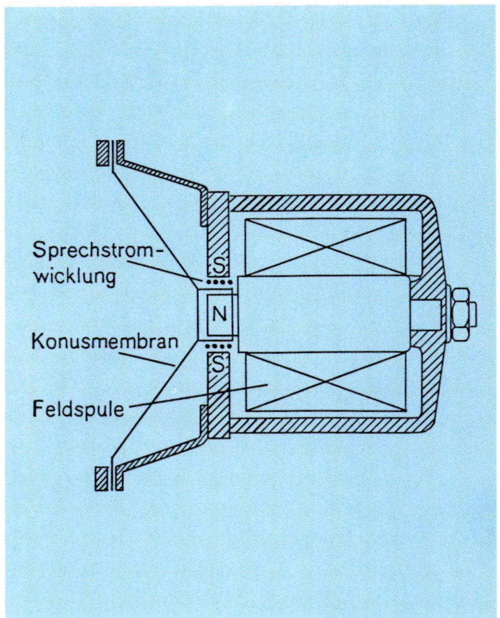

5

Elektromagnet getreten, zwischen dessen beiden Polen sich ein kleiner Hebel mit der Schneidnadel befand. Entsprechend den Stromschwankungen des Mikrofons änderte sich auch der Magnetismus, und der Hebel kam in Schwingungen. Die Nadel ritzte die Schallwellen in die rotierende Wachsplatte, genauso wie beim mechanischen Aufnahmeverfahren.

Die elektrische Tonwiedergabe

Die zwanziger Jahre erlebten geradezu einen Boom im Plattengeschäft. Das neuartige Aufnahmeverfahren erlaubte höchste Klangtreue. Um so verwunderlicher erscheint es, daß die Tonwiedergabe bei diesen neuen Errungenschaften der Elektroakustik zunächst nicht mithalten konnte. Noch immer kratzte die Nadel mit Membran über die Schellackplatte. Die Umstellung war so groß, daß man an das Naheliegende nicht dachte. Es dauerte über zwei Jahre, bis die Tonwiedergabe über einen Verstärker und Lautsprecher erfolgte. Für die häuslichen Plattenspieler benutzte man häufig das Rundfunkgerät, das ja beide Elemente enthielt.

Zur Umwandlung der Nadelschwingungen in elektrische Stromschwankungen diente die „Elektrodose". Später setzte sich der amerikanische Ausdruck „Pick up" durch. Diese Elektrodose bestand im wesentlichen aus einem starken Dauermagneten, der mit Drahtwicklungen versehen war. Zwischen den beiden Polen konnte der obligatorische Hebel mit der Nadel frei schwingen. Nach dem physikalischen Gesetz der Induktion entstand in den Wicklungen durch die Nadelbewegungen ein elektrischer Wechselstrom, der in einer Verstärkeranordnung verstärkt und schließlich dem Lautsprecher zugeführt wurde.

Der in der Frühzeit des Rundfunks verwendete Lautsprecher funktionierte nach dem magnetischen Prinzip einer Telefon-Hörmuschel, nur daß die Metallmembran durch eine Papiermembran ersetzt wurde. Vor den Polen des Magneten befand sich ein frei schwingender Anker, dessen Schwingungen auf eine konusförmige Papiermembran übertragen wurden. 1925 erfanden die beiden Ingenieure Edward Kellogg und Chester Rice den elektrodynamischen Konuslautsprecher, der noch heute verwendet wird. Der Lautsprecher löste nun die lautverstärkenden Trichter ab, die schon längst als monströse Relikte einer vergangenen Tonepoche angesehen wurden.

Die Entwicklung des Plattenspielers war

1–2 – Beim elektrischen Tonabnahmesystem mit Hilfe eines Dauermagneten ist die Nadel an einem Weicheisenanker befestigt. Je nach Auslenkung in der Schallrille beeinflußt der Anker die Ströme im Magneten. Die dadurch entstehende elektrische Spannung entspricht den Schallschwingungen auf der Platte.
3–4 – Vom Tonabnehmer gelangen die elektrischen Signale dann über einen Verstärker zum Lautsprecher. Dabei werden nach demselben Prinzip wie oben Signale über eine Membran am Trichteransatz (e) wieder in Schwingungen verwandelt.
5 – Der Konuslautsprecher von Kellogg und Rice (1925) machte große Schalltrichter überflüssig.
6 – Einer der ersten Zehnplattenspieler (Perpetuum-Ebner, 1949), Plattenzahl und Pausenschaltung programmierbar.
7 – Ein moderner HiFi-Turm.

6

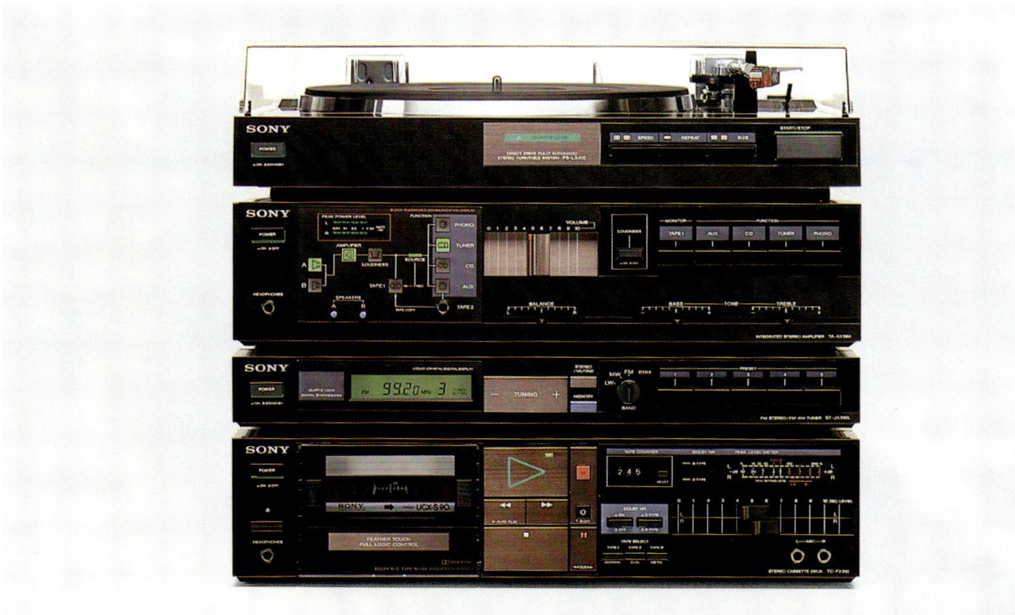

7

damit natürlich nicht zu Ende. Er wurde ständig verbessert, man strebte Verbindungen mit anderen Tonträgern an. Mit der bahnbrechenden Erfindung des Transistors wurden die Plattenspieler kleiner und handlicher, Verstärker und Lautsprecher konnten in einem Gehäuse kombiniert werden. Der Zehnplattenwechsler erlaubte ein komplettes Musikprogramm. Kompaktgeräte und HiFi-Türme mit Verstärker, Plattenspieler und Cassettenrecorder sowie Lautsprecherboxen führten zum eigenen Tonstudio im Wohnzimmer. Höchste Wiedergabetreue wurde zum Ideal, und um dieses Ideal zu erreichen, ließen sich die Techniker einiges einfallen. Die vorläufig letzte Entwicklung der Schallplattenindustrie war schließlich der bereits erwähnte Compact-Disc-Player, dessen Laserstrahl den digitalen Code einer Langspielplatte abtastet.

Der Weg der modernen Schallplatte

Mit einem einzigen Mikrofon, wie es in der Anfangszeit der elektrischen Aufnahmetechnik noch verwendet wurde, kommt man bei den heutigen Plattenaufnahmen längst nicht mehr aus. Aber um den heutigen Standard zu erreichen, mußte erst das Tonbandgerät vervollkommnet werden. Von Poulsens „klingendem Draht“ mit einer einzigen Spur bis zu den modernsten Studiogeräten von Telefunken mit 32 Spuren war es ein langer Entwicklungsweg, aber ohne diese Entwicklung wären Plattenaufnahmen nicht mehr denkbar. Das Tonband ist der Ausgangspunkt der Schallplattenherstellung. Je mehr Sorgfalt auf die Bandherstellung verwendet wird, desto überzeugender gelingt die Weiterverarbeitung zur Platte.
Für die Aufnahme von Unterhaltungsmusik ist das 16-Spur-Stereo-Bandgerät die kleinste Profi-Apparatur. Es wäre bei diesem Gerät also möglich, beispielsweise von sechzehn verschiedenen Mikrofonen aus gleichzeitig aufzunehmen, wobei jedes Mikrofon über ein Mischpult verschieden ausgesteuert werden kann und schließlich auf dem Band eine ganze Spur einnimmt.
Das wäre der Idealfall, weil dann die Mischungsmöglichkeit der verschiedenen Mikrofonaufnahmen beim Überspielen auf eine einzige Spur für die letzte Kopie bis zum Schluß erhalten bliebe. Falls das Mischungsverhältnis nicht dem erwarteten Klangbild entspricht, läßt sich der Überspielvorgang ohne weiteres wiederholen.
In der Praxis der Unterhaltungsmusik sieht es aber meistens anders aus. Zunächst nimmt man das „Grundplayback“

1 

1 – Bevor heute Töne in Schallrillen gebannt werden, legen sie einen langen Weg zurück. Ein Musikstück beispielsweise wird zunächst zerlegt, indem einzelne Instrumente und Solostimmen auf getrennte Tonspuren aufgenommen werden. An einem Mischpult wie in der Abbildung entsteht aus acht Spuren das Stereo-Mutterband mit zwei Spuren.

2 – Am Anfang der Platten-Generationenfolge steht eine Lackfolie, auf die die Musik zunächst vom Tonband überspielt wird. Versehen mit einem Silberüberzug und dadurch elektrisch leitfähig, kommt sie in ein Galvanikbad und überzieht sich mit einer Kupferschicht. Die Silber-Kupfer-Schicht läßt sich abziehen und heißt jetzt „Vater", mit Erhöhungen statt Rillen.

3 – Die Positive von den „Vätern" – nächste Generation – sind „Mütter", wieder mit Rillen. Sorgfältig werden sie abgehört, geprüft und gegebenenfalls noch Reste der Silber-Kupfer-Schicht mit einem Gravierstichel entfernt.

4 – Hier wird von einer „Mutter" gerade ein „Sohn" abgezogen, die eigentliche Preßmatrize.

5 – In einer Art großem Waffeleisen sind oben und unten die Preßmatrizen für die beiden Seiten der Schallplatte befestigt sowie die Etiketten; in der Mitte der Massekuchen aus Kunststoffgranulat. Unter Druck und Hitze ist dann in wenigen Sekunden eine neue Schallplatte fertig.

auf, bestehend aus Schlagzeug, Baß und Gitarre. Das Schlagzeug beansprucht meistens schon mehrere Bandspuren, weil dadurch die Möglichkeit gegeben ist, nach Belieben rhythmische Akzente zu setzen. Beim nächsten Arbeitsgang hören die Spieler von Streich- und Tasteninstrumenten das Grundplayback über Kopfhörer ab, und gleichzeitig wird ihr Spiel auf das Band aufgenommen. Nach dem gleichen Schema kommt als nächstes der Chorgesang an die Reihe. Auch dazu werden mehrere Mikrofone aufgestellt. Um aber Bandkapazität zu sparen, werden die einzelnen Mikrofonströme am Mischpult abgestimmt und gemeinsam auf eine einzige Spur aufgenommen. Das wird man allerdings nur dann machen, wenn man mit den Bandspuren sparsam umgehen muß. Allerdings nimmt man heute schon auf bis zu 48 Tonspuren auf. Zum Schluß nun wird der Sologesang aufgezeichnet. Im hier beschriebenen Fall sind jetzt also sechzehn Spuren bespielt. Was nun kommt, wird im Fachjargon als „Abmischen" bezeichnet. Die einzelnen Spuren werden noch einmal mit Pegelreglern abgestimmt und auf das „Schnürsenkelband" überspielt, ein Viertelzoll-Stereoband. Dieses endgültige Band bezeichnet man als „Mastertape". Von ihm werden S-Kopien (Sicherheitskopien) hergestellt, die als Grundlage für die Plattenherstellung dienen.

Die Aufnahmetechnik mit mehreren Mikrofonen, die „Multi-Mikrofonie", hat sich bei den Tonaufnahmen für Compact Discs übrigens nicht bewährt – sie hat einen „stählernen", zu harten Klang zur Folge. Bei den laserabgetasteten Platten sind die Toningenieure deshalb wieder zu Aufnahmeverfahren mit nur zwei Mikrofonen zurückgekehrt.

Vom Mastertape zum „Vater"

Der erste Schritt vom Band zur Platte geht in der Überspielabteilung vor sich. Auf elektrischem Weg werden die auf Tonband festgehaltenen Aufzeichnungen wieder in mechanische Schwingungen zurückverwandelt, die sich in eine Lackfolie eingraben. Diese Folie besteht aus einer runden, mit Lack überzogenen Metallplatte. Sie sieht aus wie eine unbespielte, glatte, große Schallplatte. Ein elektrisch geheizter Stichel schneidet die Rillen der Tonspur in den Lacküberzug. Nicht die geringste Erschütterung darf die Bewegungen des Schneidstichels beeinflussen. Ein besonders genau berechnetes Fundament sorgt dafür, daß weder Maschinenerschütterungen noch Fußtritte in der Umgebung des Überspielraumes sich störend auswirken können. Das Überspielgerät wird mit

2

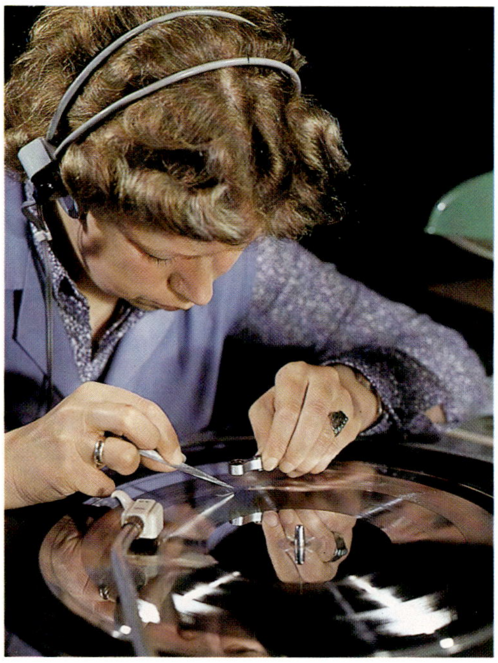
3

4

5

der Sorgfalt behandelt, die einem empfindlichen Erdbebenmesser zukommt. Die fertig bespielte Lackfolie steht an der Spitze einer ganzen Generationenkette von Kopien dieses Originals, die alle nur Zwischenstadien auf dem Weg zur endgültigen Preßmatrize darstellen.
Zunächst einmal wird die Folie mit einem Silberüberzug versehen, damit sie elektrisch leitfähig wird. Ein ähnliches Verfahren hatte auch schon Berliner angewandt. Nächste Station: Die hauchdünn versilberte Folie wird in ein galvanisches Bad gehängt und überzieht sich mit Kupfer. Eine ansehnliche Metallschicht legt sich auf das Silber. Sie ist so dick, daß man sie nach Beendigung des chemischen Prozesses mit ein paar geschickten Griffen von der Folie abziehen kann. Die Schallplattenleute nennen diesen Kupferabdruck mit den winzigen Erhöhungen „Vater".

Die Generationenfolge

Nach einem ähnlichen Verfahren wird vom „Vater" eine „Mutter" hergestellt. Die „Mutter" ist ein getreuer Abklatsch des „Vaters", hat aber an Stelle der Erhöhungen wieder Rillen. Man kann sie abspielen – und das tut man auch, zur Kontrolle nämlich, damit man schon jetzt bei der Zwischenstufe feststellen kann, ob sich die Silber-Kupfer-Schicht vollständig von der Lackfolie gelöst hat und keine Rückstände verblieben sind, die später zur Ursache von häßlichen Knackern und Rauschern werden können. Kleine Fehler lassen sich mit Geduld und einem spitzen Graviereisen jetzt noch entfernen. Die „Mutter" wird neben der Probe-Abspielung auch noch unter dem Mikroskop geprüft.
Auch die „Mutter" wandert noch nicht in die Presserei, doch sie stellt eine der vorläufigen Endstufen auf dem Weg vom Band zur Platte dar. Wieder wird ein galvanischer Abklatsch hergestellt, für den jede Schallplattenfabrik ihr erprobtes Geheimverfahren anwendet. Was dabei herauskommt, ist eine silberglänzende Matrize, auf der die Rillen nicht wie bei der „Mutter" vertieft, sondern wie beim „Vater" erhöht sind. Diese Matrize ist der „Sohn"; man nennt sie auch „Preßmatrize", weil sie endlich keine Zwischenstufe mehr ist, sondern der Ausgangspunkt der fertigen Schallplatte. Der „Sohn" wandert nach einer letzten Prüfung, nach der Zurichtung des Randes und der Bohrung des Mittelloches in die Presserei.

Hitze und Druck

Die Plattenpressen sehen so ähnlich aus wie gewaltige Waffeleisen. Dieser Vergleich ist schon deshalb nicht ganz verkehrt, weil die Platten mit Hilfe von erheblichen Hitzegraden tatsächlich wie in einem Waffeleisen gebacken werden. Auf der unteren Form der Presse wird die Matrize für die eine Plattenseite befestigt, auf der oberen Form die Matrize für die andere Seite. Die Etiketten werden eingelegt. Dann wird über eine Zuführautomatik eine vorgewogene Portion Kunststoff-Granulat in Form einer kleinen, aber sehr dikken Scheibe eingeführt. Das Maul der Presse, deren Backen mit Heißdampf geheizt werden, schließt sich und preßt innerhalb weniger Sekunden in einem einzigen Arbeitsgang die Platte aus.
Während das Preßmaul noch geschlossen ist, wird die Dampfzufuhr automatisch abgestellt. Statt dessen strömt Kühlwasser durch das Röhrensystem der Presse und setzt die Temperatur der Platte so weit herab, daß sich die Kunststoffmasse festigt und die fertige Platte gefahrlos aus dem Maul der Presse genommen werden kann.

Voraussetzung für die magnetische Tonaufzeichnung waren zahlreiche Entdeckungen auf dem Gebiet des Elektromagnetismus zu Anfang des 19. Jahrhunderts.
1 – Der dänische Physiker und Chemiker Hans Christian Oersted machte mit dem abgebildeten Versuch die magnetische Wirkung des Stromes sichtbar: Brachte er einen stromdurchflossenen Leiter in die Nähe einer Kompaßnadel, so stellte sich diese im rechten Winkel dazu ein. Drehte er den Leiter um, kam die Magnetnadel in entgegengesetzter Richtung, aber wieder im rechten Winkel zur Ruhe.
2 – Die Zeichnung von Michael Faraday (1791–1867) stellt eine Spule dar, deren beide Hälften jeweils mit Kupferdrähten umwickelt sind. Er entdeckte, daß durch die Änderung des elektromagnetischen Flusses in der Hälfte A eine Stromspannung in der Hälfte B entsteht.

Die Temperatur in dieser Schallplattenpresse beträgt etwa 180 Grad Celsius, der Druck gegen 200 Bar (Atmosphären). Das entspricht ungefähr der Belastung von 120 Tonnen. Rund 40 Liter Kühlwasser werden pro Platte gebraucht. Der Wasser- und Dampfverbrauch einer großen Schallplattenfabrik, in der täglich Tausende von Platten gepreßt werden, ist gewaltig.
Die noch warme Platte ist noch nicht ganz fertig. Sie hat einen häßlichen Rand, weil die überquellende Preßmasse sich während des Arbeitsvorganges nicht entfernen läßt. Das besorgen Stanzen oder Fräsen. Bei den kleinen 17-cm-Platten, die übrigens im allgemeinen gespritzt und nicht gepreßt werden, muß auch noch das große Mittelloch ausgestanzt werden. Bei der Schlußkontrolle wird mit den Augen geprüft, ob die Pressung sauber ausgefallen ist, und mit den Ohren, ob vielleicht doch irgendwoher ein winziges Sandkörnchen in die Presse eingedrungen ist und häßliche Geräusche verursacht.

Die Magnetaufzeichnung

Schallwellen in Form von magnetischer Energie

Ob im privaten Bereich, in der Technik oder in der Wirtschaft, die magnetische Schallaufzeichnung hat sich mit ihrer Perfektion in vielen Lebensbereichen eingenistet. Sie hat die Aufnahmetechnik der Rundfunkhäuser revolutioniert, hat in der Schallplatten- und Filmtechnik neue Qualitätsmaßstäbe gesetzt und die Arbeitstechniken zahlreicher Berufe beeinflußt. Das Magnetband ist für Kontrollaufzeichnungen im Sprechverkehr der Luftüberwachung genauso unentbehrlich wie für den automatischen Anrufbeantworter. Das Prinzip wird auch zur Video-Aufzeichnung benutzt und ist schließlich für die Steuerung von Maschinen ebenso wertvoll wie als magnetischer Informationsspeicher für Rechenzentren, und vieles mehr.

Vollbracht wird dieses Wunder von kleinen Eisenoxidteilchen, die im Rhythmus und in der Stärke der ursprünglichen Schallwellen durch den kleinen Elektromagneten des Tonkopfes magnetisiert werden. Schallenergie wird also in Form von magnetischer Energie gespeichert. Beim Abspielen wird dieser Code wieder in eine stetig wechselnde elektrische Spannung umgewandelt, verstärkt und vom Lautsprecher wiedergegeben.

1

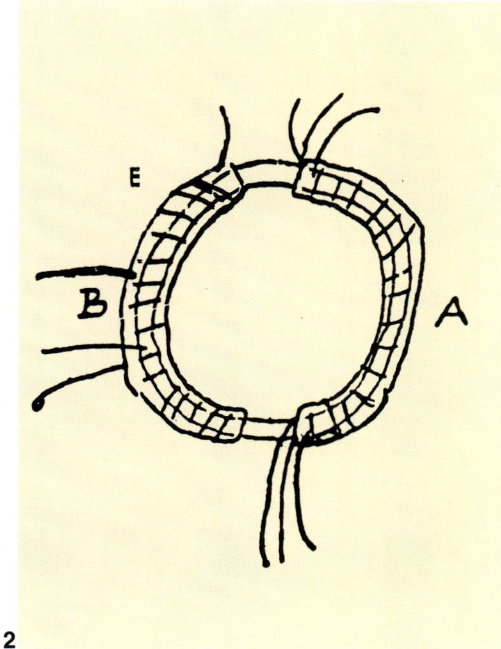

2

Die Grundlagen

Bevor die Technik der magnetischen Schallaufzeichnung die ersten tapsigen Gehversuche unternehmen konnte, mußten erst zwei wichtige Entdeckungen auf dem Gebiet der Elektrizitätslehre gemacht werden. Die erste davon war die Entdeckung des Elektromagnetismus. Zu Beginn des 19. Jahrhunderts experimentierte die halbe Gelehrtenwelt in Europa mit dem elektrischen Strom. Der dänische Physiker Hans Christian Oersted (1777 bis 1851) machte da keine Ausnahme. Bei einem Experiment während einer Vorlesung führte er eine Kompaßnadel in die Nähe eines stromdurchflossenen Leiters. Man hatte schon viel früher vermutet, daß zwischen der Elektrizität und dem Magnetismus irgendein Zusammenhang bestehen müsse. Aber bei Oersteds Versuch wurde diese Wechselwirkung erstmals deutlich sichtbar gemacht, denn die Magnetnadel stellte sich im rechten Winkel zum stromdurchflossenen Leiter ein. Als der Physiker die Stromrichtung umkehrte, drehte sich die Magnetnadel und zeigte, immer noch im rechten Winkel zum Strom, in die entgegengesetzte Richtung. Im Jahr 1820 veröffentlichte Oersted seine grandiose Entdeckung in lateinischer Sprache. Sie fand ein gewaltiges Echo, und mit Ampère, später dann Faraday und Henry, wuchs sich der Elektromagnetismus zu einer technischen Macht aus, die ihresgleichen suchte.
Die zweite bahnbrechende Entdeckung machte der Engländer Michael Faraday (1791–1867) mit der Induktion. Während eines Vortrags wollte der Physiker und Chemiker den Zuhörern seine Theorie der magnetischen Feldlinien demonstrieren. Er schob einen Dauermagneten in eine Spule, deren Enden mit einem Strommeßgerät verbunden waren. Der Zeiger schlug aus, als er den Magneten hineinschob, blieb ruhig, wenn der Permanentmagnet auf der Stelle verharrte, und bewegte sich erst wieder beim Herausziehen. Daraus ließ sich schließen, daß durch die Bewegung eines elektrischen Leiters in einem Magnetfeld an den Enden des Leiters eine sich mit dem Bewegungsrhythmus ändernde Induktionsspannung entstand. Von dieser Entdeckung ausgehend erfand Faraday 1831 den ersten Generator.
Was ließ sich nun aus diesen beiden wichtigen Entdeckungen schließen? Erstens, daß sich elektrische Stromschwankungen durch Magnetismus konservieren ließen und daß man zweitens diesen Magnetismus wieder in Stromschwankungen umwandeln konnte.

Der 183 Meter lange Liebesbrief

Am 8. September 1888 war in der amerikanischen Zeitschrift „The Electrical World“ ein interessanter Artikel zu lesen. Verfasser dieses Artikels war der Amerikaner Oberlin Smith, und er hatte den Titel „Eine mögliche Form des Phonographen“. Oberlin Smith war der erste, der sich eingehend mit allen technischen Problemen der magnetischen Schallaufzeichnung auseinandergesetzt hat. In welchem Kontext dieser Aufsatz zu sehen ist, ob Oberlin Smith praktische Versuche angestellt hat oder nicht, ist unbekannt. Außer dieser Arbeit weiß man so gut wie nichts über ihn.
Das ist um so erstaunlicher, als Smith in seinem Artikel schon alle wesentlichen Elemente der heutigen Tonbandgeräte angegeben hat. Er schlug vor, Bänder und Drähte aus Stahl als Tonträger zu verwenden oder eine Schnur aus Seide oder Baumwolle mit eingesponnenem Stahlpulver. Diese Schnur wurde von einer Rolle ab- und nach Durchlaufen einer Drahtspule zur Magnetisierung auf eine zweite Rolle aufgewickelt. Die Abwickelrolle wurde von einer mechanischen Bremse in Form einer Stahlfeder gebremst, um das Band straff zu halten. Die Drahtspule wurde beim Aufsprechvorgang von den Mikrofonströmen durchflossen. Dadurch wurden die Stahlpartikel der Schnur im Takt der Schallschwingungen magnetisiert.
Als eine Anwendungsmöglichkeit seines magnetisierten Bandes sah er den tönenden Brief vor, 200 Yards (rund 183 Meter) lang und auf eine Spule aufgewickelt, den ein Verehrer der Dame seines Herzens schicken könnte. Aber der Erfinder war ein Außenseiter der technischen Szenerie der damaligen Zeit. Ob er seine genialen Überlegungen durch praktische Versuche erhärtete, ist nicht bekannt. Von Stahldraht als Tonträger schien er jedoch nicht überzeugt zu sein, weil er glaubte, daß der Draht sich nicht exakt genug in Einzelmagnete auflösen ließ.
Außerdem beklagte er sich darüber, daß die von ihm befragten Fachleute und Physiker nicht viel über den Magnetismus wußten. Es blieb bei seinen theoretischen Überlegungen. Wenn seine Veröffentlichung zur damaligen Zeit überhaupt Beachtung gefunden hatte, so wurde sie schnell wieder vergessen. Heute erscheint es fragwürdig, ob sein System überhaupt funktioniert hätte. Es steht fest, daß der schwächste Punkt im Smithschen System die Sprech- und Hörspule war, deren ma-

Rund achtzig Jahre nach Oersteds Versuchen entwickelt ein anderer dänischer Physiker, Valdemar Poulsen, 1898 gleich drei Geräteformen: für Walze, Platte, Band. Er nennt seine Erfindung „Telegraphon", da sie zur Aufzeichnung von Telefongesprächen dienen sollte.
1 – Walzen-Telegraphon von Poulsen, 1898. Anders als bei Edisons Phonograph ist diese Walze nicht mit Wachs, sondern mit Stahldraht umgeben; anstelle der Nadel mit Membran hier ein Elektromagnet, der den Draht entsprechend den Schallschwingungen magnetisiert. Beim Abspielen überträgt der Magnetkopf den magnetischen Code wieder in Stromschwingungen, die eine Membran zum Vibrieren bringen.
2 – Platten-Telegraphon von Poulsen, 1898. Zwei Platten mit einem Durchmesser von 13 Zentimetern und im Kofferdeckel zwei Magnete zum Entmagnetisieren.
3 – Spulen-Telegraphon von Poulsen, 1898. Dieses Gerät hat schon sehr viel Ähnlichkeit mit den späteren Magnettongeräten.

1

2

gnetisches Feld immerhin eine erhebliche Ausdehnung hatte. Die Frequenzen, wie sie für die brauchbare Wiedergabe von Sprache benötigt wurden, hätten selbst bei hoher Geschwindigkeit des Bandes kaum aufgezeichnet werden können. Oberlin Smith kann vielleicht als einer der Väter des Magnettons angesehen werden, aber der eigentliche Erfinder war ein anderer.

Das erste Tondrahtgerät

Das Jahr 1900 hatte eine Fülle von technischen und wissenschaftlichen Neuerungen zu verzeichnen. Max Planck begründete mit der Formel für die Strahlung schwarzer Körper die Quantentheorie. Michael Pupin fand die geeigneten Spulen zur Verbesserung der Kabeltelegraphie. Die erste Zeppelinfahrt wurde unternommen. Wilhelm Wien gelang die magnetische Ablenkung der Kanalstrahlen. Und Enrico Caruso begann mit Schallplattenaufnahmen entscheidend die noch junge Technik der Tonkonservierung zu fördern. Im gleichen Jahr fand in Paris wieder eine Weltausstellung statt. Wie schon 1889 den Edison-Phonographen konnte man auch diesmal wieder ein Gerät bestaunen, das die menschliche Stimme aufzunehmen und wiederzugeben vermochte. Das Gerät hieß „Telegraphon".

Der sprechende Draht

Erfinder des Telegraphons war der dänische Physiker Valdemar Poulsen (1869 bis 1942). Wie der Name schon vermuten läßt, war dieses technisch recht einfach gebaute Gerät für die Aufzeichnung von Telefongesprächen gedacht. Auf einer 28 Zentimeter langen Walze waren 220 Drahtwindungen aufgebracht. Der Stift eines durch die Mikrofonströme erregten Elektromagneten zeichnete die Schallwellen auf der sich drehenden Walze in dem Draht als unterschiedlich starke Magnetisierung auf. Beim Abspielen glitt der Elektromagnet, Vorläufer des Magnetkopfs, über den magnetisierten Draht und übersetzte den magnetischen Code in Stromschwankungen, die die Membran eines Telefonhörers zum Schwingen brachten. Die aufgezeichneten Töne konnten so beliebig oft abgehört werden. Bereits im Jahr 1898 ließ sich Poulsen sein erstes brauchbares Magnettongerät patentieren. Die praktische Auswertung seines Patents stieß jedoch auf unüberwindliche Schwierigkeiten, weil der Erfinder keinen Geld-

geber für die serienmäßige Herstellung seiner Tonmaschine auftreiben konnte.
Am 10. Dezember 1898 erhielt Poulsen für seinen Apparat das deutsche Patent Nr. 109569. Die Patentschrift beschrieb die allererste Maschine, die Schallereignisse magnetisch aufzeichnete und wiedergab. Unter anderem heißt es dort: „Zur Ausübung des Verfahrens wird zweckmäßig in der Weise vorgegangen, daß ein in eine Telefonleitung eingeschalteter Elektromagnet mit einem während der Gesprächsdauer gleichmäßig verschobenen Stahldraht oder Stahlband in Berührung kommt und der jeweiligen, von den betreffenden Gesprächen abhängigen Erregung entsprechend die verschiedenen Stellen des Stahldrahtes oder Stahlbandes an dem Elektromagneten, denselben berührend, wieder vorbeigeführt werden. So ergibt sich die merkwürdige Tatsache, daß man mit dem Telefon ohne störende Nebengeräusche das wiederhört, was man in dasselbe hereingesprochen hat."

Die Zeit war noch nicht reif

Wer war dieser Poulsen? Der 1869 in Kopenhagen geborene Däne studierte zunächst Medizin und wandte sich später der Elektrotechnik zu. Elektrotechnik bedeutete zur damaligen Zeit in der Hauptsache Telefonie, und so wurde er Fehlersucher bei einer Kopenhagener Telefongesellschaft. Poulsen wird als ungewöhnlich starke Persönlichkeit beschrieben. Er hatte eine große Überzeugungskraft und ein geradezu instinktives Gefühl für technische Dinge. Dazu kam ein gesunder Geschäftssinn. So gelang es ihm, noch nicht dreißigjährig, sich selbständig zu machen und sich ganz der Verwirklichung seiner technischen Ideen zu widmen. International bekannt wurde er jedoch nicht durch sein Telegraphon, sondern durch seine Arbeiten in der Hochfrequenztechnik mit der Erfindung des nach ihm benannten Lichtbogensenders.
Bei seinem Telegraphon hatte Poulsen die damaligen technischen Möglichkeiten voll ausgeschöpft. Schon damals waren die drei Grundformen in mechanisch und äußerlich einwandfreier Form ausgeführt. Da war zunächst die erwähnte Walzenmaschine mit den Windungen aus ein Millimeter starkem Stahldraht. Eine andere Entwicklung wird als Plattenmaschine bezeichnet, deren Tonträger in Form der Schallplatte spiralförmig abgetastet wurde. Und schließlich ist noch die Poulsen-Maschine zu erwähnen, die den heutigen Tonbandgeräten am nächsten kommt: die

Spulenmaschine, bei der der Tonträger von einer Spule auf eine zweite gewickelt wurde. Waren bei seinen ersten Versuchen für die einwandfreie Sprachaufzeichnung noch Draht- bzw. Bandlaufgeschwindigkeiten von 20 Metern pro Sekunde notwendig, so gelang es ihm bis zur Weltausstellung von Paris im Jahr 1900, durch verbesserte Formgebung der Magnetköpfe und vor allem durch das Prinzip der Gleichstrom-Vormagnetisierung die Geschwindigkeit auf zwei Meter pro Sekunde herabzusetzen. In Paris wurde Poulsens Telegraphon mit dem „Grand Prix" ausgezeichnet.

„Diese neue Erfindung hat mich sehr interessiert, und ich danke sehr für die Vorführung derselben", hatte der österreichische Kaiser Franz Joseph auf der Pariser Weltausstellung in das Telegraphon gesprochen. In der technischen Welt dagegen war das Interesse an diesem revolutionierenden Apparat eher mäßig. Man warf ihm vor, daß die Wiedergabe viel zu leise und dadurch sehr schwer verständlich war. An die Aufnahme größerer Frequenzbereiche, wie beispielsweise die Aufnahme von Musik, war überhaupt nicht zu denken. Valdemar Poulsens Erfindung teilte das Schicksal der genialen Ideen des Oberlin Smith. Sie geriet in Vergessenheit, und es sollte Jahrzehnte dauern, bis man sich an diese erste magnetische Schallaufzeichnung und -wiedergabe erneut erinnerte. Aber dazu mußte erst die elektrische Lautverstärkung aus der Wiege gehoben werden.

In Amerika gab es einige Versuche, Poulsens System kommerziell zu verwerten. 1903 nahm die American Telegraphone Co. in Springfield, Massachusetts, die Produktion auf. Die Werbung gab sich redliche Mühe, das Gerät als Diktiergerät und automatischen Anrufbeantworter zu verkaufen. Aber für den Heim- und Bürogebrauch erwies sich das Telegraphon als zu unhandlich. Trotz aller Nachteile lag es wahrscheinlich eher an einer falschen Verkaufsstrategie, daß dieses erste Tonbandgerät nicht an den Mann zu bringen war. Denn daß es nicht an einem schwerwiegenden Fehler des Poulsenschen Systems lag, das sollte die Zukunft noch erweisen.

Neue Hoffnungen und viele Versuche

Im Jahr 1908 wurden beim Internationalen Technikerkongreß in Kopenhagen sämtliche Reden auf Draht aufgenommen. Für die gesamte Sprechzeit von etwa 14 Stunden wurden immerhin ungefähr 2500 Kilometer Draht benötigt. Aber die Grenze des Verfahrens war bald erreicht. Die Verzerrung ließ sich nicht mehr verringern, solange es keine Verstärker gab. Die immer noch recht hohen Aufzeichnungsgeschwindigkeiten bedingten längere Betriebspausen, da der Rückspulvorgang nicht wesentlich schneller erfolgen konnte. Außerdem erwies sich das hohe Gewicht der Spulen, deren Windungen sich oft verwirrten, als ein erheblicher Nachteil. Hinzu kam noch der Ärger mit den ständig reißenden Drähten. Zum Flikken kam nur Schweißen in Frage, und das war erstens umständlich, und zweitens wurde durch die Erwärmung des Stahls an der Schweißstelle immer ein lautes Knakken verursacht.

Das hinderte aber einige Leute nicht daran, den von Poulsen gezeigten Weg weiter einzuschlagen. Aus den Jahren 1918/19 stammen die ersten Patente von Dr. Curt Stille (1873–1957), der schon damals seinen praktischen Sinn bewies, indem er den von Poulsen erwähnten Vorschlag der unabhängigen Aufzeichnung zweier Signale auf einem Träger zur Ausnützung des Rücklaufs verwenden wollte. Stille erfand auch ein „Magnetsystem zum bequemen Einfädeln des Drahtes". Mario Marchetti und Ansonio Padiglione lieferten 1922 mit einem weiteren Patent auf diesem Gebiet einen italienischen Beitrag zur Technik des Magnettons.

Der Stahldraht und das Stahlband waren 30 Jahre lang das bevorzugte Material für die magnetische Tonaufzeichnung. Der beste Magnet war eben der massive Stahl, und wenn es galt, mit den beschränkten, weil unverstärkten Sprechströmen eine möglichst große Anzahl von winzig kleinen Einzelmagneten auf einer Vorratsspule unterzubringen, kam es nur darauf an, den Stahl bestmöglich auszunutzen. Die Drähte und Bänder wurden bis zur Grenze der mechanischen Höchstbelastung immer dünner hergestellt. Von den ersten Poulsenschen Drähten mit der Stärke von einem Millimeter schrumpfte der Durchmesser auf 0,2 Millimeter.

Eine neue Technik bahnt sich an

Zweifellos war die Verbesserung der Verstärkertechnik der Hauptantrieb für das Wiederaufleben des Magnettons in den zwanziger Jahren. Nicht nur, daß man jetzt mit stärkeren Strömen bei der Aufzeichnung arbeiten und die schwachen Hörströme wieder verstärken und damit einen Lautsprecher anschließen konnte, sondern es wurde auch möglich, der Verzerrung Herr zu werden, die bei diesem Verfahren besonders stark ausgeprägt

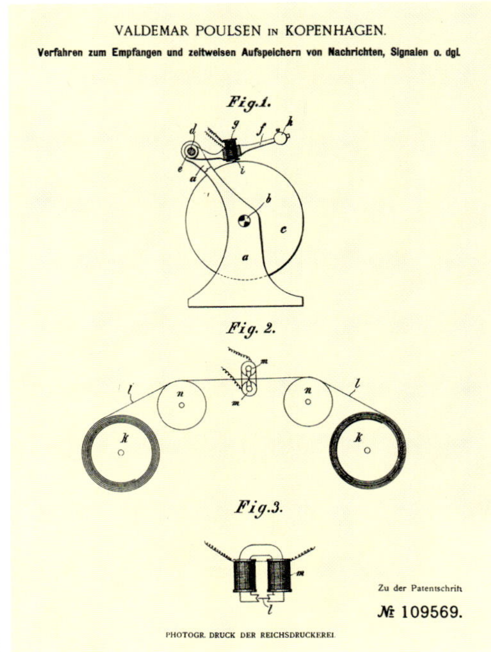

1

war. Das hing damit zusammen, daß beim Magnetton bei der Wiedergabe die tiefen Frequenzen, also die langen Wellenlängen, in der Hörspule geringere Ströme induzieren als die höheren Frequenzen. Andererseits war bei den höchsten Frequenzen durch die räumliche Ausdehnung des Feldes der Abtastköpfe eine Grenze gesetzt. Durch geeignete Schaltmittel in den Verstärkern gelang es, den Frequenzgang auszugleichen.

Die magnetisierte Platte

Im Jahr 1921 baute die Firma Max Kohl in Chemnitz das erste lautsprechende Telegraphon. Als Träger diente eine Stahlscheibe von 130 Millimeter Durchmesser. Sie wurde wie eine Schallplatte in einer Spirale abgetastet. Wahrscheinlich war sie als Konkurrenz für die Schallplatte gedacht. Die Tonqualität jedenfalls war besser als bei einer Schallplatte, da das Nadelgeräusch wegfiel.

Dr. Curt Stille war in den zwanziger Jahren eine der aktivsten Persönlichkeiten auf dem Gebiet des Magnettons. Er gründete das „Telegraphone Patent Syndikat" zur Auswertung des Verfahrens. Seine Entwicklungen führten über die „Echo-Maschinen GmbH" zum „Daylygraph", dem ersten serienmäßig mit Verstärker und Entzerrer herausgebrachten Gerät, und zum ausgereiften Diktiergerät „Textophon".

Die Versuche, das Verfahren auch beim Tonfilm einzuführen, führten zu E. Blattner in England, der alle Rechte von Stille erwarb und 1928/29 das Magnettongerät „Blattnerphone" auf den Markt brachte. Das Gerät landete bei der englischen Mar-

1 – Poulsen ließ sich seine Erfindung patentieren. Die Abbildung aus der deutschen Patentschrift von 1898 zeigt in Figur 1 noch einmal das Prinzip des Walzen-Telegraphons, des Spulen-Telegraphons in Figur 2 und des Magnetkopfes in Figur 3.
2 – Bei diesem Diktiergerät „Recordon" aus dem Jahre 1935 wird eine hauchdünne magnetisierte Trägerfolie abgespielt. Die kleinere Innenplatte dient lediglich zur Führung des Tonkopfes.

2

coni-Gesellschaft und leistete schließlich der staatlichen englischen Rundfunkgesellschaft BBC wertvolle Dienste. 1932 wurde die historische Weihnachtsansprache König Georgs V. mit dem Gerät aufgenommen und von der BBC gesendet. Auch in Deutschland fand die „Stahltonmaschine" etwa für Reportagen aus dem Freiluftballon und aus der Tiefe eines Bergwerks interessante Anwendungsgebiete. An Musikwiedergabe war seinerzeit jedoch noch nicht zu denken.
Die von AEG und Telefunken maßgeblich mitentwickelte Verstärkerröhre hatte dem Stahlton einen neuen Aufschwung gegeben. Aber wiederum schien der Endpunkt einer Entwicklung erreicht. Das Grundrauschen der Tonträger auf der einen und die magnetische Sättigung des Stahls auf der anderen Seite begrenzte den brauchbaren Lautstärkeumfang (Dynamik). Außerdem blieb trotz aller Bemühungen der Frequenzumfang auf etwa 4000 Hertz beschränkt.

Vom Draht zum Band

Der Mann, der Oberlin Smiths Idee des pulverförmigen Tonträgers wieder aufgriff, war kein Wissenschaftler. Es war ein ideenreicher Außenseiter der Technik mit Namen Fritz Pfleumer aus Dresden. Er kam aus der Buntpapierbranche. Dort hatte er gelernt, Silber- und Goldpapier mit Metallpulverbeschichtung in guter Qualität herzustellen. Ein ganz großer Erfolg war die Entwicklung eines Papiers mit Bronzepulver für die Goldmundstücke von Zigaretten. Nun wollte er es mit Eisenpulver versuchen. Was ihn auf den Gedanken brachte, seine Kenntnisse für die magnetische Schallaufzeichnung zu verwerten, weiß man nicht.
In aller Stille experimentierte er mit seinen Papieren, Pulvern, Magneten und Verstärkern. Im Jahr 1928 meldete er schließlich seine magnetisierbaren Papierbänder beim Patentamt an. Das Patent wurde unter der Nummer 500900 als Deutsches Reichspatent erteilt. Nun konnte er seine Erfindung den Firmen anbieten. Der entscheidende Vorteil lag auf der Hand: Die Spulen wurden kleiner, leichter und billiger. Tonaufnahmen konnten nun genau wie Filmaufnahmen in Teilen hergestellt, geschnitten und zusammengeklebt werden.
Aber die Techniker der einschlägigen Firmen waren durch die vielen Rückschläge, die sie mit Stahlbändern und Stahldrähten erlebt hatten, skeptisch geworden. Die AEG schließlich erkannte die entscheidenden Vorteile des neuen Verfahrens, obwohl sie auf diesem Gebiet noch keine Erfahrungen gemacht hatte. Sie schloß mit Pfleumer einen Vertrag. Die ersten Versuchsreihen deckten einen schwerwiegenden Fehler der Papierbänder auf: ihre geringe Reißfestigkeit. Man kam zu der Einsicht, daß nur die chemische Industrie etwas Brauchbares aus Pfleumers Vorschlag entwickeln konnte. Also wurden die Versuche vorerst beendet. Die BASF (Badische Anilin- & Sodafabriken, 1925 bis 1945 Bestandteil der I.G. Farbenindustrie AG) in Ludwigshafen am Rhein wurde beauftragt, einen Magnetfilm auf Kunststoffbasis zu entwickeln. 1932 begann die BASF mit den Laboratoriumsversuchen zur Herstellung von Azetylzellulosebändern mit Eisenpulverbeschichtung, die dann auch rechtzeitig zum produktionsreifen Abschluß kamen.

Die ersten Erfolge zeichnen sich ab

Während man sich in Ludwigshafen um ein brauchbares Tonband bemühte, konzentrierte sich die AEG indessen ganz auf die Entwicklung eines Gerätes. Der wichtigste Punkt war, einen geeigneten Magnetkopf zu entwickeln. Dabei griff man bei der AEG auf Vorarbeiten zurück, die Eduard Schüller am Heinrich-Hertz-Institut geleistet hatte. Schon Poulsen war bekannt, daß es darauf ankam, die Einwirkung der Magnetköpfe auf den Tonträger möglichst punktförmig zu gestalten. Doch die Streuung der Felder der Elektromagneten war 35 Jahre lang ein kaum lösbares Problem. Schüller bildete seinen Magnetkopf als Ring aus, der an einer Stelle einen schmalen Spalt hatte. Wurden bis dahin bei fast allen Systemen die Bänder von dem Magneten mehr oder weniger umschlossen, so wurde jetzt das Band mit seiner aktiven Seite in engem Kontakt mit dem Spalt des Ringes vorbeigezogen. Das Feld des Elektromagneten wurde sozusagen in dem Ring gefesselt und konnte nur an der Stelle des schmalen Spaltes austreten.
Zuerst war der Spalt 0,1 Millimeter breit. Später lernte man Spalte von wenigen Tausendstel Millimetern herzustellen. Dadurch wurde es möglich, die Bandgeschwindigkeit auf Werte herabzusetzen, die man früher nicht für möglich gehalten hatte. Die Erfindung Schüllers wurde zur wichtigsten Grundlage des neuen Verfahrens. Mit dem Ringkopf gelang es zum ersten Mal, mit Pfleumer-Bändern Aufnahmen zu machen, die mit den damaligen Schallplattenaufnahmen konkurrieren konnten. Der Erfolg des Verfahrens war sichergestellt.

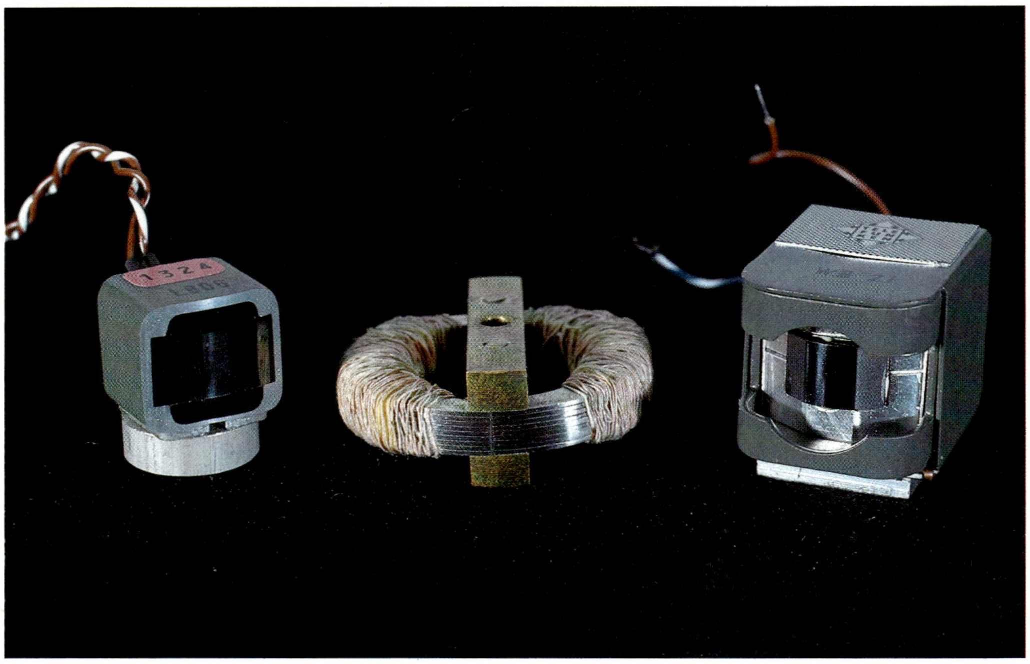
1

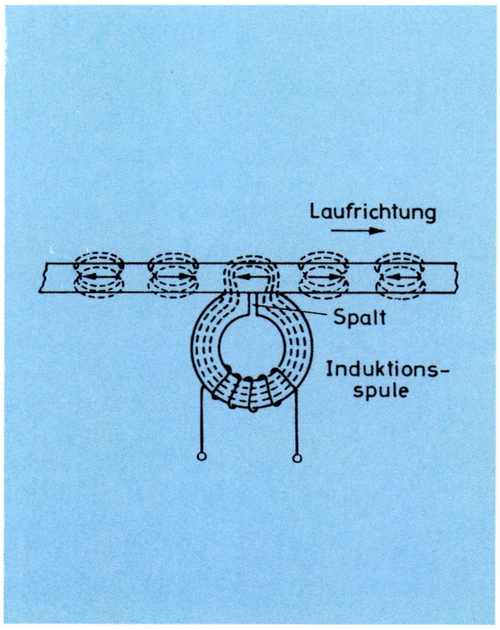

2

3

1 – Drei Tonköpfe: in der Mitte der erste Ringtonkopf der Welt (1933). Der Erfinder Eduard Schüller bildete den Magnetkopf ringförmig aus. In dem 0,01 Millimeter breiten Spalt zwischen den beiden Magnetpolen besteht ein starkes magnetisches Feld. Entsprechend den Veränderungen dieses Feldes aufgrund der aufgenommenen Tonschwankungen wird das dicht an dem Spalt vorbeilaufende Tonband magnetisiert. Links der Tonkopf eines modernen Cassettenrecorders, rechts der Wiedergabe-Tonkopf eines modernen Studio-Tonbandgerätes.
2 – Schema der Tonwiedergabe.
3 – Mikrofoto eines Ringkopfspaltes (rechts), zum Vergleich daneben ein menschliches Haar.
4 – Ein AEG-Tonschreiber von innen. Um die noch wenig reißfesten Tonbänder schonend transportieren zu können, schlug Theo Volk von der AEG Mitte der dreißiger Jahre einen Dreimotorenantrieb vor.
5–6 – Eigentlich wollte die AEG auf der Funkausstellung in Berlin 1934 eine „Ferroton-Maschine" vorstellen. Man entschloß sich dann allerdings, erst ein Jahr später mit Verbesserungen an die Öffentlichkeit zu gehen, jetzt unter der Bezeichnung „Magnetophon". Rechts die Abbildung des Prototyps „Ferroton", links eine schematische Darstellung vom Aufbau eines Magnetophons. Es wog mit drei Koffern – Laufwerk, Verstärker und Lautsprecher – fast einen Zentner.

Obwohl die Bänder aus Azetylzellulose schon fester waren als die Papierbänder, mußten sie doch sehr vorsichtig behandelt werden. Das nur fünf Hundertstel eines Millimeters dicke Band stellte höchste Anforderungen an die Laufwerkmechanik. Nach einer Idee von Theo Volk, Leiter des Tonbandgeräte-Labors, wurde bei der AEG der Dreimotorenantrieb entwikkelt, der nicht nur einen stoßfreien Transport des Bandes ermöglichte, sondern auch ein elegantes Vor- und Rückspulen mit zehnfacher Geschwindigkeit.
Heute sind die Bänder zwar sehr viel fester, aber der Dreimotorenantrieb ist bei Geräten für hohe Ansprüche nach wie vor üblich, weil er besser als alle anderen Schwankungen der Tonhöhen vermeidet, die sich bei auch nur geringfügigen Geschwindigkeitsveränderungen im Bandtransport ergeben würden.

Das erste Tonbandgerät

Im Sommer 1934 wurde in einer Presseverlautbarung der AEG bekanntgegeben, daß ein Tonbandgerät mit dem Namen „Ferroton" auf den Markt gebracht würde. Vor der Berliner Funkausstellung wurde der Name in „Magnetophon" umgeändert. Die BASF hatte die ersten 50000 Meter Magnetophonband fertiggestellt. Aber die Herren der AEG waren mit den Geräten doch noch nicht ganz zufrieden, und auf der Funkausstellung wurde noch kein Magnetophon gezeigt. Erst 1935 war die Betriebssicherheit und die Tonqualität schon so gut, daß das erste Tonbandgerät der Welt, das „Magnetophon K1" der AEG, auf der 12. Großen Deutschen Rundfunkausstellung in Berlin öffentlich vorgeführt werden konnte. Jeder Besucher durfte, wie schon seit Edisons Zeiten üblich, seine Stimme hören. Das K1 wurde ein durchschlagender Erfolg. Die Spieldauer einer Spule von 30 Zentimeter Durchmesser betrug 20 Minuten. Bei einer Bandgeschwindigkeit von einem Meter pro Sekunde wurden Frequenzen bis 6000 Hertz übertragen.
Schon 1936 wurde ein Magnetophon K2 mit einer Bandgeschwindigkeit von 77 Zentimetern pro Sekunde in den USA vor Fachleuten vorgeführt. Das Gerät mit den drei schweren Motoren wurde aber nur mitleidig belächelt. Vielleicht war die etwas unhandlich geratene Form daran schuld. Schon das K1 der Berliner Funkausstellung von 1935 wog mit seinen drei Koffern (Laufwerk, Verstärker und Lautsprecher) immerhin fast einen Zentner.
Die damalige Reichsrundfunkgesellschaft in Berlin nahm sich 1937 des AEG-Gerätes an und führte das neue Tonband-Auf-

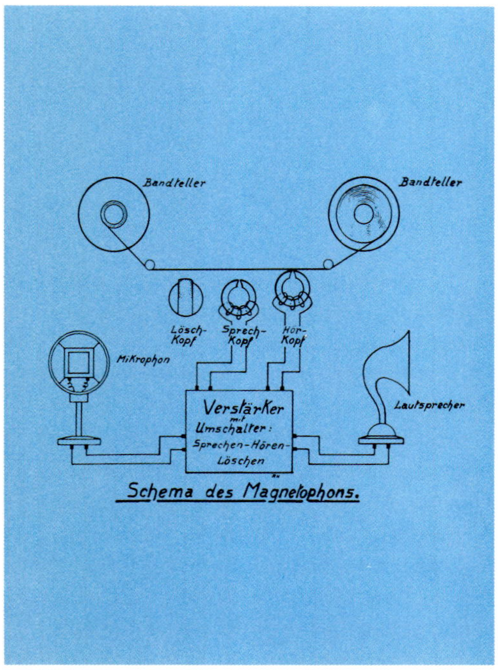
Bandteller
Bandteller
Lösch-Kopf
Sprech-Kopf
Hör-Kopf
Mikrophon
Lautsprecher
Verstärker mit Umschalter: Sprechen-Hören-Löschen
Schema des Magnetophons.

5

AEG
AEG
AEG

6

1

2

3

4

1 – Ein Jahr nach dem ersten Magnetophon K 1 führte die AEG das K 2 vor, mit Dreimotorenantrieb.
2 – Dasselbe Gerät ohne Abdeckung des Tonkopfträgers.
3 – AEG Tonschreiber C/A, erstes Federwerk-Tonbandgerät, jedoch nur für Aufnahme.
4 – Innenansicht desselben Gerätes.
5 – AEG-Tonschreiber B für militärischen Einsatz: links oben Tonbandgerät, unten elektrischer Generator, rechts Funk-Horch-Empfänger.

zeichnungsverfahren über 100 Journalisten vor. Die Post und verschiedene Behörden waren weitere Abnehmer. Für die Deutsche Wehrmacht wurden Spezialtonbandgeräte etwa für die Kriegsberichterstattung entwickelt. Bis 1939 hatte die BASF bereits fünf Millionen Meter Magnetophonband hergestellt.

Die Verbesserung der Dynamik

Das Grundrauschen der Bänder blieb für die Techniker in Deutschland das Hauptproblem, obwohl die ursprünglich recht körnige Oberfläche der Pfleumerschen Papierbänder längst einer gleichmäßigen matten Oberfläche gewichen war. Die Zusammenarbeit von BASF und AEG schuf neue und bessere Bänder. Bereits Pfleumer hatte die günstigen Eigenschaften der magnetischen Oxide erkannt. Er erhielt 1933 das Patent Nr. 649408 auf ein Material mit möglichst niedriger Permeabilität, also mit einem günstigen Verhältnis zwischen magnetischer Induktion und magnetischer Feldstärke. Fr. Mathias von der BASF schuf das erste Band, das nicht mit Eisen und nicht mit dem schwarzen Magnetit (Magneteisenstein) beschichtet war, sondern mit dem magnetisierbaren Eisenoxid Fe_2O_3. Diese Beschichtung war für kurze Wellenlängen besonders gut geeignet und erlaubte daher, die Bandgeschwindigkeit herabzusetzen. Das störende Rauschen lag nun schon in der gleichen Größenordnung wie bei der Schallplatte. Aber um die bekannten Verfahren zu übertreffen, fehlte noch ein weiterer Schritt zur Verbesserung der Dynamik. Und bei diesem Schritt stand der Zufall Pate.

Der deutsche Rundfunk hatte die Vorteile und Möglichkeiten des Magnetophons erkannt und benutzte es seit jener Pressekonferenz von 1937 in zunehmendem Maße. Gleichzeitig nahm er aktiv Anteil an der Weiterentwicklung. Im Jahr 1940 arbeiteten dort die beiden deutschen Physiker H. J. von Braunmühl und W. Weber an dem Problem, durch Gegenkopplung des Sprechkopfes die in diesem Kopf infolge der Bandungleichmäßigkeiten induzierten Störspannungen zu kompensieren. Es verschlug ihnen fast den Atem, als bei den Versuchen plötzlich das Rauschen wegblieb.
Sie fanden heraus, daß die Gegenkopplung nicht die Ursache sein konnte. Schließlich stellten sie fest, daß der Verstärker durch Vertauschen der Gegenkopplungsleitungen ungewollt ins Schwingen geraten war. Aus der Gegenkopplung

war eine Mitkopplung geworden, die eine Frequenz erzeugte, die oberhalb der Hörgrenze lag. Der Zufall hatte wieder einmal Pate für eine grundlegende Entdeckung gestanden. Die große Leistung der beiden Männer lag darin, daß sie die Ursachen erkannt und ihre Entdeckung richtig ausgewertet hatten.

Von Braunmühl und Weber überlagerten die Sprechströme mit einem hochfrequenten Wechselstrom, wodurch das Grundrauschen wesentlich herabgesetzt wurde und eine größere Dynamik erreicht werden konnte. Mit einem Schlag war nun der Magnetton allen anderen Verfahren weit überlegen. Sprache und Musik im gesamten hörbaren Frequenzband konnten aufgezeichnet werden. 1941 wurde im UFA-Palast am Zoo in Berlin das Hochfrequenz-Tonbandgerät der Fachwelt vorgeführt. Der Erfolg war überwältigend. Jetzt stand der Anwendung des Magnettons auf allen Gebieten der technischen Akustik nichts mehr im Wege.

Die Anwendung der Hochfrequenz war schon bekannt

Die Amerikaner Carlson und Carpenter hatten von 1921 an im amerikanischen Marine-Versuchslaboratorium Versuche zur Aufzeichnung und Wiedergabe von Funksignalen unter Verwendung magnetischer Detektoren angestellt. Dabei war ihnen aufgefallen, daß man wesentlich schwächere Signale magnetisch aufnehmen konnte, wenn man dem Signal einen Wechselstrom von etwa 10000 Hertz überlagerte. Die tragende Idee der Erfindung von Braunmühl und Weber, die Verminderung des vom Magnetband herrührenden Rauschens und die damit ermöglichte Erhöhung der Dynamik, war sicherlich auch hier der Grund dafür, daß die schwachen Telegrafiesignale aus dem allgemeinen Störpegel besser herauszuhören waren.

Auch bei den Amerikanern hatte ein Experiment den Weg aufgezeigt. Aber Carlson und Carpenter hatten die Bedeutung dieses Effektes nicht erkannt. Erst nach dem Bekanntwerden der deutschen Geräte wurden die beiden in den USA zu den Erfindern erklärt. Auch in Japan wurde bei wissenschaftlichen Untersuchungen im Jahre 1938 die Hochfrequenz-Vormagnetisierung erfunden und zum Patent angemeldet. Praktische Bedeutung hat die Erfindung nicht erlangt. Da die japanische Patentschrift erst nach dem Deutschen Reichspatent Nr. 743411 von Braunmühl und Weber erschien, hat sie keinen Einfluß auf das deutsche Patent gehabt.

Was die Frage der Priorität anbelangt, so deutet die Entwicklungsgeschichte mit dem „wildgewordenen Verstärker" darauf hin, daß Braunmühl und Weber ihre Erfindung unabhängig von den erwähnten älteren Vorschlägen gemacht haben. Es bleibt die Tatsache bestehen, daß die beiden Männer die Tragweite ihrer Erfindung erkannt und als erste praktische Folgerungen daraus gezogen haben. In Zusammenarbeit mit der AEG wurde das erste brauchbare Gerät mit Hochfrequenz-Vormagnetisierung mit überragender Wiedergabequalität entwickelt. Für die Priorität Braunmühls und Webers spricht auch die Tatsache, daß die Konkurrenzfirmen, die doch stark an einer Annullierung des Patents Nr. 743411 interessiert waren, niemals eine Nichtigkeitsklage versucht haben. Das Patent ist vielmehr ganz normal nach Ablauf des Patentschutzes erloschen.

Das tönende Band erobert die Welt

Trotz der Wirren des Zweiten Weltkriegs war die Weiterentwicklung des Magnettons in Deutschland nicht zum Stillstand gekommen. 1943 kam das „Masseband" heraus, bei dem das magnetische Oxid in eine Folie aus Polyvinylchlorid (PVC) eingewalzt wurde. Eigentlich war das Masseband eine Notlösung, da die Gießanlage für die normale Fertigung durch Explosion zerstört war. Ein Jahr darauf wurde das LGN-Band entwickelt, das wieder eine Oxidschicht auf einer PVC-Folie trug.

Auch die Geräteentwicklung bekam in diesen Jahren einen starken Auftrieb, da sich das Magnetophon als nützlicher Helfer für den Funkempfang herausstellte. Damals entstand bei der AEG das erste kleine Funkreportergerät mit Federwerksantrieb und 19-cm/sec-Bandgeschwindigkeit.

Das Jahr 1945 brachte die Unterbrechung dieser deutschen Entwicklungsarbeit mit sich und den Totalverlust des deutschen Patentbesitzes. Ohne Zweifel erhielt dadurch die Entwicklung der Tonbandtechnik in aller Welt erheblichen Aufschwung. Das Bekanntwerden des deutschen Magnetophons riß die amerikanische Konkurrenz aus ihrem Dornröschenschlaf. Bis 1937 hatte sich in den USA kaum jemand für den Magnetton interessiert. Die Geräte „Soundmirror" und „Mirrophone" hatten mit ihren Bandschleifen nur kurze Aufnahmezeiten und beschränkte Anwendungsgebiete. 1939 nahm die Brush Development Co. die Produktion von Diktiergeräten auf der Basis des Drahttons auf, nachdem es gelungen war, Stahllegierungen mit besonders günstigen magnetischen Eigenschaften herzustellen. Doch das Tonband wie auch die Hochfrequenz-Vormagnetisierung waren in den USA bis 1945 unbekannt.

Mit dem Bekanntwerden der deutschen Geräte setzte ein Wettlauf auf die neue Technik ein. Während in Deutschland aus zeitbedingten Gründen nur technische Geräte, besonders für den Rundfunk, hergestellt wurden, entwickelte man in den USA sehr rasch eine Fülle billiger Heimgeräte. In amerikanischem Tempo wurde eine ganze Tonband- und Tonbandgeräte-Industrie aufgebaut. Bis 1951 hatte die amerikanische Industrie bereits mehr als 200000 dieser Geräte verkauft. 90% aller Tonfilme wurden in diesem Jahr bereits mit Magnetton aufgenommen und mehr

1

als 25% aller Rundfunksendungen vom Band abgespielt.
War in Deutschland schon kurz nach der Einführung der Hochfrequenz-Vormagnetisierung die Schallplattenindustrie dazu übergegangen, alle Aufnahmen von Band zu schneiden, so hatte diese Technik in den Vereinigten Staaten direkten Einfluß auf die Entwicklung der Langspielplatte. Die beinahe unbegrenzte Möglichkeit der Korrektur einer Bandaufnahme durch Schneiden und Überspielen machte die schwierige Technik des Schneidens von Langspielplatten erst wirtschaftlich möglich. Magnetton und Nadelton, die man ursprünglich mehr oder weniger als Konkurrenten angesehen hatte, waren zu Partnern geworden.

Das Tonband für den Hausgebrauch

Während die Entwicklung der Studiogeräte wegen der hohen Investitionen und der kostspieligen Bandarchive nur in abgewogenen Schritten vorwärts ging, machten die Heimgeräte eine geradezu hektische Entwicklung durch. Auf dem Gebiet der Unterhaltungselektronik herrschte ein scharfer Konkurrenzkampf. Jedes Jahr wurden Neuerungen herausgebracht, auch wenn sie manchmal nur die äußere Form und irgendwelche Geräte-Verzierungen betrafen.
Angefangen hatte es in Amerika. Dort witterte man im Magnetton das große Geschäft. Wie schon beim ersten deutschen Reporter-Magnetophon wählten die Amerikaner zuerst die Bandgeschwindigkeit von 19 Zentimetern pro Sekunde und eine Bandbreite von einem Viertelzoll (6,35 mm). Das ergab etwa 20 Minuten

2

3

1 – Die Entwicklung der Tonträger führte von Stahldraht und Papierbändern zunächst zu Azetylzellulosebändern. Dafür wurde 1938 bei BASF diese kombinierte Anlage zum Folienziehen und Gießen aufgestellt. Als sie durch eine Explosion zerstört wurde, entwickelte man – eigentlich als Notlösung – das „Masseband", eine PVC-Folie mit darin eingewalztem Oxid (1943).
2 – Moderne Tonbandherstellung bei BASF: Kontrolle der Beschichtung einer Magnetfolie. Erst später wird diese Folie in Bänder geschnitten.
3 – Nach dem Durchlaufen eines Trockentunnels, wo sich die magnetisierbare Oxidschicht fest mit der Kunststoffolie verbindet, wird die Magnetfolie hier, am Ende der Beschichtungsanlage, auf große Rollen aufgewickelt.

Spieldauer. Im Jahr 1952 kam das erste deutsche Heimgerät auf den Markt, das Magnetophon KL15 der AEG mit den gleichen Daten. Nun ging die Entwicklung mit raschen Schritten vorwärts. Die Bandgeschwindigkeit wurde auf 9,5 und dann auf 4,75 Zentimeter pro Sekunde vermindert. Die Bandbreite wurde besser ausgenutzt. Es entstanden Zweispur-, Vierspur- und Stereogeräte. Die Verwendung von Polyesterfolie erlaubte es, dünnere Bänder herzustellen: Langspielband, Doppelspielband, ja sogar das Tripelband. Eine einfache Rechnung ergibt, daß bei gleicher Spulengröße die Spieldauer auf das 50fache verlängert wurde.

Es war typisch bei dieser Entwicklung, daß die Spulengröße bis auf einige Ausnahmen immer die gleiche blieb, so daß man zu Spielzeiten von mehr als 20 Stunden kam. Die Heimgeräte, jetzt meist Spulengeräte genannt, wurden mehr und mehr zu hochwertigen Spezialgeräten. Die senkrechte Anordnung, eingebaute Meßinstrumente, Flachbahnregler, Metallspulen und vieles mehr gab ihnen schon äußerlich das Ansehen professioneller Technik. Viele Umschalt- und Regelmöglichkeiten erfüllten alle Wünsche des Hobby-Tonmeisters.

Den hohen Qualitätsansprüchen entsprechend, haben diese Geräte auch in der Technik ihres inneren Aufbaus eine Wandlung durchgemacht. Bei den ersten Heimgeräten genügte ein einfacher Asynchronmotor zum Antrieb, dessen Drehzahl unabhängig von der Frequenz des Netzes geregelt werden konnte. Später strebte man zwei oder drei Motoren wie bei den Studiogeräten an, um kleinste Werte für die Tonhöhenschwankungen zu erreichen. Die Bandgeschwindigkeiten wurden durch einen Schalter geregelt, der gleichzeitig für den jeweils optimalen Frequenzgang des Verstärkers sorgte.

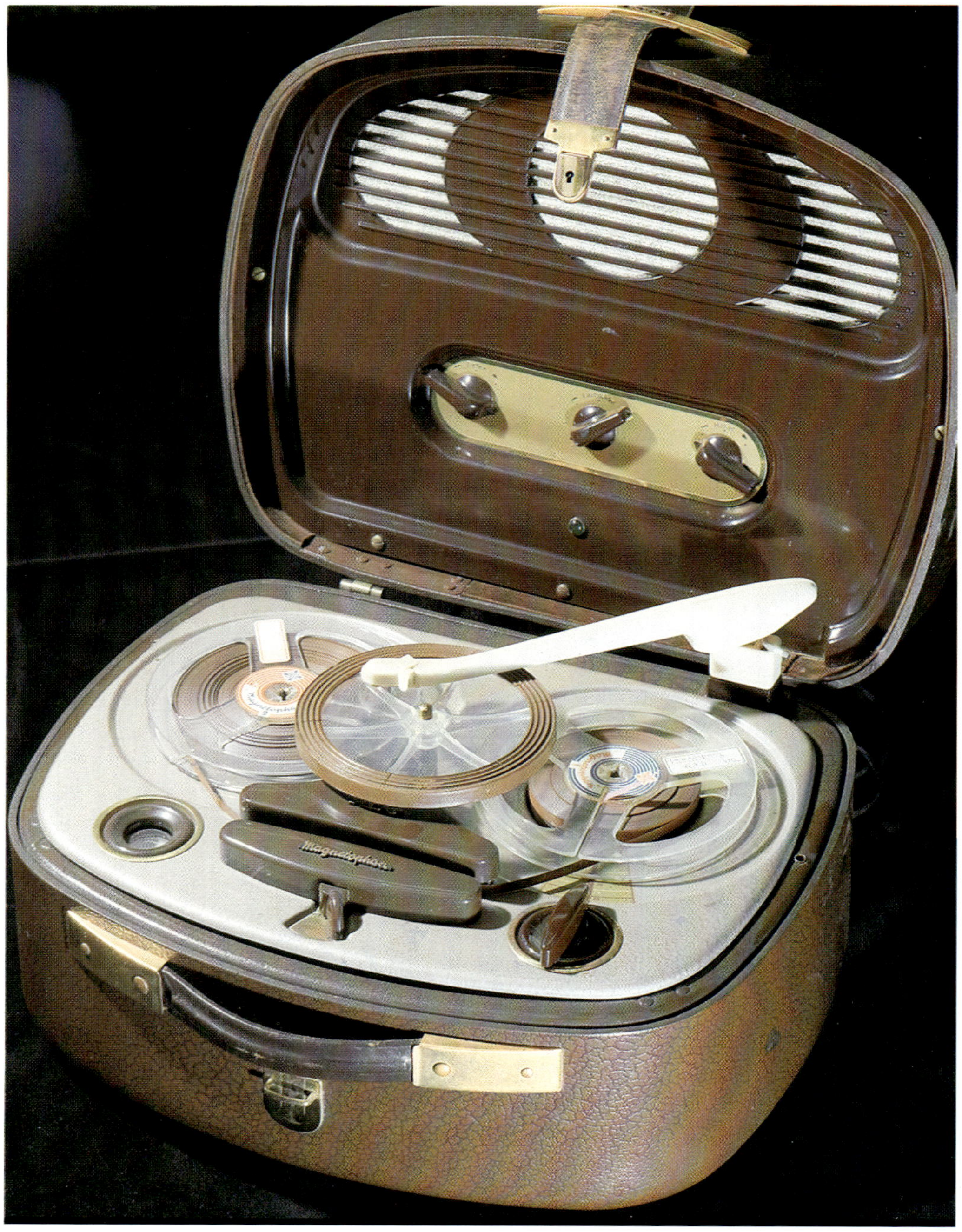

1

Konkurrenz aus dem eigenen Lager

Die extrem langen Spielzeiten der Tonbänder sollten darüber hinwegtrösten, daß der Spulenwechsel immer noch sehr umständlich vor sich ging. Das änderte sich schlagartig, als die ersten Kassettengeräte auf den Markt kamen, die Tonbandgeräte für das Heim. Klein, leicht und ohne viel Überlegung einfach zu handhaben, wurde die Kassette sogar zum Konkurrenten der empfindlichen Schallplatte.

Der Gedanke, das Tonband in ein besonderes Gehäuse einzusperren, ist fast so alt wie das Band selbst. Schon 1943 baute die AEG für die Post ein Kassettengerät zum stationären Einbau in Verstärkergestelle. Die Kassette mit den beiden Spulen hatte die beachtliche Breite von 45 Zentimetern. Zur Serienfertigung kam es im Krieg nicht mehr. 1948 begann Loewe Opta Magnettongeräte zu bauen und entwickelte auch ein großes Kassettengerät. Die Bandgeschwindigkeit betrug immer noch 19 Zentimeter pro Sekunde, und deshalb war das Gerät auch nicht viel kleiner. Es blieb bei einer Musterserie von 100 Stück.

Beide Geräte hatten sogenannte Zweilochkassetten, bei denen die Spulen nebeneinander angeordnet waren. Die Amerikaner brachten dann Einlochkassetten auf den Markt, bei denen die Spulen übereinander lagen, oder sie enthielten nur eine Spule, und die Aufwickelspule war fest im Gerät untergebracht. Schließlich wurde noch die „Endlos-Kassette“ entwickelt, bei der Anfang und Ende des Bandes zusammengeklebt waren, wobei das Band aus dem Inneren der Spule herausgezogen und außen wieder aufgewickelt wurde.

Es gab eine Vielzahl verschiedener Konstruktionen. Sie zeigten, daß ein Bedarf vorhanden war, aber so viele unterschiedliche Techniken verunsicherten den Markt. Sieger blieb die Philips-Kassette, die mit kluger Marktstrategie und vorausschauender Lizenzpolitik weltweit nach einheitlicher Norm eingeführt wurde. Man scheute sich nicht, unkonventionelle Bänder und Geräteformen zu verwenden. Allerdings achteten die Philipsleute sorgfältig auf die strenge Einhaltung der Normen, so daß die Austauschbarkeit auf dem ganzen Weltmarkt gesichert war. Die kleine Zweilochkassette enthielt ein 3,8 Millimeter breites Band mit vier Spuren, das mit einer Bandgeschwindigkeit von 4,75 Metern pro Sekunde ablief. Je nach Band-

1 – Erst nach dem Zweiten Weltkrieg wurde für Magnettongeräte der Markt der privaten Haushalte erschlossen: Das Magnetophon KL 15 (1952) der AEG war das erste deutsche Heimgerät.
2–3 – Ähnlich verlief die Entwicklung beim Cassettenrecorder. Es gab schon 1943 ein AEG-Kassettengerät, das bei der Post verwendet wurde. Das abgebildete Optaphon 54 der Firma Loewe Opta (1954) gleicht von seiner Größe her (47 cm breit, 23 cm hoch und 22,5 cm tief) und dem Gewicht von über 17 Kilogramm noch eher den Tonbandgeräten. Es war gleichzeitig auch für Normalspulen geeignet.
4 – Amerikaner beschritten eigene Wege, was die Form der Kassette anlangte: Sie entwickelten eine Einlochkassette, bei der die Spulen übereinanderlagen oder die Aufwickelspule bereits ins Gerät eingebaut war. Dagegen stellt die „Endlos-Kassette“ eine Sonderform der Zweilochkassette dar. Die Bandenden sind zusammengeklebt, auf der einen Seite wird das Band aus der Spule herausgezogen und auf der anderen von außen wieder aufgewickelt.
5 – Die Konstruktion des Philips-Cassettenrecorders setzte sich gegen zahlreiche andere durch. Die 45 Zentimeter der ersten Kassetten sind hier auf 10 Zentimeter geschrumpft. Eine besondere Vorrichtung verhinderte das versehentliche Löschen der Kassetten; Bandgeschwindigkeit 4,75 Meter/Sekunde. Das erste Gerät dieser Art war 1963 auf der Internationalen Funkausstellung in Berlin zu sehen.

2

3

länge konnte eine Spieldauer bis zu zwei Stunden erreicht werden.
Schon vor der Einführung der Kassettengeräte kamen die ersten bespielten Tonbänder auf den Markt. Den Anfang machte 1950 die Firma Recording Associates in New York. Ab 1954 gab es auch Stereo-Tonbandaufnahmen, herausgebracht von Livingston Electronics in New York. Das 10-Dollar-Band begann mit der „Unvollendeten“ von Schubert und mit der „Finlandia“ von Jean Sibelius.
Bei der niedrigen Bandgeschwindigkeit bestand trotz Verbesserung der Bänder allerdings immer noch die Gefahr des unerwünschten Rauschens. Erst durch das sogenannte Dolby-System konnte für den Kassettenrecorder die HiFi-Norm nach DIN 45500 eingehalten werden. Von R.M. Dolby wird noch im Rahmen der Stereofonie die Rede sein.

4

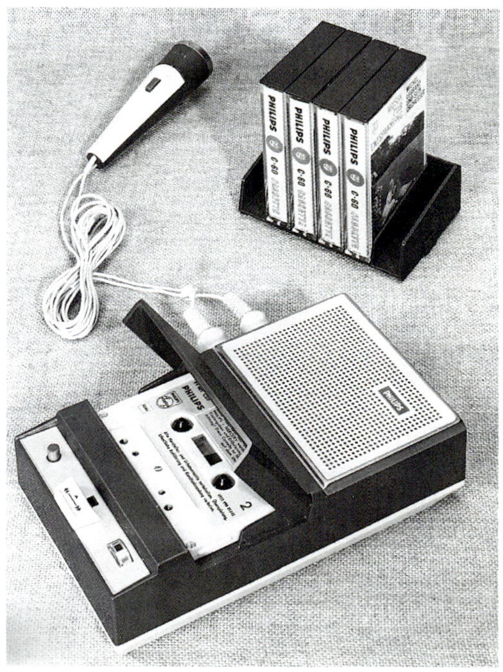

5

Die Stereofonie

Die akustische Raumwirkung wird untersucht

Der Traum von der Stereofonie ist älter, als man gemeinhin annimmt. Die erste Stereoschallplatte kam zwar erst 1958 auf den Markt, aber Versuche mit dem beidohrigen Hören wurden schon wesentlich früher angestellt.
Heute kann man die Tatsache als bekannt voraussetzen, daß der Mensch zur Richtungsortung einer Schallquelle beide Ohren braucht. Aber zu Beginn des 19. Jahrhunderts war das keineswegs selbstverständlich. Befangen in überkommenen Vorstellungen der Philosophie, war die Wissenschaft der Meinung, daß Töne nicht wie die Objekte der gegenständlichen Welt einen Raum einnähmen, sondern keine räumliche Ausdehnung besäßen und deshalb auf keinen Fall mit Hilfe des Gehörsinns geortet werden könnten. Eine Logik, der das Verständnis der heutigen Zeit kaum noch zu folgen vermag.
Noch im Jahr 1838 bestritt der schottische Philosoph und Professor an der Universität von Aberdeen, Alexander Bain (1818 bis 1903), ganz energisch, daß das beidohrige Gehörsystem des Menschen bei der Schallokalisation eine Rolle spielt. Bain vertrat den Standpunkt, daß ein Beobachter, der vor einer Menschenreihe steht, nicht feststellen kann, wer von diesen Menschen gerade spricht, es sei denn, er bemerkt es an den Lippenbewegungen oder kennt die Stimme des Sprechers. Aber es dauerte nur acht Jahre, bis Bains Behauptung widerlegt werden konnte.

Der binaurale Gehörsinn

Als erster beschäftigte sich der deutsche Physiologe Ernst Heinrich Weber (1795 bis 1878) mit der Bainschen These. Durch einen einfachen Versuch mit zwei Uhren, die jeweils ein ganz charakteristisches Tikken hören ließen, führte er Bains Behauptung ad absurdum. Seine Versuchspersonen konnten nämlich sehr genau angeben, welche Uhr an welchem Ohr tickte. Und damit war der Nachweis erbracht, daß die Schallokalisation ausschließlich mit Hilfe des Gehörsinns stattgefunden hatte. Dreißig Jahre lang blieb Webers Experiment die wichtigste Nachweismethode für den binauralen Gehörsinn.
Erst durch die Versuche des englischen Physikers John William Strutt, Lord von Rayleigh (1842–1919), erhielten die Forschungen um den Gehörsinn neuen Auftrieb. 1876 führte er auf einer Rasenfläche in Cambridge sein berühmt gewordenes Experiment durch. Mit geschlossenen Augen stellte er sich in einen Kreis, den seine Assistenten um ihn gebildet hatten. Seine Mitarbeiter benutzten Stimmgabeln als Tonquellen. Jedesmal, wenn eine Stimmgabel angeschlagen wurde, konnte er ihren Standort mit ziemlicher Genauigkeit bestimmen, allerdings mit einer Einschränkung: Einen Ton, der direkt hinter ihm erklang, konnte er nicht von einem Ton unterscheiden, der direkt vor ihm angeschlagen wurde.
Das zweite wichtige Ergebnis seines Versuchs war die Feststellung, daß ein tiefer Ton viel schwieriger zu orten war als ein Ton mit einer hohen Frequenz. Weiter fand er heraus, daß die Schallintensität in dem der Schallquelle zugewandten Ohr größer war als in dem Ohr, das in der Richtung mehr von der Schallquelle abgewandt war. Später erkannte der Physiker, daß diese Art der „Intensitätsortung“ nur für die höheren Frequenzen, etwa ab 400 Hertz und mehr, zutraf.
Der Gehörsinn mußte also noch eine andere Möglichkeit haben, auch die tiefen Töne zu lokalisieren. 1907 stellte Rayleigh schließlich seine „Phasentheorie“ vor. Da das der Schallquelle zugewandte Ohr die Schallwelle etwas früher wahrnimmt als das andere, wird man die Minima und Maxima einer Welle zuerst mit dem einen, dann mit dem anderen Ohr hören. Anders ausgedrückt heißt das, die Töne in den beiden Ohren sind zueinander phasenverschoben. Dieser winzige Phasenunterschied hilft mit, die Schallquelle zu orten.

Die ersten stereofonischen Versuche

Schon bevor genauere Untersuchungen über menschliche Schallortung vorlagen, machte sich die Marine dieses neuentdeckte Phänomen zunutze. 1880 wurde ein Gerät mit Namen „Topophon“ patentiert, ein Schallrichtungssucher, der den Kapitänen ermöglichen sollte, bei Nebel genau zu bestimmen, aus welcher Richtung sie das Tuten des Nebelhorns eines anderen Schiffes gehört hatten. Zwei Hörrohre auf einem Schultergestell konnten wesentlich besser eine Schallquelle lokalisieren als die nah beieinanderliegenden Ohren eines Menschen. Das hatte zwar noch sehr wenig mit der Stereofonie im heutigen Sinne zu tun, war aber immerhin ein erster tastender Schritt in diese Richtung des plastischen Hörbildes aus zwei Kanälen.
Am 30. August 1881 war der zweite Schritt getan, und zwar ein ganz gewaltiger Schritt in Richtung elektronische Stereofonie. An diesem Tag nämlich schützte das Kaiserliche Patentamt in Berlin dem Pariser Ingenieur Clement Ader (1841–1925) ein Verfahren, das er als „Neuerungen an Telephonanlagen für Theater“ bezeichnete. Mit Telefonanlagen hatte Monsieur Ader seine Erfahrungen. Er vervollkommnete den Fernsprecher und konstruierte das berühmte „Ader-Telephon“.
Mit seinem „Theatrophon“ nun beschrieb Ader eine Einrichtung, die einen Fernabonnenten zu Hause in die Lage versetzen sollte, sich ein naturgetreues Hörbild vom Geschehen auf der Bühne zu machen. Mit Mikrofonen links und rechts vom Souffleur-Kasten vor der Bühne gelang ihm 1881 eine zweikanalige Übertragung aus der Pariser Oper in Stereo. Aus Aders Patentschrift geht hervor, daß sich der Erfinder des plastischen Hörbildes durchaus bewußt war:
„Die Sender (Aufnahmemikrofone) werden auf der Bühne in zwei Serien eingeteilt, eine linke und eine rechte, und einer der beiden, beim Abonnenten befindlichen Empfangsapparate (Hörer) ist mit einem Sender der einen Serie, der andere mit einem Sender der zweiten Serie verbunden. Auf diese Weise kann der Hörer mit beiden Ohren die verschiedenen Lau-

1

te verfolgen, und die Vibrationen in der Intonation, welche er mit beiden Ohren hört, entsprechen in der Tat den Bewegungen und Ortsveränderungen der Schauspieler auf der Bühne. Dieses doppelte Hören der durch verschiedene Apparate aufgenommenen und weitergegebenen Laute ist in bezug auf die erzielten Effekte analog demjenigen, was das Stereoskop für das Sehen ist."
Die Technik der Stereofonie war damit also erfunden. Aber mit der Möglichkeit der Aufzeichnung lag es noch im argen. Weder Schallplatte noch Tondraht waren vorerst in der Lage, ihren Teil zur Stereofonie beizutragen. Dazu wären zwei Kanäle notwendig gewesen, wie schon Ader festgestellt hatte.

Die pseudoraumakustische Abtastung

Zunächst behalf man sich mit einem Trick, um so etwas Ähnliches wie einen Raumklang zu erreichen. Eine Anzahl von Plattenspielern verschiedener Bauarten wurden angeboten, die durch eine zeitverschobene zusätzliche Abspielung einen raumakustischen Effekt hervorbringen sollten. Zwei mechanisch gekoppelte Schalldosen tasteten hintereinander dieselbe Rille ab. Mit einem gewaltigen Werbeaufwand wurde 1925 ein Gerät namens „Ultraphon" auf den Markt gebracht, das begeisterte Aufnahme fand. Der Brockhaus von 1934 berichtete: „Die von einer Sprechmaschine wiedergegebenen Darbietungen klingen – wie die Übertragungen im Rundfunk – flächenhaft, so daß der raumakustische Effekt, den man beim unmittelbaren Hören gewöhnt ist, hier verlorengeht. Dieser Nachteil wird bei dem

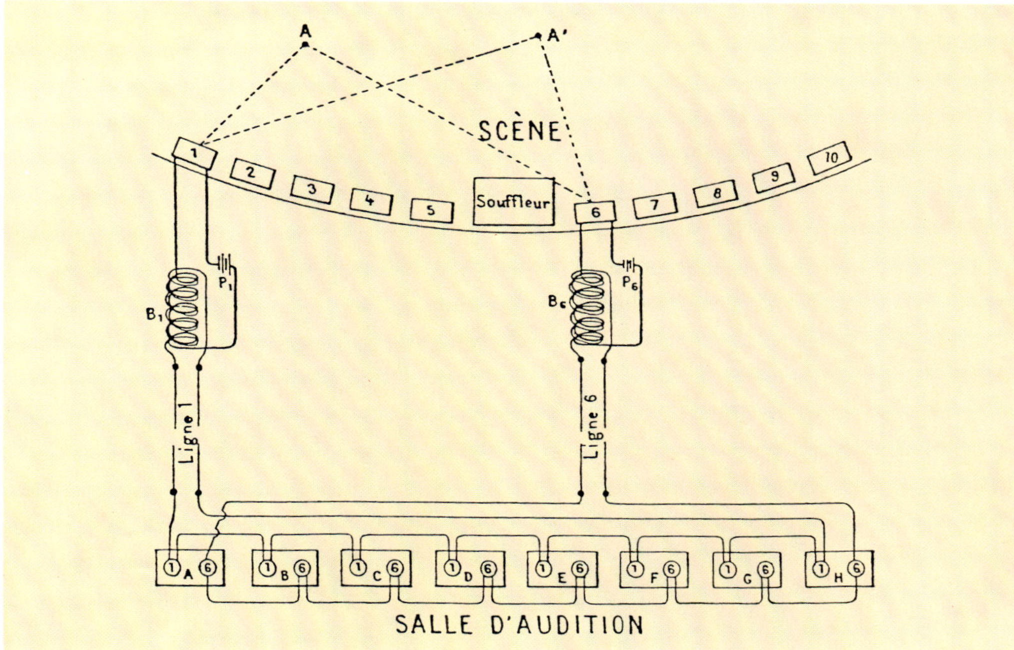

2

3

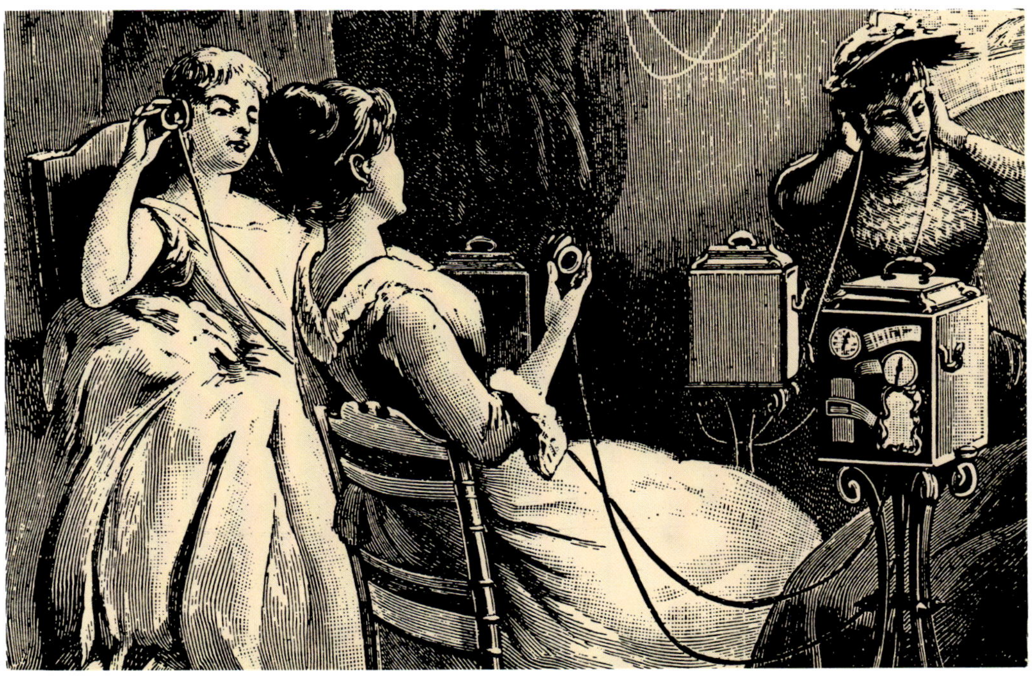
4

1 – Relativ spät gelang der Wissenschaft der Nachweis, daß der Mensch zur Ortung einer Schallquelle beide Ohren benötigt. Das „Topophon" (1880) ist der erste Versuch, diese Tatsache anzuwenden, um Notsignale von Schiffen im Nebel besser lokalisieren zu können.
2–4 – Das „Theatrophon" von Clement Ader von 1881 stellt bereits ein stereofonisches Aufnahme- und Wiedergabesystem dar. Auf der Bühne ist jeder Spieler über ein Mikrofonpaar mit den beiden Empfängern eines jeden Zuhörers verbunden. Die Vermittlung lief über die „Theatrophon-Zentrale" in Paris, wo eine Dame einen Telefonteilnehmer direkt mit einem Konzertsaal verbinden konnte. Seine Erfindung ließ sich Ader als „Neuerungen an Telephonanlagen für Theater" patentieren, und sie wurde auch als „Ader-Telephon" bezeichnet.

1921 von Küchenmeister erfundenen Ultraphon bis zu einem gewissen Grade ausgeglichen."

Man drückte sich also sehr vorsichtig aus. Von Stereofonie, was immer man in den dreißiger Jahren darunter verstand, konnte noch keine Rede sein. Weiter heißt es: „Der Apparat ist wie eine gewöhnliche Sprechmaschine gebaut, besitzt aber nicht einen, sondern zwei Tonabnehmer, die um ein ganz bestimmtes Intervall ($\frac{1}{15}$ bis $\frac{1}{20}$ Sekunde) gegeneinander versetzt, das heißt hintereinander angeordnet sind. Durch diese doppelte Anordnung entsteht beim Abspielen der Platte eine Überlagerung zweier um das betreffende Intervall einander nacheilender Wellengruppen. Folge: zeitliche Verlängerung der Schalleinwirkung, bessere Klangfülle, erhöhte Raumwirkung." In Amerika wurde eine nach demselben Prinzip arbeitende Abtastung mit zwei elektrischen Tonabnehmern patentiert.

Eine Puppe namens „Oskar"

In Amerika hatte man sich, aufbauend auf die Theorien des Schotten Rayleigh, weiter intensiv mit dem stereofonischen Hören beschäftigt. Vor allem in den Laboratorien der Bell-Telephongesellschaft wurden zu Beginn der dreißiger Jahre zahlreiche Experimente durchgeführt. Hauptfigur dieser Versuche unter der Leitung von Dr. Harvey Fletcher war die Schaufensterpuppe „Oskar".

An den Ohren der Puppe waren Mikrofone angebracht, wodurch der Vorgang des menschlichen Hörens verblüffend ähnlich nachgeahmt werden konnte. Die Mikrofone waren über Verstärker mit Kopfhörern verbunden. Wenn Fletcher nun zu der Puppe sprach, hatte der Zuhörer mit den Kopfhörern den täuschenden Eindruck, daß der Sprecher nur wenige Zentimeter von ihm entfernt stand.

Diese Art der Stereoaufnahme mit einem „Kunstkopf", die sogenannte Ping-Pong-Stereofonie, ist noch heute für Spezialeffekte aktuell. Aber während man durch solch eindrucksvolle Demonstrationen nachwies, wie bedeutungsvoll die Tatsache ist, daß der Mensch zwei Ohren besitzt, ging ein anderer Amerikaner daran, das stereofonische Erlebnis auch aufzuzeichnen und wiederzugeben.

Die erste Stereoschallplatte der Welt

In Amerika hatte die Firma Western Electric die Patente für die Schallplattenaufnahme auf elektrischem Weg und blokkierte dadurch für andere Firmen ein Aufnahmeverfahren, das wegen seiner mathematisch berechenbaren elektrophysikalischen Grundlagen ein erster Schritt auf dem Weg zur heutigen HiFi-Technik werden sollte.

Aus diesem Grund beauftragte der Forschungschef von Electrical and Musical Industries (EMI), Isaac Shoenberg, den jungen und vielversprechenden Ingenieur Alan Dower Blumlein, Aufnahmeverfahren zu entwickeln, mit denen diese Patentrechte umgangen werden konnten. Blumlein machte sich an die Arbeit. Die Ergebnisse seiner Forschungen auf dem Gebiet der Schallplatte wurden in dem britischen Patent Nr. 394325 vom 14. Dezember 1931 veröffentlicht. Ganze 70 Patentansprüche konnte der Erfinder anmelden, darunter auch die noch heute übliche orthogonale 45-Grad-Stereo-Schrift.

1

Bekanntlich braucht man bei der Stereofonie zwei Toninformationen, die über zwei Kanäle übertragen werden. So bot sich zunächst an, für den einen Kanal Edisons Tiefenschrift zu verwenden, für den anderen aber Berliners Seitenschrift. Anders ausgedrückt: Die eine Toninformation wurde durch senkrechte Nadelbewegungen abgetastet, die andere durch ihr waagerechtes Ausschwingen. Die beiden Informationsebenen bildeten also einen rechten Winkel zueinander, und die Abtastspitze beschrieb eine räumliche Kurve. Diese Art der stereofonischen Aufzeichnung war aber nicht kompatibel, das heißt, ein Monotonabnehmer tastete nur den in Seitenschrift ausgeführten Kanal ab. Also wurden beide Richtungen der Auslenkungen um 45 Grad gedreht, so daß der eine Kanal mit einer Neigung von 45 Grad auf der einen Rillenwand, der an-

1 – Das „Ultraphon" der Firma Küchenmeister (1926) verdient noch nicht das Prädikat „stereofonisch". Zwei miteinander gekoppelte Tonabnehmer, die in kurzen Abständen nacheinander eine Schallrille abtasten, täuschen lediglich einen räumlichen Klang vor.
2 – Ein Kunstkopf ist der Nachkomme der Schaufensterpuppe „Oskar". In den Laboratorien der Bell-Telephongesellschaft in Amerika führten 1933 Wissenschaftler mit dieser Puppe Versuche zum stereofonischen Hören durch. Die Versuchsanordnung „Puppe" zeigt sehr anschaulich, daß hier die Hörsituation beim Menschen für die Übertragung von Schall ausgewertet wurde. So wie die Puppe Geräusche „hört", werden diese von zwei eingebauten Mikrofonen aufgenommen, über Drähte und Verstärker zu einem Kopfhörer übertragen, den ein Zuhörer an einer anderen Stelle des Raumes aufgesetzt hat. Er hat dann dieselbe Klangempfindung, wie wenn die Geräusche direkt an seinem Kopf erzeugt würden. Für Spezialeffekte ist der Kunstkopf noch heute in Gebrauch.
3 – Alan Dower Blumlein kombinierte für sein Stereo-Aufnahmeverfahren die Tiefenschrift Edisons (a) und die Seitenschrift Berliners (b), um die für den Raumklang notwendigen zwei Toninformationen auf der Platte aufzuzeichnen (c). Nach diesem Flankenschriftverfahren wurde 1932 die erste Stereoschallplatte der Welt geschnitten.

2

dere mit entgegengesetzter Neigung auf der anderen Rillenwand eingeschnitten wurde.
Nach Blumleins Verfahren wurde 1932 die erste Stereoschallplatte der Welt geschnitten. Aber für eine Vermarktung dieser Erfindung war die Zeit offenbar noch nicht reif. Alan Dower Blumlein stürzte zu Beginn des Zweiten Weltkrieges bei der Erprobung neuer elektronischer Geräte mit einem Flugzeug ab. Er war gerade fünfunddreißig Jahre alt geworden.

Die echte Stereofonie

Die Vereinigten Staaten blieben in der Technik der Stereofonie auch weiterhin führend. In Deutschland hatte die Firma Telefunken 1935 einige Versuche mit stereofonischen Verfahren angestellt,

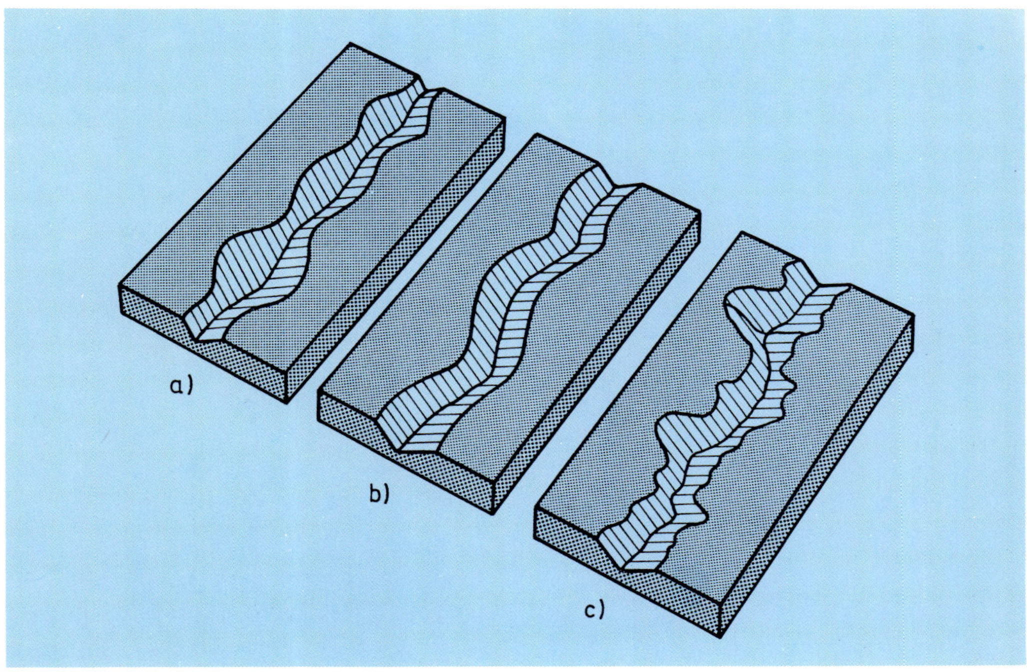

3

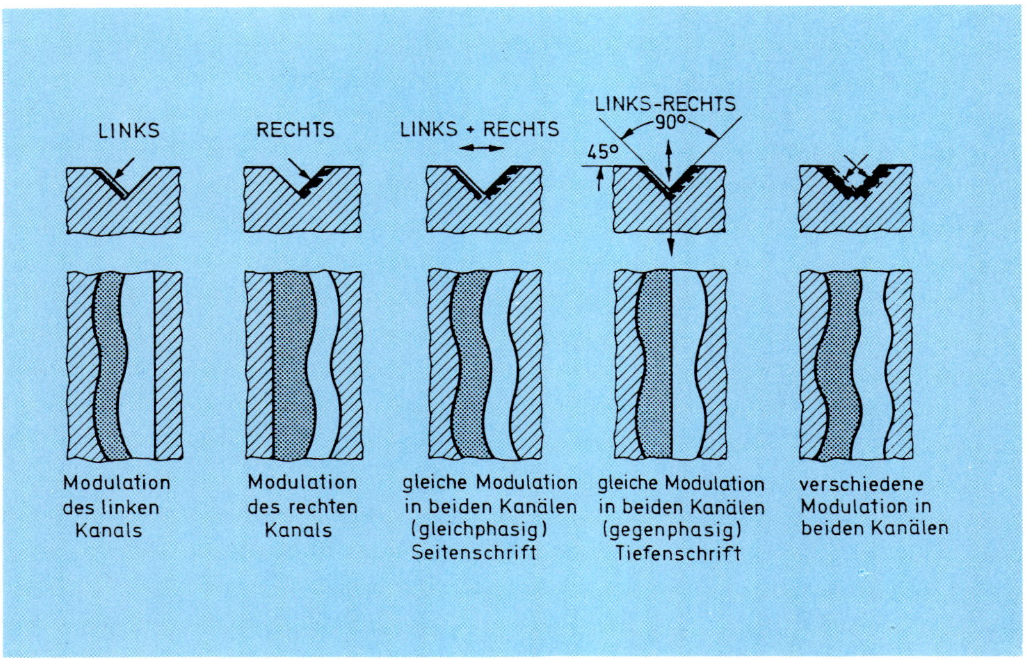

1

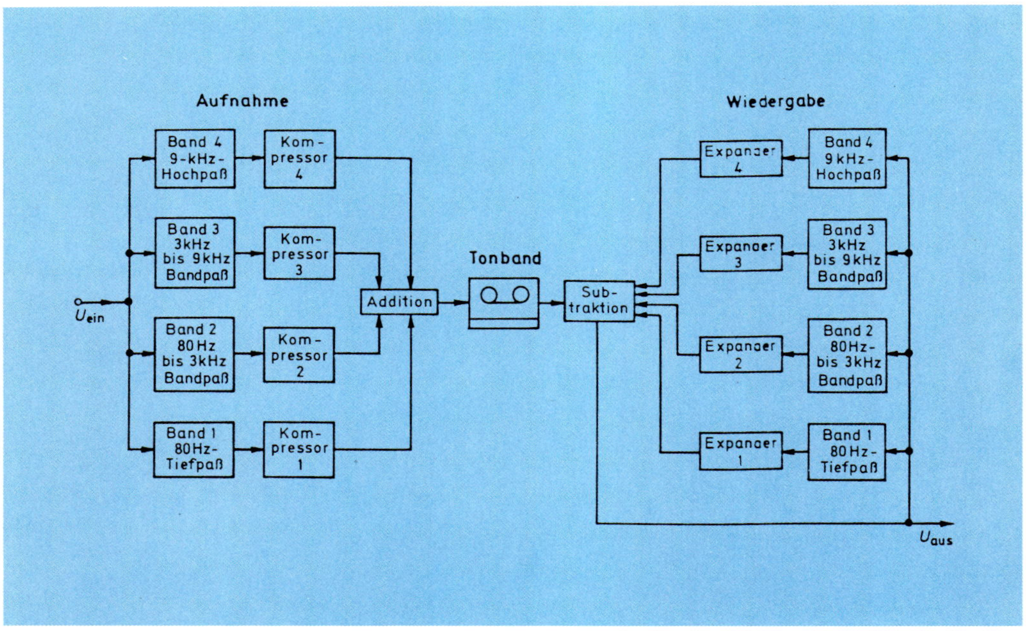

2

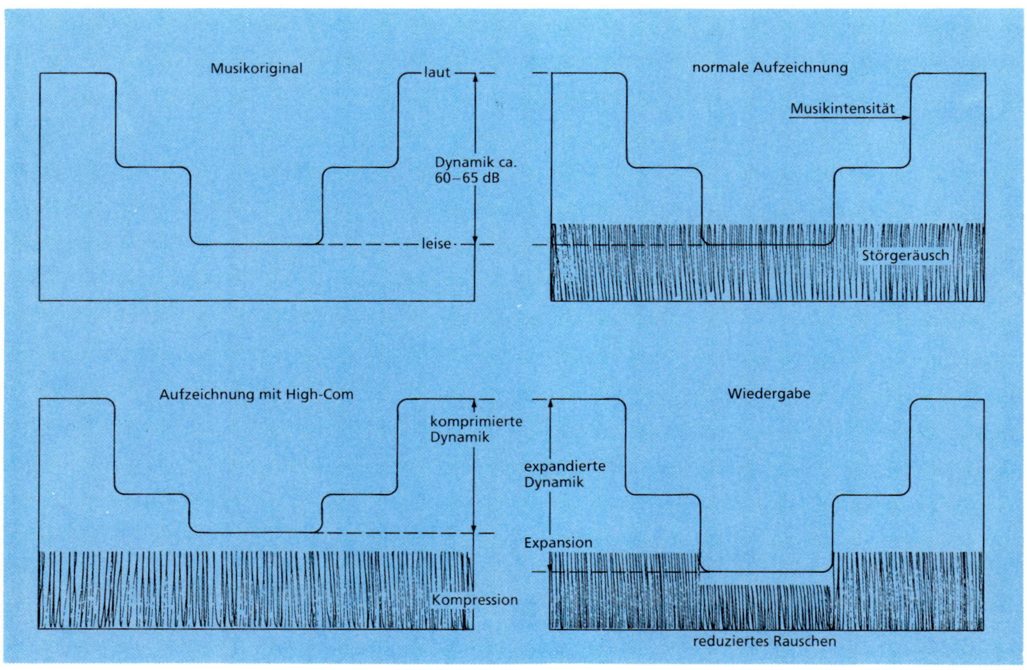

3

1 – Die Flanken der Schallrille stehen im rechten Winkel zueinander. Die zum Plattenrand weisende Flanke trägt die Linksinformation, die zur Plattenmitte weisende die Rechtsinformation. Dadurch, daß die Signale in sich überlagernden Bewegungen in einem Winkel von 45 Grad zur Plattenoberfläche eingeschnitten werden, sind solche Stereoplatten auch für Monotonabnehmer abspielbar.

2 – Rauschunterdrückung heißt das Zauberwort auf dem Weg zur High Fidelity. Das Lied von Edisons Walze glich eher einem Krächzen als einem Gesang, und in der Folgezeit versuchten die Techniker, die Eigenschwingungen der Geräte bzw. dann die Ungleichmäßigkeiten der magnetischen Partikel zu unterdrücken, ohne den Tonumfang zu reduzieren. Bei dem Rauschunterdrückungsverfahren von Ray M. Dolby (seit 1966) werden die Tonsignale entsprechend ihren Frequenzbereichen zerlegt, die leisen Töne auf der Aufnahmeseite angehoben und auf der Wiedergabeseite wieder abgesenkt.

3 – Beim HighCom-Verfahren bleibt nur noch ein Restrauschen von 1 % (13 % beim Dolby-Verfahren), was vom menschlichen Ohr nicht mehr wahrgenommen werden kann. Die obere Zeichnung stellt den Dynamikumfang eines Musikstückes dar. Das Eigenrauschen des Bandes kann größer sein als die leisen Musikstellen. Im Unterschied zum Dolby-System, das nur die hohen Töne erfaßt, komprimiert HighCom die gesamte Bandbreite der Frequenzen und expandiert sie wieder bei der Wiedergabe.

4 – Mit den ca. 350 Halbleiter-Bauelementen auf einer Fläche von 1,5 mm² ist der HighCom-IC einer der größten Bipolarschaltkreise.

aber der Zweite Weltkrieg setzte weiteren Forschungen ein Ende. Die Amerikaner blieben am Ball. Wissenschaftler der Harvard-Universität hatten herausgefunden, daß die Schallortung eines Menschen bei Tönen mit einer Frequenz von über 1000 Hertz nachzulassen beginnt und die Fehlerquote bei der Richtungseinschätzung zwischen 2000 und 4000 Hertz ein Maximum erreicht. Liegt die Frequenz darüber, kommt wieder der Intensitätsunterschied zum Tragen.

Als alle Bausteinchen zum Mosaik des Richtungshörens zusammengetragen worden waren, konnten die Techniker dazu übergehen, ein möglichst naturgetreues stereofonisches Wiedergabeverfahren zu entwickeln. Und das war ihnen bis 1941 gelungen. Ralph E. Lapp beschreibt in dem Time-Life-Buch „Schall und Gehör" eine epochemachende Vorführung:

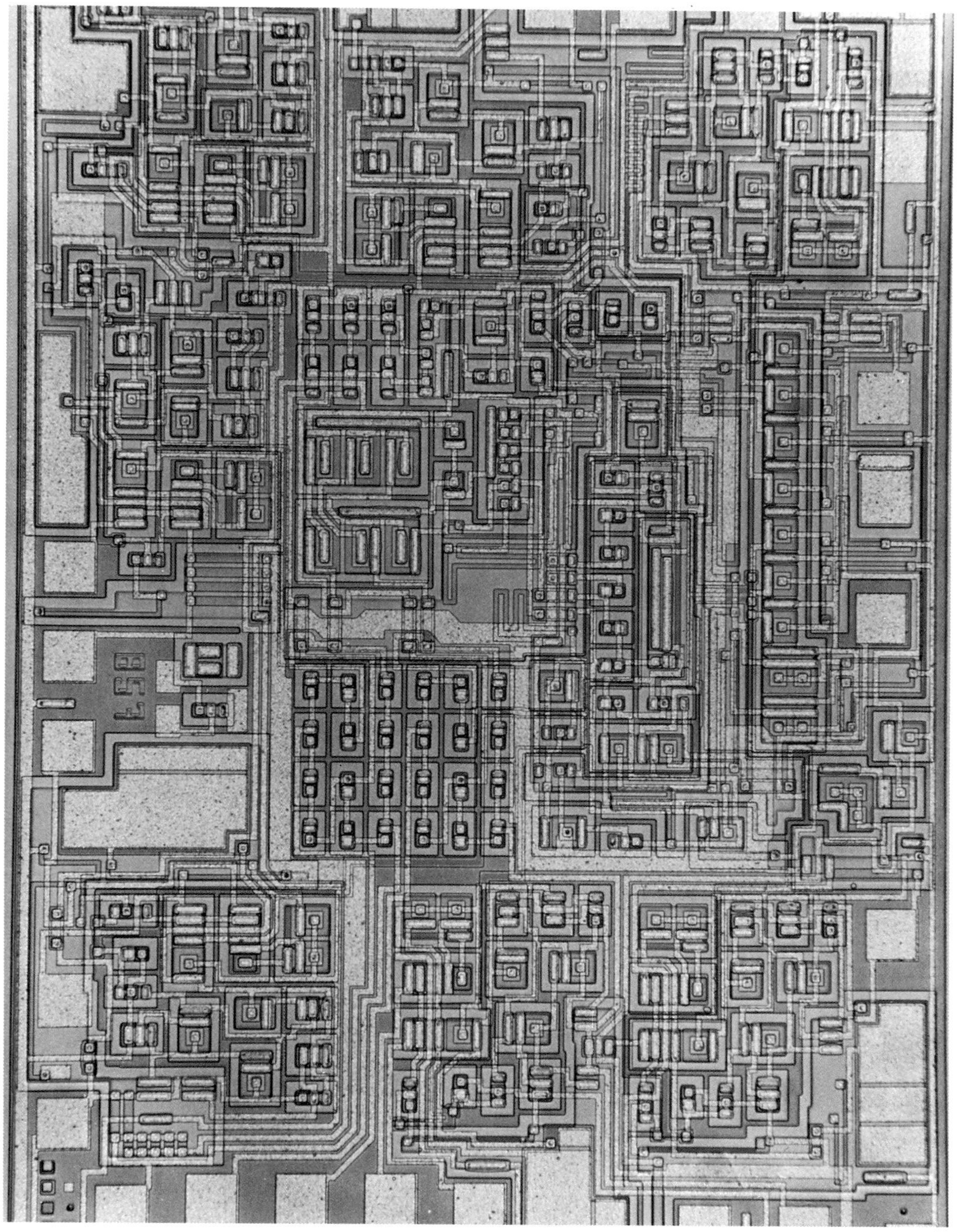

4

„Am 7. Mai 1941 trat die Acoustical Society of America in der Eastman Musikhochschule und der Universität Rochester zu ihrer Jahresversammlung zusammen. Für die Vorführung der Bell-Laboratorien hatte an jenem Tage das Symphonieorchester von Rochester auf der Bühne des Eastman-Theaters Platz genommen. Hinter den Musikern waren drei riesige Lautsprecherboxen aufgebaut, die zu dem stereofonischen Wiedergabesystem des Experiments gehörten. Die anwesenden Akustiker, Physiker und Psychologen waren auf ein Konzert eingestellt. Da aber ging zu ihrer Überraschung, kurz bevor das Konzert begann, der Vorhang herunter.

Hinter dem Vorhang spielte das Orchester – für die Zuhörer unsichtbar – den ersten Satz einer Symphonie. Dann setzten die Musiker ihre Instrumente ab, und der zweite Satz wurde als Stereo-Aufnahme über die Lautsprecher abgestrahlt. Die Wiedergabetreue der Aufnahme reichte von 26 bis 14000 Hertz und bis zu Intensitäten von 120 Dezibel. Als die Musik verklungen war, hob sich der Vorhang, und ein Sprecher der Laboratorien eröffnete den versammelten Wissenschaftlern, daß man sie getäuscht hatte: Zwar sei eine Hälfte der Musik, die sie gehört hatten, von den Musikern auf der Bühne gespielt worden, doch sei die andere Hälfte eine Aufnahme gewesen. Dann stellte er die Frage: ‚Welche Hälfte wurde tatsächlich gespielt, und welche Hälfte kam von der Platte?'

Die Zuhörerschaft spaltete sich in zwei Lager. Die Hälfte der Hörer hob die Hand, um anzuzeigen, daß der erste Satz tatsächlich gespielt worden sei; die andere Hälfte bestand darauf, daß die Musiker den zweiten Satz gespielt hätten. Einer Generation, die nur die monaurale Schallplatte mit geringer Wiedergabequalität kannte, war damit eindrucksvoll demonstriert worden, daß man durch die Kombination von Möglichkeiten einer hochentwickelten Elektroakustik mit wissenschaftlichen Kenntnissen über den Hörvorgang die Illusion einer Live-Aufnahme hervorrufen kann – ein Phänomen, das heute jedem Besitzer einer Stereo-Anlage vertraut ist."

Das HiFi-Zeitalter bricht an

In den fünfziger Jahren hatte man bei den Monoplatten mit einem Frequenzbereich bis 15000 Hertz bereits HiFi-Qualität erreicht. Allmählich machte sich das Bedürfnis nach einer noch weiter verbesserten Klangqualität bemerkbar. Es ist also nicht verwunderlich, daß man das Stichwort Stereofonie aufgriff und dieses phänomenale Klangerlebnis auch einer breiten Öffentlichkeit zugänglich machen wollte. Zunächst standen die beiden bereits erwähnten Abtastsysteme zur Wahl: das Senkrecht/Seitwärts-Verfahren und die 45-Grad-Schrift.

Noch bevor ein Ausschuß der Record Industry Association of America (RIAA) sich für eines der beiden Systeme entscheiden konnte, wurde ihm die Entscheidung durch 3000 Kopien, die ein kleiner Unternehmer anfertigen ließ, abgenommen. Die Kopien mit der 45-Grad-Schrift gelangten in die Hand von Amateuren, die sich ihre Stereo-Anlage selbst zusammenbauen konnten. Auf diesem etwas dubiosen Weg wurde die Stereoschallplatte eingeführt.

Im Jahr 1960 betrug der Anteil der Stereoplatten im Langspielplattengeschäft bereits 25 Prozent.

In den siebziger Jahren brandete euphorischer Jubel über eine Rundumstereofonie auf. Man bezeichnete sie als Quadrofonie. Zu den üblichen beiden Kanälen für die Rechts-Links-Information bei der Stereofonie kamen zwei weitere Kanäle für die Rauminformation dazu. Befürworter sahen in der Quadrofonie einen echten Fortschritt, Kritiker taten sie als manipulierte Neuerungssucht ab.

Tatsache ist, daß es verhältnismäßig schnell still um die neue Aufnahme- und Wiedergabetechnik wurde. Ein Wirrwarr von verschiedenen Quadro-Systemen, der hohe Preis und das schmalbrüstige Angebot an Schallplatten stießen auf wenig Gegenliebe. Dazu kam, daß bei hochwertigen Stereogeräten ein gewisser Sättigungsgrad erreicht war, so daß die Firmen weltweit lieber dazu übergingen, die Stereotechnik weiter zu perfektionieren, so daß die Mindestanforderungen weit überschritten werden.

Stichwort HiFi

Im Normblattverzeichnis des Deutschen Normenausschusses sind die Mindestanforderungen für HiFi, High Fidelity oder hohe Wiedergabetreue nach DIN 45500 festgelegt. Aber was bedeutet eigentlich dieses Zauberwort? Lexikalisch: Der vom Wiedergabegerät erzeugte Klang soll sich von dem des Originals (im Aufnahmestudio) nur noch mit Hilfe exakter Messungen unterscheiden lassen, das heißt, die Differenzen sollen unterhalb der Unterscheidungsmöglichkeiten des menschlichen Gehörs liegen.
Da das menschliche Ohr Frequenzen im Bereich von 20 bis 20000 Hertz wahrnehmen kann, sollte also eine Anlage, die das Prädikat HiFi beansprucht, alle in diesem Bereich vorkommenden Frequenzen gleichmäßig verstärken und wiedergeben, ohne spezielle Frequenzen übermäßig abzuschwächen oder anzuheben. Außerdem sollte die Anlage verzerrungsfrei arbeiten, wobei ganz allgemein unter Verzerrung jeder Laut gemeint ist, der im Eingangssignal nicht vorhanden ist, am Ausgang aber erscheint.
Es würde zu weit führen, alle Kriterien der HiFi-Norm hier aufzuführen. Was den Begriff selbst anbelangt, so war er in der Frühzeit der Schallaufzeichnung keineswegs so genau definiert wie heute. Geprägt wurde der Begriff wahrscheinlich um das Jahr 1935 in den Vereinigten Staaten. Das Schlagwort „Wiedergabetreue" tauchte zum ersten Mal in einer Reklame für Emil Berliners Grammophon auf: „Während der Phonograph nur ein Fünftel der wirklichen Tonqualität der Trompete wiedergibt, wird mit dem Grammophon der gesamte Tonbereich und das echte Klangvolumen dieses Instruments wiedergabegetreu reproduziert."
Es ist verständlich, daß andere Firmen diese vielversprechende Vokabel aufgriffen und sich in hoher und höchster Wiedergabetreue überboten. Der Weg bis zum heutigen Standard indessen ging in kleinen Schritten vor sich. Verbesserte Grammophonnadeln, verringerter Auflagedruck des Tonabnehmers, elektronische Aufzeichnung und Verstärkung, elektrodynamischer Konuslautsprecher, Vergrößerung des Frequenzbereiches und feinere Oberflächenstruktur der Kunststoffplatten, all das waren nur einzelne Stationen auf dem Weg zur High Fidelity. Ein Mann sollte noch erwähnt werden, ohne dessen Erfindung es keine hochwertige Musik vom Tonband gäbe: Ray M. Dolby.

Der Dolby-Stretcher

Bei sehr niedrigen Bandgeschwindigkeiten beim Tonband bestand trotz Verbesserung der Bänder immer noch die Gefahr des Rauschens. Alle Versuche, dieses störende Bandrauschen wegzufiltern, schlugen fehl. Der englische Ingenieur Ray M. Dolby, der in den USA bei Ampex Erfahrungen mit Tonbändern gesammelt hatte, ging im eigenen Labor diesem Problem nach.
Dolby stellte fest, daß diese Störgeräusche besonders unangenehm hervortraten, wenn die auf Band aufgenommene Musik sehr leise wurde. Bei lauter Musik dagegen wurden die begleitenden Geräusche kaum wahrgenommen, weil die laute Musik sie verdeckte.
Nun verfiel Dolby auf den Trick, die leisen Musikstellen anzuheben, bevor sie übertragen oder gespeichert wurden, während er die lauten Stellen unverändert ließ, weil sie die Störgeräusche ohnehin verdeckten. Die leisen Stellen wurden durch diese Maßnahme also gegen Störgeräusche künstlich unempfindlich gemacht. Als er nun auf der Wiedergabeseite die leisen Musikstellen wieder im selben Maße absenkte, wurde auch das Störgeräusch mit abgesenkt. Im Idealfall konnte es sogar unter die Hörbarkeitsgrenze gebracht werden.
Sein nahezu verzerrungsfrei arbeitendes Verfahren setzte sich sehr schnell bei der Aufnahme von Schallplatten und beim Kopieren von Tonbändern durch. Der Preis für die erforderlichen elektronischen Bauelemente wurde so niedrig, daß auch Bandgeräte mittlerer Preisklasse mit dem Dolby-Stretcher ausgerüstet werden konnten. Ray M. Dolby wurde mit seiner genialen Idee zum Millionär.
Beim Dolby-Verfahren geht das Rauschen eines Tonbandes auf etwa 13 Prozent zurück. Das war schon eine ganze Menge. Andere Erfinder nahmen sich in der Folgezeit des „Geburtsfehlers der Kompaktkassette", also des Rauschens, an und bemühten sich um eine noch wirkungsvollere Rauschunterdrückung. So gelang es beispielsweise den Telefunken-Ingenieuren, das HighCom-Verfahren zu entwickeln, bei dem nur noch ein Prozent des lästigen Bandrauschens übrigbleibt. Diesen winzigen Rausch-Rest vermag das menschliche Ohr schon gar nicht mehr wahrzunehmen.

Die Musikautomaten

Die Mechanik bemächtigt sich der Musik

Schon in frühen Zeiten hat es nicht an Versuchen gefehlt, Bewegungsabläufe des organischen Lebens mit den Mitteln der Mechanik nachzuahmen. Speziell um die mechanischen Menschen, die Androiden, haben sich schon früh gruselige Legenden gebildet. Sie sind sicherlich mit Vorsicht zu genießen, auch wenn man die Möglichkeiten der Alten nicht unterschätzen sollte. So erwähnen die Autoren der Antike fliegende Tauben und kriechende Schnekken als Automaten, und im 3. Jahrhundert vor Christus soll bei einem Bacchanal ein Androide vorgeführt worden sein. Selbst einfache mechanische Vorgänge umwehte ein Hauch des Übernatürlichen, und es steigerte das Selbstgefühl, solche Dinge schaffen zu können. Noch während der spanischen Inquisition wurden Werke der Automatenkunst als Zauberei beschlagnahmt.

Das Geheimnis der Gottestruhe

Es ist nicht verwunderlich, daß die Erkenntnisse der Mechanik schon ziemlich früh auch auf die Musikinstrumente übertragen wurden und der Wunsch nach „mechanischer Musik" auftauchte. Bereits Ktesibios, der Konstrukteur der hydraulischen Orgel, wird als Schöpfer beweglicher Tierfiguren erwähnt. Allerdings ist nicht überliefert, ob er seine Figuren in irgendeiner Weise mit Orgelpfeifen koppelte und so bereits einen Musikautomaten schuf. Die technischen Voraussetzungen, wie etwa die Preßluft, hatte er schon geschaffen.
Der griechische Mechaniker und Mathematiker Heron von Alexandria (um 100 n. Chr.) ging einen Schritt weiter. Er verfaßte Schriften über die Mechanik und

Pneumatik und beschrieb auch die Herstellung von Automatentheatern. Von Heron ist überliefert, daß er mit seinen Dampfautomaten die Tempel zu geheimnisvollen Kultstätten gemacht hat.
„Wenn die heiligen Feuer auf den Altären entzündet waren, gab ein steinerner Trompeter ein Hornsignal, und die Gläubigen strömten herbei“, beschreibt Walter Kiaulehn die Tempelmechanik des Heron, die sich ganz offensichtlich schon des Musikautomaten als ehrfurchtgebietenden Wunderwerks bediente. „Sie sahen nach einiger Zeit, wie sich die großen Tempeltüren von selber öffneten, und wenn sie jetzt das Heiligtum betraten und an den erzenen Rädern drehten, die sich an den Truhen der Eingangshallen befanden – weil die Antike des Glaubens war, die Berührung mit Erz reinige den Menschen –, dann strömte ein feiner Regen von geweihtem Wasser herab, und bronzene Vögel öffneten ihre Schnäbel und ließen einen überirdischen Gesang erschallen. Die Fußböden der Tempel waren gewaltig unterkellert. In den Kellern bewegten sich die Flaschenzüge, Wasserfälle, Zahnradsysteme und waren die Dampfgefäße für die Heiligtümer untergebracht.“
Diese imposante Leistung der frühen Mechanik, mit Türen, die sich geheimnisvoll von selbst öffneten und schlossen, mit Vögeln, die leblos waren, aber trotzdem sangen, und einem Opferfeuer, das erzene Priester mit ihren wassersprühenden Händen löschten, dürfte gewaltigen Eindruck auf die Gläubigen gemacht haben.
Der Vorläufer einer Spieldose geht ebenfalls auf Heron von Alexandria zurück. Er hatte eine „Gottestruhe“ konstruiert, auf der sich ein singender Vogel dreht. Das Tierchen bestand aus Metall, und sein Ge-

Töne festhalten und wiederholbar machen, das war der Antrieb für die Entwicklung von Plattenspielern und Tonbandgeräten. Mit den Musikautomaten begeben wir uns auf ein ebenso interessantes wie oft kurioses Gebiet. Auffälliger als das Streben nach Wiederholbarkeit ist die Faszination durch das Lebendige: Man versucht es nachzuahmen und Instrumente zu bauen, die aus sich selber spielen. Das Wie ist nicht durchschaubar und löst beim Publikum Verwunderung aus. Der Androide (Maschinenmensch) von Jean Roullet (1890) bewegt zwar Kopf, Wimpern und Augen, und seine Finger bewegen sich gemäß dem gespielten Musikstück, doch gab es bereits im 18. Jahrhundert einen Flötenspieler, der die Musikstücke durch seine Bewegungen tatsächlich erzeugte und dies nicht nur vortäuschte.

1

sang erscholl aus einer Vogelpfeife, die durch ein sinnvolles System aus Zahnrädern, Seiltrommeln, Wasserbehältern und Gewichten im Inneren der Truhe den notwendigen Luftstrom erhielt. Der Gläubige mußte ein Handrad an der Außenseite der Gottestruhe drehen. Dadurch wurde eine Art verkleinerte Taucherglocke in einem Wassergefäß in die Höhe gehoben. Wurde das Rad losgelassen, sank die Glocke ins Wasser, und die darin enthaltene Luft wurde durch die Vogelpfeife gedrückt. Gleichzeitig versetzte ein Zahnradsystem den Vogel in Drehung. Bei einer späteren verbesserten Version der Gottestruhe wurde der Gläubige unter Vogelgesang aus einer verborgenen Dusche mit Weihwasser besprengt.

Der Gesang der silbernen Vögel

Als die Araber Sizilien erobert hatten und von dieser Insel aus an den Küsten Italiens Unruhe zu stiften begannen, schrieb man das Jahr 827 nach Christus. Damals lebte in Bagdad in seiner märchenhaften Residenz der Kalif Abdallah Al-Mamûn. Von ihm berichtete der arabische Geschichtsschreiber Ismail ibn Ali Abu'l Feda aus Damaskus im 14. Jahrhundert, daß er der stolze Besitzer eines prunkvollen Automatenwerks in Form eines Baumes aus Gold und Silber gewesen sei. Seine Zweige wiegten sich, als würde ein Windhauch hindurchstreifen, und auf ihnen saßen metallene Vögel, die kunstvolle Melodien sangen. Solche Bäume mit singenden Vögeln waren schon seit alters her im Vorderen Orient beliebt. Ihre Pfeifen wurden wahrscheinlich durch das von Ktesibios erfundene Gebläse gespeist.

In Konstantinopel soll Kaiser Theophilos Ikonomachos um 835 zwei Automaten mit künstlichen Bäumen und zwitschernden Vögeln besessen haben, die Michael III., der Trunkenbold, Sohn und Nachfolger des Kaisers, bedauerlicherweise einschmelzen ließ. 917 wurde eine byzantinische Gesandtschaft am Hof von Bagdad empfangen. Aus einer Schilderung dieses Empfanges bei Kalif Al Muqtadir wurden Einzelheiten über einen „Baum der silbernen Vögel" bekannt. Ein Baum aus Silber stand mitten in einem Teich. Sein Gewicht wurde mit 500000 Dirhams angegeben (etwa 1400 Kilogramm). Er verzweigte sich in 18 Äste mit verschiedenfarbigen Blättern, auf denen goldene und silberne Vögel saßen, die mit den Flügeln schlugen und sangen. Wenn der Apparat lief, bewegten sich obendrein auch noch die Blätter.

Der moselfränkische Geistliche Lamprecht der Pfaffe dichtete zwischen 1120 und 1130 nach dem altfranzösischen Lied des Alberich von Besançon das „Alexanderlied" und berichtete darin von einem außergewöhnlichen Musikwerk: „Mitten im Palast war ein Tier gearbeitet, das war ganz von rotem Gold, einem Hirsch gleich; vorn an seinem Haupt hat er tausend Hörner, und auf jedem Horn saß ein herrlicher Vogel. Auf dem Tiere saß ein Mann, der führte zwei Hunde und hatte ein Horn an den Mund gesetzt. Unten am Gewölbe lagen vierundzwanzig Blasbälge, zu jedem der Bälge gingen zwölf kräftige Männer, und wenn diese die Bälge in Bewegung setzten, so sangen die Vögel schön, der Mann blies in sein Horn, die Hunde bellten, und das wunderbare Tier brüllte wie ein Panther."

Es erscheint bemerkenswert, daß man die Musikautomaten der damaligen Zeit immer mit der belebten Welt in Verbindung brachte. Ein mechanisches Musikinstrument nur um der Automation willen scheint nicht konstruiert worden zu sein. Möglicherweise gibt es aber nur deshalb keine Berichte darüber, weil so prunkvolle Bäume mit singenden Vögeln der Überlieferung eher wert erschienen. So weiß man beispielsweise auch, daß Kaiser Karl V. sich während seiner letzten Lebensjahre um 1557 im Kloster San Jerónimo de Yuste bei Plasencia die Zeit mit der Herstellung von Automaten vertrieb. Sein Mechaniker Giovanni Turriano, genannt Juanelo, konstruierte bewaffnete Puppen zu Pferde, die Trompete bliesen und die Pauke schlugen.

Eine Walze gibt den Ton an

„Musikwerke (mechanische, automatische) sind Apparate, welche nur unter Anwendung mechanischer Mittel, wie Drehen einer Kurbel, Aufziehen einer Feder, also ohne seitens des Spielers Musikbildung vorauszusetzen, Tonstücke mehr oder minder vollkommen vorzutragen ermöglichen", definierte Meyers Konversations-Lexikon von 1897 die Musikautomaten. Voraussetzung für die Musikwerke älterer Bauart war der Einsatz einer Stiftwalze, die schon im Altertum bekannt war. In die Walze waren in bestimmten Abständen Stifte eingelassen, die bei einer Umdrehung ein bestimmtes Programm ablaufen ließen.

In der heutigen Computer-Terminologie würde man diese Ablaufsteuerung ein „auf mechanische Weise intern gespeichertes Programm" nennen. Bei kleinen

1 – Mit einem ausgeklügelten System von sich füllenden und wieder leerenden Wasserbehältern brachte Heron von Alexandrien im 1. Jahrhundert n. Chr. diese Vögel zum Singen (links). Herons „Gottestruhe" (rechts) funktionierte nach demselben Prinzip.
2 – Schwarzwälder Flötenuhr, 1820. Das Uhrwerk betreibt hier eine Stiftwalze. Deren Stifte öffnen Pfeifenventile und bringen sie zum Klingen. Außerdem bewegen sich dabei die Musikanten.
3 – Zeisigen versuchte man früher bestimmte Melodien durch das Vorspielen mit einer Handorgel beizubringen. Daher ihr Name Serinette oder Vogelorgel. Eine solche wie die abgebildete aus Mirecourt in den Vogesen (um 1770) soll für einen Schwarzwälder Uhrenbauer das Vorbild für den Bau von Flötenuhren gewesen sein.

Spieldosen oder Kunstuhren beispielsweise reißen die Stifte der sich drehenden Walze die in verschiedenen Tonhöhen gestimmten Zähne eines Metallkamms an. Die Einstellung der Stifte muß ganz genau berechnet sein, damit die Töne zum einen in der gewünschten Reihenfolge (Melodie) und den geforderten Akkorden erklingen und zum anderen die zeitlichen Abstände der Töne korrekt eingehalten werden.
Dieses Prinzip der Stiftwalze wurde seit dem 14. Jahrhundert bei den Turmglockenspielen eingesetzt. Vor allem in Holland und Flandern beherrschte man die Kunst, mit einer Stiftwalze die außen an den Glocken angebrachten Klöppel so zu steuern, daß sie eine Melodie spielten. Die Melodienwerke waren meistens mit einer Uhr gekoppelt, und je nach Größe ließen sie zur vollen, halben oder Viertelstunde eine mehrstimmige Melodie oder eine einfache Tonfolge erklingen. Bei manchen Glockenspielen war das mechanische Werk mit einem Spieltisch kombiniert, dessen klavierähnliche Hebel unter erheblichem Kraftaufwand mit den Fäusten geschlagen werden mußten. Noch heute sind manche dieser Glockenspiele Wahrzeichen berühmter Städte.
Die Stiftwalzen hatten den Vorteil, daß man das Programm ändern konnte, das heißt, durch Umsetzen der Walzenstifte war das Abspielen einer anderen Melodie möglich. Bei kleinen Werken konnte auch einfach die Walze ausgetauscht werden. Bei dem Glockenspiel der Garnisonkirche in Potsdam von 1731–1735 dürfte man bei einem Walzenaustausch allerdings Schwierigkeiten gehabt haben, denn die Walze wog 26 Zentner. Die Zuggewichte brachten 41 Zentner auf die Waage, und

2

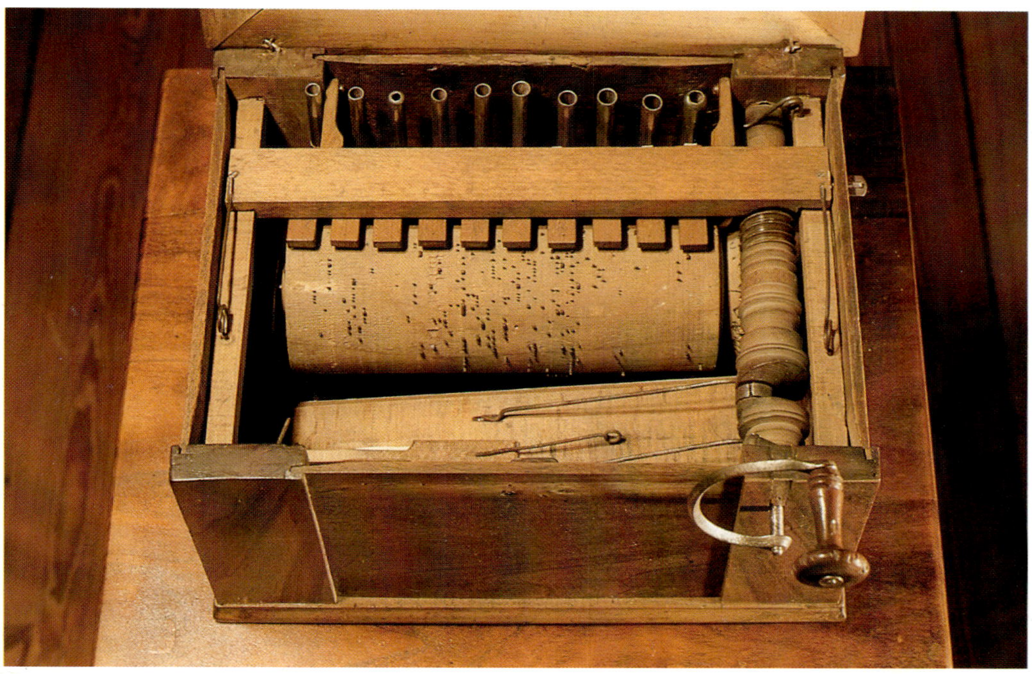
3

1 – Auch die Drehorgel ist eine Weiterentwicklung der Serinette, der Vogelorgel. Allerdings hatte ihre massenhafte Verbreitung seit Ende des 18. Jahrhunderts einen besonderen Grund: In vielen europäischen Ländern erhielten Kriegsinvaliden die Erlaubnis, sich mit Drehorgelspielen ihren Unterhalt zu verdienen, wodurch die Staatskassen die Rentenzahlungen einsparten. Da die Drehorgel bei Straßenmusikanten die Drehleier ablöste, erhielt sie auch den Namen „Leierkasten".
2 – Detailaufnahme von einer Walzen-Drehorgel. Wie bei der Flötenuhr öffnen die Stifte Pfeifenventile. Den Luftstrom erzeugen zwei Schöpfbälge, die durch die Handkurbel betätigt werden.

2

zu allem Überfluß mußte das Werk auch noch zweimal täglich aufgezogen werden. Dafür spielte das (im Zweiten Weltkrieg zerstörte) Werk aber auch zu den vollen Stunden „Lobet den Herren" und zu den halben Stunden „Üb' immer Treu und Redlichkeit".

Die zweckentfremdete Pistole

Im 16. Jahrhundert wurden verschiedene Versuche unternommen, Musikautomaten zu schaffen. Leonardo da Vinci (1452 bis 1519), Maler, Bildhauer, Architekt, Naturforscher und Techniker, skizzierte ein Geigenwerk, die „viola organista". Der Antrieb erfolgte durch ein Gewicht oder eine Spiralfeder. Ein endloses Geigenband wurde durch Zahnräder in Bewegung versetzt und streifte die Saiten. In Wien tauchte das erste automatische Klavier auf. In der zweiten Hälfte des 16. Jahrhunderts erlebte die „Flötenuhr" eine Blütezeit. Das mechanische Musikinstrument wurde von einem Federwerk angetrieben. Eine Stiftwalze öffnete die Pfeifenventile der Flötenstimmen.
Als Kuriosum kann ein Flötenstuhl mit eingebautem Musikwerk gelten. Das Werk begann zu arbeiten, sobald sich jemand auf diesen Lehnstuhl setzte, und die Pfeifen spielten eine Melodie. Es wird berichtet, daß der Stuhl einmal bei einer äußerst unpassenden Gelegenheit Töne von sich gab. Bei der Totenfeier für König Friedrich von Württemberg im Jahr 1816 nahm ein Gast auf dem Lehnstuhl Platz, der dem toten König gehört hatte, und zum Schrecken der Trauergäste begann das Möbel seine lustige Melodie zu spielen.
Um 1800 entstand die originellste Pistole, die wohl jemals gebaut wurde. Sie war aus massivem Gold gearbeitet, mit gravierten Seitenflächen und perlengefaßten Rändern, viel zu kostbar, um damit auf jemanden zu schießen. Wenn man den Abzug betätigte, gab eine Klappe die Mündung frei, ein gefiedertes Vögelchen erschien, schlug mit den Flügeln und drehte sich hin und her. Durch Spannen des Hahns wurde ein Federwerk im Inneren aufgezogen, und ein kleines Pfeifwerk spielte eine Melodie. Im Takt dazu bewegte der Vogel den Schnabel. Nach Ende der Vorstellung schlüpfte das Vögelchen wieder in den Lauf zurück, und die Klappe schloß sich. Dieses Kunstwerk schenkte die niederländische Regierung einem Maharadschah.

Die Geschichte vom Leierkasten

„Komm nich untern Leierkasten!" verabschiedete der Berliner um die Jahrhundertwende seinen Freund und wünschte ihm damit einen guten Heimweg. Tatsächlich hatte Berlin beim Bau mechanischer Musikinstrumente wie Flötenuhren mit Orgelpfeifen oder Orgeluhren mit angeschlagenen Saiten schon im 18. Jahrhundert Tradition und galt als Zentrum des Automatenbaus.
Der Leierkasten, die Drehorgel, entwickelte sich wahrscheinlich aus den sogenannten „Vogelorgeln", kleinen mechanischen Orgeln, die gegen Ende des 17. Jahrhunderts mit Vorliebe zum Anlernen von gezähmten Singvögeln Verwendung fanden. Zu den ersten Herstellern einer Drehorgel, deren Walze und Balg durch eine Handkurbel angetrieben wurden, rechnet man Giovanni Barberi aus Modena. Sein Instrument wurde um 1700 in Frankreich als „Orgue de Barberi" bekannt.
Das Prinzip der trag- oder fahrbaren kleinen Drehorgel war recht einfach. Abwechselnd wurden durch die Kurbel zwei Schöpfbälge für den notwendigen Luftstrom betätigt, und gleichzeitig öffneten die Stifte einer sich drehenden Walze die Ventile zu den benötigten Pfeifen. Bei der Luxusausführung waren noch Trommeln und Schellen angebracht, bisweilen sogar bewegliche Figuren oder ein lebendiges Äffchen, das die Geldspenden entgegennahm. Die Walze drehte sich natürlich viel langsamer als die Kurbel, denn durch die Untersetzung wurde die Kraft für die beiden Schöpfbälge aufgebracht.
Mit der Walze gab es zunächst einige Probleme, denn ursprünglich konnte mit einer Walze ja nur ein Lied gespielt werden. Und die Anschaffung einer neuen Walze kostete nicht viel weniger als ein neues Instrument. So verfiel irgend jemand auf die Idee, eine Mechanik einzubauen, die die Walze seitlich verschob, so daß die nicht zu dem einen Musikstück gehörenden Stifte frei zwischen den Ventilen hindurchliefen. Eine weitere Verbesserung war die durchlöcherte Scheibe anstelle der Stiftwalze. Statt daß eine Feder beispielsweise angehoben wurde und damit einen mechanischen Vorgang auslöste, wurde durch die Lochscheibe eine Feder freigegeben. Diese Lochscheiben waren natürlich wesentlich einfacher herzustellen als die Stiftwalzen. Sie waren deshalb billiger und konnten leicht ausgetauscht werden, wenn ein neues Lied gespielt werden sollte. Später verwendete man anstelle der Lochscheibe Papierstreifen, in die die Löcher für den Luftdurchlaß zu den einzelnen Pfeifen eingestanzt waren. Eine bestimm-

1

2

3

4

1 – Einen wichtigen Schritt in der Entwicklung der Musikspielwerke stellt die Erfindung der Papiernotenrolle dar. Als erster entwickelte Carpentier 1880 den „Melograph" zur Aufnahme und das „Melotrop" (Bild) zur Wiedergabe von Klavierstücken.
2 – Detail des Orchestrions der Firma Imhof & Mukle von 1895.
3 – Auf dem Welte-Mignon-Reproduktionsklavier mit „Nuancierungs-Apparat" konnten auch individuelle Eigenheiten der Pianisten wiedergegeben werden.
4 – Flötenwerk des Walzen-Orchestrions der Firma Welte (1872).
5 – Pianola-Klaviervorsetzer der amerikanischen Aeolian Company (um 1920).
6–7 – In dieser Phonoliszt-Violina der Firma Hupfeld (ab 1910) spielen drei Geigen zusammen mit einem Klavier. Das Instrument war so aufwendig gebaut, daß es als das achte Weltwunder bezeichnet wurde.

5

6

7

Für die Tasteninstrumente setzten sich ab 1846 als Programmträger immer mehr gelochte Kartonbänder durch, die die Tasten mechanisch betätigten. Im Jahre 1868 verwendete MacTammany statt der Kartonbänder aus einzelnen Rechtecken einen biegsamen, um eine Walze gerollten Streifen. Auch dieser war gelocht und erlaubte der richtigen Luftmenge im richtigen Moment Zutritt zu einer Mechanik. Bei einer größeren Lochung trat mehr Luft durch die Öffnung, ein Hammer wurde stärker angeschlagen oder eine Pfeife kräftiger angeblasen. Die Automaten waren also variabler geworden.
Um 1900 konstruierte der Amerikaner Votey mit großem Erfolg das „Pianola" nach diesem pneumatischen Prinzip. Es war in der Lage, die Musik in der vom Pianisten eingespielten Form wiederzugeben. Und darin lag auch die Bedeutung der mechanischen Klaviere der damaligen Zeit. In vollkommener Weise konnte das Spiel bedeutender Pianisten und Komponisten auf Lochstreifen festgehalten werden, längst bevor die Schallplatte eine einigermaßen klangtreue Wiedergabe möglich machte.
1904 entwickelte der Deutsche Berthold Welte (1843–1918) ein elektrisches Klavier, das durch einen elektrisch erzeugten Luftstrom angetrieben und durch eine gelochte Papierrolle gesteuert wurde. Durch dieses „Welte-Mignon-Reproduktionspiano" konnten zahlreiche historisch bedeutsame Musikinterpretationen bewahrt und später auf Platten überspielt werden.

Die Musikbox

In den Vereinigten Staaten der dreißiger Jahre tauchte die Musikbox als gelungene Kreuzung zwischen einem elektrischen Klavier und einem Plattenspieler erstmals auf und breitete sich durch die nachdrückliche Überredungskunst der Gangstersyndikate rasch in den Großstädten aus. „Juke Box" nannten die Amerikaner diese vollautomatische Musik-Berieselungsanlage, als „Groschengrab" wurde der dröhnende Musikroboter in Deutschland apostrophiert, als er sich in den fünfziger Jahren von Hamburg aus in der Bundesrepublik durchzusetzen begann.
Für die Schallplattenindustrie wurden die chrom- und lackblitzenden Ungeheuer nach dem Rundfunk zum wichtigsten Werbeträger, denn in jedem Lokal mit Musikbox war der Gast der Berieselung ausgesetzt und half durch die Fütterung des Automaten bei der weiteren Popularisierung der Schlager. Die Technik trug ihren Teil dazu bei, die Gewinnspannen der Automatenaufsteller noch zu erhöhen. Sie schuf die stereofonischen Boxen und Bildboxen, bei denen zusätzlich zum Gesang ein Schmalfilm des Interpreten ablief, und sie erfand das Tischtelefon zur Schlagerwahl. Damit hatte es eine besondere Bewandtnis. Wählten beispielsweise zehn Gäste ein ganz bestimmtes Lied und entrichteten dafür ihren Obolus, so wurde dieses Lied nur einmal gespielt, aber zehnmal bezahlt. Der Trick war, daß die Musikbox die Schlager nicht in der Reihenfolge ihrer Wahl abspielte, sondern in der Reihenfolge, in der die Platten auf der Drehscheibe angeordnet waren.
Die Selbstbedienung mit musikalischer Unterhaltung nahm immer mehr zu, und es blieb nicht aus, daß sie bisweilen schon als störend empfunden wurde. Ein Hit besonderer Art wurde die Platte „Silent", eine völlig geräuschlose Platte, die drei Minuten erholsame Ruhe vor dem Getöse der Musikbox versprach.

Es begann mit dem Phonographen

Das Zeitalter der elektrischen Musikboxen begann am 23. November 1889 in San Francisco. In dieser Stadt am Golden Gate stellte Louis Glass, Direktor der Firma Pacific Phonograph Co., im Palais Royal die erste Musikbox mit Münzeinwurf auf. Es handelte sich um einen umgebauten Edison-Phonographen mit elektrischem Antrieb. Das Gerät war mit vier Hörrohren ausgestattet, zu jedem Hörrohr gehörte ein separater Münzeinwurf. Außerdem waren die Hörer so konstruiert, daß sie jeweils nur von einer Person benutzt werden konnten. Pro Spiel kassierte Glass 20 Cents, und der Andrang war offensichtlich so groß, daß der clevere Geschäftsmann auf der jährlichen Hauptversammlung der „National Phonographic Association" stolz bekanntgeben konnte, daß er sein Einkommen ausschließlich den Münz-Phonographen verdankte.
Sein Beispiel machte Schule. In New York entschloß sich Felix Gottschalk, sich ganz auf den Bau von Zulieferteilen für diese gewinnversprechende Maschine zu konzentrieren. 1890 gründete er die Automatic Phonograph Exhibition Company in New York. 1891 berichtete die Louisiana Phonograph Company, daß einer ihrer Automaten in Missouri in zwei Monaten sage und schreibe 1000 Dollar eingespielt hatte. Diese Firma betreute fünfzig automatische Phonographen, zweimal täglich wurde die Walze ausgewechselt. Für den Betrieb der Automaten setzte ein Mr. Adam aus Ohio einige Regeln fest: „Die Sauberkeit der Maschine und ihres Zubehörs kann gar nicht streng genug gehandhabt werden. Die erfolgreichsten Automatenbetreuer sind diejenigen, deren Geräte auf Hochglanz poliert sind, das Glas sauber und die Ankündigungskarte neu und interessant gestaltet ist. Das Geschäft mit Münzphonographen hängt vom guten Willen eines skrupellosen Publikums ab, das man besser nicht beleidigt."

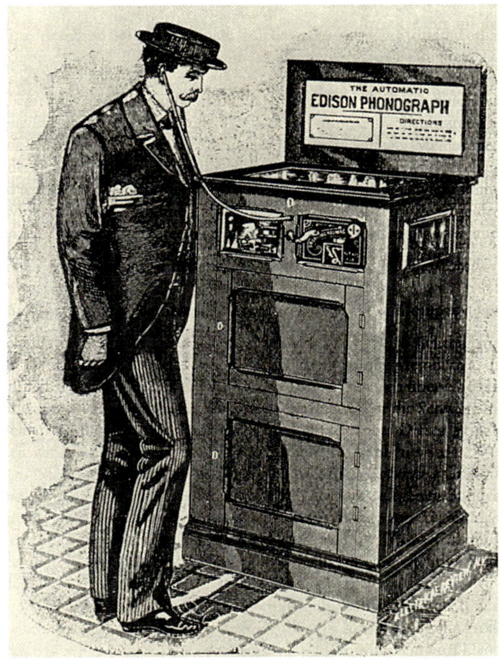

1

Das Publikum nahm regen Anteil an diesen neuen Maschinen. Allerdings wurde mit der Zeit nicht mehr der Phonograph als Neuheit betrachtet, sondern jede neue Walze mit einer neuen Darbietung. Die Zuhörer wurden kritischer, was die Aufnahmequalität betraf. Ein Mann allerdings war gar nicht zufrieden mit dieser Entwicklung, die er überhaupt erst möglich gemacht hatte: Thomas Alva Edison. 1891 bedauerte er in einem Artikel in der Zeitschrift „The Phonogram", daß das Geschäft mit den Automaten von reinem Profitdenken beherrscht sei. Er war der Ansicht, daß die Herren der betroffenen Firmen ihren Fehler noch früh genug bedauern würden. Der Apparat würde durch solche Praktiken nur noch als hübsches Spielzeug betrachtet, schrieb der große Erfinder, und seine Nützlichkeit im Geschäftsleben deshalb völlig außer acht gelassen. Aber Edison war trotz seiner Äußerungen Realist, und noch bevor sein Artikel abgedruckt wurde, hatte er in seiner Denkerfabrik in West Orange mit der Aufnahme von Musikwalzen begonnen.

Die Vorwahleinrichtung

Den Automatenaufstellern war schon sehr bald klar, daß das wirklich große Geschäft nur dann zu machen war, wenn das Musik-

1 – Die Verwendung des Phonographen als Münzautomat war eigentlich nicht im Sinne des Erfinders. Edison dachte vor allem an Diktiergeräte. Aber der Erfolg gab den Geschäftemachern recht. Die Musikautomaten waren sehr beliebt, und ab 1891 ließ Edison auch Walzen mit Musikaufnahmen produzieren.
2 – 1906 erklang die erste Musikbox für Schallplatten (mit Vorwahleinrichtung). Nach einigen technischen Verbesserungen, wie zum Beispiel dem Einsatz der Triode, ging die Musikbox Anfang der dreißiger Jahre in die Serienproduktion. Im Bild eine Juke Box der Firma Wurlitzer.

2

angebot vergrößert wurde. Das hatte den Vorteil, daß der Kunde eine Wahlmöglichkeit hatte, oder aber, was noch lukrativer war, von einem Gerät zum nächsten gehen konnte. Zudem konnten die Kundendienstleute ihre Geräte besser betreuen. Betreuung war wichtig, denn die ersten Automaten waren so anfällig, daß man sie keinen halben Tag sich selbst überlassen konnte.
Ein funktionsfähiger Automat mit Vorwahleinrichtung wurde erst kurz nach der Jahrhundertwende entwickelt. 1905 stellte John C. Dunton sein „Multiphone“ vor. Der zwei Meter hohe Mahagonikasten hatte die Form einer überdimensionalen Lyra mit bogenförmigen Verschnörkelungen. Der Selektormechanismus wurde mit einer Handkurbel in Gang gesetzt, 24 auf Edison-Walzen gespeicherte Melodien standen zur Auswahl. Anschließend mußte der Benutzer den Motor des Phonographen aufziehen. Hatte er alle Vorarbeiten ohne Pannen hinter sich gebracht, durfte er auch noch ein Geldstück einwerfen, damit er das Lied seiner Wahl zu hören bekam. Großer Erfolg war dem „Multiphone“ nicht beschieden. 1908 machte die Firma Pleite.
Eine bedeutsame Entwicklung bahnte sich im Jahr 1906 mit dem „Automatic Entertainer“ von John Gabel an. Das Gerät war die erste Musikbox mit Vorwahleinrichtung und Schallplatten anstelle der alten Walzen, der erste Musikautomat im heutigen Sinne also. Das an drei Seiten eingeglaste Gerät war 1,50 Meter hoch, sein aufgesetzter Schalltrichter maß über einen Meter im Durchmesser. 1908 stellte Gabel die Produktion ein. Entscheidend für den Mißerfolg dieser Geräte war wohl nicht zuletzt ihre miserable Klangqualität. Der Ton war blechern, ohne Volumen und von undefinierbaren Nebengeräuschen begleitet. Und dieser Ton war es auch, der die Musikbox in eine Flaute führte, die bis 1927 dauern sollte.

Die Juke Box setzt sich durch

Mit der Erfindung der Triode und den damit verbundenen Veränderungen in der Technik der Tonaufnahme und -wiedergabe machte sich auch eine Belebung im Geschäft mit der Musikbox bemerkbar. 1927 kamen die ersten vollelektrisch betriebenen Geräte auf den Markt. Firmen wie Wurlitzer, Mills, Seeburg und Rock-Ola beherrschten den Markt der Musikroboter. Mit der Einführung von elektrostatischen Lautsprechern wurde das Problem der Klangqualität gemeistert. Neben den Verbesserungen der rein technischen Ausstattung beschäftigte man sich mehr und mehr mit der „Verpackung“. Durchsichtiges Plastik, chromblitzende Formteile und bonbonfarbene Lichtspiele waren die große Attraktion. Etwa um das Jahr 1934 setzte die Massenproduktion ein.
Es dauerte nicht lange, bis die High Society der US-amerikanischen Unterwelt begriffen hatte, daß die Masche mit den kleinen Münzen sich zum großen Geschäft auswachsen könnte, vorausgesetzt, man stellte die Automaten in der entsprechenden Menge auf. Das war eine ganz einfache Rechnung, und ein Mann wie Al Capone konnte rechnen. Nachdem die Zeiten der Prohibition vorüber waren und der Geldstrom aus Alkoholschmuggel und Schwarzbrennereien zu versiegen begann, gründete Capone eine Verleihfirma für Musikautomaten. Seine ehrenwerten Herren besuchten die Kneipen und Spelunken der Riesenstadt Chicago. Sie versicherten den Besitzern nachdrücklich, daß es klüger sei, eine Musikbox zu bestellen, weil sonst leider in den nächsten Tagen der ganze Laden zu Bruch gehen würde und möglicherweise – man konnte diesen Fall nicht ausschließen – auch der Schädel des Besitzers.
Auf diese Weise nachdrücklich überzeugt, ließen die meisten Kneipenbesitzer eine Musikbox in ihrem Lokal aufstellen. Al Capone und seine Ganoven hatten nichts zu befürchten, auch nicht, daß die Polizei ihnen etwa lästig geworden wäre. In ihren Reihen hatten die Gangster die besten Freunde. Auf diese Weise trug Al Capone zur Verbreitung der Musikbox bei. Zu Beginn des Zweiten Weltkrieges dröhnten in den Vereinigten Staaten bereits über 300000 Musikautomaten, von denen die Mehrzahl von Gangstersyndikaten kontrolliert wurde. Schließlich räumte das CIC (Crime Investigation Committee) in der Automaten-Verleihbranche auf, die Erpressermethoden hörten auf, und der Musikautomat begann die ganze Welt zu erobern. Die Bundesrepublik wurde nach den USA der größte Exporteur von Musikboxen.

Foto- und Filmtechnik

Seit wann kann der Mensch fotografieren, seit wann filmen? Es gibt für beide Techniken Eckdaten, Jahreszahlen, die man sich merken sollte. 1839 war das große Jahr der Fotografie. Nie zuvor und nie danach steuerten so viele Entwicklungen der Vollendung und Veröffentlichung zu wie in diesem Jahr. Beim Laufbildfilm war es im Jahre 1895 ganz ähnlich. Daraus zu schließen, 1839 sei die Fotografie, 1895 der Film erfunden worden, wäre allerdings verfehlt. Beide Grundverfahren hatten nicht einen einzigen genialen Erfinder, sondern gleich eine ganze Menge. Zweifellos waren es Daguerre und Talbot bei der Fotografie, die Brüder Lumière beim Film, die für den entscheidenden Durchbruch sorgten. Aber sie standen dabei auf den Schultern ihrer Vorgänger. Und zahllose Nachfolger machten ihre Arbeit erst allgemein verwendbar.

In den letzten Jahrzehnten machten Foto- und Filmtechnik eine geradezu rasante Entwicklung durch. Die Fotografie von heute läßt Objektive besser „sehen" als das schärfste Auge, läßt sie mit Luft- und Satellitenaufnahmen eindringen in kaum erschlossene Erdteile und in die Weite des Weltalls, mit Unterwasserkameras in die Tiefen der Weltmeere. Längst gibt es Kameras, die sich automatisch einstellen und bei denen man nur noch auf den Knopf zu drücken braucht, und andere, die blitzschnell das fertig entwickelte Farbfoto produzieren.

Längst gibt es Filme, die noch bei schwächstem Licht arbeiten oder auf unsichtbare Strahlen reagieren. Und auch die Kamera ohne Film ist schon in Sicht. Sie wird eines Tages „latente Ladungsbilder" auf einem Schichtträger erzeugen, wie ihn viele Fotokopiergeräte schon haben. Einstweilen kennt man nur noch keine interessante Methode, dieses Ladungsbild so festzuhalten, daß ein unseren jetzigen Abzügen, Vergrößerungen oder Diapositiven ähnliches Bild dabei herauskommt – aber das ist nur eine Frage der Zeit.

Von allen diesen Entwicklungen profitiert auch der Laufbildfilm. Trotz Fernsehen ist das Kino nicht tot. Dazu haben auch die Bemühungen beigetragen, die Filmvorführung optisch und akustisch attraktiver zu machen – mit Stereofonie-Ton und eindrucksvollem Breitwandbild nach einem der vielen, zum Teil technisch sehr aufwendigen Verfahren. Zwar hat in den klassischen Kino-Ländern, auch in der Bundesrepublik Deutschland, die Zahl der Lichtspieltheater während der fünfziger und sechziger Jahre stark abgenommen: um mehr als die Hälfte. Dafür wurden andere Länder neu erschlossen oder erlebten den großen Kino-Boom erst mit erheblicher Zeitverzögerung. Die Gesamtzahl der Lichtspieltheater jedenfalls wächst weltweit und hat sich in den letzten zwanzig Jahren von rund 100000 auf mehr als 250000 erhöht.

Die rein technische Entwicklung von Foto und Film hat zweifellos einen Höhepunkt erreicht. Wir können uns kaum vorstellen, daß noch irgendwelche wesentlichen Änderungen oder Verbesserungen der gegenwärtigen Verfahren möglich sind. Aber so ähnlich dachten unsere Großväter sicherlich auch, als sie ihren ersten 6×9-Zentimeter-Film in die schlichte Box von Agfa oder Kodak einlegten oder erste Versuche mit einer noch unhandlichen Schmalfilmkamera machten, um ihre Lieben auf den stehenden oder bewegten Film zu bannen. Wer heute fotografiert oder schmalfilmt, kann die Technik vergessen und sich ganz dem Bild oder der Bildreihe widmen. Zahllose Erfinder und Forschungslaboratorien haben das möglich gemacht. Von ihnen haben wir auch in Zukunft noch allerhand zu erwarten.

Rund 160 Jahre ist es her, daß es einem Menschen – dem Franzosen Nicéphore Niepce – erstmals gelang, „mit Hilfe der chemischen Wirkungen des Lichts ein bleibendes Bild eines Objekts auf einer chemisch präparierten Fläche herzustellen". Die robuste Einfachheit der „Strahlenfallen" aus der fotografischen Frühzeit zeigt die 1841 von Peter Wilhelm Friedrich Voigtländer gebaute Metallkamera mit ihrer Doppeltrichterform. Bis zu den heutigen, sich weitgehend automatisch einstellenden Spitzen-Fotokameras war es ein weiter, vielfach verschlungener Weg.

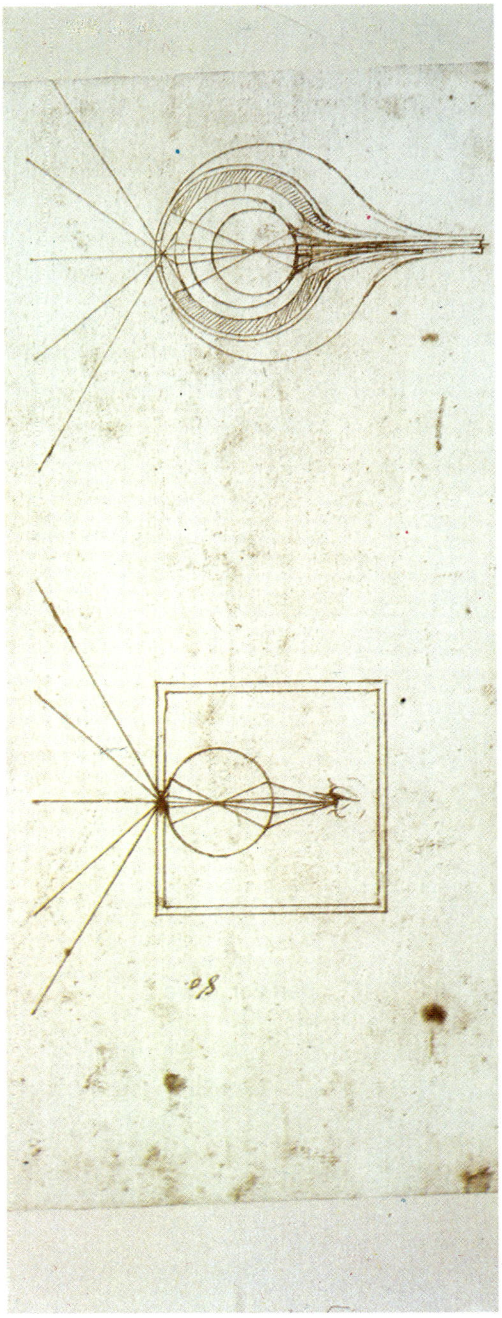

1

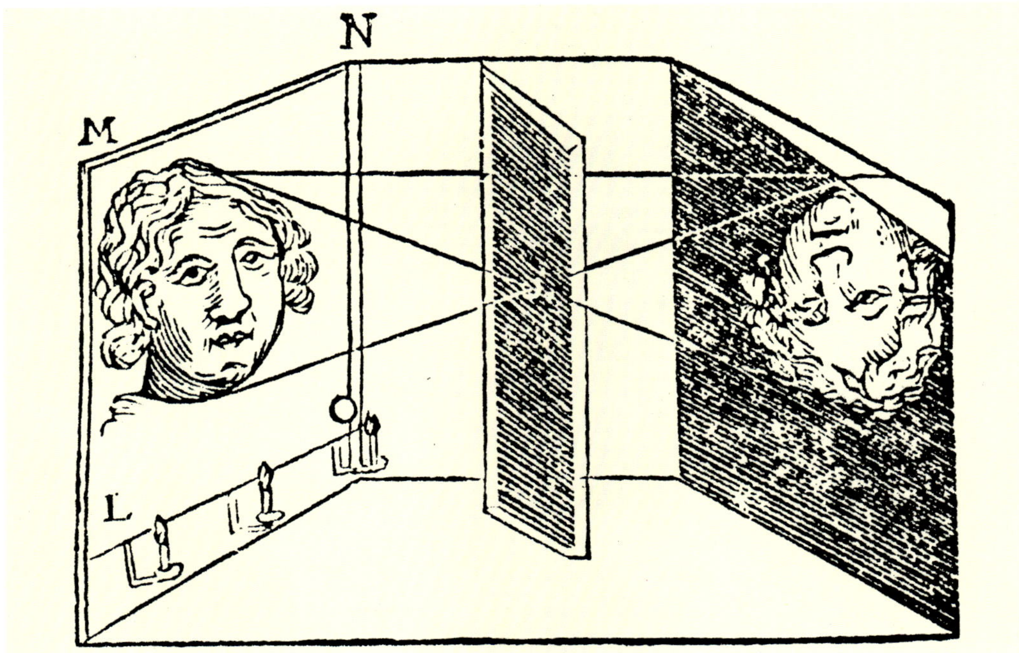

2

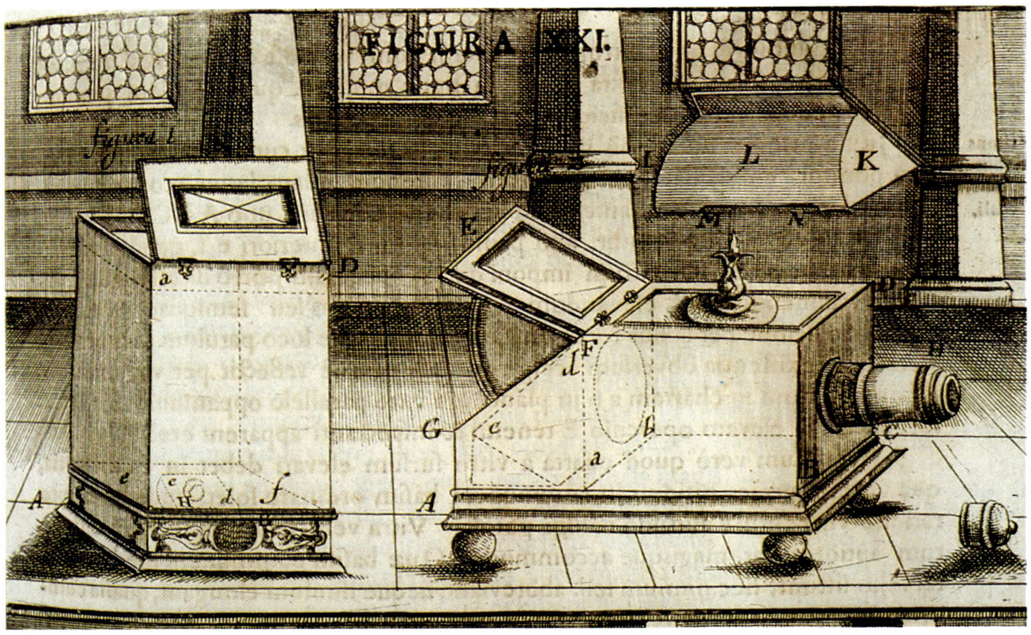

3

Fototechnik

Die Erfindung der Fotografie

Fotografie – was ist das überhaupt? Der Brockhaus von 1898 nennt die Lichtbildkunst kurz und bündig „die Kunst, mit Hilfe der chemischen Wirkungen des Lichts ein bleibendes Bild eines Objekts auf einer chemisch präparierten Fläche herzustellen“. Nicht wesentlich anders definiert das Konkurrenzwerk, der Meyer, aus demselben Jahr Fotografie als „die Kunst, die Veränderung chemischer Präparate unter dem Einfluß des Lichtes zur Herstellung von Bildern zu benutzen“.
1933 heißt es im Großen Brockhaus über Fotografie: „Zusammenfassende Bezeichnung für die Technik, mit Hilfe der chemischen Wirkungen strahlender Energie, insbesondere des sichtbaren Lichts, ein unvergängliches Bild der Umwelt auf lichtempfindlichen Stoffen zu erzeugen.“ Mit der Unvergänglichkeit hatte es die Brockhaus-Enzyklopädie von 1972 nicht mehr. Fotografie ist nun „die Erzeugung dauerhafter Abbildungen durch Strahlungen, insbesondere durch sichtbares Licht (Lichtbild), auf einem Material, dessen chemische oder physikalische Eigenschaften sich unter der Strahleneinwirkung verändern“.
Und schließlich Meyers Enzyklopädisches Lexikon von 1976 mit einem Schlangensatz, der nun wirklich umfassend definiert: „Im ursprünglichen, engeren Sinne die Gesamtheit der Verfahren zum dauerhaften Festhalten und Sichtbarmachen der von den optischen Systemen photographischer Apparate entworfenen reellen Bilder auf geeignet präparierten, durch die bilderzeugende Lichtstrahlung physikalisch-chemisch beeinflußten und nach Vornahme bestimmter (chemischer) Maßnahmen bleibend veränderten Bildträgern (photographische Materialien mit einer lichtempfindlichen Schicht); das Abbilden von Objekten auf derartiges Material mit Hilfe eines Photoapparats (und die Durchführung der einzelnen Verfahrensschritte) wird als Photographieren (oder auch als photographische Aufnahme), die nach Durchführung aller Verfahrensschritte er-

4

1 – Das optische Prinzip der Fotokamera wurde schon bei der Camera obscura angewandt, die bereits in der Antike bekannt war. Auch Leonardo da Vinci (1452–1519) experimentierte damit. Er zeichnete und beschrieb das Gerät im Vergleich zum Auge in seinen Tagebüchern, dem „Codex Atlanticus", so daß man ihn lange für den Erfinder der Camera obscura hielt.
2 – Auch der italienische Physiker Giovanni Battista Della Porta (1535–1615) beschrieb die Camera obscura: „... man wird feststellen, daß die auf der Straße Gehenden mit dem Kopf nach unten zu sehen sind, als befänden sie sich bei den Antipoden, und was rechts ist, wird links erscheinen ..."
3 – Der deutsche Prämonstratensermönch Johann Zahn konstruierte 1685 eine transportable Camera obscura, in der ein Ablenkspiegel das Bild auf eine Mattscheibe warf, ein Vorläufer der Spiegelreflexkameras. Zahn verwendete in seinem „Oculus artificialis" (künstliches Auge) auch ein Objektiv aus zwei bis drei Linsen, mit dem er die Schärfe je nach Entfernung des Motivs einstellen konnte.
4 – Bis ins 19. Jahrhundert wurde die Camera obscura als Zeichenhilfe benutzt. Hier ein Tischmodell von etwa 1820.

haltenen dauerhaften Abbildungen der photographierten Objekte auf photographischem Material werden als Lichtbilder, photographische Bilder (oder Aufnahmen), Photographien oder kurz als Photos bezeichnet."

Kasten mit Loch: Die Camera obscura

Bei der Fotografie wirken optische und chemische Prozesse zusammen. Die optischen Grundgeräte waren zuerst da, und zwar in Gestalt der Camera obscura, auch Dunkelkammer oder Lochkammer oder optische Kammer genannt. Dabei handelt es sich um einen lichtdichten Kasten von beliebiger Größe mit einem winzigen Loch in der Mitte der Vorderwand. Die durch das Loch eindringenden Lichtstrahlen zeichnen auf die dem Loch gegenüberliegende Kammerwand ein naturgetreues, umgekehrtes Bild der Außenwelt. Man kann es sehen, wenn man die Rückwand des Kastens durch eine Mattscheibe ersetzt.
Das Prinzip der Camera obscura kannte schon der griechische Mathematiker und Mechaniker Archimedes (um 285–212 v. Chr.). Arabische und jüdische Gelehrte verwendeten den Kamera-Vorläufer beispielsweise, um Mond- und Sonnenfinsternisse zu beobachten.
1550 verbesserte Girolamo Cardano die Helligkeit und Schärfe durch den Einbau einer einfachen Linse, und Daniele Barbaro war 1568 der erste, der das Gerät mit einer Blende versah. Im 17. Jahrhundert kamen tragbare Camerae obscurae auf, die man ebenso wie die mit Ablenkspiegeln versehenen Modelle, die Johann Zahn 1685 als Vorläufer der Spiegelreflexkameras von heute entwarf, dazu verwenden konnte, ein Bild der Außenwelt auf ein Blatt Papier zu werfen und nachzuzeichnen.
Namhafte Künstler machten von dieser Methode Gebrauch, um sich bei Architektur- und Landschaftsbildern die Arbeit zu erleichtern, so beispielsweise Antonio Canaletto, der mit Hilfe der Camera obscura seine ansichtskartengenau präzisen Ansichten von Venedig oder Rom schuf, oder Vermeer van Delft, dem die Lochkammer bei perspektivischen Darstellungen half. Die Modelle für reisende Künstler waren schon ziemlich anspruchsvoll. Sie waren Bestandteil eines Holzgerüstes, das man auf einen Tisch stellen konnte. Ein schwarzer Stoffbehang deckte das Gerüst zu, damit man auch bei hellem Sonnenschein arbeiten konnte. Für Hände und Hals waren Manschetten vorgesehen.

1

Lichtzauber mit Silbersalzen

Es gibt zahlreiche Substanzen, die sich unter dem Einfluß von Licht verfärben oder schwärzen. Sie bildeten die chemische Grundlage der Erfindung der Fotografie. In erster Linie handelte es sich dabei um Salze bestimmter Halogene, beispielsweise um Silberchlorid, -bromid und -jodid. Sie alle werden bei Lichteinwirkung dunkel, weil sie sich in kleinste Teilchen von metallischem Silber und in Halogene aufspalten. Denn kleine Silberteile sehen unter bestimmten Voraussetzungen nicht silbern, sondern schwarz aus.
Diese Erscheinung war schon vor der Erfindung der Fotografie bekannt. Beispielsweise mischte der deutsche Physiker Johann Heinrich Schulze (1687–1744) im Jahre 1725 Kreide mit einer Silberlösung und mit Salpetersäure und fand heraus, daß sich das Gemisch bei Lichteinwirkung farblich veränderte. Wenn er seine Mixtur in eine Flasche füllte und ein Stück Karton herumlegte, aus dem er Buchstaben ausgeschnitten hatte, bildeten sich die Schriftzeichen auf der Kreide ab.
Der Chemiker Karl Wilhelm Scheele (1742 bis 1786) aus Stralsund (bei seiner Geburt gehörte es zu Schweden) experimentierte ebenfalls mit der Schwärzung von Silbersalzen und fand heraus, daß metallisches Silber diese Schwärzung verursachte. Diese Tatsache wies er nach, indem er geschwärztes Silberchloridpulver in Salmiakgeist auflöste. Das Silber bildete einen unlöslichen Niederschlag. Er wußte mit seiner Entdeckung nichts anzufangen – wie er überhaupt zu den größten Pechvögeln unter den Chemikern gehörte. Scheele war an der Entdeckung zahlreicher Elemente beteiligt, so an derjenigen von Chlor, Mangan, Barium, Molybdän, Wolfram, Stickstoff und Sauerstoff. Aber in keinem einzigen Fall gilt er offiziell als Entdecker. Entweder bemühte er sich nicht rechtzeitig um die Anerkennung, oder er führte die Entdeckung nicht zu Ende, wie etwa beim Chlor, das er als erster synthetisierte, aber nicht für ein Element hielt.
Der erste Erfinder, der mit Hilfe von Silbersalzen systematisch Bilder herzustellen versuchte, war der Engländer Thomas Wedgwood (1771–1805), Sohn eines berühmten Porzellanherstellers und Großvater von Charles Darwin. Um 1800 tränkte er Papier und weißes Leder mit Silbernitrat und erzeugte damit seitenverkehrte Abdrucke von Blättern oder Glasbildern. Es gelang ihm aber nicht, die erzielte Schwärzung zu fixieren. Ebenso mißlangen Versuche, die Camera obscura zum Belichten der sensibilisierten Papierbogen

1 – Der britische Physiker Thomas Wedgwood (1771–1805) erzeugte erstmals Abbilder von Blättern und Glasbildern auf chemisch (mit Silbernitrat) präparierten Flächen, konnte sie aber noch nicht fixieren. Dieses Beispiel einer solchen ohne Kamera hergestellten „photogenischen Zeichnung" stammt aus einem Fotoalbum, das William Henry Fox Talbot 1844 für Alexander von Humboldt zusammenstellte.
2 – Dem Amerikaner John William Draper gelang 1842 die erste fotografische Darstellung des Sonnenspektrums von „Lavendel" (= Ultraviolett) bis „Extrem Rot" (= Infrarot). Ein Jahr vorher hatte er postuliert, daß die Reaktionsstärke von Silbersalzen proportional der einwirkenden Lichtintensität sein müsse.

2

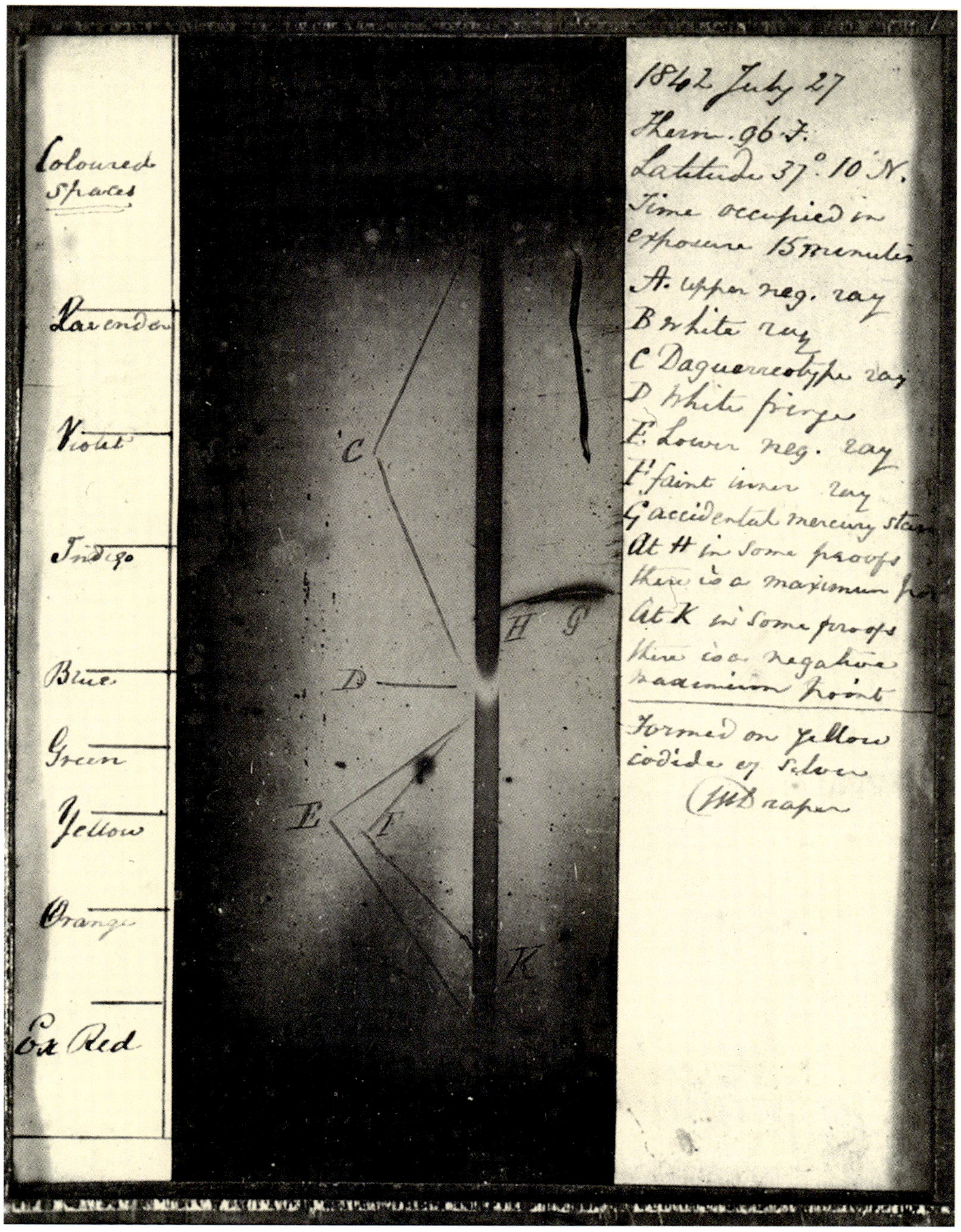

zu verwenden. Aber immerhin war er der erste, der überhaupt auf die Gedankenverbindung Camera obscura – lichtempfindliches Material kam. Einen Bericht über seine Versuche veröffentlichte sein Freund Humphry Davy (1778–1829), einer der berühmtesten englischen Chemiker, der u. a. als erster galvanischen Strom zur chemischen Zerlegung verwendete. Auch Davy unternahm übrigens fotografische Experimente mit der Camera obscura, ebenfalls erfolglos.
1801 machte der aus Samitz in Schlesien stammende Chemiker Johann Wilhelm Ritter (1776–1810) die aufsehenerregende Entdeckung, daß nicht nur sichtbares Licht imstande war, Silberchlorid zu schwärzen, sondern auch unsichtbares, nämlich die im Spektrum jenseits von Violett liegende Strahlung, später ultraviolette Strahlung genannt. Daß die jenseits des roten Spektralbereichs liegende infrarote Strahlung lichtempfindliche Salze färbend beeinflußte, hatte schon Karl Wilhelm Scheele bei seinen Experimenten herausgefunden. Damit stand nun fest, daß es überaus wirksame Strahlen gab, die dem Licht ähnelten, sich wie Licht auswirkten und doch kein Licht waren.
Schließlich ist als einer der Vorläufer der Fotochemie auch noch der amerikanische Chemiker John William Draper (1811 bis 1882) zu erwähnen, der erkannte, daß bei den vom Licht zustande gebrachten chemischen Reaktionen Lichtenergie absorbiert wird. 1842 stellte er erstmals das Sonnenspektrum von Ultraviolett bis Infrarot fotografisch dar. Später machte Draper die ersten Fotografien von Objekten unter dem Mikroskop und beschrieb seine Methode 1856 in einem vielbeachteten Buch über Physiologie.

Ein Mann und ein Foto: Nicéphore Niepce

Die Szene der Fotografie-Erfindung verlagerte sich zu Beginn des 19. Jahrhunderts zunächst nach Frankreich. Dort lebte in Chalon-sur-Saône, südlich von Dijon, Joseph Nicéphore Niepce (1765–1833), Sohn eines wohlhabenden Advokaten. Er hatte einige Jahre in der französischen Armee gedient, verwaltete von 1795 bis 1801 den Distrikt Nizza und kehrte dann nach Chalon zurück, wo er sich mit allen möglichen Erfindungen beschäftigte. Zusammen mit seinem Bruder Claude konstruierte er beispielsweise eine der ersten Verbrennungsmaschinen, die er mit einem brennbaren Pulver aus Bärlappsamen betreiben wollte und Pyréolophore nannte. Die Überlieferung berichtet, es sei den Niepces gelungen, mit diesem Motor ein

Boot anzutreiben, das mit „doppelter Strömungsgeschwindigkeit“ auf der Saône fahren konnte. Aber trotz dieses Leistungsbeweises wollte niemand etwas von der Maschine wissen – auch dann nicht, als der Bärlappsamen schließlich durch ein Gemisch aus Ruß und bestimmten Harzen ersetzt wurde.
Um 1815 begann sich Nicéphore Niepce mit der Lithografie zu beschäftigen. Ihm schwebte die Erfindung eines Lackes vor, mit dem er den Lithografenstein so präparieren wollte, daß man eine ölgetränkte Zeichnung unter Lichteinwirkung unmittelbar, also im Kontaktverfahren, auf den Stein kopieren konnte. Aber mit der Lithografie scheint er sich nicht lange aufgehalten zu haben. Ab 1816 experimentierte er erstmals mit der Camera obscura und versuchte, Papierbilder herzustellen. Am 5. Mai 1816 schrieb er an seinen Bruder: „Ich habe den Apparat in meinem Arbeitszimmer aufgebaut, und zwar vor dem Fenster, das auf das Taubenhaus hinausschaut. Ich bin dabei nach dem Verfahren vorgegangen, das du, lieber Freund, kennst. Auf dem weißen Papier habe ich alle jene Partien des Taubenhauses erkennen können, die man vom Fenster aus sieht ... Der Hintergrund des Bildes ist schwarz, und die Gegenstände sind weiß, das heißt heller als der Hintergrund.“
Die Abbildungen wurden besser, nachdem Niepce eine kreisrunde Maske vor die Linse gesetzt hatte – den Vorläufer der Irisblende, mit der man die Schärfe regulieren konnte. Was Niepce erzeugte, waren Negativbilder, und es gelang ihm nicht, sie haltbar zu machen. Vermutlich experimentierte er mit Silberchlorid, so wie Wedgwood Silbernitrat benutzt hatte. Im Gegensatz zu seinem Vorläufer gelang es ihm immerhin, ein Kamerabild aufzuzeichnen – als erstem Menschen.
Nun suchte Niepce nach einer Substanz, mit der er Positivaufnahmen machen konnte, die also bei Lichteinwirkung nicht dunkel, sondern hell wurde. Daß er seine Silberchloridabzüge nur hätte umkopieren müssen, um Positive zu erhalten, fiel ihm nicht ein – darauf kam viel später erst Fox Talbot. Es begann die Sisyphusarbeit der Substanzsuche. Niepce experimentierte mit Mangandioxid – vergebens. Er machte Versuche mit Guajakharz – erfolglos. Er probierte es mit Phosphor und zog sich gefährliche Brandwunden zu, deshalb gab er die Beschäftigung mit dem „gefährlichen Brennstoff“ wieder auf. Dann kam er auf eine lichtempfindliche Asphaltmasse, wie sie von Kupferstechern verwendet wurde. Mit diesem „Pech von Judäa“ beschichtete er Lithografensteine, später Hartzinn- und Kupferplatten. Wenn man eine lichtdurchlässig gemachte Zeichnung auf eine beschichtete Platte legte und belichtete, wurden die vom Licht getroffenen Stellen unlöslich. Niepce behandelte die belichtete Platte mit Lavendelöl und wusch so die (den Strichen und Linien entsprechenden) unbelichtet gebliebenen Stellen heraus. Nun konnte man die Platte nach dem Kupferstichverfahren ätzen und Abdrucke davon machen. Damit hatte Niepce die Foto- oder Heliogravüre erfunden, aber auch die Grundlage zu allen Tiefdruckverfahren gelegt.
Der nächste Schritt war die Belichtung einer asphaltbeschichteten Zinnplatte mit der Camera obscura. Auch das klappte. Er schrieb an seinen Bruder, mit der weiteren Vervollkommnung seines Verfahrens sei es ihm „endlich gelungen, ein Bild nach der Natur zu schaffen, das so gut ist, wie ich es mir nur wünschen kann. Ich wage kaum, mir dieses schmeichelhafte Eingeständnis zu machen“. Der Brief stammt vom 16. September 1826, und das aufgenommene Metallbild gibt es heute noch – es blieb als einziges Niepce-Original erhalten. Auf dem Bild ist ein Teil des Niepce-Landsitzes von Le Gras bei Chalon zu sehen. Nachdem es jahrzehntelang verschollen war, fanden es die Fotoforscher Helmut und Alison Gernsheim 1952 nach detektivischer Suche wieder. Heute gehört es zur Gernsheim-Sammlung der Universität von Texas in Austin, USA.
Die Belichtung des berühmten Bildes hatte acht Stunden gedauert. Man konnte es nicht besonders gut erkennen, weil die verwendete Schicht ziemlich dünn ausgefallen war. Nur wenn man es schräg zum Licht hielt, wurde es sichtbar. Aber daß es überhaupt existierte, „grenzte an ein Wunder“, wie Nicéphore Niepce seinem Bruder schrieb, der ihn drängte, das Verfahren zu veröffentlichen.
Bruder Claude lebte mittlerweile in England, und es ging ihm gesundheitlich schlecht. Deshalb und weil Nicéphore hoffte, seine Erfindung dort besser bekanntmachen zu können, fuhr er im Sommer 1827 nach London. Aber seine Hoffnungen erfüllten sich nicht. Weil sich Niepce einstweilen weigerte, das „volle Geheimnis“ seiner Erfindung zu offenbaren, lehnte die renommierte Royal Society die Veröffentlichung ab. Nach fünf Monaten voller vergeblicher Verhandlungen reiste Niepce nach Frankreich zurück. Kurz danach starb sein Bruder.
Mit neuen Linsen ausgestattet, setzte Niepce seine Versuche fort. Er verwendete nun versilberte Kupferplatten und experimentierte mit Glasplatten als Träger für die Asphaltschicht. Zugleich beschloß er, ein Buch über seine Erfindungen zu schreiben (das nie fertig wurde). Bei alledem war er sich jedoch darüber klar, daß er dicht vor dem wirtschaftlichen Ruin stand. Die vom Vater ererbten Anwesen waren größtenteils zu Geld gemacht worden. Neue Mittel fehlten.
So folgte Nicéphore Niepce 1829 dem schon jahrelang andauernden Drängen seines Landsmannes Daguerre, die Arbeit gemeinsam fortzusetzen – zum beiderseitigen Vorteil, unter dem Namen beider Erfinder, die zu gleichen Teilen am Erfolg beteiligt sein sollten.

Louis Daguerre und die Daguerreotypie

Das Jahr 1839 war das Schicksalsjahr der Fotografie. In diesem Jahr geschahen viele Dinge, die die neue Technik mit Rie-

Das erste Abbild der Natur, das durch Lichteinwirkung auf eine chemische Schicht dauerhaft festgehalten wurde, stellte Joseph Nicéphore Niepce nach langen vergeblichen Versuchen im Frühherbst 1826 mit achtstündiger Belichtungsdauer her. Diese älteste Fotografie, eine asphaltbeschichtete Zinnplatte, ist erhalten und wird heute in der Gernsheim Collection der Universität von Texas aufbewahrt.

senschritten weiterbrachten, und zwar in einer erstaunlichen Parallelentwicklung, die sich zum Teil in Frankreich, zum Teil in England abspielte. Betrachten wir zunächst die Vorgänge im Frankreich Niepces und Daguerres.

Louis Jacques Mandé Daguerre (1787 bis 1851), aus kleinen Verhältnissen stammend, wuchs in Orléans auf, besuchte die Volksschule und wurde zunächst zu einem Architekten in die Lehre geschickt, dann zu dem prominenten Pariser Bühnenbildner Eugène Marie Degotti, dem Ausstattungschef der Pariser Oper, bei dem sich Daguerre als Künstler vervollständigen sollte. Zwar wurde kein berühmter Maler aus ihm – eher noch tat er sich als Tänzer und Opernstatist, Akrobat und Seilkünstler hervor –, aber er spezialisierte sich auf die bühnenwirksame Illusionsmalerei, wurde Fachmann für trickreiche Beleuchtungseffekte und gründete 1822 in der Rue Sanson in Paris zusammen mit einem anderen Maler ein Diorama, eine Art Theater ohne Schauspieler mit drei riesigen Bühnen, deren bildliche Darstellungen, verstärkt durch Lichteffekte, die Zuschauer in ein Schweizer Gebirgstal versetzten oder in das Innere der Kathedrale zu Canterbury, vor Napoleons Grab auf St. Helena oder nach Neapel mit dem gerade ausbrechenden Vesuv im Hintergrund.

Für die unerhört plastisch wirkenden Diorama-Bilder verwendete Daguerre, wie vor ihm andere Maler, als technisches Hilfsmittel die Camera obscura. Schon während der Dioramazeit beschäftigte er sich aber auch schon mit Methoden der Fotografie. „Meine großen Werke, meine Dioramen, sind vergänglich“, soll er ausgerufen haben. „Um Unsterblichkeit zu gewinnen, brauche ich anderen, dauerhafteren Ruhm!“ So machte sich Daguerre daran, mit Hilfe der Camera obscura und „durch die spontane Wirkung des Lichts“ Dauerhaftes zu schaffen: den „Spiegel mit Gedächtnis“, wie Oliver Wendell Holmes die Daguerreotypie später nannte.

Wie weit Daguerre mit seiner Erfindung gekommen war, als er versuchte, mit Niepce Verbindung aufzunehmen, ist nicht eindeutig geklärt. In seinem ersten Brief an Niepce schrieb Daguerre, er arbeite schon seit längerem in ähnlicher Richtung wie Niepce, aber mit geringem Erfolg. 1827 bekam Niepce von Daguerre ein „nach meinem Verfahren hergestelltes Bild“, das Niepce an eine Sepiazeichnung erinnerte. Auf dem Weg nach England zu seinem Bruder stattete Niepce im selben Jahr Daguerre in Paris einen Besuch ab, bekam das Verfahren vorgeführt, erfuhr

1 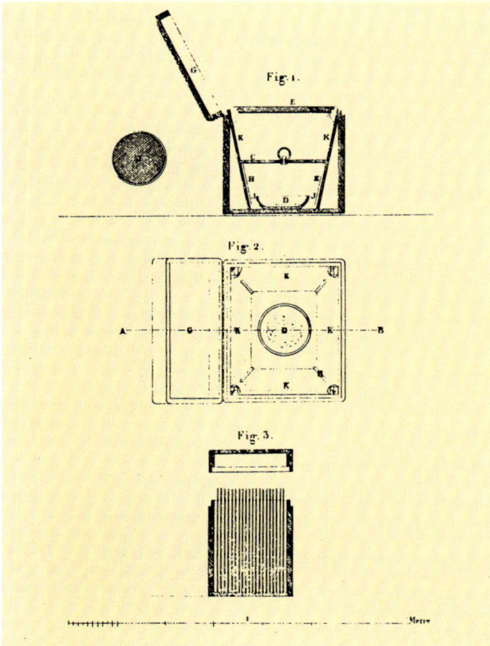

2 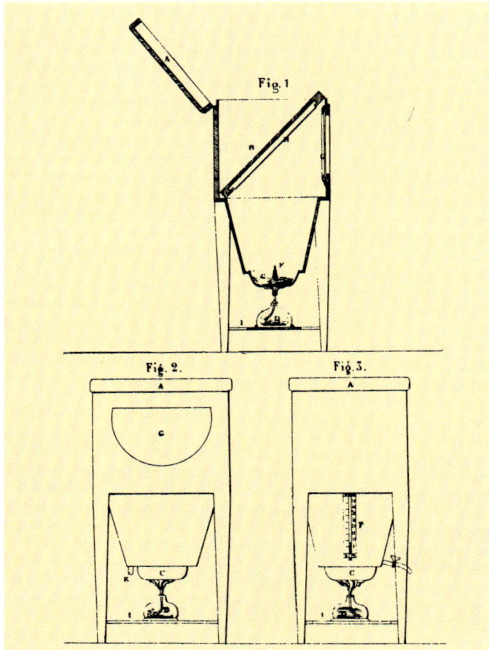

3 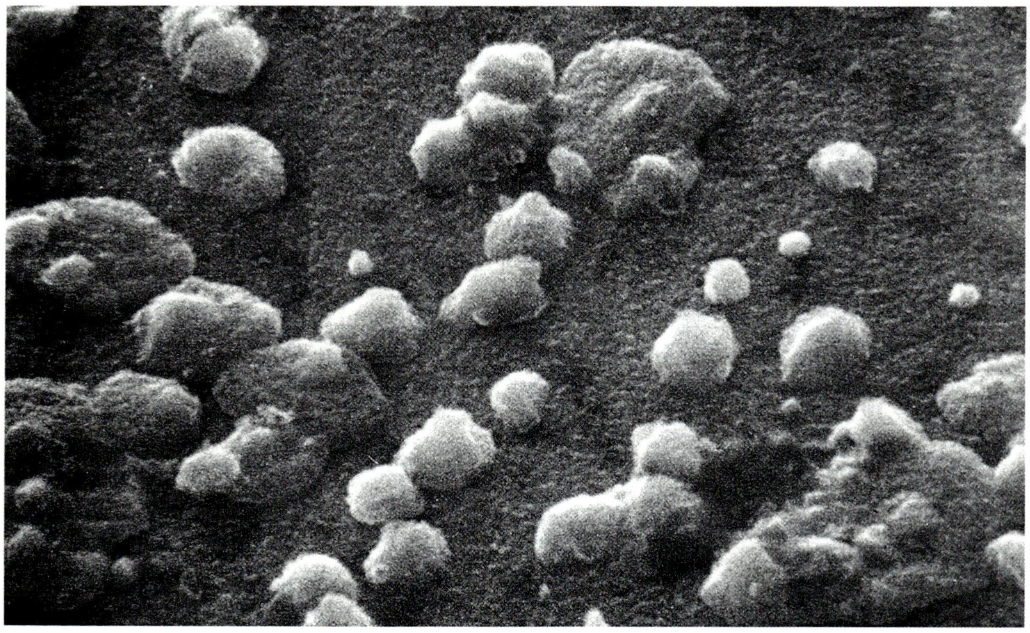

1 – Das auf Niepces Erfahrungen aufbauende Verfahren Daguerres zur Herstellung und Verwendung lichtempfindlicher Platten machte der Erfinder selbst 1839 in einer Broschüre bekannt. Die daraus entnommene Lithografie zeigt oben und in der Mitte den Kasten, in dem die silberplattierte und polierte Kupferplatte Joddämpfen ausgesetzt wird. Das dabei entstehende Silberjodid ist lichtempfindlich.
2 – Nachdem die Platte in der Kamera je nach Motiv und Lichtverhältnissen zwischen drei Minuten und einer halben Stunde belichtet worden ist, wird sie in einem zweiten Kasten, um 45° geneigt, durch warme Quecksilberdämpfe entwickelt. Das latente Bild wird sichtbar, muß aber noch in einer Salz- oder Hyposulfitlösung fixiert, anschließend gewässert und getrocknet werden.
3 – Das Mikrofoto zeigt die Struktur des Quecksilberamalgams, aus der sich das Bild der Daguerreotypie zusammensetzt. Die Schicht ist außerordentlich empfindlich gegen Beschädigungen.
4 – Die älteste erhaltene Daguerreotypie, mit der der Erfinder 1837 einen Winkel seines Studios ablichtete, befindet sich im Besitz der Société Française de Photographie in Paris.

aber nichts über die Zusammensetzung der dabei verwendeten Substanzen. Der erfahrene Niepce meinte, es könne sich um pulverisiertes und geglühtes Baryt (Schwerspat) gehandelt haben, was sich viel später bestätigte. Diese Substanz sei indessen völlig ungeeignet, ein Bild festzuhalten, befand Niepce. Nach seiner Auffassung hatten Daguerres Forschungen „wenig mehr als Kuriositätswert".
Trotz dieser und anderer Bedenken erklärte sich Niepce schließlich zur Zusammenarbeit bereit. Der Vertrag wurde geschlossen. Die Partner schieden in bestem Einvernehmen – und sahen sich nie wieder. Bis zu Niepces Tod im Jahre 1833 spielte sich die Zusammenarbeit ausschließlich brieflich ab.
Weil Daguerre panische Angst davor hatte, es könnte vorzeitig etwas über die Arbeit der beiden Partner durchsickern, vereinbarte er mit Niepce eine Art Geheimcode, bei dem alle in Frage kommenden Substanzen durch Ziffern ersetzt wurden. So stand die 1 für Lavendelöl, die 7 für Mastix, die 8 für Gummilack – und so fort. Entsprechend merkwürdig lesen sich die Briefe; beispielsweise: „Ich habe mehrere Versuche mit 20 angestellt, diese Substanz ist sehr empfindlich für 46."
Niepce erlebte die Fertigstellung des Verfahrens nicht mehr. Daguerre setzte die Zusammenarbeit mit Isidore Niepce, dem offenbar nicht besonders einfallsreichen Sohn Nicéphore Niepces, fort. Das älteste erhaltene Beispiel einer Daguerreotypie – diesen Namen hatte Isidore schließlich widerstrebend akzeptiert – stammt aus dem Jahre 1837. Aber erst 1839 hielt Daguerre seine Methode, die aus den Erfahrungen von Niepce und eigenen Ideen entstanden war, für praxisreif.

Wie eine Daguerreotypie entsteht

Durch Vermittlung des prominenten französischen Astronomen, Physikers und Politikers Dominique François Jean Arago (1786–1853) wurde die Académie des Sciences, die französische Akademie der Wissenschaften, über Daguerres Erfindung informiert. Sie war nun schon einigermaßen ausgereift. Vor allem kam Daguerre mit Belichtungszeiten aus, die nach Minuten statt nach Stunden zu veranschlagen waren. Er konnte das erzielte Bild auch fixieren. Was er hervorbrachte, war jedoch ein Positiv. Man konnte keine Kopien davon machen.
Arago setzte durch, daß Daguerre seine Erfindung dem französischen Staat übertrug. Er bekam dafür eine lebenslange Rente von jährlich 6000 Francs, Niepce junior eine solche von 4000 Francs. Dafür

4

sollten dem Staat die Herstellungsgeheimnisse in vollem Umfang offengelegt werden. Frankreich wollte die Erfindung zur internationalen Verwendung freigeben, was auch geschah. Nur in England sicherte sich Daguerre noch in letzter Minute die Patentrechte.
Nun endlich erfuhr die staunende Öffentlichkeit, was genau hinter Daguerres Verfahren steckte. Am 1. September 1839 veröffentlichte die Zeitschrift „L'Artiste" diese Beschreibung:
„Daguerre ergriff eine leicht versilberte Kupferplatte. Er goß etwas Säure auf das Silber, wischte es trocken, dann rieb er es ab, und zwar mit etwas Bimsstaub, der mit Säure angefeuchtet worden war. Als das geschehen war – eine sehr einfache Angelegenheit –, brachte er eine dünne Kante desselben Metalls rings um die Platte an, mit Hilfe einiger bereitgelegter Schrauben. Nun wurde die Platte auf den Jodierungskasten gelegt. Das Jod befindet sich unten im Kasten und läßt seine Dämpfe durch Gaze hindurch zur spiegelnden Oberfläche der Platte hochsteigen ... Von Zeit zu Zeit nahm Daguerre die Platte vom Kasten herunter; da er sie noch nicht hinreichend mit Jod versehen fand, legte er sie zurück, bis schließlich das Jod gleichmäßig über die ganze Platte verbreitet war, die dann die Farbe von Gold annahm. Dieser Vorgang dauerte kaum eine Viertelstunde. Darauf legte er die so gefärbte Platte in eine Art hölzernen Futterals.
Man wählt das Motiv, das man wiedergeben will, und dann legt man die jodierte Platte in die Kamera, ohne die schützende Hülle zu öffnen. Ist diese einmal in der Kamera, so wird sie durch eine kleine Feder geöffnet, und bald beginnt der wundersame Vorgang. Das Licht, das von überallher kommt, macht auf der Platte all seine Kraft und sein Leben geltend. Die äußere Welt wird im Wunderspiegel reflektiert. In diesem Augenblick war die Sonne leicht verschleiert. ‚Sechs Minuten werden wir brauchen', sagte Daguerre und zog seine Uhr heraus. Und richtig, nach sechs Minuten schloß er das Behältnis, in dem die Platte befestigt war, und mit der Platte hatte er all die schöne Szenerie eingefangen; noch war sie unsichtbar fürs Auge. Nun blieb ihm nur noch, dieser verborgenen Welt zuzurufen: ‚Erscheine vor unseren Augen!' Ein zweiter Kasten wurde herbeigebracht. Er enthielt Quecksilber. Mit Hilfe einer Lampe wird dieses Quecksilber erhitzt, bis es fünfzig Grad Celsius erreicht hat. Durch ein Glasfensterchen, das im Kasten genau für diesen Zweck vorgesehen ist, kann man dann be-

1

1 – An den Daguerreotypien bewundern wir noch heute ihre Schärfe und die harmonisch verlaufenden Tonwerte. Neben Landschafts-, Architektur- und Porträtfotos reizte es die frühen Lichtbildner, auch gestellte Szenen im Bild festzuhalten, so wie Humbert de Molart 1847 einen in Ketten schmachtenden jungen Gefangenen ablichtete.
2 – Die grassierende Sucht der Daguerreotypomanie bot natürlich den Karikaturisten ein reiches Betätigungsfeld. „Ich schau ganz genau hin, aber ich kann überhaupt nichts sehen", kommt es ratlos von dem Ehemann unter dem Tuch hervor. Darauf der liebevolle Vetter: „Guck nur weiter, es wird gleich kommen."

obachten, wie ganz allmählich die überaus wirksamen Dämpfe jeden Teil des Motivs im richtigen Ton langsam hervorkommen lassen. Die Szenerie erscheint, als sei sie vom unsichtbaren Stift einer Feenkönigin gezeichnet worden.

Wenn dieser Vorgang beendet ist, wird die Platte herausgenommen und in ein Fixierbad gegeben; danach wird sie in warmem Wasser gebadet. Der Vorgang ist beendet, die Zeichnung ist vollkommen und unveränderlich vor unseren Augen. Und all das in einer Stunde – mehr oder weniger."

Schon einige Tage vorher, am 19. August 1839, hatte Arago das Verfahren in einer gemeinsamen Sitzung der Akademien der Wissenschaften und der Schönen Künste offiziell bekanntgegeben (wenn auch ohne technische Einzelheiten). Dieser 19. August gilt also als Start der Daguerreotypie, des ersten in der Praxis verwendbaren fotografischen Verfahrens, und es gibt Fotohistoriker, die diesen Tag demjenigen an Bedeutung gleichsetzen, an dem die ersten Menschen den Mond betraten – dem 20. Juli 1969.

Von Daguerre zur Daguerreotypomanie

Innerhalb kurzer Zeit wurde die Daguerreotypie zu einer populären Kunst. Jedermann wollte so ein Bild von sich oder seinen Angehörigen haben. Vor allem das französische Bürgertum entdeckte die Daguerreotypie als bevorzugte Porträtkunst. Aber über Frankreich hinaus wurde bald die ganze zivilisierte Welt von der Daguerreotypomanie ergriffen, wie sich ein zeitgenössischer Satiriker ausdrückte. Karikaturen zeigten Menschen, die um den Kamera-Altar tanzten, verspotteten die „Bildermaschine" und boten den nun brotlos werdenden Kupferstechern Galgen an, um sich daran aufzuhängen.

Der Wirbel um die Daguerreotypie war unvorstellbar. Zehn Jahre später arbeiteten in den USA schon über 1000 Fotografen nach Daguerres Methode, davon 75 allein in New York. In München gab es bis 1860 44 Lichtbildner, in Hamburg 170 und in Berlin mehr als 200. Mancher Kritiker regte sich darüber auf. So rief der „Leipziger Anzeiger" den Zorn Gottes auf die Daguerre-Fotografen herab: „Flüchtige Spiegelbilder festhalten zu wollen, dies ist nicht bloß ein Ding der Unmöglichkeit, wie es sich nach gründlicher deutscher Untersuchung herausgestellt hat, sondern schon der Wunsch, dies zu wollen, ist eine Gotteslästerung!"

Offenbar hatten die Leipziger keine gute Nachrichtenverbindung mit München. Dort hatte der Professor Steinheil, dem die Fotografie der späteren Jahre so viel zu verdanken hat, schon vor dem Eintreffen der ersten Probebilder aus Paris mit Daguerres Verfahren experimentiert und ausgezeichnete Ergebnisse erzielt. Im Gegensatz zu Daguerre waren Steinheils Aufnahmen allerdings Negative, festgehalten auf Chlorsilberpapier. Um Daguerreotypien handelte es sich also bei den ersten in Deutschland aufgenommenen Fotos nicht.

Louis Daguerre tat sich unterdessen mit dem Kamerafabrikanten Alphonse Giroux in Paris zusammen. Giroux sollte die von Daguerre entwickelten Kameras fabrizieren und verkaufen. Das geschah mit bestem Erfolg. Allein 1847, so ist überliefert, kauften die Franzosen mehr als 2000 Giroux-Kameras nach dem Daguerre-System, dazu etwa eine halbe Million versilberter Kupferplatten.

Daguerre selbst zog sich auf seinen Landsitz in Bry-sur-Marne zurück. Nennenswerte Verbesserungen seiner Silberbild-Technik brachte er nicht mehr zustande. Man hatte den Eindruck, er ruhe sich auf seinen Lorbeeren aus. Von seiner Staatsrente konnte er recht gut leben. Dazu kamen die Einnahmen aus Herstellungslizenzen auf Grund des in England erteilten Patentes. Für die Kirche von Bry-sur-Marne malte er 1842 sein letztes großes Bild, ein Diorama für die Wand hinter dem Altar. Es machte aus dem winzigen Kirchlein mit allen Tricks des Dioramenmalers eine große Kathedrale.

Daguerre starb 1851 „an dem Bersten einer Pulsadergeschwulst". Seine Kunst lebte weiter – allerdings nicht lange. Bald kamen neue Verfahren auf. Um 1860 war die Daguerreotypie schon wieder vom Markt verschwunden. Im Rahmen der Fotohistorie betrachtet, kam ihr letztlich nur der Rang eines bescheidenen Vorspiels zu – trotz zeitweiliger Daguerreotypomanie.

Der Weg zur modernen Fotografie

Noch zu Daguerres Zeiten war es gelungen, die Lichtempfindlichkeit der Silberplatten wesentlich zu erhöhen und damit die Belichtungszeiten abzukürzen. Das war vor allem dem englischen Wissenschaftler John Goddard zu verdanken, der neben Jod auch schon Brom für die Sensibilisierung der Platten verwendete, außerdem aber auch der Entwicklung lichtstärkerer Objektive. Trotzdem fehlte Daguerres Silberbildern ein entscheidendes Merkmal der modernen Fotografie: Es

LES FRANÇAIS CROQUÉS PAR EUX-MÊMES.

Nº 4.

Chez Aubert gal Vero-Dodat. Imp. d'Aubert & Cie

(**LE MARI**) . . . J'AI BEAU REGARDER, JE NE VOIS RIEN. . . . (**LE COUSIN**) REGARDE TOUJOURS ÇA VA VENIR ! . .

1

2

1 – Mit dem 1847 in London eröffneten Porträtstudio hatte Talbot (rechts im Bild) keinen großen Erfolg. Das Publikum bevorzugte weiterhin die schärferen und ausdrucksvolleren Konterfeis nach Daguerres Verfahren, auch wenn jedes Bildnis ein Unikat blieb.

2 – Talbots belichtete Papiernegative wurden im Sonnenschein auf Positivbilder umkopiert, nachdem sie in Silber-Gallonitrat entwickelt, in Natriumthiosulfat fixiert und mit Wachs durchscheinend gemacht worden waren.

3 – 1844 dedizierte Talbot dem deutschen Naturforscher Alexander von Humboldt ein Album mit 22 seiner Fotografien, die er eigenhändig beschriftete. Diese „Tableaux Photographiques" gehören heute zu den Schätzen des Agfa-Gevaert Foto-Historama in Leverkusen.

erstenmal betrachtet hatte. Wenn man also ein Wunder ausschließt, konnte infolgedessen die einzige Schlußfolgerung sein, daß das Bild sich unerwarteterweise in einem Spontanvorgang gewissermaßen selbst entwickelt hat."

Er arbeitete weiter in dieser Richtung, wiederholte den Versuch unzählige Male. Immer trat das Bild deutlich hervor, wenn er das belichtete Papier einige Zeit dem Kerzenlicht aussetzte. „Im weiten Bereich der Wissenschaft kenne ich nur wenige Dinge, die einen mehr überraschen können als das allmähliche Erscheinen des Bildes auf einem leeren Blatt."

Diesmal meldete Talbot seine Erfindung zum Patent an. Er nannte sie Calotypie. Später wurde sie ihm zu Ehren in Talbotypie umbenannt. Die Patentanmeldung betrachtete Talbot als eine Reaktion darauf, daß Daguerres Erfindung mittlerweile weltweit ausgewertet werden durfte – nur nicht in England. 1841 wurde das Patent erteilt. Kurz darauf veröffentlichte Talbot Einzelheiten seiner Technik. Das latente Bild wurde mit Hilfe von Papier erzeugt, das er mit Kaliumjodid und Silber-Gallonitrat, einem Salz der Gallussäure, lichtempfindlich gemacht hatte. Die Entwicklersubstanz bestand aus einer Lösung von Silber-Gallonitrat. In ihr wurde das belichtete Bild gebadet. Talbot setzte es dann der Wärme aus. Erst dabei wurde das Bild sichtbar. Zum Fixieren verwendete er Kaliumbromid, das er ab 1843 durch Natriumthiosulfat ersetzte (es wird heute noch als Fixiersalz verwendet). Er hielt sich dabei an einen Vorschlag von Sir John Frederick Herschel (1792–1871). Der namhafte Astronom griff auch auf anderen Gebieten in die Entwicklung der Fotografie ein. Unter anderem riet er Talbot, seine Negative mit Hilfe von Wachs durchscheinend zu machen, um den Kopiervorgang zu beschleunigen und die Papierstruktur nicht so stark hervortreten zu lassen, ein Verfahren, das später George Eastman für seinen ersten Rollfilm anwandte. Herschel soll auch die Bezeichnung Photographie geprägt haben.

Nach dem neuen Verfahren konnte Talbot Bilder herstellen, die nur noch ein Hundertstel der bis dahin bei ihm üblichen Belichtungszeit verlangten. Überdies war die Anfertigung beliebig vieler Positivkopien möglich.

Die ersten Foto-Bildbände

Wegen der Papiergrundlage des Verfahrens waren die Talbotypien zwar nicht so brillant und scharf wie Daguerreotypien.

le Château de Chambord en Juin 1843

Aber sie machten Daguerre ernsthafte Konkurrenz. 1844 brachte Talbot das erste ganz mit (eingeklebten) Talbotypien illustrierte Buch heraus. Dieser erste fotografische Bildband hatte den Titel „The Pencil of Nature“ (Zeichenstift der Natur). Um ihn verwirklichen zu können, etablierte Talbot die erste Großkopieranstalt der Welt. Das Unternehmen lieferte für die erste Auflage des Buches innerhalb von knapp sechs Wochen über tausend Kopien von Talbot-Aufnahmen – eine reife Leistung, wenn man bedenkt, daß nur mit Sonnenlicht kopiert werden konnte, das in England nicht in beliebiger Menge zur Verfügung steht, so daß die Belichtungszeiten je Kopie zwischen einigen Minuten und einer Stunde schwankten.
1845 kam ein zweites Buch mit Talbotypien heraus. Schon 1843 hatte sich Talbot ein Vergrößerungsverfahren für seine Bilder patentieren lassen. 1847 eröffnete er ein eigenes Porträtstudio in London, das aber kein Erfolg war – auf diesem Gebiet war die Daguerreotypie der Talbotypie überlegen.
Aber in der Landschaftsfotografie brillierte Talbot. Ende der vierziger Jahre schickte er Talbotypie-Teams durch Frankreich, um für die französische Regierung alle mittelalterlichen Gebäude und Plastiken aufzunehmen – und das im Lande Daguerres. Bald reisten auch die ersten Teams nach Ägypten, in den Nahen Osten und nach Indien und brachten erstaunliches, nie gesehenes Material mit.
Inzwischen kamen neue Techniken auf. So wurde 1851 ein Verfahren bekannt, die Silbersalze mit Kollodium zu mischen und eine Glasplatte damit zu überziehen, das Naßkollodiumverfahren. Talbot wehrte sich energisch gegen die neuen Erfindungen, die er für einen Abklatsch wesentlicher Punkte seiner eigenen Patente hielt. Er strengte einen Prozeß an, der weltweit Aufsehen erregte – und den er verlor. Da er daraufhin keine weiteren Anstrengungen mehr machte, seine Patente verlängern zu lassen, dauerte es nicht mehr lange, bis der letzte juristische Schutz sowohl der Daguerre- als auch der Talbot-Verfahren erlosch.
Im übrigen erging es der Calo- oder Talbotypie nicht anders als der Daguerreotypie: Um 1860, nach Aufkommen der Glasnegative, verschwanden auch Talbots Papierbilder schnell wieder vom Markt. Aber sie hinterließen, wie die Daguerreotypie, sowohl Verfahrensgrundlagen als auch Denkanstöße, die die weitere Entwicklung befruchteten – vor allem aber einen weltweiten Bedarf an fotografischen Bildern.

Die Mit- und Nacherfinder

Schon zu Talbots Zeiten hatten zahlreiche Erfinder von sich behauptet, ebenfalls fotografische Verfahren entwickelt zu haben. Die meisten konnten ihre Prioritätsansprüche nicht beweisen. Zu erwähnen wäre höchstens Hippolyte Bayard (1801 bis 1887), ein Pariser Finanzbeamter, der ab 1838 in seiner Dunkelkammer Papierabzüge herstellte. Er zeigte sie im Februar des bewußten Jahres 1839 seinen Freunden und interessierte auch Arago dafür. Der aber hatte sich längst für Daguerre entschieden und fand Bayards Vorstoß lästig. Deshalb ließ er sich auch nicht auf der Ausstellung sehen, die Bayard am 24. Juni 1839 in Paris eröffnete und auf der er seine Fotografien vorführte. Der Staat wollte nichts für Bayard tun – und aus eigener Kraft schaffte er es nicht. So lichtete sich Bayard selbst als Ertrunkener ab und schrieb sarkastisch auf die Rückseite des Bildes: „Das hat ihm viel Ehre, aber keinen halben Centime eingebracht. Die Regierung, die Herrn Daguerre viel zuviel gegeben hat, erklärte, nichts für Herrn Bayard tun zu können. Da hat der Unglückliche sich ertränkt."

Bayard arbeitete weiter auf diesem Gebiet und verwendete schließlich ein Negativ-Positiv-Verfahren, das demjenigen Talbots ähnelte. Aber seine hervorragenden Stilleben und kraftvollen Bilder aus den Straßen von Paris fanden erst lange nach seinem Tod Anerkennung.

In Belgien arbeitete Albert Breyer 1839 an einem Verfahren, bedruckte Buchseiten zu kopieren. Er verwendete dazu Talbots Papier. Sein Beitrag zur Geschichte der Fotografie (oder besser der Fotokopiertechnik) bestand darin, daß er im Reflexverfahren durch das lichtempfindliche Papier hindurch belichtete. Das Resultat war ein Negativ. Breyers Kontaktmethode wurde viel später erst bei fotomechanischen Kopierverfahren aktuell. Nach dieser Technik arbeiten die Fotokopiergeräte zum großen Teil noch heute.

In Schottland experimentierte Mungo Ponton, ebenfalls in jenem schicksalsträchtigen Jahr 1839, mit Papier, das er mit Kaliumbichromat beschichtet hatte. Bei der Belichtung wurden belichtete Partien braun und wasserunlöslich. Für die Fotografie war diese Technik der langen Belichtungszeiten wegen unbrauchbar. Aber sie wurde später zur Grundlage verschiedener reprografischer Druckverfahren, unter anderem zur Herstellung von gedruckten Fotos, die beinahe wie echte aussahen. Vor allem nahm sich der Tiefdruck dieser Technik an.

1 – Im Schicksalsjahr der Fotografie, 1839, trat neben Daguerre und Talbot auch Hippolyte Bayard mit einem fotografischen Papier-Positiv-Verfahren an die Öffentlichkeit. Doch mangels staatlicher Unterstützung konnte er sich nicht durchsetzen und blieb im Gegensatz zu Daguerre fast unbekannt. So lichtete er sich verzweifelt selbst als Ertrunkener ab (etwa 1855).
2 – Etwa gleichzeitig mit dem Aufkommen der ersten brauchbaren Glas-Negativ-Verfahren ersetzte der Franzose Louis-Désiré Blanchard-Evrard (1802–1872) die bisher verwendeten Salzpapiere für die Positive 1850 durch albuminbeschichtete Papiere. Zu ihrer Herstellung wurden zunächst die Dotter vom Eiweiß frischgelegter Hühnereier getrennt.
3 – Das Eiweiß wurde zu Schaum geschlagen und dann in großen Behältern zwei bis drei Tage gelagert, bis es sich wieder verflüssigt hatte, gereinigt und mit Kochsalz versetzt werden konnte.
4 – Auf dieser Albumin-Salz-Lösung schwimmend, wurde das Rohpapier bogenweise beschichtet und dann getrocknet. Der Fotograf mußte dieses Albuminpapier kurz vor der Verwendung in der Dunkelkammer in einer Silbernitratlösung lichtempfindlich machen.

Nächste Doppelseite: Der Reiz der alten Porträtfotos wird für uns noch durch ihre Aufmachung in vergoldeten Rähmchen, zum Teil auch in samtgefütterten Lederetuis, unterstrichen.

2

3

4

Die Fotografie auf Glasplatten

Talbots Papiernegative hatten erhebliche Qualitätsmängel aufzuweisen. Der Gedanke lag nahe, Glas anstelle von Papier zu verwenden. Dazu brauchte man aber ein Verfahren, das die Silbersalze auf dem Glas festhielt. Weil das nicht so einfach zu sein schien, kam Herschel, der sich schon 1839 mit dem Problem befaßte, nicht weiter und ließ die Sache fallen.
Die ersten verwendbaren Glasnegative entwickelte Claude Abel Niepce de Saint-Victor (1805–1870), der Neffe von Nicéphore Niepce, ein ehemaliger Offizier bei den Dragonern und 1854 zweiter Kommandant des Louvre in Paris. Er beschichtete Glasplatten mit einer Mischung aus Eiweiß und Kaliumjodid. Die getrockneten Platten tauchte er in eine Lösung von Silbernitrat, worauf sich lichtempfindliches Silberjodid bildete. Das latente Bild entwickelte er mit Gallussäure. Fixiert wurde mit Kaliumbromid. Niepce de Saint-Victor verbrauchte riesige Mengen Hühnereier für seine Platten. Sein Albuminverfahren lieferte die ersten fotografischen Glas-Trockenplatten. Er berichtete darüber: „Ich habe mich davon überzeugt, daß das Bild ebensogut zum Vorschein kommt, wenn die Schicht trocken als wenn sie feucht ist.“ Und er erkannte ganz richtig, daß man trockene Platten viel besser transportieren konnte als nasse. Aber die Entwicklung ging andere Wege. Und Niepces Eiweißplatten, 1848 herausgebracht, setzten sich schließlich doch nicht durch, weil die Belichtungszeiten viel zu lang waren für Porträtfotos: 20 Minuten und mehr. Der Bedarf an Landschaftsfotos war zu gering, um das Verfahren zu retten.
Die nächste Stufe war das Naßkollodiumverfahren, das der englische Talbotypist und Bildhauer Frederick Scott Archer (1813–1857) 1851 veröffentlichte. Archer mischte sirupähnliches Kollodium (eine Lösung von Dinitrocellulose in Alkohol und Äther) mit Kaliumjodid und überzog Glasplatten damit. Die Mischung trocknete in Form eines dünnen Häutchens auf. Kurz vor der Belichtung mußte diese Schicht in eine Silbernitratlösung getaucht und dadurch lichtempfindlich gemacht werden. Die Daguerreotypisten waren begeistert: „Überall warfen sie die Geräte eines komplizierten und mühsamen Verfahrens hin ... zugunsten des direkten und einfachen Verfahrens, das mit dem Kollodium gekommen ist“, stellte einer fest.
Dabei war das Naßplattenverfahren alles andere als bequem. Wer im Freien damit fotografieren wollte, mußte eine Ausrüstung mitschleppen, die 50 bis 60 Kilo-

4

fotochemischen Techniken entwickelt worden war. Vor allem aber bereitete es der fotografischen Handkamera den Weg, die wenige Jahre später herauskam.
Die frühen fotografischen Verfahren waren nur für blaues Licht empfindlich. Rote oder grüne Objekte wurden demzufolge viel zu dunkel abgebildet. 1873 wies der Berliner Professor Hermann Wilhelm Vogel (1834–1898), einer der ersten Berufs-Fotochemiker, anhand von Versuchen nach, daß die Farbempfindlichkeit der Platten verbessert werden konnte, indem man den Emulsionen bestimmte Farbstoffe zusetzte. 1882 kamen die ersten iso- oder orthochromatischen Platten auf den Markt. Professor Adolf Miethe (1862 bis 1927), einer der fruchtbarsten Erfinder auf fotochemischem und fotooptischem Gebiet, entwickelte Emulsionen, die zusätzlich auch noch für orangefarbiges Licht empfindlich waren. Die ersten für alle Farben empfindlichen (panchromatischen) Platten kamen aber erst 1906 heraus. Sie wurden von Wratten & Wainwright in London hergestellt und ließen nun schon Belichtungszeiten von 1/100 Sekunde zu. Diese Entwicklungen aus der Zeit um die Jahrhundertwende schufen übrigens gleichzeitig auch die Voraussetzungen für die Farbfotografie, auf die wir später noch zurückkommen werden.

Das Fotografieren mit Gelatine-Trockenplatten

Immer noch war die Fotokunst fast ausschließlich etwas für Fachleute. Das viel zu aufwendige Verfahren, die schweren Kameras, die Notwendigkeit, alle Arbeiten selbst durchzuführen, verlangten vom Fotoamateur neben einer gewissen Wohlhabenheit auch Wagemut und Einsatzbereitschaft.
Die folgende Beschreibung unter der Überschrift „Wie fotografiert man denn nun eigentlich?“ erschien 1898 in dem von Dr. Heinrich Samter herausgegebenen Werk „Das Reich der Erfindungen“. Wir geben den Text gekürzt wieder:
„Nehmen wir an, der Fotograf habe seinen Apparat zusammengesetzt und aufgestellt und auch lichtempfindliche Trocken-Gelatine-Platten, die er fertig eingekauft hat, in Kassetten, wohlverwahrt gegen neugierige Lichtstrahlen, zur Hand. Er nimmt nun die Kappe, die gewöhnlich das Objektiv bedeckt, ab und verstellt dann den hinteren Teil der Camera, sowie auch das Stativ in Höhe und Entfernung so lange, bis er auf der Glasplatte (Mattscheibe) das Bild des zu photographierenden Ge-

1

1 – Die Atelierkameras der Porträtfotografen waren vielfach mit dem fahrbaren Stativ zu einer Einheit verbunden. Das Objektiv dieser Kamera des Malers und Daguerreotypisten, Kaiserlichen Hof- und Kriegsfotografen Ferdinand Tellgmann ist auswechselbar. Der Verschluß wird über einen Schlauch durch Druck auf einen Gummiball geöffnet und schließt sich erst, wenn man den Ball losläßt – daher noch heute an den Verschlüssen die Bezeichnung B für Zeitaufnahme.

2 – Da die Negativemulsionen noch recht grobkörnig waren, kamen Vergrößerungen kaum in Frage. Für große Papierabzüge benötigte man also genauso große Negativplatten.

3 – Eine Dunkelkammer um die Jahrhundertwende glich in manchem noch einer Alchimistenküche, da die verschiedenen Bäder zum Entwickeln, Fixieren, Abschwächen, Verstärken, Tonen und was es sonst noch gab, vom Fotografen aus den Grundchemikalien selbst zusammengemixt und angesetzt werden mußten. Man sieht Geräte dort, die man in keinem modernen Fotolabor mehr findet: einen abschließbaren Holzkoffer und Trockenständer für Negativplatten, Kopierrahmen, in denen das Fotopapier Schicht auf Schicht mit dem Negativ meist am Tageslicht kopiert wurde, eine Papierpresse und selbst eine petroleumbetriebene Dunkelkammerleuchte.

2

genstandes in gewünschter Größe deutlich und scharf sieht . . .
Ist die Einstellung erfolgt, wobei der Photograph, um das Bild auf der Glasplatte besser sehen zu können, seinen Kopf und den hinteren Teil der Camera mit einem schwarzen Tuche bedeckt, so setzt er die Kappe wieder aufs Objektiv, klappt die matte Glasscheibe hoch, schiebt an ihrer Stelle die Kassette ans Ende der Camera, zieht die eine Seite derselben, die die lichtempfindliche Schicht der Platte bedeckt, auf und nimmt dann, je nach äußeren Verhältnissen, die Klappe eine längere oder kürzere Zeit vom Objektiv fort. Es wird in dieser Zeit auf der photographischen Platte ein negatives, vorläufig noch unsichtbares Bild hervorgerufen.
Der Photograph schiebt nun die Kassette, während sie noch in der Camera ist, wieder zu, nimmt sie heraus und geht mit ihr

3

in die Dunkelkammer. Mit einer oder mehreren Entwicklersubstanzen übergießt er nun die in eine Schale gelegte Platte und läßt die Flüssigkeit so lange über die Platte hin- und herfließen, bis er bei dem matten Scheine seiner Lampe das Bild völlig entwickelt sieht. Darauf wird die Platte mit Wasser tüchtig abgespült und fixiert. Hat sie nur kurze Zeit in der Fixierlösung gelegen, so ist die Fixage fertig, die noch nicht vorher vom Licht reduzierten Silbersalze sind fortgenommen, so daß die Platte nunmehr dem Licht ausgesetzt werden kann, ohne weitere Veränderungen zu erleiden ... Die fixierte Platte wird jetzt tüchtig gewaschen, um alle Unreinlichkeiten fortzuschaffen, das Negativ ist fertig.

Es handelt sich nun darum, von diesem Negativ positive Abzüge zu fertigen. Das Negativ wird ... in einem Holzrahmen, dem Kopierrahmen, über ein in lichtempfindliche Silberlösung getauchtes Papier gelegt. Der Rahmen wird so lange dem Licht ausgesetzt, bis dieses auf dem Papier das dem Negativ entsprechende Positiv hervorgerufen hat ... Um einen schöneren Ton zu erzielen und die Bilder dauerhafter zu machen, kommt nun das Positiv, das in der Dunkelkammer aus dem Kopierrahmen genommen ist, in ein Goldbad ... Dann wird das Bild in unterschwefligsaurem Natron fixiert, mehrere Stunden gewaschen, getrocknet, auf einen Karton geklebt und mit einer Satiniermaschine geglättet.“

Bei dieser modernen Technik war es leichter, Porträts zu fotografieren. 1898 vermerkten die Redakteure von Meyers Konversations-Lexikon zu diesem Thema: „Das populärste Feld der Photographie ist das Porträtfach. Die Erzielung eines gefälligen Porträts hängt nicht nur von der sorgfältigen Beobachtung der technischen Regeln der Photographie ab, sondern auch von der Erfüllung künstlerischer Bedingungen in Stellung des Aufzunehmenden, richtiger Lichtverteilung, Arrangement der Umgebung (Porträtfotografen hatten damals oft Hunderte von gemalten Hintergründen auf Lager), zugleich aber auch von der glücklichen Disposition des Originals, der Stimmung desselben und der Fähigkeit, ruhig zu sitzen. Der Erkenntnis der künstlerischen Grundsätze, worauf die Photographie beruht, verdankt man die wichtigsten Fortschritte im Felde der Porträtphotographie. Zur Sicherung der Unbeweglichkeit während der Aufnahme war früher bei Anwendung des weniger empfindlichen Kollodiumverfahrens der Kopfhalter ganz unbedingt notwendig, damit wenigstens der wichtigste Teil des

2

3

▷ 4

◁ 1

1 – Im Atelier des Porträtfotografen war „zur Sicherung der Unbeweglichkeit während der Aufnahme früher bei Anwendung des weniger (licht-)empfindlichen Kollodiumverfahrens der Kopfhalter ganz unbedingt notwendig" (Meyers Konversations-Lexikon 1898), außerdem natürlich verschiedene gemalte Hintergründe und sonstige Requisiten zur Belebung des Porträts.

2 – Eine Schiebekastenkamera für Daguerreotypien mit Original-Daguerre-Objektiv von Alphonse Giroux.

3 – Diese Magazinkamera wurde um 1890 gebaut.

4 – Gleichfalls noch aus dem 19. Jahrhundert stammt diese Kastenkamera mit Fallverschluß.

Porträts, das Gesicht, scharf werde. Neuerdings, bei Anwendung hochempfindlicher Gelatineplatten, welche kurze Expositionen erlauben, ist die Erreichung künstlerischer Effekte in der Photographie wesentlich erleichtert."

Eastman erfindet eine neue Industrie

George Eastman (1854–1932) war ein technischer Erfinder von hohen Graden. Aber seine eigentliche Bedeutung lag auf einem anderen Gebiet: Er schuf die technischen und fabrikatorischen Voraussetzungen für die Amateurfotografie – und er perfektionierte sein Verfahren so, daß der Amateur vom Entwickeln, Kopieren und Vergrößern entlastet wurde. Das nahm ihm künftig die Industrie ab, eine neue, von Eastman erfundene Industrie, die es sich bald leisten konnte, mit dem Slogan zu arbeiten: „Sie drücken auf den Knopf, das übrige besorgen wir." Durch Eastman wurde das Fotografieren Allgemeingut.
In Waterville im Staat New York kam George Eastman zur Welt. Der Vater starb früh, so daß der junge George die Schule verlassen und Aushilfstätigkeiten annehmen mußte, um zum Unterhalt der Familie beizutragen. Der 14jährige arbeitete als Laufbursche und reinigte Büros. Ein Jahr später nahm er bei einer Versicherungsgesellschaft einen Posten als Bürojunge an, der ihm fünf Dollar in der Woche einbrachte. Als 20jähriger schließlich wurde er Bankangestellter. Nach ein paar Jahren konnte er es sich leisten, eine Fotoausrüstung zu kaufen. Er wollte in Santo Domingo Urlaub machen und dabei fotografieren. Seine ersten Versuche absolvierte er bei einem Fotoausflug in die Umgebung.
Aber das Naßplattenverfahren, das damals noch regierte, imponierte ihm nicht besonders, es war viel zu umständlich. In einer Fotozeitschrift las er Einzelheiten über die in England von Dr. Maddox erfundenen Trockenplatten. Bald beschloß er, selbst solche Platten zu gießen. Nach getaner Arbeit in der Bank verwandelte er nachts die Küche seiner Mutter in ein Laboratorium für Fotochemie. Wenn er müde wurde, schlief er ein paar Stunden neben dem Küchenherd.
Als beim Freiwerden eines interessanteren Postens in der Bank ein anderer Bewerber vorgezogen wurde, der mit dem Bankdirektor verwandt war, gab er seine Stellung auf und warf sich ganz auf die Fotografie. 1880 mietete er in Rochester, wo seine Familie nun wohnte, den dritten Stock eines Hauses und begann mit der Herstellung von Trockenplatten. Bald erfand er eine Maschine für die Emulsionsbeschichtung von Glas. Mit den ersten Platten erlebte er einen Hereinfall – während der Lagerzeit beim Händler verdarben viele von ihnen. Er ging für ein paar Wochen in eine Trockenplattenfabrik und sah sich genau um. Dann wußte er, was er falsch gemacht hatte.
Mit den schweren Glasplatten war Eastman auf die Dauer unzufrieden. Er suchte nach anderen Schichtträgern und kam zunächst auf den Papierfilm. 1885 stellte die Zeitschrift „Scientific American" das Verfahren in einem zweiseitigen Bericht vor. Darin wurde zwar die Papiertechnik als äußerst feinkörnig beschrieben und der Erfindung eine große Zukunft prophezeit. Aber Eastman war doch noch nicht zufrieden damit. Die Papierstruktur störte auch bei der Verwendung von Papiersorten mit feiner und glatter Oberfläche. Also beschichtete er das Papier mit einer Gelatineschicht, die nach der Entwicklung abgezogen werden konnte. Aber von dieser Technik, dem Stripping Film, wollten die Fachleute nichts wissen. Denn sie mußten den Stripping Film nach dem Abziehen auf eine Glasplatte oder auf Karton übertragen. Dann konnten sie auch gleich bei der Trockenplatte bleiben.
Nun entwickelte Eastman zwei Ideen, die alle Schwierigkeiten überspielen sollten. Erstens konstruierte er eine preiswerte neue Kamera, und zweitens organisierte er einen speziellen Film-Entwicklungs- und Kopierdienst beim Kamera- und Filmhersteller.
Die neue Kamera nannte er Kodak Nr. 1, sie kam 1888 auf den Markt. Der Name ist Eastmans freie Erfindung – er suchte schlicht nach einem in allen Sprachen verständlichen Begriff von hinreichender Einprägsamkeit. „Kurz und bündig, schroff und hart bis an die Grenze der Grobheit, eingekeilt zwischen zwei steinharten Konsonanten an beiden Enden, schlägt ‚Kodak' einem wie ein Schlitzverschluß ins Gesicht – mehr kann man nicht verlangen" – so die Intentionen Eastmans bei der Festlegung des Markenzeichens, das lange als Synonym für Kamera Geltung hatte.
Es handelte sich bei der Kodak Nr. 1 um eine kleine Boxkamera mit schlichtem Objektiv, das runde Bilder erzeugte. Das Gerät enthielt beim Kauf einen Papierfilm mit Stripping-Auflage für 100 Fotos. Den belichteten Film samt Kamera hatten die Käufer an Eastman einzuschicken. Sie bekamen die Abzüge fertig aufgezogen wieder, dazu die frisch geladene Kamera. Weil die Kamera nebst Film beim Erstkauf nur 25 Dollar kostete und jede neue Ladung (einschließlich der aufgezogenen Kopien des alten Films) 10 Dollar, fand diese erste Amateurkamera schnell weiteste Verbreitung.

1 – Am 13. April 1880 wurde George Eastman das US-Patent für eine Vorrichtung erteilt, mit der auf rationelle Art größere Stückzahlen von Trockenplatten mit der lichtempfindlichen Emulsion beschichtet werden konnten. Eastman selbst betrachtete dieses Datum als eigentlichen Anfang seines Unternehmens, der Eastman Kodak Company.
2 – Eastmans zweite Erfindung, den Papierrollfilm und die Rollfilmkassette, stellte die Zeitschrift „Scientific American" am 17. Oktober 1885 vor. In Figur 10 sieht man, wie der Film nach dem Entwickeln durch aufgebügeltes Fett transparent gemacht wird.

Der transparente Rollfilm kommt auf

Der Stripping Film auf Papier war zwar eine brauchbare, aber längst noch keine ideale Lösung. 1860 hatte sich der amerikanische Erfinder John Wesley Hyatt (1837–1920), ein gelernter Drucker, der sich eine Werkstatt zur Herstellung von Dominosteinen und Schachfiguren eingerichtet hatte, an einem Wettbewerb beteiligt, den eine amerikanische Firma ausgeschrieben hatte. Diese Firma suchte ein Material, aus dem man Billardkugeln herstellen konnte – das bisher verwendete Elfenbein war zu teuer und wurde immer rarer. Hyatt lockte der ausgesetzte Preis von 10000 Dollar. Er kannte das Kollodium, das zum Beschichten von Fotoplatten verwendet worden war. Wenn man die Grundmasse etwas abwandelte, etwa durch das Hinzufügen von Kampfer, ergab sich ein verformbares Material, das fest und biegsam zugleich austrocknete. Hyatt nannte es Celluloid und ließ es sich 1869 patentieren. Bald wurden daraus nicht nur Billardkugeln hergestellt, sondern auch viele Gebrauchsgegenstände und Kinderspielzeug.
Mit diesem Celluloid experimentierte in Eastmans Auftrag der Chemiker Henry N. Reichenbach. 1888 konnte er einen durchsichtigen Film daraus herstellen. Aber im Zusammenhang mit der Patentanmeldung stellte sich heraus, daß der Reverend Hannibal Goodwin (1822–1900) ebenfalls auf ein Rollfilmpatent wartete, das er schon 1887, also ein Jahr früher, angemel-

1
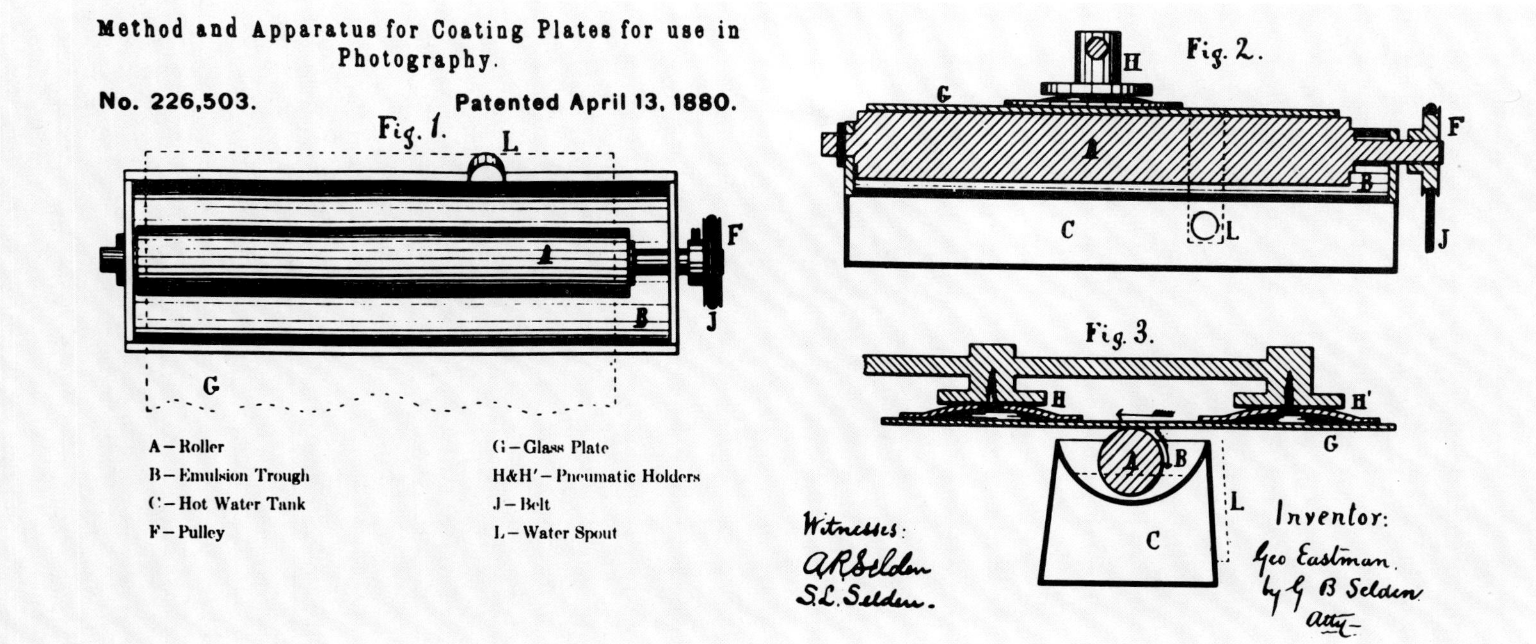

2
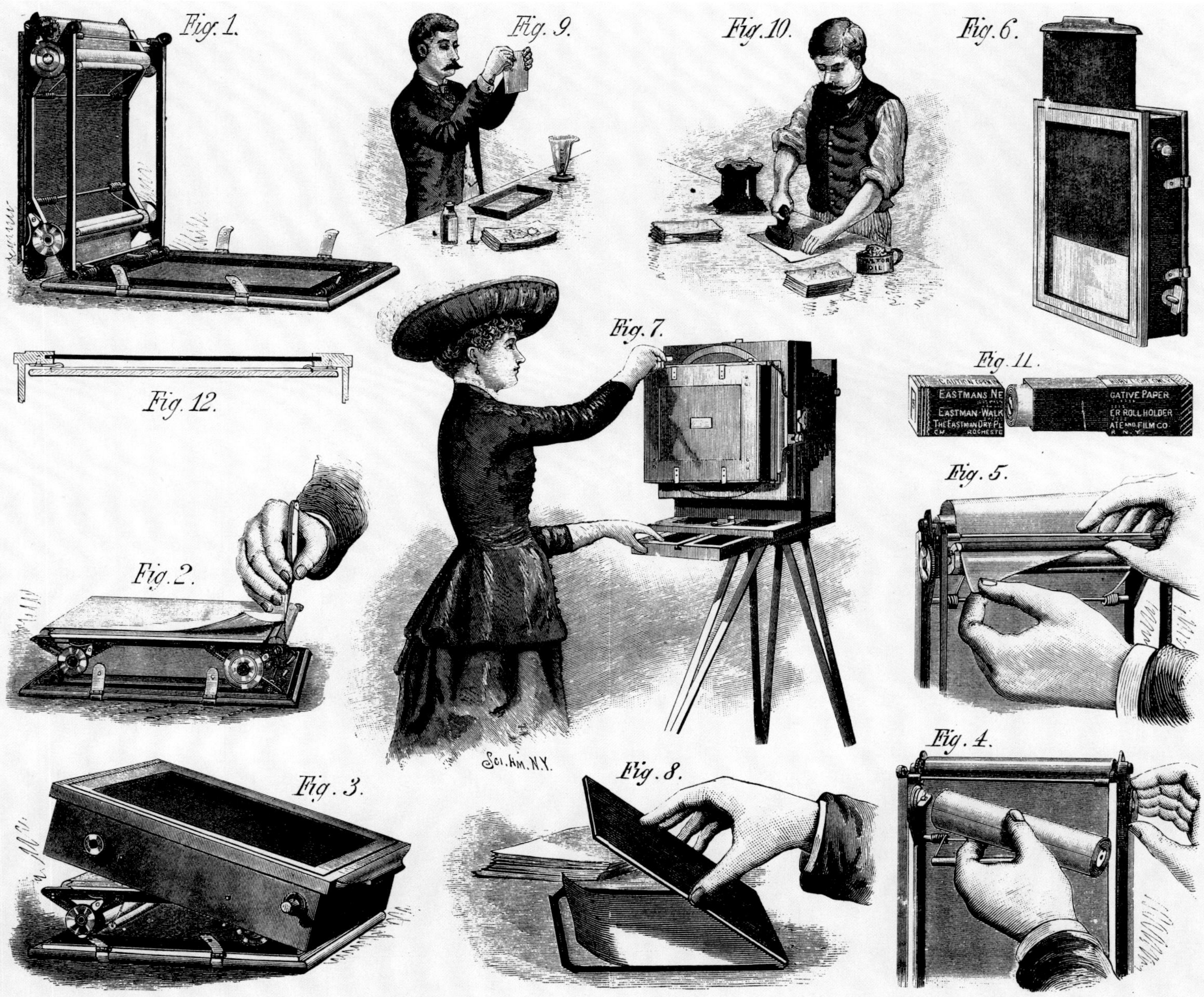

Fig. 1.—Roll Holder Thrown Back. Fig. 2.—Cutting off the Film. Fig. 3.—The Case Partly Raised. Fig. 4.—Putting in the Spool. Fig. 5.—Inserting the Free End. Fig. 6.—The Case—Slide partly drawn. Fig. 7.—Operating the Holder. Fig. 8.—Single Film Carrier. Fig. 9.—Developing. Fig. 10.—Making Films Transparent. Fig. 11.—The Package. Fig. 12.—Cross Section of Slide Aperture.

NEW PHOTOGRAPHIC APPARATUS FOR MAKING NEGATIVES ON PAPER.

1

det hatte. J. Eder in seiner „Geschichte der Photographie“ aus dem Jahre 1932: „Volle elf Jahre blieben die Patentstreitigkeiten Eastmans gegen Goodwin unentschieden beim amerikanischen Patentamt, da während dieser Zeit seitens der Eastman Kodak Company jede nur erdenkliche Methode angewandt wurde, die Erteilung des Patents an Goodwin zu verhindern. Schließlich wurde es aber Goodwin am 13. September 1898 (US-Patent 610861) als zu Recht bestehend zuerkannt.“
Eastman mußte eine Entschädigung in Millionenhöhe zahlen. Inzwischen war Goodwin längst gestorben. Seine Witwe und seine Kinder erhielten das Geld. Erst 1914 entschied das Gericht abschließend über den Rollfilmstreit, den der amerikanische Fotohistoriker Robert Taft 1936 „den wichtigsten Rechtsstreit in der ganzen Geschichte der Fotografie“ nannte.

Trotz dieser endlosen Auseinandersetzungen brachte Eastman 1889 den ersten Transparent-Film in Rollen auf den Markt. Er verhalf der Eastman Company zum Durchbruch, vor allem, nachdem S.N. Turner zwei Jahre später den bei Tageslicht einzulegenden Rollfilm erfunden hatte, ein Patent, das Eastman dem Erfinder für 40000 Dollar abkaufte.
Mit dem neuen Filmmaterial beschäftigte sich auch Thomas Alva Edison, den um diese Zeit ein Aufzeichnungsverfahren für bewegte Bilder besonders interessierte. Edisons Mitarbeiter William Kennedy Laurie Dickson schnitt den 60 Meter langen und 70 Millimeter breiten Film in zwei Streifen und klebte die Enden zusammen, so daß ein 35 Millimeter breiter Film entstand. Des besseren Transports in der Filmkamera wegen ließ Dickson den Film auch noch beiderseits perforieren.

In der Kinematografie wurde das 35-Millimeter-Format später zum Normalformat, das noch heute gilt. Der von Dickson umgestaltete Eastmanfilm kam ebenso aber auch in der Kleinbildfotografie zu Ehren, die sich durchsetzte, nachdem Oskar Barnack 1923 die Leica entwickelt hatte.

Das größte Foto-Imperium der Welt

In Deutschland wurde die erste Trockenplattenfabrik 1879 in Berlin errichtet. 1893 begann die Actien-Gesellschaft für Anilin-Fabrikation mit der Produktion von Trokkenplatten. 1896 kamen Planfilme dazu, 1900 Rollfilme für Tageslichtwechslung. Der etwas umständliche Name wurde erst populär, nachdem die Firma ihn als A.G.F.A und später als Agfa abkürzte.

2

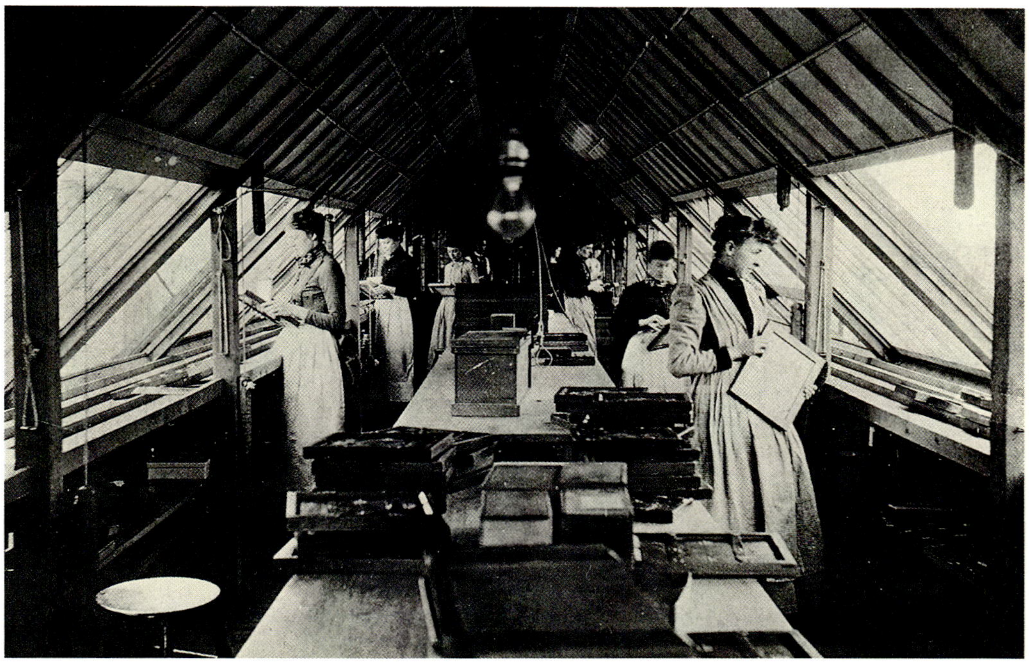

4

3

5

In den USA brachte Eastman 1903 den Non-Curl-Film heraus, der sich beim Trocknen nicht mehr einrollte, weil auch die Rückseite dünn mit Gelatine beschichtet war. 1928 kam der panchromatische Rollfilm von Ilford auf den Markt, 1930 der voll orthochromatische Film von Hauff Ultra – bis dahin hatten nur die Platten panchromatische Eigenschaften gehabt. Ebenfalls 1930 wurde erstmals der Isochrom-Film von Agfa verkauft: orthochromatisch und doppelt so empfindlich wie herkömmliche Filme. Seit 1931 gibt es den Kodak-Verichrome-Film mit zweifacher Beschichtung zur Erweiterung des Belichtungsspielraums. Aus dem Jahr 1933 stammt der feinkörnige Kodak-Panatomic-Film.

In den Jahren nach dem Zweiten Weltkrieg setzte sich die Entwicklung immer höher empfindlicher und feinkörnigerer Schwarzweißfilme fort. Inzwischen war der feuergefährliche Celluloidfilm durch den Celluloseacetat-Sicherheitsfilm ersetzt worden – in Deutschland in den vierziger Jahren. Die Platte verschwand völlig, ebenso der Filmpack, der die Vorteile von Platte und Planfilm, nämlich großes Format bis 10 × 15 Zentimeter, mit denen von Roll- und Kleinbildfilm verbinden sollte: Man legte den Vorrat für zwölf Aufnahmen bei Tageslicht in die Kamera ein.

Als George Eastman 1932 starb – der seit Jahren schwer Zuckerkranke wurde erschossen in seinem Bett aufgefunden –, war Eastman Kodak auf dem Weg zur ersten Umsatzmilliarde und hatte sich zum größten Foto-Imperium entwickelt. Eastman selbst hatte sich immer im Hintergrund gehalten, er war selbst in Rochester ein Mann, den auf der Straße kaum je-

Eastman vereinfachte das Fotografieren radikal und nahm dem Fotoliebhaber auch die Sorgen um die Entwicklung.
1 – Der Käufer erhielt für 25 Dollar eine fertig mit Film geladene Boxkamera.
2 – Auf diesen Film konnte der Fotoamateur 100 kreisrunde Bilder mit 64 Millimeter Durchmesser belichten.
3 – „Sie drücken den Knopf, wir machen den Rest." Nach diesem Grundsatz schickte der Kunde die ganze Kamera mitsamt dem belichteten Film an Eastman nach Rochester ein.
4 – Im Großlabor wurde der Film entwikkelt und die hundert Negative auf Papier kopiert.
5 – Die mit neuem Film geladene Kamera und die Papierabzüge gingen wohlverpackt an den Kunden zurück, der dafür 10 Dollar zu zahlen hatte. Hiermit begann die Popularisierung der Fotografie.

Mimosa A.G.
DRESDEN
Röntgen-Papier
Einzelpackung
Hauff-Platten
Orthochromatisch
Extra-Rapid
Nur bei rotem Licht öffnen! Trocken aufzubewahren!
N'ouvrir qu'à la lumière rouge! Open only in ruby light!
12 Stück 13:18 cm
J. Hauff & Co., G. m. b. H., Feuerbach, Württbg.
Farbenfabriken vorm. Friedr. Bayer & Co
Bromid-Bayer
100 Postkarten.
Agfa
ISOCHROM
PLATTEN
Agfa
Isopan
Super Special
Film
Kodak
Panatomic-X Film
Kodak
ULTRAPAN
ULTRAPAN
Voigtländer
FILM
BESSAPAN
VOIGTLÄNDER-GEVAERT G.m.b.H.
BERLIN
Voigtländer
17 DIN
FEINKORN
BESSAPAN
J. Siebert, OPTIK PHOTO
MARBURG-LAHN
Agfa
CHROMO
ISOLAR
PLATTEN
ULTRA-ORTHO
LICHTHOFFREI-NON HALATION-ANTI HALO
12 PLATTEN
CHROMO-ISOLAR
9×12
H 2335
I.G. FARBENINDUSTRIE
AKTIENGESELLSCHAFT
ULTRA ORTHO
Agfa-
Andresa
Platten
AGFA BERLIN SO 36
NO ABRIR SINO A LA LUZ ROJA!
DIAPOSITIV-PLATTE
Chlorbromsilber
OTTO PERUTZ
TROCKENPLATTENFABRIK G.m.b.H.
MÜNCHEN
Diapositiv-Platte
Diapositive-Plate
Plaque diapositive
Place Diapositiva
Perutz
Photo-Böhler
Marburg-Lahn
Schnellste Ausführung
sämtlicher Photoarbeiten
Lesen Sie die reichillustrierten
Perutz-Mitteilungen!
Sie lernen viel daraus!
Nicht rollend
10×15 cm.
BAYER FILM-PACK
12 Aufnahmen
Bei Tageslicht zu laden.
Farbenfabriken vorm. FRIEDR. BAYER & Co.
Photographische Abteilung
Leverkusen b. Köln a. Rh.
Bayer Film
Platten für Blech-Cassetten!
"Agfa"
Chromo-Isor
Plat
12 St. 10/15 cm
Hauff
PANCOLA
SUPER
30° Scheiner
Hauff
30° Scheiner
PANCOLA
SUPER

mand erkannte, und es sind von ihm nur wenige Porträtfotos überliefert. Von persönlicher Publicity hielt er nie etwas – dafür um so mehr von der Werbung für seine Fabrikate, denen es gelang, die Fotografie zu einer Massenbewegung zu machen.
Zu dieser Entwicklung trugen nicht zuletzt die Pocket-Kameras (etwa die Instamatic von Kodak) mit ihrem Kassettensystem bei, ebenso aber auch die Sofortbildfotografie, deren Kameras innerhalb von wenigen Sekunden das fertige Bild ausstoßen. Auf beide Entwicklungen kommen wir weiter unten noch zurück.

Die Entwicklungslinie der Kamera

Aus den mehrere Kilogramm schweren, unförmigen Kamerakästen der fotografischen Frühzeit wurden im Verlauf der rund 150jährigen Geschichte der Fotografie immer kleinere, leichtere und komfortablere Kameras, die dem alten Kodak-Slogan („Sie drücken nur auf den Knopf, das übrige besorgen wir") nachträglich zu einem Wirklichkeitsgrad verhalfen, von dem sich George Eastman noch nichts hatte träumen lassen. Ist die Kamera-Evolution mit der vollautomatischen und mikroprozessorgesteuerten Superkamera an ihren Grenzen angelangt? Sicherlich nicht. Aber der nächste Entwicklungsschritt wird uns möglicherweise die Abkehr vom fotochemischen Prinzip bringen. Denn die fotoelektrischen Verfahren, wie sie heute für den Bereich der Fotokopie selbstverständlich sind, eignen sich grundsätzlich auch für das Festhalten von Bildern mit der Kamera. Die Frage ist nur, wie die Kameras für das Fotografieren ohne Film eines Tages konstruiert sein werden.

Ein kleiner Ausschnitt aus dem vielfarbigen Mosaik von Platten-, Film- und Papierfabrikaten, unter denen der Fotograf zu wählen hatte. Viele Jahrzehnte lang stritten Platte und Film um die Gunst von Fachleuten und Amateuren, bis die Platte nach dem Zweiten Weltkrieg ganz vom Markt verschwand. Der Fachfotograf bedient sich heute für besondere Aufgaben des großformatigen Planfilms, der Amateur bevorzugt weitgehend den 35-mm-Kleinbildfilm und die verschiedenen Kassettenfilme. Eine Zwischenstellung zwischen dem Planfilm, der wie die Platte nur im Dunkeln in Einzel- oder Doppelkassetten eingelegt werden kann, und dem bei Tageslicht zu ladenden Roll- und Kleinbildfilm bildete in den zwanziger und dreißiger Jahren der Filmpack, den man gleichfalls bei Tageslicht einlegen konnte.

1

2

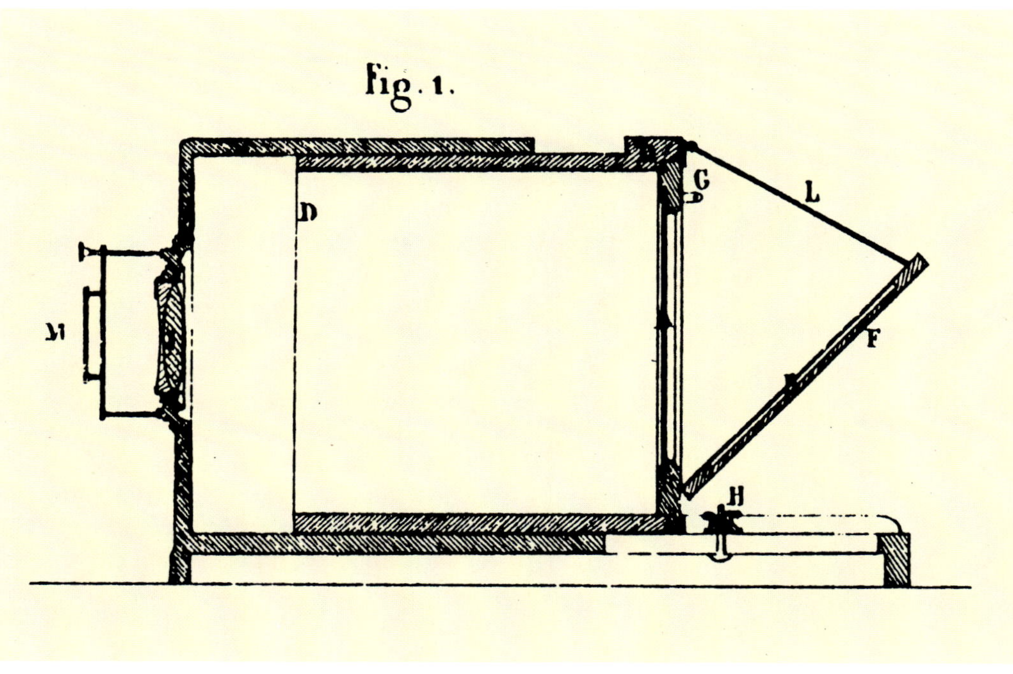

3

1 – Der Schöpfer der ersten, wenn auch noch unvollkommenen Fotografie, Joseph Nicéphore Niepce, rüstete die Camera obscura mit einem einfachen Objektiv und sogar mit einer Irisblende aus. Die Konstruktion als Schiebekastenkamera (links) erlaubte auch das Scharfstellen des Bildes. Die beiden ineinanderzuschiebenden Kästen hatten jeder eine Tiefe von 18,5 Zentimetern. Der vordere Kasten war 30,5 Zentimeter hoch und 31,5 Zentimeter breit.

2 – „Mouse traps" (Mausefallen) nannte Mrs. Talbot die primitiv zusammengezimmerten Holzkästen, mit deren Hilfe ihr erfindungsreicher Gatte allerdings keine Mäuse, sondern die Natur einfing und auf Papier bannte. Die Kameras sind etwa 7,5 Zentimeter hoch.

3 – Bei Daguerres Schiebekastenkamera wurde das kopfstehende Mattscheibenbild durch einen Spiegel umgekehrt. Doch anders als bei den heutigen Spiegelreflexkameras befand sich der Spiegel hinter der Mattscheibe. Die zur Aufnahme gegen die Mattscheibe ausgetauschten versilberten Kupferplatten waren meist 16,5 × 22 Zentimeter groß.

4 – Die im Auftrag von Daguerre von seinem Verwandten Alphonse Giroux hergestellten Apparate tragen den „Garantieschein" mit Unterschrift des Herstellers als Messingplakette auf einer der Seitenwände. Diese Kamera aus dem Jahr 1839 befindet sich im Deutschen Museum, das auch eine der größten Sammlungen von Daguerreotypien in Deutschland besitzt.

Die Fotokästen der ersten Fotografen

Es war schon die Rede davon, daß sich die Kamera aus jener Camera obscura entwickelt hat, die bereits Archimedes kannte und die Thomas Wedgwood als erster, wenn auch erfolglos, um 1800 zum Festhalten eines Lichtbildes verwendete.

Die frühen Erfinder, so vor allem Nicéphore Niepce, William Henry Fox Talbot und Louis Jacques Mandé Daguerre, merkten bald, daß der „Kasten mit Loch" keine besonders hohen Ansprüche erfüllte. Das Loch mußte so klein wie möglich sein, sonst wurden die Bilder unscharf. Kleine Löcher ließen aber nur wenig Licht durch – oft zuwenig, um auf dem nicht sehr empfindlichen Material überhaupt eine Reaktion hervorzurufen.

Niepce verbesserte die Camera obscura durch eine einfache Linse. Er führte au-

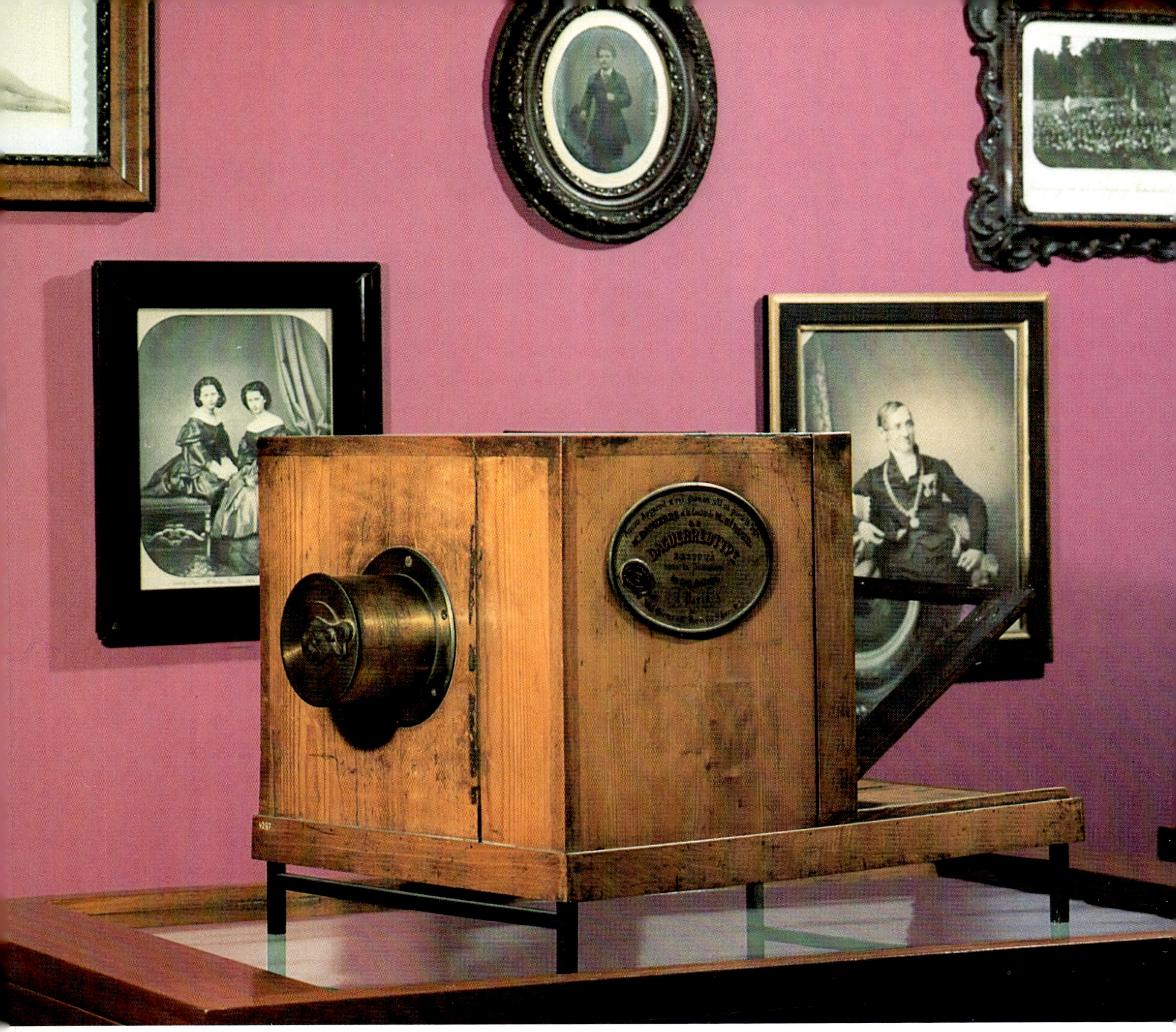

ßerdem die Irisblende ein und baute hölzerne Kameras aus zwei ineinander verschiebbaren Kästen. Man hat lange angenommen, daß ihm auch die Erfindung der ersten Kamera mit harmonikaartigen Balgen zuzuschreiben sei. Aber französische Forscher wiesen inzwischen nach, daß die im Niepce-Museum von Chalon-sur-Saône vorgeführte Balgenapparatur nicht zu einer Kamera gehört haben kann, sondern ein Teil der von den Brüdern Niepce konstruierten Verbrennungsmaschine namens Pyréolophore gewesen sein muß.

Talbot ersetzte die schlichte Niepce-Linse schon durch Optiken, die er den Okularen von Mikroskopen und Fernrohren entnahm. Seine ersten Kamerakästen waren ziemlich roh zusammengezimmert. Seine Frau nannte sie „Mausefallen", und so ähnlich müssen sie auch ausgesehen haben. Später ließ er seine Kameras von Fachleuten bauen, noch später kaufte er sie von englischen und französischen Herstellern optischer Geräte. Daguerre ließ die ersten Kameras für den Verkauf bauen. Es waren, wie von Niepce erfunden, Schiebekastenkameras mit Mattscheibe und Plattenhalter. Die Optik bestand aus einem Achromat mit einer Lichtstärke von etwa 1:14.

1839 konstruierte Carl August von Steinheil (1801–1870), Professor der Mathematik und Physik an der Universität München, eine tubusförmige Kamera aus verschiebbaren Pappröhren. Nachrichten über die Erfolge Daguerres und Talbots hatten ihn dazu angeregt. Über das fotochemische Verfahren waren freilich noch keine Einzelheiten bekannt. Steinheils Kollege Franz von Kobell (1803–1882), Professor der Mineralogie, experimentierte so lange, bis er Steinheil ein lichtempfindliches Chlorsilberpapier liefern konnte. Damit fotografierten die beiden Gelehrten Münchner Baulichkeiten – einige der Aufnahmen blieben erhalten, die ersten Fotos in Deutschland. Es handelte sich um Negative, die nicht umkopiert werden konnten. Steinheil nahm sie mit seiner Kamera nochmals auf, wenn er ein Positiv haben wollte. Die runden Fotos hatten einen Durchmesser von vier Zentimetern.

Im gleichen Jahr baute Steinheil auch schon eine Metallkamera für ein Bildformat von 8 × 11 Millimetern. Sie war ebenfalls tubusförmig, hatte also Ähnlichkeit mit einem Fernrohr, und wurde zur Aufnahme von Daguerreotypien verwendet. Von diesem Kameratyp wurden mindestens 10 Exemplare hergestellt – die erste serienmäßig in Deutschland produzierte Kleinstbildkamera.

1 – Auf die ersten Nachrichten über die sensationellen Erfindungen Daguerres und Talbots hin konstruierte der Münchner Naturwissenschaftler Carl August von Steinheil eine Kamera aus einem Papprohr. Sein Kollege Franz von Kobell steuerte ein lichtempfindliches, fixierbares Chlorsilberpapier bei, so daß die beiden Professoren sich an Versuchsaufnahmen machen konnten. Eine dieser ersten – wahrscheinlich drei – deutschen Kameras der gleichen Konstruktion, aber verschiedener Größe, befindet sich heute im Deutschen Museum. Ihr Papptubus ist 35,5 Zentimeter lang mit einem Durchmesser von 12 Zentimetern. Das Objektiv hat eine Brennweite von 385 mm und eine Lichtstärke von 1:3,56.
2 – Am 13. April 1839 berichteten Steinheil und Kobell vor der mathematisch-physikalischen Klasse der Bayerischen Akademie der Wissenschaften über einen von Talbot eingesandten Aufsatz und über ihre eigenen Versuche. Ihre dabei vorgelegten Aufnahmen zeigen die Glyptothek (Abbildung), die Türme der Frauenkirche und andere Münchner Gebäude.
3–4 – Nachdem Steinheil schon 1839 mindestens zehn Exemplare einer Metalltubuskamera für Daguerreotypien gebaut hatte, begann 1841 der aus Wien stammende Optiker Peter Wilhelm Friedrich Voigtländer mit der Produktion einer von ihm konstruierten Metallkamera für runde Daguerreotypien von 92 Millimeter Durchmesser. Das von Josef Petzval errechnete vierlinsige Objektiv, ein Doppelachromat, hatte bei einer Brennweite von 15 Zentimetern eine Lichtstärke von 1:3,7. Bis 1842 konnten 600 vollständige Kamera- und Laborausrüstungen zum Preis von je 120 Gulden verkauft werden.

1

Ab 1839 baute der Optiker Peter Wilhelm Friedrich Voigtländer (1812–1878), Enkel des Gründers der optischen Fabrik Voigtländer & Sohn in Wien, ebenfalls eine Metallkamera, für die Josef Petzval (1807 bis 1891) ein vierlinsiges Objektiv errechnete. Es war etwa sechzehnmal so lichtstark wie Daguerres Kameraoptiken.
Trotz unbestreitbarer Vorzüge – sie waren bedeutend kleiner und handlicher, dazu lichtstärker – gerieten die Steinheil- und die Voigtländer-Kamera ins Hintertreffen. Das bevorzugte Arbeitsgerät der ersten Fotografen war und blieb die Schiebekastenkamera, bei der man die Einstellung durch Verschieben von zwei ineinander gesteckten Kamerateilen vornehmen konnte. Im allgemeinen waren Kameras dieser Art aus Mahagoni hergestellt. Sie waren unempfindlich, aber schwer. Daran änderte auch die Einführung von zusammenfaltbaren Modellen nicht viel. Überdies war die Auszugsweite der Schiebekästen begrenzt.
Die erste mit Balgen ausgerüstete Daguerreotypie-Kamera stellte Baron Armand Pierre de Séguier 1839 in Paris vor, im selben Jahr also, in dem die Erfindungen Daguerres und Talbots bekanntgegeben wurden. Aber erst 12 Jahre später gab es Stativ-Balgenkameras für den allgemeinen Gebrauch. 1851 wurde J. J. Lewis in New York das Patent darauf erteilt. Sein Modell war für unterschiedliche Formate geeignet. In den folgenden Jahren wurden mit großer Regelmäßigkeit immer neue Balgenkameras vorgestellt, teils aus Holz, teils aus Metall, oft auch aus metallbeschlagenem Holz. Die meisten Konstrukteure bevorzugten Baumuster, bei denen die Platte mit dem Objektiv an der Grundplatte befestigt war, wogegen das Rückteil in Richtung auf das Objektiv verschoben werden konnte. Die Balgen verbanden beide Teile miteinander. Die Kameras ließen sich zusammenklappen und waren im Gegensatz zu den Schiebekastenkameras ein großer Fortschritt. Sie blieben auch nach Einführung der Glasplatten aktuell.

Plattenkameras für viele Zwecke

Mit der Einführung der Gelatine-Trockenplatten in den achtziger Jahren des 19. Jahrhunderts begann die Epoche der kürzeren Belichtungszeiten. Folglich wurden leichtere Plattenkameras verlangt, mit denen man auch aus der Hand fotografieren konnte. Das Zeitalter der Handkameras brach an.
Die erste kastenförmige Kamera, auch

2

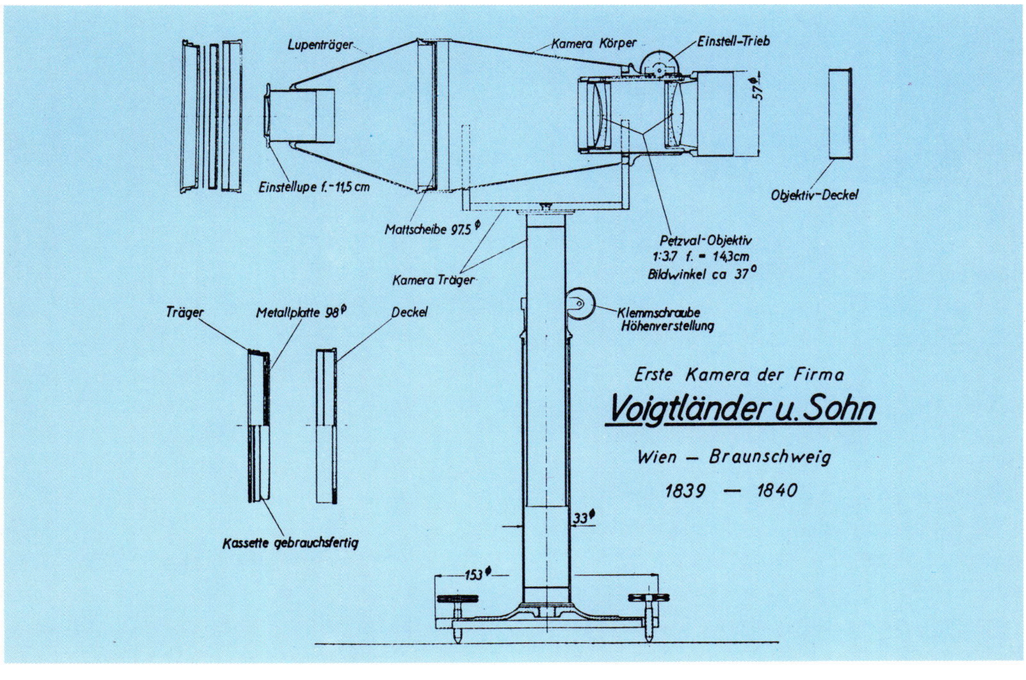
Lupenträger
Kamera Körper
Einstell-Trieb
57 ϕ
Einstellupe f.-11,5 cm
Objektiv-Deckel
Mattscheibe 97,5 ϕ
Petzval-Objektiv
1:3.7 f. = 14,3cm
Bildwinkel ca 37°
Kamera Träger
Träger
Metallplatte 98 ϕ
Deckel
Klemmschraube
Höhenverstellung
Erste Kamera der Firma
Voigtländer u. Sohn
Wien – Braunschweig
1839 — 1840
33 ϕ
Kassette gebrauchsfertig
153 ϕ

4

1

2

3

4

1 – Gegen Ende des 19. Jahrhunderts wurden immer handlichere Kamerakonstruktionen verlangt. Diese Magazinkamera Monopol für das Plattenformat 9×12 cm von Hüttig & Sohn, Dresden, ist auf einem Hochrad montiert, das der „rasende Reporter" jedoch nur als Stativ verwenden konnte. Eine Aufnahme während der Fahrt hätte er verrissen.

2 – 1891 erhielt Dr. Krügener ein Patent auf eine Plattenwechselvorrichtung, mit der er um 1900 seine Magazinkamera Delta ausstattete.

3–4 – Um dem Bedürfnis nach preiswerten Medaillonfotos nachzukommen, wurden Multiplikatorkameras gebaut. Dieses Modell von W. Butcher & Sons, London, um 1890 belichtete mit seinen 15 Objektiven 19×22 mm große Fotos auf eine 9×12-Platte. Die Fotos des Manns mit Mütze stammen aus einer ähnlichen Kamera.

Detektivkamera genannt, wurde 1881 von Thomas Bolas konstruiert und in England zum Patent angemeldet. Wie eine zweiäugige Spiegelreflexkamera besaß sie eine Sucherlinse, deren Einstellung mit derjenigen des Aufnahmeobjektivs gekoppelt war. Ein Reflexsucher dieser Art gehörte bald zur Standardausrüstung der Handkamera. Manche Detektivkameras waren als Aktenkoffer oder Reisenecessaire getarnt, damit man mit ihnen unauffällig fotografieren konnte – soweit das bei Apparaten mit etwa handtellergroßen Platten überhaupt möglich war.
Andere Handkameras, die ab 1890 aktuell wurden, arbeiteten mit Balgen, Klapp- und Spreizmechanismen. Zwei der berühmtesten Kameras dieser Art, die vor allem von Presse- und Berufsfotografen verwendet und bis heute in unzähligen Modellen gebaut wurden, waren die Linhof und die Speed Graphic. Das erste Modell der in Deutschland entwickelten Linhof kam 1903 auf den Markt. Am erfolgreichsten war die 1934 erstmals vorgestellte Linhof Technika. An ihrer Stelle steht heute die Linhof Master Technika als vielseitigste Großbildkamera auf dem Weltmarkt. Die Speed Graphic wurde 1912 in den USA konstruiert von der Folmer and Schwing Division von Eastman Kodak. Beide Kameras wurden auch nach dem Zweiten Weltkrieg noch mit Plattenausrüstung gebaut, zu einer Zeit also, zu der sich alle anderen Hersteller von Platten-Handkameras längst auf Rollfilm- und Kleinbildkameras umgestellt hatten.
Alle Plattenkameras hatten den Nachteil, daß jeweils nur eine Platte eingeschoben und belichtet werden konnte. Der aufwendige Plattenwechsel war lästig. So wurde schon in der Frühzeit der Fotogeschichte an zwei Verfahren gearbeitet, die Plattenwechselei zumindest zum Teil zu umgehen. Einerseits gab es dabei die Möglichkeit, Kameras mit Mehrplattenmagazinen zu bauen. Andererseits wurden Verfahren erprobt, auf einer Platte mehrere Aufnahmen unterzubringen.
Eine Magazinkamera ließ sich Thomas E. Merrit schon 1854 patentieren. Er wollte über den Kamerakasten einen zweiten, als Plattenmagazin gedachten Kasten setzen. Mit Hilfe eines Schiebers sollten die Platten in Aufnahmestellung in den Kamerakasten gelangen. Diese Methode scheint aber nicht funktioniert zu haben. John Benjamin Dancers Stereokamera von 1856 war mit einem gesonderten Magazin ausgerüstet, aus dem man die Platten mit Hilfe einer Stange in Aufnahmeposition ziehen konnte.
Andere Mehrplattenkameras arbeiteten

1

2

1 – Die 1934 von der Münchner Firma Linhof herausgebrachte Plattenkamera Technika verband die Vorzüge der zusammenklappbaren Handkamera mit denen der Fachkamera: Möglichkeiten der perspektivischen Entzerrung durch Höhen- oder Seitenverschiebung der Objektivstandarte sowie der Schärfentiefendehnung durch Schwenkung der Standarte und des Rückteils nach dem Prinzip von Theodor Scheimpflug (1865–1911). Die heutigen Modelle Super Technika und Master Technika sind natürlich für Planfilm ausgerüstet und bieten auch Rollfilmkassetten für verschiedene Formate.

2 – Eine Vorrichtung, mit der man Rollfilm an allen gängigen Plattenkameras verwenden konnte, den „roll-holder", brachte George Eastman zusammen mit William H. Walker bereits 1884/85 heraus.

3 – Die erste spezielle Rollfilmkamera der Welt, und mit ihrer Kastenform Urahn aller Boxkameras, war 1888 die Kodak Nr. 1. Der Mattscheibensucher dieses Exemplars ist nachträglich eingebaut.

4 – Für seinen mit schwarzem Papier hinterlegten und dadurch vor Lichteinfall geschützten Rollfilm konstruierte Samuel N. Turner 1892 eine Boxkamera, die Bull's Eye. Eastman erwarb 1894 die Lizenz für dieses Rollfilmsystem und ein Jahr später auch für die Kamera.

5 – Vor allem jugendliche Käufer gewann Eastman ab 1900 mit der Brownie für einen Dollar.

6 – Agfa startete 1932 eine große Werbeaktion für ihre neue Boxkamera, die Agfa-„Preisbox".

7 – An die Stelle des Rollfilms setzte Eastman Kodak 1963 die Kodapak-Kassette für die Instamatic-Kameras mit dem Format 28 × 28 Millimeter.

mit Klapp- und Stapelmechanismen oder mit Wechselsackeinrichtungen. Besonders erfolgreich war das 1887 für E. V. Swinden und J. Earp in England patentierte Fallklappenprinzip, bei dem jeweils die vorderste Platte aus einem vor der Kamerarückwand stehenden Stapel belichtet wurde und dann wie eine Falltür auf den Kameraboden klappte.

Das Ziel, auf einer Platte mehrere Aufnahmen unterzubringen, verwirklichten die Multiplikatorkameras. Es gab Modelle mit verschiebbaren Objektiven, wie den Policonographen von 1861, der auf einer Platte 15 Aufnahmen machte, und andere, bei denen das Objektiv an seinem Platz blieb, dafür aber die Platte mit Hilfe einer zur betreffenden Kamera gehörenden Zusatzeinrichtung verschoben werden konnte. Aber auch mit mehreren Objektiven an einer Kamera war das Problem zu lösen. So stellte der Amerikaner Albert S. Southworth 1855 eine Großformat-Multiplikatorkamera vor, auf deren 30,5 × 38,1 Zentimeter großen Platte er mit Hilfe von vier Objektiven 616 Miniaufnahmen im Format von 1,3 × 1,3 Zentimeter unterbringen konnte. In der Stunde wollte er es auf insgesamt 50000 Aufnahmen bringen. Es ist nicht bekannt, ob ihn jemand beim Wort genommen hat.

Multiplikatorkameras mit mehreren Objektiven, die acht oder mehr Fotos des gleichen Objekts auf einmal auf eine Platte bannten, waren in den achtziger Jahren und noch bis tief ins 20. Jahrhundert hinein beliebt. Die Kleinformatbilder, auch Visitenkartenbilder genannt, eigneten sich gut zum Verschenken und kosteten weniger als großformatige Porträts. Ihre letzte Erscheinungsform war das Briefmarkenbild. Dabei wurden die Ränder der Einzelbilder bei der Aufnahme mit Masken abgedeckt, die Briefmarkenrand und -perforation simulierten.

Die Rollfilmkamera tritt auf

Der Gedanke, lichtempfindliche Papierstreifen aufzurollen und eine Kamera damit zu beschicken, geht auf das Jahr 1854 zurück. Aber erst 1875 gab es einen Papierrollenhalter für Kameras, der auch in nennenswertem Umfang verkauft wurde. Der in England lebende Russe Leon Warnerke war sein Erfinder. Er arbeitete mit Papier, das mit lichtempfindlichem Stripping Film belegt war. Jede Rolle reichte für 100 Aufnahmen. Warnerke ersann auch ein elektrisches Signalsystem, das über eine Perforation am Papierrand gesteuert wurde. Wenn genügend Film für

3

4

5

6

7

die nächste Aufnahme weitergedreht war, klingelte es. Dieses Verfahren wurde allerdings bald wieder fallengelassen. Es war zu aufwendig.
Den ersten Rollenhalter, der sich bei den Fotografen durchsetzte, konstruierte George Eastman 1884 gemeinsam mit William Walker, einem Kamerahersteller in Rochester, der für Eastman arbeitete. Trotz gewisser Ähnlichkeiten mit schon vorhandenen Vorrichtungen dieser Art gab es keine patentrechtlichen Schwierigkeiten, weil sich der Eastman-Walker-Rollenhalter „in wesentlichen Gesichtspunkten" von den herkömmlichen Haltern unterschied.
Eastmans erster Rollenhalter war so konstruiert, daß man ihn mit allen gängigen Plattenkameras kombinieren konnte. 1888 folgte dann die (oben schon erwähnte) erste Kodak-Kamera mit integriertem Rollensystem, 100 Aufnahmen je Rolle und der Zusage, die Bilder im Werk zu entwikkeln und aufzuziehen. Ein Jahr später kamen die ersten Celluloidfilme heraus, für die bald eigene Kameratypen konstruiert wurden. Außerdem konnte man den neuen Film aber auch für die vorhandenen Rollenhalter und Kameras verwenden.
Alle frühen Rollfilmkameras mußten noch in der Dunkelkammer be- und entladen werden. Eastman orientierte sich an einem 1889 in England für B. J. Edwards patentierten System, das mit lichtdichten, auch bei Tageslicht einlegbaren Behältern für den Film arbeitete, und brachte umgehend ein ähnliches Verfahren heraus, bei dem der Rollfilm von einem Karton in einen anderen lief. Die Filmschlitze waren mit Samtstreifen abgedichtet. Aber die ideale Lösung war das noch nicht. Der Rollfilm wurde erst handsamer, nachdem Samuel N. Turner 1891 auf den Gedanken gekommen war, den Celluloidfilm zusammen mit schwarzem Papier als Zwischenlage aufzuspulen. Durch ein farbiges Fenster an der Kamera konnte man die auf den Lichtschutzstreifen gedruckten Bildnummern ablesen. Damit war auch dieses Problem gelöst. Bald konstruierte Turner eine Kamera für den neuen Film, die er Bull's Eye nannte. Aber sie war kein großer Erfolg, obwohl jedermann der Vorzug, daß der Film nun bei Tageslicht eingelegt werden konnte, hätte einleuchten müssen.

Von der Box zur Klappkamera

Erst der bei Tageslicht einlegbare Film schuf die Voraussetzungen für neue Entwicklungen im Kamerabau. Hatten sich die ersten Rollfilmkameras noch weitgehend an den meist ziemlich unhandlichen Plattenkameras orientiert, so kamen nun bedeutend praktischere und leichtere Modelle auf den Markt. Dabei schlugen die Konstrukteure zwei ganz verschiedene Wege ein. Sie bauten einerseits kompakte Kasten- oder Boxkameras (englisch box = Büchse), die für die weitere Popularisierung der Amateurfotografie sorgten, andererseits technisch und optisch anspruchsvollere Klappkameras.
Noch bevor Turner ein Patent auf seine Tageslichtpackung bekommen hatte (es ließ mehr als drei Jahre auf sich warten), kam Kodak mit der Bullet-Kamera heraus. Als erste Pocket-Kamera stellte der nur zehn Zentimeter lange Apparat alle bis dahin erzielten Kodak-Erfolge weit in den Schatten. Die Bullet arbeitete mit Filmpackungen, die nur eingelegt zu werden brauchten, und mit einem Bildformat von 3,8 × 5,1 Zentimetern. Man konnte sich zwischen Zeit- und Momentaufnahmen entscheiden. Schon nach kurzer Zeit lieferte Eastman Kodak täglich 600 der neuen Pockets zum Preis von fünf Dollar. Als Turner sein Patent endlich bekommen hatte, kaufte Eastman erst eine Herstellungslizenz, dann die gesamten Rechte einschließlich Turners Firma, der Boston Camera Manufacturing Company.
Nicht weniger erfolgreich war Eastmans schlichte, aus Jutepappe und Holz konstruierte Box namens Brownie, die nun nur noch einen Dollar kostete und im Jahre 1900 auf den Markt kam. Sie peilte vor allem die Jugendlichen als Zielgruppe für den Verkauf an – mit sensationellen Absatzzahlen. So blieb die Brownie jahrzehntelang im Programm, immer wieder den neuesten Erfordernissen angepaßt.
Boxkameras kamen bald auch in anderen Ländern heraus, so die Scout von Houghtons (1901) oder die Traveller von Sinclair (1909) in England, die Film-K-Boxkameras von Ernemann (1919), die Box-Tengor von Goerz, später Zeiss Ikon (1929), und die verschiedenen Agfa-Boxkameras (ab 1923 in neuer Aufmachung) in Deutschland, die Lux-, Scout- und Lumibox von Lumière (1934) in Frankreich, die italienischen Ferrania-Modelle.
Die Box-Entwicklung setzte sich auch nach dem Zweiten Weltkrieg fort – mit wesentlich verbesserten Modellen. Vor allem brauchte die Box nun nicht mehr, wie früher, vor den Bauch gehalten zu werden, wenn man von oben in den Sucher blicken wollte, sondern man konnte wie mit einer größeren Kamera in Augenhöhe fotografieren. Aber bei den meisten Box-Kameras wurde nach wie vor der normale Rollfilm mit Schutzpapier verwendet. Ihn richtig einzulegen und nach Belichtung wieder herauszunehmen, ohne daß es zum Lichteinfall kam, gelang nicht jedem Amateur reibungslos. Oft mußten die Fotohändler helfend eingreifen. So entwickelte Eastman Kodak in richtiger Einschätzung des Marktes ein neues Filmladesystem, das Kodapak-Kassettenverfahren, und dazu gleich eine ganze Serie von Instamatic-Kameras, die 1963 vorgestellt wurden. Innerhalb von 15 Jahren wurde die Instamatic zur erfolgreichsten Kamera der Fotogeschichte; sie wurde in diesem Zeitraum in einer Stückzahl von fast 70 Millionen verkauft. Und bald kamen, nach ähnlichen Prinzipien konstruiert, weitere Pocket-Systeme anderer Hersteller heraus. Sie setzten den vorläufigen Schlußpunkt unter die Entwicklung der braven Box.
Die zweite Entwicklungslinie, die der Klapp- oder Faltkameras für Rollfilm,

1 – Um auch einfache Kameras für den Amateur noch handlicher zu machen, stattete Eastman 1897 die Folding Pocket Kodak Nr. 1 mit einem von vier Metallspreizen gestützten faltbaren Lederbalgen aus. Dieses Modell A der Folding Pocket Kodak Nr. 2 hatte schon die für Klappkameras typische Grundplatte, die in geschlossenem Zustand das Objektiv schützt. Der Rollfilm brachte 12 Aufnahmen 89 × 89 Millimeter.
2 – Eine der vielen Taschenkameras aus der Zeit vor dem Ersten Weltkrieg war die Atom der Ica-Kamerawerke, Dresden. Auf einen Knopfdruck klappt der Kameraboden mit dem Objektiv und dem Sucher nach vorn. Trotz ihrer schnellen Aufnahmebereitschaft hatte der Fotograf ein Handicap: Statt den Rollfilm weiterzudrehen, mußte er die Platte wechseln; Format 4,5 × 6 Zentimeter.
3 – Die meisten Klappkameras der zwanziger und dreißiger Jahre wie diese Agfa Standard um 1930 benutzten Rollfilm für 12 Aufnahmen 6 × 9 Zentimeter. Im allgemeinen hatten sie einen sogenannten Brillantsucher mit Einblick von oben, den man für Querformataufnahmen drehte, sowie einen Rahmen- oder Sportsucher zum Ausklappen.
4 – Die Voigtländer Prominent von 1932 machte ihrem Namen alle Ehre. Sie hatte nicht nur einen optischen Durchsichtssucher, sondern auch einen gekuppelten Entfernungsmesser und einen optischen Belichtungsmesser. Beim Einlegen des Films konnte der Fotograf wählen: 8 Aufnahmen 6 × 9 oder 16 Aufnahmen 4,5 × 6 Zentimeter. Objektiv Heliar 1:4,5/105 mm, Compur-Verschluß bis 1/250 Sekunde.

1

3

2

4

setzte sich im Gegensatz zur Box nicht bis in die Gegenwart fort. Es handelte sich dabei um Kameras mit ausklappbaren oder herausziehbaren Balgen. In geschlossenem Zustand präsentierten sie sich als flache, gut transportierbare Etuis etwa von der Größe einer Hand.

Das erste Modell konstruierte Frank Brownell für Eastman, es wurde 1897 in London erstmals öffentlich vorgeführt, setzte sich unter der Bezeichnung Folding Pocket Kodak durch und kostete in der Anfangszeit acht Dollar. In den Jahrzehnten danach befaßten sich fast alle Kamerahersteller mit dem Typ der Klappkamera. Weit verbreitet war in Deutschland die Standard von Agfa (1926), die sowohl mit einem Reflex- als auch mit einem Rahmensucher ausgestattet war. 1928 brachte Zeiss Ikon, die 1926 durch den Zusammenschluß von Zeiss, Ica, Goerz, Contessa-Nettel und Ernemann gegründete neue Fotofirma, die Ikonette heraus, der sich andere Modelle anschlossen, so vor allem 1933 die Super Ikonta mit gekuppeltem Entfernungsmesser. Ein Jahr früher schon hatte Voigtländer die Prominent mit Schnittbildentfernungsmesser herausgebracht.

Nach dem Zweiten Weltkrieg ließ das Interesse an den relativ komplizierten, teuer herzustellenden Klapp- und Faltkameras nach. Die Kleinbildformate schoben sich in den Vordergrund, für sie wurden andere Kameratypen gebraucht. Die letzten Hersteller verzichteten in den sechziger Jahren auf den Bau von Rollfilm-Klappkameras. Zu dieser Entwicklung trugen einerseits die verbesserten, feinkörnigeren Filmemulsionen bei, andererseits die neuen automatischen Großkopieranlagen zur Herstellung billiger Vergrößerungen.

Kameras mit zwei Augen

Auf den Gedanken, Kameras mit zwei Objektiven zu bauen, die sich gleichzeitig und mit demselben Mechanismus verstellen ließen, kamen die Kamerabauer schon in den sechziger Jahren des 19. Jahrhunderts, als die Multiplikatorkameras aktuell waren, mit denen man mehrere Aufnahmen zugleich auf einer Platte unterbringen konnte. Der Vorzug eines zweiten Objektivs war einleuchtend: Mit seiner Hilfe konnte man die Kamera besonders genau einstellen. Es gab aber auch die Möglichkeit, mit speziellen Zwei-Objektiv-Kameras stereoskopische Aufnahmen zu machen. Dabei wurde das Objekt zweimal nebeneinander auf den Film gebannt. Die beiden Fotos hatten aber nicht genau den gleichen Blickwinkel. Deshalb ergab sich ein stereoskopischer (plastischer) Effekt,

wenn man die Doppelbilder mit einem zweiäugigen Betrachtungsgerät auf sich wirken ließ.
Auf die Dauer behielt jedoch das zweite Objektiv die ursprüngliche Aufgabe, das genaue Einstellen (Fokussieren) der Kamera zu erleichtern. Zunächst setzten die Konstrukteure zwei komplette Balgensysteme übereinander – das obere für die Kameraeinstellung, das untere für die Aufnahme. Aber schon 1880 gab es die erste Spiegelreflexkamera, bei der ein hinter dem oberen Objektiv angebrachter Spiegel das Bild auf eine Mattscheibe an der Kameraoberseite warf. Dieses Prinzip hielt sich jahrzehntelang. Es wurde von R. & J. Beck in London für den Direktor des Kew-Observatoriums, G. M. Whipple, entwickelt. Whipple wollte damit Wolkenaufnahmen machen.
Bis etwa 1910 kamen zahllose zweiäugige Spiegelreflexkameras heraus, von denen aber keine einen überdurchschnittlichen Erfolg verbuchen konnte. Da es inzwischen schon die ersten einäugigen Spiegelreflexapparate gab, die handlicher und vielseitiger waren, prophezeiten viele Fachleute der zweiäugigen Version schon einen frühen Tod.
Aber dann stellten Franke & Heidecke 1929 ihre Rolleiflex vor, kompakt und ganz aus Metall gebaut, für ein Bildformat von 6 × 6 Zentimetern gedacht, mit einem herausklappbaren Lichtschacht, der die Mattscheibe gut erkennbar machte, und einer eingebauten Lupe zur Betrachtung der Mattscheibe. Mit einem Zahnstangenmechanismus konnte man Sucher- und Aufnahmeobjektiv gleichzeitig verstellen.
Vor allem Berufs- und Pressefotografen leuchteten die Vorzüge der Rolleiflex, die

1

2

4

1–2 – Diese Stereokamera Scenographe, 1874 für Dr. Candèze patentiert, machte durch das verschiebbare Objektiv ein Stereobildpaar auf eine Trockenplatte. Dazu gab es einen speziellen Betrachter.
3 – Die Stereo-Ausführung der Handkamera von Ottomar Anschütz und C. P. Goerz in Berlin 1890 belichtete das Bildpaar gleichzeitig durch zwei Objektive.
4 – Diese um 1925 gebaute zweiäugige Spiegelreflex hatte das Aufnahmeobjektiv oben, das für die Mattscheibe unten.
5 – Wie bei fast allen „Zweiäugigen" ist bei dieser Spiegelreflexkamera der Londoner Firma Stereoscopic Company um 1895 das Aufnahmeobjektiv unten.
6 – Mit der ersten Rolleiflex begründeten Franke & Heidecke, Braunschweig, 1929 eine rund vierzigjährige Erfolgsserie.
7 – Das Pendant aus dem Hause Zeiss Ikon, die Ikoflex, kam 1934 heraus.

3

5

6

7

1

2

4

5

im Lauf der Jahre in vielen Versionen gebaut wurde, ein. Andere Hersteller zogen nach, so u. a. Zeiss Ikon mit der Ikoflex (1934) und der Contaflex (1935), Voigtländer mit der Brillant (1932), Kodak mit der Reflex (1946). Auf den meisten Anwendungsgebieten mußte jedoch inzwischen die zweiäugige der einäugigen Spiegelreflexkamera weichen, von der sie um 1960 überrundet wurde.

Die Kleinbildkameras rücken vor

In Thomas Alva Edisons Erfinderfabrik wurde der 70 Millimeter breite Eastman-Rollfilm, wie schon berichtet, der Länge nach halbiert, mit Randperforationen versehen und für Laufbildaufnahmen verwendet. Erstmals 1908 machte ein französisches Erfinderteam, bestehend aus A. Léo, P. Audobard und C. Baradat, den Vorschlag, den Kinofilm, in einem Magazin untergebracht, für Stehbildaufnahmen zu verwenden. In der Folgezeit kamen Erfinder immer wieder auf diesen Gedanken zurück – so beispielsweise Paul Dietz, dessen Tourist Multiple mit einem 750-Aufnahmen-Magazin 1913 in New York herauskam („damit können Sie eine ganze Europareise aufzeichnen", hieß es in der Werbung), oder J. Singer, dessen Patent auf eine Kleinbildkamera namens Amourette die Österreichische Telephon AG ab etwa 1925 auswertete.

Den Durchbruch verdankte der 35-Millimeter-Film jedoch erst der Leica, einer der berühmtesten Kameras der Welt. Ihr Schöpfer war Oskar Barnack (1879–1936), ein aus Lynow in Brandenburg stammender Feinmechaniker, der seit 1911 bei den optischen Werken von Ernst Leitz in Wetzlar als Entwicklungskonstrukteur arbeitete. Den begeisterten Bergsteiger ärgerte es, daß er auf seinen Touren stets eine schwere und schwerfällige Kameraausrüstung mitschleppen mußte. Ihm schwebte ein bedeutend leichterer und kleinerer Apparat vor. Ab 1913 arbeitete er an ersten Entwürfen. Er wich dabei völlig von den bis dahin erprobten Formen und Konstruktionsdetails ab. Seine Kamera sah ganz anders aus als alle anderen Kameras. Und sie funktionierte in vielen Einzelheiten auch anders. Zu den Barnackschen Ideen gehörte beispielsweise die Koppelung von Filmtransport und Kameraverschluß, die Doppelbelichtungen ausschloß. Barnack baute das Objektiv in einen versenkbaren Tubus ein, um Platz zu sparen. Seine Kamera, die Ur-Leica, bestand ganz aus Metall und hatte einen Schlitzverschluß. Zuerst experimentierte Barnack

3 

6 

1 – Die ab 1915 von Levy-Roth in Berlin gebaute Minnigraph war die erste deutsche Kamera für den perforierten 35-mm-Film und machte Aufnahmen im Format 18 × 24 Millimeter. Wenn man die Rückwand gegen ein passendes Lampenhaus austauschte, konnte man die Bilder durch das Kameraobjektiv projizieren.
2 – Auch für die von Wolfgang Simons erfundene Sico, ab 1924 von Simons & Co. in Bern hergestellt, gab es einen Projektionsansatz.
3 – Die Amourette von J. Singer, hergestellt ab 1926 von der Österreichischen Telefon AG in Wien und der Firma Robert Glombeck in Berlin. Durch Herausziehen der Öse an der Rückwand schiebt im Innern eine Platte mit zwei Sperrklinken den Film weiter.
4 – Die 1934 von Otto Berning & Co. herausgebrachte Robot war als erste Fotokamera der Welt mit einem eingebauten Federwerkmotor für den Filmtransport ausgestattet. Sie machte 50 Fotos im Format 24 × 24 Millimeter.
5 – Eine der populärsten Kleinbildkameras war die Retina der deutschen Kodak AG von 1934. Nachfolgemodelle wurden bis in die sechziger Jahre produziert.
6 – Die preiswerte Agfa Karat benutzte ab 1937 eine Spezialpatrone für 12 Aufnahmen 24 × 36 Millimeter, die das Rückspulen vermied.

Nächste Doppelseite: Die Leica gilt seit zwei Generationen für viele Fotografen als das Ideal einer Kleinbildkamera. Unter den zahlreichen Modellen und Varianten, die hier nur in Auswahl gezeigt werden können, gab es ab 1942 auch eine kältefeste Ausführung für den Einsatz der Kriegsberichterstatter.

mit normalem Kinobildformat (18 × 24 Millimeter), dann ging er auf 24 × 36 Millimeter über, um bei starken Vergrößerungen bessere Ergebnisse zu erzielen.
Die Firma Leitz, bis dahin kein Kameraproduzent, entschloß sich nur unter größten Bedenken, eine Versuchsserie aufzulegen. 1925 wurde die Leica auf der Leipziger Frühjahrsmesse erstmals vorgeführt. Im Sommer dieses Jahres kam sie in den Verkauf. Noch 1925 konnten 1000 Apparate abgesetzt werden. Seit dieser Zeit wurden ständig Verbesserungen vorgenommen und neue Modelle herausgebracht. Das Grundprinzip blieb erhalten, es wurde mit Wechselobjektiven und Zubehör aller Art zu einem viel nachgeahmten System ausgebaut. Ihre Leica-Verwandtschaft konnte weder die Contax von Zeiss Ikon (1932) noch die Retina von Kodak (1934) verleugnen. Die Retina wartete erstmals mit Wegwerfpatronen auf. Bis dahin waren bei Leica und Contax Kassetten verwendet worden, die in der Dunkelkammer neu geladen werden mußten. Das heute übliche Patronensystem, das Patronen mit tropfenförmigem Querschnitt und Samt-Abdichtung verwendet, geht auf ein Patent aus dem Jahre 1936 zurück, das sich die I.G. Farbenindustrie erteilen ließ. Die Agfa verwendete es zuerst für ihre erfolgreiche Kleinbildkamera Agfa Karat. Eine Kleinbildkamera war auch die erste motorisierte Kamera, die Robot aus dem Jahre 1934. Ein Federwerk besorgte den Filmtransport und das Spannen des Verschlusses.
Den nächsten großen Entwicklungsschritt tat die Kleinbildkamera mit der Übernahme des Spiegelreflexsystems. Mit Verfahren, einen Spiegel in den Strahlengang des Objektivs einzuschalten, der die Fokussierung ermöglichte und der im Augenblick der Aufnahme weggeklappt wurde, beschäftigten sich Thomas Sutton (1819 bis 1875), ein englischer Fotograf, schon 1861, der Amerikaner Calvin Rae Smith mit seiner Monocular Duplex im Jahre 1884. Bis 1908 wurden zahlreiche Modelle patentiert, bei denen der Spiegel durch Druck auf den Auslösehebel hochklappte und automatisch zurückfiel, wenn der Hebel losgelassen wurde. In diesem Jahr erhielt A. L. Adams ein Patent auf einen Spiegel, der sich beim Spannen des Verschlusses zurückstellte – so wußte der Fotograf stets, ob seine Kamera betriebsbereit war.
Alle diese Verfahren galten für normale, größerformatige Rollfilmkameras. Erst 1933 (Identoskopvorsatz für die Leica) wurde das Spiegelreflexsystem auch für die Kleinbildfotografie eingeführt. Die erste einäugige Kleinbild-Spiegelreflex-

Ur-Leica 1913

Leica Vorserie 1923/24

Leica I Schraubgewinde 1930

Leica III 1933

Leica 250 (Reporter III) 1933

Leica III a 1/1000 sec 1935

Leica III f 1950

Leica 72 18 × 24 mm 1955

Leica M 3 1954

Leica III g 1957

Leica MP 2 1957

Leica M 4 1967

Leica M4-2 1977

Leica M 5 1971

Leica CL 1973

Leica I 1925

Compur-Leica Typ 1 1926

Leica II 1932

Leica Standard 1932

Leica III c kältefest 1942

Leica II c 1948

Leica I c 1949

Leicaflex Typ 1 1965

Leicaflex Typ 2 1965/67

Leicaflex SL 1968

Leicaflex SL 2 1974

Leica R 3 1976

Leica R 3 MOT 1978

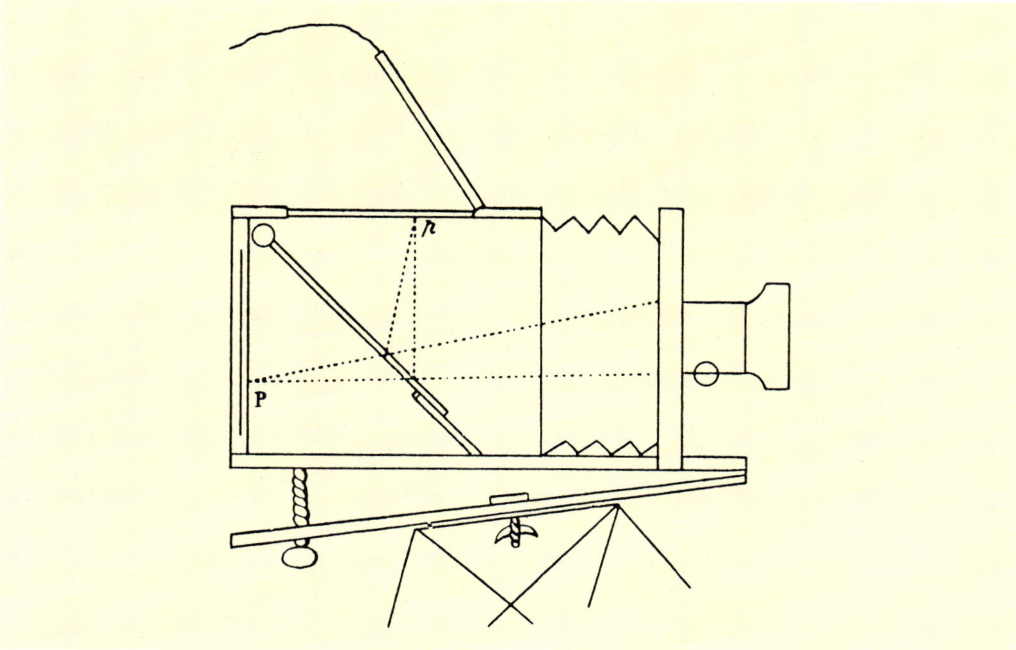

1

2

3

4

kamera im heutigen Sinn war die Kine Exakta, die die Ihagee in Dresden seit 1936 produzierte. 1949 rüstete Zeiss Ikon die erste einäugige Spiegelreflexkamera mit einem Dachkantprisma aus. Die auch Pentaprisma genannte Vorrichtung sorgt dafür, daß das Bild im Sucher seitenrichtig erscheint. Das Verfahren wurde bei der neuen Contax S erstmals angewandt.
Erst das Umkehrprisma leitete den Siegeszug der einäugigen Spiegelreflexkamera ein. Dieser Kameratyp wurde bald zum Standardmodell der 35-Millimeter-Fotografie. Ab 1965 produzierte auch Leitz eine Spiegelreflex-Leica, die Leicaflex. Zuvor schon hatten japanische Konstrukteure den Rückschwingspiegel erfunden, mit dem zuerst die Asahi Pentax (1957) und die Nikon F (1959) ausgerüstet waren.

Kamera-Computer, die reden können

In den folgenden Jahren wurden die Spiegelreflexkameras immer komfortabler. Eingebaute Minischaltkreise sorgen z. B. bei den Zeitautomaten für die automatische Einstellung der Belichtungszeit passend zu der von Hand eingestellten Blende. Bei den Blendenautomaten gibt der Fotograf die gewünschte Belichtungszeit vor – die passende Blende sucht sich die Automatik dann selbst heraus. Mehrfachautomaten schließlich bieten wahlweise beide Möglichkeiten, lassen sich aber auch auf vollautomatisches Fotografieren einstellen. In diesem Fall regelt die Kamera die ideale Kombination von Belichtungszeit und Blende entsprechend den jeweiligen Lichtverhältnissen. Der Fotograf braucht nur noch die Entfernung einzustellen und auf den Knopf zu drücken.

1 – Das System der einäugigen Spiegelreflexkameras geht auf einen Entwurf von Thomas Sutton 1861 zurück.
2 – Die Soho Reflex, hergestellt ab 1905 von A. Kershaw, wurde zur populärsten englischen „Einäugigen" ihrer Zeit.
3 – Als erste Kleinbildspiegelreflex kam 1936 die Kine Exakta bei Ihagee in Dresden heraus.
4 – In der Asahi Pentax gab es ab 1957 erstmals einen Rückschwingspiegel.
5–6 – In der Miniaturisierung waren die Geheimkameras Schrittmacher, so 1885 die Westenkamera von R. D. Gray, ab 1886 von Rudolph Stirn in Berlin produziert (5), und die Ticka, die Houghtons Ltd. in London ab 1907 herstellte (6).
7 – Die von Walter Zapp erfundene Minox für 50 Aufnahmen 8×11 Millimeter in Spezialkassette ist seit 1936 die berühmteste Kleinstbildkamera.

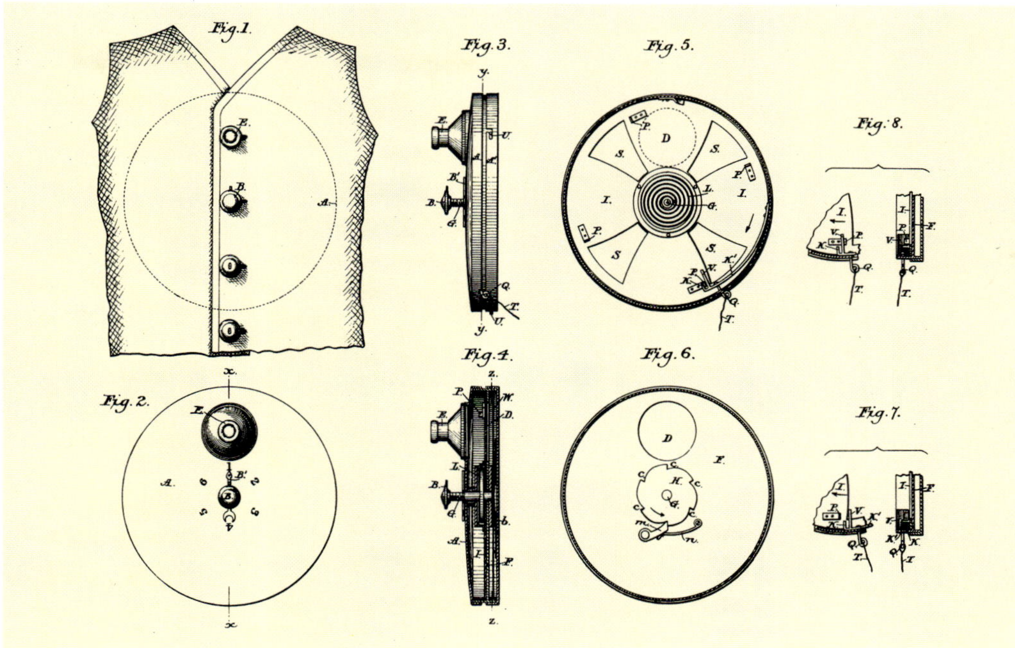

5

Jüngste Entwicklung sind Kameras, die die Automatisierung auf die Spitze treiben. Die japanische Canon T 70 verfügt z.B. über eine Computersteuerung mit Tastenbedienung. Filmeinfädelung und -transport übernimmt ein eingebauter Motor. Acht Belichtungsprogramme steuern den Schlitzverschluß oder die Blenden der Standard-, Weitwinkel- und Teleobjektive. Die Belichtungszeit kann wahlweise mittenbetont integral oder selektiv gemessen werden.
Wer an seine Kleinbildkamera keine so hohen Ansprüche stellt, sondern einfach nur bequem fotografieren will, hat eine reiche Auswahl unter zahllosen Modellen – bis hin zu einer Kamera wie der Minolta SF-Sv, die nicht nur alle Einstellungen einschließlich der Entfernung automatisch erledigt, sondern auch noch reden kann: Ein Sprach-Synthesizer befiehlt etwa „Film einlegen" oder „Blitz einschalten".

6

Die Kameraformate schrumpfen

Ausgesprochene Kleinstbildkameras sind nicht neu. Mit Formaten von etwa 25 × 25 Millimetern experimentierte Talbot schon 1835, und eine der ersten Metallkameras aus dem Jahre 1839, die Carl August von Steinheil in München herstellte, war auf ein Format von 8 × 11 Millimetern eingerichtet. Die damit angefertigten Daguerreotypien wurden in Medaillons und andere Schmuckstücke eingesetzt.
Viele Mini-Kameras mit Winzigformaten waren als Geheimkameras gedacht, mit denen man unbeobachtet Bilder schießen konnte. Den Erfindern mangelte es dabei nicht an Einfällen. Es gab Kameras dieser

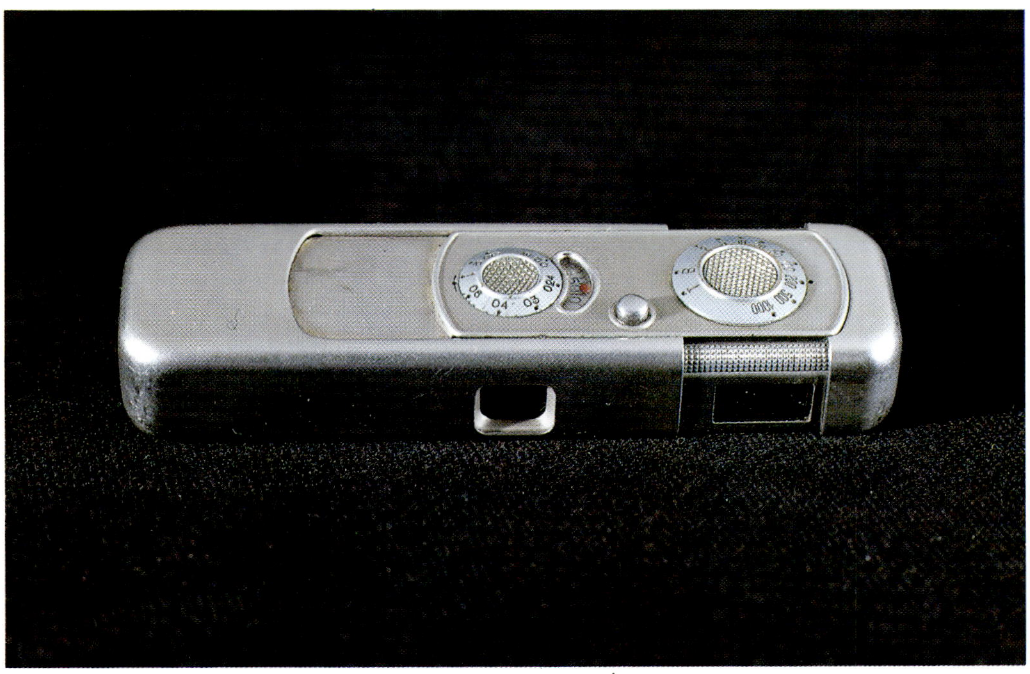
7

1

2

Art, die in Ferngläser oder Uhren, Plastronkrawatten oder Fotoalben, Handtaschen und Spazierstöcke, Revolver oder Puppenköpfe eingebaut waren.
Die erste ernstzunehmende Kleinstkamera konstruierte Fritz Kaftanski 1932 in Berlin. Das Bildformat seiner Minifex betrug 13 × 18 Millimeter. Mit 8,3 × 11,4 Millimetern kam die berühmte Minox aus, die der Lette Walter Zapp erfand. Das Patent darauf erwarb die Firma Valsts Elektrotechniska Fabrika in Riga 1936 in England. In der lettischen Hauptstadt wurde die nur 15 × 18 × 76 Millimeter große Kamera zunächst auch hergestellt. Sie kam 1937 auf den Markt und bestand ursprünglich aus rostfreiem Stahl. Seit 1949 wird sie mit einem Leichtmetallgehäuse in Gießen produziert.
War die Minox noch etwas für Leute, die es sich leisten konnten (und für Geheimagenten), so spekulierte die 1972 herausgebrachte Kodak Pocket Instamatic auf eine breite Marktlücke. Die mit Schnellade-Kassetten ausgerüstete Kleinstkamera hat einen 16 Millimeter breiten Film, ihr Bildformat beträgt 12 × 18 Millimeter. Sie gehört zu den am weitesten verbreiteten Gebrauchskameras für jedermann und wurde inzwischen in vielen Versionen auch von anderen Herstellern nachempfunden bzw. mit einer Lizenz aus Rochester nachgebaut.
Unterdessen war Kodak aber schon wieder auf einer neuen Spur. Im Herbst 1982 kam die erste Disc-Kamera auf den Markt, nicht viel größer als ein Taschenrechner und mit einer runden Filmscheibe anstelle des Rollfilms ausgestattet. Auf der Scheibe haben 15 Farbfotos im Format 8 × 10,5 Millimeter Platz. Das lästige Filmeinfädeln entfällt. Ein Blitzgerät ist eingebaut, es schaltet sich bei Bedarf automatisch zu. Ein eigens entwickeltes Objektiv, motorischer Filmscheibentransport (alle 0,5 Sekunden ein Bild, beim Blitzen etwa jede Sekunde) und ein heller Sucher sorgen, so die Kodak-Werbung, „für den totalen Spaß beim unbeschwerten, mühelosen Bildermachen“. Und damit auch kein Motiv verpaßt wird, verfügen die gehobenen Disc-Modelle auch noch über eine eingebaute Digitaluhr mit Weckruf.

Vom Achromat zum Weichzeichner: Objektive

Dem Objektiv, also demjenigen Bauteil der Kamera, das auf das Aufnahmeobjekt gerichtet ist, wandten schon die ersten Fotografen große Aufmerksamkeit zu. Sie profitierten dabei von den Erfahrungen mit gleichartigen Bauteilen, die beim Bau von Fernrohren und Mikroskopen schon gemacht worden waren. Später gingen die Kamerakonstrukteure jedoch eigene Wege.
Eine einfache Sammellinse, ob bikonvex oder konkav-konvex, liefert nur bei kleiner Blendenöffnung ein scharfes Bild. Im allgemeinen wird das Bild unscharf, weil diese Linsen die verschiedenen Farben, aus denen das Licht besteht, unterschiedlich ablenken. Ein diese „chromatische Aberration“ verhinderndes Objektiv baute erstmals der Engländer John Dollond um 1757 für seine Fernrohre. Er verkittete eine bikonvexe Linse aus Kronglas mit einer bikonkaven (beiderseits nach innen gewölbt) aus Flintglas. Dieses achromatische Objektiv, 1812 von Joseph von Fraunhofer (1787–1826) durch reinere Glassorten und wirkungsvollere Schleifverfahren verbessert, wurde bis in unser Jahrhundert in einfache Kameras eingebaut.
Bessere Ergebnisse waren mit Vierlinsern zu erreichen, bei denen einem Achromaten zwei weitere Linsen vorgeschaltet wurden. Solche Kombinationen schuf als erster der Franzose Charles Chevalier im Jahre 1840. Im selben Jahr konstruierte der Österreicher Josef Max Petzval seinen wesentlich erfolgreicheren Vierlinser für die Messingkamera von Voigtländer. Objektive dieser Art wurden bis etwa 1925 für Kameras aller Art verwendet, vor allem das berühmte Rapid-Rectilinear von J. H. Dallmeyer und der damit verwandte Aplanat von Carl August von Steinheil, beide von 1866.
Selbst gute Objektive dieser Art litten unter dem Problem des Astigmatismus: Sie konnten entweder vertikale oder horizontale Linien deutlich abbilden, aber nicht beides zugleich. Diesem Nachteil war nur mit der Erfindung neuer optischer Glasarten beizukommen, wie sie Otto Schott ab 1888 in seinen Jenaer Glaswerken herstellte. Durch Beigaben bestimmter Chemikalien, zum Beispiel Barium, Zink und Borsäure, gewann Schott ein Glas, aus dem die Linsen für Anastigmate geschliffen werden konnten.
Die weitere Entwicklung führte zu Kombinationen aus vier und mehr Linsen oder Linsenverbindungen. Bekannt wurde vor allem die vierlinsige Kombination, die Paul Rudolph 1902 vorstellte. Sie hieß Tessar und wurde zum erfolgreichsten Objektiv des 20. Jahrhunderts. Heute sind hochwertige Kameras mit sechs- oder auch siebenteiligen Objektiven ausgerüstet, die Lichtstärken von 1:1,2 erlauben.

1 – Ab 1972 machte Eastman Kodak mit Pocket-Instamatic-Kameras für Kassettenfilm 12 × 18 Millimeter die Handtaschenkamera für jeden erschwinglich.
2 – Das von Eastman Kodak 1982 kreierte Prinzip der Filmscheibe (Disc) erlaubt die Konstruktion sehr flacher Kameras.
3 – Der Achromat mit einer Bikonvexlinse aus Kronglas (hellblau) und einer Bikonkavlinse aus Flintglas (weiß) geht auf John Dollond (1706–1761) zurück. Das Prinzip des Vierlinsers nach Josef Max Petzval war ab 1840 mehr als acht Jahrzehnte lang gebräuchlich.
4–5 – Das von Paul Rudolph (1858–1935) konstruierte und 1902 für Carl Zeiss patentierte Tessar galt jahrzehntelang als „Adlerauge der Kamera“. Es wurde in zahllosen Varianten gebaut – und nachgebaut.
6 – Der von Rudolph errechnete Sechslinser Planar ist seit 1896 erfolgreich.

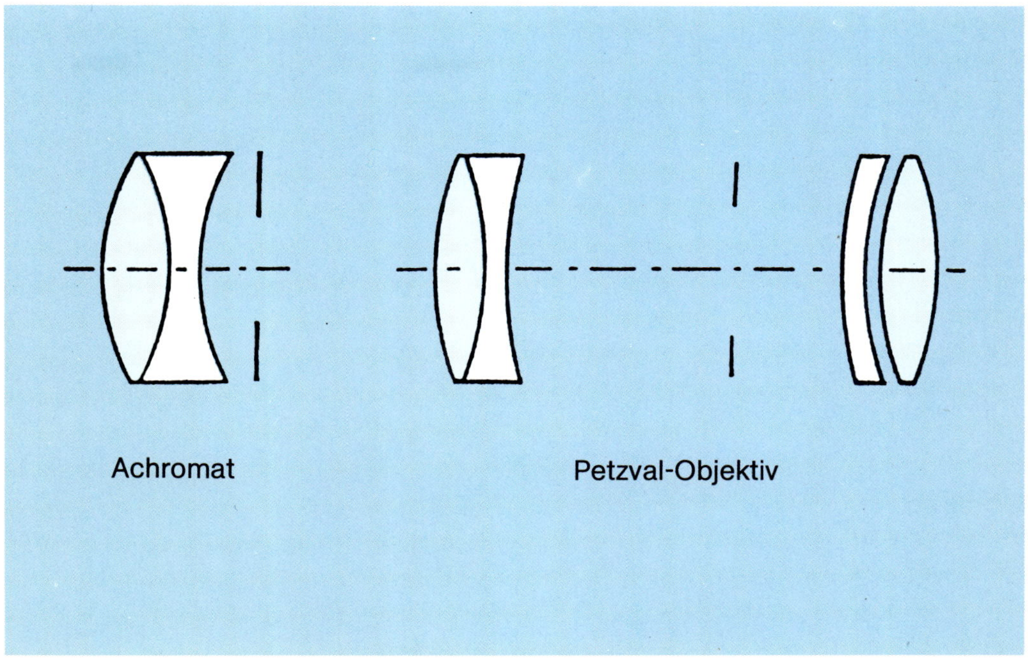

3

Das erste Teleobjektiv schuf Thomas Rudolf Dallmeyer, der Sohn J. H. Dallmeyers. Es wurde 1891 in England patentiert und bestand aus einem langbrennweitigen Objektiv, hinter dem eine Zerstreuungslinse angeordnet war. Weitwinkelobjektive gibt es, seit Thomas Sutton 1859 seine Liquid-Panoramic-Linse mit einem Bildwinkel von 120 Grad herausbrachte. Bis zu 180 Grad reicht der Bildwinkel der Fischaugenobjektive, deren erstes Robin Hill 1923 für seine Sky-Kamera verwendete. Die Weichzeichnerobjektive, mit deren Hilfe man dezente Unschärfe erzeugen kann, gehen auf J. H. Dallmeyer zurück, der 1866 sein Porträtobjektiv konstruierte. Mit Hilfe eines solchen Objektivs konnte (und kann) man bei Porträtaufnahmen kleinere Schönheitsfehler, vor allem Falten, durch leichte Überstrahlung verschwinden lassen.

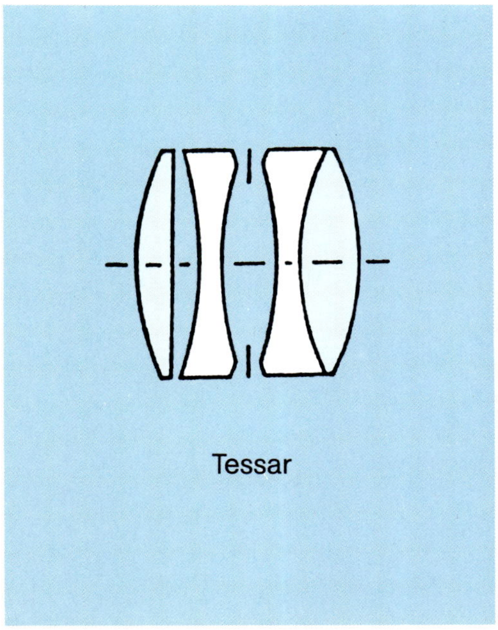

4

5

Kleiner Exkurs über Kameraverschlüsse

Die ersten Fotografen brauchten über mechanische Verschlüsse für ihre Kameras nicht nachzudenken. Ihre Apparate waren mit Deckeln ausgerüstet, die während der langen Belichtungszeiten vom Objektiv abgezogen und dann einfach wieder aufgesetzt wurden. Als nicht mehr nach Minuten, sondern nur noch nach Sekunden belichtet zu werden brauchte, also nach dem Auftauchen der ersten guten Naßkollodium- und dann der Gelatineplatten, kamen mechanische Verfahren in Mode. Zum Beispiel gab es Verschlüsse, bei denen wie bei der Guillotine das Herunterfallen einer Holzplatte ausgelöst werden konnte, oder andere, bei denen ein Ver-

6

1

2

3

schlußschieber mit Hilfe von Gummibändern oder Federzug seitlich weggezogen wurde. Fallenverschlüsse ließen sich auch mit Hilfe von Luft- oder sogar Wasserdruck in Bewegung setzen.
Ab 1862 kamen Klappverschlüsse auf, bei denen türähnliche Klappen durch Federn gespannt und durch einen Auslösemechanismus zum schnellen Zuklappen gebracht werden konnten. Als Rotationsverschlüsse bezeichnet man Kameraverschlüsse, bei denen vor dem Objektiv eine drehbare Scheibe angebracht ist. Auch sie läßt sich durch eine Feder spannen. Beim Auslösen fällt für die Dauer der Belichtungszeit das Licht durch ein in der Nähe des Scheibenrandes angebrachtes Loch. Erste Versuche in dieser Richtung wurden 1856 unternommen. Den ersten brauchbaren Rotationsverschluß konstruierte J. Lancaster, er wurde 1885 in England patentiert.

Ein wesentliches Gestaltungsmittel in der Fotografie ist die Wahl eines dem Motiv angepaßten Bildwinkels. Der Franzose Charles Chevalier stellte schon 1840 eine Objektivkonstruktion vor, bei der man aus dem „Landschaftsobjektiv", einem Achromat, durch Vorsetzen einer weiteren optischen Komponente ein „Porträtobjektiv" längerer Brennweite machen konnte. Solche „Satzobjektive" waren bis in unser Jahrhundert gebräuchlich, doch ihre optische Qualität war letztlich unbefriedigend, so daß sich das Prinzip der Wechselobjektive durchsetzte.

1 – Brennweite 7,5 mm, Bildwinkel ca. 200° (Fisheye).

2 – Brennweite 50 mm, Bildwinkel 47° (Normalobjektiv).

3 – Brennweite 800 mm, Bildwinkel ca. 3° (Fernobjektiv).

Auch auf dem Gebiet der Kameraverschlüsse gab es zahllose Konstruktionen:

4 – Fächerverschluß von Grundner, 1879.

5 – Fallbrettverschluß mit pneumatischer Auslösung von Sachs, 1880.

6 – Momentverschluß von Wittmann, Firma Soennecken & Co., München, etwa 1889.

7 – Zweilamellenverschluß von Linhof, 1894.

8 – Iris-Momentverschluß von Zeiss, 1894.

9 – Schlitzverschluß von Goerz-Anschütz, 1890/91.

10 – Schema eines Zentralverschlusses mit mechanischem Antrieb.

11 – Moderne Prontor- und Compur-Zentralverschlüsse.

12 – Schema eines Zentralverschlusses mit vollmagnetischem Antrieb.

4

5

6

7

8

9

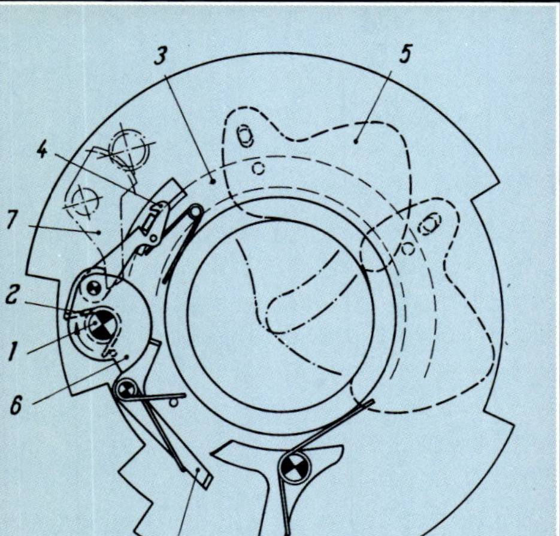

Mechanischer Antrieb der Verschlußsektoren durch Schubkurbel: 1 Antriebswelle, 2 Antriebsfeder, 3 Sektorenantriebsring, 4 Schubkurbel, 5 Verschlußsektor, 6 Spannscheibe, 7 Bremshebel eines mechanischen Hemmwerks, 8 Auslösehebel.

10

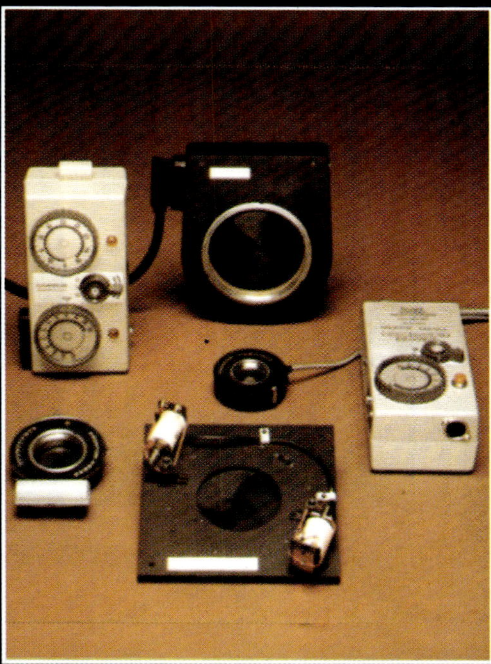

11

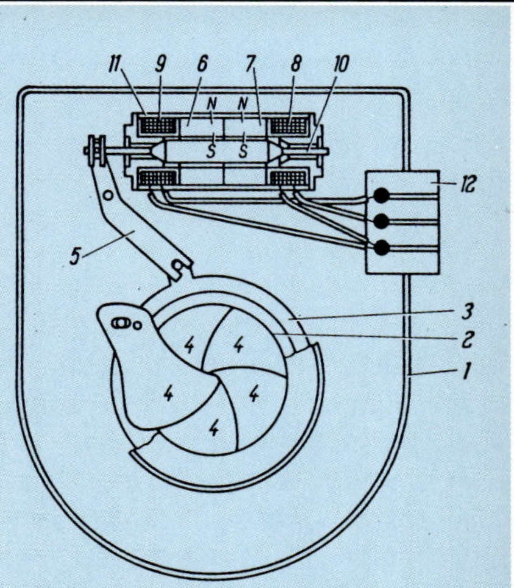

Vollmagnetischer Antrieb eines Magnetic-Verschlusses: 1 Gehäuse, 2 Verschlußöffnung, 3 Sektorenantriebsring, 4 Verschlußsektoren, 5 Verbindungshebel, 6 + 7 Permanentmagnete, 8 Öffnerspule, 9 Schließspule, 10 Magnetanker, 11 Gehäuse des Magnetaggregats, 12 Anschlußleiste für Steuergerät.

12

Zentralverschlüsse kamen schon in den sechziger Jahren des 19. Jahrhunderts auf. Die erste moderne Konstruktion schufen T. R. Dallmeyer und F. Beauchamp im Jahre 1887. Bei diesen Verschlüssen schieben sich mehrere Lamellen so zur Mitte der Belichtungsöffnung zusammen, daß diese lichtdicht verschlossen ist, und öffnen sich durch Auseinanderweichen nach außen für die Dauer der Belichtungszeit. Ein Problem war dabei die exakte Einhaltung der eingestellten Belichtungszeit. Der Ilex-Verschluß von 1910, eine Konstruktion von Rudolph Klein und Theodor Brueck, arbeitete erstmals mit einem System von kleinen Zahnrädern und einem schwingenden Anker, um die notwendigen unterschiedlichen Verschlußverzögerungen zu erreichen. Auf den Ilex-Patenten baute Friedrich Deckel 1912 bei der Entwicklung seines berühmten Compur-Verschlusses auf.

Aus den vor dem Objektiv ablaufenden Rolloverschlüssen entwickelten sich die vor dem Aufnahmematerial angeordneten Schlitzverschlüsse in Form von mehr oder weniger schnell, je nach Belichtungszeit, ablaufenden Textil- oder Metallrollos mit eingearbeitetem schmalem Schlitz. Zu ihrer Perfektionierung trug vor allem der aus Lissa in Posen stammende Fotograf Ottomar Anschütz (1846–1907) bei, der mit seinem Textilrollo erstmals Belichtungszeiten von 1/1000 Sekunde schaffte. Anschütz erprobte seine Erfindung zuerst bei den Kaisermanövern des Jahres 1883 und machte sich dann daran, die Tiere im Zoo von Breslau auf die Platte zu bannen. Später befaßte er sich im Auftrag des Kriegsministeriums mit Reihenaufnahmen von galoppierenden Pferden, deren Bewegungen er mit Hilfe von 24 in einer Reihe nebeneinander gestellten Schlitzverschlußkameras in Phasen zerlegte. Aus den Reihenaufnahmen entstand sein Schnellseher, eine Art Vorläufer des Kinematografen und das erste Gerät dieser Gattung, mit dem öffentliche Vorführungen veranstaltet wurden.

Der Schlitzverschluß setzte sich durch, nachdem sowohl die Leica als auch die Contax mit ihm ausgerüstet wurden. In den meisten Spiegelreflexkameras der letzten Jahrzehnte werden Versionen des Schlitzverschlusses verwendet.

Sowohl Schlitz- als auch Zentralverschlüsse in anspruchsvolleren Kameras werden mittlerweile elektronisch gesteuert. Es gibt nur noch wenige bewegliche Teile. Eines der frühesten Patente auf diesem Gebiet wurde 1959 der tschechoslowakischen Firma Meopta erteilt. Ihr Verschluß arbeitete mit einem Transistor-Schaltkreis, der das Öffnen und Schließen elektromagnetisch bewirkte. Zahnräder und Schwinganker waren erstmals fortgefallen. 1962 kam der elektronisch gesteuerte Compur-Verschluß auf, 1963 der Copal-Electric-Verschluß.

Belichtungsmesser steuern Kameras

Die ersten in der Praxis verwendbaren fotoelektrischen Belichtungsmesser gab es erst in den dreißiger Jahren unseres Jahrhunderts, obwohl das Prinzip schon früher bekannt war. Etwa von 1880 ab, beim Aufkommen der Trockenplatten, bestand überhaupt erst ein Bedürfnis, die notwendige Belichtungszeit mehr oder weniger genau zu ermitteln.

In der Anfangszeit wurden einfache Belichtungstabellen, auch in der Form von Stab- oder Kreisrechnern, verwendet. Sie setzten Wetterbedingungen und Lichtverhältnisse, Plattenempfindlichkeit, Blendenöffnung und Belichtungszeit zueinander ins Verhältnis. Die Extinktionsbelichtungsmesser arbeiteten mit Filtern unterschiedlicher Dichte und damit Lichtdurchlässigkeit. Den dabei ermittelten Wert verwandelte eine Tabelle in Empfehlungen für Blendenöffnung und Belichtungsdauer. Eines der ersten praktisch verwendbaren Geräte dieser Art ließ sich J. Decoudun im Jahre 1887 patentieren. Es wurde auf die Mattscheibe gelegt und nach Einstellung abgelesen.

Genauere Werte erbrachten die Vergleichsphotometer, bei denen der Helligkeitsgrad des Aufnahmeobjekts mit demjenigen einer standardisierten Lichtquelle verglichen wurde. Geräte dieser Art waren im Laboratoriumsbetrieb schon bekannt, als der Engländer Harold Dennis Taylor sich 1885 ein Patent auf ein tragbares Photometer für Fotozwecke geben ließ. Es war mit einer Kerze als Vergleichslichtquelle ausgerüstet. Später wurden Photometer mit elektrischer Ausrüstung gebaut, zuerst von H. Aho im Jahre 1925.

Außerdem konnte man die nötigen Meßwerte ermitteln, indem man die Zeit feststellte, die ein Streifen Fotopapier zur Schwärzung brauchte. Die Schwärzung mußte derjenigen einer standardisierten Vorlage entsprechen. Vorschläge für einen solchen Gradationsmesser hatte schon Fox Talbot gemacht.

Daß das Element Selen seine elektrische Leitfähigkeit entsprechend der Menge des einfallenden Lichts ändert, war in den siebziger Jahren des 19. Jahrhunderts schon bekannt. Etwa zehn Jahre später gab es die ersten auf diesem Prinzip beruhenden fotoelektrischen Belichtungsmes-

1

4

1 – Mit dem Photometre von J. Decoudun 1887 „maß“ man die Belichtungszeit durch Drehen einer Filterscheibe.
2 – Ein fotochemischer Belichtungsmesser von Alfred Watkins um 1900.
3 – Der Selenbelichtungsmesser setzte sich ab 1932 mit dem Ombrux von Paul Gossen endgültig durch.
4 – In der Super Kodak Six-20 von 1938 steuerte erstmals eine Selenzelle die Blendenöffnung.
5 – Die Zeiss Ikon Contax III von 1936 hatte einen nicht gekuppelten Belichtungsmesser.
6 – Die Agfa Optima von 1959 garantierte richtige Belichtung durch Programmautomatik.
7 – Der professionelle Handbelichtungsmesser Mastersix von Gossen bietet ein System von Zusatzgeräten.

2

OMBRUX
ORIG. GOSSEN
sec.
f/9

3

Contax

5

OPTIMA
AGFA COLOR
COMPUR

6

PROFI-select TTL
PROFI-color
MASTERSIX
PROFI-spot

7

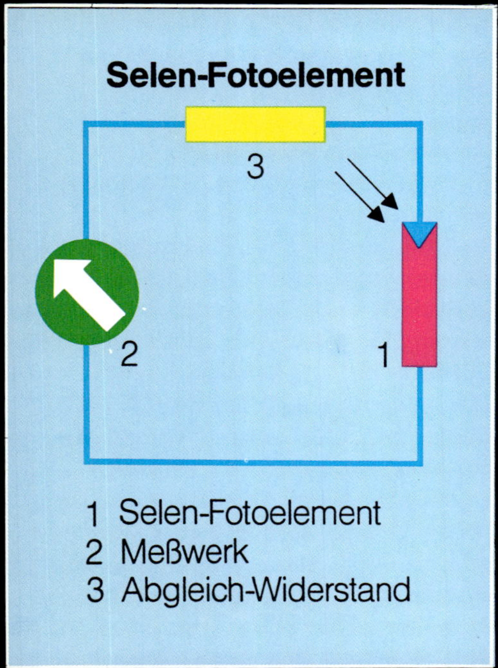
Selen-Fotoelement
3
2
1
1 Selen-Fotoelement
2 Meßwerk
3 Abgleich-Widerstand

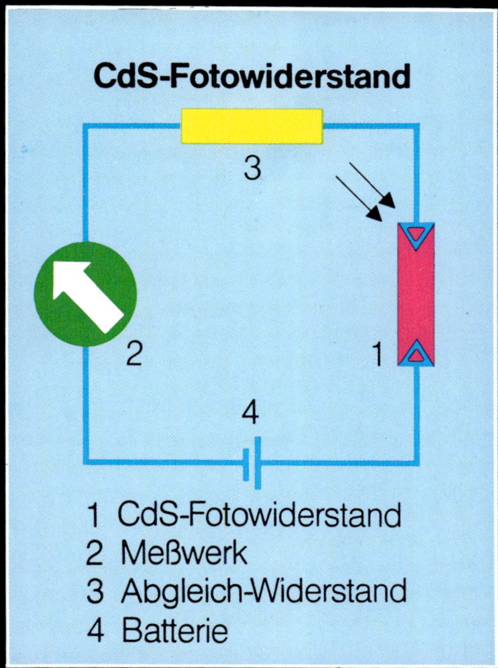
CdS-Fotowiderstand
3
2
1
4
1 CdS-Fotowiderstand
2 Meßwerk
3 Abgleich-Widerstand
4 Batterie

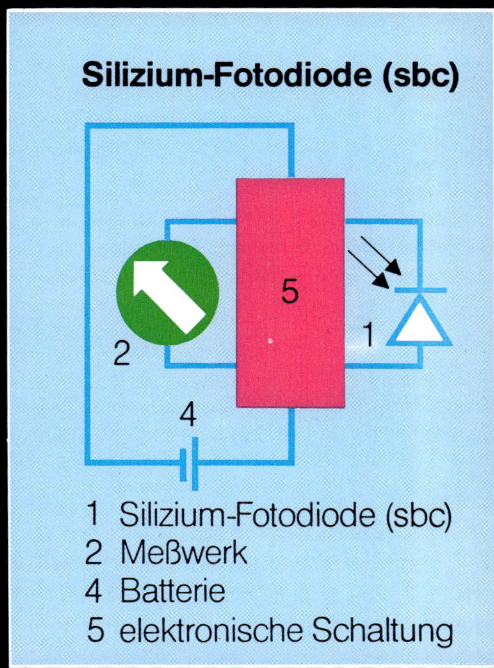
Silizium-Fotodiode (sbc)
5
2
1
4
1 Silizium-Fotodiode (sbc)
2 Meßwerk
4 Batterie
5 elektronische Schaltung

ser, und sogar eine mit Fotozelle ausgerüstete Kamera mit automatischer Belichtungssteuerung wurde (1894 durch die Amerikaner McGann und Buchanan) schon vorgeschlagen.
Es dauerte dann aber noch über dreißig Jahre, bis die ersten praktisch verwendbaren Selenzellen-Belichtungsmesser auf den Markt kamen. Einer der ersten war der Rhamstine-Electrophot von 1931. Bei ihm wurde die Arbeit der Fotozelle noch durch eine elektrische Batterie unterstützt. 1932 brachte Weston in den USA den ersten serienmäßig hergestellten Belichtungsmesser heraus, der ausschließlich von der Ausgangspannung der Selenzelle betrieben wurde. Dieses Gerät kam als Universal Meter 617 auf den Markt, es wurde wegen seines hohen Preises und seiner Unhandlichkeit jedoch kein kommerzieller Erfolg.
Ebenfalls 1932 stellte der Meß- und Regeltechniker Paul Gossen (1872–1942) in Erlangen seinen überaus erfolgreichen Belichtungsmesser Photolux (später auch Ombrux und Cimbrux genannt) vor. Damals kostete eine Selenzelle noch runde 30 Reichsmark. Gossen garantierte der Lieferfirma die Abnahme von 100000 Stück und erzielte so einen Stückpreis von drei Reichsmark je Fotozelle. Auf diese Weise konnte Gossen das Gerät für knapp 30 Reichsmark verkaufen – eine Spekulation, die zum Glück aufging und den Belichtungsmesser populär machte.
1938 stellte Kodak seine Klappkamera Super Kodak Six-20 vor, eine Konstruktion von Joseph Mihalyi. Sie war erstmals mit automatischer Belichtungssteuerung über eine Selenfotozelle ausgerüstet. Die Fotozelle bewegte einen Meßzeiger, den ein mit der Blendensteuerung verbundener Fühler abtastete. Bei Erreichen der richtigen Blendenöffnung wurde automatisch der Verschluß ausgelöst.
Seit den dreißiger Jahren erschienen Dutzende von Belichtungsmessern auf dem Markt, ausgerüstet mit allen möglichen Raffinessen. Schon vor dem Zweiten Weltkrieg gingen einzelne Firmen daran, Belichtungsmesser auch in Kameras einzubauen, so Zeiss Ikon bei der Contax III und der Contaflex. Erst in den fünfziger Jahren setzte sich diese Technik in größerem Umfang durch, und es dauerte nicht lange, bis die ersten Modelle hergestellt wurden, bei denen der Belichtungsmesser mit der Vorrichtung zur Einstellung der Verschlußzeit gekoppelt war. Die schon bei der Super Kodak Six-20 erprobte vollautomatische Belichtungssteuerung wurde etwa ab 1958 praktiziert.
Heute messen eingebaute Fotozellen (neben Fotowiderstandszellen aus Cadmiumsulfid vor allem Silizium-Fotodioden, die sogenannten *silicon blue cells*) das einfallende Licht direkt durch das Kameraobjektiv, sie öffnen und schließen den Verschluß entsprechend den gemessenen Werten mit großer Präzision.
Belichtungsmesser für den Handbetrieb haben nach wie vor ihre Bedeutung als Gestaltungsmittel in der kreativen Fotografie. Bei einem Gerät wie dem Mastersix von Gossen, einem auf Mikroprozessorbasis arbeitenden vollelektronischen Belichtungsmesser für Umgebungslicht und Blitzlicht, sorgen Vorsatzgeräte dafür, daß das Grundgerät auch sehr spezielle Aufgaben erfüllen kann: Tele-, Mikro- und Repro-Aufnahmen, Punkt-, Blitzlicht- und Farbtemperaturmessungen, Messen auf der Filmebene oder der Mattscheibe.

Vom Pustelicht zum Transistorblitz

Mit einer Art Blitzlicht experimentierte Fox Talbot schon im Jahre 1851. Er befestigte ein Zeitungsblatt auf einer drehbaren Scheibe, ließ sie schnell rotieren und fotografierte sie im Licht eines Funkens, den er einer Batterie von Leydener Flaschen entlockte. Die Zeitung wurde deutlich abgebildet. „Es liegt in unserer Macht, Bilder von allen beweglichen Objekten zu erhalten, ganz gleich, wie schnell sie sich bewegen", prophezeite Talbot, „vorausgesetzt, wir haben die Mittel, sie mit einem kurzen elektrischen Blitz ausreichend zu beleuchten."
Es sollte gut achtzig Jahre dauern, bis Talbots elektrischer Blitz Wirklichkeit wurde. Zunächst einmal kamen Verbrennungs-Blitzverfahren auf. 1864 zündete Alfred Brothers in Manchester erstmals ein Stück Magnesiumdraht an, das mit gleißendem Licht verbrannte, um die Szene auszuleuchten. Das 1808 von Humphry Davy entdeckte Leichtmetall war damals allerdings für die allgemeine Anwendung noch viel zu teuer.
Einen Blitz ergab das Abbrennen von Magnesiumdraht oder -band übrigens nicht, sondern ein je nach Materiallänge kürzer oder auch länger strahlendes Licht. Das änderte sich mit der Einführung von Magnesiumpulver-Brennern. Seit 1887 war Magnesium auch für sparsame Fotografen erschwinglich geworden. Zugleich hatte die Einführung von Trockenplatten die Kurzzeitfotografie interessant gemacht.
Das Magnesiumpulver wurde im allgemeinen mit Hilfe eines Gummiballs in eine Spiritusflamme geblasen. Dabei erzeugte es sofort einen grellen Lichtblitz. Das Blase- oder Pustelicht setzte sich schnell durch. So heißt es in Brockhaus' Konversations-Lexikon von 1898: „Gewöhnlich werden mehrere Pustelampen in Thätigkeit gesetzt, zwei bis zwölf, die alle mit Hilfe einer Kautschukbirne gleichzeitig mit Magnesiumpulver durchblasen werden und die so gestellt sind, daß die Licht- und Schattenseiten der Personen oder Gruppen zweckmäßig verteiltes, in seiner Stärke abgewogenes Magnesiumlicht empfangen. Die Sache ist neuerdings so erheblich vereinfacht worden, daß jeder Amateur sie ausüben kann."
Wenn man das Magnesiumpulver mit einem Oxidationsmittel wie Kaliumchlorat mischte, entstand eine explosive Mischung, die sich leichter als reines Magnesium entzünden ließ, zum Beispiel durch einen elektrischen Funken oder mit Hilfe eines Feuersteins. Diese zuerst von Adolf Miethe (1862–1927) im Jahre 1888 be-

1 – Mit teilweise abenteuerlichen Verfahren schossen Fotografen vor hundert Jahren „lebendige" Porträts. In dieser „Ofenrohrlaterne" wurde ein Schwefel-Salpeter-Gemisch explosionsartig abgebrannt.
2 – Beim Pustelicht von 1893 drückte der Fotograf die Luft aus einem Gummiball durch Schläuche in posthornartig gewundene Glasbehälter, aus denen dadurch Magnesiumpulver in die davor angebrachten Kerzenflammen geblasen wurde. Kurz davor wurde der Kameraverschluß geöffnet und danach wieder geschlossen.
3 – Blitzlichtpistolen wie diese von Hamaphot um 1925 und ähnliche Geräte, in denen Pulver oder Tabletten mittels Feuerstein oder elektrisch gezündet werden konnten, wurden noch nach dem Zweiten Weltkrieg angeboten.
4 – In den 1929 von Hauff-Leonar herausgebrachten Vacublitzlampen brennt durch elektrischen Impuls eine Aluminiumfolie „blitz"schnell ab.
5 – Schema eines Elektronen- oder Röhrenblitzgerätes.
6 – Schema eines Computerblitzgerätes mit Thyristor.
7 – Drei Generationen Elektronenblitzgeräte: Rechts Mecablitz 500 (1956/57), Leitzahl 35 bei 21 DIN (reduzierte Lichtleistung 22), 4-Volt-Akku, Blitzzahl 60 (120), Blitzfolge ca. 9 (5) Sekunden. – Mitte Mecablitz 185 (1968), Leitzahl 28, bei Computerbetrieb Automatikblende 4, NC-Akku, Blitzzahl ca. 65, Blitzfolge 8 Sekunden. – Links Mecablitz 45 CT 5 (1980), Leitzahl 45, 6 Mignon-Batterien oder NC-Akku, Microcomputer-Datensystem, 6 Arbeitsblenden, abschaltbarer Aufhellreflektor, Blitzzahl 50–2000 (NC), Blitzfolge 7–0,3 Sekunden (NC).

1

2
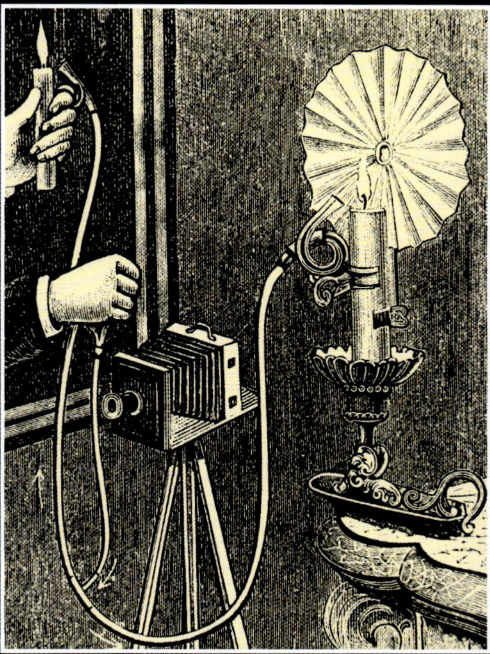

3

4

5
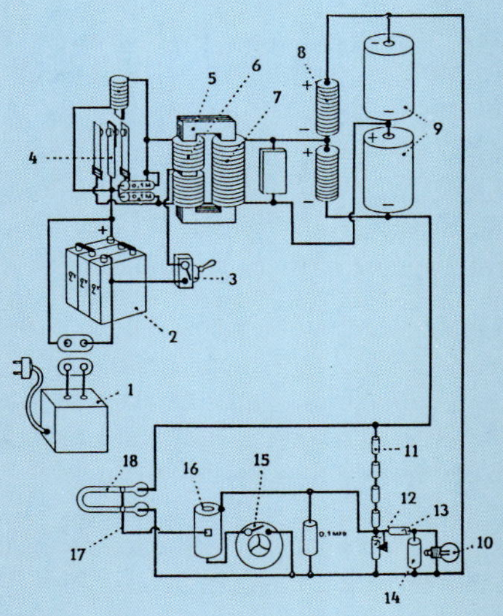

Schema eines Elektronenblitzgerätes mit mechanischem Zerhacker: 1 Ladegerät, 2 Akkumulator, 3 Schalter, 4 Zerhacker, 5 Transformator, 6 Primärwicklung, 7 Sekundärwicklung, 8 Gleichrichter, 9 Kondensator, 10 Neonlämpchen als Anzeige für Aufladung des Kondensators, 11–14 Schutzwiderstände, 15 Synchronkontakt am Kameraverschluß, 16 Zündtransformator, 17 Zündelektrode, 18 gasgefüllte Blitzröhre.

7

6
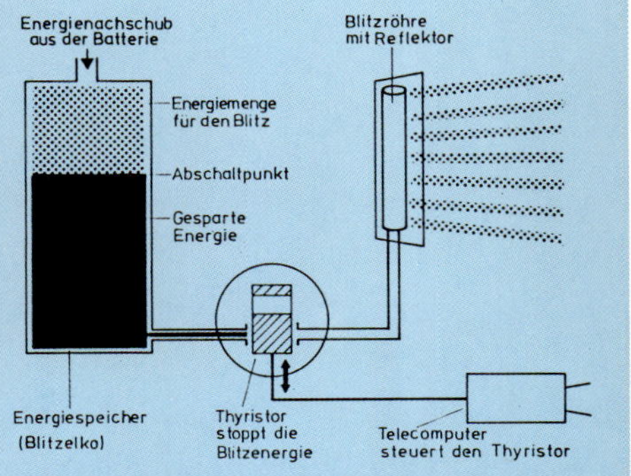

Schema eines computergesteuerten Elektronenblitzgerätes mit Thyristor.

1

1 – Beim subtraktiven Farbverfahren werden von weißem Licht durch Farbfilter die Komplementärfarben „abgezogen" oder ausge„siebt"; wenn sich drei Filter überdecken, kommt kein Licht mehr durch. Beim additiven Farbverfahren wird rötlichblaues, grünes und rotes Licht „addiert", so daß Mischfarben entstehen; beim Zusammenfallen aller drei Farbstrahlen in gleicher Stärke entsteht Weiß.
2–5 – James Clerk Maxwell fotografierte 1861 ein Ordensband nacheinander durch drei Farbfilter auf drei Schwarzweiß-Negativplatten. Mit drei Projektoren durch die jeweils gleichen Filter genau aufeinanderprojiziert, entstand das erste „Farbfoto" nach dem additiven Verfahren.
6 – Bis zur Einführung praktikabler Farbfotoverfahren behalf man sich mit dem Kolorieren von Schwarzweißfotos.

schriebene Technik blieb jahrzehntelang aktuell. Dann gab es die ersten Blitzlampen, bei denen Leichtmetallfolie oder -gespinst in einen Lampenkolben eingeschlossen war und elektrisch gezündet werden konnte. Den ersten Vorschlag machte Erwin Quedenfeldt in Düsseldorf im Jahre 1900. 1925 erhielt Paul Vierkötter ein Patent auf eine Kolbenblitzlampe mit Elektrozündung. 1929 kam unter dem Namen Vacublitz die von Hauser für die Hauff-Leonar AG entwickelte erste Blitzlampe mit Aluminiumfolie auf den Markt. 1930 folgte die erste Photofluxlampe mit Gasgemischfüllung.

Populär wurde die Blitzlichtfotografie allerdings erst nach dem Zweiten Weltkrieg, nachdem praktisch alle Kameras mit Blitzkontakten für die Synchronsteuerung des Blitzes ausgerüstet worden waren und die Blitzlampen selbst immer kleiner gebaut werden konnten – bis hin zu Mehrfachblitzeinheiten wie dem Blitzwürfel, den die Firma Sylvania entwickelte.

Das erste Elektronenblitzsystem kam in den USA im Jahre 1940 heraus. Es war noch so schwerfällig, daß es nur für den Ateliergebrauch in Frage kam. Bei diesem und allen folgenden Verfahren wird ein Kondensator mit hohen Spannungen aufgeladen. Bei der Auslösung entlädt sich die Spannung in einer gasgefüllten Quarzglasröhre und erzeugt so den Blitz.

Die Elektronenblitzgeräte wurden immer kleiner – vom Handkoffer- über das Zigarrenkisten- bis zum Zigarettenschachtelformat – und zugleich leistungsfähiger. 1959 brachte Metz das erste einteilige Blitzgerät heraus, seit 1967 gibt es die automatische Lichtmengensteuerung. Dabei wird der Blitzkondensator durch Hochstrom-Schaltröhren kurzgeschlossen, sobald das Belichtungssoll erreicht ist. „Computer"-Blitze mit variabler Programmblende kamen 1970 heraus. 1972 wurde die energiesparende Thyristor-Blitzabschaltung eingeführt, die extrem kurze Blitzfolgezeiten und mehr Blitze pro Akkuladung bzw. Batteriesatz ermöglicht. Seit 1979 gibt es ein universelles Adapter-System für die speziellen Blitzfunktionen der verschiedenen Kamerasysteme (SCA 500 und 100 durch Metz und Braun). Die Mikrocomputertechnik zur Steuerung und Datenverarbeitung sowie -anzeige wurde 1980 eingeführt (Metz Mecablitz 45 CT 5).

Als die Fotos farbig wurden

Schon die Urväter der Fotografie hatten es keineswegs auf Schwarzweiß-Bilder abgesehen. Sie wollten die Umwelt auf farbigen Bildern festhalten. So schrieb Nicéphore Niepce 1816 an seinen Bruder Claude: „Meine bisherigen Versuche lassen mich glauben, daß mein Verfahren in der Hauptsache gelingen wird. Aber ich muß dahin kommen, die Farbe zu fixieren ... ohne das wäre die Sache wertlos." Und Louis Daguerre, schon ein erfolgreicher Mann, bekannte: „Es blieb mir nichts mehr zu wünschen übrig, als diese zarten Kinder des Lichtes in der ganzen Farbenpracht der Natur den erstaunten Augen vorzuführen." Aber zu Niepces und Daguerres Zeiten war es noch zu früh, solche Wünsche zu verwirklichen, obwohl François Arago schon bei der ersten offiziellen Vorstellung der Daguerreotypie im Jahre 1839 erklärt hatte: „Es wäre vermessen zu behaupten, die natürlichen Farben würden niemals auf fotografischem Wege wiedergegeben werden können."

Die Grundlagen des farbigen Bildes

Daß unser weißes Sonnenlicht in Wirklichkeit ein Mischlicht ist, zusammengesetzt aus allen Farben des Spektrums, hatte Isaac Newton (1643–1727) herausgefunden und bewiesen. Aber wie wurde das Auge mit der Fülle der durch das Sonnenlicht hervorgerufenen Farbeindrücke fertig? Der englische Physiker Thomas Young (1773–1829), ein sehr vielseitiger Wissenschaftler, der als erster den endgültigen Beweis für die Wellennatur des Lichtes lieferte, die Erscheinungen bei der Überlagerung von Lichtstrahlen (Interferenz) untersuchte, sich an Hieroglyphen-Entzifferungsversuche heranwagte und als erster das Wort Energie in seiner modernen Bedeutung gebrauchte, war auch bahnbrechend auf dem Gebiet des Farbempfindens. Thomas Young stellte die These auf, daß das menschliche Auge nicht etwa für jede Farbnuance über einen eigenen physiologischen Mechanismus verfüge, sondern daß drei Farben, beispielsweise Rot, Grün und Blau, völlig ausreichten, um auch alle Farbkombinationen zu erkennen bzw. wiederzugeben. Der Physiker und Physiologe Hermann Ludwig Ferdinand von Helmholtz (1821 bis 1894), unter anderem Erfinder des Augenspiegels und des Scherenfernrohrs, entwickelte die Youngsche Dreifarbentheorie weiter. Seitdem heißt sie Young-Helmholtzsche Dreifarbentheorie, und jedes Kind lernt in der Schule, daß unsere Augen in der Netzhaut Rezeptoren für rote, grüne und blaue Farbeindrücke besitzen – fehlt eine Sorte oder ist sie zu schwach vertreten, spricht man von Farbenfehlsichtigkeit oder Farbenblindheit.

Auf der Young-Helmholtzschen Theorie

2

3

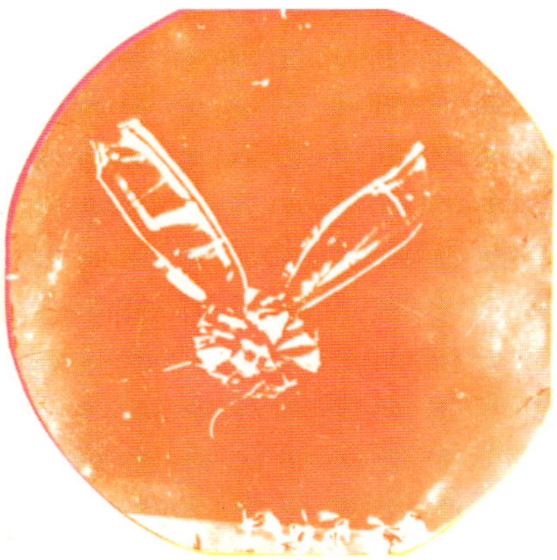

4

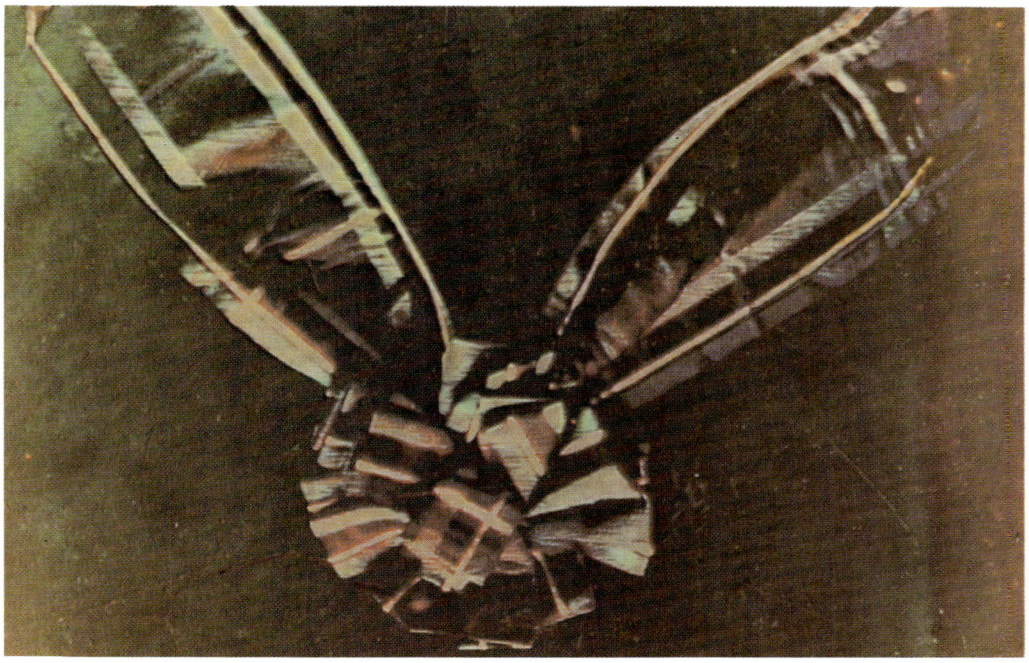

5

6

beruhen der Farbendruck, das Farbfernsehen und eben die Farbfotografie. Um farbige Fotos zu erzielen, sollte man von einem Objekt drei Aufnahmen machen und der Reihe nach einen Rot-, Grün- und Blaufilter vorschalten, schlug der englische Physiker James Clerk Maxwell (1831 bis 1879), aufbauend auf Young und Helmholtz, 1855 vor. Das Ergebnis wären drei Schwarzweiß-Diapositive gewesen, die nach Maxwells Vorstellung mit blauem, grünem und rotem Licht übereinanderprojiziert werden sollten.

Dieses Prinzip, das additive oder Spreizverfahren, wurde zu einer der Grundlagen der Farbfotografie. Eine andere Basis bildete das subtraktive oder Siebverfahren. Dabei werden von den drei Farbauszügen nach der Maxwell-Methode farbige Diapositive hergestellt, so daß der blaue Auszug ein gelbes, der grüne ein purpurnes und der rote ein blaugrünes Farbbild liefert. Legt man alle drei Diapositive aufeinander und durchstrahlt sie mit weißem Licht, entsteht eine farbige Projektion, bei der die Farben nicht addiert, sondern subtrahiert den Gesamteindruck ergeben.

In der Anfangszeit der Farbfotografie wurde ausschließlich nach dem additiven Verfahren gearbeitet. Die zweite Generation des Farbmaterials funktioniert nach dem subtraktiven Verfahren. Wir werden unten noch darauf zurückkommen.

Ducos du Hauron und die ersten Anfänge

Die ersten farbigen Fotos gab es in den vierziger Jahren des 19. Jahrhunderts. Man sollte sie eher bunte Fotos nennen, denn sie waren schlicht handkoloriert – ein Verfahren, das sich jahrzehntelang größter Beliebtheit erfreute. Jeder wollte „angemalte“ Daguerreotypien besitzen. Ein diesbezügliches Verfahren wurde 1842 für Richard Beard in England patentiert. Beard schnitt für jede Farbe eine Schablone, durch die er mit Klebepulver gemischte Farbe auf das Bild aufstäubte. Anschließend hauchte er das Bild vorsichtig an, damit die Farbe durch den auf diese Weise angefeuchteten Klebstoff Halt bekam. Beard muß gut bei Lunge gewesen sein.

Der Mann, der mit der Dreifarbentheorie schon frühzeitig etwas anzufangen wußte, war der geniale französische Fototechniker Arthur Louis Ducos du Hauron (1837 bis 1920), der eigentliche Vater der Farbfotografie – sein Name ist heute nur noch Spezialisten bekannt. Ducos du Hauron

1

veröffentlichte als 25jähriger eine berühmt gewordene Abhandlung mit dem Titel „Physikalische Lösung des Problems der Reproduktion der Farben durch die Photographie“, die er der Académie des Sciences zuleitete. 1869 erschien seine Arbeit als Buch. Es ist eines der erstaunlichsten Dokumente der Fotogeschichte, weil darin die meisten bis 1935 realisierten Verfahren der Farbfotografie bereits in der Grundkonzeption beschrieben werden, und zwar einschließlich der farbigen Papierbilder, an die andere Fachleute damals noch längst nicht dachten.
Was er beschrieb, hatte er selbstredend ausprobiert. Eines seiner frühen Farbfotos wird in Rochester im George-Eastman-House aufbewahrt. Es stammt aus dem Jahre 1877. Daß sich Ducos du Hauron letztlich nicht durchsetzen konnte, lag daran, daß er seiner Zeit weit voraus war. Eine der Voraussetzungen für farbrichtige Abbildungen war der panchromatische, d. h. alle Farben gleichmäßig in tonwertrichtige Grau- und Schwarztöne übersetzende Schwarzweiß-Film. Den gab es aber, wie weiter oben dargelegt, erst zu Beginn des 20. Jahrhunderts.
Übrigens war Ducos du Hauron nicht der einzige, der in den sechziger Jahren des 19. Jahrhunderts am farbigen Foto arbeitete. Kurz nach Ducos du Hauron veröffentlichte Charles Cros in der Zeitschrift „Les Mondes“ einen Aufsatz mit der Überschrift „Die Lösung des Problems der Farbphotographie“. Auch Cros beschrieb mehrere Techniken. Die beiden Erfinder ließen sich nicht auf Prioritätsstreitigkeiten ein. Sie lernten einander kennen und schätzen, wurden Freunde und arbeiteten fortan auf manchen Gebieten gemeinsam weiter.
Ein eigenes Verfahren, das nicht auf chemischen, sondern auf physikalischen Grundlagen beruhte, brachte 1891 der französische Physiker und spätere Nobelpreisträger Gabriel Jonas Lippmann (1845–1921) heraus. Aufbauend auf den Forschungen Newtons und Youngs entwickelte er die Interferenztechnik, das später nach ihm benannte Lippmann-Verfahren der Farbfotografie. Er beschichtete seine Platten mit sehr feinkörnigen Emulsionen und einer Quecksilberrückschicht. Durch Reflexion an der Quecksilberschicht entstanden bei der Belichtung stehende Wellen, die sich zum Teil überlagerten. An den Knotenpunkten der Überlagerung bildeten sich Silberkeime als Grundlage des Bildes. Nach der Entwicklung erschienen diese Stellen bei der Betrachtung in reflektiertem weißem Licht wieder in der ursprünglichen Farbe. Das

1 – Arthur Louis Ducos du Hauron zeigte 1868 seine ersten farbigen Bilder nach dem Pigmentverfahren und ließ es sich patentieren. Ein Patent für seine Camera Heliochromatique folgte 1874. Diese Heliochromie eines Hahns und eines Wellensittichs aus dem Jahr 1879 befindet sich im Musée National des Techniques, Paris.

2 – Eines der ganz wenigen erhaltenen Anwendungsbeispiele des Interferenzverfahrens von Gabriel Jonas Lippmann ist dieses Papageienfoto von Dr. Neuhauss aus dem Jahr 1899, heute im Deutschen Museum. Das Lippmann-Verfahren wurde nur bis zum Ersten Weltkrieg experimentell angewandt.

3 – Das additive Dreifarben-Filterverfahren von Maxwell griff Ende des 19. Jahrhunderts der Amerikaner Frederick Eugene Ives (1856–1937) auf. Seine Ideen benutzte ab 1899 vor allem Adolf Miethe zur Konstruktion von Wechselschlittenkameras wie der abgebildeten (ab 1903), die drei Jahrzehnte lang in der Berliner Kunsttischlerei W. Bermpohl gebaut wurden. Der Wechselschlitten wurde manuell oder pneumatisch auf- und abwärts bewegt, so daß nacheinander die blau, grün und rot gefilterten Teilaufnahmen gemacht werden konnten. Später brachten Miethe und Bermpohl auch Kameras mit teildurchlässigen Spiegeln heraus, die die Aufnahme mit nur einer Belichtung zuließen.

4 – Mikrofoto der Kornrasterschicht einer Autochrome-Platte der Brüder Lumière mit etwa 100facher Vergrößerung. Je Quadratmillimeter enthält sie rund 7000 zinnoberrot, gelbgrün oder ultramarinblau eingefärbte Kartoffelstärkekörnchen.

2

3

4

Lippmann-Verfahren lieferte ausgezeichnete Farbfotos. Für die Anwendung in der Praxis war es viel zu umständlich, schon wegen der erforderlichen langen Belichtungszeiten. Aber wahrscheinlich interessierte das den Professor Lippmann auch nicht besonders. Ihm genügte es wohl, durch sein Verfahren die Interferenzerscheinungen bei stehenden Wellen nachgewiesen zu haben.

Nicht praktisch verwertbar war auch das von dem Fotochemiker Adolf Miethe (1862–1927) im Jahre 1902 erstmals vorgeführte Farbfotografieverfahren. Miethe, Professor an der Technischen Hochschule in Berlin, verbesserte das Magnesium-Blitzlicht, erfand ein anastigmatisches Objektiv und ein Teleobjektiv und stellte synthetische Korunde und Spinelle her. Ins Gerede kam er unter Fachleuten, als er 1925 behauptete, er habe ein Verfahren entdeckt, mit dessen Hilfe sich Quecksilber auf elektrischem Weg in Gold verwandeln lasse. Sein Farbverfahren stützte sich auf drei deckungsgleiche, aber unter Verwendung jeweils andersfarbiger Filter hergestellter Diapositive, die er übereinandergelegt projizierte – im Grunde also keine umwerfende Neuheit.

Die Lumières und ihre Kartoffelstärkeplatte

Als Erfinder der ersten Farbfotoplatte, bei der das Bild in *einem* Belichtungsgang erzeugt werden konnte, gelten gemeinhin die Brüder Auguste Marie Nicolas (1862 bis 1954) und Louis Jean Lumière (1864 bis 1948), Söhne eines Fabrikanten fotografischer Platten in Lyon, Erfinder zahlreicher fototechnischer Verfahren, vor allem des ersten brauchbaren Kinematografen. Sie brachten 1907 die schon 1903 entwickelte farbige Autochrome-Platte heraus.

Ohne das Verdienst der Brüder Lumière schmälern zu wollen, die Welt endlich mit einem brauchbaren Farbfotoverfahren beglückt zu haben, muß jedoch festgestellt werden, daß auch sie bei ihren Arbeiten „auf den Schultern ihrer Vorläufer" standen, wie Newton es einmal ausdrückte. In diesem Fall hießen die Vorläufer Georges Balagny und Etienne Carjat.

Balagny, 1837 in Les Batignolles bei Paris geboren, studierte Jura, besuchte aber nebenbei auch physikalische Vorlesungen, die sich mit der jungen Kunst der Fotografie befaßten. Gemeinsam mit seinem Freund, dem Journalisten und Karikaturisten Etienne Carjat, der später als Porträtfotograf prominenter Zeitgenossen bekannt wurde, richtete er sich in Paris ein kleines Laboratorium ein. Ab 1885 galt das Interesse der beiden Tüftler vor allem der Möglichkeit, mit Farbe zu fotografieren und zu reproduzieren. 1890 konnte Balagny die ersten Ergebnisse publizieren. Es folgten zahlreiche Aufsätze über die „Herstellung von Platten und Filmen für farbige Aufnahmen".

Balagny verwendete Kartoffelstärke als Träger für die winzigen lichtempfindlichen Partikel, mit denen er seine Platten und Filme beschichtete. Dieses Verfahren übernahmen die Lumières und meldeten es 1903 zum Patent an. Von Balagny würde kaum noch jemand etwas wissen, wenn er nicht mehr als 300 erstaunlich gut gelungene Farbfotos hinterlassen hätte, die erst lange nach seinem Tod wiedergefunden und der Öffentlichkeit zugänglich gemacht wurden: zarte und melancholische Landschaften, sorgfältig komponierte Genrebilder und Porträts, sogar Aktaufnahmen.

Die Balagny-Lumière-Technik war ein additives Rasterverfahren, wie es schon Ducos du Hauron vorgeschlagen hatte. Mikroskopisch kleine Körner von Kartoffelstärke wurden zu gleichen Teilen rot, grün und blau eingefärbt, dann gemischt und auf die Platte aufgebracht. Die Zwischenräume zwischen den Stärkekörnern füllten die Lumières mit Ruß. Unter der Stärkekörner-Rußlage befand sich die normale lichtempfindliche Bromsilbergelatineschicht. Diese Autochrome-Platten lieferten nach der Entwicklung ein Diapositiv. Sie paßten in jede normale Kamera. Die Belichtungszeiten waren allerdings etwas länger als bei Schwarzweiß-Platten. Im Freien bei bedecktem Himmel konnten aber mit Belichtungszeiten um 8 Sekunden bei Blende 5,6 durchaus noch Porträtaufnahmen gemacht werden.

In der 1882 in Lyon gegründeten Plattenfabrik von Vater Antoine Lumière wurden die Autochrome-Farbrasterplatten ab 1907 hergestellt. Die Bilder hatten schöne, wohlabgestufte Töne, sie eigneten sich auch als Vorlagen für den Farbendruck.

Für den Amateur war diese Technik weniger geeignet. Erst eine wesentliche Verbesserung des Kornrasterverfahrens durch die Agfa-Farbenplatte führte zu Aufnahmematerial, mit dem auch der fotografische Laie etwas anfangen konnte. Die Kornrasterplatte, im Kriegsjahr 1916 auf den Markt gebracht, lieferte brillantere Farbbilder als die Autochrome-Platte von Lumière. Überdies war sie empfindlicher und feinkörniger. Ihr Raster bestand nicht mehr aus Stärkekörnchen, sondern aus gefärbten Harzpartikeln. 1932 kam der erste, nach dem gleichen Verfahren hergestellte Colorfilm heraus. Aber er machte schon bald den Dreischichtenfilmen Platz. Sie waren den Rasterfilmen in mancher Beziehung überlegen und lieferten vor allem Dias, die mit einem Drittel der bei Rasterfilmen notwendigen Lichtmenge auskamen.

Rudolf Fischer und der Dreischichtenfilm

In den Forschungsabteilungen der großen Fotokonzerne wurde intensiv an der Entwicklung besserer Farbfotoverfahren gearbeitet. Agfa und Kodak kamen schließlich Mitte der dreißiger Jahre fast gleichzeitig mit neuen Techniken auf den Markt. Aber es dauerte immerhin ein Vierteljahrhundert, bevor die Mehrschichtenverfahren anwendungsreif waren.

Die entscheidende Idee des Agfa-Verfahrens lieferte der Chemiker Rudolf Fischer (1881–1957), der sich vor allem in den Jahren von 1910 bis 1914 mit Farbfoto-Entwicklungen beschäftigte. Schon 1907 hatte Benno von Homolka, ebenfalls Chemiker, herausgefunden, daß bestimmte Farbzwischenprodukte Bromsilber zu entwickeln vermögen, wobei sich gleichzeitig mit dem Silber wasserunlösliche Farbstoffe bilden. Fischer stellte fest, daß man bei der Entwicklung des Bromsilbers in Gegenwart von Farbstoffkomponenten auch Chinonimin- und Azomethinfarbstoffe bilden und an reduziertem Silber abscheiden kann. Nach der Entfernung des Silbers durch ein entsprechendes Lösungsmittel erhielt man ein reines Farbstoffbild.

Das alles klingt sehr kompliziert, aber es bildete nur die Voraussetzung zu Fischers genialer Schlußfolgerung, die zur Erfindung der chromogenen Entwicklung führte. Fischer wollte seine Erkenntnisse in einem Dreischichtenverfahren anwenden, das nach dem subtraktiven Verfahren arbeitete. Die praktische Umsetzung seiner Theorie gelang ihm allerdings nicht. Zwar baute er die lichtempfindliche Schicht dreistufig auf. Aber er mußte erleben, daß die Farbstoffe immer wieder aus der einen Schicht in die nächste abwanderten (diffundierten), wo sie bildmäßig gar nichts zu suchen hatten.

G. Wilmanns und sein Mitarbeiter Wilhelm Schneider fanden viel später und nach endlosen Versuchen die Lösung. Sie machten die Farbkomponenten dadurch diffusionsecht, daß sie ihnen, bildlich gesprochen, einen Schwanz anhängten, der sie daran hinderte, in die falsche Schicht zu wandern.

Das moderne, auf Rudolf Fischer zurückgehende Dreischichtenverfahren hat drei lichtempfindliche Schichten. Die oberste Schicht ist für blaues Licht, die mittlere für grünes und blaues und die unterste für rotes und blaues Licht empfindlich. Eine dünne gelbe Filterschicht nach der obersten Schicht verhindert, daß blaues Licht die beiden unteren Schichten erreicht. Bei der Belichtung zeichnet also jede Schicht nur die ihr zukommende Farbe auf. Bei der Entwicklung ergibt sich in der obersten Schicht ein gelbes, in der mittleren ein magentafarbenes und in der untersten Schicht ein cyanfarbenes Bild. Nach dem Ausbleichen des restlichen Silbers in der Emulsion und des Gelbfilters zeigt sich ein Bild in allen Farben mit naturgetreuen Abstufungen. Die Farbbildner (Kupplungskomponenten) waren beim „Agfacolor-Neu" (seit 1936) schon in den Schichten enthalten. Auf diese Weise war mit einem einheitlichen Entwickler auszu-

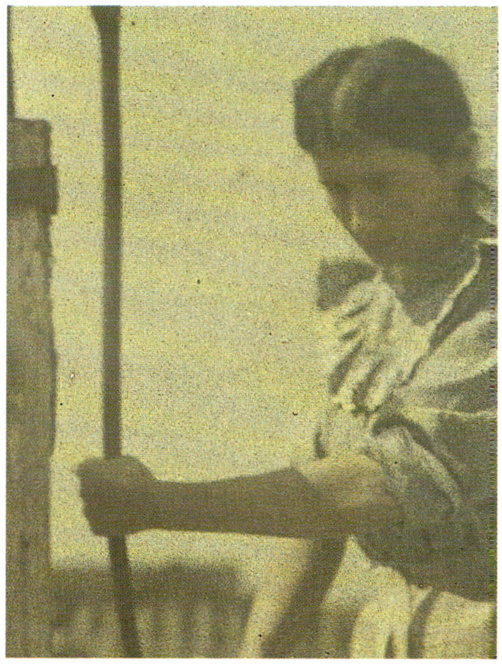
1

2

1 – Die 1916 auf den Markt gebrachte Agfa-Farbenplatte war brillanter und feinkörniger als die Autochrome-Platte, weil ihr Raster aus eingefärbten Harzpartikeln statt der Kartoffelstärkekörnchen bestand. Wie die Reproduktion auf Agfa Professional Planfilm zeigt, ist ihre Farbigkeit noch nicht völlig verblichen.
2 – Mit großem Werbeaufwand brachte Agfa 1932 ihr Kornrasterverfahren als Agfacolor auch für Rollfilm, Filmpack und Kine-Film heraus.
3 – Das bereits im April 1935 für 16-mm-Schmalfilm angekündigte Kodachrome-Verfahren gab es ab August 1936 auch für Farbdias. Im Gegensatz zu dem Ende 1936 herausgebrachten Agfacolor-Neu waren beim Kodachromefilm die Farbkuppler nicht in den drei Emulsionsschichten enthalten, sondern wurden erst durch drei getrennte Entwicklerbäder – mit dazwischen liegenden Bleichprozessen – zugeführt. Insgesamt 27 Verarbeitungsstufen hatte der Entwicklungsprozeß. Die Empfindlichkeit des Tageslichtfilms lag bei 11 DIN/ASA 10 (Agfacolor-Neu etwa 5 DIN/ASA 2,5).
4 – Nach verschiedenen Änderungen und Verbesserungen des Kodachromefilms (die erste bereits 1938) kam 1961 der Kodachrome II heraus, der trotz zusätzlicher Zwischenschichten erheblich dünner war. Das führte zu geringerer Lichtstreuung und größerer Schärfe. Die Empfindlichkeit betrug inzwischen 15 DIN/ASA 25.
5–6 – Die Einführung völlig neuer Farbkupplertypen in den siebziger Jahren kam vor allem der Feinkörnigkeit bei höchstempfindlichen Filmen zugute wie dem Negativfilm Kodacolor 400 mit 27 DIN/ASA 400. Mikroquerschnitte vor (5) und nach der Entwicklung (6).

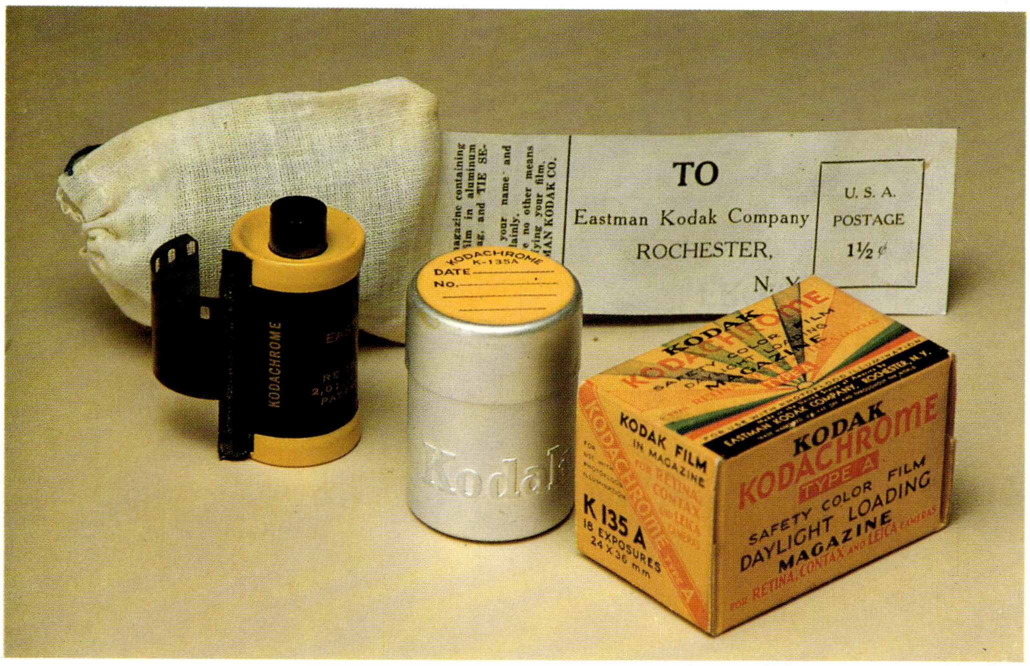

3

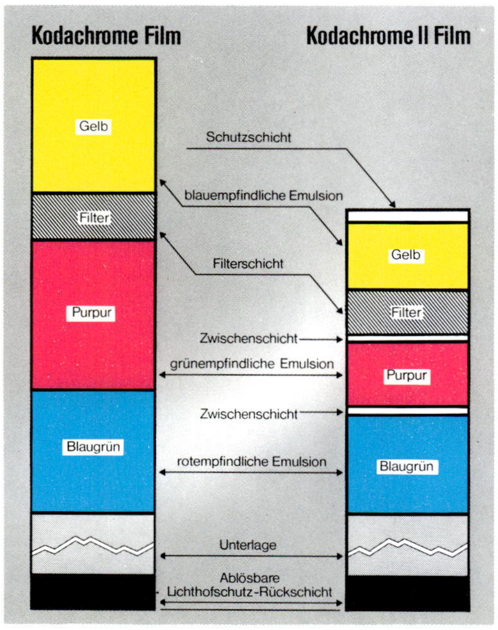

4

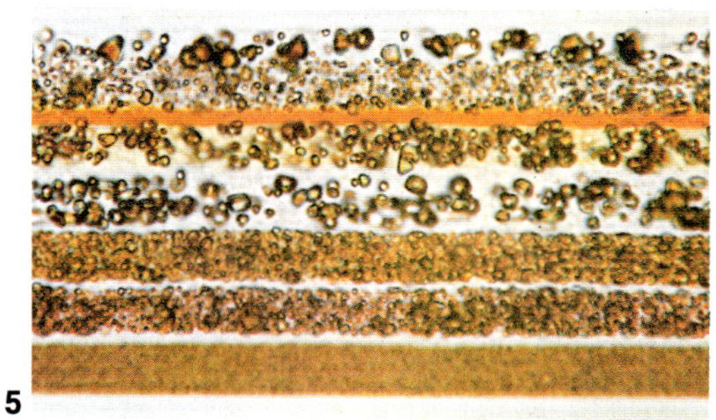
5

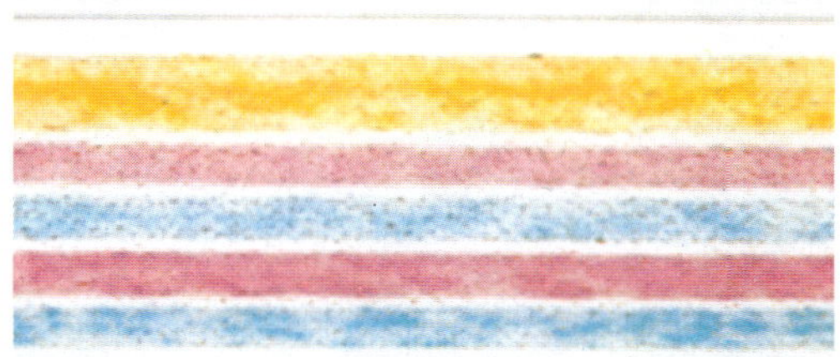
6

kommen. Beim Kodachromefilm (ab 1935 als Schmalfilm 16 mm, ab 1936 als Diafilm) befand sich die Kupplungskomponente dagegen im Entwickler. Deshalb waren mehrere getrennte Entwicklungsgänge erforderlich. Um dieses Verfahren machten sich vor allem die amerikanischen Musiker und Fotoamateure Leopold Mannes und Leopold Godowsky verdient. Sowohl Agfa als auch Kodak produzierten zunächst nur Umkehr-(Dia-)Filme im Kleinbildformat. 1939 veröffentliche Agfa die Technik des Negativ-Positiv-Verfahrens, die im Prinzip ebenso arbeitete wie das Umkehrverfahren. 1942 folgte Kodak mit einer eigenen Negativ-Positiv-Technik (Kodacolor). Nun war es auch möglich, farbige Papierabzüge und -vergrößerungen herzustellen – eine Technik, die in Deutschland erst nach Ende des Zweiten Weltkrieges populär wurde.

Von der Laterna magica zum Diaprojektor

Die Laterna magica oder Zauberlaterne war der Diaprojektor unserer Urgroßväter. Im Prinzip war sie nicht anders gebaut als ein Projektor von heute. Sie war, so ein technisches Lexikon der Jahrhundertwende, ein Projektionsapparat, der „von der Eigenschaft der Konvexlinse Gebrauch macht, von kleinen Gegenständen, die gut beleuchtet außerhalb der Brennweite nahe beim Brennpunkt aufgestellt werden, stark vergrößerte umgekehrte Bilder zu entwerfen, die man auf eine mattweiße Wand oder einen transparenten Schirm projizieren kann".
Solche Vorrichtungen werden schon zu Beginn des 15. Jahrhunderts beschrieben. Um 1665 operierte der dänische Mathematiker Thomas Walgensten erstmals mit auswechselbaren und rotierenden Bildplatten. Er reiste durch die Lande, um seinen Zauberkasten bekanntzumachen. 1793 zogen die Brüder Enslen ihr physikalisches Theater auf, bei dem sie die Bilder lebender Personen mit Hilfe eines Hohlspiegels auf die Optik der Laterna magica übertrugen und dann riesengroß auf die Bildwand projizierten. Und 1799 ängstigte E. G. Roberts, genannt Robertson, die Franzosen mit seiner optischen Bühne, indem er Geister auf der Bildwand erscheinen und wieder verschwinden ließ (die ihm vorher jemand auf die Glasplatten seiner Zauberlaterne gemalt hatte).
In der modernen Fotografie ist die Diaprojektion seit etwa 40 Jahren, seit der Erfindung des Kleinbild-Umkehrfilms, aktuell. Moderne Projektoren sind mit hochwertigen Objektiven und Lampen, Kühlgebläse und Lang- oder Rundmagazinen

für 50 und mehr Diapositive ausgerüstet. Den Bildwechsel steuern der Knopfdruck via Fernsteuerkabel, die elektrische Intervallschaltung oder das Tonbandsignal (selbstverständlich auch in Verbindung mit magnetgespeichertem Text und Musik). Bessere Modelle haben automatische elektronische Scharfeinstellung (Autofocus).

Die Sofortbild-Fotografie

Die Legende berichtet, wie es dazu kam, daß Edwin Herbert Land das Sofortbild-System erfand. Land hatte 1943 mit seiner Familie Urlaub gemacht und dabei sein dreijähriges Töchterchen fotografiert. Das Kind fragte ungeduldig, wann es denn die Bilder nun endlich sehen könne. Das löste in Land einen Denkvorgang aus, der ihn

1

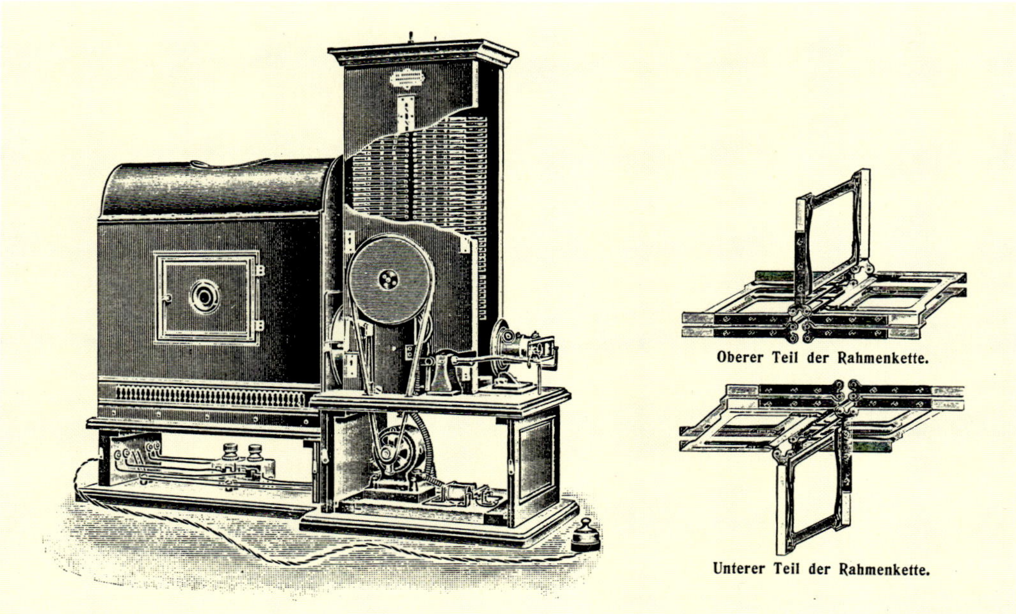

2

3

1 – Zwar nicht mit Dampf wurde diese Laterna magica von Sturm betrieben, wie man fast meinen könnte, sondern mit einer Petroleumlampe. Und unsere Ur- und Urgroßeltern waren beeindruckt oder belustigt durch das, was ein solcher Bildwerfer ihnen an gezeichneten Sensationen und Kuriositäten vor Augen führte.

2 – Schon lange vor der Popularisierung der Diaprojektion nach Einführung der Farbumkehrfilme gab es, vorwiegend für professionelle Zwecke, Projektoren für Schwarzweißdias. Die Firma Ed. Liesegang zeigte im August 1906 den Autotrop an, „eine selbsttätige Wechselvorrichtung für Lichtbilder-Apparate". Er wurde komplett mit Projektor geliefert (Preis für 60 oder 80 Dias je nach Stromart und -spannung 920 bis 1090 Goldmark), konnte aber auch an vorhandene Projektoren angepaßt werden. Die Glasdias im Format 8½ × 10 oder 8¼ × 8¼ Zentimeter wurden in einer Rahmenkette durch fernbedienten Elektromotor transportiert. Der Autotrop wurde bis 1930 gebaut.

3 – Mitte der fünfziger Jahre kamen für Kleinbildprojektoren Wechselvorrichtungen mit Magazin auf, zunächst als Halbautomaten ohne Fernbedienung wie der Fanti von Liesegang mit dem Schnellwechsler Audia (1956).

Nächste Doppelseite: Zu den Vorläufern der Sofortbildkameras gehört die Dubroni-Kamera von G. J. Bourdin für das nasse Kollodiumverfahren aus dem Jahr 1864. Die in einem Holzkasten mitgeführten Chemikalien zur Sensibilisierung und zur Entwicklung der Platte wurden von oben eingeführt und abgesaugt.

zu Überlegungen brachte, wie man das Negativ gleich in der Kamera entwickeln und auch noch einen Abzug davon machen könne.
Viel später meinte Land, eigentlich habe er auf diesem Spaziergang schon alle mit der Sofortbildfotografie zusammenhängenden Probleme gelöst – bis auf ein paar, für deren Bewältigung er dann von 1943 bis 1972 gebraucht habe. Aber immerhin kam er mit der ersten Sofortbildkamera nebst dazugehörigem Filmsystem schon 1948 heraus. Und schon damals, vier Jahre nach Arbeitsbeginn, zeigte die Land-Methode alle Kennzeichen, die auch die viel eleganteren Kameras und Filme von heute noch aufweisen.

Wie man Platten in der Kamera entwickelt

Die schnelle Sofortbildfotografie nach Lands inzwischen weltweit verbreitetem und nachempfundenem Verfahren ist eine Errungenschaft unseres Jahrhunderts. Über Techniken, wie man die Platte gleich in der Kamera entwickeln könne, dachten aber schon die ersten Fotografen nach.
Die ersten Überlegungen stellte Fox Talbot an. 1839 vermerkte er in einem seiner Notizbücher, wie man es einrichten könne, Daguerreotypien sofort sichtbar zu machen. Er wollte es mit einem in die Kamera integrierten Quecksilberverdampfer versuchen. Das Quecksilber sollte durch einen erhitzten Eisenstab zum Verdampfen gebracht werden. Daraus scheint nichts geworden zu sein, aber zwei Jahre später bastelte Antoine Claudet an einem ähnlichen Verfahren, bei dem das Quecksilber mit einem Spiritusbrenner erhitzt werden sollte. Diese und andere Techniken aus der Mitte des 19. Jahrhunderts setzten sich nicht durch. Dagegen steht fest, daß die 1853 von Frederick Scott Archer, dem Erfinder des Naßkollodiumverfahrens, konstruierte Kamera mit eingebauter Dunkelkammer auch wirklich gebaut wurde. In der Kamera waren drei Schalen mit den entsprechenden Lösungen für das Sensibilisieren, Entwickeln und Fixieren der Platten untergebracht. Schwarze Samtmanschetten ermöglichten es dem Fotografen, mit beiden Händen in die Kamera hineinzugreifen und die verschiedenen Badevorgänge der Platte im Handbetrieb vorzunehmen. Archers Konstruktion, die den Sinn gehabt hatte, den Fotografen vom Mitschleppen schwerer Zubehörteile zu entlasten, wie sie das Naßkollodiumverfahren verlangte, wurde in den folgenden Jahren mehrfach nachempfunden.

Etwas besser durchdacht und deshalb erfolgreicher war die Dubroni-Kamera von G. J. Bourdin aus dem Jahre 1864. Der Behälter für die Flüssigkeiten – es gab nur einen, und er war an der Kamerarückwand angebracht – hatte plangeschliffene Ränder, so daß sich ein flüssigkeitsdichter Verschluß bildete, wenn die Platte aufgelegt wurde. Mit einer Pipette wurden die Flüssigkeiten der Reihe nach eingefüllt und wieder abgesaugt. Die einzelnen Vorgänge ließen sich durch ein gefärbtes Fenster in der Kamerawand beobachten.
Nach der Einführung der Trockenplatten mit Gelatinebeschichtung durch Maddox im Jahre 1871 wurden die nur für Naßplatten geeigneten Dunkelkammer-Kameras uninteressant. Auf einigen speziellen Arbeitsgebieten blieb es aber nach wie vor bei Naßplatten, vor allem nach dem Ferrotypie-Verfahren, das mit kollodiumbeschichteten emaillierten Zinnplatten arbeitete. Es wurde von Straßen- und Strandfotografen bevorzugt, denen viel daran lag, ihre Meisterwerke möglichst bald nach der Aufnahme vorzeigen (und verkaufen) zu können. Deshalb blieben schnelle Entwicklungsverfahren für sie aktuell, auch nach Einführung der Ferrotypie-Trockenplatten zu Beginn der neunziger Jahre des 19. Jahrhunderts, für die Mario Mendoza 1893 eine Selbstentwicklerkamera baute. Die belichteten Platten fielen bei dieser und unzähligen späteren Kameras dieses Genres meist in eine angebaute Kammer, in der sich der Entwicklungsprozeß abspielte. Nach wenigen Minuten konnte dem Kunden das fertige Bild präsentiert werden.
Andere Kameras arbeiteten mit Papier-Positivfilm. Die Photo-See-Kamera von 1936 kehrte wieder zur Frühzeit der Schnellkameras zurück. Bei ihr gehörte zur Kamera, einer einfachen Box, ein Entwicklungskasten, in den das belichtete Material, das aus Umkehrpapier bestand, eingeschoben wurde. Dann mußten der Reihe nach die verschiedenen Badeflüssigkeiten eingefüllt werden, insgesamt vier mit entsprechenden Zwischenwässerungen. Aber immerhin kostete ein Schnappschuß nebst Fertigstellung bei diesem Verfahren nur knapp zwei Dollar.

Edwin Herbert Land aus Bridgeport, Connecticut

Wenn irgendeiner unter den Erfindern seit Thomas Alva Edison den Titel eines berufsmäßigen Erfinders verdient, dann zweifellos Edwin Herbert Land aus Bridgeport im amerikanischen Bundesstaat Connecticut. In dieser 150000-Einwohner-Stadt wurde er im Jahre 1909 geboren. In der Nähe von Norwich wuchs der Kaufmannssohn auf und besuchte bis 1926 die Norwich Academy mit brillantem Abschlußzeugnis. Sein Physiklehrer erinnert sich, daß Land im letzten Jahr schon „auf einer Ebene arbeitete, auf der ich ihm nicht mehr helfen konnte“.
Studien an der Harvard-Universität in Cambridge schlossen sich an. Aber er brachte sie nie zu Ende, verließ die Hochschule ohne Abschluß. Denn noch in Harvard machte er seine erste bahnbrechende Erfindung auf dem Gebiet der Lichtpolarisation, als achtzehnjähriger Student.
Mit Hilfe bestimmter Kristalle kann man Licht so filtern, daß nur die Wellen einer bestimmten Schwingungsebene durchgelassen werden. Das war seit langem bekannt, ebenso die wichtigste Anwendung des polarisierten Lichtes: Erzeugung von blendfreier Lichtstrahlung. Kristalle als Lichtfilter kann man aber nicht beliebig groß herstellen. Land erfand 1928 ein Verfahren, geeignete kleine Kristalle in Kunststoffmaterial einzubetten. Das brachte den gleichen Effekt wie ein sehr großer Kristall.
In New York setzte er seine Untersuchungen fort, unter anderem in einem Physiklabor der Columbia-Universität, wobei ihm seine Frau in der ersten Zeit assistierte. Nach neun Jahren hielt er sein Polarisationsverfahren für ausgereift. 1937 gründete er die Polaroid Corporation und stellte Polarisationsfilter her, vor allem für blendfreie Sonnenbrillen und Sicherheitsgläser. Während des Zweiten Weltkrieges kamen Linsen, Filter und Schutzbrillen dazu, das Geschäft nahm einen ungeahnten Aufschwung.
Damit war es bei Kriegsende allerdings vorbei. 1947 arbeitete die Polaroid Corporation mit hohem Verlust. Es war höchste Zeit, etwas Neues, Ungewöhnliches auf den Markt zu bringen. Mittlerweile arbeitete Land schon seit einigen Jahren an seiner Idee der Sofortbild-Fotografie. Am 21. Februar 1947, gerade zur rechten Zeit, konnte er das neue Verfahren erstmals auf einer Tagung der Optical Society of America ankündigen. Ein Jahr später kamen die ersten Polaroid-Land-Kameras auf den Markt, und zwar in Boston, Massachusetts, wo die ersten Exemplare des Modells 95 verkauft werden konnten.

Die Tricks des Polaroid-Land-Verfahrens

Das Modell 95 war noch ziemlich unförmig und wog 1,8 Kilogramm. Aber es erfüllte seinen Zweck. Die Klappkamera

PRODUITS CHIMIQU
1
Alcool
DUBRONI
250, Rue de Rivoli PA
Hyposulfite
de
Soude
250, Rue de Rivoli P
2
Argent
DUBRONI
250, Rue de Rivoli PA
PRODUITS CHIMIQUE
Fer
DUBRONI
250, Rue de Rivoli PA
6
Vernis

PRODUITS CHIMIQUES
3
Collodion
230, Rue de Rivoli PARIS
PAYSAGES—REPRODUCTIONS
NOUVEAUX
APPAREILS PHOTOGRAPHIQUES
DUBRONI
A L'USAGE DE TOUS
EN PLEIN AIR, DANS UN SALON OU EN VOYAGE
RUE AUBER, 9, A PARIS

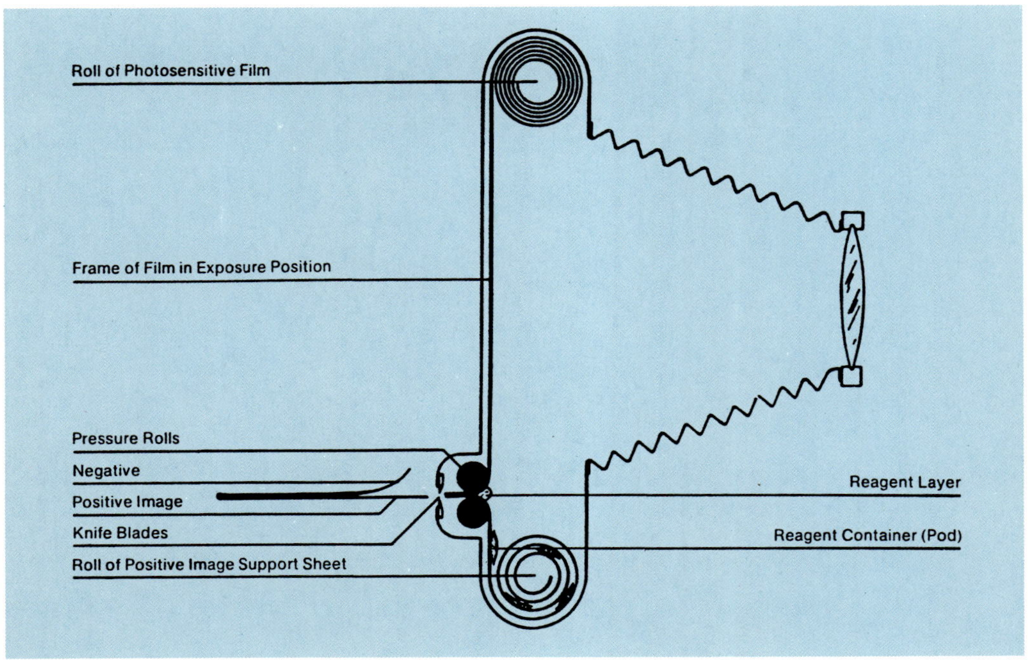

1

2

3

4

1–2 – Mit der Polaroid-Land-Kamera Modell 95 wurde 1948 der Traum vieler Fotografen erfüllt: Man hatte kurze Zeit nach der Aufnahme das Ergebnis als 83 × 108 Millimeter großes Papierbild in Händen. Die Kamera enthielt je eine Rolle Negativ- und Positivpapier; auf dem Positivpapier für jeden Bildabschnitt eine Plastikkapsel mit Entwicklerreagenzien, die beim Herausziehen des doppelten Papierbandes zwischen zwei Walzen aufplatzte und mit ihrem Inhalt innerhalb einer Minute ein brauntoniges Bild entwickelte.

3 – Ähnlich wie das Modell 95 sah das 1954 herausgebrachte Modell 80 Highlander aus, war jedoch für das Bildformat 57 × 88 Millimeter bestimmt. Inzwischen waren die Fotos auch wirklich schwarzweiß. Abgebildet ist das Modell 80 A mit aufgesetztem Vacublitzgerät und Diffusorscheibe.

4 – Nachdem Polaroid schon 1960 mit dem Modell 900 Electric Eye eine Automatikkamera vorgestellt hatte, wurden ab 1963 in den Modellen 100 und 101 (Abbildung) erstmals transistorisierte Verschlüsse verwendet. Gleichzeitig wurde mit diesen Modellen der Filmpack anstelle des Rollenfilms bei den Polaroid-Kameras eingeführt.

5 – Völlig neue Wege im Kamerabau gingen Edwin H. Land und seine Mitarbeiter bei dem Modell SX-70 von 1973, einer flach zusammenklappbaren Spiegelreflexkamera. An der daraus weiterentwickelten SX-70 Sonar AutoFocus wird dem Fotografen auch noch die Entfernungseinstellung abgenommen.

6 – Das in der Rauchkammer aufgenommene Foto zeigt den komplizierten Strahlengang in der SX-70.

5

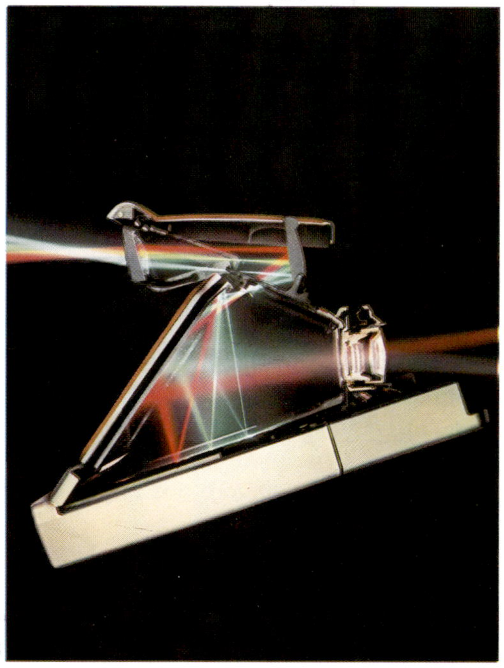

6

enthielt zwei Spulen mit Film, die ein Papierstreifen miteinander verband: eine größere Rolle mit Positiv- und eine kleinere mit Negativpapier. Durch einen Schlitz im Kameraboden mußte der Papierstreifen so weit herausgezogen werden, daß sich das erste Negativ in Aufnahmestellung befand. Nach der Belichtung zog man das Negativ – zusammen mit einem entsprechenden Stück Positivpapier – aus der Kamera heraus. Beide Papiere liefen durch ein Rollenpaar. Dabei platzte eine Kapsel mit zähflüssiger Entwickler- und Fixiermasse und verteilte die Paste zwischen den beiden Streifen. Nach dem etwa eine Minute dauernden Entwicklungs-, Fixier- und Kopiervorgang konnten Negativ und Positiv voneinander getrennt werden – fertig war das (schwarzweiße) Bild, das dezente Sepia-Brauntöne zeigte, 83 × 108 Millimeter groß war und einen Büttenrand aufwies.

Worin besteht das Geheimnis des Polaroid-Land-Verfahrens? Wenn die Entwicklersubstanz der Paste das Negativ berührt, reduziert sie zunächst die belichteten Silberbromid-Körnchen des Negativs zu Silber. Zugleich löst das ebenfalls in der Paste enthaltene Fixiersalz (das herkömmliche Natriumthiosulfat) die unbelichtet gebliebenen Körnchen zu einem Silber-Thiosulfat-Komplex. In der normalen Fotografie wird dieser Komplex ausgespült und bleibt im Fixierbad, mit dem er letztlich weggeschüttet wird. Beim Polaroid-Land-Verfahren dient die Komplexverbindung dagegen zum Aufbau des Positivs: Durch die sehr dünne Entwicklerschicht diffundiert sie zum Positivpapier, auf dem die Silberionen nach Sprengung des Thiosulfat-Komplexes wieder als Silber ausgeschieden werden. Überall da, wo die lichtempfindliche Schicht des Negativs unbelichtet bleibt, wird also Silber ausfixiert und auf der gegenüberliegenden Seite des Positivs als schwarzes Silber angelagert.

Ein ähnliches Verfahren war während des Krieges zum Kopieren von Dokumenten erfunden worden. Edwin H. Land und seine Mitarbeiter verbesserten es so weit, daß es sich für „richtige" Fotos nach dem Land-Verfahren eignete.

Ab 1950 kam neues, schwarz statt sepiafarben auskopierendes Filmmaterial heraus. Es neigte allerdings zum Verblassen, weswegen Polaroid-Land eine Art Lack mitlieferte, der nach Fertigstellung des Positivs aufgestrichen werden mußte und das Bild besser konservieren sollte. Höherempfindliches Filmmaterial wurde ab 1959 hergestellt. Außerdem kamen zahlreiche neue Kameramodelle auf den Markt, darunter 1952 das Modell 110 Pathfinder für Berufsfotografen, 1954 das neue Standardmodell 95 A Speedliner und das kleinerformatige Modell 80 Highlander. 1956 konnte die millionste Polaroid-Land-Kamera verkauft werden. Die erste vollautomatische Kamera, Modell 900 Electric Eye, erlaubte die Herabsetzung der Entwicklungszeit auf 10 bis 15 Sekunden, sie wurde 1960 herausgebracht. Die nächste Stufe war die Automatic 100 von 1963, die erste Kamera mit transistorisiertem Verschluß. Sie arbeitete nun auch nicht mehr mit Filmrollen, sondern mit Filmpacks.

Im selben Jahr wurde der Polacolorfilm vorgestellt, der nach weniger als einer Minute ein Farbbild lieferte. Und 1966 schloß sich der Kreis mit einer ersten preiswerten Kamera, der Polaroid Swinger, ebenfalls für Filmpacks bestimmt.

Ein neues System: Die SX-70-Kamera

Der Polacolor-Farbfilm hatte erhebliche Entwicklungskosten verschlungen – umgerechnet rund 160 Millionen Mark. Aber er erwies sich schnell als marktstrategisch unbedingt notwendig, denn gegen Ende der fünfziger Jahre geriet der Absatz der nur Schwarzweiß-Bilder liefernden Sofortbild-Sets ins Stocken. Der Polacolorfilm kam also gerade zur rechten Zeit, und er setzte sich ziemlich schnell durch.

Mit den erzielten Ergebnissen war Edwin H. Land jedoch noch lange nicht zufrieden. 1973 stellte er als einstweilige Krönung seiner und seiner Mitarbeiter Arbeit die „absolutely one-step-photography" vor, verkörpert in der SX-70-Kamera mit neuem Farbfilmmaterial. Fachleute hatten den Eindruck, als hätten die Land-Leute noch einmal ganz von vorne angefangen, denn das SX-70-System unterschied sich von der ersten Polaroid-Land-Kamera wie der Dreischichtenfarbfilm von der Daguerreotypie.

Die SX-70 erwies sich als erste Spiegelreflexkamera aus den Land-Konstruktionsbüros, sie war überdies vollautomatisch und motorisiert. Zusammengeklappt bildet sie eine flache Schachtel, 17,8 × 10,2 × 2,5 Zentimeter groß, aufgeklappt hat sie eine dreieckige Form. Bei der SX-70 braucht nur noch die Entfernung eingestellt, das Bild mit dem Sucher aufgefaßt und der Auslöseknopf betätigt zu werden. Er setzt das elektrisch-elektronische System mit sechs integrierten Schaltkreisen und 325 Transistoren in Tätigkeit. Die Automatik schließt zunächst den Verschluß (für den Blick durch den Sucher ist er offen). Dann klappt ein Motor den Sucherspiegel nach oben an die Kamerarück-

1 – Die ab 1976 herauskommenden Kodak-Instant-Kameras benutzen im Gegensatz zu Polaroid Umkehrmaterial, das durch die Bildrückseite belichtet wird. Die nicht zusammenklappbaren Modelle wie die EK 160 lenken die Strahlen lediglich deshalb über zwei Spiegel auf den Filmpack, um die Kamera kompakter bauen zu können. Die Belichtung wird automatisch geregelt.
2 – Jede der zehn Bildeinheiten des Filmpacks wird nach der Belichtung durch einen Elektromotor aus der Kamera geschoben. Bei nicht zu starker Beleuchtung kann man beobachten, wie innerhalb etwa einer Minute ein farbiges Bild entsteht.

1

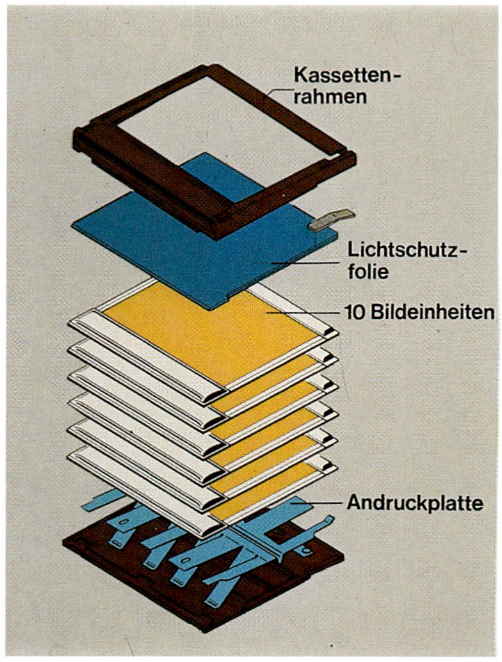

2

seite. Die Rückseite des Sucherspiegels bildet der Aufnahmespiegel, der das Bild umkehrt und seitenrichtig auf die oberste Filmpacklage wirft. Die Batterie für den Betrieb aller elektrischen und elektronischen Vorgänge ist in jeden Filmpack integriert.

Die von einer Fotozelle gemessene Helligkeit verarbeitet ein Minicomputer, er wählt die passende Belichtungszeit und Blendenöffnung, sperrt den Verschluß, wenn das Licht nicht ausreicht, oder schaltet auf Blitzbelichtung um, falls auf dem Blitzsockel eine Blitzschiene aufgesteckt ist (in diesem Fall sucht sich die Automatik auch noch die nächste unverbrauchte Blitzlampe). Nun wird der Verschluß geöffnet.

Der Motor schiebt das belichtete Bild durch ein Walzenpaar nach draußen. Dabei verteilt sich die Entwicklersubstanz auf dem Bild. Der Entwicklungsprozeß findet außerhalb der Kamera statt. Die Automatik stellt die Spiegel in die Ausgangsstellung zurück, die Kamera ist wieder aufnahmebereit. Für alle diese Vorgänge braucht die Kamera 1,5 Sekunden.

Außer dem Knopfdruck zur Betätigung dieses komplexen Systems verblieb dem Fotografen bei der SX-70 nur noch die Entfernungseinstellung. Aber auch diese „Arbeit“ nahm Land seinen Kunden schließlich noch ab und lieferte die Kamera mit einem automatischen, elektroakustisch funktionierenden Entfernungsmesser, der seine Meßwerte unmittelbar auf die Objektiveinstellung übertrug.

Das dazugehörige Filmmaterial lehnt sich an die bisherigen Verfahren an. Es besteht aus einem mehrschichtigen Negativ und einer transparenten Bildaufzeichnungsschicht, die zu einer Einheit kombiniert sind. Bei der Entwicklung geben die Negativschichten im umgekehrten Verhältnis zu ihrer Dichte Farbstoffe frei, die durch die Entwicklerschicht zur Bildaufzeichnungsschicht diffundieren.

Das Sofortbildsystem von Kodak

Auch wenn darüber nichts an die Öffentlichkeit drang, ist anzunehmen, daß die Manager von Eastman Kodak in Rochester heute nicht mehr so ganz von der Richtigkeit jener Entscheidung überzeugt sind, die die zur Zeit der ersten Nachkriegsjahre amtierende Geschäftsleitung traf. Damals meldete sich nämlich in Rochester ein ziemlich unbekannter Physiker namens Edwin H. Land mit dem Vorschlag, das von ihm erfundene Sofortbildsystem kommerziell auszuwerten. Das neue Verfahren kam ihnen zu umständlich und unsicher vor, außerdem waren die ersten Ergebnisse qualitativ weit von dem entfernt, was man sich in Rochester unter guten Fotos vorstellte.

Als sich das Polaroid-Land-Verfahren gemausert und bewährt hatte, blieb den Eastman-Kodak-Konstrukteuren nichts anderes übrig, als über ein eigenes Sofortbildsystem nachzudenken. 1976 kam das Programm auf den Markt. Es bestand aus neuen Instant-Kameras und einem Instant-Print-Film, konfektioniert in Filmpacks mit zehn Einheiten. Im Gegensatz zu Land verwendete Kodak kein Negativ-Positiv-, sondern ein Umkehrverfahren, bei dem durch die Schicht hindurch belichtet wird. Nach dem Entwicklungsvorgang bildet also die belichtete Seite die Rückseite des Bildes. Es war deshalb überflüssig, den Strahlengang in der Kamera durch Spiegelkonstruktionen umzukehren. Überdies erlaubte es dieses Verfahren, Papier mit strukturierter Oberfläche zu verwenden.

Die dazugehörigen Kameras lagen in unterschiedlichen Preisklassen – von der preiswerten, nicht zusammenklappbaren Kodak EK2 bis zur EK8, die sich flach zusammenklappen läßt. Das Kodak-Sofortbildsystem wurde schnell ein großer Erfolg. Edwin H. Land fand, die Konkurrenz belebe das Geschäft: „Jahrelang haben wir den Ball gegen eine Wand gespielt. Nun freuen wir uns, jemanden auf der anderen Seite des Netzes zu haben.“

Letztlich ging Sofortbildgigant Land (70 Prozent Marktanteil) jedoch stark angeschlagen aus dem heftigen Konkurrenzkampf hervor. Firmengründer Edwin H. Land mußte 1980 seinen Stuhl räumen. Ein Jahr später kam seine Firma mit vollautomatischen Sofortbildgeräten der Serie 600 heraus. Aber Kodak, der „gelbe Riese aus Rochester“, konterte wenige Monate später mit den ersten Kameras der neuen Kodamatic-900-Serie, die Polaroid zeitweise schwer zu schaffen machten. Land-Nachfolger William J. McCune ließ sich jedoch nicht entmutigen. Als vorläufig letzte Neuentwicklung kündigte Polaroid 1983 einen Dia-Sofortbildfilm an, den jeder Hobbyfotograf mühelos zu Hause entwickeln und auch gleich noch rahmen kann. Und wieder einmal war die Rede von einer „völlig neuen Dimension der Fotografie“.

Inzwischen ist es etwas ruhiger auf dem Gebiet des Sofortbildes geworden. Das mag daran liegen, daß das Aufnahmematerial relativ teuer ist, auch wenn keine weiteren Entwicklungskosten entstehen.

Zukunftsmusik: Fotos ganz ohne Chemie

Im Sommer 1981 versetzte die japanische Elektronikfirma Sony Corporation der internationalen Fotobranche einen heftigen Schock. Sie stellte der Welt die erste elektronische Kamera vor, die von Sony-Chefingenieur Nobutoshi Kihara entwickelte „Mavica". In absehbarer Zeit, so hieß es, werde jedermann nur noch elektronisch fotografieren wollen – ganz ohne Film, nur mit einem Speicherelement in Gestalt einer fünfzig Bilder fassenden Magnetbandkassette. Die gespeicherten Bilder ließen sich auf den Fernsehschirm übertragen, per Datenleitung transportieren oder in Minutenschnelle ausdrucken.
Bei näherer Betrachtung zeigte sich, daß es die Mavica einstweilen qualitativ noch lange nicht mit einer herkömmlichen Kamera aufnehmen konnte. Aber der japanische Vorstoß führte doch dazu, daß in den Entwicklungslabors der großen Fotofirmen fortan mit großem Nachdruck an den Problemen der digitalen Fotografie gearbeitet wurde. Zu Beginn der neunziger Jahre wird die elektronische Fotografie technisch ausgereift sein – zu diesem Ergebnis kam das Bundesforschungsministerium in einer im Sommer 1983 veröffentlichten Studie.
Bis dahin ist freilich noch ein weiter Weg zurückzulegen. Aber es lohnt sich, ihn zu beschreiten. In Europa gibt es 100 Millionen, in der Bundesrepublik Deutschland 28 Millionen Hobbyfotografen. Jedes Jahr werden in Deutschland 3,3 Millionen neue Kameras an die Frau und den Mann gebracht – ein riesiger Markt. Und jedes Jahr wandern in Deutschland rund 2,5 Milliarden Fotos durch die Entwicklungsmaschinen der Großlabors. An der Film-Chemie verdient die Fotoindustrie am meisten – sie macht damit rund zwei Drittel ihres Umsatzes aus. Was wird geschehen, wenn keine Chemie mehr gebraucht wird? Wem wird das elektronische Foto-Marktvolumen zufallen, das die Studie des Bundesforschungsministeriums allein für die Anfangszeit auf etwa 100 Milliarden Mark pro Jahr schätzt?
Wenden wir uns den technischen Problemen zu. Für die elektronische Fotografie wird zunächst einmal das ganz normale optische System einer Kamera gebraucht. Den Film vertritt ein Festkörpersensor. Er wandelt das einfallende Licht in elektrische Signale um, die optisch oder magnetisch gespeichert werden können. Der Sensor ist aus vielen winzigkleinen Bildelementen (Pixel) aufgebaut. Von der Pixel-Zahl hängt die Bildqualität ab. Die Techniker streben die Konstruktion eines Halbleitersensors mit einer Million Bildelementen an. Das entspräche dem Auflösungsvermögen eines Kleinbildfilmes mittlerer Qualität.
Die vom Sensor aufgenommenen Signale werden von einem Mikroprozessor verarbeitet und dann digital gespeichert. Die heute verfügbaren Speicherchips reichen für die Anforderungen der elektronischen Fotografie noch nicht aus. In absehbarer Zeit hofft man, Speicher mit einem Fassungsvermögen von einem Megabit (= eine Million Bildelemente) entwickeln zu können. Damit wäre aber noch nicht viel gewonnen. Angestrebt wird ein Speicher, der mindestens 20 Bilder mit einer Auflösung von je vier Millionen Bildelementen festhalten kann.
Der in die Kamera eingesetzte Speicher ist nur für die Kurzzeitspeicherung der Bildelemente gedacht. Aus dem Kameraspeicher lassen sich die magnetischen Impulse über ein Lesegerät auf den Fernseh-Bildschirm übertragen. Ein anderes Zusatzgerät soll das Ausdrucken der Bilder erlauben. Für die langfristige Aufbewahrung der elektronischen Bilder bietet sich ein Verfahren an, wie es beispielsweise beim Compact Disc verwirklicht wurde. Ein Laserstrahl brennt die Bildimpulse in eine Platte. Mit einem anderen Lasergerät können sie dann wieder abgetastet werden. Auf diese Weise hofft man, auf einer 30-cm-Platte bis zu 100 Bilder dauerhaft speichern zu können.
Dank der elektronischen Speichermöglichkeiten wird es in absehbarer Zeit Bild-Datenbänke geben. Gespeicherte Bilder können sekundenschnell über Breitbandkabel übertragen werden. Möglich wäre auch die elektronische Abwandlung der Bildimpulse. Diese und andere technische Voraussetzungen werden zunächst für Anwendungen in Presse, Industrie und Medizin interessant sein. In diesen Fällen wird auch der zunächst noch hohe Preis für die elektronische Kamera und ihr Zubehör keine so große Rolle spielen wie in der Amateurfotografie. Die ersten Ausrüstungen werden, wie am Beispiel Mavica abzulesen ist, sicherlich noch erheblich mehr kosten als eine komplette Spiegelreflexkamera-Ausstattung mit allen Schikanen.

Anwendungsgebiete der Fotografie

Mit fotografischen Vorrichtungen kann man nicht nur einfach „Bilder" machen. Die Anwendungsgebiete der Fotografie sind auch außerhalb der herkömmlichen Bereiche Berufs- und Amateurfotografie und Filmtechnik unerhört vielfältig und vielseitig. Fotografische Techniken haben in Wissenschaft und Forschung eine große Bedeutung, beispielsweise in der Astronomie oder Medizin. Sie sind in der Technik unentbehrlich. Bei den meisten Drucktechniken spielen fotografische Prozesse eine Rolle, ebenso bei den Fotokopier-Verfahren. Mit Hilfe fotografischer Reproduktionsverfahren werden aber auch Mikroprozessoren oder Schaltkreise für Computer und Taschenrechner hergestellt. Auf zahllosen Gebieten, in denen es darauf ankommt, veränderliche Vorgänge festzuhalten, hat sich die Fotografie als das beste Medium erwiesen. Nur einige der interessantesten Anwendungsgebiete seien nachstehend erläutert.

Fotomikrografie und Mikrofilm

Als die Preußen am 19. September 1870 die Stadt Paris nach der Schlacht bei Sedan einschlossen, gab es keine regulären Möglichkeiten mehr, aus der belagerten Stadt mit dem unbesetzten Frankreich Verbindung aufzunehmen. Es wurde zunächst versucht, mit Hilfe von Freiballons Nachrichten hinauszutransportieren. Das war zu gefährlich – die Preußen schossen viele von ihnen ab. Dann versuchten es die Franzosen mit Brieftauben, was in beiden Richtungen, aus der Stadt heraus und in sie hinein, recht gut funktionierte. Der einzige Nachteil war, daß die Kapazität der Tauben sich bald als unzulänglich erwies, weil die Vögel Schriftstücke normaler Größe mitnehmen mußten.
Die Direktion der Telegrafenlinien kannte einen Mann, der sich schon seit fünf Jahren mit der Herstellung stark verkleinerter fotografischer Abbildungen befaßte: René Prudent Patrice Dagron (1819–1900). Er wurde beauftragt, eine Mikrofilm-Taubenpost einzurichten, was auch sofort geschah. Die Nachrichten wurden zunächst gedruckt, damit man ein klares Schriftbild erhielt, dann im Verhältnis 1:100 verkleinert und auf Kollodiumfilm abgebildet. Eine 80 × 100 Millimeter große Vorlage schrumpfte dabei auf die Größe etwa eines Quadratmillimeters zusammen. Die Kollodiumschicht wurde von der Unterlage gelöst, zusammengerollt und den Tauben in einer kleinen Kassette mitgegeben. Für den Nachrichten-Rücklauf richtete Dagron, der Paris mit dem Luftballon verließ, Verkleinerungsstationen in Bordeaux und Tours ein.
Jede Taube konnte pro Flug Mikrofilme mit 60000 bis 80000 Depeschen zu je 20 Wörtern mitnehmen. Auf diese Weise wurden bis zur Übergabe von Paris am 28. Januar 1871 Hunderttausende amtlicher und privater Nachrichten befördert.

1

Dann geriet die mikrografische Technik für Jahrzehnte in Vergessenheit. Erst in den zwanziger Jahren unseres Jahrhunderts kam in den USA der von George McCarthy konstruierte Checkograph auf, mit dem die Banken eingehende Schecks fotografierten. Eastman Kodak entwickelte daraus das Recordak-Verfahren (1928), mit dessen Hilfe viele Betriebe fortan ihre wichtigsten Unterlagen verfilmten und mit geeigneten Lesegeräten jederzeit verfügbar hatten. Große Archive und Bibliotheken schlossen sich an, nachdem ihnen ein schlagendes Beispiel die Vorteile des Verfahrens bewiesen hatte: Die Zeitung New York Herald Tribune stellte ihr Archiv mit den 100 ersten Jahrgängen des Blattes, das einen Raum von über 5000 Kubikmetern beansprucht hatte, auf Mikrofilm um und kam fortan mit einem normalen Bücherschrank aus.

Auch für Spionagezwecke war das Mikrofilmverfahren hervorragend geeignet. Berühmt ist die Story vom Mikropunkt: Stark verkleinerte Dokumente wurden auf die Größe eines Schreibmaschinenpunktes gebracht. Die Filmpunkte konnte man als i- oder Satzpunkte in ein normal großes Dokument montieren. Sie fielen nur bei mikroskopischer Betrachtung auf.

Immer feinkörnigeres Filmmaterial steigerte die Leistungsfähigkeit der Fotomikrografie. Schon 1964 war es mit Hilfe der Kodak High Resolution Platte möglich, auf einem Quadratzentimeter 160 Millionen Informationseinheiten unterzubringen. Für ein 24bändiges Lexikon brauchte man dabei nur eine Fläche von rund 100 Quadratzentimern, kleiner als eine Postkarte. Das hätte sich René Prudent Patrice Dagron vor über hundert Jahren nicht träumen lassen.

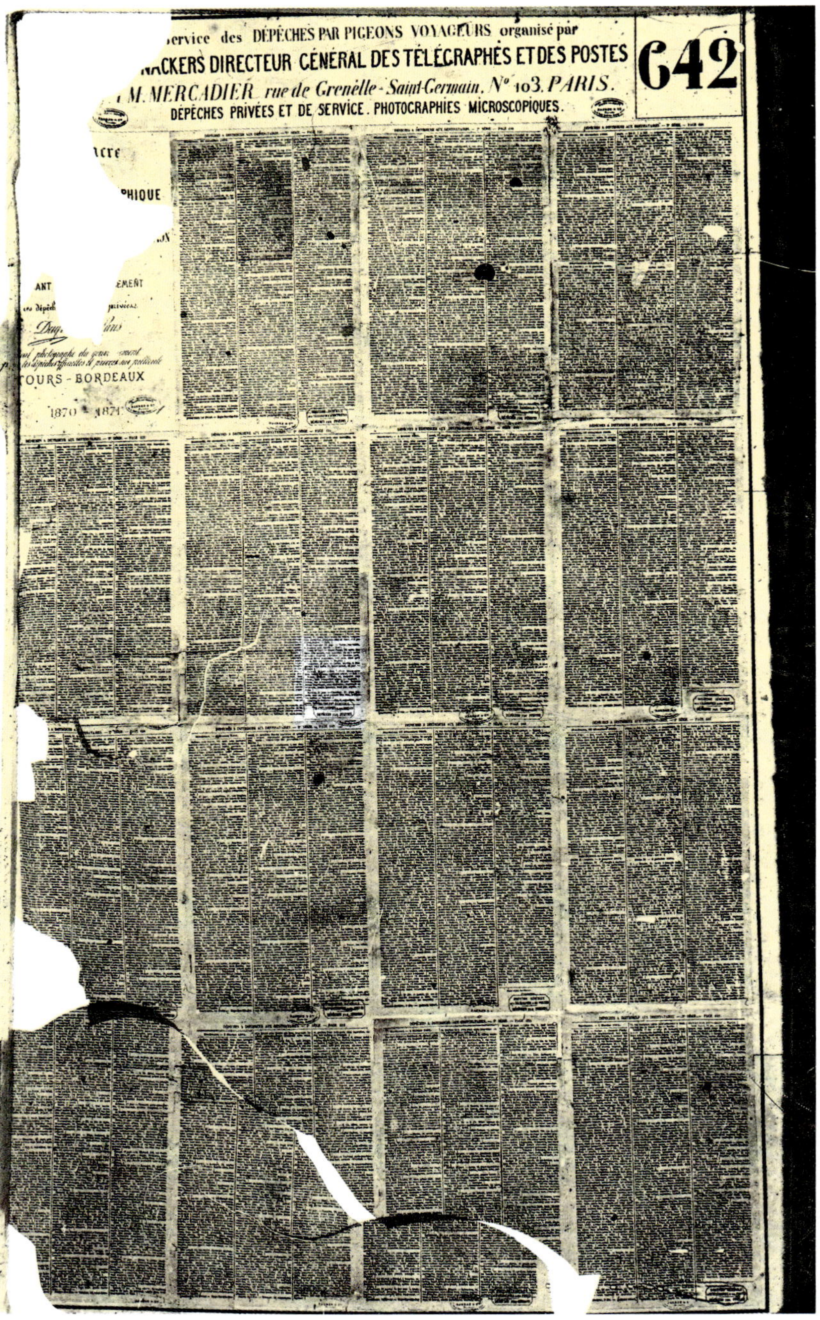
…ervice des DÉPÊCHES PAR PIGEONS VOYAGEURS organisé par
…ACKERS DIRECTEUR GÉNÉRAL DES TÉLÉGRAPHES ET DES POSTES
… M. MERCADIER rue de Grenelle-Saint-Germain, N° 103. PARIS.
DÉPÊCHES PRIVÉES ET DE SERVICE. PHOTOGRAPHIES MICROSCOPIQUES.
642
…PHIQUE
TOURS - BORDEAUX
1870 – 1871

2

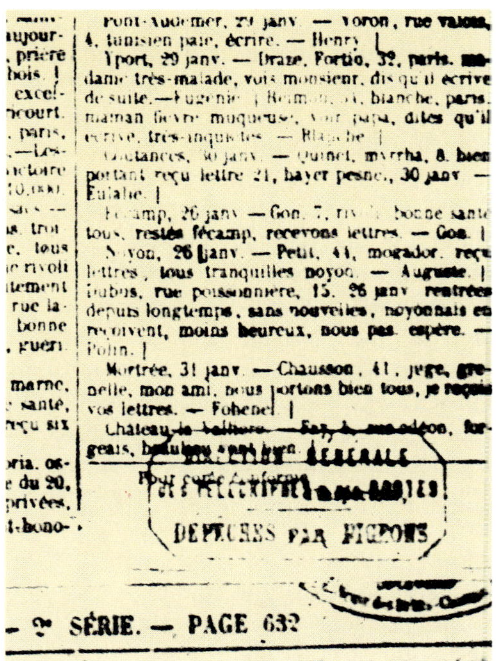
… 4, tunisien paie, écrire. — Henry |
Yport, 29 janv. — Draze, Fortio, 32, paris. madame très-malade, vois monsieur, dis qu'il écrive de suite. — Eugénie |
… bianche, paris. maman fièvre muqueuse, … papa, dites qu'il écrive, très-inquiètes. — Blanche |
… 30 janv. — Quinet, myrrha, 8. bien portant reçu lettre 21, bayer pesne., 30 janv. — Eulalie. |
Fécamp, 26 janv. — Gon, 7, … bonne santé tous, restés fécamp, recevons lettres. — Gon. |
Noyon, 26 janv. — Petit, 41, mogador. reçu lettres, tous tranquilles noyon. — Auguste. |
Dubois, rue poissonnière, 15. 26 janv. rentrées depuis longtemps, sans nouvelles, noyonnais en reçoivent, moins heureux, nous pas espère. — Polin. |
Mortrée, 31 janv. — Chausson, 41, … nelle, mon ami, nous portons bien tous, … vos lettres. — Fohenel |
Château… geais, …
DÉPÊCHES PAR PIGEONS
— 2e SÉRIE. — PAGE 632

3

Nadar und die Ballonfotografie

Gaspard Felix Tournachon (1820–1910), den die Zeitgenossen nur unter seinem Künstlernamen Nadar kannten, war ursprünglich ein begabter Karikaturist und Satiriker, dessen oft sehr bissige, aber meistens ins Schwarze treffende Karikaturen vor allem im berühmten „Charivari“ und im „Journal pour rire“ erschienen. Aber er interessierte sich auch für viele andere Dinge.

Mit der Fotografie befaßte er sich ursprünglich nur, um präzise Vorlagen für seine Zeichnungen herzustellen. Dann aber fing er Feuer und wurde zu einem der erfolgreichsten Porträtfotografen aus der Frühzeit der Fotografie. Vor allem lichtete er Zeitgenossen ab, die mit dem herrschenden Gesellschaftssystem in Widerspruch standen: die für außereheliche Liebesbeziehungen eintretende Schriftstellerin George Sand und den zeitkritischen Zeichner Honoré Daumier, den ausgeflippten Dichter Charles Baudelaire und den russischen Revolutionär Michail Aleksandrowitsch Bakunin und viele andere. Er trieb sich aber auch in den Katakomben und Abwasserkanälen von Paris herum, aus denen er faszinierende Aufnahmen mitbrachte – die ersten bei elektrischer Beleuchtung hergestellten. Und er wurde Ballonfotograf.

Die ersten Luftbildaufnahmen aus dem Ballon machte Nadar im Jahre 1858. Welche Probleme dabei auftauchen konnten, beschrieb der Ballonspezialist Hauptmann H. Moedebeck aus Straßburg einige Jahre nach Nadar in Luegers Lexikon der gesamten Technik: „Ob ein Ballon steigt oder fällt oder sich dreht, kommt für die Praxis nicht in Betracht und kann die Schärfe des Bildes wenig beeinflussen, weil diese Bewegungen sich alle in viel zu langen Zeiträumen abspielen. Jedes lichtstarke Objektiv ist für Aufnahmen vom Ballon aus geeignet. An Momentverschlüssen wähle man solche, die nicht leicht durch hineinfliegende Sandkörner unbrauchbar werden, denn es kommt häufig vor, daß beim Ausschütten von Ballast der Apparat in eine Sandwolke eingehüllt wird. Gute Bilder erhält man nur bei klarer Luft und heller Beleuchtung mit kurzer Exposition. Es empfiehlt sich, den Apparat mit einem Sucher zu versehen und ihn auf einem leicht nach allen Punkten hin drehbaren Stativ am Korbrande zu befestigen.“

Während Nadar noch weitgehend zweckfrei aus der Luft fotografiert hatte, erfand der amerikanische Luftschiffer Lowe während des amerikanischen Bürgerkrieges das Verfahren, vom Ballon aus vor einer kriegerischen Aktion Landschaftsaufnahmen zu machen, deren Negative mit numerierten Planquadraten gekennzeichnet wurden. An Hand dieser Geländebilder wurden dann die Truppen dirigiert.

Der Ballonfotografie folgte die Fotografie vom Flugzeug aus, schließlich die Weltraumfotografie, die die ersten Gesamtaufnahmen der Erdkugel lieferte. Die ersten Aufnahmen von Ausschnitten der Erdoberfläche aus der Stratosphäre entstanden übrigens 1932. Damals stieg der Schweizer Stratosphären- und spätere Tiefseeforscher Professor Auguste Piccard (1884–1962) mit seinem Spezialballon, an dem eine druckfeste Höhenkabine hing, bis in eine Höhe von 16940 Metern auf und lieferte Luftaufnahmen, die so sensationell waren, daß die Berliner Illustrirte sie exklusiv ankaufte und veröffentlichte.

Verfahren der Mikrofotografie

Als Mikrofotografie bezeichnet man alle Verfahren, das von einem Mikroskop erzeugte Bild fotografisch festzuhalten – im Gegensatz zur Fotomikrografie, die zum Mikrofilm führte. Der Engländer Humphry Davy machte in den ersten Jahren des 19. Jahrhunderts Versuche in dieser Richtung, konnte das Bild aber noch nicht fixieren. Das gelang erst der Daguerreotypie, mit deren Hilfe der französische Physiker Jean Bernard Léon Foucault (1819–1868) erstmals Mikrofotos erzeugte. 1840 stellte er der französischen Akademie der Wissenschaften sein Verfahren vor. Der erste mikrofotografische Apparat, der heutigen Geräten ähnelte, stammt von dem Frankfurter Apotheker Mayer, der 1844 einen kameraähnlichen Kasten über sein Mikroskop stülpte – bis dahin hatte man die Aufnahmen in einem verdunkelten Raum machen müssen.

Erst der aus Clausthal stammende Begründer der wissenschaftlichen Bakteriologie und Mikrobiologie, der Arzt und Forscher Robert Koch (1843–1910), versuchte, die Mikrofotografie systematisch in den Dienst der wissenschaftlichen Arbeit zu stellen. Inzwischen waren in Jena Carl Zeiss und Ernst Abbe dabei, perfektere Mikroskope zu bauen, derer sich auch Robert Koch bediente.

Mikrofotografische Geräte bestehen immer aus dem Mikroskop als bilderzeugendem und der Kamera als bildauffangendem Teil; dazu kommt eine Beleuchtungseinrichtung. Zunächst verwendete man, etwa zu Zeiten Robert Kochs, eine Balgenkamera, die den unförmigen Kamerakasten der Frühzeit ablöste. Sie war oft so groß, daß sie dem Mikroskop nicht mehr

1 – Die Fotomikrografie oder Mikrokopie wurde erstmals 1870 praktisch angewandt und gleich hunderttausendfach. Bei der Belagerung von Paris durch die Preußen wurde eine Brieftaubenpost eingerichtet, deren auf ein Hundertstel verkleinerte Depeschen durch Projektion wieder lesbar gemacht wurden.
2–3 – Das in diesem Kollodiumfilmhäutchen (Originalgröße ca. 6 × 10 cm) hell markierte Rechteck ist rechts vergrößert wiedergegeben.
4 – Der Karikaturist und Porträtfotograf Gaspar Felix Tournachon alias Nadar setzte sich durch seine Experimente mit Luftbildfotos 1862 selbst der spitzen Feder des Karikaturisten Honoré Daumier aus.
5 – Die nach einer Idee des Arztes Dr. Julius Neubronner 1908 konstruierte Brieftaubenkamera machte automatisch zwei bis acht Luftbilder.

4

5

1 – Léon Foucault, der 1840 das erste Mikrofoto vorgelegt hatte, benutzte zunächst Sonnenlicht zur Beleuchtung, setzte aber später zusammen mit dem Histologen Alfred Donné (1801–1878) eine Kohlebogenlampe als Lichtquelle ein.
2 – Foucault und Donné veröffentlichten 1844 in Paris einen „Atlas d'anatomie microscopique" mit Zeichnungen nach Mikro-Daguerreotypien.
3 – Zur Zeit Robert Kochs baute man das Mikroskop mit der Beleuchtungseinrichtung gern getrennt von der Balgenkamera auf zwei getrennten Stativen auf, um beim Plattenwechseln Erschütterungen vom Mikroskop fernzuhalten. Der riesige Balgenauszug zwang oft zu horizontaler Anordnung wie bei der Anlage von Zeiss um 1888.
4 – Mikrofotos wie dieses von einer Kieselalge konnte man erst nach der Erfindung des autotypischen Klischeeverfahrens durch Georg Meisenbach 1881 als fotografisch reproduziertes Halbtonbild drucken.
5 – Dieser Holzstich zeigt das Ultraviolettmikroskop mit Fotokamera von August Köhler, das Zeiss 1904 herausbrachte.
6 – Zeiss baute ab 1955 ein Fotomikroskop mit automatischer Belichtungseinrichtung (rot über der trommelförmigen Kamera).
7 – Die stereoskopische Aufnahme des Mondes belichtete Warren de la Rue am 29. März 1858 durch ein 33-cm-Newton-Spiegelteleskop mit 3 Meter Brennweite auf nasse Kollodiumplatten.
8 – Die von Schiaparelli 1877 auf dem Mars beobachteten „Kanäle" führten zu zahlreichen Spekulationen über intelligente Marsbewohner. Erst die Astrofotografie entlarvte sie als optische Täuschung.

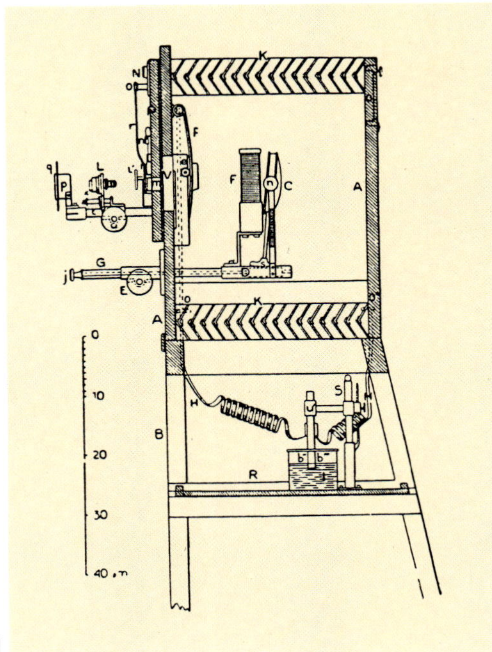
1

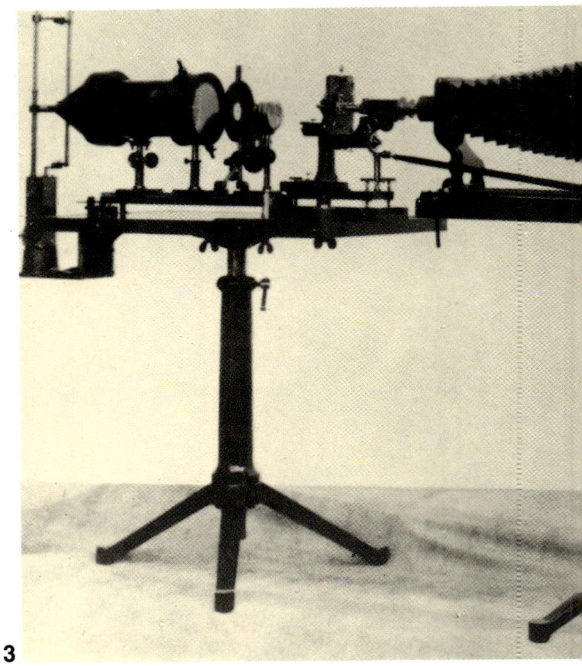
3

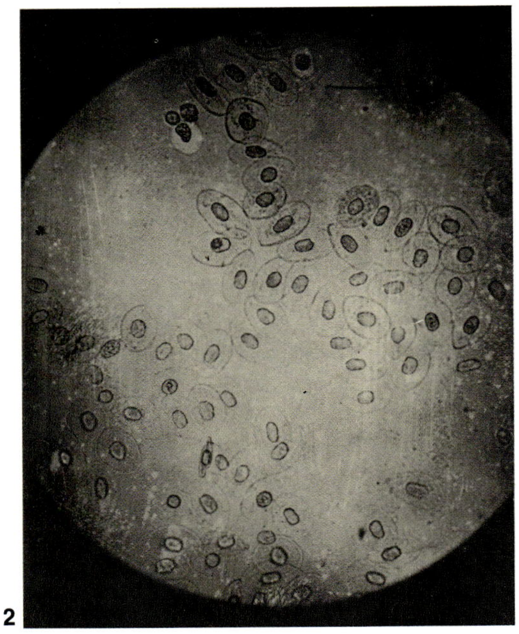
2

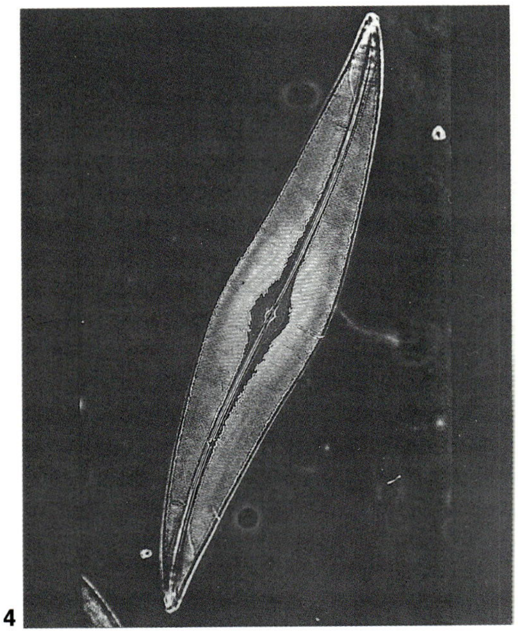
4

aufgesetzt werden konnte, sondern horizontal dazu angeordnet werden mußte. Manchmal bekam auch das Mikroskop eine horizontale Lage.
Als das Kleinbildzeitalter begann, kamen kleine Kameras auf, die stets dem Mikroskop aufgesetzt wurden. Etwa um die gleiche Zeit, um das Jahr 1930, gab es aber auch schon die ersten Kameramikroskope, Kombinationen von Mikroskop und Kamera, die auch von angelernten Kräften bedient werden konnten. Schon 1904 arbeitete das erste Ultraviolettmikroskop mit Fotoeinrichtung, das August Köhler (1866–1948) entwickelte. Es erhöhte das Auflösungsvermögen wesentlich und wurde bald vor allem für die Untersuchung von Nukleinsäuren verwendet.
Seit einigen Jahren gibt es überdies die Möglichkeit, Mikroskope mit Fernsehkameras zu koppeln. Erste Aufnahmen von Bewegungsabläufen unter dem Mikroskop wurden schon bald nach der Erfindung der Kinematografie erprobt.

Die Astro- oder Himmelsfotografie

Wie die Mikrofotografie gehört auch die Astrofotografie zu den am frühesten erprobten wissenschaftlichen Fotoverfahren. Schon Daguerre hatte Versuche angestellt, den Mond aufzunehmen, war aber gescheitert, weil seine Platten nicht lichtempfindlich genug waren. Während der langen Belichtungszeit hatte sich der Mond längst weiterbewegt. Bald danach gelangen Léon Foucault und dem französischen Physiker Armand Hippolyte Louis Fizeau (1819–1896), der als einer der ersten mit Silberbromidschichten gearbeitet hatte, die ersten Fotos der Sonne mit Sonnenflecken. Es folgten stereoskopische Aufnahmen des Mondes und der Planeten. Weil die irdischen Verfahren der Stereoskopie versagten (die Aufnahmebasis war zu klein), machte man zunächst nur eine Aufnahme des Objektes und wartete mit der zweiten einige Stunden, Tage oder Wochen, bis der Mond oder Planet wieder die passende Stellung erreicht hatte. So wurde der stereoskopische Effekt gerettet.
Als Erfinder dieser trickreichen Technik gilt der englische, auf der Insel Guernsey geborene Naturforscher Warren de la Rue (1815–1889). Er baute 1857 in Cranford, Middlesex, ein Observatorium, das ihm „glänzende Erfolge bei der Anwendung der Photographie auf astronomische Erscheinungen" ermöglichte. Unter anderem legte er 1860 sensationelle Aufnahmen der totalen Sonnenfinsternis vom

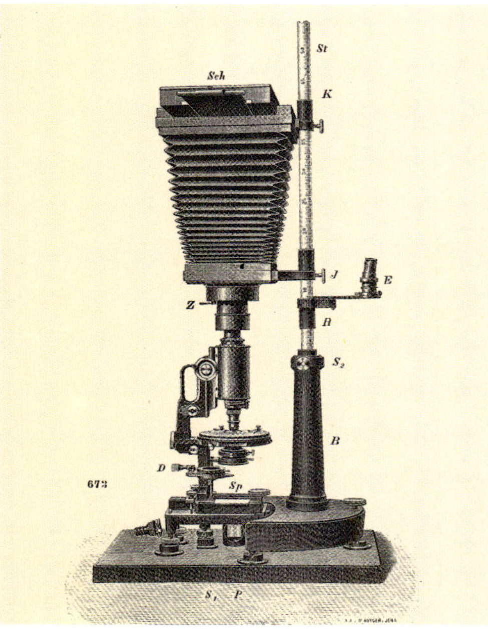
St
Sch
K
J
E
Z
R
S_2
B
D
Sp
673

5

6

7

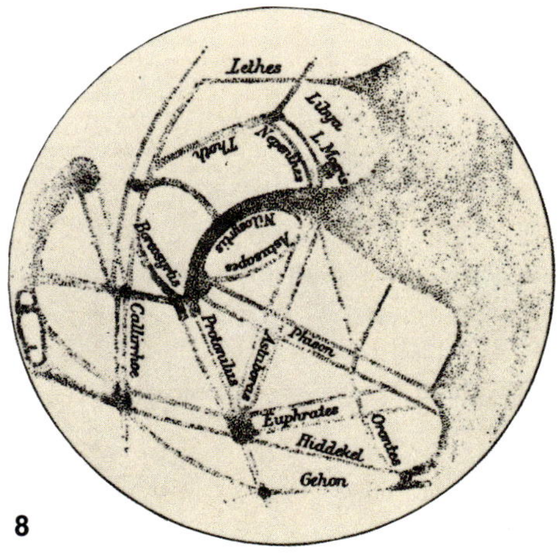
Lethes
Libya
Thoth
Nepenthes
L. Moeris
Nilosyrtis
Boreosyrtis
Callirrhoe
Protonilus
Astaboras
Phison
Euphrates
Hiddekel
Orontes
Gehon

8

18. Juli vor. Sein Mondalbum mit zwölf Aufnahmen des Erdtrabanten zeigte den Mond, wie ihn zuvor noch keiner gesehen hatte.
Einen zeitgenössischen Dichter inspirierten die entmythologisierten Mondbilder zu einem Aufschrei: „Dieser blasse Schläfer, der da oben zur nächtlichen Weile seine Herden weidet, ist entlarvt und erkannt als eine fühllose Leiche. Seine Visitenkarte zeigt uns Formen, die kein Leben mehr bergen können, Züge, die einer bewegten Vergangenheit angehören – ich fasse mich kurz: Herr Warren de la Rue hat ihm seinen Nimbus vollständig genommen."
Zeitgenossen nannten de la Rue den eigentlichen Schöpfer der astronomischen Fotografie. Zumindest war er der erste, der die Himmelsfotografie auf eine für die damaligen technischen Möglichkeiten ungeahnte Weise perfektionierte.
Nicht nur Bekanntes bannten die Astrofotografen auf die Platte. Vor allem entdeckten sie Unbekanntes, weil sich auf den Himmelsbildern auch lichtschwache Sterne und kosmische Nebel dem Auge offenbarten, die sie mit Fernrohren nicht zu erkennen vermochten. Man mußte nur genügend lange belichten.
Bahnbrechendes auf diesem Gebiet leistete als einer der ersten der Heidelberger Astronom Maximilian Wolf (1863–1932), Schöpfer der Sternwarte auf dem Königstuhl bei Heidelberg. Mit Hilfe der Astrofotografie entdeckte er Hunderte von Planetoiden, Kometen, galaktische und extragalaktische Nebel (darunter den Nordamerika-Nebel im Sternbild Schwan) und Sterne mit großer Eigenbewegung. 1893 notierte er über drei Aufnahmen aus dem Sternbild Schwan: „Nach einstündiger Belichtung 52000 Sterne, nach dreistündiger Belichtung 108000 Sterne, nach dreizehnstündiger Belichtung 197000 Sterne."
Himmelsfotografien entlarvten auch die 1877 von dem Italiener Giovanni Virginio Schiaparelli (1835–1910) im Fernrohr erkannten berühmten „Marskanäle" als optische Täuschung. Und Himmelsfotografien waren fortan die Basis mehrerer fotografischer „Durchmusterungen" des Himmels mit genaueren Sternkatalogen. Ebenso konnte man mit ihrer Hilfe Himmelserscheinungen vermessen.
Weil die Unruhe der irdischen Luft (Szintillation) auch bei Observatorien auf hohen Bergen und fernab jeder Zivilisation für eine gewisse Unschärfe auf Himmelsfotos sorgte, gibt es seit einiger Zeit außerirdische Observatorien auf bemannten Raumflugstationen (z. B. Skylab) oder eigenen Satelliten. Auch die Raumsonden mit ihren aus nächster Nähe gemachten

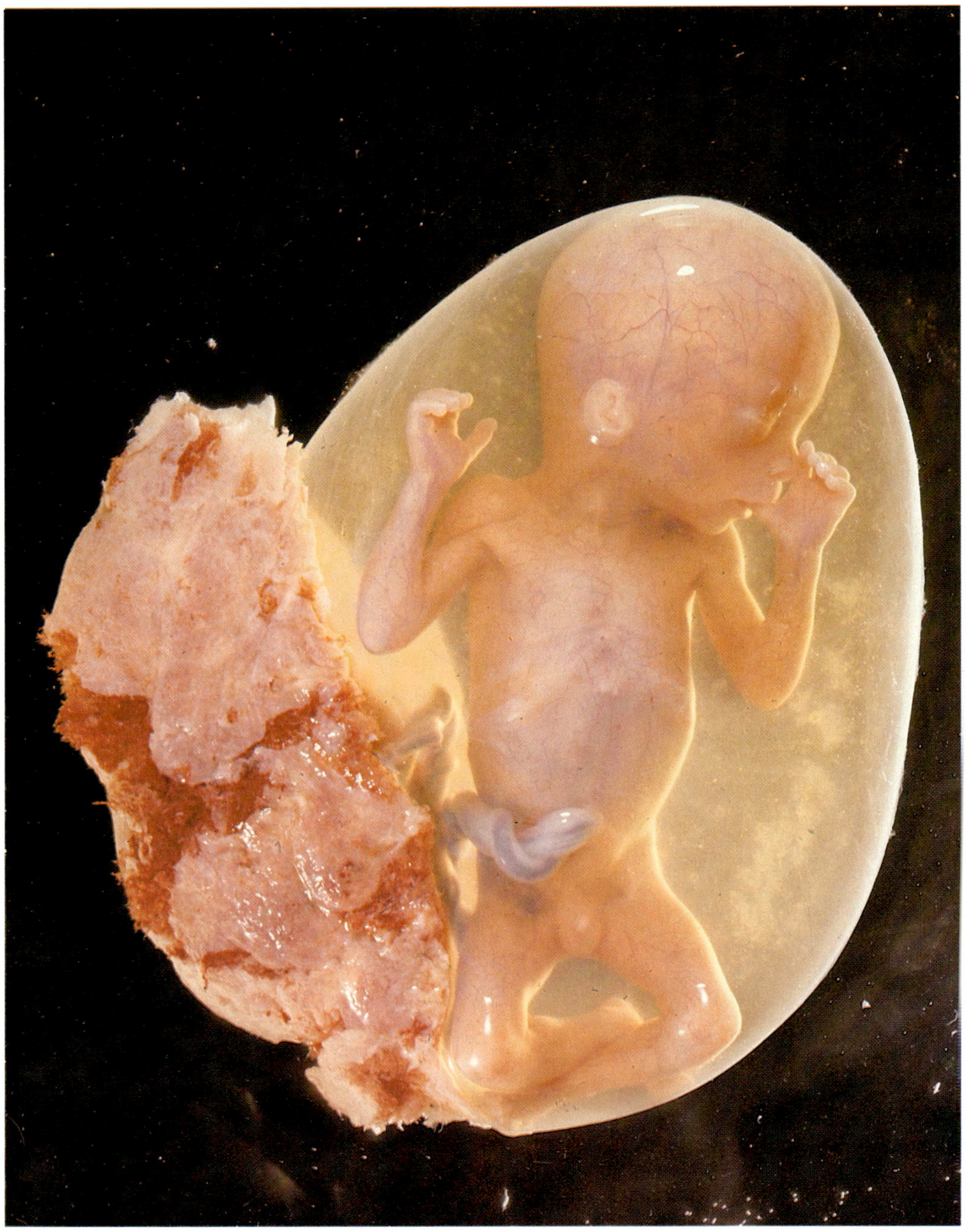
1

Aufnahmen z. B. von Mars und Venus haben in der Astrofotografie neue Maßstäbe gesetzt. Aufnahmen dieser Art werden in elektrische Impulse zerlegt, an irdische Bodenstationen gefunkt und mit Hilfe von Rechnern zu erstaunlich präzisen, meist farbigen Fotos zusammengesetzt.

Blick in den menschlichen Körper

In der medizinischen Fototechnik spielt neben der fotografischen Festhaltung von Befunden im Makro- und Mikrobereich vor allem die Fotografie des menschlichen „Innenlebens" mit Hilfe von Endoskopiegeräten eine Rolle. Ein Endoskop herkömmlicher Bauart ist eine Hohlröhre mit einer elektrischen Beleuchtungseinrichtung und einem Linsensatz am Vorderende und einer vergrößernden Optik am Betrachtungsende. Moderne Endoskope arbeiten mit Glasfaseroptik. Mit Geräten dieser Art kann man z. B. Magen oder Kehlkopf, Brustraum oder Bauchhöhle, Mastdarm oder Harnblase betrachten, wobei das Endoskop durch die natürlichen Körperöffnungen eingeführt wird, soweit das möglich ist, sonst durch kleine Einschnittstellen.
Was sich mit Hilfe von speziellen Endoskopen beim Blick in den Körper fotografisch erreichen läßt, hat der schwedische Fotograf Lennart Nilsson besonders eindrucksvoll demonstriert. Weltbekannt wurde er schon durch seine Fotoserien ungeborener Kinder, die er 1965 in dem Buch „Ein Kind entsteht" zusammenfaßte. Aber das dabei Erreichte genügte ihm noch nicht. Er begann nach neuen Verfahren zu suchen, für die zunächst neue Vorrichtungen konstruiert werden mußten.

Der 1923 geborene Meister der medizinischen Fotografie begann schon als Kind mit einer einfachen Kamera Blumen und Insekten aufzunehmen. Als Zwanzigjähriger war er einer der besten Pressefotografen Schwedens. Das außergewöhnliche Objekt, die „unmögliche" Aufnahme lockten ihn. Zu seinen Aufnahmen von Embryos kam er durch Zufall. 1951 sollte er einen schwedischen Professor der Histologie fotografieren. In dessen Arbeitszimmer fand er ein Glas mit einem in Alkohol konservierten vier Wochen alten Embryo. Der Anblick faszinierte ihn. Er nahm sich vor, das menschliche Leben zwischen Empfängnis und Geburt zu fotografieren.
Nilsson kombinierte ein Endoskop mit einer Kamera. Ein befreundeter Ingenieur entwickelte eine stärkere Lichtquelle, weil die eingebaute sich als zu schwach erwies. Erst 1955 konnte Nilsson mit den Aufnahmen beginnen. Befreundete Ärzte berieten ihn und halfen ihm. Beim ersten Versuch, einen lebenden Embryo aufzunehmen – im Sucher erblickte Nilsson einen vier Monate alten Fetus, der am Daumen lutschte –, versagte der Elektronenblitz. Sieben Jahre sollte es dauern, bis genau dieses Motiv endlich auf dem Film war. Es gehört heute zu Nilssons berühmtesten Aufnahmen.
Eine schwedische Firma baute für ihn ein winziges Objektiv, das mit einem Glasfaser-Lichtleitkabel gekuppelt wurde. Damit fotografierte er das Innere von Arterien. Noch stärker miniaturisierte Vorrichtungen erlaubten es ihm, die ersten Großaufnahmen vom Innenohr zu machen. Für Mikroobjekte verwendete er später das Rasterelektronenmikroskop. Weltweit wurde seine nach dieser Technik erzielte Aufnahme einer menschlichen Samenzelle, die gerade in ein weibliches Ei eindringt, veröffentlicht. Das Foto, von einem Journalisten „Kuß des Lebens" getauft, gehörte sogar zu jenen für das irdische Leben repräsentativen Dokumenten, die die NASA den 1977 ins Weltall geschossenen Raumsonden Voyager I und II mitgab.

Fotografieren mit unsichtbaren Strahlen

Fotografische Schichten können auch von unsichtbaren Strahlen beeinflußt werden. Ein berühmtes Beispiel dafür sind die Röntgenaufnahmen, von den kurzwelligen Röntgenstrahlen erzeugte Schattenbilder auf Spezialfilm. Sie spielen in der Medizin, aber auch im Bereich der Werkstoffprüfung eine große Rolle.
In den letzten Jahren hat die Infrarotfotografie und die mit ihr verwandte Thermografie an Bedeutung und Vielfalt der Anwendungsmöglichkeiten gewonnen. Infrarotstrahlen sind elektromagnetische Schwingungen, die sich dem roten Spektralbereich des sichtbaren Lichtes anschließen. Sie sind im Spektrum des Sonnenlichts enthalten, lassen sich aber (z. B. mit Bestrahlungsgeräten) auch künstlich herstellen. Das menschliche Auge kann sie nicht sehen. Sie durchdringen Nebel und Wolken besser als sichtbares Licht, deshalb kann man mit ihrer Hilfe weit entfernte Objekte fotografieren, selbst wenn sie für das Auge im Dunst verborgen bleiben. Allerdings sehen mit Schwarzweiß-Infrarotfilm fotografierte Landschaften so aus, als wären sie vom Mondlicht bestrahlt.
Farbiger Infrarotfilm wurde in den USA von Kodak 1942 entwickelt und diente zunächst vor allem militärischen Zwecken. Mit seiner Hilfe spürten amerikanische Luftaufklärer beispielsweise im Korea- und Vietnamkrieg feindliche Raketen- und Panzerstellungen auf, auch wenn sie mit Netzen und Zweigen noch so gut getarnt waren. Der Grund für die Entschleierung: Infrarotfilm kann genau zwischen lebendem und totem Grün unterscheiden.
Diese Eigenschaft macht ihn besonders geeignet für Untersuchungen in Sachen Umweltschutz und Schädlingsbekämpfung. Kranke Reiskulturen auf den Philippinen, virusverseuchte Zitronenplantagen in Argentinien oder von Fadenwürmern befallene Zuckerrübenfelder lassen sich mit Hilfe von Infrarot-Luftaufnahmen schnell feststellen, ebenso aber auch absterbende Bäume in der Großstadt.
Der Infrarotfarbfilm, auch Multispektral- oder Falschfarbenfilm genannt, wird aber auch, wie weiter oben schon ausgeführt, in großem Umfang für Aufnahmen aus dem Weltraum verwendet und erlaubt so die Beobachtung größerer Ausschnitte aus der Erdoberfläche.
Die Wärmestrahlung, langwelliger als der Infrarotbereich, ist für die Beeinflussung normaler fotografischer Schichten schon nicht mehr geeignet. Sie läßt sich erst sichtbar machen, wenn sie von einem Thermoscanner in sichtbares, fotografierbares Licht umgewandelt worden ist. Mit dem Thermoscanner, der hochempfindlich auf thermische Strahlen reagiert, war beispielsweise das legendäre U 2-Flugzeug der Amerikaner ausgerüstet, das auf Spionageflügen die Wärmestrahlungen aller überflogenen Gebiete aufzeichnete – zum

1 – Dem Schweden Lennart Nilsson gelangen 1962 Aufnahmen eines menschlichen Fetus im Mutterleib (abgebildet ein fünfeinhalb Monate alter Embryo).
2 – Infrarotfotografie wird unter anderem zur Aufdeckung von Vegetationsschäden benutzt. Dieses Luftbild wurde innerhalb eines Forschungsprojekts der Universität Freiburg im September 1979 bei Alzey aus 300 Meter Höhe mit einem Multispektralscanner aufgenommen. Das oberhalb des schrägen Schattens rot wiedergegebene Zuckerrübenfeld läßt in den helleren Partien Schäden durch Fadenwürmer und Trockenheit erkennen.
3 – Zum Aufzeichnen von Wärmestrahlen werden Thermoscanner benutzt. Das Farbthermogramm eines Hauses verrät die Fenster sowie den Bereich um den Heizkörper und seine Zuleitungen als stärkste Wärmeabstrahler.

2

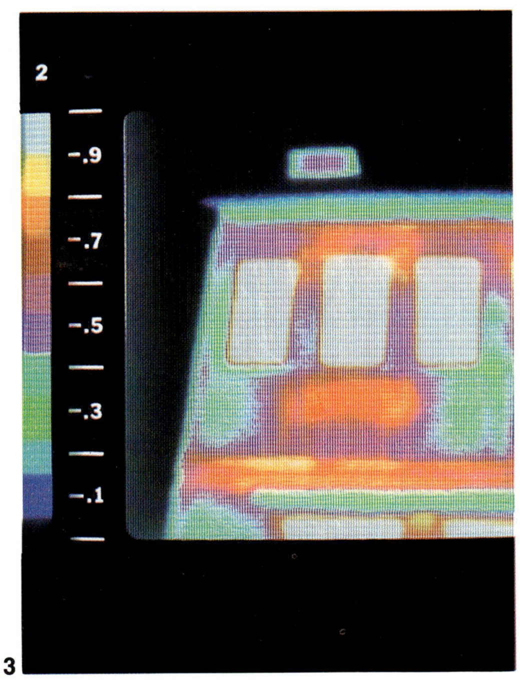

3

Beispiel, um unterirdische Kraftwerke in Sibirien oder Truppenbewegungen am Ussuri aufzuspüren. Im Vietnamkrieg wurde diese Technik mit speziellen Wärmesensoren so verfeinert, daß es gelang, im Dschungel versteckte und vom tieffliegenden Flugzeug aus nicht sichtbare Soldatentrupps zu orten.
Inzwischen gibt es zahlreiche friedliche Anwendungsbereiche auch für den Thermoscanner. Mit seiner Hilfe entdeckte der amerikanische Professor William Fischer 1962 neue Süßwasserquellen im Meer vor der Insel Hawaii. Thermoscanner wurden aber auch eingesetzt, um große Flüsse wie den Rhein zu überwachen und festzustellen, welche Kühlwasser-Einleitungen für seine übermäßige Aufheizung verantwortlich sind. 1972 machten Klaus Völger und Alexander von Hessler die ersten sensationellen Aufnahmen für Untersuchungen über das Frischluftklima. Ihre Thermogramme wiesen nach, daß eine weitere Bebauung des Raumes zwischen Frankfurt am Main und dem Taunus unweigerlich dazu geführt hätte, die Frischluftzufuhr aus den Taunusbergen zum Versiegen zu bringen. Eine geplante Trabantenstadt wurde daraufhin nicht gebaut.
„Wärmefotos" von Häusern sind im Zeichen der Energieeinsparung aktuell geworden. Sie zeigen genau an, welche Teile des Hauses viel und welche wenig Wärme abstrahlen, liefern also Indizien dafür, an welchen Stellen mit Dämm-Maßnahmen eingegriffen werden sollte. Mittlerweile werden in der Bundesrepublik schon ganze Städte wärmefotografisch erfaßt.
Auf fotografische Schichten können letztlich aber auch ionisierende Teilchenstrahlen wie Elektronen, Protonen oder Ionen einwirken. Das erprobten schon 1927 die amerikanischen Physiker Clinton J. Davisson und Lester H. Germer. Es gelang ihnen, das Beugungs- und Interferenzbild zu fotografieren, das entsteht, wenn ein Elektronenstrahl auf einen Kristall fällt. Auf diese Weise bestätigten sie die 1923/24 von Louis de Broglie aufgestellte Theorie von der Wellennatur der Materie. Mit Hilfe sogenannter Kernspurplatten mit fotografischen Spezialemulsionen wurden aber auch auf dem Gebiet der Mesonenphysik und bei der Erforschung der kosmischen Strahlung (unter anderem des „Sonnenwindes") entscheidende Entdeckungen gemacht.

Filmtechnik

Bilder, die sich bewegen

Wenn das menschliche Auge nicht so träge reagieren würde, gäbe es keine Kinematografie. Der englische Arzt und Erfinder eines periodischen Stromunterbrechers Peter Mark Roget (1779–1869) untersuchte als einer der ersten, was schon Jahrhunderte vor ihm bekannt war: daß man dem Auge eine fortlaufende Bewegung vortäuschen kann, die in Wirklichkeit aus lauter Einzelbildern besteht. „Durch die Phantasie werden die dazwischenliegenden fehlenden Zustände unbewußt ergänzt, so daß der Eindruck einer ununterbrochenen lückenlosen Bewegung entsteht", schrieb der Brockhaus 1932 unter dem Stichwort „Lichtspielwesen". „Bei den meisten gebräuchlichen Wiedergabeapparaten (Projektoren) wird der Film (deshalb) absatzweise geschaltet und während des Schaltens die Wand, auf die die Projektionsbilder geworfen werden, abgedunkelt." Der Meyer von 1973 definiert knapper: „Durch die Trägheit des Auges werden rasch aufeinander folgende optische Eindrücke, deren jeder weniger als 1/20 Sekunde andauert, nicht mehr getrennt voneinander aufgenommen ... Es entsteht der Eindruck eines geschlossenen Bewegungsablaufes."

Vom Phenakistiskop zum Praxinoskop

Die Vorläufer der Kinematografie hatten eines gemeinsam: Sie konstruierten Vorrichtungen, mit deren Hilfe gezeichnete Bilder (also keine fotografisch festgehaltenen) so dargeboten werden konnten, daß eine Art Bewegungsvorgang vorgetäuscht wurde. Auf Roget fußend, machte sich der belgische Professor Joseph Antoine Ferdinand Plateau (1801–1883), der an der Universität Gent Anatomie und Physik lehrte, Gedanken über die „Nachbildwirkung" und legte die Gesetze des „stroboskopischen Effektes" 1836 in einem seiner Werke fest.
Schon 1832 hatte er zur Erprobung seiner Ideen eine Vorrichtung gebaut, die er Phenakistiskop oder Phantaskop nannte. Sie bestand aus einer kreisrunden, am Rand mit Bildern besetzten Scheibe, die gegenüber einem Spiegel in schnelle Drehung versetzt wurde. Durch Schlitze im Scheibenrand konnte man die vorbeiflitzenden Spiegelbilder betrachten. Plateau versuchte es mit 16 Bildern in der Sekunde, eine Wiedergabefrequenz, die später auch der Stummfilm verwendete.
Fast gleichzeitig mit Plateau erfand der Wiener Mathematikprofessor Simon Ritter von Stampfer (1792–1864), ein Vermessungsspezialist, einen verblüffend ähnlichen Apparat, Stroboskop oder Kreisdrehseher genannt. Im Gegensatz zu Plateau arbeitete er jedoch mit zwei Scheiben, die einander genau gegenüber auf einer Achse angebracht waren. Eine Scheibe enthielt die Bilder, die andere war mit Schlitzen versehen.
Sowohl das Phenakistiskop als auch das Stroboskop hatten den Nachteil, daß die Bilder winkelförmig verzerrt wurden, weil sie am Scheibenrand einen größeren Weg zurückzulegen hatten als in Achsennähe. Diesen Nachteil beseitigte der Engländer William George Horner (1786–1837) mit seinem Zoetrop, auch Lebensdreher oder Wundertrommel genannt. Bei diesem Apparat blickte man durch Schlitze auf die gegenüberliegende, mit Bildern besetzte Innenseite der Trommel, die sich auf einer vertikalen Achse drehte. Die Papierstreifen mit den Bildphasen konnten ausgewechselt werden. So gab es mehrere Programme, und außerdem konnten auch mehrere Personen zugleich das Spektakulum bewundern.
Emile Reynaud (1844–1918) schließlich kam 1877 mit seinem Praxinoskop heraus, einem verbesserten Zoetrop mit einer Spiegelanordnung, die die Dunkelzeiten zwischen den Bildphasen ausschaltete. Auch das Praxinoskop arbeitete noch mit gemalten bzw. gezeichneten Bildern. Aber schon 1849, wenige Jahre nach Einführung der Daguerreotypie, schlug Plateau, der 1843 erblindet war und seine Arbeit durch Mitarbeiter weiterführen ließ, die Verwendung von Fotografien an Stelle der Phasenzeichnung vor. Dazu kam es aber erst fast dreißig Jahre später.

Uchatius und die erste Bildprojektion

Über eine Möglichkeit, Phasenbilder gleichzeitig einem größeren Zuschauerkreis zugänglich zu machen, dachte um die Mitte des 19. Jahrhunderts ein österreichischer Offizier nach, der nach einem Ver-

fahren suchte, wie man die militärischen Instruktionsstunden anschaulicher gestalten könne: Franz Freiherr von Uchatius (1811–1881), ein vielseitiger Erfinder und Tüftler vor dem Herrn. Sein militärischer Lebenslauf: 1829 Eintritt als Kadett-Unterkanonier in das 2. österreichische Artillerieregiment, 1841 Feuerwerker in der Geschützgießerei, 1843 Leutnant, 1848 und 1849 Teilnahme an den Kriegen gegen Italien und Ungarn, 1860 Major und Vorsteher der Geschützgießerei, 1867 Oberst, 1871 Kommandant der Artilleriezeugfabrik im Arsenal zu Wien, 1874 Generalmajor, 1879 schließlich Feldmarschall-Leutnant, ein etwa dem deutschen Generalleutnant entsprechender Rang.

Die Spezialität des österreichischen Generals war die Herstellung verbesserter Waffen. So erfand er 1856 eine neuartige Stahlerzeugungsmethode, den sogenannten Uchatiusstahl. Von ihm stammen aber auch eine Hartbronze für Geschützrohre, die Uchatiusbronze, ferner ein neues Schießpulver, ein Gerät zur Messung des Gasdrucks in Geschützrohren und neue Ringhohlgeschosse. Für seine Verdienste um den Neuaufbau und die verbesserte Ausstattung der österreichischen Feldartillerie wurde er in den Freiherrnstand erhoben, außerdem wählte ihn die Akademie der Wissenschaften zu ihrem Mitglied, eine für einen Offizier sehr seltene Ehrung.

Dank seiner militärischen Erfindungen war Uchatius zu seiner Zeit weit über Österreich hinaus bekannt. Aber nur wenige wußten (und wissen heute), daß er zu den Vätern der Kinematografie gehört. 1852 stellte er das Ergebnis seiner Überlegungen vor, die auf einer Kombination aus den Prinzipien der Laterna magica und des Phenakistiskops beruhten. Ucha-

Die ersten Geräte zur Vorführung lebender Bilder sind sicher von den Zeitgenossen als Sensationen aufgefaßt worden, auch wenn sie uns als Spielzeuge vorkommen und mindestens zum Teil damals auch so benutzt wurden. Der Franzose Emile Reynaud verbesserte 1877 mit seinem Praxinoskop William George Horners Zoetrop oder Wundertrommel. Die auf einer zweiten, inneren Trommel angebrachten Planspiegel reflektierten intermittierend die in der äußeren Trommel fortlaufend kreisenden Bilder, die von einer darüber stehenden Lampe angestrahlt wurden. Später kombinierte Reynaud sein Gerät mit einer Laterna magica, so daß ein größerer Personenkreis die laufenden Bilder in der Projektion betrachten konnte.

1

1 – Als erster, der Reihenbilder mit nur einer Kamera aufnahm, gilt Etienne Jules Maray. Hier sein Fotogewehr von 1882.
2 – Thomas Alva Edison stellte 1889 den ersten wirklichen Film her, auf einem 35 Millimeter breiten perforierten Celluloidstreifen. Schon bald trieb er seine Kamera elektrisch an. Rechts der Fliehkraftregler.
3 – Schemazeichnung von 1892 zu Edisons Kinetograph-/Kinetoskop-Verfahren.
4 – In dem „Kinetographischen Theater" in West Orange wurden die ersten Filme gedreht.
5 – Projektorkopf eines Edison-Geräts von 1896/97, mit Kurbelantrieb, Filmfenster, Flügelmechanismus und Objektiv.
6–7 – Edison bevorzugte es, seine Filmchen in Münzautomaten zu den synchronisierten Klängen eines Walzenphonographen zu zeigen.

Kaiserin von ihm in der Fotografie unterrichten ließ und er 1898 das kaiserliche Paar auf einer Palästinareise begleiten durfte. Schon 1894 gab es eine Methode, die Bilder des Elektrotachyskops auch zu projizieren. Der erste Versuch fand mit einer sechs mal acht Meter großen Bildwand in einem Berliner Postgebäude statt und verlief sehr erfreulich.

Der Professor und die Fotoflinte

Etienne Jules Marey (1830–1904) war von Hause aus Physiologe und richtete schon als 34jähriger in Paris ein physiologisches Laboratorium ein. Die Forschungen des späteren Professors am Collège de France und Mitglieds der Académie des Sciences galten vor allem der Einführung von Methoden der quantitativen Messung in der Physiologie. So erfand er ein Verfahren zur Aufzeichnung von Puls, Herztätigkeit und Blutdruck, die sogenannte Mareytrommel, untersuchte Wärme, Herzarbeit und Bewegung von Tieren und beschäftigte sich mit der Technik der Elektrophysiologie.
Bei der Erforschung tierischer Bewegungsabläufe kam er mit der Mehrfachfotografie in Berührung. Im Lauf der Jahre entwickelte er zahlreiche Verfahren, Bewegungen zu fotografieren, wobei er im Gegensatz zu seinen Vorläufern stets mit *einer* Kamera arbeitete, also nicht mehrere Apparate in Reihe nebeneinander aufstellte.
Am bekanntesten wurde seine fotografische Flinte, eine gewehrähnliche Kamera mit einer Wechselkassette und sprungweise bewegter fotografischer Platte. Den Lauf bildete ein Teleobjektiv. Über Kimme und Korn konnte er die Objekte im Bildfeld behalten. Mit der Fotoflinte nahm er unter anderem fliegende Vögel mit 25 Einzelaufnahmen auf einer Platte auf.
Im selben Jahr, 1882, konstruierte Marey eine chronofotografische Kammer, bestehend aus einer Kamera, bei der sich vor der feststehenden Platte eine umlaufende Schlitzscheibe bewegte. 1888 brachte er eine Rollfilmkamera heraus, deren Papierfilm schnell und ruckweise transportiert werden konnte; er stellte sie 1889 auf Celluloidfilm um. Zur genaueren Kontrolle erfand er gleichzeitig ein Verfahren, die Uhrzeit in das Kamerabild einzublenden und mitzufotografieren.
Die mit dieser Kamera produzierten Filmstreifen führte Marey mit seinem chronografischen Projektor vor. Während der Dunkelphasen war das Bildfeld abgedeckt. Ein stehendes Bild konnte er jedoch noch nicht damit erzeugen – es fehlte an der Perforation für den sicheren Transport.
Marey schaffte es schließlich, Tierbewegungen in hundert Phasenfotos je Sekunde zu zerlegen. Seine Aufnahmegeräte hatten überdies im Gegensatz zu Muybridge und Anschütz den Vorteil, daß sie sich leicht überallhin mitnehmen ließen.

Edisons kinematografische Aktivitäten

Es wäre verwunderlich, hätte sich Thomas Alva Edison nicht auch um Verfahren bemüht, Bewegungsabläufe so aufzuzeichnen, daß sie naturgetreu wiedergegeben werden konnten. 1887 hatte der amerikanische Supererfinder seine neue „Erfinderfabrik" in West Orange eingeweiht. Er befaßte sich dort vor allem mit der Verbesserung des lange Zeit vernachlässigten Phonographen und brachte einen neuen Walzentyp heraus.
Im selben Jahr kümmerte er sich erstmals auch um ein Instrument, das „für das Auge sein sollte, was der Phonograph für das Ohr war". Die einschlägigen Versuche von Muybridge, Anschütz und Marey waren ihm ebenso bekannt wie die früheren Erfindungen aus der Zeit des Zoetrops. Vom Phonographen angeregt, versuchte er es aber erst einmal mit einem anderen Weg. Er ließ einen lichtempfindlichen Zylinder bauen, der ruckartig weitergedreht werden konnte. Bei jedem Ruck erfolgte eine Aufnahme. Edison schaffte bis zu 48 Bilder in der Sekunde. Es zeigte sich aber bald, daß die schneckenartig auf dem Zylinder untergebrachten Minibilder nicht scharf genug waren. Die Versuche wurden aufgegeben.
Mittlerweile produzierte George Eastman in Rochester den ersten Celluloidfilm. Er schien Edison besser geeignet zu sein als das bisher übliche Material. Edison-Mitarbeiter William Kennedy Laurie Dickson, der Leiter der Fotoabteilung von West Orange, wurde damit beauftragt, sich um die Sache zu kümmern. Von ihm stammt die Idee, den 70 Millimeter breiten Eastman-Film zu halbieren und mit Randperforation zu versehen, damit ihn die Kamera präziser transportieren konnte – weiter oben wurde darüber berichtet.
Diese Kamera, von Edison Kinetograph genannt, 1889 fertiggestellt und 1891 zum Patent eingereicht, wurde mit einer Filmrolle bestückt, die durch eine Reihe von Walzen an der Linsenkombination vorbeigezogen und automatisch wieder hochgewunden wurde. Eine von einer Kurbel ge-

2

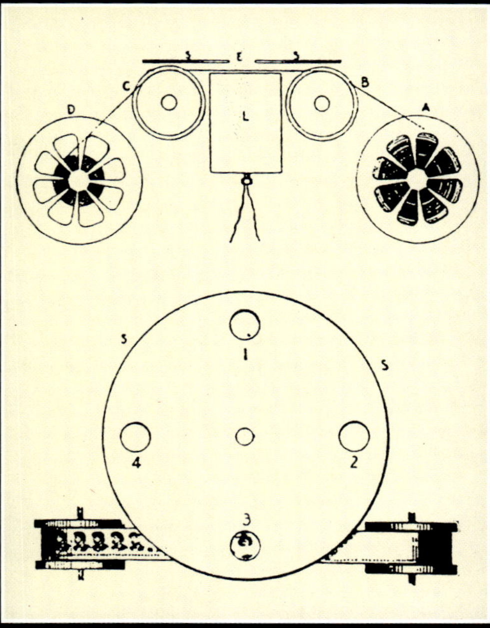

3

4

5

6

7

triebene Kette besorgte den ruckartigen Transport. Wenn der Film stillstand, löste die Kurbeldrehung den Verschluß aus. Der Kinetograph schaffte in der Sekunde 20 bis 40 Belichtungen.

Für Aufnahmen mit dem Kinetographen wurde in West Orange ein Atelier gebaut. Es sah wie ein großer schwarzer Kasten aus und hieß deshalb bald „Schwarze Marie". Das Dach ließ sich öffnen, um Licht hereinzulassen, und damit die Sonne immer von der richtigen Seite auf das Aufnahmeobjekt schien, konnte man das ganze Atelier beliebig drehen. Atelierchef Dickson nahm darin Tänzerinnen und Boxkämpfe auf, sich duellierende Fechter und dressierte Bären.

Es folgte ein Gerät für die Betrachtung der Filme, das Kinetoskop. Sein Mechanismus bewegte den Filmstreifen vorwärts. Es wurde von hinten elektrisch angestrahlt. Durch ein Guckloch konnte immer nur ein Zuschauer den Film sehen. Fünf dieser Apparate wurden erstmals 1894 in New York am Broadway aufgestellt. Sie waren als Münzautomaten eingerichtet und fanden sofort regen Zulauf. Nach dem Münzeinwurf bekam der Zuschauer einen Film von 600 Bildern zu sehen. Es ging um so unterschiedliche Themen wie „Der Hufschmied", „Der Hahnenkampf", „Trapezakt" oder „Der Friseurladen", verfilmt in West Orange, dem ersten Filmatelier der Welt.

Dickson, der eigentliche Konstrukteur des Kinetoskops, beurteilte die Möglichkeiten des Ein-Mann-Besichtigungsgerätes nicht sehr positiv. Er ging bald an die Erfindung eines Apparates für die Laufbildprojektion. Aber Edison wollte davon nichts wissen. Er befürchtete Konkurrenz für das sich gut anlassende Kinetoskopgeschäft. Außerdem war er davon überzeugt, daß ein Projektionsverfahren die Filmvorführung zum Jahrmarktsspektakel herabwürdigen könnte. Es blieb also beim Laboratoriumsversuch mit dem Projektor, und Dickson zerstritt sich deswegen ernsthaft mit Edison.

Auf einer Kinetoskop-Ausstellung hatte Dickson den Major Woodville Latham und dessen Söhne Grey und Otway kennengelernt, denen eine Kinetoskop-Vorführgesellschaft gehörte, mit der sie aber nicht besonders zufrieden waren. Es gelang ihnen, Dickson als beratenden Mitarbeiter zu gewinnen, als sie 1894 die Lambda Company gründeten mit dem Ziel, öffentliche Filmvorführungen zu veranstalten. Einen Filmprojektor sollte ihnen ein ehemaliger Edison-Mechaniker, Eugène Lauste, konstruieren, den Dickson abgeworben hatte.

Edison tobte, als er von der Sache erfuhr, und warf Dickson Verrat und Diebstahl von Herstellungstechniken vor. Da eine Einigung nicht mehr möglich schien, gab Dickson seine Stellung in West Orange auf und widmete sich fortan ganz der Arbeit in der Lambda Company. 1895 war der Projektionsapparat, Panoptikum oder auch Eidoloskop genannt, fertig und wurde mit mäßigem Erfolg eingesetzt.

Aus den Zeitungen erfuhr Thomas Alva Edison davon. Er überzog die Lambda Company mit einer ganzen Serie von Prozessen wegen Patentverletzungen. Mit seinen Ansprüchen konnte er sich jedoch zunächst nicht durchsetzen. Andererseits waren die Vorführungen der Lambda Company einstweilen durch das Gerichtsverfahren blockiert.

Als endlich alles bereinigt zu sein schien, hatte die Entscheidung nur noch theoretische Bedeutung. Inzwischen hatten die Brüder Lumière in Paris ihr ausgereiftes kinematografisches Verfahren vorgestellt. Mit dieser Perfektion konnte die Lambda Company nicht Schritt halten.

Die Filmtechnik mausert sich

1839 war das Schicksalsjahr der Fotografie. Die großen Entscheidungen der Filmtechnik bahnen sich im Jahre 1895 an – auf vielen Wegen zugleich, so daß es schwerfällt, von einem ganz bestimmten Erfinder zu sprechen. Daß aus dem Spielzeug Laufbildfilm eine Industrie, eine Weltmacht wurde, die unser Dasein, unser Denken und Fühlen entscheidend beeinflußte, war indessen nicht jenen Experimentatoren zu verdanken, die, zumeist in nationalem Überschwang, nachträglich zu „Filmerfindern" hochstilisiert wurden, sondern den Brüdern Lumière. Sie bauten das erste kombinierte Filmaufnahme- und -vorführgerät, das sich in der Praxis bewährte.

Der geheimnisvolle Monsieur Le Prince

Louis Aimé Augustin Le Prince (1842 bis 1890) studierte in Leipzig Chemie und Physik, nahm dann einen Posten als Ausstellungsleiter an, kümmerte sich als Schüler Daguerres um die neue Kunst der Fotografie und reiste einigermaßen plan- und ziellos in der Welt umher, bevor ihn die Aufgabe, einen Aufnahme- und Projektionsapparat für Laufbildfilme zu konstruieren, zu fesseln begann. Das war in New York, wo Le Prince zu Beginn der achtziger Jahre des vorigen Jahrhunderts lebte. Seine Frau arbeitete als Lehrerin am Institut für Schwerhörige in Washington Heights.

Über die Frage, was Le Prince wann und mit welchem Erfolg erfunden hat, hat es endlose Diskussionen gegeben. Seine erste Arbeit war offenbar ein mit Platten arbeitender Projektionsapparat, der mit sechzehn Linsen ausgerüstet war. Aber schon um 1885 scheint sich Le Prince mit dem Celluloid-Laufbildfilm befaßt zu haben. Jedenfalls behaupteten das nachträglich mehrere Zeugen, so die Tochter des Erfinders. 1886 beantragte Le Prince ein amerikanisches Patent, das sich aber nur auf den Sechzehn-Linsen-Apparat bezog. 1888 folgte ein britisches Patent für eine Konstruktion, die einer der Mitarbeiter von Le Prince, der ehemalige Holzarbeiter Frederick Mason aus Leeds, 1931 folgendermaßen beschrieb:

„Die Kamera besitzt zwei Linsen, die eine dient zur Aufnahme, die andere als Sucher. Der Sperrmechanismus hinter der Linse ist so konstruiert, daß er den Film während der Belichtung festhält, um ihn dann im richtigen Moment freizugeben, ohne daß er zerkratzt wird. Diese ruckartige Bewegung wird durch einen Greifer bewirkt, der in einen Vorsprung an der Seite der oberen Filmspule eingreift, wodurch der Film durch die Sperre gezogen und aufgespult wird.

Die seitlich der Kamera befindliche Kurbel betreibt den Mechanismus über Zahnräder. Ein Verschluß aus Messing mit einer verstellbaren Blende dreht sich vor der Linse. Das Drehen der Kurbel ermöglicht die Aufnahme der Bilder in der gewünschten Geschwindigkeit."

Was die Projektoren betraf, so gingen aus der Werkstatt von Le Prince nach dem Zeugnis seines Sohnes Adolphe gleich zwei unterschiedliche Typen hervor, nämlich ein dreilinsiger aus dem Jahre 1888 und ein einlinsiger von 1889, der schon mit einem Malteserkreuz als Vorrichtung für das ruckartige Weiterbewegen des Filmes ausgerüstet war. Zwei Filmfragmente, die mit diesen Projektoren vorgeführt worden sein sollen, blieben erhalten. Eines davon zeigte den Betrieb auf der Brücke von Leeds und entstand 1888. Le Princes Mechaniker James W. Longley beschrieb diesen Streifen nachträglich so: „Die Brücke von Leeds, auf der man die Pferdewagen und all den Verkehr so sah, als ob man sich selbst auf der Brücke befände. Ich konnte sogar den Pfeifenrauch eines Mannes erkennen, der auf der Brücke lehnte. Mr. Augustin Le Prince war bereits so weit, seinen Apparat öffentlich auszustellen. Wir hatten ihn so vervollkommnet, daß Bilder auf eine Leinwand projiziert werden konnten."

Zu Beginn des Jahres 1890 war ein neuer, größerer Projektor fertig, den Le Prince dem Generalsekretär der Pariser Oper vorzuführen gedachte. Diese Demonstration sollte eine Art Startschuß für die kommerzielle Auswertung des Verfahrens sein – fünf Jahre vor Lumière. Am 16. September 1890 bestieg Le Prince, bepackt mit seinem neuen Projektor und dem Filmmaterial, in Dijon den Zug, um nach Paris zu fahren. Dort jedoch ist er niemals angekommen. Trotz eifriger Nachforschungen der Polizei fand sich nicht die geringste Spur von Le Prince oder seinem Gepäck. Das Rätsel um sein mysteriöses Verschwinden wurde niemals gelöst.

Von Friese-Greene bis Skladanowsky

Noch niemand hat präzise erforscht, wie groß die Zahl der Bastler, Mechaniker, Techniker und Erfinder war, die sich zu Beginn des letzten Jahrzehnts des 19. Jahrhunderts mit filmtechnischen Experimenten befaßten. Waren es dreißig, fünfzig, achtzig? Apparate mit abenteuerlichen Bezeichnungen wurden vorgestellt und verschwanden ausnahmslos wieder in der Versenkung, so das Chronophotographoskop und das Klondikoskop, das Vileocigraphoskop und das Counterfivoskop. Einer der Filmvorläufer nannte seinen Bilderkasten sogar Getthemoneygraph (Bring-das-Geld-Schreiber), aber obwohl er damit ganz ehrlich bekannte, worauf es ihm in Wirklichkeit ankam, scheint das große Geld ausgeblieben zu sein. Jedenfalls hat man nie wieder etwas von ihm gehört.
Ob das von dem Engländer William Friese-Greene (1855–1921) erfundene Verfahren jemals eine praktische Rolle gespielt

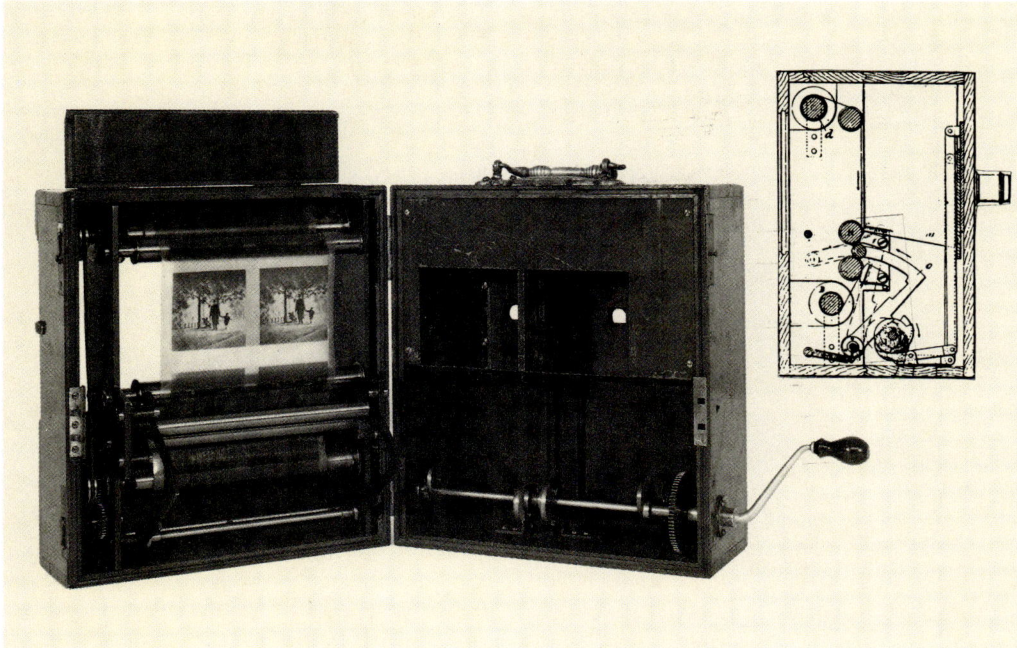

1

2

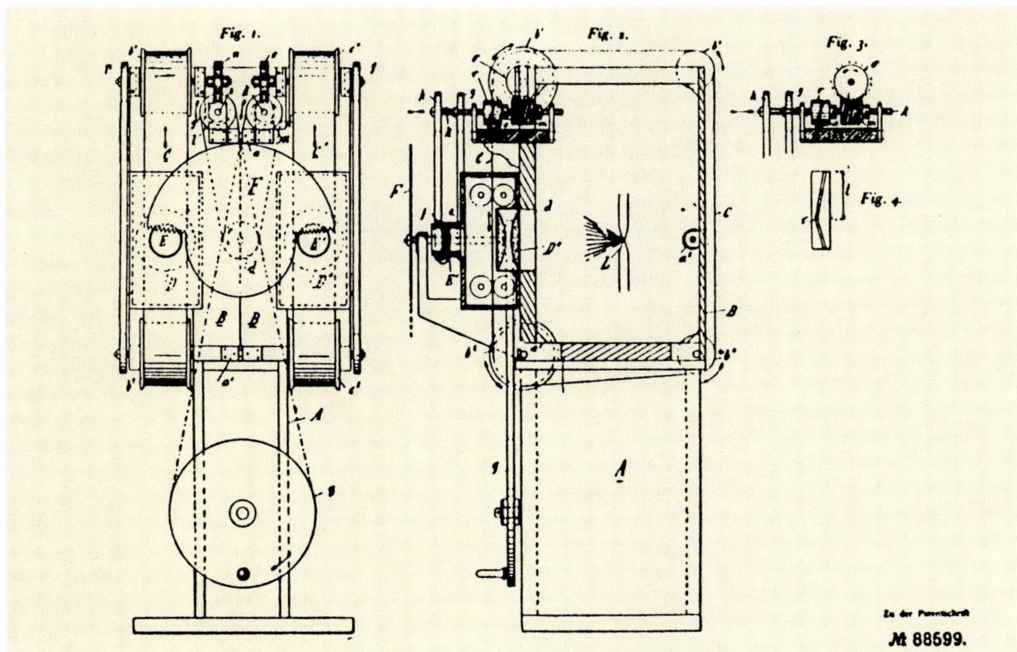

3

1 – Der Engländer William Friese-Greene konstruierte diesen Stereofilmapparat, ehe er sein zuvor erfundenes Filmverfahren zur Praxisreife bringen konnte. Dauernder Erfolg blieb ihm versagt.
2–3 – Die Brüder Max (im Bild) und Emil Skladanowsky führten 1895 ihre ersten kurzen Filmstreifen mit dem Bioskop öffentlich vor. Damit nahmen sie die Priorität für den Kinematografen für sich in Anspruch. Der Projektor enthielt zwei 50 Millimeter breite Filmschleifen, die nacheinander projiziert werden konnten. Auf der linken Patentzeichnung erkennt man auch die umlaufende Sektorenblende zum Abdunkeln des Lichtstrahls zwischen zwei Bildern.

hat, ist unbekannt. Friese-Greene, der eigentlich Willie Green hieß, seinem Namen aber den seiner deutschen Frau voranstellte und des besseren Klangs wegen auch noch ein e an Green anhängte, orientierte sich an den Arbeiten von John Arthur Roebuck Rudge, der ein Biophantaskop herausgebracht hatte. Zunächst arbeitete Greene mit Papierfilm, stieg dann aber 1889 auf Celluloidfilm um. Seine aus diesem Jahr stammende Kamera nahm zehn Bilder in der Sekunde auf. Jeder Film enthielt bis zu 300 Bilder. Schon vorher hatte er versucht, von ihm projizierte Filme mit Musik aus Edisons Phonographen zu untermalen.

Vielleicht hätte Greene ein marktreifes Verfahren zustande gebracht, wenn er am Ball geblieben wäre. So verlor er bald die Lust an seinen Apparaten und begab sich auf andere Gebiete. Nach einem Gefängnisaufenthalt, den er dem Zusammenbruch einer Bank verdankte, an der er beteiligt war, erprobte er stereoskopische Filmverfahren, dachte sich fotografische Bühneneffekte aus, bastelte an besseren Filmentwicklungs- und -kopiermethoden, legte dem Kriegsministerium nahe, Ballonaufnahmen von Manövern zu machen, und brachte die Zigarettenindustrie auf den Gedanken, den Packungen von ihm produzierte Bildchen beizulegen.

Er versuchte alles und erreichte nichts. Von seinen allein in England zwischen 1889 und 1921 angemeldeten 78 Patenten wurde keines in nennenswertem Umfang verwirklicht. Er starb als 76jähriger während einer Rede vor Filmfachleuten, und sein Biograph R. Allister vermerkte, man habe in den Taschen des Toten nicht mehr als einen Shilling und zehn Pence gefunden – ausreichend für eine Kinokarte.

Worin das eigentliche Verdienst des Amerikaners Jean Aimé Le Roy (1854–?) um die Filmtechnik bestanden hat, ist nicht eindeutig geklärt. Er befaßte sich zunächst mit einem verbesserten Phenakistiskop mit Phasenbildern, kaufte sich Edisonfilme und gründete eine Filmgesellschaft mit dem ehemaligen Edison-Angestellten Eugène Lauste als Mitarbeiter. Zu Beginn des Jahres 1894 führte er in New York erstmals Laufbilder vor. Aus dem Jahre 1895 ist ein Programmzettel erhalten geblieben, der für den 22. Februar (vier Wochen vor der ersten geschlossenen Veranstaltung der Lumières) Vorführungen mit einem „Kinematographen" ankündigte. Auf diese Bezeichnung kamen die Lumières erst später zurück. Offenbar war Le Roy in erster Linie Organisator. Ob er auch selbst einen Projektor herausbrachte, ist unbekannt.

Die als „deutsche Filmpioniere" oft überbewerteten Brüder Max (1863–1939) und Emil Skladanowsky (1859–1945) waren von Hause aus Schausteller. Sie hatten schon gemeinsam mit ihrem Vater „Nebelbilder" vorgeführt, befaßten sich frühzeitig mit Reihenaufnahmen auf Eastman-Celluloidfilm und brachten 1895 ihr Bioskop heraus, einen Doppelprojektor für 50 Millimeter breiten Film, den sie mit schuhösenverstärkten Perforationen versahen. Ein Schneckenradgetriebe, auf das sie 1895 ein Patent erhielten, besorgte den ruckweisen Transport. Außerdem hatte das Bioskop eine Abdeckblende mit umlaufender Scheibe. In den Projektor wurden zwei Filmschleifen eingelegt, von denen jeweils eine vorgeführt wurde.

Die ersten öffentlichen Vorführungen fanden vom 1. November 1895 an im Berliner „Wintergarten" statt – am Schluß des Pro-

1

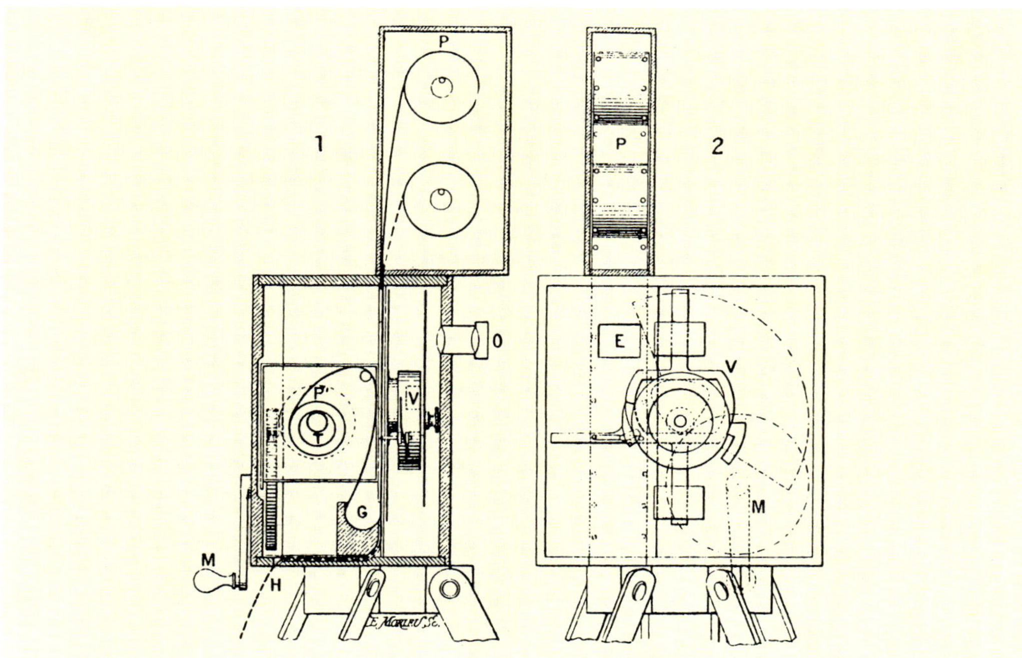

2

1–2 – Die Brüder Auguste und Louis Lumière dachten von vornherein an eine industrielle Produktion ihrer Kinematografen. So trägt das Gerät mit der Seriennummer 326 unter den Namen der beiden Erfinder und dem Patentvermerk auch den Hinweis auf den Hersteller. Diese erste Konstruktion war Aufnahmekamera, Kopiergerät und Projektor in einem. Auf dem Foto und den Zeichnungen ist im oberen Filmspulenkasten eine zweite Welle zu sehen, die einen unbelichteten Film für die Kopie aufnehmen konnte. Auch die Lumières benutzten 35 Millimeter breiten perforierten Film – sie kannten ja bereits Edisons Kinetograph. Doch im Gegensatz zu diesem lief der Film senkrecht von oben nach unten durch ihren Kinematografen.

gramms zappelten die Laufbilder der Skladanowskys über die Leinwand, sozusagen als Rausschmeißer. Damit lagen die Brüder zeitlich vor den ersten öffentlichen Vorführungen der Lumières. Die Betonung liegt auf „öffentlich" – geschlossene Vorstellungen hatte es bei den Lumières schon vor den Skladanowskys gegeben. Deshalb ist es nicht ganz korrekt, die Berliner Brüder als Erfinder des Films zu feiern. Überdies waren es eigentlich gar keine Filme, was sie zeigten, sondern verbesserte Reihenbilder: je Filmstreifen nur 20 Stück, die sich stets wiederholten, weil die Streifen zu einem Ring zusammengeklebt waren. Da technisch vom Bioskop keine Entwicklungslinie zu den späteren Aufnahme- und Projektionsgeräten führt, blieb die „interessanteste und amüsanteste Erfindung der Neuzeit", wie die Zeitungen das Bioskop nannten, ohne Nachwirkung.

Die Brüder Lumière und ihr Kinematograf

Die Lumières, Louis Jean (1864–1948) und Auguste Marie Louis Nicolas (1862 bis 1954), waren keine Bastler, sondern Fachleute. In der Lyoner Filmfabrik ihres Vaters hatten sie mit Filmherstellung und -bearbeitung reichhaltige Erfahrungen gesammelt. Hier gelang ihnen auch, wie oben schon berichtet, die Verwirklichung des ersten brauchbaren Farbfoto-Verfahrens.

Als sie 1894 an die ersten Überlegungen gingen, ein praktikables Verfahren für Filmaufnahme und -wiedergabe zu entwickeln, taten sie das von vornherein mit der Zielrichtung einer industriellen Produktion. Das unterscheidet sie von allen Vorläufern auf diesem Arbeitsgebiet.

Welcher Anteil am Erfolg dem einen, welcher dem andern Bruder zuzuschreiben ist, läßt sich schwer auseinanderhalten, weil bei Patenten und Ankündigungen stets beide Brüder genannt zu werden pflegten. Heutige Filmhistoriker neigen dazu, Louis Jean den Löwenanteil an den technischen Entwicklungen zuzusprechen, Auguste dagegen das Hauptverdienst an der geschickten kaufmännischen Auswertung der Verfahren.

Auguste selbst erzählte später, die eigentliche Idee zur Kinematografie habe seinen Bruder Louis Jean sozusagen wie ein Blitz überfallen – in einer mit Fieberträumen und Migräne verbrachten Nacht. Freilich basierte der zündende Gedanke auf systematischen Forschungen, bei denen sich die Lumières unter anderem mit den Arbeiten ihrer Vorgänger Anschütz, Reynaud und Edison auseinandersetzten.

Was die Lumières am 13. Februar 1895

1

zum Patent anmeldeten, war ein Apparat, mit dem man Filme sowohl aufnehmen als auch vorführen konnte. Der zuerst verwendete Name, Kinétoscope de projection, deutet noch auf Edison hin, er wurde bald in Cinématographe geändert (trotz heftiger Proteste und zahlreicher Prozesse). Von Edison übernahmen die Lumières das Format, den 35 Millimeter breiten Eastman-Film, ferner die Perforation und den Greifer, der das Filmband ruckweise transportierte.
Die erste geschlossene Vorführung fand am 22. März 1895 in der Rue de Rennes in Paris statt. Den staunenden Mitgliedern der Société d'Encouragement pour l'Industrie nationale (der französischen Industrieförderungs-Gesellschaft) führten die Lumières den ersten von ihnen in Lyon gedrehten Film vor. Er trug den Titel „La Sortie des Ouvriers de l'Usine Lumière" (Arbeiter beim Verlassen der Lumière-Werke). Weitere Veranstaltungen folgten, zunächst noch immer vor Fotofachleuten und der Presse.
Ende 1895 schien die Zeit reif zu sein für öffentliche Vorführungen. Sie begannen am 28. Dezember im Indischen Salon des Grand Café am Boulevard des Capucines in Paris. Der Eintrittspreis betrug einen Franc. Der Premierentag erbrachte nur 35 Francs Einnahme, aber es dauerte nur drei Wochen, bis der Kinematograf zum Tagesgespräch von Paris wurde. Alle halbe Stunde fand eine Vorführung statt, jede dauerte fünfzehn Minuten. Das Programm bestand aus fünfzehn Kurzfilmen. Einer davon ging als erste Slapstick-Komödie in die Filmgeschichte ein. In „L'Arroseur arrosé" (Der begossene Begießer) wässert ein Gärtner die Blumen mit dem Wasserschlauch. Ein Junge tritt auf den Schlauch, das Wasser bleibt aus. Also betrachtet der Gärtner die Schlauchmündung. Weil der Junge den Schlauch freigibt, spritzt dem Gärtner nun das Wasser ins Gesicht. Der Junge wird verprügelt.
Auch der Film „Démolition d'un Mur" (Abbruch einer Mauer) gehörte zum Programm. Er zeigte das Einreißen einer Mauer bei Umbauten der Lumière-Fabrik. Irgend jemand kam auf den Gedanken, den Film rückwärts laufen zu lassen, so daß die Mauer Stein auf Stein wiedererstand. Damit war eine der beliebtesten Tricktechniken, der Rücklauf, erfunden.
Die meisten der frühen Lumière-Filme waren keine Spiel-, sondern Dokumentarfilme, im allgemeinen mit Allerweltsmotiven. Damit waren die Zuschauer zunächst durchaus einverstanden. Ein deutsches Fachblatt schrieb begeistert: „In diesem

engen Raum, in dieser kurzen Spanne Zeit sieht man eine ganze Welt an sich vorüberziehen; nicht etwa in starren Bildern ohne Leben und Bewegung, vielmehr eine Welt, die leibt und lebt, webt und schafft, ganz wie die Wirklichkeit."

Schon 1896 gab es in vielen französischen Städten Kinematografen-Theater, bald aber auch in England und Amerika, Spanien und Serbien, Rußland und Rumänien. Am 20. April fand die erste Vorstellung in Köln statt. Gekrönte Häupter interessierten sich für den Film, sie äußerten sich wohlwollend und waren die beste Reklame für die Lumières.

Die sensationellen Anfangserfolge ermutigten die Lumières zu neuen Taten. Sie schickten Filmreporter aus, die längere aktuelle Reportagen zu drehen hatten. Dabei wurde auch schon der Filmschnitt als Gestaltungsmittel eingesetzt. Es folgten historische Filme, im Freien vor Kulissen aus Holz und Pappe gedreht: über Robespierre und Karl XII., Marat und den Herzog von Guise und andere. Insgesamt dürften bei den Lumières und in deren Auftrag rund 1400 Filme gedreht worden sein. An ihrem Verkauf (und am Absatz der Apparate) war gutes Geld zu verdienen. Die Brüder Lumière wollten weitere Risiken nicht eingehen und gaben die Filmproduktion um die Jahrhundertwende auf. Das Patent auf den Kinematografen verkaufte Louis Lumière 1897 an Charles Pathé.

Die Lumière-Erfindung machte der Filmindustrie den Weg frei. Die beiden Brüder erlebten noch mit, was aus ihrer Idee wurde: Louis starb 1948 als 84jähriger, Auguste 1954 im Alter von 91 Jahren. Sie hatten noch eine ganze Reihe Erfindungen erprobt oder verwirklicht. Ihre Spannweite reichte von Versuchen mit dem plastischen Film über das Photorama mit einer Projektion, die den ganzen Horizont umfaßte, bis zu einem Lautsprecher für den Phonographen, der die Tonqualität wesentlich verbesserte, zu Heizapparaten für Flugzeuge, die im Ersten Weltkrieg eine Rolle spielten, und zu Prothesen für Kriegsversehrte.

1939 drehte Jean Painlevé einen Film über Louis Lumière, in dem der Erfinder auch selbst zu Wort kam: „Wenn ich im Verlauf eines langen Lebens die Möglichkeit hatte, an Problemen verschiedener Art zu arbeiten, und wenn es mir gelungen ist, einige glückliche Lösungen zu finden, die in der Öffentlichkeit einen bedeutenden Widerhall erweckten, dann leitete mich immer der Wunsch, das Bedürfnis und die unendliche Freude, mein ganzes Leben lang arbeiten zu dürfen."

Die Anfänge der Filmindustrie

Die Brüder Lumière hatten die technischen Voraussetzungen für die (von ihnen zweifellos nicht vorhergesehene) Entwicklung des Films zu einem Massenunterhaltungs- und Informationmittel geschaffen. Nun ging der Film bald eigene Wege. Darzustellen, unter welchen Voraussetzungen es zur internationalen Filmindustrie mit Schwerpunkten in Frankreich, England, Deutschland, Italien und den USA kam, ist nicht Sache dieses Buches. Ebenso müssen filmgestalterische und -künstlerische Probleme ausgeklammert bleiben. Aber auf filmtechnischem Gebiet sind noch einige Vorläufer und Pioniere zu nennen, deren Namen zum großen Teil vergessen sind.

Professor Reynaud und die bewegten Zeichnungen

Eigentlich gehört der Professor der Naturwissenschaften Emile Reynaud (1844 bis 1918) gar nicht in die Reihe der Filmpioniere. Von einem fotografierten Film wollte er nämlich überhaupt nichts wissen. Sein hohes Ziel war es, der Kunst zu dienen – und das konnte man nach seiner Meinung nicht mit Fotos, sondern nur mit Zeichnungen.

Schon 1877 hatte Reynaud sein Praxinoskop geschaffen, eine verbesserte Wundertrommel. 1882 gelang es ihm, dieses Verfahren in Verbindung mit einer Laterna magica zur Projektion von kolorierten Glasbildern einzusetzen. Ab 1888 verwendete er dann perforierte Bildbänder aus Gelatinefolien mit farbigen oder schwarzweißen Zeichnungen im Format 4×5 Zentimeter. Die Zeichnungen stammten von ihm selbst. Sie waren gut gemeint, aber beileibe keine künstlerischen Leistungen. 1889 erhielt er ein Patent auf dieses Verfahren, das er Théâtre Optique (optisches Theater) nannte. Die erste öffentliche Vorführung fand am 28. Oktober 1892 im Musée Grévin am Boulevard Montmartre zu Paris statt. Jeder Film dauerte bis zu 15 Minuten und hatte maximal 700 Bilder.

Das Geschäft lief erstaunlich gut. Die Leute gingen auch dann noch ins Musée Grévin, als in den ersten Kinotheatern längst „richtige" Filme liefen. Bis 1900 fanden im Musée Grévin 12800 Vorstellungen statt, die von einer halben Million Menschen besucht wurden. Ihnen gefielen die kleinen Geschichten, die Reynaud ihnen erzählte. Sie waren zum großen Teil farbig (was der fotografierte Film erst vie-

1 – Da immer mehr Theater für die Vorführung von Filmen eingerichtet wurden, zunächst in Frankreich, bald aber auch in anderen Ländern, sahen sich die Brüder Lumière gezwungen, einen reinen Projektionsapparat zu konstruieren. Dieses Gerät stammt aus dem Jahr 1897. Die Vorrichtung über dem Objektiv diente der Aufnahme verschieden großer Filmspulen.

2 – Schon die Lumières kamen auf die Idee, Reporter mit Filmkameras zur aktuellen Berichterstattung auszuschikken. Als sich diese Herren in steifem Hut oder Zylinder 1913 vor dem Berliner Stadtschloß einfanden, um die Ankunft des Kaisers zu erwarten und zu filmen, wußte auch ein preußischer Gendarm schon das Interesse der Öffentlichkeit auf Information gegen den Respekt vor Seiner Majestät abzuwägen.

2

le Jahrzehnte später schaffte) und wurden sogar von Geräuschen begleitet, die Reynaud elektrisch auslöste.
Der Erfinder des Zeichentrickfilms war Reynaud nicht. Dieses Wort bezeichnet einen Film, bei dem die einzelnen, gezeichneten Bewegungsphasen fotografiert werden. Aber Reynaud war mit seinen „bewegten Zeichnungen“ doch einer Entwicklung auf der Spur, die sich erst viel später manifestierte. Bei etwas mehr geistiger Beweglichkeit hätte er einen erfolgreicheren Weg einschlagen können.
So blieb er zeitlebens ein unzufriedener und unglücklicher Mann. In einem Anfall von Schwermut versenkte er 1910 den größten Teil seiner Apparate und Filme in der Seine. Kurz darauf mußte er in eine psychiatrische Anstalt in Ivry gebracht werden, wo er 1918 starb.

Illusion um jeden Preis: Georges Méliès

Ein Hansdampf in allen Gassen muß er gewesen sein, der Mechaniker, Schauspieler, Karikaturist und Bühnenarchitekt Georges Méliès (1861–1938), Allround-Produzent von rund 4000 Filmen, bei denen er fast alles allein machte – nach seiner eigenen Aufzählung werkelte er als Zeichner, Bühnenbildner, Tricktechniker, Drehbuchautor, Regisseur und Hauptdarsteller. Trickreiche Illusionen lernte er beim besten Zauberkünstler seiner Epoche, Eugène Robert-Houdin, einem Mann, der erstmals alle Tricks bei voller Beleuchtung zeigte (darunter den berühmten Flaschentrick, bei dem einer „leeren“ Flasche unzählige Gläser voll der unterschiedlichsten Getränke entlockt wurden), der im Abendanzug auftrat und vor Kaisern, Königen und Päpsten zaubern durfte.
Das Théâtre Robert-Houdin übernahm Méliès 1888 in eigene Regie. Schon sein Vorgänger hatte viel von technischen Tricks gehalten. Méliès wollte nun die neuen Verfahren der Brüder Lumière in das Programm einbauen. Er reiste nach Lyon und versuchte, Vater Lumière zum Verkauf der Patente seiner Söhne zu überreden. Aber daraus wurde nichts. Méliès fuhr wieder nach Paris zurück, entschlossen, selbst etwas zu unternehmen. In seinen Memoiren schrieb er: „Méliès ... sucht, kombiniert, konstruiert selber seine erste Kamera und projiziert einen Monat später seine ersten Filme, eröffnet im Théâtre Robert-Houdin das erste öffentliche Kino der Welt.“
Fortan entfesselte der vielseitige Méliès einen Tatendrang ohne Beispiel. Vor allem fand er schnell heraus, welche tricktechnischen Möglichkeiten das Filmverfahren bot. In seiner Firma „Geo. Méliès Star Film“ zauberte er den Zuschauern Dinge vor, die ihnen die Haare zu Berg trieben. Bei Méliès gab es die erste Doppelrolle: Méliès unterhielt sich mit Méliès. Er produzierte 1899 den ersten Kriminalfilm („L'Histoire d'un Crime“) und 1902 den ersten Science-Fiction-Film („Le Voyage dans la Lune“ nach Jules Vernes Roman „Die Reise zum Mond“), und er wagte sich auch schon an den ersten Ausstattungs-Prachtschinken heran, den 1907 entstandenen Film „La Prophétesse de Thèbes“.
Méliès baute für „La Conquête du Pôle“ einen Eisriesen aus Holz und Leinwand, der Arme und Finger bewegen und mit den Augendeckeln klappern konnte – zwanzig Arbeiter hielten das Monstrum in Schwung. Er ließ den Mond eine Träne weinen, weil das Raumschiff ausgerechnet in seinem Auge gelandet war, und zeigte einen Mann, dem immer neue Köpfe nachwuchsen. Er baute ein Riesenpferd, das fünf Arbeiter vom Dachstuhl aus in Gang halten mußten, und führte einen Mann vor, der den Kopf seines Mitspielers mit dem Blasebalg aufblies, bis er so groß wie ein Schrank war.
Bei alledem blieb Méliès stets ein gelernter Illusionist. Von einer beweglichen Kamera hielt er ebensowenig wie von einer raffinierten Einstellungs- und Schnittechnik. Was er abbildete, spielte sich sozusagen auf der Bühne ab, und folgerichtig hielt Méliès auch an einer Einteilung in einzelne Schaunummern fest, die er Tableaux nannte. An Phantasie hat ihn kaum ein anderer Produzent übertroffen. Seine Filme sind noch heute interessant anzusehen: als Kuriositäten, nicht als gestalterische Meisterwerke. Seiner Firma ging die Luft aus, als kurz vor dem Ersten Weltkrieg die ersten Filmdramen und -epen herauskamen. 1913 meldete er Konkurs an und verschwand für lange Zeit von der Bildfläche.
In den dreißiger Jahren fand ein Pariser Theaterdirektor den gealterten Méliès wieder – als Bonbonverkäufer auf dem Bahnhof Montparnasse. Méliès erlebte eine späte Rechtfertigung. Seine Filme wurden wieder hervorgekramt, Zeitungen und Fachblätter berichteten über ihn, Charlie Chaplin nannte ihn öffentlich einen „Alchimisten des Lichts“. D. W. Griffith erklärte: „Ihm schulde ich alles“, und Jean Cocteau verbrachte viele Stunden mit der Betrachtung alter Méliès-Filme. Endlich gelang es, dem Altmeister eine kleine Rente zu sichern. Von ihr hatte er nicht mehr viel. 1938 starb er.

Robert William Paul: Auf Edisons Spuren

In England war Edisons Kinetoskop patentrechtlich nicht geschützt. Das herausgefunden zu haben, ist das Verdienst (wenn auch ein fragwürdiges) des britischen Optikers Robert William Paul (1869–1943). Zwei interessierte griechische Unternehmen bewogen ihn, Edisons Apparate nachzubauen. So geschah es auch. Allerdings ging Paul einen Schritt weiter und baute gleich ein Projektionsgerät, den Theatrographen, mit dem er 1896 im Finsbury Technical College die ersten Vorführungen veranstaltete. Die Filme dazu bestellte er unbekümmert bei Edison in West Orange.
Als Edison ihm auf die Schliche kam und weitere Filmlieferungen verbot, warf sich Paul mit Vehemenz auf eigene Filmproduktionen. 1899 hatte er schon ein eigenes Studio in New Southgate. Er filmte die rauhe See bei Dover und den Endspurt des Derbys von Epsom. Seine Streifen beeindruckten so, daß er einen mehrjährigen Vertrag mit dem Schautheater Alhambra abschließen konnte. In jeder Vorstellung zeigte er mehrere Kurzfilme, die insgesamt 15 Minuten dauerten.
Fortan drehte er alljährlich etwa 50 Filme, darunter Trick- und Geisterfilme, Abenteuerfilme und Comics. Zwar konnte er es mit Méliès an Einfallsreichtum nicht aufnehmen, aber auch bei Paul geschahen unwahrscheinliche Dinge – so fuhren Autos bis in die Wolken hinauf und umrundeten die Sonne, stürzten Spielzeugeisenbahnen in Schluchten, geisterte ein Skelett durch die Szene.
Offensichtlich war Robert William Paul der erste, der auch Propagandafilme drehte. Ab 1900 entstanden in seinem Studio zwanzig Filme mit dem Titel „Das Leben in der Armee“. Sie zeigten die Ausbildung britischer Soldaten. Das Kriegsministerium bestätigte ihm ausdrücklich den hohen Wert seiner Streifen für kommende Rekrutierungen.

Der erste Kino-Zar: Charles Pathé

Ein Name wurde auf dem jungen Filmmarkt, der bald von heftigen Konkurrenzkämpfen geschüttelt wurde, schnell zum Begriff: Charles Pathé (1863–1957). Er wuchs in Chevry-Cossigny und in Vincennes als Sohn eines Fleischers auf und erlernte lustlos das väterliche Handwerk. Zwei Jahre lang trieb er sich in Argentinien herum, fand aber nicht das große Glück und kehrte, vom Gelbfieber vertrieben, ohne einen Sous in der Tasche

nach Frankreich zurück. Als 31jähriger sah er in Vincennes die ersten Edison-Vorführungen und rechnete sich schnell aus, daß ein Schausteller, der mit diesen Apparaten durch die Lande reiste, in ein paar Stunden mehr verdiente als er in einer ganzen Woche.
Nicht ohne Mühe trieb er 2000 Francs auf und eröffnete in Monthéty ein Edison-Theater. Er selbst erzählte später, daß er dabei alles auf eine Karte gesetzt hatte. Wenn die Sache schief gelaufen wäre, hätte er nicht einmal mehr genug Geld gehabt, um nach Vincennes zurück zu fahren. Aber sie lief hervorragend. Ein Jahr später schon konnte er es sich leisten, gemeinsam mit dem Erfinder Marie Henry Joseph Joly eigene Apparate zu konstruieren. 1896 gründete er gemeinsam mit seinen drei Brüdern Emile, Théophile und Jacques die Firma Pathé Frères als Apparatefabrik, 1897 folgte die Produktionsfirma Pathé Cinema, und im Jahr darauf kam der erste Film heraus, benannt „L'Arrivée d'un train de Vincennes", als soundsovielte Verfilmung einer Zugankunft nicht besonders neu, aber immerhin ein Anfang.
„Ich habe das Kino nicht erfunden, aber ich habe es industrialisiert!" bekannte Charles Pathé später. Die Pathé Cinema, 1897 mit 24000 Francs Kapital gegründet, mußte alle paar Jahre ihr Kapital erhöhen, so schnell wuchsen die Umsätze und so stark stieg das Investitionsvolumen. 1913 schon betrug das Kapital der Gesellschaft 30 Millionen Francs. Mittlerweile gab es kaum einen Filmfreund auf der Welt, der das Pathé-Markenzeichen, den gallischen Hahn, nicht gekannt hätte – und die Pathé-Filme mit Max Linder, dem ersten großen Komiker der Filmgeschichte, ge-

1

2

1 – Mit diesem Plakat lockte Emile Reynaud ab 1892 Besucher in sein Théâtre Optique – in acht Jahren immerhin rund eine halbe Million Menschen. Es dürfte das älteste Kinoplakat der Welt sein, auch wenn die Streifen, für die es warb, nicht fotochemisch zustande gekommen waren. Reynauds „Leuchtende Pantomimen" kann man als Vorläufer des Zeichentrickfilms betrachten. Er projizierte übrigens von hinten auf eine transparente Leinwand.
2 – Was Robert William Paul zur Filmaufnahmetechnik beisteuerte, war nicht so kompliziert wie die Kamera – da verließ er sich auf die in Britannien nicht patentierten Ideen Edisons –, sondern ein Spezialstativ, das er mit der Kamera bestückte. Damit konnte man bewegte Objekte besser verfolgen.

staltet von einem der ersten professionellen Filmregisseure, dem ehemaligen Music-Hall-Sänger Ferdinand Zecca.

Oskar Meßter und die deutsche Filmindustrie

Verglichen mit dem Frankreich und England der Film-Frühzeit verlief die Entwicklung in Deutschland eher zähflüssig. Was die Skladanowskys ab 1895 mit ihrem Bioskop schon sehr früh eingeleitet hatten, mündete bald in einer Sackgasse. Einer der wenigen deutschen Filmemacher der Urgeschichte des Films war der Berliner Oskar Meßter (1866–1943), Sohn eines Mechanikers, der zunächst im Betrieb des Vaters lernte, sich mit 19 Jahren selbständig machte und als 26jähriger die väterliche Firma übernahm.
Konstruktionen auf optischem Gebiet waren ihm nicht neu. So beobachtete er die Entwicklung besonders aufmerksam: den Schnellseher von Anschütz, das Kinetoskop von Edison, den Kinematografen von Lumière. Seltsamerweise aber nahm er das Bioskop der Skladanowskys, das in Berlin zu einer Zeit Tagesgespräch war, als Meßter schon das dreißigste Lebensjahr überschritten hatte, überhaupt nicht zur Kenntnis. Das ist seinen nicht an übertriebener Bescheidenheit leidenden Lebenserinnerungen zu entnehmen, und auch noch Jahrzehnte später stritt er jede Verbindung mit den Bioskop-Erfindern ziemlich brüsk ab.
1896, nachdem er die ersten Edison-Vorführungen gesehen hatte, besorgte sich Meßter Edison-Filmstreifen und konstruierte innerhalb weniger Wochen harter Tag- und Nachtarbeit einen eigenen Projektor, der sich durch eine Neukonstruktion des bekannten Malteserkreuzes (nicht durch die Erfindung dieser Vorrichtung, wie manche Quellen behaupten) auszeichnete und sich als überaus brauchbar erwies. Den ersten Apparat dieser Art lieferte er für 1900 Mark an einen russischen Schausteller.
Wie Pathé erkannte auch Meßter frühzeitig, daß sich aus der Kinematografie eine Industrie entwickeln könnte. Auf dieses Ziel arbeitete er hin, und zwar mit atemberaubender Geschwindigkeit. Als nächstes baute er eine Aufnahmekamera. Vorrichtungen für das Entwickeln und Kopieren der Filme folgten. „Damit waren Ende des Jahres 1896 in Deutschland alle Voraussetzungen geschaffen zum Aufbau einer ausschließlich mit deutschen Geräten arbeitenden Kino- und Filmindustrie", stellte er in seinen Erinnerungen fest.
Innerhalb von 17 Jahren, bis 1913, konstruierte Meßter einen Projektor nach dem andern. Schließlich standen 17 Typen auf seinem Programm. Von keinem Modell verkaufte er allerdings mehr als 500 Stück; im Gegensatz zu Pathé, der nur drei Typen herausbrachte, davon aber in kurzer Zeit 70000 Exemplare absetzte – so Meßters eigene Angaben.
Pathé beobachtete den Konkurrenten aufmerksam und drohte mit einem Prozeß wegen Patentverletzung. Es kam zu einer Einigung: Für die deutschen Pathé-Filialen durfte Meßter künftig deutsche Apparate liefern. Der erste Filmkatalog Meßters erschien 1897, bestückt mit 84 Nummern, 115 Seiten stark. In seinem Begleittext führte Meßter aus, welche Bedeutung er dem Kinematografen beimaß:
„Durch ihn lassen sich künftighin historische Begebenheiten festhalten und in der Natürlichkeit nicht nur jetzt, sondern auch

1

2

1–2 – Für die Konstruktion seiner Filmprojektoren benutzte Oskar Meßter das Malteserkreuz-Getriebe, um den perforierten Film ruckartig schnell von Bild zu Bild weitertransportieren zu können. Die früheren negativen Erfahrungen Edisons und Pauls sowie des Franzosen Continsouza mit dem Malteserkreuz vermied Meßter, indem er die Antriebsscheibe mit nur einem Transportstift versah. Abgebildet das Laufwerk eines Projektors von Meßter um 1900.
3–5 – Das Lehrmodell des Malteserkreuzes zeigt die drei entscheidenden Phasen, in denen die fortlaufend rotierende Bewegung der linken Scheibe in eine ruckartige der Zahnkränze für den perforierten Film umgewandelt wird.
6 – Eine Filmkamera von Meßter mit Wechselschlitten für zwei Objektive, gleichfalls um 1900.
7–8 – Meßter koppelte 1903 ein Grammophon an einen Projektor und konnte mit diesem Biophon musikuntermalte Filme vorführen. Die abgebildete Ton- und Projektionseinheit seines „Panzerkinos" stammt von 1912.

3

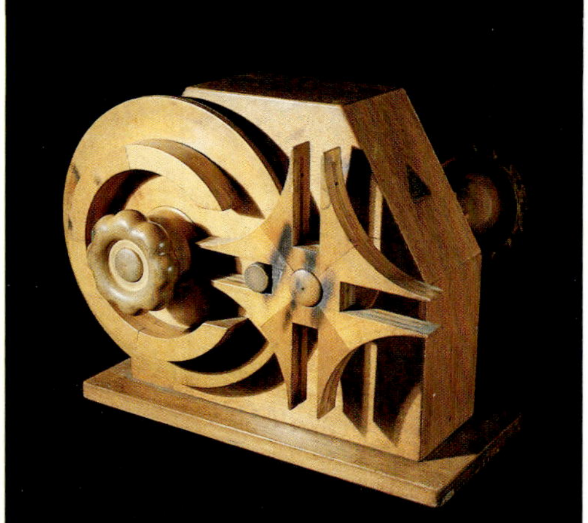
4

5

6

7

8

den künftigen Geschlechtern wieder zur Anschauung bringen; Künstler und Künstlerinnen können als Tänzer, Fechter, Akrobaten, Jongleure, Turner überall in ihren Leistungen in Natürlichkeit dadurch vorgeführt werden. Elementare Ereignisse und Naturwunder, wie Niagara-Fälle, Rheinfall, Gießbach usw. werden uns naturgetreu veranschaulicht und ebenso das Leben und Treiben der entferntesten Naturvölker und der wilden Völkerstämme. Spezialisten für photographische Schnellaufnahmen sind deshalb schon nach allen Erdteilen ausgesandt."

Auf technischem Gebiet brachte Meßter weitere Neuerungen heraus, so 1897 eine Zeitlupenkamera für maximal 100 Bilder je Sekunde oder 1903 einen Filmprojektor, den er mit einem Grammophon zur Wiedergabe von Musik und Gesang koppelte, das sogenannte Biophon. Ab 1915 konstruierte er auch Reihenbildkameras für Luftaufnahmen. Vor allem aber war er der Produzent der ersten deutschen Wochenschau, Meßter-Woche genannt.

Seine Filmgesellschaft, die als ersten deutschen Star Henny Porten weltberühmt machte, ging mit anderen Gesellschaften 1917 in der Universum Film AG (Ufa) auf. Mittlerweile meldeten die USA ihre Ansprüche an. Ab 1912 befand sich Hollywood im Aufbau. Die amerikanischen Produzenten Fox, Laemmle, Goldwyn, Lasky und Zukor bauten ihre Imperien auf. Ab 1915 entstanden die Filme von David Wark Griffith, die heute noch zu den berühmtesten der Filmgeschichte zählen. Und es dauerte nicht lange, bis die Erfindung des Tonfilms dem so schön angelaufenen Stummfilmgeschäft den Garaus machte.

Der Tonfilm wird erfunden

Die ersten Versuche, bewegte Bilder zum Sprechen oder Tönen zu bringen, gehen auf das 19. Jahrhundert zurück. Aber sie gerieten bald in Vergessenheit. Die Technik hatte die nötigen Hilfsmittel noch nicht anzubieten. Erst zu Beginn der zwanziger Jahre unseres Jahrhunderts kamen die ersten brauchbaren, aber noch mit vielen Kinderkrankheiten behafteten Verfahren auf. Zunächst dominierte der Nadelton: Mehr oder weniger synchron zum Film wurden Schallplatten abgespielt. Das unterdessen schon vorliegende Lichttonverfahren hatte es besonders schwer, sich durchzusetzen. Erst in den letzten Jahrzehnten trat zum Lichtton der Magnetton. Diese beiden Verfahren beherrschen heute den Markt. Der Nadelton geriet in Vergessenheit.

Vorläufer der Tonfilmtechnik

Den ersten Plan, die mit Hilfe einer Wundertrommel oder eines Lebensrades vorgeführten Phasenbilder akustisch zu untermalen, veröffentliche W. Donisthorpe im Jahre 1877. Er wollte als Tonerzeuger einen Phonographen verwenden, wie ihn Edison entwickelt hatte. Edison selbst griff diesen Gedanken auf. Aber das Kinetophon, die Verbindung von Kinetoskop und Phonograph, wurde kein besonderer Erfolg, und so verschwand diese Kombination aus dem Jahre 1893 wieder in der Versenkung. Andere Edison-Verfahren waren das Kamerophon und das Kinemaphon. Beide strebten eine Synchronisation von Bildvorführung und Tonausstrahlung an und entstanden zu Beginn des 20. Jahrhunderts.

Offenbar interessierte Edison dabei aber nur eine neue Verwendungsmöglichkeit für den Phonographen, der mittlerweile auf dem Gebiet der Tonaufzeichnungstechnik längst nicht mehr der letzte Schrei war. Denn während der Pariser Weltausstellung von 1900 hatten drei Etablissements schon Film/Schallplatte-Kombinationen vorgeführt. So konnte das zahlende Publikum im Phonorama Szenen aus Paris, untermalt mit Musik, Gesang und Sprache von der Schallplatte, bewundern. Im Phono-Cinema-Theater waren gleichzeitig die berühmtesten Schauspieler der Epoche auf der Leinwand zu sehen und von der Platte zu hören, darunter die vergötterte Sarah Bernhardt. Und im Théâtre de la Grande Rue zeigte Marie Henry Joseph Joly die Filmkomödie „Lolotte", in der es muntere Dialoge gab und bei der Joly selbst eine Hauptrolle übernommen hatte.

Drei Jahre später stellte Oskar Meßter in Berlin sein Biophon vor. Und 1906 meldete Eugène Lauste, geborener Franzose, gewesener Edisonmitarbeiter und inzwischen in Brixton in England tätig, sein Sprechfilmverfahren zum Patent an, das ebenfalls auf der Schallplatte beruhte.

Weder Edisons Phonograph noch Berliners Grammophon waren in der Urform besonders gut geeignet für die Vertonung von Filmen, die ja inzwischen immer länger wurden (1906 war in Australien der erste Stummfilm mit einstündiger Dauer vorgeführt worden). Die Platten-Laufzeiten der 78er Platte waren einfach zu kurz, es mußte zu häufig gewechselt werden, Synchronität war dabei kaum zu erreichen.

Eine vernünftige Verbindung zwischen Film und Platte ergab sich erst mit der Einführung der Langspielplatte, die bei einer Drehzahl von 33 U/min auf eine Spieldauer von elf Minuten kam. Da eine Filmrolle normalerweise genausolang lief, eignete sich eine solche Langspielplatte vorzüglich zur Synchronisation von Bild und Ton. Näheres darüber ist im Kapitel über die Entwicklung der Langspielplatte nachzulesen.

Ton von der Platte: Der Nadelton

Die ersten Versuche mit dem Nadeltonfilm unter Verwendung von Langspielplatten fanden 1926 in den Laboratorien der Bell Telephone Co. in New York statt. Die meisten amerikanischen Filmgesellschaften wollten nichts davon wissen und taten das Verfahren als Spielerei ab. Nur die Brüder Sam und Harry Warner, Eigentümer der Warner Brothers Picture Corporation, kurz Warner Bros. genannt, stürzten sich auf die neue Technik – ihr Unternehmen war in eine Flaute geraten, es brauchte dringend kräftigen Auftrieb. Warner Bros. produzierten nach der nun Vitaphon genannten Technik zuerst den Film „The Jazz Singer", dann den noch erfolgreicheren Film „The Singing Fool", beide mit dem Negerimitator-Sänger Al Jolson alias Joseph Rosenblatt.

Vor allem diesem Sänger „mit dem Schmelz zwischen Lachen und Weinen" verdankten Warner Bros. den steilen Aufstieg ihres Unternehmens. Sein Lied vom Sonny Boy ging um die Welt – es gehört heute noch zu den Evergreens. Und in Windeseile stellten sich die Lichtspieltheater auf den Nadelton um. Alle elf Minuten mußte eine Hilfskraft eine neue Platte auflegen, und zwar jeweils synchron mit dem Start einer neuen Filmrolle. Für die Vorführung mit einem normalen Plattenspieler waren diese Spezial-Langspielplatten übrigens nicht geeignet. Sie wurden von innen nach außen geschnitten.

In Deutschland lief „The Jazz Singer" stumm, weil die Telefunken-Gesellschaft wegen Patentverletzung protestierte. Sie blockierte zunächst auch „The Singing Fool", zog dann aber ihren Einspruch am 3. Juni 1929 zurück. Die Berliner Morgenpost berichtete am nächsten Tag begeistert: „Spät, aber doch nicht zu spät, sind auch wir beim historischen Wendepunkt des Filmes angelangt. Um es gleich vorwegzunehmen: es war ein voller, ein durchschlagender Erfolg; denn dieser amerikanische Tonfilm zeigt sich in einer technischen Vollendung, die mit den gut gemeinten, doch recht primitiven Versuchen, die wir bisher kannten, kaum in einem Atemzug zu nennen sind ... Die Wiedergabe-Apparatur funktioniert fehlerlos. Höchstens im Pianissimo hört man das lei-

1 – Die Idee, einen Phonographen mit einer Wundertrommel zu kombinieren – auch wenn diese nur kurze gezeichnete Bildsequenzen flimmern ließ –, hatte schon 1877 der britische Techniker Wordsworth Donisthorpe geäußert. Als Edison mit seinem Kinetoskop die ersten Filme projizieren konnte, hatte er bald auch eine mechanische Kopplung zwischen Projektor und Walzenphonograph hergestellt. Doch dieses Kinetophon war noch nicht komfortabel genug, um Bestand zu haben.
2 – Oskar Meßter verband 1903 bei seinem Biophon den Projektor durch eine elektrische Leitung mit dem Plattengrammophon. Die Schallquelle befand sich nun schon neben oder unter der Projektionswand. Und weil es noch keinen elektrischen Verstärker gab, drehten sich bis zu fünf Plattenteller synchron – mehr oder weniger gleichzeitig gestartet und nach viereinhalb Minuten Laufzeit gewechselt.
3 – Erst die Erfindungen der Langspielplatte mit 33 U/min Drehzahl und des elektrischen Verstärkers für Aufnahme und Wiedergabe machten 1926 das Nadeltonverfahren möglich. Die Laufzeit der Platten war mit der einer normalen Filmrolle identisch. Die Filme „The Jazz Singer“ und „The Singing Fool“ von Warner Bros. führten das Verfahren zum Erfolg.

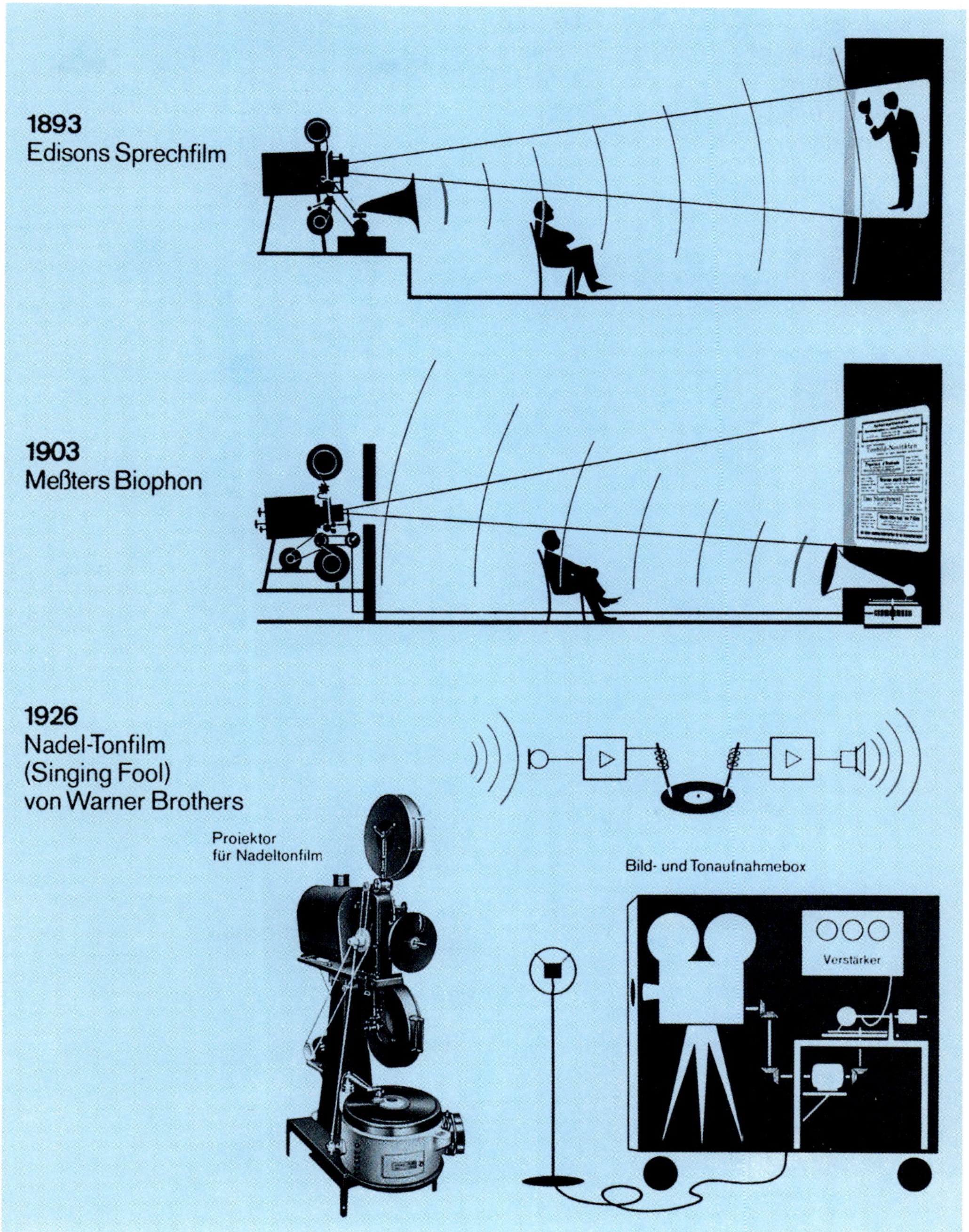

1
2
3

se surrende Geräusch der Maschine ... Die menschliche Stimme triumphiert hier über die stumme Leinwand. Sie strömt kraftvoll oder zart, je nachdem, in den Raum. Die Menschen stehen einem plötzlich näher.“
Der Nadelton nach dem Vitaphon-Verfahren verbreitete sich rasch. Kein Kinobesitzer wollte die Chance verpassen, mit Filmen wie „The Singing Fool“ sein Geschäft zu machen. Zugleich war aber schon der Lichtton aufgekommen. Die beiden Verfahren konkurrierten heftig miteinander. Unter den 830 deutschen Tonfilmtheatern gab es 1930 42 Prozent, die nur auf Nadelton eingerichtet waren. 32 Prozent verfügten über reine Lichttonmaschinen. Alle anderen waren für beide Verfahren ausgerüstet, und zwar mit Kombinationsmaschinen. Es sollte aber nicht lange dauern, bis der unkompliziertere Lichtton allein regierte. Die Langspielplatte hatte sich unterdessen die Plattenspieler der Musikfreunde erobert.

Hans Vogt und das Werk der drei

Der Elektrotechniker Hans Vogt wurde 1890 in Wurlitz im Landkreis Hof als Sohn eines Schmiedes geboren. Eigentlich hätte er auch Schmied werden sollen. Aber es zog ihn mehr zur Elektrotechnik. So eignete er sich zunächst bei der AEG das nötige Wissen an. 1912 tat er als Funker bei der kaiserlichen Marine Dienst. Beim Besuch eines winzigen Stummfilmkinos in Kiel kam ihm zum erstenmal der Gedanke, daß es sich lohnen müßte, den Film zum Sprechen und Tönen zu bringen. Der Krieg machte einen Strich durch alle diesbezüglichen Pläne. Aber gleich danach, 1919, ging Vogt tatkräftig daran, die Sache anzupacken. Es gelang ihm, zwei Mitarbeiter zu gewinnen, die wie er bereit waren, alles auf eine Karte zu setzen: den aus Bielefeld stammenden Ingenieur Joseph Massolle (1889–1957) und den in München geborenen Physiker Jo Benedict Engl (1893–1942), der neben seiner wissenschaftlichen Arbeit an der Technischen Hochschule in Berlin ein Unternehmen für Tonfilm-Entwicklungsarbeit und -Praxis betrieb.
In der Babelsberger Straße 49 in Berlin richteten sie sich ein Laboratorium für Kinematografen ein. Hier gingen sie der Problematik des Filmtons auf den Grund. Sie setzten von vornherein auf Lichtton, weil er bei dem damaligen Stand der Technik als einziger unmittelbar auf dem Filmstreifen selbst angebracht werden konnte. Damit war der Aufbau des Verfahrens

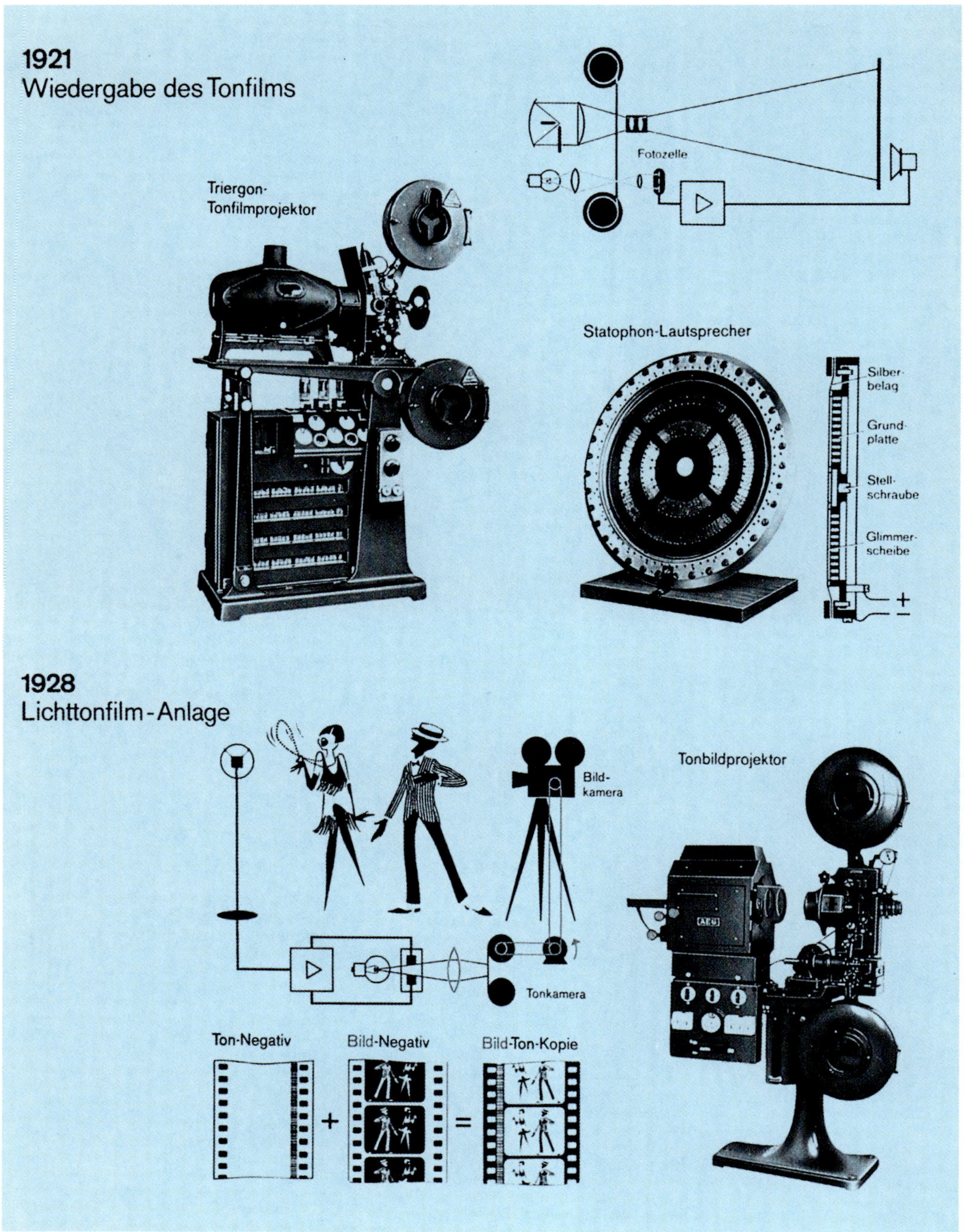

1

2

auch schon klar. Der vom Mikrofon aufgefangene Ton mußte elektrisch verstärkt werden und eine veränderliche Lichtquelle beeinflussen, die auf dem Filmstreifen eine veränderliche Schwärzung hervorrufen sollte. Beim Abspielen des Films brauchte man ein lichtempfindliches Element für das Abtasten der veränderlichen Schwärzung. Die dabei gewonnenen elektrischen Impulse waren wiederum zu verstärken und einem Lautsprecher zuzuleiten.

Das klang alles ganz gut und war durchdacht. Allerdings steckte die Elektrotechnik damals noch arg in den Kinderschuhen. Es gab weder Mikrofone, die empfindlich genug waren, noch brauchbare Verstärkerröhren oder hinreichend leistungsfähige Lautsprecher, von den anderen Bauteilen, der veränderlichen Lichtquelle und dem Abtastelement, ganz zu schweigen. Die gab es in den notwendigen Dimensionen überhaupt nicht. Das Dreierteam erkannte sehr schnell, daß es hier nicht um eine Einzelerfindung, sondern um den Aufbau eines ganzen Systems ging.

Trotz aller Schwierigkeiten brauchte das Team nur drei Jahre, um das System in den Grundzügen fertigzustellen. 1921 fand die erste interne Vorführung statt. Die drei Männer nannten ihr mit zahlreichen Patenten abgesichertes Verfahren Tri-Ergon, Werk der drei.

Der fotografierte Ton

Zunächst einmal wurde ein hochempfindliches Mikrofon gebraucht. Hans Vogt verwarf die damals üblichen Kohlemikrofone und konstruierte sein Kathodophon,

1 – Tri-Ergon, das „Werk der drei“ Hans Vogt, Joseph Massolle und Jo Benedict Engl, bestand darin, die Schallschwingungen in Lichtstrahlen verschiedener Stärke umzuwandeln und einen Filmstreifen durch das Licht zu schwärzen; beim Abspielen wird ein Lichtstrahl durch diese Tonspur unterschiedlich abgeschwächt und dann elektrisch wieder in Schallschwingungen rückverwandelt.
2 – Eine der ersten Tonfilmaufnahmen im Berliner Schubertsaal um 1923.
3 – Die Erfinder des Lichttonfilm-Verfahrens (v.l.n.r.) Dr. Engl, Massolle und Vogt im Saal der Berliner Musikhochschule, unter ihnen die Mikrofonanlage.
4 – Dr. Jo Benedict Engl demonstriert den Tri-Ergon-Projektor.
5 – Detailaufnahme eines Lichttonprojektors mit Filmtransport, Objektiv und Sektorenblende.

bei dem die von einer Glühkatode erzeugten Ionen durch den Schalldruck moduliert werden. Dann wurde an Verstärkerröhren gearbeitet, wozu eigens mehrere Glasbläser engagiert wurden. Das Ergebnis waren schließlich Verstärkeranlagen, die mit zwei Röhren mit 500facher Verstärkung bestückt waren. Im Zusammenhang damit entwickelte Massolle die Widerstandsverstärkung für den Tonfilm. Vogt schlug sich monatelang mit dem Problem der nötigen Hochohmwiderstände herum. Ganz nebenbei wurde auch noch die Schirmgitterröhre erfunden – leider drei Wochen zu spät, Langmuir und Schottky hatten das gleiche Verfahren soeben patentrechtlich absichern lassen.

Für die Umsetzung der Strom- in Lichtschwankungen waren normale Glühlampen nicht zu gebrauchen, weil sie zu träge reagierten. Engl schlug vor, trägheitslose Glimmlampen zu verwenden, und entwickelte gemeinsam mit Vogt eine edelgasgefüllte Hochfrequenzlampe. Ihr Licht beleuchtete einen Spalt, dessen Bild ein mit Zeiß Ikon in Jena konstruiertes Mikro-Projektionssystem auf dem vorbeilaufenden Film verkleinert abbildete.

Weil nach Auffassung der Erfinder auf dem 35 Millimeter breiten Filmstreifen kein Platz für die Lichttonspur blieb, gingen sie von einem 42 Millimeter breiten Streifen aus, der normal perforiert war. Die Tonspur, sieben Millimeter breit, war dabei außerhalb der einen Lochreihe untergebracht. (Erst viel später kam man mit einer Zwei-Millimeter-Tonspur aus, die auch auf dem Normalfilm Platz fand.)

Ein neues Problem tauchte auf: Die Bildprojektion erforderte das ruckweise Transportieren des Films, die Tonabtastung dagegen ein gleichmäßiges Vorrük-

3

4

5

ken. Vogt schlug vor, den Film an der Abtaststelle mit einer Schwungmasse zu koppeln, die für gleichmäßigen Ablauf sorgte. Das Schwungmassenpatent erwies sich später als eines der wichtigsten Tri-Ergon-Patente.
Für die filmische Tonaufzeichnung war anderes Negativmaterial erforderlich als für die Bildkamera. Beide Träger mußten jedoch auf einer gemeinsamen Positivkopie untergebracht werden. Mit dieser Schwierigkeit, zu der noch das Problem möglicher Verzerrungen der Tonspur durch den Kopiervorgang kam, befaßten sich weitere Überlegungen des Teams. Sowohl das Verfahren der getrennten Entwicklung als auch der Verzerrungsausgleich waren Gegenstand wichtiger Patente. Dabei entschieden sich die Erfinder von vornherein gegen die von anderen Konstrukteuren bevorzugte, aber unpraktische Möglichkeit, Bild und Ton von zwei Filmen wiederzugeben, also von einem Bild-Film und einem Tonspur-Film.
Für das Abtasten der Tonspur wurde eine trägheitslos arbeitende Fotozelle gebraucht. Die normale Selenzelle war dafür nicht zu gebrauchen. Vogt und Engl experimentierten lange mit einer hochempfindlichen Fotozellenschicht.
Die Verstärkung des Tons wurde auf ähnliche Weise gelöst wie auf der Mikrofonseite. Schwieriger war die Lautsprecherwiedergabe. Die leistungsfähigen Lautsprecher der Rundfunk- und Schallplattenwiedergabezeit existierten noch nicht. Mit dem Bau von Großlautsprechern für Saal-Lautstärken hatte sich noch niemand ernsthaft befaßt. Vogt und Massolle schufen auf der Basis des elektrostatischen Feldes riesige, Statophon genannte Lautsprecher. Dünne Glimmermembranen von Durchmessern bis zu einem halben Meter wurden versilbert. Sie schwangen vor festen Elektroden. Um alle Frequenzbereiche abzudecken, wurden Statophone für hohe, mittlere und tiefe Töne konstruiert.
1921 begann das System die ersten Töne von sich zu geben, aufgenommen und wiedergegeben nach dem Tri-Ergon-Verfahren. Das erste Lichtton-Wort, das die Maschine lieferte, war eines Teams von Technikern würdig: Milliampere.

Keiner will den Lichtton haben

Ab 1921 wurden in provisorischen Ateliers die ersten Lichtton-Versuchsfilme gedreht, darunter „Das Heideröslein", bei dem noch mit getrenntem Bild- und Lichttonfilm gearbeitet wurde. Die Ergebnisse waren erfreulich, sie fanden „die kopfschüttelnde Bewunderung der unbefangenen Laien und das skeptische Lächeln der Leute vom stummen Film" (Feldhaus).
1923 richteten die Tri-Ergon-Leute im Schubertsaal in der Berliner Bülowstraße das erste Tonfilmatelier mit Aufnahme- und Wiedergaberaum und Entwicklungswerkstatt ein. Täglich wurden etwa 50 Meter Tonfilm produziert. Schon am 24. September konnten die ersten Demonstrationsfilme vorgeführt werden. Besonders begeistert zeigten sich die Zuschauer über den Hauptfilm „Das Leben auf dem Dorfe" mit Schweinegrunzen, quietschenden Erntewagen, dem die Stunde verkündenden Nachtwächter – und mit einem auf dem Misthaufen krähenden Hahn. Die Kikeriki-Aufnahme hatte besondere Schwierigkeiten bereitet. Der herangeschaffte Hahn wollte einfach nicht im richtigen Augenblick krähen. Deshalb sperrte man ihn tagelang in einen dunklen Raum, holte ihn für die Aufnahme hervor, setzte ihn auf den Misthaufen und strahlte ihn mit Jupiterlampen an. Da hielt er seine Stunde für gekommen und begann lauthals zu krähen.
Nun wäre es Zeit gewesen für die praktische Auswertung des Lichttonverfahrens, gemeinsam mit einem potenten Partner. Aber das erwies sich als schwierig. Man steckte mitten in der Inflationszeit. Die Geldgeber von Tri-Ergon fürchteten um ihr Kapital. So konnten die Erfinder nicht verhindern, daß die Rechte an dem gesamten Verfahren für eine Million Schweizer Franken an den Schweizer Rechtsanwalt Curti verkauft wurden. Sie selbst bekamen nur ein Viertel davon, was gerade ausreichte, um die Schulden zu bezahlen. Anschließend arbeiteten sie weiter an ihrer Technik, die ihnen nun nicht mehr gehörte. Und weil die Filmindustrie den Einsatz des Lichttons rundweg ablehnte, beschlossen sie, selbst in größerem Umfang Filme zu produzieren.
Dabei hatten sie keine besonders glückliche Hand. Überdies gingen die Patentrechte an Schweizer Textilindustrielle über, was die Lage nicht gerade übersichtlicher machte. Als dann auch noch die Ufa eine deutsche Lizenz aus der Schweiz kaufte und einen Film herstellte, der so schlecht war, daß er schleunigst wieder in der Versenkung verschwand (es handelte sich um „Das Mädchen mit den Schwefelhölzern" nach Hans Christian Andersen), hatte der Lichtton auf dem deutschen Markt bis auf weiteres keine Chancen mehr.
Inzwischen kaufte der amerikanische Filmmagnat William Fox, 1879 in Ungarn geboren, von der mittlerweile in der Schweiz gegründeten Tri-Ergon AG die Rechte für den amerikanischen Markt für den vergleichsweise läppischen Preis von 200000 Schweizer Franken und begann einerseits Lichttonfilme zu produzieren, andererseits gegen die großen amerikanischen Elektrizitäts- und Filmgesellschaften wegen Patentverletzungen zu prozessieren – es ging dabei um einen Streitwert von einer halben Milliarde Dollar.
In Deutschland beauftragte die AEG, die die amerikanische Entwicklung aufmerksam beobachtet hatte, Hans Vogt, sie bei der Entwicklung eines eigenen Tonfilmverfahrens zu beraten. Das geschah auch. Des großen Risikos wegen tat sich die AEG mit Siemens zusammen und gründete die Klangfilm-Gesellschaft. Die deutschen Tri-Ergon-Rechte gingen unterdessen an den Bankkaufmann Heinrich Brückmann über, der die Tobis gründete und munter zu produzieren begann. Die beiderseitigen Patentschwierigkeiten führten zum Zusammenschluß der beiden Firmen – eine konnte ohne die andere nichts bewirken. Der Vertrag von 1929 sah vor, daß Tobis sich um die Filmproduktion, Klangfilm um den Apparatebau kümmern sollte.
Kurz vor dem Vertragsabschluß war Brückmann gestorben. Die Zeitungen feierten ihn als „Vater des Tonfilms". Die Erfindergemeinschaft verdiente am längst eingeleiteten Aufschwung des Lichttonfilms nur den knappen Lebensunterhalt. Sie löste sich bald auf. Massolle ging als technischer Direktor zur Tobis (er starb 1957 in Berlin), Engl arbeitete in seinem Laboratorium für die Fox, die ab 1930 allerdings nicht mehr William Fox gehörte (er ist 1942 in New York gestorben), und Vogt gründete ein eigenes Laboratorium in Berlin, zog sich später nach Bayern zurück und produzierte in Erlau bei Passau Hochfrequenzbauteile.
Zahlreiche seiner Erfindungen befruchteten die Film- und Rundfunktechnik, vor allem seine nur erbsengroße Hochfrequenzspule. Als ihn die Filmschauspielerin Margit Saad 1975 anläßlich seines 85. Geburtstages nach der Zahl seiner Patente fragte, schüttelte der greise, aber immer noch sehr muntere Dr. h.c. Hans Vogt den Kopf. Er wußte es nicht genau, aber Hunderte waren es mit Sicherheit.
Der 89jährige starb am 4. Dezember 1979 in einem Passauer Krankenhaus. In seinen letzten Lebensjahren hatte er sich vor allem mit ernährungsphysiologischen Problemen befaßt. Das Ergebnis waren zahlreiche Geräte für Klein- und Großküchen und Verfahren für die industrielle Herstellung von Nahrungsmitteln.
Unter den übrigen Lichttonentwicklungen ist besonders das Phonofilmverfahren des

Synchronisier- und Mischanlage

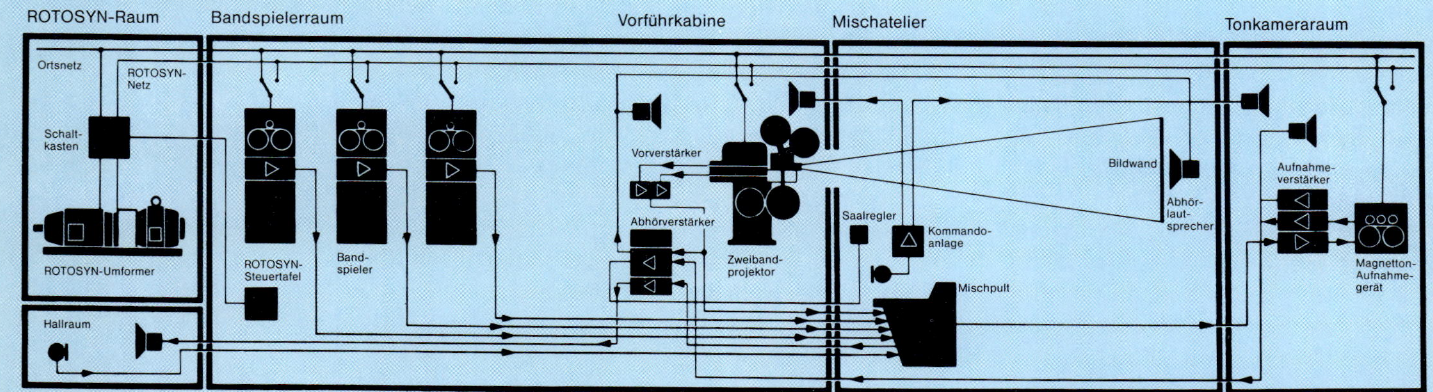

Werdegang eines Tonfilms

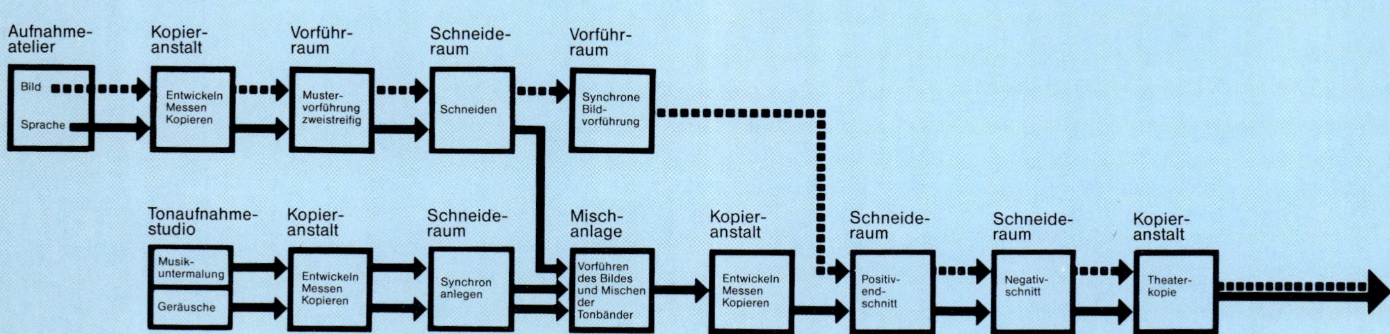

Amerikaners Lee De Forest (1873–1961) zu erwähnen, das ebenfalls auf einer Glimmlampe beruhte und am 15. April 1923 in New York erstmals vor zahlendem Publikum vorgeführt wurde. De Forest gehört zu den erfolgreichsten amerikanischen Erfindern. Das wichtigste seiner über 300 Patente betraf die Triode, bei der sich der Elektronenstrom vom Heizfaden zur Gegenelektrode durch die Gitterspannung steuern läßt. Die Triode wurde erst durch den Transistor abgelöst. De Forests Lichttonpatente gingen übrigens auf William Fox und dessen Tri-Ergon-Holding über, nachdem der Erfinder vergeblich versucht hatte, dem Sprechfilm als Unterhaltungsmedium zum Durchbruch zu verhelfen.

Der Filmindustrie brachte der Tonfilm einen ungeheuren Aufschwung, wenn auch so mancher Stummfilmstar mit dem neuen Medium nicht zurechtkam und abtreten mußte. Die Besucherzahlen in den amerikanischen Kinos verdoppelten sich von 1927 bis 1930. Kleine Filmgesellschaften konnten nicht mithalten und wurden von größeren geschluckt. Das Zeitalter der großen Filmzaren begann. Der amerikanische Film eroberte die ganze Welt.

1922 hatte Hans Vogt prophezeit: „Sogenannte Filmideen tun's nicht mehr, es muß auch literarisches Können dabei sein. Und der Regisseur im Bildtonfilm wird weniger Herrgott sein dürfen, wird mehr Erlauscher dichterischer Wollenseinheitlichkeit sein müssen, Mundhalter, Eingeher auf seine Spieler. Diese wiederum werden nimmer mit hübschen Gesichtern geschminkte, mit Trichter und Schrei aufgepeitschte Suggestivgeschöpfe sein können. Sondern Menschendarsteller aus großer eigener Tiefe heraus. Und das Zelluloid und die Maschinerie wird daran so viel und so wenig profanisieren, wie die Druckerpresse am geschriebenen Wort."

Der lange Weg zum Farbfilm

Der Wunsch, farbige Laufbilder vorzuführen, ist so alt wie die Kinematografie. Da es fotochemische Methoden zur Erzeugung farbiger Filme einstweilen noch nicht gab, behalf man sich viele Jahre lang mit Ersatzverfahren. Es folgten die ersten fotografischen Techniken, deren Umständlichkeit uns heute abenteuerlich anmuten mag. Sie basierten häufig auf einem Zweifarbenverfahren. Erst die Erfindung des Dreischicht-Farbfilms nach dem Subtraktionsverfahren (Näheres darüber im Fototechnik-Kapitel) mit einem Negativfilm als Grundlage, von dem beliebig viele

Positivfilme kopiert werden konnten, verhalf dem Farbfilm endgültig zum Durchbruch.

Handkolorierte und gefärbte Filme

Die ersten farbigen Filmstreifen sind schon aus dem Jahre 1896 bekannt. Sie wurden mit bis zu sechs Farben von Hand koloriert, Bildchen für Bildchen – eine Arbeit, die von angelernten Arbeiterinnen in speziellen Werkstätten ausgeführt wurde. Jede der jungen Damen war dabei stets nur für eine Farbe zuständig. Ein berühmtes Beispiel für Filme dieser Art ist „Voyage across the Impossible" von Georges Méliès aus dem Jahre 1904.
Als die Filme länger wurden und von jedem Original eine größere Anzahl Kopien gezogen werden mußte, kam das Handkolorieren aus der Mode. Für spezielle Effekte wurde es aber zum Beispiel noch bei Sergej Eisensteins epochemachenden Film „Panzerkreuzer Potemkin" verwendet. In diesem Fall mußten die malenden Damen die rote Fahne der Revolution kolorieren – sonst nichts. Eisensteins dramatischer Film stammt aus dem Jahre 1925.
Um die Malarbeit zu erleichtern, führten Pathé Frères 1905 das Schablonenverfahren ein. Jeder Film durchlief eine Schabloniermaschine, die der Reihe nach sechs Farben auftrug, was mit Hilfe von Farbschablonen und Farbrollen oder -bürsten geschah. Kürzere Filmstreifen wurden komplett schabloniert, bei längeren beschränkten sich die Pathés auf das Kolorieren einzelner, prägnanter Szenen. Dieses Verfahren wurde noch in den dreißiger Jahren angewendet, als es längst schon praktikablere Techniken gab. Zu den schablonenkolorierten Filmen gehörte etwa noch der 1926 fertiggestellte Film „Die letzten Tage von Pompeji", und 1930 kam ein bunter Werbefilm für das Duftwasser 4711 heraus.
Sowohl die Bemal- als auch die Schablonentechnik waren viel zu teuer. Zu Beginn des 20. Jahrhunderts gingen die Filmhersteller deshalb daran, ihre Filme mit durchscheinenden Farben oder auch mit Hilfe chemischer Mittel zu färben. Beim ersten Verfahren wirkte sich die Färbung auf alle weiß oder hell gebliebenen Stellen des Filmes aus, die schwarz kopierten Flächen blieben erhalten. Bei der zweiten Methode wirkten bestimmte Substanzen auf die gesamte Filmschicht ein und verwandelten beispielsweise einen Schwarzweiß-Film in einen Blauweiß- oder Rotweiß-Film. Bei manchen Filmen wurden auch beide Verfahren szenenweise angewendet.
Bald galt es als besonders chic, die einzelnen Szenen je nach ihrem Schauplatz und ihrer Bedeutung im Schichtträger chemisch zu färben (zu viragieren oder zu tonern). So erschienen dann Nachtszenen blau, Feuerszenen rot, Waldszenen grün und Sommerlandschaften gelb. Das war zwar eine ziemlich pauschale Behandlung, aber schlechte Farbe war immerhin besser als gar keine.

Das Kinemacolor-Verfahren

Als erstes in der Praxis brauchbares Farbfilmverfahren ging die Kinemacolor-Technik, 1906 von George Albert Smith für die Charles Urban Trading Company in Brighton, England, erfunden, in die Film-

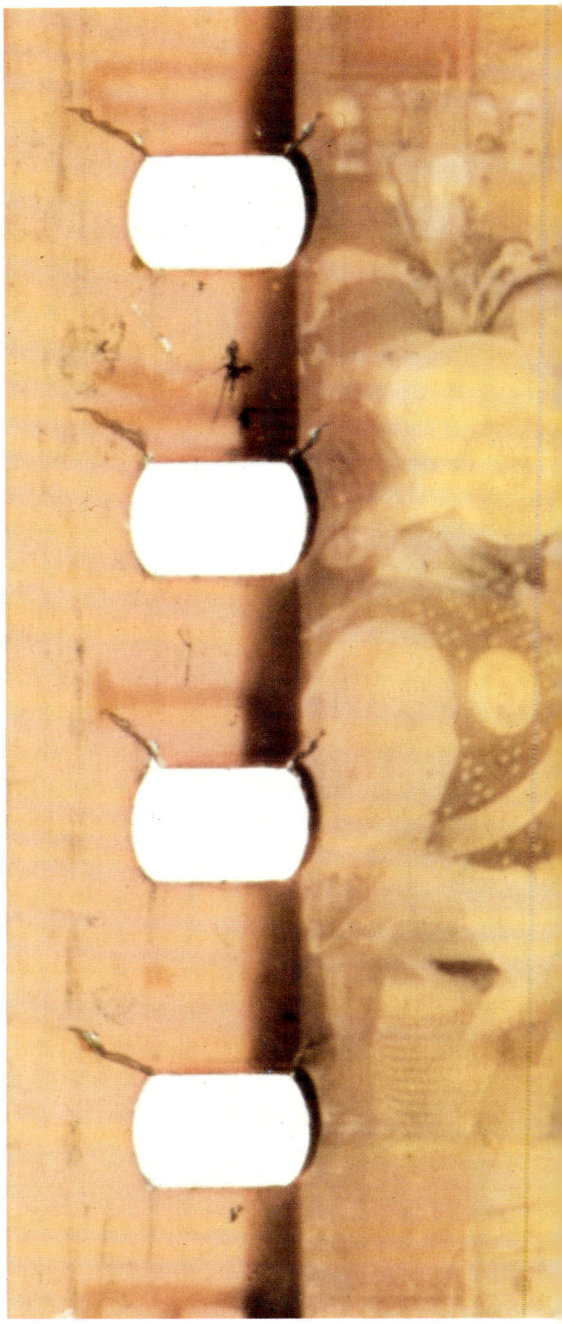
1

2

3

1 – Die ersten farbigen Kinofilme waren noch handkoloriert. Das Filmbild stammt aus einem Ritterepos der französischen Filmgesellschaft Gaumont um die Jahrhundertwende.
2 – Das Schablonenverfahren zum Filmkolorieren, 1905 von den Brüdern Pathé eingeführt, konnte sich etwa zwei Jahrzehnte halten. Mit den „Letzten Tagen von Pompeji" ging 1926 auch diese Epoche zu Ende.
3 – Kinemacolor, das erste brauchbare Farbfilmverfahren, benutzte ein rotes und ein grünes Filter vor der Aufnahmekamera wie vor dem Projektor. Es brauchte von den abwechselnd rot und grün gefilterten schwarzweißen Filmbildchen die doppelte Anzahl gegenüber normalem Film und lief deshalb mit 32 Bildern in der Sekunde. Die Seitenansicht des Projektors zeigt in der Mitte rechts die Filterscheibe.

geschichte ein. Es handelte sich dabei um ein Zweifarbenverfahren, das nur mit Grün und Rot (und entsprechenden Mischungen) arbeitete. Smiths Kamera nahm 32 Bilder in der Sekunde auf, das Doppelte der beim normalen Film üblichen Bilderzahl. Es wurde abwechselnd ein durch ein rotes und ein durch ein grünes Filter fotografiertes Bild aufgenommen. Das Ergebnis war ein Schwarzweiß-Negativ. Bei der Projektion wurden die Bilder in schneller Folge abwechselnd rot und grün gefiltert vorgeführt. Das Auge „mischte" dank der Trägheit seiner Netzhaut diese wechselnden Farbeindrücke zu einem farbigen Gesamtbild.
Den ersten Kurzfilm nach diesem Verfahren nahm Smith im Garten seines Hauses in Southwick bei Brighton auf; Hauptdarsteller waren seine Kinder. Die erste öffentliche Vorstellung veranstaltete Charles Urban am 26. Februar 1909 im Palace-Theatre in der Shaftesbury Avenue. Im selben Jahr gründete Urban eine eigene Firma für die Produktion und den Vertrieb von Kinemacolorfilmen.
Bald gab es nicht nur die üblichen Kurzfilmszenen in Farbe, sondern auch Aktualitäten, etwa einen Farbfilm von der Beisetzung des britischen Königs Eduard VII. am 20. Mai 1910 und einen anderen über die Krönung seines Nachfolgers Georg V. zum Kaiser von Indien im Jahre 1911, der ein Jahr danach unter dem Titel „The Delhi Durban" in die Kinos kam und später in die Filmgeschichte einging.
Zwar gab es in England schon vor Beginn des Zweiten Weltkrieges rund 300 Lichtspieltheater, die sich auf das Kinemacolorverfahren eingerichtet hatten, und auch in vielen anderen Ländern fand der neue Farbfilm Interesse. Aber es konnten sich

nur die großen Kinos eine so teure Vorführanlage leisten. Dem Verfahren blieb die weltweite Popularität deshalb versagt. Überdies reichte die Kapazität der Urban-Produktion auch gar nicht aus, um den Bedarf eines Theaters an Farbfilmen zu decken. Und schließlich beklagten sich die Zuschauer über das im Vergleich mit dem Schwarzweißfilm kleinere Bild, das auf den Lichtverlust durch die Verwendung der Farbfilter zurückzuführen war.
Andere mit zwei Farben operierende Methoden, etwa das Colcim-Verfahren von 1916, Raycol von 1928 oder das Busch-System von 1930, brachten die beiden Bilder verkleinert und hochkant auf dem Raum unter, den sonst ein normales Schwarzweißbild einnahm. Aber die winzigen Bilder ergaben eben auch nur vergleichsweise winzige Projektionsformate, und überdies war die Projektionstechnik sehr anfällig.
Das erste brauchbare Dreifarbenverfahren entwickelte Léon Gaumont im Jahre 1912. Er nahm seine Filme mit einer Kamera mit drei Objektiven auf. Vor jedem Objektiv war ein Filter in einer der drei Grundfarben angebracht. Dementsprechend funktionierte die Projektion. Zwar kam es zu einer erfolgreichen Präsentation vor der französischen Photographischen Gesellschaft. Aber das technisch problematische Verfahren setzte sich kommerziell nicht durch, obwohl Gaumont 1913 in New York auch schon „vertonte" Filme nach seiner Chronochrom-Technik zeigte. Ein Phonograph lieferte Sprache, Musik und Geräusche. Hin und wieder gab es Vorführungen mit neuen Filmen. Aber um 1920 verschwand das Verfahren.

Aufschwung des Farbfilms: Technicolor

Nach Gaumonts Chronochrom kamen zahlreiche verwandte und auch einige eigenständige Verfahren heraus, die zum Teil auch in der Praxis eingesetzt wurden, denen aber allesamt kein langes Leben beschieden war. Es handelte sich ausnahmslos um additive Verfahren, die auf Farbfilter bei der Aufnahme und ebenso bei der Wiedergabe angewiesen waren.
Der erste Kinofilm nach dem Subtraktionsverfahren, Ergebnis der Arbeit von J. G. Capstaff aus dem Kodak-Forschungslaboratorium, kam 1915 bei Eastman Kodak heraus. Er funktionierte noch nach der Zweifarbentechnik. Zwei Filme hielten das Filmgeschehen fest, einer mit dem roten, der andere mit dem grünen Farbauszug. Sie wurden auf die beiden Seiten eines doppelt beschichteten Films umkopiert. Ein besonderer Projektionsapparat war damit endlich überflüssig. Verwandte Techniken verwendeten zwischen den beiden Weltkriegen u. a. Multi-, Magna-, Tru- und Cinecolor (dieses letzte Verfahren hielt sich bis 1954), ebenso Ufa- und Chemicolor sowie das in den zwanziger Jahren in England von Aaron Hamburger entwickelte Polychromid-Verfahren.
Den Durchbruch schaffte der Farbfilm jedoch erst nach der Perfektionierung des Technicolor-Verfahrens. Sein Vater war der aus Chelsea in Massachusetts stammende amerikanische Physiker Herbert Thomas Kalmus (1881–1963), der 1915 gemeinsam mit D. F. Comstock und W. B. Westcott die Technicolor Motion Picture Corporation gründete, aus der 1922 die Technicolor Incorporated hervorging.
Kalmus und seine Mitarbeiter entwickelten zunächst ein additives Zweifarbenverfahren. Ab 1919 beschäftigten sie sich mit subtraktiven Techniken, zunächst auch zweifarbig. Die dabei erzielten beiden Filme wurden nach dem Entwicklungsprozeß Rückseite an Rückseite miteinander verschweißt. Nach dieser Methode wurde beispielsweise 1924 der erste Ben-Hur-Farbfilm produziert.
Auf die Dauer bewährte sich dieses Doppelfilmverfahren jedoch nicht. So entwickelte Technicolor eine neue Zweifarbentechnik, bei der von den beiden Farbauszügen, die schwarzweiß entwickelt wurden, zunächst eingefärbte Druckmatrizen angefertigt wurden, die dann auf einen Positivfilm übereinander kopiert werden konnten. Aus dieser Technik des Jahres 1928 entstand ein subtraktives Dreifarbenverfahren. Die Spezialkamera mit Strahlenteilung nahm dabei drei getrennte Filme mit dem Rot-, Grün- und Blauauszug auf. Von diesen Schwarzweißfilmen wurden dann klischeeartige Matrizen angefertigt, die nacheinander in Purpur, Blaugrün und Gelb auf einen Klarfilm abgedruckt wurden. Bekannte Beispiele für Filme nach dieser Technik waren die Disney-Streifen „Blumen und Bäume" und „Drei kleine Schweinchen", die zu Beginn der dreißiger Jahre herauskamen. Auch „Vom Winde verweht" gehörte zu den Filmen, die nach dieser bis 1955 angewendeten Technicolor-Technik aufgenommen wurden. Das Kopierverfahren wurde in Hollywood noch bis 1975 benutzt.
Inzwischen gab es längst von Agfa und Eastman Kodak herausgebrachte Dreischicht-Farbfilme nach dem Subtraktionsverfahren. Zunächst handelte es sich dabei um Kodak-Umkehrfilme, von denen keine Kopien gezogen werden konnten. Technicolor entwickelte ein Verfahren, von dem Umkehrfilm, der mit normaler Kamera gedreht werden konnte, drei Farbauszüge anzufertigen und diese zum Drucken von Positiven nach dem oben beschriebenen Verfahren zu verwenden.
Die Negativ-Positiv-Verfahren machten dann den Weg frei für direkte Positivkopien. (Erster Spielfilm auf Agfacolor „Frauen sind doch bessere Diplomaten" 1941, Eastman-Color-Verfahren 1950.)
Im Prinzip sind die Kino-Farbfilme genauso aufgebaut wie Filme für die Kleinbildfotografie. Sie ermöglichten in der Folgezeit den Übergang zu einer ganzen Reihe von Breitwand-Projektionsverfahren.

Raumfilm und Breitwandfilm

Ton und Farbe hatten den Film attraktiver gemacht. Trotzdem war nach dem Zweiten Weltkrieg die große Zeit des Films vorüber. Das Fernsehen gewann den Zweikampf der Medien mit mehreren Längen Vorsprung. Zwischen 1947 und 1953 ging die Zahl der wöchentlichen Kinobesucher in den USA von 90 Millionen auf 46 Millionen zurück. Jeden Tag mußten drei Kinos schließen. 5000 von ihnen hatten schon von 1951 bis 1953 Konkurs angemeldet. In Deutschland vollzog sich die gleiche Entwicklung mit gebührender Zeitverzögerung. Von 1957 bis 1966 halbierte sich die Zahl der Filmtheater, und die Bruttoeinnahmen der Kinobesitzer sanken von über einer Milliarde Mark jährlich auf etwa 600 Millionen Mark. Es war höchste Zeit, daß das gute alte Kino wieder attraktiver gemacht wurde. Vor allem in den USA wurde verbissen an neuen Techniken gearbeitet.

Der dreidimensionale Film: 3D

Mit einem Film, der beim Zuschauer einen plastischen, dreidimensionalen Eindruck hervorrief, hatten schon zahlreiche Erfinder experimentiert. Perfect Pictures brachten 1922 ihren Streifen „Die Kraft der Liebe" heraus. Die Kinobesucher mußten Brillen mit einem roten und einem grünen Glas aufsetzen, um den plastischen Effekt zu erleben. Das Verfahren geriet wieder in Vergessenheit. Vor allem fehlte ihm der Ton.
Das erste stereofonische Tonverfahren kam 1932 auf. Die französischen Filmproduzenten Abel Gance und André Debrie ließen es sich patentieren. Weil Gance sich die Sache zu leicht gemacht hatte – er kramte sein achtstündiges Napoleon-Epos aus dem Jahre 1927 hervor und hinterlegte es mit Dialogen und Musik in Stereo –, hatten die Zuschauer einen zwiespältigen

Der bedeutendste Name in der Geschichte des farbigen Kinofilms ist Technicolor. Allerdings verbargen sich unter dieser Bezeichnung mehrere unterschiedliche Aufnahme-, Kopier- und Wiedergabeverfahren.

1 – Bis 1932 waren die Technicolor-Filme nur zweifarbig: rotorange und blaugrün. Der Filmausschnitt aus „On with the Show" (1929) dokumentiert den ersten abendfüllenden Tonfilm in Farbe. Das bewährte Rezept „girls and music" half über die farblichen Unzulänglichkeiten hinweg.

2 – Mit der Einführung der Dreifarbenkamera kam für Technicolor die dritte Farbe hinzu. In dieser Filmkamera wurden drei Schwarzweißfilme gleichzeitig über ein hinter dem Objektiv befindliches Strahlenteilerprisma belichtet. Damit erhielt man die für das Kopierverfahren nötigen Auszüge von den roten, grünen und blauen Farbanteilen der Szene.

3–5 – Die danach angefertigten drei Matrizen druckten das Bild nacheinander purpurfarben, blaugrün und gelb auf einen Klarfilm. Die Testaufnahmen zeigen die einzelnen Phasen des Farbdrucks.
Als erster setzte 1932 Walt Disney das neue Verfahren für seine Zeichentrickfilme ein. Erst 1935 entstand mit „Becky Sharp" (deutsch „Jahrmarkt der Eitelkeiten") der erste große dreifarbige Technicolor-Spielfilm. Und bei den „Ladykillers" wurde 1955 die Dreifarbenkamera zum letzten Mal eingesetzt. Das Kopierverfahren – lange Zeit für seine Qualität und bei großen Auflagen für seine Preiswürdigkeit berühmt – wurde in Hollywood 1975 aufgegeben, später auch in Europa.

1

2

3

4

5

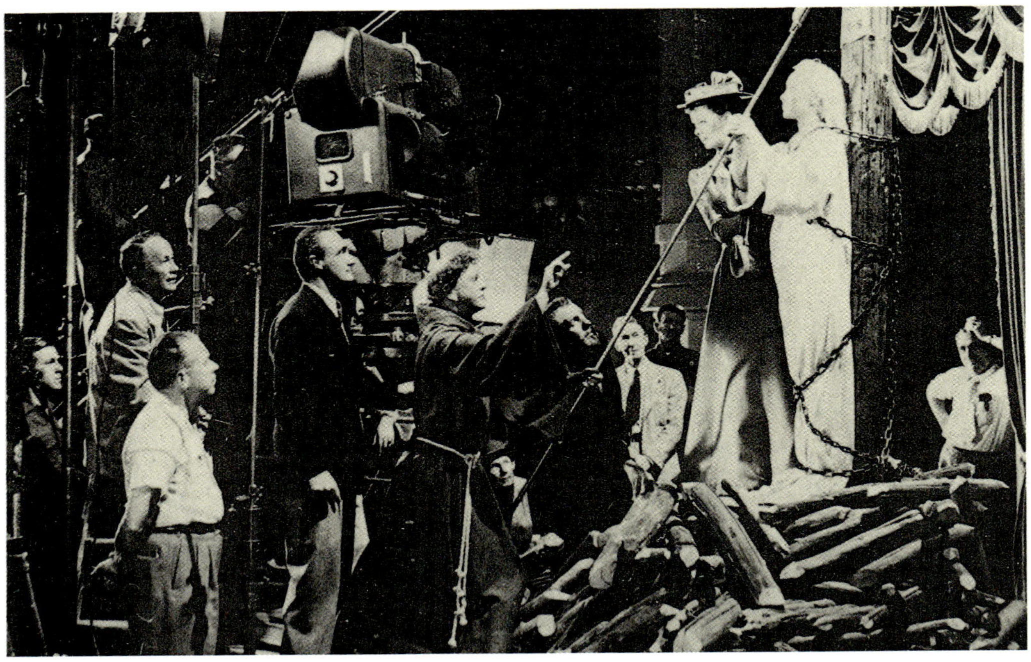

1

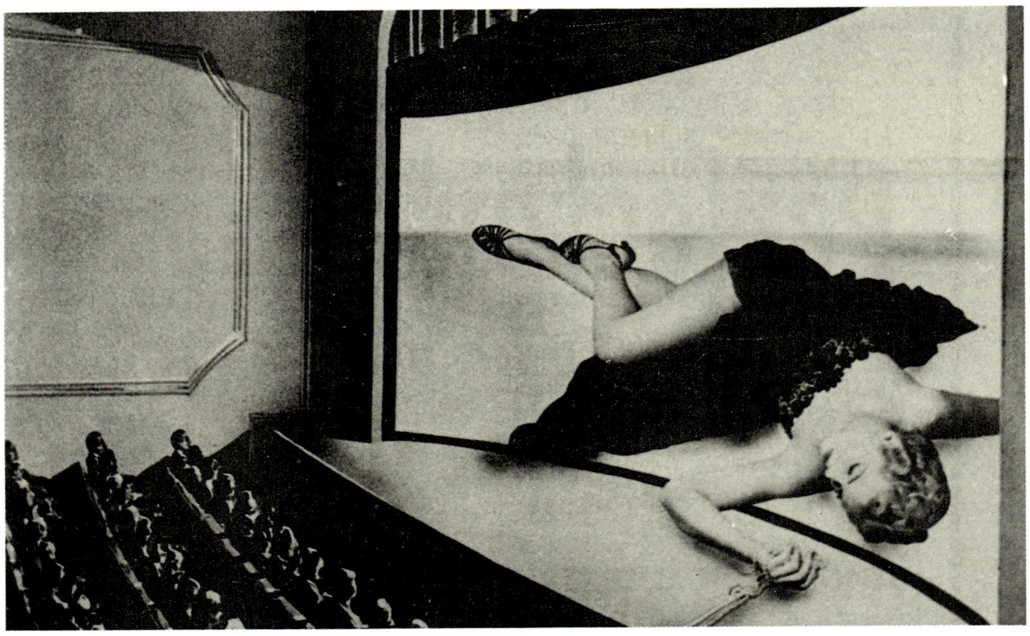

2

3

Eindruck. Denn nun fehlte das dreidimensionale Bild. Der Ton allein tat es auch nicht.
1952 unternahm Hollywood einen neuen Anlauf. In diesem Jahr kam Arch Obolers erster 3D-Film, „Bwana, der Teufel“, heraus, gedreht nach dem Natural-Vision-System von M. L. Gunzburg. Es ging in dem von Oboler als Autor, Regisseur und Produzent verantworteten Film um eine britische Siedlerfamilie, die blutige Kämpfe gegen kenianische Löwen auszufechten hatten. „Was hat wohl größere Überzeugungskraft für Wirksamkeit und Möglichkeiten dreidimensionaler Filmgestaltung als etwa das Erlebnis, einen Löwen gewissermaßen leibhaftig aus der Leinwand heraus über sich hinwegspringen zu sehen, wie es dem Publikum hier geboten wird“, schwärmte der deutsche Verleih, die Constantin in München.
Beim Gunzburgschen Verfahren nahm die 3D-Kamera das Bild auf zwei Filmrollen durch zwei Objektive auf, die im Abstand der menschlichen Augen nebeneinander angeordnet waren. Bei der Betrachtung der auf der Leinwand erscheinenden Doppelkonturen durch eine Polarisationsbrille überdeckten sich die Bilder im Wahrnehmungszentrum des Gehirns. Die Augen sahen die Bilder nicht flächig, sondern plastisch. Bei früheren Verfahren hatte man sich mit je einem grünen und roten Bild geholfen. Nun war das nicht mehr notwendig. Produzent und Verleih von „Bwana, der Teufel“ machten dank weltweiter Werbeanstrengungen ein großartiges Geschäft. Der eigentliche Großverdiener aber war der Brillenlieferant, Edwin Herbert Land, der Erfinder der Sofortbildkamera nach dem Polaroid-Land-Verfahren. Er hatte, wie weiter oben berichtet, schon als Student polarisierende Gläser erfunden, die Lichtstrahlen einer bestimmten Schwingungsrichtung durchließ, andere aber nicht. Brillen mit solchen Gläsern, vor allem als Sonnenbrillen, gab es überall zu kaufen. Nun wurden für das Betrachten der 3D-Filme plötzlich riesige Mengen billiger Polaroid-Brillen gebraucht. Schon in den ersten Monaten steigerte sich die Produktion von 10000 Brillen monatlich auf mehr als 12 Millionen Stück. Nach dem Erfolg des Bwana-Filmes gaben die begeisterten Filmverleiher sofort Bestellungen auf weitere 75 Millionen Brillen auf, lieferbar in acht Wochen. Und der Bedarf würde nicht sinken, wenn sich das 3D-Verfahren durchsetzte, denn in den USA mußte die Schlicht-Brille nach Benutzung weggeworfen werden – so verlangten es die Gesundheitsbehörden. In Deutschland wurden die Brillen (für 30 Pfennig je Vorstellung)

1 – Das dreidimensionale Natural-Vision-Verfahren von M. L. Gunzburg nimmt die Szenen mit einer Doppelkamera auf zwei Filmstreifen nebeneinander auf. Einer der bekanntesten Filme in dieser Technik war „The House of Wax" („Das Kabinett des Professor Bondi").
2 – Das Werbefoto für „The Glass Web" läßt Kathleen Hughes zum Greifen plastisch aus der Leinwand in den Zuschauerraum hineinwachsen.
3 – Bei den neueren 3D-Verfahren befinden sich die beiden Halbbilder auf nur einem Filmstreifen übereinander wie bei SpaceVision oder auch nebeneinander. (Aus Andy Warhol's „Frankenstein", 1973.)
4 – Raoul Grimoin-Sanson baute 1900 für die Pariser Weltausstellung ein Panoramatheater auf, in dem die Zuschauer die Projektion von zehn Geräten auf eine Rundumleinwand betrachteten.

4

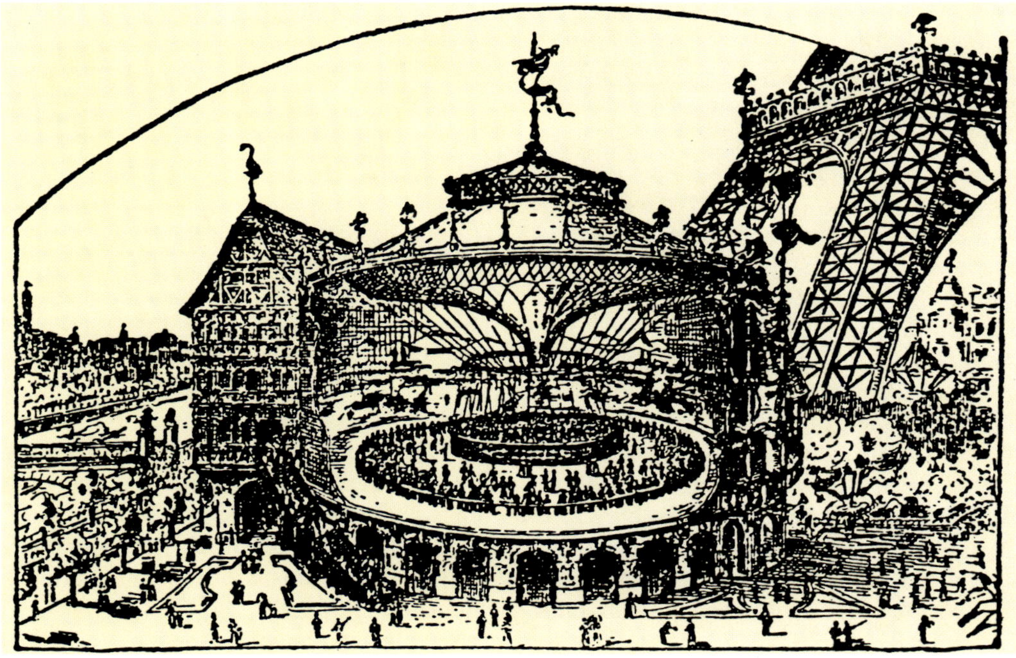

verliehen und anschließend desinfiziert, was auch kein schlechtes Geschäft war.
Aber der 3D-Boom hielt nicht lange an. Die Zuschauer mochten spüren, daß es mit der Technik stimmte. Dramaturgie und Inszenierung dagegen ließen zu wünschen übrig. So kam es bei den ersten Aufführungen von „Bwana, der Teufel" vor, daß die Zuschauer mit spitzen Bemerkungen über die Naivität der Handlung aus dem Kino flohen, unbeeindruckt von den frappierenden plastischen Eindrücken. Und 1954 schrieb der „Spiegel": „Immer deutlicher erwies es sich, daß 3D keine Spritze in den Arm war, sondern ein Schlag auf den Kopf. Das Spezifische des plastischen Films, die aus der Leinwand herauskrabbelnden Spinnen, vermochten die Zuschauer auf die Dauer nicht in die Kinosessel zu nageln."
Mit 3D war also der Zweikampf gegen den allgegenwärtigen Bildschirm offenbar nicht zu gewinnen.

Die ersten Breitwandfilme

Als neue Waffe gegen das Fernsehen entwickelte der Film mehrere Breitwandverfahren. Es gab eine ganze Reihe von Möglichkeiten, die Zuschauer mit einem breiteren Projektionsbild zu beeindrucken und sie damit wieder ins Kino zurückzulocken. Zunächst einmal genügte es, niedrigere als die allgemein üblichen Bilder aufzunehmen und zu projizieren. Aber dieses Breitbandverfahren, wie es genannt wurde, bewährte sich nicht besonders. Dann war ein breiterer als der normale Film schon besser, wie er bei Todd-AO und Vistavision verwendet wurde. Noch eindrucksvoller war die Verwendung von drei Projektoren, die drei Filme simultan auf die Leinwand warfen – verwirklicht bei Cinemiracle, Cinerama und Circarama. Schließlich konnte man aber auch ein breites Bild optisch zusammendrücken und so auf Normalfilm festhalten. Nach diesem anamorphotischen Verfahren, bei dem der Projektor das Bild wieder entzerrte, arbeiteten u. a. CinemaScope und Superscope.
Breitwand- und Panoramaprojektionen waren keine filmtechnische Neuheit der fünfziger Jahre. Schon 1897 hatte die Veriscope Company in New York mit einem 70-Millimeter-Film gearbeitet, der ein doppelt so breites wie hohes Bild auf die Leinwand warf. Gezeigt wurde der von Enoch J. Rector produzierte 15-Minuten-Film über einen Boxkampf zwischen „Gentleman Jim" James John Corbett und Robert Fitzsimmons.
Nach einem ähnlichen Verfahren stellte Fox 1929 den ersten Breitwandspielfilm her. In den Jahren danach machten weitere Filme dieser Art, auf besonders breites Material aufgenommen, von sich reden, unter anderem das Vitascope-Verfahren von Warner Bros., das Spoor-Berrgren-Verfahren von RKO und der Magnafilm von Paramount. Sie alle verschwanden wieder in der Versenkung, was teils an der Weltwirtschaftskrise der dreißiger Jahre lag, teils an der Tatsache, daß nur die wenigsten Kinos eine genügend breite Leinwand hatten: Bei einer Höhe von vier Metern wurden sieben bis acht Meter Leinwandbreite verlangt.
Die Idee zu einem von mehreren Kameras aufgenommenen und von mehreren Projektoren simultan projizierten Film geht auf den 1860 geborenen französischen Filmpionier Raoul Grimoin-Sanson zurück, einem Schüler von Marey. Er verwirklichte als erster eine totale Rundumprojektion, die er sich 1897 als Cinéscomora patentieren ließ. Später wurde das Verfahren in Cinéorama umgetauft. Grimoin-Sanson arbeitete mit synchron laufenden Kameras und Projektoren. Anläßlich der Pariser Weltausstellung von 1900 riß er die Massen mit einem Panoramafilm von einem Ballonaufstieg zu Begeisterungsstürmen hin. Die Polizei stieß sich an den äußeren Voraussetzungen der Massenveranstaltungen. Sie verbot weitere Vorführungen wegen Brandgefahr. Aber der Gedanke der Mehrfachprojektion war damit geboren.
Zur Perfektion entwickelte Walt Disney diese Technik mit dem 1955 in Disneyland erstmals vorgestellten Circarama. Neun Projektionsapparate warfen ihre zusammengehörigen Bilder auf einen riesigen zylinderförmigen Bildschirm, den sie ganz ausfüllten, weil jeder Projektor ein Neuntel der Zylinderfläche (= 40 Grad von 360 Grad) bestrich. Ein sechskanaliger Magnetfilm lieferte den Raumton. Das Publikum mußte im Inneren des Zylinders stehen, es war ringsum von Bildern und Tönen umgeben. In Deutschland wurde das Verfahren erstmals anläßlich der Internationalen Verkehrsausstellung des Jahres 1965 gezeigt.

Frederick Waller und das Cinerama-Verfahren

Auf den Gedanken, mit Mehrfachprojektion zu arbeiten, kam der amerikanische Autodidakt Frederick Waller aus Huntington im Staat New York erstmals 1939, als ihn eine Ölgesellschaft beauftragte, ein

Panorama auf die Innenfläche einer runden Ausstellungshalle zu projizieren. Weil eine Rundumprojektion aus technischen Gründen scheiterte, begnügte sich Waller mit einem Ausschnitt, auf den er elf Filmprojektoren richtete.
Erst nach dem Zweiten Weltkrieg konnte Waller auf seine Vorkriegserfahrungen zurückkommen. Er beschränkte sich nun auf drei Projektoren, von denen jeder ein Drittel des Bildinhalts projizierte. Verwendet wurde normaler 35-Millimeter-Film, allerdings mit einer Bildhöhe von 28,4 Millimetern, entsprechend einem Transporthub von sechs Perforationen (beim Normalfilm sind es nur vier). Projiziert wurde auf einen nahezu halbkreisförmigen Bildschirm. Den Ton lieferte ein sechsspuriges Magnetband. Damit wurden fünf hinter der Bildwand angebrachte Lautsprecher bedient, außerdem mehrere Effektlautsprecher im Saal.
Wallers Cinerama-Bilder wurden am 30. September 1952 in New York erstmals vorgeführt. Der Startfilm hieß „This is Cinerama“ und blieb 122 Wochen auf dem Programm – länger als zwei Jahre. 1962 erst folgte der erste abendfüllende Spielfilm in Cinerama, „Die wunderbare Welt der Brüder Grimm“ unter der Regie von George Pal und Henry Levin.
Die Cinerama-Technik machte Eindruck. Aber sie verlangte ein Spezialkino, das für andere, normale Filmvorführungen nicht in Frage kam. Und auch die Notwendigkeit, die drei Projektoren in weit auseinander liegenden Räumen aufzustellen und von einer Zentrale aus zu steuern, sorgte nicht gerade für schnelle Ausbreitung.
Zumindest das Projektionsproblem konnte einige Jahre später gelöst werden. Beim Cinemiracle-Verfahren, einer Abwandlung von Cinerama, wurden alle drei Projektoren in einem Raum untergebracht. Die beiden außenliegenden warfen ihr Bild über Umlenkspiegel auf die richtigen Stellen der Großleinwand. Auf diese Weise wurde auch der Personalbedarf verringert. Cinerama hatte immerhin einen Bedienungsstab von 17 Personen verlangt.

Der gequetschte Film: CinemaScope

Nach einem ganz anderen Verfahren, das mit nur einer Kamera auskam, arbeitete das CinemaScope-Breitwandbild. 1925 hatte Professor Henri Chrétien (1870 bis 1956) vom Optischen Institut in Paris eine Methode entwickelt, das Kinobild mit Hilfe eines anamorphotischen Spezialobjektivs horizontal um fast die Hälfte zusammenzuquetschen, vergleichbar etwa dem Zerrbild eines schlankmachenden Jahrmarktsspiegels. Eine entsprechende Projektoroptik sorgte für die Entzerrung bei der Wiedergabe. Es konnten also normale Kameras und Projektoren mit optischem Vorsatzsystem verwendet werden. Der zusätzliche Aufwand beschränkte sich auf die konkave Großleinwand und das stereofonische Lautsprechersystem mit drei Lautsprechern hinter der Leinwand und einem Effektlautsprecher, der im Saal angebracht werden mußte.
Auf der Suche nach dem immer noch größeren, breiteren, attraktiveren Film stieß Spyros Skouras, Präsident der 20th Centuries Fox, 1952 auf Chrétien und kaufte ihm sein System ab, das auf den klangvollen Namen CinemaScope getauft wurde. Nun kam es darauf an, für das Mammut-Projektionsverfahren auch den Mammut-Filmstoff zu finden.
In den Fox-Archiven fand sich etwas Passendes, eine um das letzte Gewand Jesu Christi gerankte Story, die schon vor Jahren angekauft und dann vergessen worden war. Ein 20-Millionen-Mark-Film wurde gedreht, den die Fox mit der größten und schrillsten Werbekampagne aller Zeiten ankündigte. 1953 lief „Das Gewand“ auf dem Broadway an. Das Publikum fühlte sich von den Riesenbildern erschlagen, aber es verhalf dem Film zu einem sensationellen Erfolg.
Weniger begeistert waren die Kritiker. CinemaScope ließ nach ihrer Meinung dreißig Jahre künstlerischer Entwicklung über Bord gehen. Von schnellem Szenenwechsel, entfesselter Kamera, raffinierter Schnittechnik konnte nun keine Rede mehr sein. Die Riesenleinwand verlangte einen behäbigeren Stil mit kaum bewegter Kamera. „Superkolossales Oberammergau in Technicolor“ kritisierte der „Spiegel“, und ein New Yorker Zeitungsmann schrieb: „Von großer Kunst überwältigt zu sein, ist eine Sache, in kolossal vergrößerter Mittelmäßigkeit zu ertrinken, aber eine andere.“
Und der Amerikaner Bosley Crowther merkte bissig an, die gigantische Leinwand sei wenigstens hervorragend geeignet, die Figur von Marylin Monroe in fesselnder Weise wiederzugeben: „10,50 Meter von dieser süßen Blondine, wie sie hingestreckt auf einer 15 Meter langen Chaiselongue stereofonisch süße Nichtigkeiten in einen Telefonhörer von 1,10 Meter schnurrt – das ist etwas, was genau dem heutigen Faible für alles Große entspricht.“
Der Filmindustrie war wichtiger, was ihr Fachblatt „Variety“ per Riesenschlagzeile verkündete: „Halleluja – Filmgeschäft zieht sprunghaft an!“ Hollywood schien wieder einmal gerettet zu sein. Und fieberhaft wurden weitere Breitwandverfahren erprobt, unter anderem Vistavision von Paramount (1954), mit zwei Bildern nebeneinander auf breitem Film aufgenommen, der dann „gequetscht“ auf Normalfilmformat gebracht wurde und sich besonders für kleinere Kinos eignete, zumal der Ton auf einer einzigen, sowohl für schlichte als auch für stereofonische Wiedergabe geeigneten Magnetspur untergebracht wurde, oder Todd-AO mit 70 Millimeter breitem Film und stark gekrümmter Superleinwand, die von fünf Szenenlautsprechern und einem Effektlautsprecher beschallt wurde.
Nicht alle Verfahren hielten, was sie versprachen. Vor allem die technisch sehr aufwendigen Breitwand-Experimente blieben auf relativ wenige Lichtspielhäuser beschränkt. Aber insgesamt betrachtet erreichte der Superfilm doch, was er sollte: neuen Aufschwung nach tiefstem Tiefstand. Zu Beginn der sechziger Jahre schien die Krise überwunden zu sein – was nicht nur den Breitwandverfahren zugute kam, sondern dem Film insgesamt.
Auf die Dauer freilich konnte auch der raffinierteste technische Trick nichts gegen die TV-Konkurrenz ausrichten. Daß der Film überlebte, hatte schließlich andere Gründe. Einerseits verbündete er sich mit dem Fernsehen. Andererseits verlegte er sich auf Themen und Darstellungsformen, die für das Fernsehen nicht in Frage kamen.

Unsichtbares sichtbar gemacht

Viele Bewegungsvorgänge kann das menschliche Auge nicht erfassen, weil sie entweder zu langsam oder zu schnell ablaufen. Das Wachstum einer Pflanze zum Beispiel erstreckt sich über Wochen, man kann es zwar beobachten, aber nicht „sehen“. Zeitrafferaufnahmen machen es sichtbar. Die schnelle Umdrehung eines Rades überfordert das Auge, das die einzelnen Zustände der Umdrehung nicht auseinanderhalten kann. Mit Hilfe eines Zeitlupenverfahrens werden sie erkennbar. So gibt es auf vielen Gebieten der Wissenschaft und Technik Bewegungsvorgänge, die nur die Kamera sichtbar machen kann.

Zeitraffer und Zeitlupe

Als Zeitraffer bezeichnet man eine Aufnahmetechnik, bei der die Aufnahmefrequenz niedriger ist als die Wiedergabefrequenz. Bei der Wiedergabe werden die Bewegungsvorgänge also mit größerer

Geschwindigkeit vorgeführt, als sie in Wirklichkeit ablaufen. Einfache Zeitraffergänge der Kameras arbeiten mit acht oder zwölf Bildern in der Sekunde. Extreme Zeitraffereffekte sind mit der Einzelbildschaltung möglich. Zur Beobachtung des Wachstums einer Pflanze kann man beispielsweise stündlich oder halbstündlich die Belichtung eines Bildes auslösen (meist über eine Schaltautomatik). Der fertige Film zieht den Vorgang, der sich über Tage oder Wochen erstreckt hat, auf wenige Minuten zusammen. Erst dadurch wird die Wachstumsbewegung deutlich. Biologen können aus ihnen wichtige Rückschlüsse ziehen.

Umgekehrt ist die Zeitlupe eine Technik, bei der die Aufnahmefrequenz höher ist als die Wiedergabefrequenz. Beim Abspielen des Films wird der Bewegungsablauf zeitlich gedehnt. Auf diese Weise werden schnell ablaufende Vorgänge beobachtbar – etwa der Torschuß eines Fußballspielers oder die Explosion einer Granate.

Mit einer konventionellen Filmkamera sind Zeitlupengänge bis 50 Bilder in der Sekunde möglich. Schmalfilmkameras kommen auf 100 Bilder in der Sekunde. Für noch höhere Bildfrequenzen gibt es Spezialkameras, die bis zu 600 Bilder in der Sekunde schaffen. Damit ist aber die Leistungsfähigkeit der Filmkameras mit ruckweisem (intermittierendem) Filmtransport erschöpft. Was darüber hinausgeht, ist Sache der Hochgeschwindigkeitsfotografie.

Die ersten Zeitlupenaufnahmen für einen Publikumsfilm machte Oskar Meßter im Jahre 1898 in Berlin. Die dazu erforderliche Kamera mit 60-Millimeter-Film und einer Bildfrequenz von 100 Bildern je Se-

1

2

3
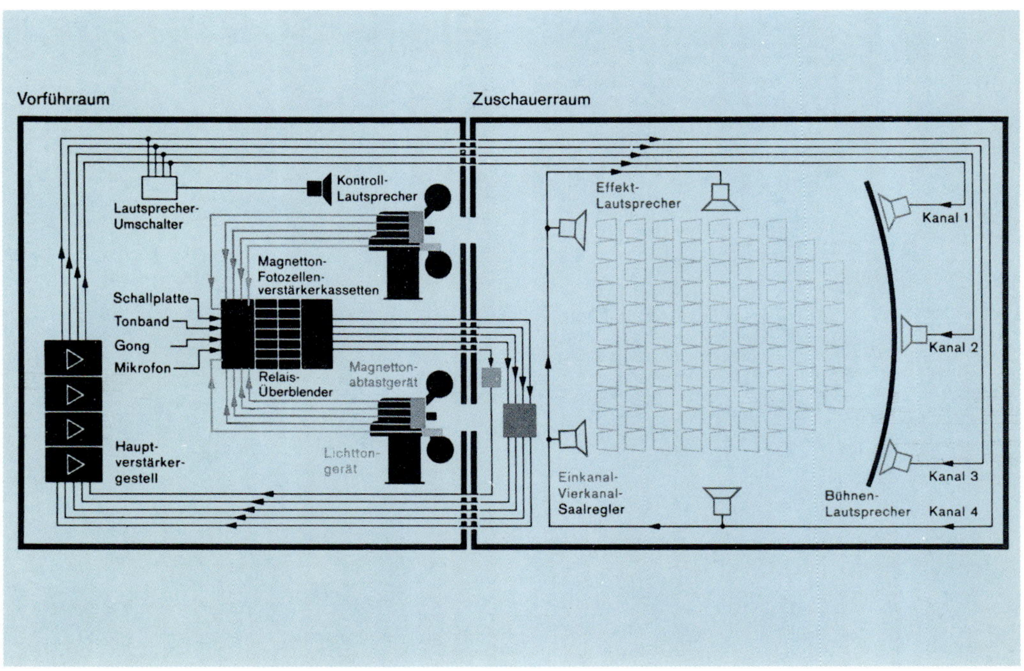

1 – Der Mathematiker und Astronom Henri Chrétien fand 1925 mit dem Anamorphot das geeignete Objektivsystem, um superbreite Szenen seitlich zusammengequetscht auf dem Film festzuhalten und bei der Projektion auf Breitwand wieder in die ursprünglichen Proportionen zu dehnen. Ab 1952 brachte 20th Centuries Fox das Verfahren als CinemaScope heraus.
2 – Eine Kombination des mit Anamorphoten arbeitenden Breitwandverfahrens und des stereoskopischen 3D-Systems brachte unter anderen Paramount mit Vistavision (1954) heraus. Szene aus dem europäischen 70-Millimeter-Film „Operation Taifun" (1967).
3 – Das Schema des Vorführ- und des Zuschauerraums zeigt, wie moderne Breitwandverfahren den Zuschauer auch durch Schalleffekte mitten ins filmische Geschehen zu zaubern versuchen.

1

kunde konstruierte er selbst. Unter anderem filmte er damit zeitgedehnt, wie eine Katze von einer Mauer sprang, und zwar mit 66 Bildern je Sekunde. Eine mitgefilmte Uhr dokumentierte den Zeitablauf.

Die Hochgeschwindigkeitsfotografie

Sie wird auch Hochfrequenz-Kinematografie genannt und hat zahlreiche stark spezialisierte Möglichkeiten, in die Welt der schnellen Bewegungsabläufe einzudringen. Bei höheren Bildfrequenzen als 600 Bilder je Sekunde ist es nicht mehr möglich, mit intermittierendem Film zu arbeiten. Er muß kontinuierlich transportiert werden. Das vom Objektiv erzeugte Bild wird dabei dem Film so nachgeführt, daß es auf dem Film scheinbar stillsteht. Das geschieht mit Hilfe von rotierenden Prismen. Drehprismenkameras dieser Art (z. B. die japanischen NAC-Kameras) können bis zu 10000 Bilder je Sekunde aufzeichnen.

Das Spiegelungsverfahren für den Zeitdehner schlug übrigens als erster der Priester und Gymnasialprofessor August Musger aus Eisenerz in der Steiermark vor. Er hatte sich ursprünglich 1904 mit Spiegelverfahren für ein Fernsehsystem befaßt, die er auch zum Patent anmeldete. Dann aber ließ er den Plan fallen und verwendete seine Spiegelkombinationen für die Zeitlupe. 1907 führte er Fachleuten der Universität Graz seine Technik vor, gab dann aber die Rechte an der Erfindung vertrauensselig in falsche Hände und verlor den Einfluß darauf. Dem Professor Hans Lehmann gelang die praktische Auswertung – er erkannte erst später die geistige Urheberschaft August Musgers an.

Etwa hundertmal schneller als die Drehprismenkameras zeichnen Trommelkameras wie die Strobodrum der Hamburger Impulsphysik GmbH auf. Der 32-mm- oder 16-mm-Film ist dabei auf eine Trommel gespannt, die mit konstanter Umlaufgeschwindigkeit (bis zu 100 Meter in der Sekunde) rotiert. Mit der Trommelkamera kann man bei selbstleuchtenden Objekten nach dem Streak-Verfahren arbeiten. Dabei werden die Phasen einer Lichterscheinung in zeitlicher Auflösung leicht verschoben übereinander fotografiert. Bei nicht leuchtenden Objekten wird das Framing-Verfahren angewendet. Es hält Einzelbilder fest. Ein spezielles Blitzgerät, das Strobokin, liefert dabei für jedes Einzelbild einen genau synchronisierten Blitz.

Die deutschen Physiker Carl Cranz und Hubert Schardin waren die Wegbereiter

der Funkenblitzgeräte, bei denen der aufzunehmende Vorgang durch mehrere nacheinander gezündete Funken beleuchtet und auf dem ruhenden Film nebeneinander abgebildet werden kann. Bewegte Teile gibt es bei dieser Technik nicht mehr. Die Frequenz kann dabei beliebig hoch getrieben werden – bis zu 100 Millionen Bilder je Sekunde. Nach Schardins Vorschlägen wurde beispielsweise die Chronolite High Speed Kamera der Impulsphysik GmbH konstruiert. Bei jedem Aufnahmevorgang werden in einer Edelgas-Druckkammer bis zu acht Funken ausgelöst. Ein sphärischer Spiegel lenkt das Licht der Funkenblitze auf das Aufnahmeobjekt, das vom Lichtstrahl durchleuchtet wird. Prismen transportieren die acht Einzelbilder durch das Objektiv auf die Fotoplatte. Dabei werden Schlieren- oder Schattenaufnahmen erzeugt. Die Funkenzeitlupe Chronolite dient vor allem zur Untersuchung extrem schnell verlaufender Vorgänge in der Ballistik, Aerodynamik und Spannungsoptik.
An die Stelle der Funken oder kleinen Blitzlampen können auch Röntgen- oder Elektronenstrahlimpulse treten, ebenso Laserimpulse oder superstrahlendes Licht, das entsteht, wenn bestimmte Halbleiterstoffe, zum Beispiel Cadmiumsulfid, mit schnellen Elektronen beschossen werden; diese zur Zeit absolut schnellste Ultrakurzzeitlichtquelle gibt Lichtblitze von nur zwei Milliardstel Sekunden Dauer ab.

Das Do-it-yourself-Filmstudio

Wie die Kleinbild- und Sofortbildkameras wurden auch die Schmalfilmkameras für den Filmamateur immer komfortabler.

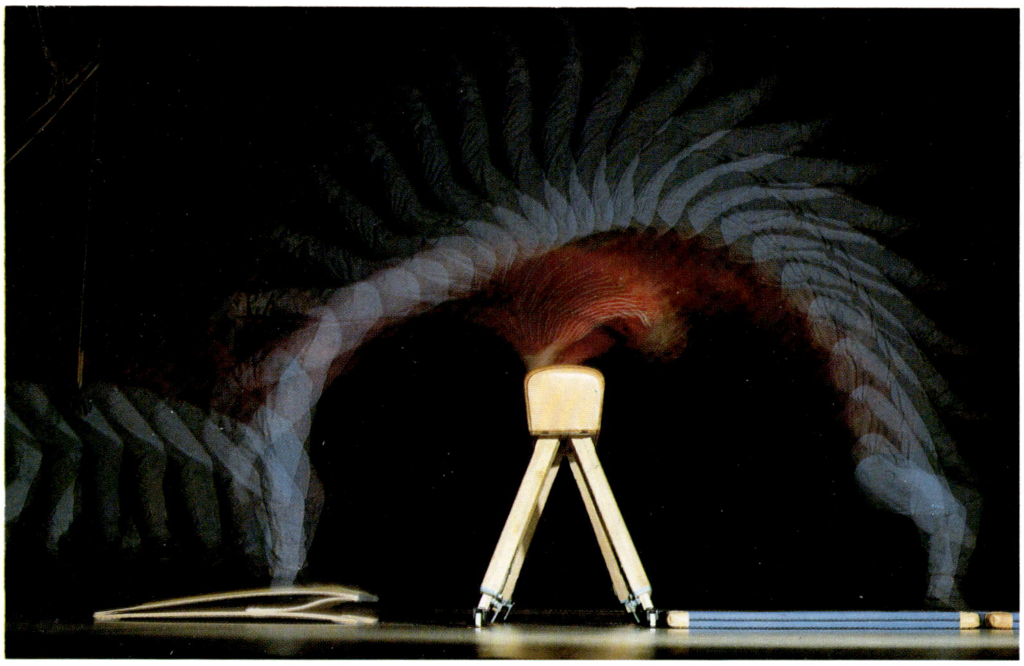

2

3

4

1 – Der Sprung einer Katze war eine der ersten Zeitlupenaufnahmen von Oskar Meßter. Mit seiner Kamera schaffte er bis zu 100 Bilder in der Sekunde.
2 – Mit einem Lichtblitz-Stroboskop und seinem regelbaren Kondensator lassen sich Bewegungsphasen wie bei diesem Bocksprung auf einem stehenden Fotofilm festhalten. Dieses Prinzip wurde erstmals von Carl Cranz (1858–1945) und Hubert Schardin (1902–1965) angewandt.
3 – Sollen die Bewegungsphasen in Einzelbildern aufgezeichnet werden, wird das durch das Objektiv entworfene Bild bei Hochgeschwindigkeitskameras wie der von AEG dem Film durch eine rotierende Linsenscheibe nachgeführt.
4 – Die Trommelkamera Strobodrum der Firma Impulsphysik läßt Bildfrequenzen bis 100 000 pro Sekunde zu, allerdings dann nur noch mit 1 Millimeter Bildhöhe.

1 

2 

Die automatische Blendensteuerung gehört längst ebenso dazu wie das Zoom-Objektiv und die Filmkassette, die nur noch eingelegt zu werden braucht. Und wer sich einen Projektor kauft, denkt ernsthaft darüber nach, ob er sein Do-it-yourself-Filmstudio nicht um die Einrichtung für eines der Vertonungsverfahren erweitern soll.

Ferdinand Zecca und der Amateurfilm

Filmamateure gibt es, seitdem gefilmt wird. In der Anfangszeit war die Privatfilmerei allerdings ein teurer Spaß, weil nur das normale Aufnahmematerial (35-Millimeter-Film) zur Verfügung stand, das entsprechend große Kameras, Schnittvorrichtungen und Projektoren voraussetzte.
Den Gedanken, ein eigenes Amateurformat, den 9,5 Millimeter breiten Schmalfilm, zu schaffen, verwirklichte 1921 Ferdinand Zecca, Produktionschef bei Pathé Frères in Paris. Er gilt als Vater des Schmalfilms. Die dazugehörigen Kameras mußten noch per Kurbel angetrieben werden und waren deshalb auf ein Stativ angewiesen. 1923 brachte Kodak dann den 16-Millimeter-Film für Amateure auf den Markt.
Aus dem gleichen Jahr stammt auch die internationale Vereinbarung, Amateurfilme nur auf schwer entflammbaren Schichtträgern herzustellen – eine der wichtigsten Voraussetzungen, denn das Kino arbeitete damals noch mit feuergefährlichem Cellulosefilm.
1926 entwickelten Niezoldi & Krämer die erste europäische 16-Millimeter-Kamera mit Federaufzug. Damit war die Amateurkamera beweglich geworden.

1 – Der 16-Millimeter-Projektor Kodascope, den Eastman Kodak 1923 für den Amateurfilm herausbrachte. Das Lampenhaus mit dem Kondensor ist zur Seite geklappt, so daß das Filmfenster sichtbar ist.
2 – Die erste 16-Millimeter-Kamera mit Federwerkaufzug von Niezoldi & Krämer machte ab 1926 das Filmen für den Amateur bequemer und sicherer. Eine gute Kurbelkamera hatte einen Geschwindigkeitsanzeiger zur Kontrolle der richtigen Filmgeschwindigkeit gehabt.
3 – Als Pathé Frères 1921 ein eigenes, 9,5 Millimeter breites Schmalfilmformat kreierten, mußte der Amateur den Film noch von Hand durch seine Pathé-Baby kurbeln. Die Perforation des Pathé-Films lag nicht außen wie beim 35-Millimeter-Normalfilm, beim 16-Millimeter- und beim Doppelacht-Schmalfilm, sondern in der Mitte zwischen den Bildern.

PB-Ex.
Pathé-Baby
Camera
Made in France

Inzwischen gab es zu Beginn der dreißiger Jahre schon feinkörniges Umkehrmaterial. Das Filmformat konnte also ruhig auf 8 Millimeter verkleinert werden. Ein Kodak-Konstrukteur kam auf die Idee, den vorhandenen 16-Millimeter-Film jeweils nur zur Hälfte zu belichten und ihn dafür zweimal durch die Kamera laufen zu lassen, indem man die Spule nach dem ersten Durchlauf wendete. Nach dem Entwickeln wurde dieser sogenannte Doppelachtfilm in zwei Acht-Millimeter-Streifen getrennt. Kleinere, elegantere Kameras und Projektoren waren die Folge. Sie arbeiteten schon mit Umkehrfarbfilm, als es für die Kinofilmtechnik noch kein brauchbares Farbverfahren gab. Agfa und Kodak stellten als erste das nötige Rohmaterial zur Verfügung. 1935 folgte die erste Kamera mit eingebautem Belichtungsmesser, 1937 begann der Siegeszug der Vario-Objektive, auch Zoomobjektive oder Gummilinsen genannt. Bell & Howell kamen 1956 mit der ersten Kamera heraus, die über eine vollautomatische Blendensteuerung verfügte.

Die Super-Acht-Revolution

Die für den 16-Millimeter-Film bestimmte Perforation war, wie sich nach längeren Erfahrungen mit dem Doppelachtverfahren zeigte, für den Schmalfilm eigentlich eine Nummer zu groß. Bei sparsamerer Perforierung mußte es möglich sein, die einzelnen Filmbilder entscheidend zu vergrößern. Diese Vorstellung verwirklichte der Super-Acht-Film, der Mitte der sechziger Jahre herauskam und das Schmalfilmverfahren schon deshalb revolutionierte, weil der neue Film eben auch neue Kameras und Projektoren verlangte. Wer sich auf die Doppelachttechnik eingerichtet hatte, stand nun vor der Entscheidung, sich völlig neu auszurüsten.

Die Industrie hatte entscheidende Vorteile des neuen Verfahrens ins Treffen zu führen. Zunächst einmal fiel das umständliche Einlegen und Einfädeln und das nach Belichtung der einen Filmhälfte erforderliche Umlegen des Filmes fort. Die Super-Acht-Filme waren von vornherein in Kassetten mit 15 Meter Film konfektioniert. Die Kassetten brauchte man nur einzulegen, bei automatischen Kameras steuerten sie sogar die Einstellung der Filmempfindlichkeit. Einlegefehler konnte es nicht mehr geben.

Durch eine offenere Perforation konnte die Bildfläche um 42 Prozent vergrößert werden. Das bedeutete bessere Projektionsergebnisse: Die winzigen Bilder brauchten nicht mehr so stark vergrößert zu werden, wenn man das gleiche Abbildungsformat wie bisher erzielen wollte. Oder: Bei gleicher Vergrößerung wie bisher wurde das Bild größer.

Dazu kam, daß die nach Entwicklung und Filmschnitt aufzubringende Magnettonspur nun neben den Bildern auf der unperforierten Seite des Filmes Platz hatte. Beim Doppelachtverfahren mußte sie neben der Perforation aufgebracht werden, was die Tonqualität nicht gerade verbesserte, denn die Perforationslöcher verursachten stets eine gewisse Oberflächenspannung des Filmrandes, die zu Schwankungen führte.

Super-Acht-Präzisionskameras wurden schon bald mit allen professionellen Raffinessen ausgerüstet. Das Vario-Objektiv ermöglichte alle interessanten Einstellungen zwischen Weitwinkel und Teleobjektiv. Seine Erfindung ist übrigens keine neue Errungenschaft. Fernrohre mit veränderlicher Vergrößerung baute schon Dollond, der Erfinder des Achromaten, um die Mitte des 18. Jahrhunderts, und im Jahre 1815 meldete Jean Rondini in London ein diesbezügliches Patent an. Von Fotografie und Film war damals noch gar keine Rede.

Zum Kamerakomfort gehören aber, abgesehen von der Blendenautomatik, je nach Wunsch auch verstellbare Sektorenblenden und Einzelbildschaltung, auch mit Fernsteuerung, ferner mehrere Aufnahmegeschwindigkeiten sowie der Filmrücktransport für Überblendungen und Doppelbelichtungen. Und daß das Vario-Objektiv sich, schnell oder langsam, per Knopfdruck und Elektromotor bewegen läßt, ist schon beinahe so selbstverständlich wie der motorische Filmtransport mit Hilfe von Hochleistungsbatterien.

Wer das alles noch viel einfacher haben möchte, hat seit 1978 die Möglichkeit, auf Polaroid-Lands Polavisionsverfahren zurückzugreifen. Es arbeitet nach dem Sofortbildverfahren, so daß die Filmentwicklung außer Haus entfällt, und ist für die Projektion in einem Kompaktgerät eingerichtet, das entfernt an einen Fernsehapparat erinnert.

Zu Beginn der achtziger Jahre erwuchs dem Amateurfilm die magnetische Bildaufzeichnung als ernste Konkurrenz. Bild und Ton ließen sich nun gleichzeitig auf Videokassetten aufnehmen und auf einem eingebauten Monitor kontrollieren. Für die Wiedergabe genügte jeder beliebige Fernsehapparat. Im Band „Radio · Fernsehen · Computer“ dieser Buchserie wird die magnetische Bildaufzeichnung ausführlich behandelt.

1 – Die von der österreichischen Firma Eumig 1937 herausgebrachte Schmalfilmkamera C 4 – zunächst für 9,5 Millimeter, dann auch für 8 Millimeter – hatte als erste Amateurfilmkamera einen Antrieb durch Elektromotor. Die flache Taschenlampenbatterie konnte etwa zehn Filme durchziehen. Wenn ihre Spannung abfiel, sorgte ein Regulator für gleichbleibende Aufnahmegeschwindigkeit von 16 Bildern in der Sekunde. Das Fixfocusobjektiv 1:2,5/12,5 mm nahm dem Amateur die Sorge um die richtige Entfernungseinstellung. Die gegenüber einem Einstellobjektiv billigere Fassung trug aber auch zum niedrigen Verkaufspreis der Kamera bei: in Deutschland 97,50 Reichsmark.

2 – Mit dem Modell EE 200 von Bell & Howell für 16-Millimeter-Film im Jahr 1956, dem ein Jahr später die EE 240 für Doppelachtfilm folgte, war für den Amateur das Zeitalter des vollautomatischen Filmens angebrochen. EE stand für Electric Eye, und dieses elektrische Auge regulierte während des Filmens fortlaufend die Blendenöffnung, auch in den Zeitlupengängen 24, 32 und 64 Bilder pro Sekunde.

3 – Ab 15. April 1935, als Eastman Kodak den Kodachrome-Film für 16 Millimeter herausbrachte, konnte der Amateur farbig filmen – ab Frühjahr 1936 auch auf Doppelachtfilm. Und als Mitte der sechziger Jahre der Superachtfilm kam, gab es ihn nur noch in Farbe.

Nächste Doppelseite: Unter den vielen Ländern, die ihre Postwertzeichen mit Motiven aus der Geschichte und Technik der Ton- und Bildaufzeichnung und der optischen Geräte schmückten, sticht die Postverwaltung von Bhutan hervor: Ihre „schallenden Briefmarken“ erzählen in englischer Sprache Wissenswertes über diesen Himalajastaat, z. B. daß es dort über hundert Schulen und sechzig Postämter gibt.

Bei längerem Nichtgebrauch
der Kamera
Batterie herausnehmen!
Nur säuerfreie Batterien
verwenden!
Eumig
Deutsches Museum
München, Inv.-Nr.
GEPRÜFT

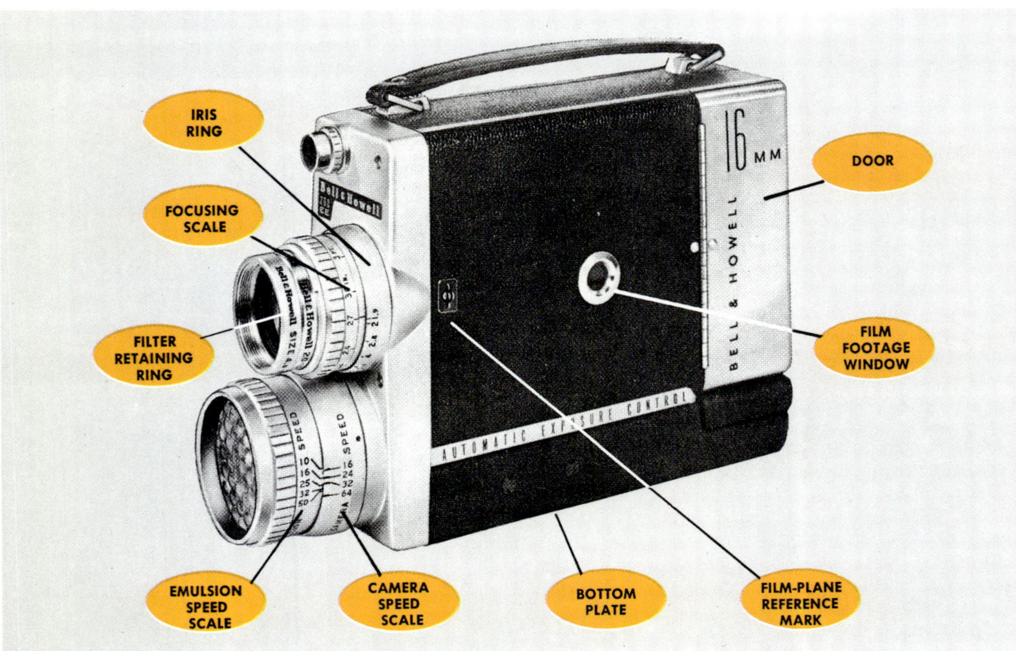
IRIS RING
FOCUSING SCALE
FILTER RETAINING RING
EMULSION SPEED SCALE
CAMERA SPEED SCALE
BOTTOM PLATE
FILM-PLANE REFERENCE MARK
FILM FOOTAGE WINDOW
DOOR
16 MM
BELL & HOWELL
AUTOMATIC EXPOSURE CONTROL

2

CONTENTS PHOTOGRAPHIC MATERIAL
MOTION PICTURE FILM
LENGTH 100 FEET (30.48 meters)
WIDTH 16 MM. 365 A
CINÉ-KODAK
KODACHROME
SAFETY COLOR FILM
TYPE A
ARTIFICIAL ILLUMINATION
Made in U.S.A. by
EASTMAN KODAK COMPANY
ROCHESTER, N.Y.
NOTICE

3

USA 13c
CENTENNIAL OF SOUND RECORDING
BHUTAN
Bhutan History (English)
1.25 NU
DEUTSCHE DEMOKRATISCHE REPUBLIK
LEIPZIGER MESSE 4.-9.9.1955
10
REPUBLICA ARGENTINA
2000 PESOS
EL ORGANILLERO
Aldo Severi
CASA DE MONEDA - 1982
ΕΛΛΑΣ · HELLAS
1975
ΔΡ.10
HELVETIA
2e Triennale internationale de la photographie Fribourg 1978
80
DEUTSCHE DEMOKRATISCHE REPUBLIK
25
LEIPZIGER FRÜHJAHRSMESSE 1959
Photography USA 15c
République Française
EUROPA
La Photographie
1.80
MAGYARORSZÁG
LÉGIPOSTA
8 Ft
1847 EDISON 1931
Le Cinéma
EUROPA
République Française
2.60
FUJEIRA
Buster Keaton
95 DH
XX. Internationale Filmfestspiele Berlin
30
DEUTSCHE BUNDESPOST BERLIN
1970
13c USA
50th ANNIVERSARY YEAR OF TALKING PICTURES
25 JAHRE WESTDEUTSCHE KURZFILMTAGE
KURZFILM
DEUTSCHE BUNDESPOST
50
UMM AL QIWAIN
«THE JAZZ SINGER» 1928
«THE PRIVATE LIFE OF HENRY VIII» 1933
«MUTINY ON THE BOUNTY» 1935
«GONE WITH THE WIND» 1939
«CASABLANCA» 1943
«ALL ABOUT EVE» 1950
«A STREETCAR NAMED DESIRE» 1951
«THE AFRICAN QUEEN» 1951
«SHANE» 1953
«THE BRIDGE ON THE RIVER KWAI» 1957
«BEN-HUR» 1959
«SPARTACUS» 1960

NEDERLAND 55c
FILATELIE
EUROPA
DEUTSCHE BUNDESPOST BERLIN
FÜR DIE JUGEND 1981
40 +20
Theodolit um 1810
50 +25
Äquatoreal um 1820
60 +30
Mikroskop 1790
90 +45
Sextant um 1830
DEUTSCHE BUNDESPOST
Borda-Kreis um 1800
Spiegelteleskop um 1770
Binokularmikroskop um 1860
Oktant 1775
400
RICERCA CONTRO IL CANCRO
ITALIA
I.P.Z.S.-ROMA-1983
IN BERLIN • 1871-1971
100 JAHRE MATERIALPRÜFUNG
DEUTSCHE BUNDESPOST BERLIN
30
France
1981
Biologie
Postes
1,20
MAGYAR POSTA
60 f
ALBERT SCHWEITZER 1875-1965
1975
DEUTSCHE BUNDESPOST
Abbe · Zeiss
wissenschaftlicher Mikroskopbau
100 Jahre
31P
AIRY'S TRANSIT TELESCOPE
GREENWICH
1884-MERIDIAN-1984
POSTE ITALIANE
CENT. 10
CENT. 25
CENT. 50
LIRE 1,25
ČESKOSLOVENSKO
GALILEO GALILEI 1564-1642
UNESCO
DDR 20
DDR 25
DDR 35
DDR 70
1980
Mikroskop von Hamley, London 1740
Mikroskop von Magny, Paris um 1751
Mikroskop von Amici, Modena 1845
Mikroskop von Zeiss, Jena 1873
Optisches Museum der Carl-Zeiss-Stiftung Jena
GEOFIZIKAI ÉV
NAPTEVÉKENYSÉG
1 Ft
MAGYAR POSTA
1957
1959
DDR
35
INTERKOSMOSPROGRAMM
1978
Fourier-Spektrometer Kosmische Meteorologie
25-ЛЕТИЕ КОСМИЧЕСКОГО ТЕЛЕВИДЕНИЯ
ПОЧТА СССР
1984 К 5
«ВЕНЕРА-9»
1984 К 20
1984 К 45
80f
NYUGODT NAP ÉVE 1964-1965
RÁDIÓCSILLAGÁSZAT
MAGYAR POSTA
REPUBLIQUE FRANÇAISE
POSTES
0,50
1963
RADIOTELESCOPE DE NANÇAY (CHER)

Optische Techniken

Unsere Altvorderen umschrieben mit „optica“ eine ganze Reihe recht unterschiedlicher Dinge oder Erscheinungen. So vermeldete das 1717 in dritter Auflage bei Joh. Fried. Gleditschens seel. Sohn in Leipzig erschienene „Curieuse und reale Natur-Kunst-Berg-Gewerck- und Handlungs-Lexikon“, im engeren Sinne handele es sich bei der Optik um eine „Wissenschaft, welche von allen sichtbaren Dingen handelt, sofern sie durch radios directos oder gerade Strahlen (die von ihnen gerades Wegs ohne vorhergehendes Zurückprallen oder Brechen in das Aug geworffen werden) sichtbar sind. Oder welche von demjenigen Sehen, das durch gerade Strahlen geschicht, und von allen darzugehörigen und dabey vorkommenden Dingen handelt“.
Im gleichen Atemzug nennt der Herausgeber die „optica“ aber auch eine „Gesichtskunde, durch welche man allerhand artige und zum Theil wunderbar scheinende Dinge den Augen vorstellen kann“, das heißt, eine Wissenschaft, „welche von allen sichtbaren Dingen handelt, so fern sie sichtbar sind“. Zugleich waren „optica“ aber auch „solche Artzneyen, welche wider die Augen-Gebrechen dienen“. Und als zur Optik gehörige Instrumente werden aufgezählt „allerhand Perspektive (Fernrohre), Microscopia, Laternae Magicae, Spiegel und dergleichen“. Soweit Gleditschens Repertoire.
Um 1900 unterschied man eine geometrische Optik, unterteilt in Dioptrik (Lichtbrechungslehre) und Katoptrik (Lichtspiegelungslehre). Alle mit der geometrischen Optik nicht zu deutenden Phänomene, von der Beugung über die Interferenz bis zur Polarisation, wurden unter dem Oberbegriff der physikalischen Optik zusammengefaßt. Daneben gab es noch die praktische oder angewandte Optik, zuständig für Berechnung und Bau von optischen Instrumenten.
Heute umfaßt die Optik einen weit größeren Bereich. Meyers Enzyklopädisches Lexikon von 1976 definiert sie als „die Lehre vom Licht, d. h. von dem Teil der elektromagnetischen Strahlung bzw. des elektromagnetischen Spektrums, der mit dem Auge oder anderen Lichtempfängern wahrgenommen wird“. Dabei befaßt sich die physikalische Optik mit dem Licht nebst angrenzenden Spektralbereichen, die physiologische Optik mit dem Vorgang des Sehens.
Zu den klassischen optischen Disziplinen, die sich in einer Vielzahl optischer Geräte von der Linse bis zum Fernrohr manifestieren, tritt aber noch die sogenannte moderne Optik mit den Ergebnissen der jüngsten wissenschaftlichen Forschung. Dazu gehören vor allem die Glasfaseroptik, der ganze Bereich der Laser-Technik und die mit Hilfe von Laserstrahlen verwirklichte Holografie.
Optik im weiteren Sinn sind aber auch elektronen- und ionenoptische Verfahren mit dem Elektronenmikroskop als bekanntestem Anwendungsbeispiel. Und ebenso gehören hochspezialisierte Vorrichtungen wie das Radioteleskop, bei dem es nicht mehr um Licht, sondern um Radiofrequenzstrahlungen aus dem Weltraum geht, in diesen Gesamtzusammenhang, auch wenn weder die klassische noch die aktuelle Definition zutrifft.
Selbstredend sind auch Stand- und Laufbildkameras und Dia- oder Filmprojektoren aller Art optische Geräte. Ihnen ist in diesem Band ein eigenes Kapitel gewidmet, das über die Entwicklung von Fotografie und Kinematografie berichtet.

Versetzte es die Menschen Anfang des 17. Jahrhunderts noch in Erstaunen, daß man mit Hilfe eines Mikroskopes bisher nicht gekannte Welten betrachten konnte, so war das 200 Jahre später eine ganz normale Sache. Das zeigen auch die „Nürnberger Mikroskope“, von denen eines hier abgebildet ist, die billig waren und als Spielzeug verkauft wurden. Bei diesem Mikroskoptyp lenkt der im Fuß untergebrachte Spiegel Tageslicht auf den Objekttisch und durchleuchtet das transparente Objekt. Das Linsensystem befindet sich in dem Pappetubus.

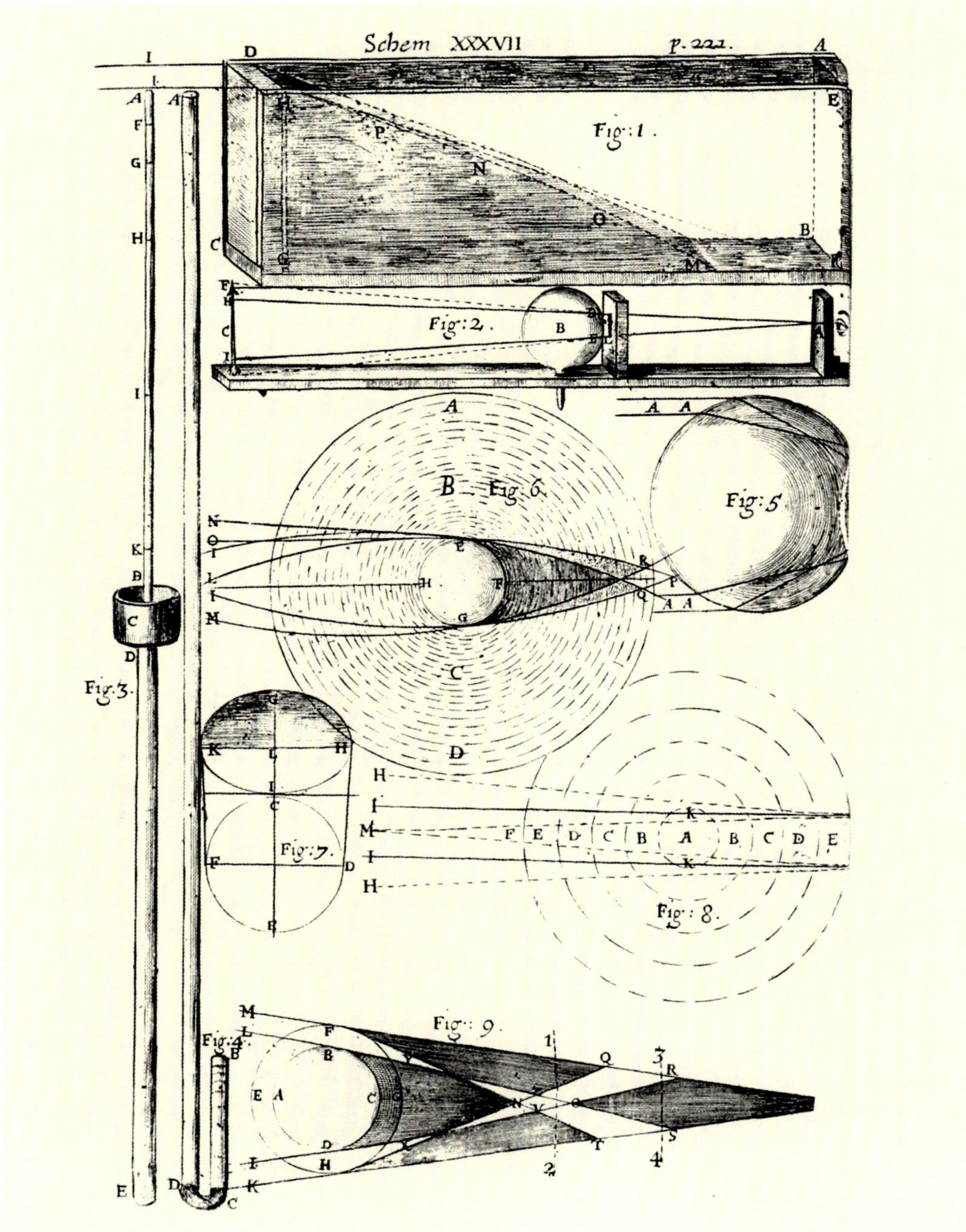

1

1 – Robert Hooke (1635–1703) beschreibt in seinem Werk „Micrographia“ seine Versuchsanordnungen mit verschiedenen Gefäßen, Flüssigkeiten, Röhren und Glaskugeln unter anderem zur Untersuchung von Lichtphänomenen und des Luftdrucks. Dabei erklärt er es als Brechung der Lichtstrahlen in der Atmosphäre, wenn uns die Sonne rötlich erscheint, nicht als Farbe des Himmelskörpers an sich.
2 – Eine Art Suchbild für verschiedene Arten der Lichtbrechung und Reflexion, abgebildet in dem Buch „Opticae thesaurus Alhazeni“, das ein Friedrich Risner 1572 herausgegeben hat.
Die im 11. Jahrhundert erschienene „Große Optik“ des arabischen Wissenschaftlers Alhazen übte nach der Übersetzung ins Lateinische und vor allem durch die Bearbeitungen von Roger Bacon und Witelo (13./14. Jahrhundert) einen großen Einfluß auf die Entwicklung der wissenschaftlichen Optik aus.

Das Wesen des Lichts

Licht: Teilchen oder Welle?

„Lumen, das Licht: mit diesem Worte belegen die Astronomi alle leuchtende Lichter und Sterne am Himmel, womit sie, als mit einem von der Sonnen, dem Brunnen alles Lichtes, entlehnten Scheine, am Firmament funckeln und leuchten: daß sie aber verschiedener Eigenschaften seyn, zeigen ihre Farben: denn Saturnus hat einen dunckeln und bleyhafftigen Schein, Mars gleichet dem glühenden Eisen.“
Das ist alles, was der Verfasser eines vor fast 300 Jahren erschienenen Lexikons zum Thema Licht zu sagen hat. Aber das ist nicht weiter verwunderlich, denn gerade um diese Zeit begannen sich die führenden Geister jener Epoche erstmals mit der Theorie des Lichtes wissenschaftlich auseinanderzusetzen. Und sie kamen dabei keineswegs zu übereinstimmenden Ergebnissen.

Von der Doppelnatur des Lichts

„Es ist eine feine, von leuchtenden Körpern ausgeschleuderte Materie“, sagte der englische Physiker und Mathematiker Sir Isaac Newton (1643–1727). „Jede Farbe des Spektrums schleudert ihre besondere Substanz aus, und alle pflanzen sich mit der gleichen Geschwindigkeit fort.“
Newton, der hochverehrte „Physikpapst“ des 17. Jahrhunderts, stellte 1665 bei seinen aufsehenerregenden optischen Experimenten fest, daß sich das Licht geradlinig fortbewegte, weil es scharfe Schatten warf. Er folgerte daraus, daß das Licht aus feinen Körperchen (Partikeln) bestehen müsse, die sich von einem leuchtenden Objekt aus durch den Raum bewegten. Mit diesen elastischen Lichtteilchen erklärte er auch die Änderung der Ausbreitung bei der Brechung (etwa durch eine

VITELLONIS THVRINGOPOLONI OPTICAE LIBRI DECEM.

Instaurati, figuris nouis illustrati atque aucti: infinitisq; erroribus, quibus antea scatebant, expurgati.

A'

FEDERICO RISNERO.

BASILEAE.

Linse) und Reflexion (zum Beispiel durch einen Spiegel).
Ganz anderer Meinung war der niederländische Mathematiker, Physiker und Astronom Christiaan Huygens (1629 bis 1695). Er stellte der Newtonschen Teilchenhypothese seine Undulationstheorie gegenüber. Nach Huygens war das Licht eine Wellenerscheinung in einem sehr feinen und elastischen Medium, das schon seit den Zeiten des Aristoteles als Äther bezeichnet wurde. In diesem Äther sollte sich das Licht wie Schallwellen (Longitudinalwellen) ausbreiten.
In seinem „Tractatus de lumine", seiner 1690 erschienenen Abhandlung über das Licht, heißt es darüber: „Wenn das Licht zu seinem Weg Zeit gebraucht, so folgt daraus, daß diese dem Stoff mitgeteilte Bewegung eine allmähliche ist und darum sich ebenso wie diejenige des Schalls in kugelförmigen Flächen oder Wellen ausbreitet."
Zwei völlig verschiedene Theorien standen einander also gegenüber. Aber während des ganzen 18. Jahrhunderts gab man der Erklärung des großen Newton den Vorzug. Sein Prestige überwog, und die Wellentheorie wurde kaum beachtet. Daran änderte auch das Eintreten des Schweizer Mathematikers Leonhard Euler (1707–1783) für die Wellentheorie nichts: „Der große Newton hat behauptet, daß die Sonnenstrahlen wirklich aus dem Körper der Sonne ausfließen, und daß äußerst feine Teilchen von ihr mit einer solchen unbegreiflichen Geschwindigkeit fortgeschleudert werden, daß sie in ungefähr acht Minuten zu uns gelangen."
Mit Vehemenz setzte sich Euler für die Wellentheorie ein, zuerst in seiner „Nova theoria lucis et colorum", später auch in den „Lettres à une princesse allemande". Aber die Zeit war noch nicht reif. Newton behielt die Oberhand.

Von Thomas Young zu Albert Einstein

Zu Beginn des 19. Jahrhunderts griff in England der Physiker und Mediziner Thomas Young (1773–1829) die Kontroverse um die Lichttheorie auf. Es gelang ihm, die Beugung und die Interferenz nachzuweisen, ähnliche Erscheinungen, wie man sie vom Schall her bereits kannte. Daraus schloß er, daß sich das Licht wellenförmig ausbreiten müsse, und es gelang ihm sogar, die Wellenlänge des sichtbaren Lichts abzuleiten. Im Gegensatz zu Huygens vertrat er die Ansicht, daß die Lichtschwingungen senkrecht zur Ausbreitungsrichtung verlaufen (Transversalwellen), wie

Wellen also, die sich im Wasser ausbreiten.
In Frankreich wurde der Physiker Augustin-Jean Fresnel (1788–1827) auf Youngs Arbeiten aufmerksam. Er stellte eine strenge mathematische Basis für die Wellentheorie auf. Fresnel bewies, daß Licht unter verschiedenen Winkeln gebrochen wurde. Die Wellentheorie setzte sich durch, aber noch immer war es dieser schwer definierbare, elastische Äther, der den Schwingungsvorgang erst möglich machte.
Es blieb dem schottischen Mathematiker und Physiker James Clerk Maxwell (1831 bis 1879) vorbehalten, das Licht als elektromagnetische Strahlung bestimmter Wellenlängen zu interpretieren und damit die durch die Ätherhypothese entstandenen Schwierigkeiten zu beheben. Endlich schien der Streit, ob Licht eine Wellen- oder eine Teilchenstrahlung sei, beigelegt zu sein.
Aber zu Beginn des 20. Jahrhunderts entflammte die Diskussion erneut, und zwar durch die von Max Planck (1858–1947) und Albert Einstein (1879–1955) eingeführte Lichtquanten- oder Photonenhypothese. Tatsächlich gab es physikalische Erscheinungen, die nur mit der Photonentheorie erklärt werden konnten.
Licht ist also sowohl Welle als auch Teilchen, beides sind nur verschiedene „Projektionen" des Phänomens in die physikalische Welt – eine Erscheinung, die als Welle-Teilchen-Dualismus bezeichnet wird. Beugungs- und Interferenzversuche an Licht lassen sich so mit der Wellentheorie beschreiben, während sich beispielsweise der Photoeffekt durch einen von Photonen gebildeten Teilchenstrahl erklären läßt.

„Da, schau, ein Regenbogen!" rufen wir aus – und für Sekunden liegt uns die Vorstellung fast näher, daß das eine schimmernde Brücke für Götter oder der Schmuck der Liebesgöttin Ischtar sei, als die nüchterne Beschreibung als Brechung und Reflexion von Licht. Ist das mythische Weltbild durch das naturwissenschaftliche wirklich überholt, oder handelt es sich lediglich um verschiedene Modelle der Weltdeutung, von denen das naturwissenschaftliche den Anspruch der Alleingültigkeit durchzusetzen versucht?

Die Zusammensetzung des Lichts

Gewöhnliches weißes Licht ist ein Gemisch von Licht verschiedener Wellenlänge und damit verschiedener Farbe. Der einfachste Beweis dafür ist der Regenbogen. Das Sonnenlicht wird in Wassertropfen gebrochen und in seine verschiedenen Farbkomponenten aufgespalten: Rot, Orange, Gelb, Grün, Blau und Violett, wobei der rote Lichtanteil am wenigsten stark gebrochen wird und deshalb beim Hauptregenbogen immer außen liegt.

Ein ganz einfacher physikalischer Vorgang, möchte man meinen. Aber es dauerte Jahrtausende, bis man halbwegs befriedigende Erklärungen für dieses Phänomen hatte. Und noch heute glauben die Forscher, daß sie noch nicht alle Geheimnisse des Regenbogens gelüftet haben. Zur Berechnung der komplizierten Brechungsverhältnisse wurden schon Computer eingesetzt, um das Himmelsschauspiel zwischen Sonne und Regen zu entzaubern.

Und in früheren Zeiten? Für eine nüchterne Erklärung gab es keine Grundlagen. Im alten Babylon sah man den Regenbogen als Schmuck der Liebesgöttin Ischtar an. Für die Araber stellte er eine überirdische Brücke dar, auf der die Seelen ihrer Verstorbenen ins Jenseits wanderten. Die Germanen dachten praktischer und sehr menschlich. Für sie war der Regenbogen eine schimmernde Brücke, die sich ihre Götter bauten, wenn sie eine Vergnügungstour auf die Erde unternehmen wollten. Es blieb den alten Griechen vorbehalten, alle mythischen Verbrämungen im Zusammenhang mit dem Regenbogen über Bord zu werfen.

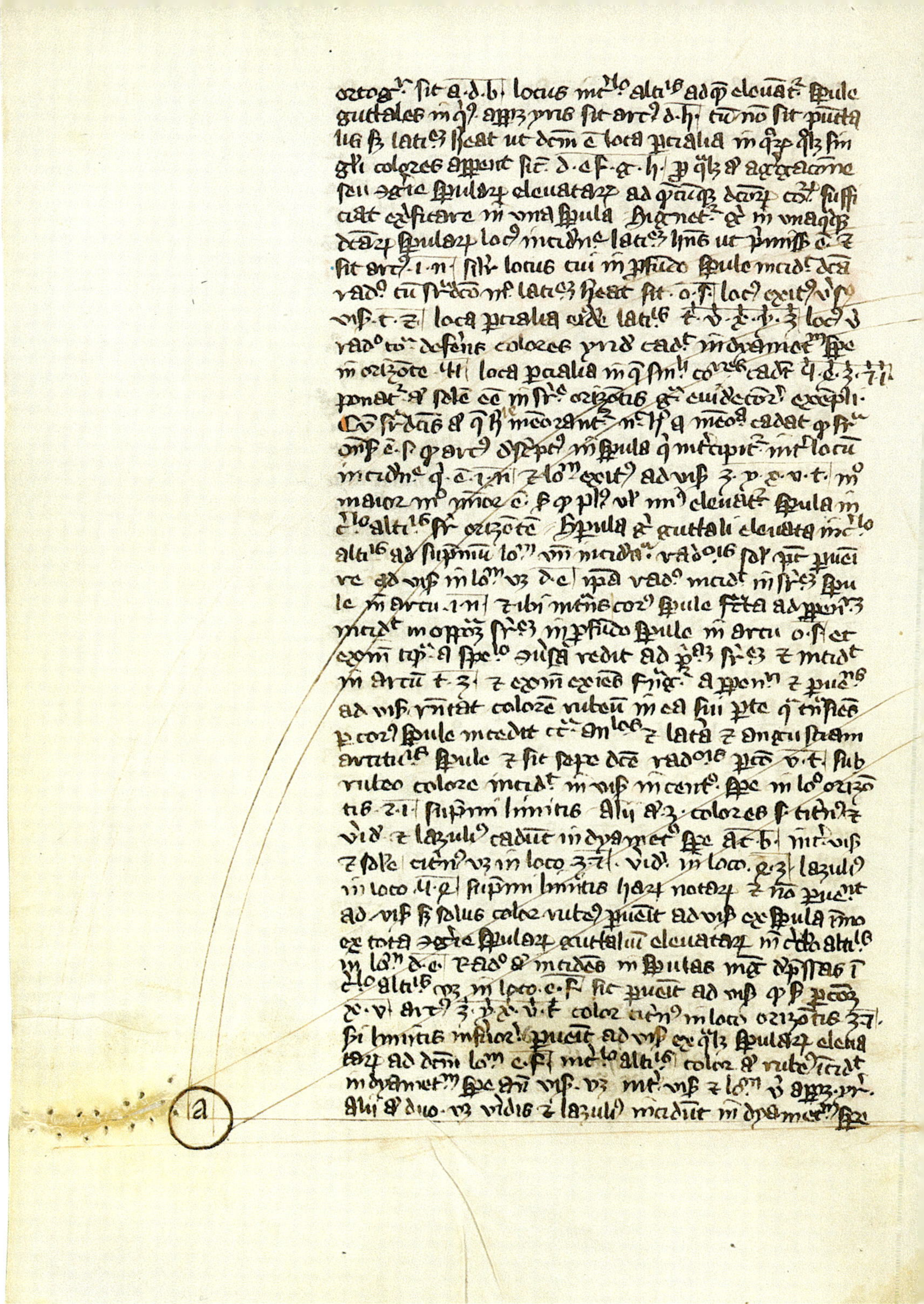

Der entzauberte Regenbogen

Wahrscheinlich war der griechische Philosoph Anaximenes (um 570 bis um 500 v. Chr.) der erste, der den Regenbogen seines göttlichen Ursprungs beraubte und die Himmelserscheinung schlicht zur Naturerscheinung degradierte. Mit Sicherheit aber vertrat sein Landsmann Aristoteles (384–322 v. Chr.) diese Ansicht. Der Philosoph stritt glattweg ab, daß die jungfräuliche, geflügelte Göttin des Regenbogens, Iris, als Götterbotin für diese Erscheinung verantwortlich zu machen war. Er vertrat die Ansicht, daß der Regenbogen durch eine ungewöhnliche Spiegelung des Sonnenlichts auf den Wolken entstand. Diese Theorie des Aristoteles wurde lange Zeit nicht angezweifelt.

Merkwürdig ist die Tatsache, daß zwar bereits Seneca um 63 n. Chr. eine mit Wasser gefüllte Kugel beschreibt, die stark vergrößerte und das Licht konzentrierte, daß aber keine Nachrichten über Beobachtungen eines dabei auftretenden Spektrums vorliegen. Der erste, der eine solche Schusterkugel ins Sonnenlicht gestellt hat, soll um 1300 der deutsche Mönch Dietrich (Theoderich) von Freiberg gewesen sein. Er soll den ersten künstlich erzeugten Regenbogen gesehen haben. Damit war bewiesen, daß nicht Wolken, sondern Wassertropfen das Sonnenlicht zurückwarfen.

Noch genauer wollte es der französische Philosoph und Mathematiker René Descartes (1596–1650) wissen. Auch er ging von einer runden, mit Wasser gefüllten Flasche aus und berechnete sogar genau die Ablenkungswinkel der Strahlen. Durch Galileis schlechte Erfahrungen mit dem Inquisitionsgericht vorsichtig geworden, veröffentlichte Descartes seine Forschungsergebnisse ohne Namensangabe.

Newton und das Prisma

Wie schon erwähnt, hatte auch Newton optische Experimente durchgeführt. Angeregt durch Keplers Veröffentlichung über die Optik und möglicherweise auch durch das anonym erschienene Buch von Descartes begann er 1666 Experimente mit einem Prisma. Prismen wurden zur damaligen Zeit wegen der schönen Farbeffekte, die sie bei Lichteinfall hervorzauberten, als Spielzeug auf den Jahrmärkten verkauft. Ihre Wirkung war schon seit längerer Zeit bekannt, aber Newton war offenbar der erste, der sich über die Ursachen dieses Effektes Gedanken machte und sie planmäßig untersuchte.

Sein erster Versuch war denkbar einfach. Durch den Spalt eines Vorhangs (eine andere Quelle berichtet von einem Loch im Fensterladen) ließ er einen Sonnenstrahl

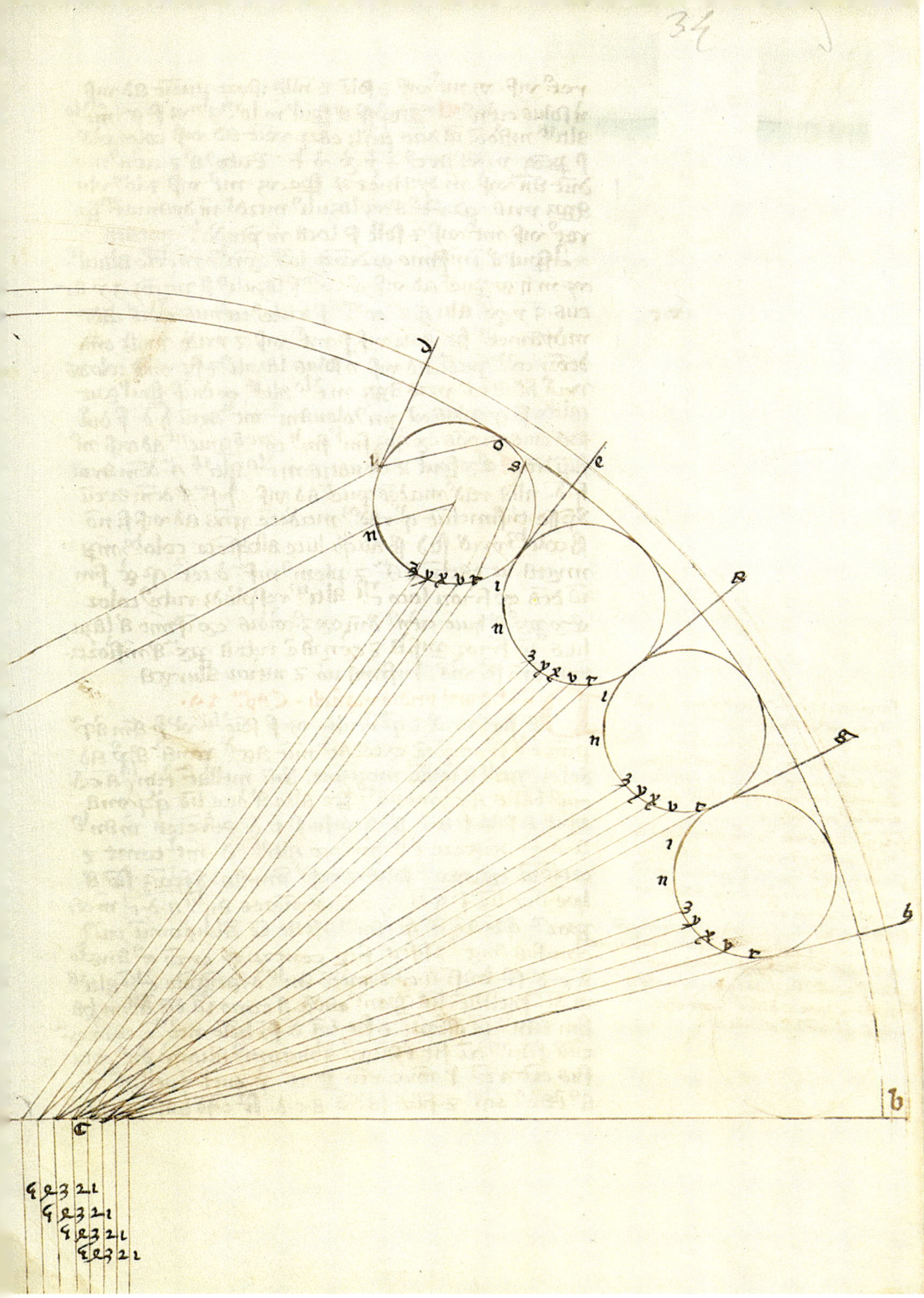

Der Dominikanermönch Dietrich von Freiberg (um 1250 bis nach 1310) steht wie Witelo, Robert Grosseteste und Roger Bacon in der Tradition des Alhazen. Ihre Untersuchungen auf dem Gebiet der Optik sind überhaupt die ersten Ansätze für wissenschaftliche Experimente im heutigen Sinn. Es ist wohl kein Zufall, daß gerade das Phänomen Licht seit der Antike Gegenstand zahlreicher Forschungen war. Neben der in allen Bereichen vorherrschenden aristotelischen Lehrmeinung gab es die neuplatonische Richtung, die die Welt mit ihren Formen als Ausfluß des ungeschaffenen göttlichen Lichtes in verschiedenen Stufen auffaßte.
Dietrich von Freiberg untersuchte die Frage, ob es sich beim Regenbogen um Lichtbrechung oder Reflexion handelt, am Strahlengang des Lichts in verschiedenen Glaskugeln. Die Zeichnung aus seiner Schrift „De Iride“ erklärt den Regenbogen durch doppelte Brechung und Reflexion der Sonnenstrahlen in den kugelförmigen Wassertropfen der Atmosphäre.

ins abgedunkelte Zimmer fallen. Diesen Strahl lenkte er durch ein dreieckiges Glasprisma auf einen Schirm. Dreierlei Dinge passierten. Einmal war der Lichtfleck auf dem Schirm nicht mehr weiß, sondern wies alle Farben des Regenbogens auf. Zum zweiten rückte der Lichtfleck auf eine andere Stelle, sobald Newton das Prisma in den Strahlengang schob. Und zu guter Letzt hatte der Lichtfleck nicht mehr die ursprüngliche Form, sondern es entstand ein farbiges Band.
Aus diesen Beobachtungen folgerte Newton, daß die einzelnen Arten von Licht beim Durchgang durch das Prisma verschieden stark gebrochen wurden, am wenigsten der rote Lichtanteil, am stärksten der violette. Und alle Versuche ergaben dieselben sieben Grundfarben. Nun hätte man einwenden können, daß diese Farben im Prisma selbst erzeugt wurden. Aber Newton entkräftete von vornherein jeden diesbezüglichen Verdacht. Hinter das erste Prisma hielt er noch ein zweites in den Strahlengang, allerdings in umgekehrter Stellung, und auf dem Schirm erschien ein weißer Lichtfleck. Damit war der Beweis erbracht, daß das weiße Licht lediglich eine Kombination der Spektralfarben darstellte. Im Jahr 1672 veröffentlichte Isaac Newton den ersten Bericht über seine Versuche. Obwohl sie leicht nachprüfbar waren, wurden seine Folgerungen von seinen Zeitgenossen kritisiert.

Die wissenschaftliche Optik

Kaum ein Gebiet der Physik hat die wissenschaftlichen Geister aller Epochen so sehr in seinen Bann gezogen wie der Fragenkreis um das Licht. Und die ersten Fragen hatten schon die Griechen gestellt. Die Optik war bei ihnen neben der Geometrie ein Zweig der exakten Wissenschaften, und die euklidische Geometrie war ein wichtiger Anstoß für die Erforschung der sich geradlinig fortpflanzenden Lichtstrahlen. Es blieb nicht aus, daß man sich auch Gedanken über den Zusammenhang zwischen dem Licht und dem Sehvermögen des menschlichen Auges machte. Die Anhänger der Schule des Pythagoras erklärten das Sehen aus dem Feuer des leuchtenden menschlichen Auges. Euklid lehrte, daß das Auge so etwas wie „Sehstrahlen“ aussendet, die von den Objekten zurückgeworfen werden. Die Schüler des Demokrit hingegen gaben der Theorie den Vorzug, daß die beleuchteten Objekte winzige materielle Partikelchen von einer lichtähnlichen Substanz gegen das Auge hin aussandten.

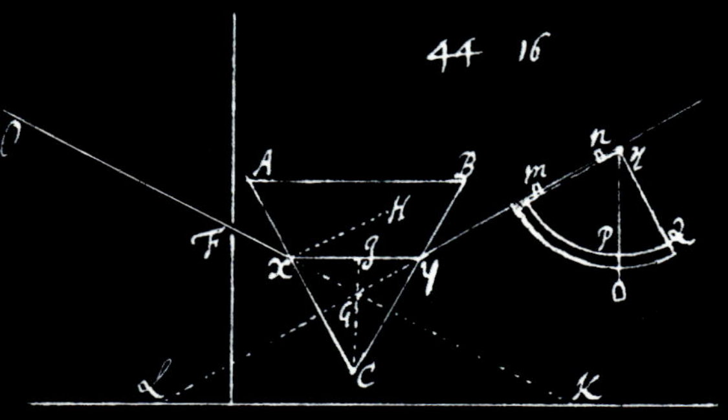

In einem Brief an die Royal Society in London teilt Isaac Newton (1643–1727) über seine Versuche mit Prismen mit, daß er in einem verdunkelten Zimmer durch ein Loch im Fensterladen Licht durch ein Prisma fallen ließ, um die dabei auftretenden Farberscheinungen zu untersuchen. Es überraschte ihn sehr, daß sich das Lichtspektrum nicht kreisförmig, sondern in einer länglichen Gestalt abbildete. Nachdem er durch unterschiedliche Anordnungen ausschließen konnte, daß etwa die Dicke bzw. Unregelmäßigkeiten des Prismenglases für diese Erscheinung verantwortlich war, maß er die Ein- und Ausfallwinkel der Strahlen aus (s. Skizze). Schließlich gelang es ihm, durch eine Anordnung mit zwei Prismen und zwei Brettern mit Loch nachzuweisen, daß sich das Licht aus unterschiedlich brechbaren Strahlen zusammensetzt.

Um die Wende des ersten Jahrtausends nach Christus betrat ein Mann die wissenschaftliche Bühne, dessen Entdeckungen auf dem Gebiet der Optik wesentlichen Einfluß auf ihre Gestalt als moderne Experimentalwissenschaft hatten. Es war der arabische Physiker und Mathematiker Ibn al-Haytham (um 965 bis nach 1038), im Mittelalter Alhazen genannt. Alhazen war ein hervorragender Forscher, und manche Biographien bezeichnen ihn als bedeutendsten Physiker des Mittelalters.
Zudem scheint er ein ausgezeichneter Schauspieler gewesen zu sein. Um einen möglichst ruhigen Posten zu bekommen, hatte er behauptet, eine Maschine zur Regulierung der Nilfluten bauen zu können. Unglücklicherweise saß zu jener Zeit der als merkwürdig sprunghafter Despot verschriene Hakim auf dem Thron. Dieser Kalif verlangte von Alhazen allen Ernstes, diese Maschine sofort zu bauen, andernfalls würde er getötet. Alhazen sah keinen anderen Ausweg, als sich wahnsinnig zu stellen. Das hielt er so lange durch, bis Hakim 1021 auf unerklärliche Weise im Mokattam-Gebirge bei Kairo verschwand. Plötzlich wieder normal geworden, entpuppte Alhazen sich als glänzender Wissenschaftler und konzentrierte sich auf die Optik.
Anders als seine Vorgänger erklärte er den Sehvorgang dadurch, daß Licht an den Gegenständen reflektiert wird und dann in die Augen fällt. Korrekt beschrieb er die Wirkungsweise der Linse durch die Krümmung der Linsenoberfläche. Sein besonderes Interesse galt der Reflexion und der Brechung des Lichts und der Nutzbarmachung dieser Erscheinungen bei Linsen und Hohlspiegeln. Alle Beobachtungen stellte er auf die Grundlage selbstangestellter Experimente. Sein Hauptwerk „Kitab al Manazir“ wurde bis zu Keplers Zeiten als Lehrbuch der Optik benutzt. Kepler selbst baute in seiner „Dioptrik“ auf Alhazens Lehre auf. Der große Astronom vermerkte völlig richtig, daß das ins Auge einfallende Licht durch die Linse des Auges auf der Netzhaut zu einem Bild geformt wird und das auftreffende Licht durch die Reizung der Netzhaut eine chemische Veränderung hervorruft. Er erklärte aber auch schon Kurz- und Weitsichtigkeit und das räumliche (stereoskopische) Sehen durch Zusammenwirken beider Augen.

Optische Geräte

Der Spiegel und seine Geschichte

Der Spiegel hat ein Doppelgesicht. „Erfunden“ wurde er zweifellos von Menschen, die sich in der spiegelnden Fläche betrachten wollten. Das blieb auch mehrere Jahrtausende lang seine Hauptaufgabe, und manche Spiegelhistoriker stellten tiefsinnige Betrachtungen darüber an, in welchem Land die eitelsten Frauen wohnen: dort nämlich, wo die Spiegelherstellung florierte. Technisch-wissenschaftlichen Zwekken diente der Spiegel erst viel später, in Form von Planspiegeln etwa als Bestandteil optischer Geräte bis hin zur Spiegelreflexkamera, in Form von Hohlspiegeln stellvertretend für Sammellinsen, beispielsweise bei Spiegelteleskopen: Spiegel konnte man viel größer konstruieren als Linsen.

Vom Wasserspiegel zum Metallspiegel

Wann es dem ersten Frühmenschen auffiel, daß eine ruhige Wasserfläche sein Ebenbild widerspiegelte, ist nicht festzustellen. Aber es ist bekannt, wann ein früher Bronzezeitmensch auf den Gedanken kam, eine Bronzeplatte zu schleifen und zu polieren, um sich darin zu betrachten: um 2000 v. Chr. Sein Werk wurde in dem Pfahlbau Port-Alban am Neuenburger See in der Schweiz gefunden, nicht weit von dem berühmten keltischen Waffenplatz La Tène, der der Latènekultur der jüngeren Eisenzeit den Namen gab.
Spiegel aus Bronze, die ursprünglich wohl magischen Zwecken dienten, dann aber auch als Toilettengegenstände eine Rolle spielten, gab es um 700 v. Chr. aber auch schon in Ostasien. Im sechsten Jahrhundert v. Chr. verwendeten die für ihre Schönheit gerühmten etruskischen Frauen Handspiegel aus polierter Bronze, deren Rückseiten kunstvoll graviert oder als Reliefs gearbeitet waren. Um 300 v. Chr. gab es in Etrurien schon eine ganze Spiegelindustrie mit den Schwerpunkten um Vulci und Palestrina, die bis nach Griechenland lieferte.
Die Römer belegten ihre Metallspiegel mit einer dünnen Silberschicht. Als Wandspiegel verwendeten sie Silberplatten oder auch Obsidiantafeln. Kupferspiegel waren in Ägypten die große Mode. Über Goldspiegel verbreitet sich schon der griechische Dichter Homer.
Bald kam man darauf, daß bestimmte Legierungen, Spiegelmetall genannt, die Lichtstrahlen besonders gut reflektieren. Die Römer setzten ihrer Spiegelbronze besonders viel Zinn und außerdem Antimon oder auch Arsen zu. Nickelzusätze ergaben ein hervorragendes Reflexionsvermögen. Noch um 1900 wurden aus gleichen Teilen Stahl und Platin hergestellte Spiegel als unübertrefflich gepriesen.

Die gläsernen Spiegel

Spiegel aus geschliffenem Glas scheint es im ersten Jahrhundert v. Chr. schon in Ägypten gegeben zu haben. Gaius Plinius der Ältere (23 oder 24–79 n. Chr.) erwähnt in seiner Naturgeschichte gläserne Spiegel mit Zinnunterlage, deren Erfindung er den Phönikern von Sidon zuschreibt. Auch andere Autoren des klassischen Altertums beschreiben Glasspiegel, die als große Kostbarkeit galten und ihre Reflexionskraft von Zinn, Silber oder Gold bezogen.
Dann trat in der Spiegelgeschichte die große mittelalterliche Pause ein. Erst im 13. Jahrhundert ist in der Literatur wieder von Glasspiegeln die Rede. 1254 berichtet Vincenz von Beauvais über Spiegel, die durch Aufgießen einer dünnen Bleischicht auf heißes Glas hergestellt wurden. Nicht viel später wurden in Italien die ersten Spiegel aus Muranoglas angefertigt. In Murano bei Venedig entwickelte sich in den folgenden Jahrhunderten eine berühmte Spiegelindustrie – noch heute gehören „venezianische Spiegel“ mit kunstvoll geblasener Glasumrahmung zu den Kostbarkeiten.
1589 beschrieb Giovanni Battista Della Porta erstmals das Beschichten von Spiegelglas mit Zinnamalgam, einer Quecksilber-Zinn-Legierung. Das Verfahren nach einer Erläuterung aus der Zeit um 1900:
„Auf einer horizontalen, ebenen Steinplatte breitet man ein Blatt kupferhaltige Zinnfolie (Stanniol) aus, dessen Größe die des Spiegels etwas übertrifft, übergießt es zwei bis drei Millimeter hoch mit Quecksilber, welches mit dem Zinn ein Amalgam bildet, schiebt die polierte und sorgfältig gereinige Glasplatte so über die Zinnfolie, daß ihr Rand stets in das Quecksilber taucht, beschwert sie dann mit Gewichten, gibt der Steinplatte eine

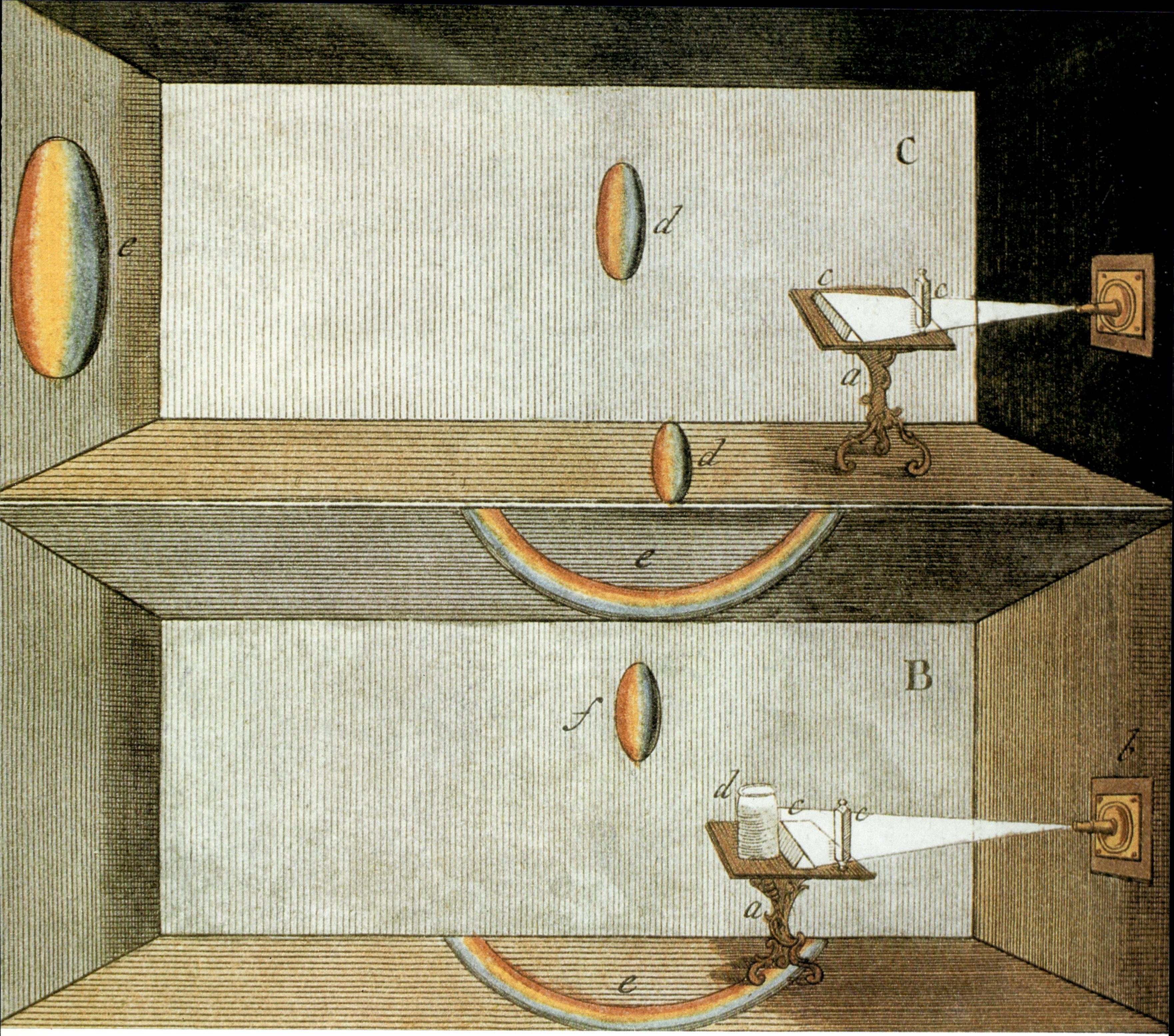

1 – **Illustration aus dem 18. Jahrhundert zu Newtons Spektrenversuchen.**
2 – **Vorstellung Alhazens, wie die Strahlen durch eine Kristallkugel verlaufen und ein scharfes Bild geformt wird.**
3 – **Zeichnung von Descartes (1596–1650) aus seiner Schrift „La Dioptrique" (1637). Um zu überprüfen, wie im menschlichen Auge ein Bild geformt wird, empfiehlt er dem Leser, sich das Auge eines Ochsen zu beschaffen, die drei Häute an der Rückseite abzulösen, ohne daß das Auge ausläuft, und diese Stelle (RST) mit weißem Papier oder Eierschale zu bedecken. Man setze nun in die entsprechend große Öffnung eines ansonsten völlig dunklen Raumes dieses Auge ein und schaue hindurch, dann sieht man die Gegenstände draußen richtig abgebildet.**

2

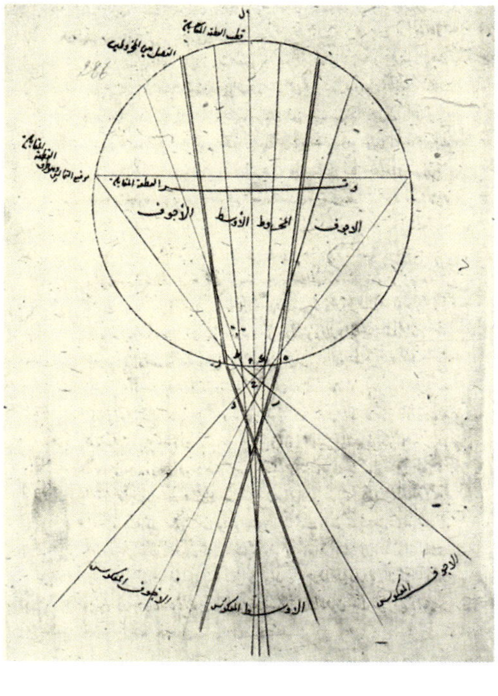

3

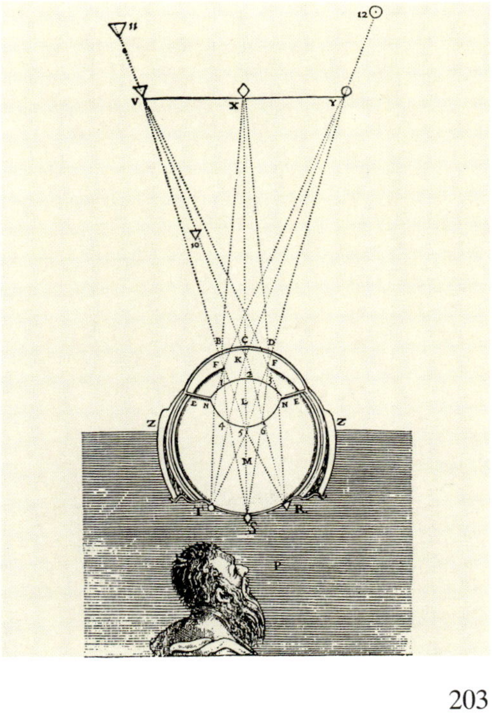

1 – Polierte Bronzeplatten gelten als die älteste Form des Spiegels. Der Bronzespiegel mit nacktem Mädchen als Handgriff wurde auf einer Begräbnisstätte in der Nähe der phönikischen Stadt Akko gefunden (14. Jahrhundert v. Chr.). Die Römer stellten ihre Spiegel aus Silber, Obsidian und auch aus mit Zinn unterlegtem Glas her.
2 – Jahrhundertelang machte man Flachglas für Spiegel aus geblasenen und aufgeschnittenen Glaskugeln. Nach dem Schleifen beschichtete man es mit Zinnamalgam (Quecksilber-Zinn-Legierung) – ein teures und für die Arbeiter äußerst gesundheitsschädliches Verfahren. Erst seit dem 16. Jahrhundert konnte man Flachglas auch gießen.
Auf der Abbildung ist zu sehen, wie die Arbeiter flüssiges Glas auf eine Eisenplatte gießen und mit einer Metallwalze glätten. Unten im Bild die Anlage. – Mitte des 18. Jahrhunderts löste ein preiswerteres Verfahren zur Glasbeschichtung mit Silber die Amalgambeschichtung ab.

2

ganz geringe Neigung, damit das überschüssige Quecksilber abfließt, und legt den Spiegel nach 24 Stunden mit der Amalgamseite nach oben auf ein Gerüst, welches man mehr und mehr neigt, bis der Spiegel schließlich senkrecht steht. Nach acht bis zehn Tagen ist er verwendbar."
Jahrhundertelang wurden Spiegel vor allem in dieser Technik hergestellt. Erst um die Mitte des 19. Jahrhunderts kam die Beschichtung der Glasplatte mit Silber auf. Das Verfahren war von Drayton 1843 vorgeschlagen und 1855 von Petitjean und Liebig verbessert worden. Es handelte sich um das Abscheiden von Silber aus Silbersalzlösungen durch Zugabe von Reduktionsmitteln. Eine dünne Kupferschicht und ein Lackauftrag schützten die Silberschicht.
Silberspiegel konnten preiswerter als Amalgamspiegel hergestellt werden. Außerdem war Quecksilber hochgiftig und damit für die Spiegelarbeiter lebensgefährlich. Vor allem aber merkten die Damen, daß Silberspiegel sie vorteilhafter abbildeten: „Diese werfen nämlich weißes Licht mit rötlichen Strahlen zurück, während im Quecksilberspiegel weißes Licht einen grünlichen Schein erhält, weshalb eine Person, im Silberspiegel betrachtet, eine bleichere Gesichtsfarbe zeigt als in Wirklichkeit. Daher ist der schmeichelnde Silberspiegel nach und nach beliebter geworden." Silberspiegel werden auch heute noch in großem Umfang hergestellt. Dazu kamen in den letzten Jahrzehnten aluminiumbeschichtete Spiegel. Die Aluminiumschicht wird im Vakuum aufgedampft und mit Schutzschichten überzogen. Die Reflexschicht tat es freilich nicht allein. Es kam entscheidend auf die Qualität des Glases an.

Das richtige Spiegelglas

Die Herstellung von Flachglas für Spiegel (und natürlich für Fensterscheiben und dergleichen) war ein technisches Problem, dessen Lösung erst verhältnismäßig spät gelang. Im späten Mittelalter stellte der Glasbläser Kugeln oder walzenförmige Hohlkörper her, die aufgeschnitten und zu Spiegelglas verarbeitet wurden. Das war ein mühsames Geschäft, wie eine Beschreibung vom Ende des 17. Jahrhunderts zeigt: „Man bläset hierzu Kugeln von unterschiedlicher Grösse, wie man sie selbst verlanget, so groß nemlich die Spiegel werden sollen; diese Kugeln zerschneidet man mit einer Scheer, bereitet daraus viereckige Blätter, legt sie hernach auf eine eiserne Schauffel, und setzet sie wieder in den Ofen, lässet sie auch so lange darinnen, biß sie anfangen auf der gemeldten Schauffel zu fliessen, thut sie so fort heraus, und in den Kühl-Ofen, bedecket sie mit Aschen, leget ferner die Blätter oder Tafeln auf einander, und jederzeit Aschen darzwischen, biß der Kühl-Ofen damit angefüllet ist. Inzwischen erhält man sie in mittelmäßiger Wärme, bey schlechtem Feuer, biß sie allmählich erkalten, nimmt sie so dann heraus, und verkaufft sie solcher Gestalt den Spiegel-Machern."

Es folgt nun der Prozeß des Schleifens: „Die Spiegel-Macher machen solche Spiegel-Tafeln erst recht viereckigt, kleben solche mit einer Seiten auf einen hierzu dienlichen Stein, und auf der andern Seiten reiben sie solche auf einer ganz ebenen und glatten eisernen Tafel, mit einem absonderlichen Sand, so lang und viel, biß solche Spiegel-Tafeln allenthalben gantz rein und hell werden. Wann solches geschehen, so poliren sie solche mit harter Zinn-Aschen auf einem Filtz." Nun schließt sich der schon beschriebene Amalgamisierungsvorgang an.

Trotz aller Mühe mit dem Streck- und dem Kühlofen wurden die Tafeln niemals gleichmäßig und rein genug. Vor allem aber konnte man sie nicht beliebig groß machen – ein schweres Handikap, denn die reichen Schloßbauherren verlangen für ihre Spiegelkabinette raumhohe Tafeln. So experimentierte 1688 der in der Spiegelfabrik von Abraham Thévart in Paris beschäftigte Louis Lucas de Néhou (oder Nehon) mit einem Verfahren, Spiegelglas zu gießen. Das Thévart in diesem Jahr erteilte Herstellungsprivileg konnte allerdings erst 1701 genutzt werden. Das flüssige Glas wurde auf eine Eisenplatte gegossen, mit einer Metallwalze geglättet und drei bis fünf Tage in einem Kühlofen abgekühlt. Dann begann der Schleifprozeß, im allgemeinen mit Wasserrad-Antrieb. Glasschleifereien dieser Art arbeiteten in Deutschland noch bis um die Mitte des 20. Jahrhunderts.

Neben dem Gußverfahren kam für die Herstellung von Tafelglas in großen Mengen zu Beginn des 20. Jahrhunderts das Ziehverfahren mit der von E. Fourcault erfundenen Glasziehmaschine auf, das die Glasherstellung bedeutend verbilligte. Die zähflüssige Glasschmelze wird dabei als breites Band aus der Arbeitswanne gezogen und nach dem Passieren von wasserdurchströmten Kühlschirmen von Walzen geformt.

Für die Spiegelherstellung besser geeignet ist das nach dem Floatverfahren hergestellte Tafelglas. Es wurde 1959 von Pilkington Brothers Ltd. in England eingeführt. Beim Floatglas erstarrt die flüssige Glasmasse auf einer Metallschmelze schwimmend. Das Endergebnis ist ein Glas mit glatter und ebener Oberfläche, das nicht mehr geschliffen und poliert zu werden braucht.

1

Der griechische und der sächsische Archimedes

Den Hohl- oder Brennspiegel, der parallel zur Achse einfallende Strahlen in seinem Brennpunkt sammelt, gab es schon im klassischen Altertum. Der griechische Mathematiker Euklid erwähnt ihn um 300 v. Chr. in seiner „Katoptrik". Aber viel berühmter ist die Story von Archimedes (um 285–212 v. Chr.), der nicht nur ein berühmter Mathematiker, sondern auch ein findiger Mechaniker war. Seine Kriegsmaschinen, darunter Hebewerke und Schleudern, verbreiteten bei der Belagerung von Syrakus (213–212 v. Chr.) Angst und Schrecken. Dabei soll er auch riesige Brennspiegel verwendet haben, um die römische Flotte zu vernichten. Bei näherer Betrachtung erweist sich die Brennspiegel-Geschichte allerdings als Legende. Ganz abgesehen von den damit verbundenen technischen Schwierigkeiten steht fest, daß zeitgenössische Autoren niemals von Brennspiegeln sprachen, sondern lediglich davon, daß Archimedes die feindlichen Schiffe durch künstliche Mittel entzündet habe. Die Brennspiegel tauchen erst über 700 Jahre später in einem Bericht des Anthemios auf.

Eine ähnliche Sage überliefert, Proklos Onirokrites habe 514 n. Chr. die Flotte des Vitalianus vor Konstantinopel mit Hilfe metallener Brennspiegel angezündet. Wahrscheinlich wurden in beiden Fällen andere als optische Feueranzünder ver-

1 – Eigens zur Herstellung von Brennlinsen für Schmelzversuche richtete sich Graf Ehrenfried Walter von Tschirnhaus (1651–1708) auf dem väterlichen Gut in Kieslingswalde bei Görlitz eine Glashütte ein. Mit großen Kupferhohlspiegeln war es ihm vorher schon gelungen, alle damals bekannten Metalle und sogar Asbest zu schmelzen. Eine noch größere Brennwirkung erhoffte er sich von Glaslinsen, für die er aber größere Glasblöcke und verfeinerte Schleif- und Poliermaschinen brauchte. Seine systematischen Schmelzversuche führten zur Erfindung des ersten europäischen Porzellans, des roten „Böttger-Porzellans". Böttger war sein Gehilfe, dem später die Erfindung des weißen Porzellans gelang. Die beiden Brennlinsen (Abbildung) von 1697 haben einen Durchmesser von 81 und 21 Zentimetern, sind schwenkbar und lassen sich dadurch auf das jeweilige Schmelzgut richten. Die kleinere Linse mit kürzerer Brennweite konzentriert – vor der großen befestigt – die Wärme auf einen noch engeren Bereich.
2 – Andreas Gärtner (1654–1727), Mechanikus und Modellmeister am Hof Augusts des Starken, war sehr erfinderisch: Krankenfahrstühle, Brückenkräne, Beleuchtung von Turmuhrzifferblättern, Feuerspritzen, Wasserleitungsanlagen, Lastentransportwagen, tragbare Stubenöfen ... Die Versuche seines Landsmannes und Zeitgenossen Tschirnhaus regten ihn dazu an, sich auch mit der Verwendung von Spiegeln zu beschäftigen. Sein großer Hohlspiegel (um 1700, Durchmesser 77 Zentimeter), bestehend aus 342 quadratischen Planspiegeln, diente hauptsächlich zur Beleuchtung von Straßen und Plätzen in Dresden. Die Lichtquelle konnte z. B. eine Öllampe sein.

2

wendet, beispielsweise das berühmte Griechische Feuer, das aus Schwefel, Werg, Kalk und Erdöl bestand, wie bei einem Flammenwerfer brennend auf die gegnerischen Schiffe gespritzt wurde und auch auf dem Wasser schwimmend brannte.
Einen großen sphärischen Kupferspiegel schliff der Mathematiker, Naturwissenschaftler und Technologe Ehrenfried Walther von Tschirnhaus (1651–1708) um das Jahr 1690 in Dresden. Tschirnhaus befaßte sich auch mit gläsernen Spiegeln und Linsen zur Erzeugung hoher Temperaturen. „Er hat durch diese Gläser und Spiegel mit Hilfe des Sonnenlichts nasses Holz im Augenblick entzündet, Wasser in einem kleinen Gefäß zum Sieden gebracht, Blei geschmolzen, eiserne Platten durchlöchert, Ziegel und Steine verglast", heißt es in den Acta eruditorum von 1697. Vor allem aber verwendete Tschirnhaus seinen Spiegel für die (früheste deutsche) Porzellanherstellung. Der häufig als Porzellanerfinder apostrophierte J. F. Böttger war sein Gehilfe.
Ebenfalls in Dresden arbeitete Andreas Gärtner (1684–1724), ein vielseitiger Mechaniker, den man dank seiner technischen Fähigkeiten den sächsischen Archimedes nannte. Gärtner, ein gelernter Tischler, verfertigte als Hofmechanikus und Modellmeister am sächsischen Hof riesige hölzerne Hohlspiegel mit Blattgoldbelag, mit deren Hilfe er Eier und Fische briet, Knochen und Muscheln verbrannte, das Kaminfeuer entzündete und Münzen zum Schmelzen brachte. Im heißen Sommer brachte er ein Stück Eis in den Brennpunkt eines Spiegels und verspürte noch in einer Entfernung von 20 Schritten eine angenehme Kühle.
Übrigens bastelte Gärtner auch eine Reihe von Zerrspiegeln, wie sie heute noch auf Jahrmärkten üblich sind. Stellte man sich vor solche Spiegel, so erschien man auf dem Kopf stehend, oder der Kopf wurde ganz groß, der Mund „Ellen weit, so daß man wohl ein gantzes Kalb hineinschieben könnte", oder man hatte plötzlich zwei Köpfe. Brennspiegel spielen heute eine große Rolle als Scheinwerferspiegel und auf dem Gebiet der astronomischen Optik. Weniger verbreitet sind Wölbspiegel, deren Wirkung derjenigen von Zerstreuungslinsen gleichkommt.

Das Vergrößerungsglas

Alle wissenschaftlichen Untersuchungen scheinen darauf hinzudeuten, daß man im Altertum die optischen Linsen noch nicht kannte. Zwar fand man in den Ruinen von Tyros, einst die mächtigste Handelsstadt Phönikiens, sowie in einem Grab zu Nola in Südkampanien konvexe Linsen aus geschliffenem Bergkristall oder Glas, man nimmt aber an, daß es sich dabei um Zierstücke handelte, die beispielsweise auf Ledergürtel oder Kleidungsstücke aufgenäht wurden.

Als Beweis für diese Technik weisen die Archäologen auf Schliemanns Funde in den Ruinen von Troja hin. Schliemann hatte mehrere Linsen aus Bergkristall gefunden, die in der Mitte durchbohrt waren und noch Spuren aufwiesen, die auf eine Befestigung auf einer Unterlage hindeuteten. Trotzdem kann man wohl annehmen, daß den Linsenherstellern die vergrößernde Wirkung ihrer Schmuckstücke bekannt gewesen sein mußte. Es ist sehr unwahrscheinlich, daß sie ihnen nicht aufgefallen war, wenn sie die Linse an einem Ledergürtel befestigten. Allerdings reichten ihre technischen Fähigkeiten wohl nicht aus, einen so genauen Schliff zu erreichen, daß man das Schmuckstück auch als Leseglas oder gar als Brille benutzen konnte.

Der verbrannte Schuldschein

Die älteste Spur einer geschliffenen, plankonvexen Linse aus Bergkristall führt nach Ninive am linken Tigrisufer, vor etwa 2700 Jahren Hauptstadt des Assyrerreiches. Gefunden wurde diese Linse von dem englischen Archäologen Sir Austen Henry Layard bei Ausgrabungen in den Ruinen des Nordwestpalastes der Hauptstadt. Ihr Entstehungsdatum wurde auf etwa 640 v. Chr. festgelegt. Sie hat eine ovale Form, ist 40,64 Millimeter lang, 35,56 Millimeter breit und etwas über fünf Millimeter dick. Der Brennpunkt liegt bei 114,3 Millimeter, sie hat also eine nicht unbeträchtliche Brechkraft. Über ihren Verwendungszweck ist nichts bekannt, aber möglicherweise wurde sie als Brennglas benutzt.

Eine besonders originelle Verwendung der Linse als Brennglas beschrieb der Lustspieldichter Aristophanes von Athen 423 v. Chr. In seiner Komödie „Die Wolken" zeigte er einen Weg, wie man unliebsame Gläubiger loswerden könnte: Man halte die auf Wachstafeln geschriebenen Rechnungen unbemerkt in die Sonne und schmelze sie mit einem Brennglas aus Bergkristall. Ob seine Anregung aufgegriffen wurde und das Brennglas weitere Verbreitung fand, ist nicht bekannt.

Einigen Quellen zufolge ist es wahrscheinlich, daß die Bewohner von Sikkim an der Südgrenze von Tibet zum Feueranmachen Brenngläser verwendeten. In Indien, Thailand und China scheint man diese Kunst ebenfalls verstanden zu haben. Von der Neuen Welt berichtet der Chronist Garcilaso de la Vega, daß die Inkapriester beim Fest der Sonne hochpolierte, konkave Metallspiegel zum Entzünden von feingekämmter Baumwolle einsetzten. Linsen als Brenngläser waren hier wohl unbekannt.

Kaiser Nero und die Linse

Eine Lupe gibt die Möglichkeit, den betrachteten Gegenstand näher, also unter einem größeren Bildwinkel zu sehen als normal. Aber an dieses einfache physikalische Gesetz tastete man sich nur in sehr kleinen Schritten heran. Wie bereits erwähnt, kannte Lucius Annaeus Seneca schon die vergrößernde Wirkung der Schusterkugel. Um 63 n. Chr. schrieb der Erzieher Kaiser Neros: „Buchstaben, wie klein und dunkel sie auch sein mögen, sieht man durch eine mit Wasser gefüllte Glaskugel größer und heller." Ebenfalls aus römischer Zeit stammen einige Linsen von quadratischer Form mit einer ebenen und einer kugeligen Seite. Selbst wenn man annimmt, daß diese gegossenen und später nachgeschliffenen Linsen als Fensterscheiben Verwendung fanden, muß ihre vergrößernde Kraft bemerkt worden sein.

Schließlich darf der berühmt-berüchtigte Kaiser Nero an dieser Stelle nicht fehlen, obwohl man sich darüber streiten könnte, was der Kaiser nun eigentlich erfunden hat: eine einfache Linse, ein Lorgnon, also ein Einglas mit Stiel, oder tatsächlich schon so etwas wie eine Brille. In seiner „Naturalis historia" schrieb der römische Schriftsteller Plinius, daß Nero „die Kämpfe der Gladiatoren in einem Smaragd betrachtete". Da ein anderer römischer Schriftsteller, nämlich Sueton, von Kaiser Nero berichtete, daß er sehr schlechte Augen gehabt habe, hielt man das für einen ausreichenden Grund, Nero als Erfinder der Brille zu deklarieren. Und da man absolut nichts über einen Erfinder der Brille weiß, wurde diese Anregung dankbar aufgenommen. Der Technikhistoriker Franz M. Feldhaus hingegen interpretiert Neros Vorliebe für den Smaragd anders: „Der Smaragd gab wohl nur ein stark verkleinertes, buntes und daher zierliches Bildchen der Kämpfenden, an dem der Kaiser sich erfreute."

Ein gut geschliffenes, fast halbkugelförmiges Stück Bergkristall von fünf Zentimeter Durchmesser aus der Wikingerzeit (4.–8. Jahrhundert), gefunden in Visby auf der schwedischen Insel Gotland, gab ebenfalls zu Spekulationen Anlaß. Von der Qualität her wäre es durchaus als Vergrößerungsglas zu gebrauchen gewesen, und so nahm man an, daß es zur Herstellung feiner Goldarbeiten benutzt wurde.

1
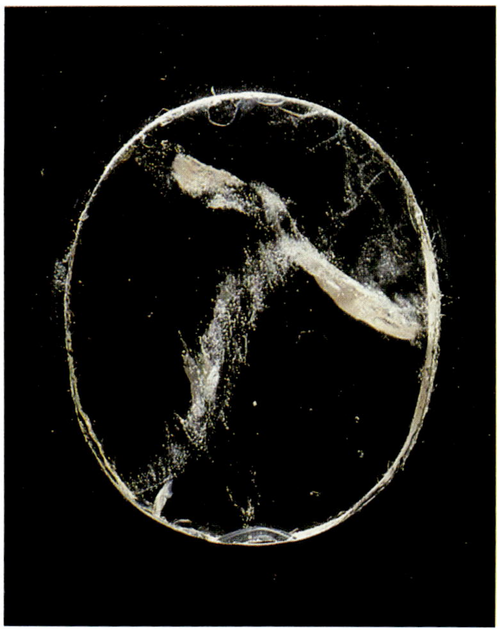

1 – Ein geschliffener Bergkristall aus Ninive, über 2500 Jahre alt. Ob er als Schmuckstein, Vergrößerungsglas oder als Brennglas verwendet wurde, läßt sich heute nicht mehr mit Sicherheit feststellen.
2 – Seit dem 13. Jahrhundert dienten geschliffene Bergkristalle als Sehhilfen. Man trug sie auch als Amulette gegen Augenkrankheiten.

Roger Bacon und die vergrößerten Buchstaben

Auch beim Vergrößerungsglas stößt man auf die Spur des arabischen Physikers Alhazen. Dieser vielseitige Wissenschaftler soll bei seinen optischen Experimenten die vergrößernde Wirkung von Linsen in Form von Kugelsegmenten gefunden haben. Manche Wissenschaftshistoriker sind sogar der Ansicht, daß er die erste Lesebrille geschaffen hat. Aber es ist fraglich,

recipe
clamabat
bat secus uiam
uideam

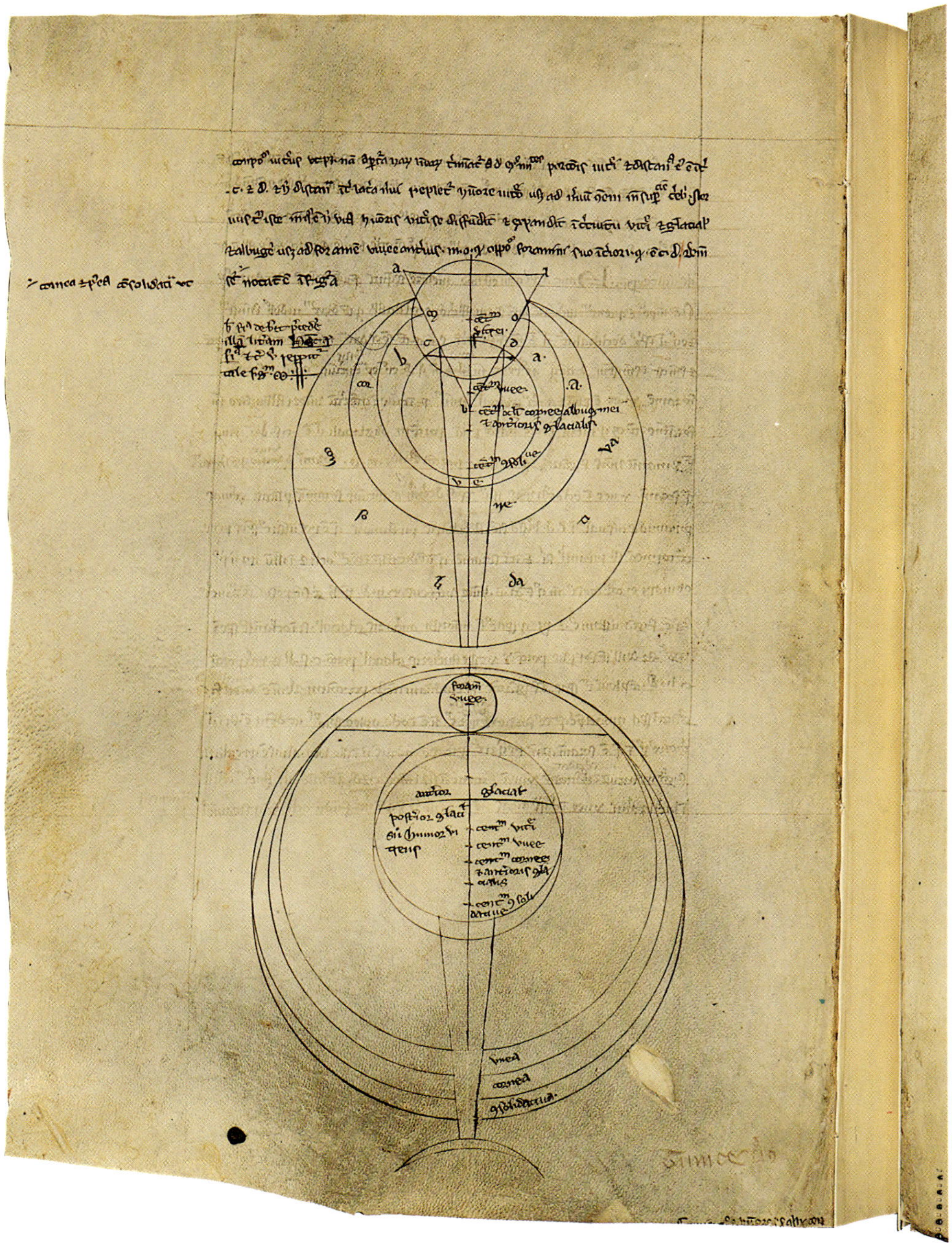

1

1 – Drei Häute und drei Flüssigkeiten habe das Auge, sagt Roger Bacon (1214 bis nach 1292). Um zu zeigen, was dort mit dem einfallenden Licht passiert, will er „eine Figur zeichnen, in der alle diese Dinge, soweit das möglich ist, auf einer Fläche klargemacht werden, aber eine vollständige Darstellung würde einen Körper erfordern, der in allen oben besprochenen Einzelheiten wie das Auge gestaltet wäre. Das Auge einer Kuh, eines Schweins und anderer Tiere kann zur Veranschaulichung benutzt werden, wenn jemand experimentieren möchte." Ähnliches empfiehlt später Descartes ebenfalls seinem Leser (s. Abbildung S. 203). In der oberen Abbildung versucht Bacon darzustellen, wie ein Objekt (Pyramide) durch Brechung der Strahlen in der Linse des Auges wahrgenommen wird. Wie aus einigen Äußerungen hervorgeht, kannte er auch die vergrößernde Wirkung von entsprechenden Linsen. Die untere Abbildung gibt Bacons Vorstellung vom Aufbau des Auges wieder, mit Pupille (kleiner Kreis), Linse (großer Kreis im Innern), Sehnerv und den Häuten.

2 – Ausschnitt aus einem Gemälde von Raffael, Anfang 16. Jahrhundert, auf dem Papst Leo X. mit einem gestielten, hohlgeschliffenen Leseglas zu sehen ist. Diese Form der Linse als Sehhilfe hat sich neben der Brille bis heute erhalten.

ob man sich damit nicht auf den schwankenden Grund von Spekulationen begibt.

Ähnlich gelagert ist der Fall wohl bei dem gelehrten englischen Mönch Roger Bacon (1214 bis nach 1292), dem vom Vergrößerungsglas über die Brille bis zum Fernrohr alles mögliche zugeschrieben wird, ganz zu schweigen von seinen Notizen über Dampfschiffe, Autos und Flugzeuge. Fest steht, daß Bacon sich sehr für die Optik interessierte und Abbildungsgesetze für konvexe Linsen aufstellte. Überhaupt scheint die Physik der Hauptgegenstand seiner Arbeiten gewesen zu sein. Seine Entdeckungen und Erfindungen wurden von mißtrauischen Zeitgenossen als Zauberkunst gebrandmarkt. Zu seiner Verteidigung schrieb er sein Hauptwerk „Opus majus", und dort berichtet er über linsenförmige durchsichtige Körper:

„Nimmt man ein Kugelsegment von Kristall oder Glas, und ist die Höhe des Segments kleiner als der Radius, und legt man die ebene Seite auf Buchstaben, so sieht man diese Buchstaben und kleinere Gegenstände größer, während man die konvexe Seite dem Auge zukehrt. Denn das Auge ist dann gleichsam im dünneren und der Gegenstand im dickeren Medium zwischen Zentrum und Auge. Also ist der Sehwinkel größer, und auch das Bild ist größer und das Auge näher. Deshalb gibt dies ein vorzügliches Instrument für alte Leute und solche, die schwache Augen haben, denn sie können damit noch so kleine Buchstaben in genügender Größe sehen."

Diese Stelle läßt den Schluß zu, daß Bacon mit den optischen Gesetzen des Vergrößerungsglases vertraut war. Inwieweit er aber an der Erfindung der Brille beteiligt war, mag dahingestellt sein. Und was das Fernrohr anbelangt, so beschreibt der erfinderische Mönch eine Spionagevorrichtung durch Einsatz von Spiegeln und unter Ausnutzung der optischen Gesetze, die es im Krieg ermöglichen sollte, das feindliche Heer aus sicherer Entfernung zu beobachten. Es ist also nicht verwunderlich, daß solch phantastische Ausblicke seinen Zeitgenossen ausgesprochen suspekt erscheinen mußten. Zweimal wurde er der Zauberei und des Bundes mit dem Teufel angeklagt und auf zehn Jahre ins Gefängnis geworfen.

Die Wege trennen sich

Nachdem erst einmal die vergrößernde Wirkung einer Linse bekannt war, wurde sie auch auf verschiedene Weise genutzt.

Da gab es zunächst einmal die Verwendung des Vergrößerungsglases als Lesehilfe, wie es auch schon Bacon angedeutet hatte. Man kann verschiedener Auffassung darüber sein, ob diese Art des „Einglases" noch zu den Vergrößerungsgläsern zu rechnen ist, oder ob man es besser unter dem Oberbegriff „Brille" einordnet. Zeugnisse für die Verwendung als Leseglas sind vor allem Gemälde, wie beispielsweise das von Raffael zwischen 1517 und 1519 angefertigte Porträt des Papstes Leo X. Es „zeigt einen übermittelgroßen, breitschultrigen und korpulenten, eher aufgedunsen als stark erscheinenden Mann", weiß das „Illustrierte Papstlexikon" über dieses Porträt zu berichten. „Aus dem großen, fast massigen Kopf treten die deutlich kurzsichtigen Augen hervor." Und um diese Kurzsichtigkeit auszugleichen, hält der Papst ein gestieltes, hohlgeschliffenes rundes Leseglas in der linken Hand, um in einem aufgeschlagenen Buch zu lesen. Das Leseglas erinnert stark an die heute noch üblichen Vergrößerungsgläser für Briefmarken.

Auf der anderen Seite avancierte das Vergrößerungsglas zum naturwissenschaftlichen Instrument. Der flämische Miniaturist und Zeichner Joris (Georg) Hoefnagel (1542–1601) war einer der ersten, der eine Lupe zu naturwissenschaftlichen Beobachtungen benutzte. Auf 227 Blättern hielt er 1339 Zeichnungen von kleinsten Insekten fest. Im Jahr 1592 veröffentlichte sein Sohn Jacob diese Darstellungen auf 52 Kupfertafeln. Selbst als das Mikroskop schon erfunden war, benutzten noch manche Wissenschaftler die einfache Lupe zu Vergrößerungszwecken. Eine verbesserte Lupe mit Spiegeln zur Beleuchtung des Objekts beschrieb 1637 Descartes, und Anton van Leeuwenhoeks erstes Mikroskop besaß auch nur eine Linse, war also genaugenommen ein Vergrößerungsglas.

Die Brille

Die Brille, so wird behauptet, habe bei der Revolutionierung des menschlichen Weltbildes eine große Rolle gespielt. Sie erlaubte Gelehrten und Künstlern, Wissenschaftlern und Schreibern, ihre Tätigkeit bis ins höchste Alter hinein auszuüben. Auf diese Weise wurden der Wissenschaft viele Jahre gewonnen. Mit der Brille konnte sich der Mensch über die natürliche Gegebenheit der Altersweitsichtigkeit hinwegsetzen.

Aber wer dieses so wichtige Hilfsinstrument nun tatsächlich erfunden hat, dar-

1

1 – Leseglas und Etui mit eingeschnitzter Jahreszahl und Initialen, 1801.
2 – Kneifer, Goldfassung, um 1870.
Gerade wenn man diese beiden Bilder vergleicht, kann man sich gut vorstellen, wie aus der augenfernen Sehhilfe mit Handgriff eine augennahe mit Gestell geworden ist.

über ist trotz intensiver Forschung nichts bekannt. Man hat den Erfinder bei den Indern, Arabern und Chinesen gesucht. Verschiedene Seiten meinen, die Eskimo hätten die Brille erfunden, weil sie sich durch ein mit einem schmalen Schlitz versehenes Stück Holz vor der Helligkeit der arktischen Schneefelder zu schützen wußten. Mit einiger Sicherheit kann lediglich behauptet werden, daß erstmals gegen Ende des 13. Jahrhunderts Linsen auftauchten, die dicht vor die Augen gehalten bei Weitsichtigkeit die Sehschärfe erhöhten. Ort der Handlung war wahrscheinlich Venedig.

Das gefälschte Denkmal

In der Kirche Santa Maria Maggiore zu Florenz ist ein Grabmal zu bewundern, das dem Erfinder der Brille gewidmet ist. Unter der Büste eines kahlköpfigen Mannes mit üppig wucherndem Vollbart ist eine Tafel eingelassen mit folgender Inschrift: „Hier liegt Salvino d'Armato aus dem Geschlecht der Armati zu Florenz, der Erfinder der Augengläser. Gott vergebe ihm seine Sünden. Im Jahre des Herrn 1317."

Aber mit diesem Denkmal hat es seine eigene Bewandtnis. Einmal stammt es erst aus dem Jahr 1892. Die erste Nachricht über den angeblichen Erfinder kommt aus dem Jahr 1738. Die Büste, die ihn darstellen soll, wurde aus dem alten Rom entliehen. Und um die Angelegenheit vollends zu verwirren, steht nicht einmal fest, ob ein Salvino d'Armato überhaupt jemals gelebt hat. Das hinderte ihn nicht daran, als Erfinder der Brille in die Geschichte einzugehen. Ähnlich gelagert ist der Fall des Dominikanermönchs Alessandro da Spina, der in Pisa zugesehen haben wollte, wie die gerade erfundene Brille hergestellt wurde. Der Brillenmacher weigerte sich aber, ihm das Herstellungsgeheimnis zu verraten. Also habe er sich hingesetzt und durch scharfes Nachdenken die Brille nacherfunden.

Alles deutet also darauf hin, daß die Erfindung der Brille gegen Ende des 13. Jahrhunderts anzusetzen ist. Am 23. Februar 1305 bestätigte Giordano da Rivalto in einer in Piacenza gehaltenen Predigt: „Es ist noch nicht zwanzig Jahre her, daß man die Augengläser zu fertigen angefangen hat, die erlauben, die Gegenstände gut zu sehen, eine der schönsten und nützlichsten Künste, die die Welt kennt. Ich habe den Mann gesehen, der sie erfunden hat, und ich habe mit ihm gesprochen." Aber auch dieser Dominikaner verriet der Nachwelt nicht, wer der geheimnisvolle Brillenmacher war.

Die größte medizinische Leistung des Abendlandes

Eine Unzahl von Augenwässerchen und Salben legten Zeugnis dafür ab, daß die Schwachsichtigkeit zur damaligen Zeit als ernsthaftes Leiden angesehen wurde. 1363 verschrieb der Mediziner Guy de Chauliac bei Sehschwäche eine konvexe Brille, nachdem Salben und Augenwasser kläglich versagt hatten.

Um diese Zeit war der Gebrauch einer Brille schon alltäglich geworden. In Venedig, der Hochburg der italienischen Glas- und Kristallindustrie, gab es um 1300 bereits eine Brillenfabrikation. In einem Nachtrag zur Satzung der venezianischen Kristallarbeiterzunft ist von „roidi da ogli", von Scheiben für die Augen die Rede. Ein Erlaß des hohen Rates vom 15. März 1300 hat folgenden Wortlaut: „Die Herren P. F., P. V. und J. Br., die alten Justiciarii, sagen Dank dem Franciscus, weiland Chirurgen des Magister Nicolai, für die Anfertigung der Brillengläser und für den Verkauf in Venedig in Gegenwart des nicht widersprechenden Schöffen."

Die neue Methode, sich die Sehkraft bis ins hohe Alter hinein zu erhalten, fand großen Anklang, und die dankbaren Berichte über das Brillen-Wunder häuften sich. Der große italienische Dichter und Humanist Francesco Petrarca (1304–1374) schrieb in seinen autobiographischen „Briefen an die Nachwelt": „Lange Zeit hatte ich eine sehr scharfe Sehkraft, die, entgegen meinen Hoffnungen, mich verließ, als ich die Sechzig überschritten hatte, so daß ich zu meinem Verdruß mich mit einer Brille behelfen mußte." Nebenbei bemerkt: Auch Goethe war kein Freund von Brillen. „Sowie ein Fremder mit der Brille auf der Nase zu mir hereintritt", ließ Goethe verlauten, „kommt sogleich eine Verstimmung über mich, der ich nicht Herr werden kann."

Die bebrillte Geistlichkeit

Im 14. Jahrhundert wurden die Gemälde immer zahlreicher, auf denen Herrschaften ihren ernsthaften Blick durch Brillen warfen. Die wahrscheinlich älteste erhaltene Darstellung eines Brillenträgers zeigt ein Fresko von Tommaso da Modena aus dem Jahr 1352 im Kapitelsaal des Klosters San Niccolò in Treviso. Zugleich sind aber auch immer noch die Stielgläser in Gebrauch. Schon damals verbreitete die Brille den Anschein der Gelehrsamkeit, und gelehrt war zu der Zeit in erster Linie die Geistlichkeit. Es ist also nicht verwunderlich, daß vor allem geistliche Würdenträger mit der Brille abgebildet wurden. Man verstieg sich sogar zu dem Anachronismus, längst verstorbene Heilige, wie etwa den heiligen Hieronymus, im nachhinein mit Brillen auszustatten.

Besondere Schwierigkeiten scheint anfangs die Befestigung der Brille vor den Augen bereitet zu haben. Man versuchte, dieses Problem auf die verschiedensten Arten zu lösen. So entstanden etwa Klemmbrillen, deren beide Hälften durch ein Scharnier verbunden waren. Die beiden Fassungen wurden sehr nah zusammengerückt, da man der Meinung war, die Linsen müßten im Mittelpunkt des Gesichts sitzen, anstatt im Mittelpunkt der Augen.

Eine andere Form war die Stirnreifenbrille. Die Fadenbrille wurde im 15. Jahrhundert von Spanien aus nach Ostasien exportiert und war dort bis fast in die Gegenwart hinein gebräuchlich. Im 15. Jahrhundert entstand die Bügelbrille, die dann aber zwischendurch von der Federbrille, die von selbst auf der Nase saß, abgelöst wurde. Damit war man zum „Kneifer" gekommen. Für die Fassungen wurde Metall, Leder, Bein oder Horn verwendet. Der lesende Apostel auf dem Pfingstbild des Wildunger Altars von Konrad von Soest aus dem Jahr 1404 trägt noch eine Nietbrille, deren Gläser zwischen zwei dünnen Holzschichten verleimt waren.

Zu Beginn des 18. Jahrhunderts wurde die Schläfenbrille aktuell, aus der sich später die heutige Ohrenbügelbrille entwickelte.

Der Vertrieb der Brillen lag in den Händen der Kurpfuscher und Wunderdokto-

Ausschnitt aus dem Wildunger Altar von Konrad von Soest (1404), Pfingstbild. Der lesende Apostel benutzt eine Nietbrille, bei der die Gläser zwischen zwei dünnen Holzschichten verleimt waren.

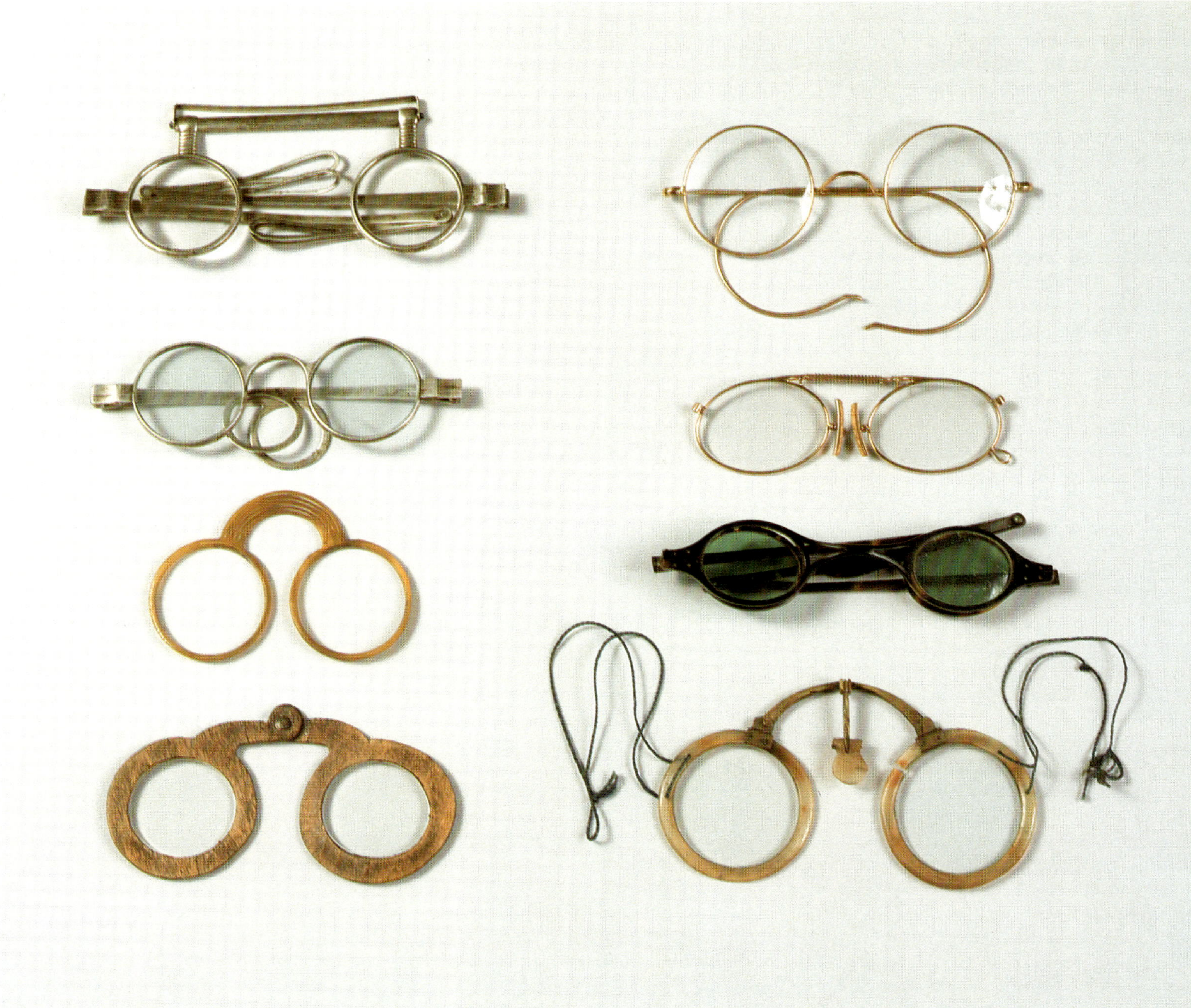

1

ren, der gleichen Leute, die Salben und Wässerchen anpriesen und den Patienten alle möglichen Pülverchen gegen Weitsichtigkeit in die Augen bliesen. Der Berufsstand der Ärzte wandte sich damals teils aus geschäftlichen Gründen, teils aus wissenschaftlicher Überzeugung gegen das Tragen von Brillen. Die Ärzte bezeichneten die neuen optischen Errungenschaften als Werk der Hölle und malten den Kranken deren schädliche Eigenschaften in den düstersten Farben aus. Dazu muß man anmerken, daß die Kurpfuscher jedem eine Brille auf die Nase setzten, ganz gleichgültig, ob er kurz- oder weitsichtig war. Aber zunächst war man nur in der Lage, konvexe Linsen zu schleifen, also Linsen zur Korrektur von Weitsichtigkeit. Das änderte sich erst, als ein deutscher Kardinal sich mit diesem Problem auseinandersetzte.

Die Brille für Kurzsichtige

Weitsichtigkeit war weiter verbreitet als Kurzsichtigkeit, und das kam den Linsenschleifern gelegen, denn konvexe Flächen waren mit den damaligen Mitteln leichter zu schleifen als konkave Zerstreuungslinsen für Kurzsichtigkeit. Den ersten Hinweis auf Konkavlinsen findet man bei dem deutschen Kardinal Nikolaus von Kues (1401–1464) in der ersten Hälfte des 15. Jahrhunderts. In seiner Schrift „De Berylo“ (nach dem Namen des Berylls, der in geschliffener Form als Linse verwendet wurde) heißt es: „Der Beryll ist ein glänzender durchsichtiger Stein, dem eine gleichmäßige konkave oder konvexe Form gegeben wird.“ Daraus läßt sich schließen, daß man damals schon konkave Linsen, mit nach innen gekrümmter Fläche, zu schleifen verstand. Ob Nikolaus von Kues tatsächlich schon eine Brille mit konkaven Linsen für Kurzsichtige konstruiert hat, wie eine Quelle behauptet, ist fraglich.

Das schwierige Geschäft des Brillenschleifers entwickelte sich etwa zu Beginn des 16. Jahrhunderts zu einer eigenen Zunft. Geschliffen wurde mit der Hand, nachdem die Gläser in Eisen eingekittet worden waren. Im Jahr 1478 wurde in Nürnberg ein „Parillenmacher“ namens Pfuhlmeier als Bürger aufgenommen, und schon 1507 wurde in der gleichen Stadt auf Verordnung des Rates eine Brillenmacherzunft gebildet. Die strengen Regeln einer solchen Zunft beschreibt Albert Neuburger in seinem Buch „Pfadfinder der Kultur“:

„Aus Regensburg ist uns eine vollkommene Brillenmacherordnung erhalten, die wahrscheinlich um das Jahr 1600 herum erlassen wurde. Interessant ist darin, wel-

1 – Verschiedene Brillenformen. Linke Reihe von oben nach unten:
Schläfenbrille **mit Doppelstange, Silber, Augenabstand einstellbar, 18. Jahrhundert.**
Schläfenbrille **(Urform), Silber, kurze Stangen mit großen Rundösen, 18. Jahrhundert.**
Schlitzbügelbrille **aus Horn, um 1700.**
Nietbrille **(Nachbildung). Fundort: Nonnenkloster Wienhausen, Lüneburger Heide, um 1350.**
Rechte Reihe von oben nach unten:
Ohrenbrille, **Zweistärkengläser, Gold, um 1900.**
Klemmer, **Gold, runde Spiralfeder in Doppelführung, um 1900.**
Schläfenbrille, **Schildpatt, auslegbare Doppelstangen, wegklappbare, grüne Filterscheiben, Anfang 19. Jahrhundert.**
China-*Fadenbrille,* Hornfassung, Messingbügel, Stirnstütze und Ohrenfäden, 16./18. Jahrhundert.

2 – Zum Schleifen der Linsen wurde das Glas in Eisen gekittet und von Hand bearbeitet. Selbstverständlich konnte man auf diese Weise eine bestimmte Wirkung der Linse nur annäherungsweise erreichen.

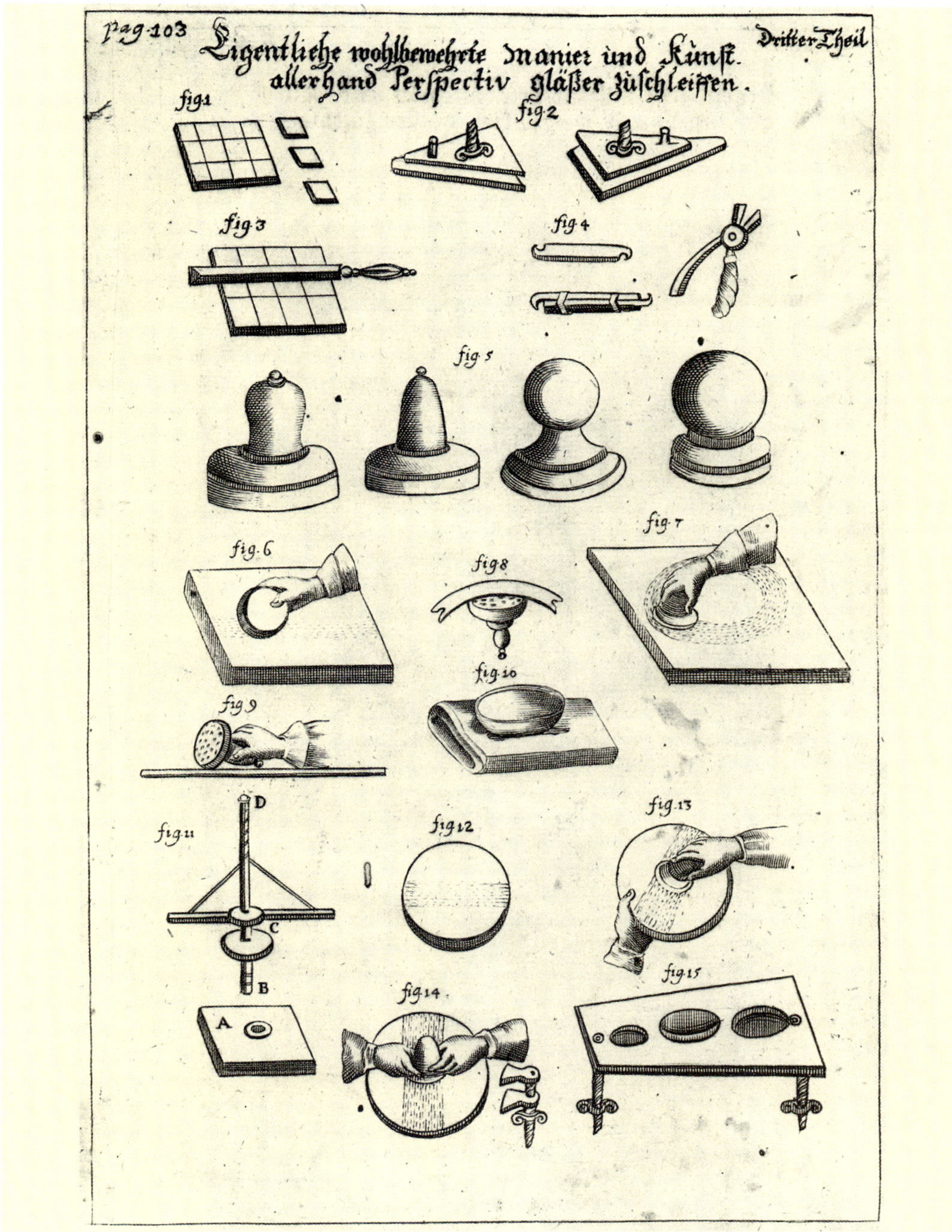

2

che Meisterstücke von einem Gesellen verlangt wurden, der sich als Meister niederlassen wollte. Sofern er nicht der Sohn eines Meisters war oder die Tochter bzw. Witwe eines solchen heiratete, mußte er vier Jahre lang in Regensburg gearbeitet haben und nachweisen, daß er vier Jahre lang in der Lehre gewesen war.
Dann hatte er zehn Meisterstücke anzufertigen, und zwar einen Spiegel, dann verschieden gefärbte Brillen aus Horn, ferner eine vergoldete und eine versilberte große Brille, eine kleine Brille, alle aus ‚gemeinem' Glas hergestellt. Des weiteren verschiedene Brillen aus venezianischem Glas. Eine Brille aus schlechtem Glas mit Feder (Kneifer), eine Schießbrille und ein Feuerspiegel, also wahrscheinlich ein Brennglas, schlossen sich an. Auch das Handwerkszeug, mit der er diese Brillen machte, mußte er selbst herstellen."

Abbildungsfehler werden korrigiert

Unter dem Einfluß der Naturwissenschaften wurde die Arbeitsweise der Brillenmacher allmählich modernisiert und damit die Qualität der Brillen wesentlich verbessert. Wußte man früher nur ungefähr, welche Krümmung die Linsen erhalten mußten, so erinnerte man sich jetzt an die Brechungsgesetze des niederländischen Mathematikers Willebrod van Roijen Snellius (1591–1626) und stellte genaue Regeln für die brechende Kraft der Linsen auf.
Der Einfluß der Brille auf das menschliche Auge wurde mit wissenschaftlicher Genauigkeit untersucht. 1825 entdeckte der englische Astronom und Mathematiker Sir George Biddell Airy (1801–1892) den Astigmatismus des menschlichen Auges, zurückzuführen auf die ungleiche Krümmung der Hornhaut. Sie hat zur Folge, daß auf der Netzhaut kein scharfes Bild entsteht. Airy entwarf Brillengläser, die diesen weit verbreiteten Augenfehler korrigierten.
Im 19. Jahrhundert griff die Industrielle Revolution auf die Brillenherstellung über. In der zweiten Hälfte dieses Jahrhunderts wurde die Korrektur von Brechungsfehlern und Abbildungsmängeln auf streng wissenschaftliche Grundlagen gestellt. Mittlerweile war man auch den Ursachen der sogenannten „chromatischen Aberration" bei Linsen auf die Spur gekommen. Man kann diesen Linsenfehler etwa mit Farbenzerstreuung übersetzen. Sie kommt dadurch zustande, daß die verschiedenen Farben, aus denen das weiße Licht zusammengesetzt ist, durch die Linsenflächen verschieden gebrochen werden. Anders ausgedrückt: Die Strah-

1

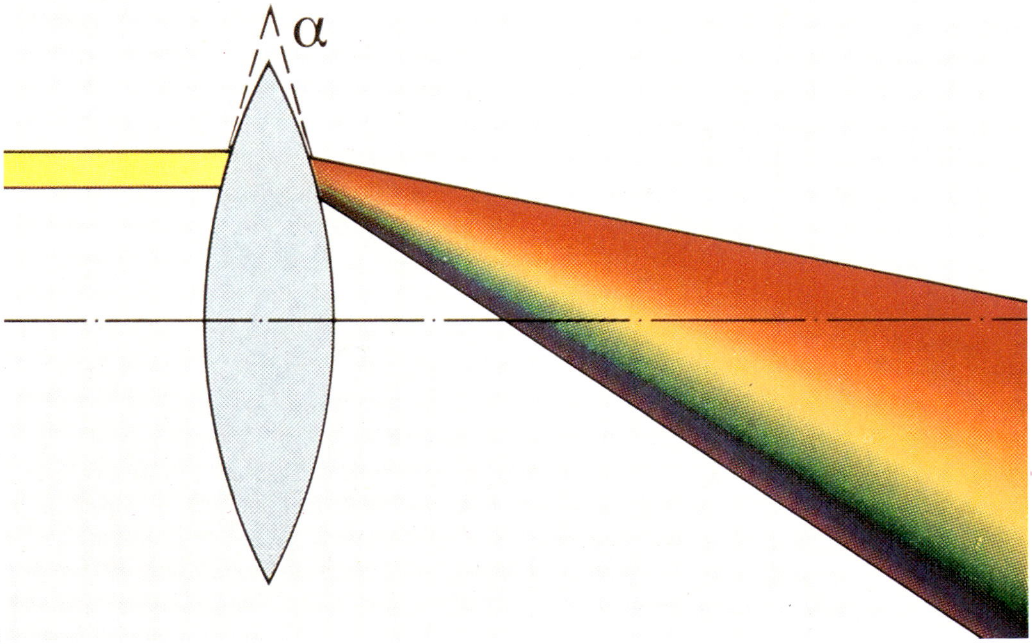

2

len, die von einem bestimmten Punkt eines Gegenstandes ausgehen, vereinigen sich auf der rechten Seite der Linse nicht wieder zu einem Punkt, sondern jede Farbengattung bildet ihren eigenen Punkt ab. So liegt also der Punkt der violetten Strahlung, die ja am stärksten gebrochen wird, der Linse am nächsten, der Punkt der roten Strahlung ist am weitesten von der Linse entfernt. Dazwischen liegen die abgebildeten Punkte der anderen Farbanteile. Das Bild des Gegenstandes auf der anderen Seite der Linse erhält dadurch keine scharfen Konturen, sondern mehrfarbige verwaschene Ränder, die Abbildung ist undeutlich.

Der englische Optiker John Dollond (1706–1761) war einer der ersten, die dem berühmten Newton nachweisen konnten, daß er irrte, als er behauptete, die chromatische Aberration sei unvermeidlich.

1 – Die zahlreichen Abbildungsfehler bei Linsen bereiteten Wissenschaftlern wie Glasschleifern lange Zeit großes Kopfzerbrechen. Newton hatte mit den Prismenversuchen die Ursache für die chromatische Abweichung entdeckt, doch dauerte es noch fast hundert Jahre, bis John Dollond (1706–1761) diesen Fehler durch Kombination von Linsen aus verschiedenen Glassorten beheben konnte. Der Blick durch eine einfache, nicht korrigierte Linse läßt deutlich die Farbsäume im achsenfernen Randbereich und die Bildfeldwölbung erkennen.
2 – Von der Form der Linsen und den Glaseigenschaften hängt es ab, wie stark weißes Licht in seine Spektralfarben zerlegt wird. Bevor sich Ernst Abbe, Carl Zeiss und Otto Schott nach 1880 zusammentaten und optische Gläser auf wissenschaftlicher Grundlage herstellten, war es mehr oder weniger Zufall, Glück und handwerkliches Geschick, wie brauchbar die geschliffenen Linsen waren.
3 – Auch Zweistärken- oder Bifokalgläser wären ohne genaue Berechnung der Brechungseigenschaften bestimmter Glassorten nicht denkbar. Links der Rohling, rechts das fertige Glas.
4 – Glaswerkzeuge und Granulat zur Herstellung harter Kontaktlinsen. Erste Versuche mit dieser Form der Sehhilfe wurden schon Ende des letzten Jahrhunderts angestellt, doch findet sie erst in den letzten beiden Jahrzehnten breitere Anwendung.
5 – Weiche Kontaktlinsen aus biegsamem Material sollen die schwierige Anpassung ans Auge bei vielen Menschen erleichtern.

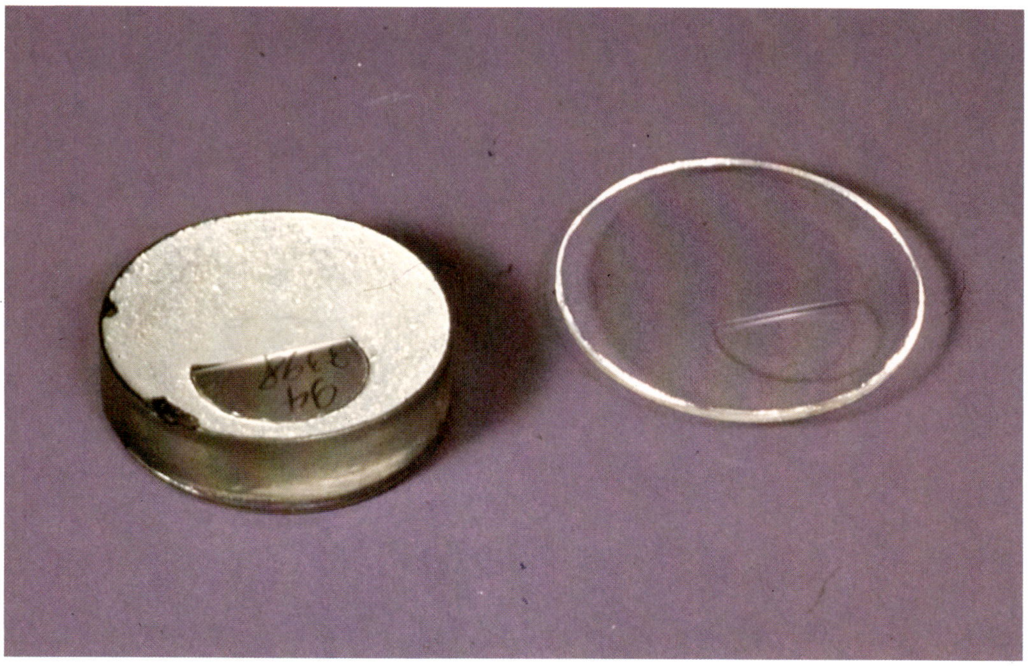
3

4

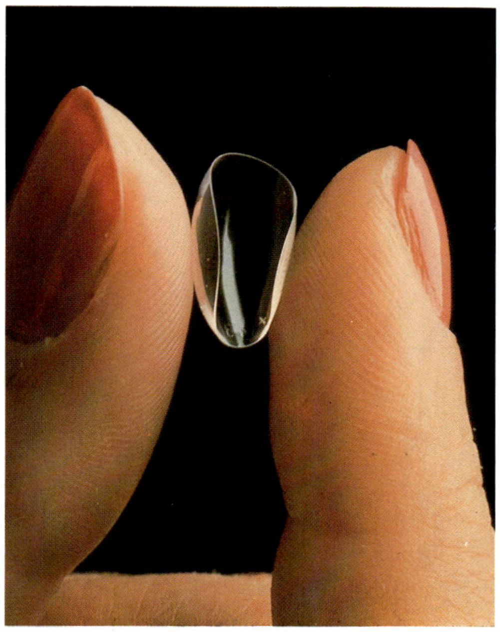
5

1757 konstruierte Dollond eine Linse, die aus zwei verschiedenen Glasarten zusammengesetzt war, aus Flintglas und Kronglas. Er hatte nämlich festgestellt, daß diese beiden Glassorten einmal das Licht verschieden stark brachen und zum anderen, was besonders wichtig war, in bezug auf die Zerstreuung der Farben verschiedenen Gesetzen folgten. Bei richtiger Wahl der Linsenform wurde erreicht, daß die eine Linse die Farben ebenso stark streute wie die zweite Linse, allerdings in entgegengesetzter Richtung. Die zunächst zerstreuten Lichtstrahlen wurden also wieder in einem Brennpunkt vereint. Das war natürlich eine bahnbrechende Entdeckung, aber leider hatte Dollond es versäumt, die Ergebnisse seiner Untersuchungen zu veröffentlichen. Bis zum Jahr 1758 mußte er seine Patentansprüche gerichtlich durchfechten.

Gegen Ende des 19. Jahrhunderts wurde die Qualität der optischen Gläser vor allem durch die Arbeiten von M. Tscherning sowie durch die Experimente des schwedischen Ophthalmologen Allvar Gullstrand (1862–1930) und die wissenschaftlichen Untersuchungen von Moritz von Rohr (1868–1940) weiter verbessert. Vor allem gelang es nun, den Astigmatismus der Brillengläser weitgehend auszuschalten. Dieser Linsenfehler bewirkt, daß die abzubildenden Punkte nicht in der gleichen Bildebene abgebildet werden, sondern dahinter oder davor. Die beiden senkrecht aufeinander stehenden Linien eines Kreuzes werden also z. B. in zwei verschiedenen schalenförmigen Ebenen scharf abgebildet. Das schärfste Bild eines Punktes erscheint als Strich. Der „Schalen“ wegen spricht man auch von einem Zweischalenfehler.

Bifokalbrille und Kontaktlinsen

Durch die Erkenntnisse der wissenschaftlichen Optik erhielt die optische Industrie einen ungeahnten Aufschwung. Punktuell abbildende Gläser, befreit vom Astigmatismus, entspiegelte Brillengläser, die störende Reflexionen durch eine hauchdünne, aufgedampfte Schicht beseitigten, und natürlich Sonnenschutzgläser, die einen Großteil der ultravioletten Sonnenstrahlung absorbierten, waren die Folge der physikalischen Forschungen. Das Fernbrillenglas und das Nahbrillenglas wurden kombiniert zur Zweistärkengläser-Brille oder Bifokalbrille, deren Gläser aus einem einzigen Stück Glas geschliffen wurden.
Diese Bifokalbrille hat eine interessante Geschichte. Sie wurde nämlich zweimal erfunden. Der amerikanische Staatsmann

und Wissenschaftler Benjamin Franklin (1706–1790), am bekanntesten wahrscheinlich durch die Sache mit dem Blitzableiter, hatte das ständige Aufsetzen und Abnehmen von zwei verschiedenen Brillen gründlich satt. So ließ er nach seinen Angaben eine Brille herstellen, deren Gläser aus je zwei Hälften bestanden. Durch die obere Hälfte konnte er in die Ferne sehen, die untere Hälfte diente zum Lesen. Aber wie so viele andere bedeutende Entdeckungen geriet auch Franklins Doppelbrille in Vergessenheit. Ein anderer erfand sie neu.
Eine andere Neuerung waren die Kontaktlinsen aus dünnem, durchsichtigem Kunststoff oder Glas mit Linsenschliff. So neu allerdings war diese Errungenschaft gar nicht. Bereits 1888 entwickelte der Züricher Ophthalmologe Fick Kontaktlinsen, die er zuerst an Kaninchen und schließlich an sich selbst erprobte. 1946 bis 1948 wurden von Wöhlk und Tuohy die ersten Kontaktlinsen aus Polymethylmethacrylit (Plexiglas) gegossen. Sie konnten jede Form von Fehlsichtigkeit korrigieren und hatten der Brille gegenüber nicht nur kosmetische Vorteile.

Das Mikroskop

Wie kaum ein anderes einzelnes Instrument hat das Mikroskop die Entwicklung der Wissenschaften beeinflußt. Mit seiner Einführung begann eine neue Epoche der Biologie. Bakterien und Kleinlebewesen, an die noch nie ein Mensch auch nur im Traum gedacht hatte, wurden nun sichtbar und nahmen ihren Platz unter der unwissenschaftlichen Bezeichnung „die kleinen Tierchen“ im Mikrokosmos ein.
Die Möglichkeit eines Mikroskops hatte schon Roger Bacon vorausgesagt. Von dem italienischen Arzt und Humanisten Girolamo Fracastero (1478–1553) stammte der erste Vorschlag (aus dem Jahre 1538), zwei Linsen hintereinander anzuordnen, um alles vergrößert und genähert sehen zu können. Aber zur Ausführung kam es erst im Jahr 1590.
Um 1700 äußerte sich ein Lexikon begeistert über diese neue Wissenschaft der mikroskopischen Studien: „Microscopia sind Vergrösserungs-Gläser, welche ein Corpus über hundert tausend mahl verwunderlich vergrößern. Sie praesentiren eine Laus, einen Floh, 16 Zoll lang, ein kleines Sand-Körnlein wie Kieselstein, den Niederländischen zarten Flor, wie ein groß eisernes Gitter, mit Käs-Mülben, wie große weiße Roß-Käfer, und dergleichen: So viel man Sachen darhinter siehet, so viel siehet man Wunder.“

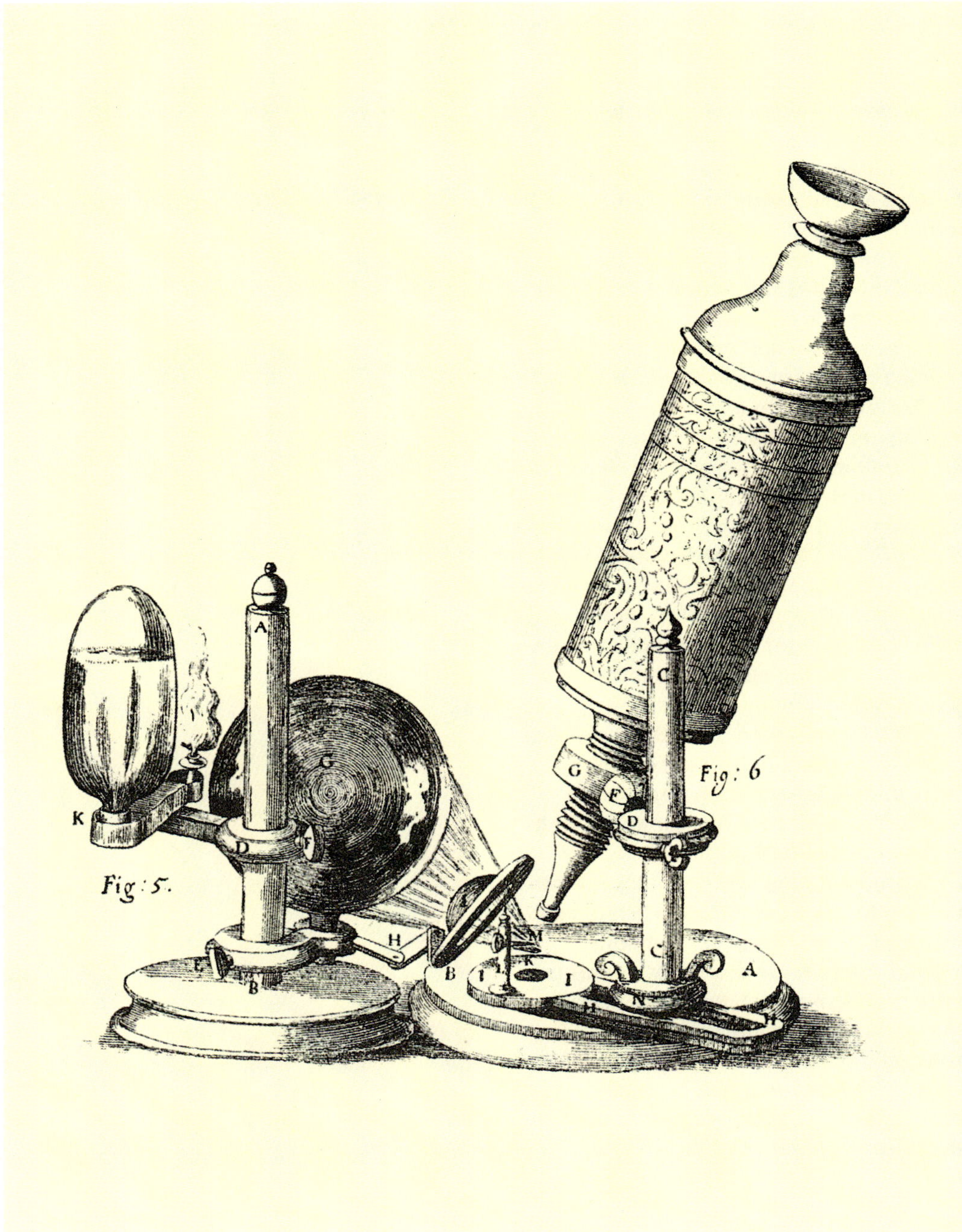

1

Abgesehen von der stark übertriebenen Vergrößerungsfähigkeit gibt dieser Lexikontext schon ein recht genaues Bild davon, auf welche Weise das neue Instrument eingesetzt wurde.

Zwei Linsen vergrößern die Welt

In der kleinen Stadt Middelburg auf der Insel Walcheren, Hauptstadt der niederländischen Provinz Seeland, lebte um 1600 eine Brillenmacherfamilie mit Namen Janssen. Möglicherweise war der Name auch Johannides, und damit fangen die Unklarheiten über den Erfinder des Mikroskops schon an. Es wird als wahrscheinlich angesehen, daß Zacharias Janssen 1590 ein zusammengesetztes Mikroskop erfand, das aus einer Sammellinse (Bikonvexlinse) als Objektiv und einer Zerstreuungslinse (Bikonkavlinse) als Okular bestand.
Andere Quellen sind der Ansicht, daß auch der Holländer Cornelius Drebbel den Ruhm der Erfindung für sich in Anspruch nehmen könne. Allerdings soll nach den Angaben des holländischen Gesandten van Boreel aus dem Jahr 1645 Herr Drebbel erst nach der Erfindung ein Mikroskop von Janssen in die Hand bekommen haben, und zwar auf einigen Umwegen. Zacharias Janssen habe, so berichtete van Boreel, zusammen mit seinem Vater Hans ein Mikroskop angefertigt, das auf irgendeine Weise seinen Weg zu Herzog Albrecht von Österreich gefunden hatte und schließlich bei Cornelius Drebbel gelandet war, wo er, Boreel, es 1619 höchstpersönlich gesehen habe. Janssens Urheberschaft scheint also bestätigt zu sein.

1 – Man nimmt an, daß es der Holländer Zacharias Janssen aus Middelburg war, der als erster ein Mikroskop baute (um 1590). Die ersten Fernrohre, die wenig später auftauchten, kamen auch aus Middelburg und standen dann zunächst im Mittelpunkt des Interesses von Wissenschaftlern, weil sie leichter herzustellen waren als Mikroskope.
Robert Hooke eröffnet mit seiner „Micrographia“ die Reihe der Mikroskopie-Bücher, die gegen Ende des 17. Jahrhunderts in vielen Ländern erscheinen, und gibt auch die erste genauere Beschreibung eines Mikroskops. Der ausziehbare Tubus enthielt drei Linsen: eine Augenlinse unmittelbar unterhalb der Augenmuschel, eine Feldlinse in der Mitte zur Vergrößerung des Gesichtsfeldes und eine Objektivlinse am unteren Ende des Tubus nahe beim Objekt. Hooke berichtet, daß er auch noch mit anderen Mikroskop- bzw. Linsenformen experimentiert habe, doch habe sich das abgebildete Mikroskop ohne die mittlere Feldlinse am besten bewährt. Es war in der Höhe verstellbar. Um von den Lichtverhältnissen draußen unabhängig zu sein, erfand er eine Beleuchtungsanordnung, bei der er die Lichtquelle so plazierte, daß das Licht durch eine Schusterkugel und eine Linse auf das Objekt fiel.
2 – Hooke gebrauchte als erster den Begriff „Zelle“, und zwar für die Poren von Kork, die er unter dem Mikroskop ausmachte. Er fand in dieser Struktur den Grund dafür, warum Kork zwar kompakt, aber trotzdem so leicht ist und in Wasser nicht sinkt.

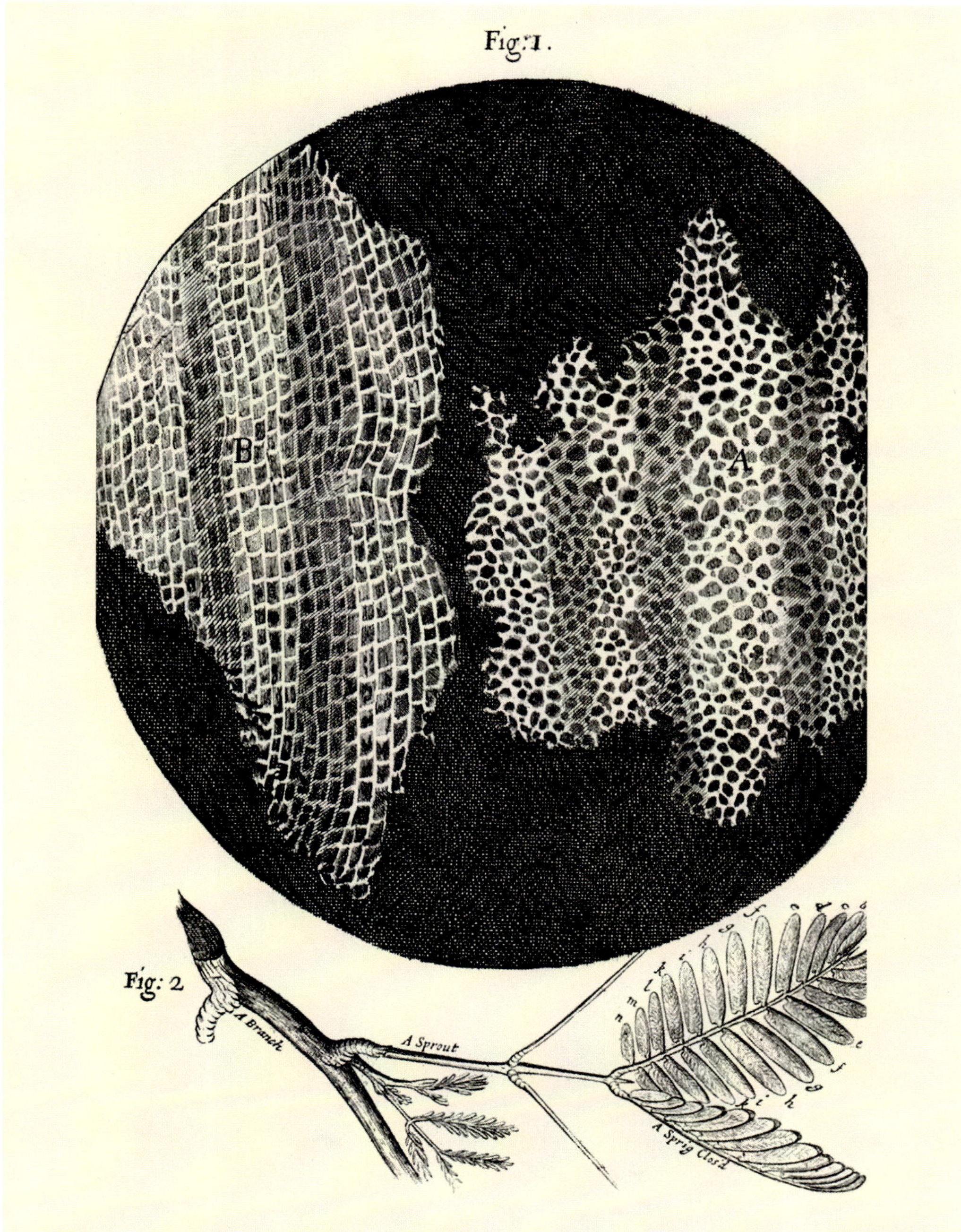

2

Nur wenig später, im Jahr 1612, konstruierte der große italienische Astronom und Physiker Galileo Galilei (1564–1642) ebenfalls ein Mikroskop, und ein Jahr vorher hatte schon der deutsche Astronom Johannes Kepler (1571–1630) ein verbessertes Mikroskop beschrieben.

Viele winzige Tierchen

Galilei schickte sein erstes Mikroskop an einen Gönner. Der beigelegte Brief enthielt eine genaue Gebrauchsanweisung, und seine Worte zeugen von einer ersten Ahnung, was für ein Schatz der Wissenschaft mit diesem Instrument in die Hand gegeben war. „Ich habe mich mit der Übersendung verspätet“, schrieb Galilei, „da ich es zuerst nicht zur Vollendung bringen konnte; denn ich hatte Schwierigkeiten, die richtige Art zur vollendeten Bearbeitung des Glases zu finden. Das Objekt haftet auf dem beweglichen Kreis fest, der sich an der Basis befindet und der sich in Anbetracht dessen, daß nur ein kleiner Teil mit einem einzigen Blick zu sehen ist, derart bewegen läßt, daß man alles sieht. Und da der Abstand zwischen Linse und Objekt äußerst genau sein muß, muß man beim Betrachten der Objekte das Glas nähern oder entfernen können, je nachdem, ob man diesen oder jenen Teil betrachtet; und deswegen ist das Rohr beweglich in seinem Fuß oder in der Führung, wie wir es nennen wollen.
Es soll außerdem bei heller und klarer Luft, noch besser in der Sonne selbst benutzt werden, weil man zur Betrachtung des Objekts genügend Licht braucht. Ich habe viele winzige Tierchen mit unendlicher Bewunderung betrachtet. Unter ihnen ist der Floh besonders abscheulich; die Mücke und die Kleidermotte sind am schönsten. Und mit großer Befriedigung habe ich gesehen, wie Fliegen und andere Tierchen an Spiegeln hinauf und sogar verkehrt herum liefen. Eure Exzellenz werden reichlich Gelegenheit haben, Tausende von Einzelheiten zu beobachten, von denen ich bitte, mir die merkwürdigsten mitzuteilen. Mit einem Wort – hier ist unendlicher Spielraum, die Natur zu betrachten und zu sehen, wie scharfsinnig und mit welch unsäglichem Fleiß sie arbeitet.“

Die Aufdeckung der Naturgeheimnisse

Betrachtet man den damaligen Stand der optischen Technik, wird es verständlich, daß die frühen zusammengesetzten Mi-

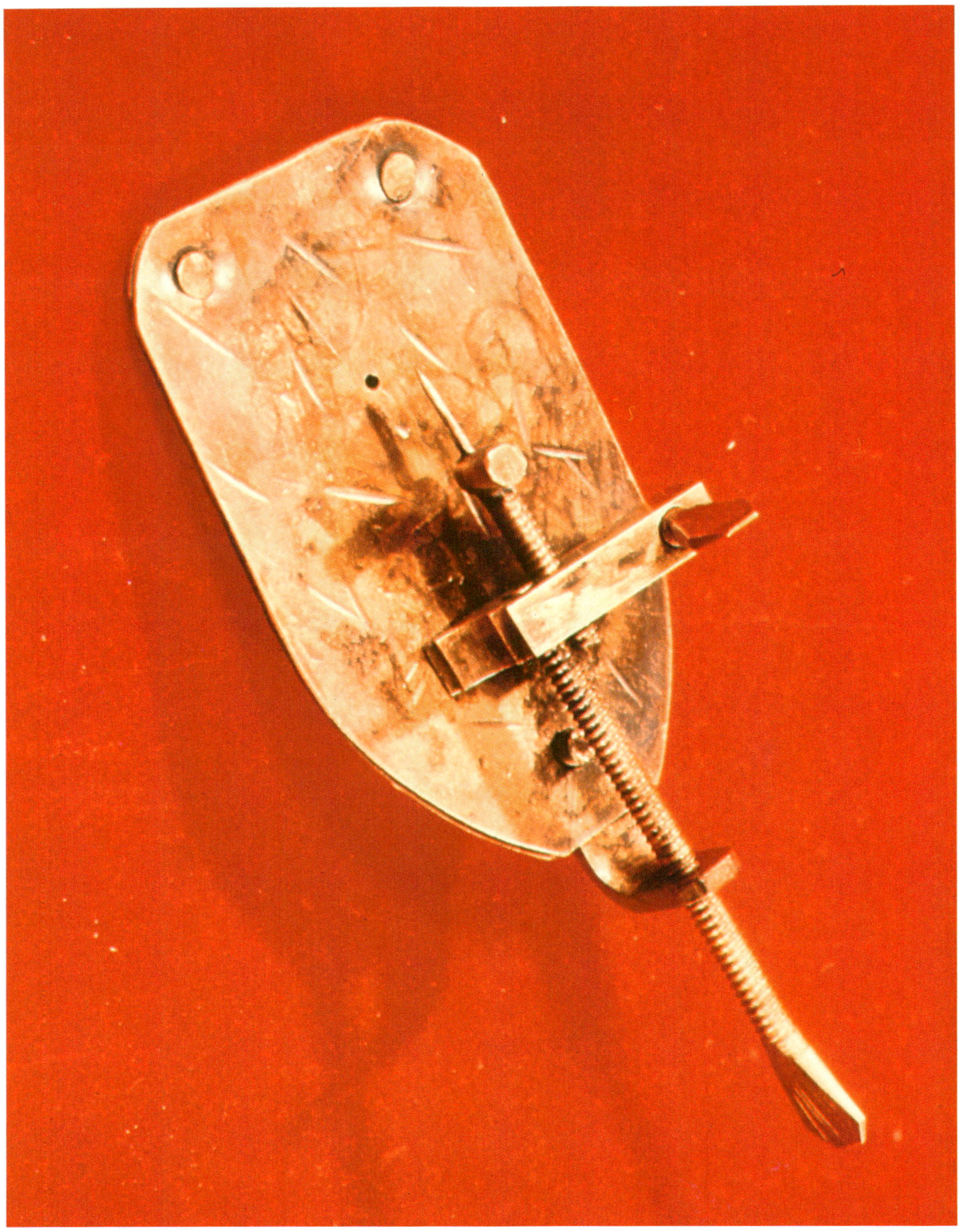

1

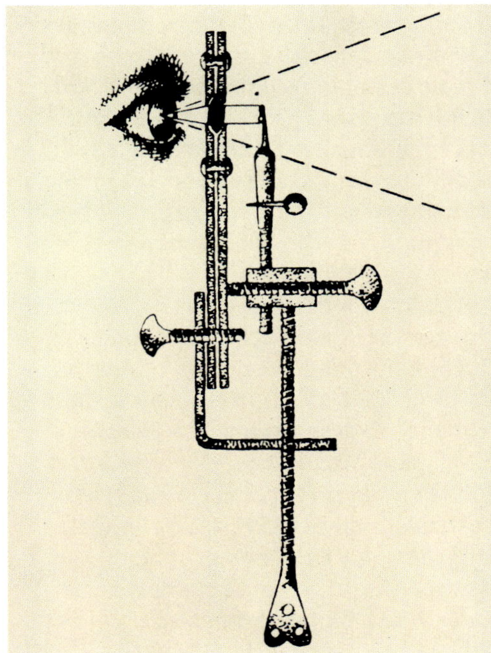

2

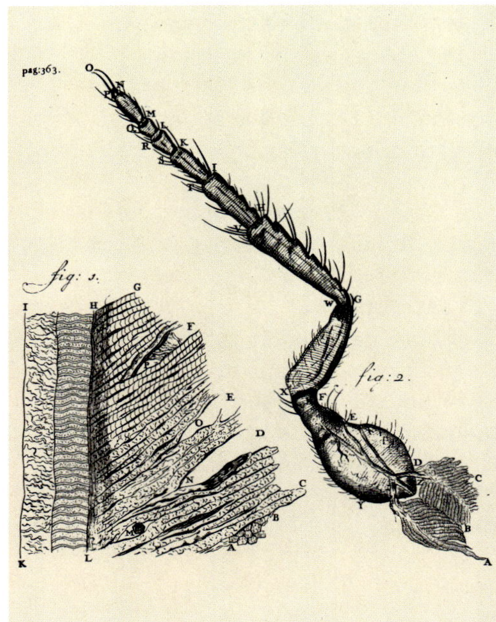

3

kroskope noch sehr unter den Abbildungsfehlern der verwendeten Linsen zu leiden hatten und daß die Vergrößerungsmöglichkeiten sich in eng begrenztem Rahmen hielten. Aber das tat der Begeisterung der Wissenschaftler über dieses neue Instrument keinen Abbruch. Seine Bedeutung für das Studium der lebenden Substanz beschrieb als erster der englische Physiker und Naturwissenschaftler Robert Hooke (1635–1703) in seiner 1667 durch die Royal Society veröffentlichten „Micrographia“. Hooke vervollkommnete das zusammengesetzte Mikroskop aus mehr als einer Linse. Von ihm stammt auch der Begriff „Zelle“ für die lebenden Strukturelemente, der sich bis heute erhalten hat. Bei der Untersuchung der Struktur des Korks fand er heraus, daß dieses Material wie eine Bienenwabe aus „cellulae“, aus Zellen, zusammengesetzt ist. Hookes Buch wurde zum Bestseller, und seine prachtvollen Bildtafeln tauchten noch in Mikroskopie-Büchern des 19. Jahrhunderts auf.

Der bedeutendste Mikroskopiker des 17. Jahrhunderts aber war ein Amateurwissenschaftler, der genaugenommen gar nicht mit einem Mikroskop, sondern mit einer einzigen, sorgfältig geschliffenen Linse arbeitete. Sein Name war Anton van Leeuwenhoek (1632–1723). Leeuwenhoek, der Sohn eines Korbmachers, hatte nur eine sehr geringe Schulbildung genossen und war von Beruf Tuchhändler mit einem eigenen Geschäft in der niederländischen Stadt Delft. Nebenamtlich soll er sich auch noch als Pförtner am Delfter Rathaus betätigt haben.

Trotzdem fand er noch genügend Zeit, sich mit ganzer Leidenschaft seinem Hobby, dem Mikroskopieren, zu widmen. Sein Herz galt dem Kleinen und Winzigen, und mit Feuereifer betrat er ein Neuland, für das es weder Vorbilder noch irgendwelche wissenschaftliche Literatur gab. Seine Methodik wurde von der unbändigen Neugier geprägt, die ihn dazu veranlaßte, sein Mikroskop auf alles zu richten, was ihm in die Finger kam. 1673 entdeckte er die roten Blutkörperchen beim Menschen, er studierte die Muskelfasern und den Aufbau der Augenlinsen, der Haut und der Zähne. Er suchte nach Leben im Staub, in der Erde und im trüben Wasser der Kanäle von Delft. Seiner scharfen Linse blieben weder die Lebendgeburten der Blattläuse noch der Giftapparat der Spinnen verborgen. Und er sah die ersten Bakterien, war also der erste Bakteriologe der Geschichte.

All diese Schätze fand er mit einer einzigen Linse aus Glas, von eigener Hand bril-

1 – Anton van Leeuwenhoek (1632–1723) war Tuchhändler und als solcher gewohnt, mit Fadenzählern, also vergrößernden Linsen, umzugehen. Vermutlich kam es aufgrund dieses Umstandes dazu, daß er einer der besten Linsenschleifer und Mikroskopierer seiner Zeit wurde. Für seine auf alle möglichen Objekte ausgedehnten Beobachtungen benutzte er ein sogenanntes einfaches Mikroskop mit nur einer Linse. Er hat an die 500 solcher Mikroskope gebaut, da er sie je nach Untersuchungsobjekt variierte.
2 – Das Prinzip des Leeuwenhoekschen Mikroskopes: Die Linse wird von zwei Metallplatten mit Bohrloch gehalten. Vor der Linse befindet sich eine spitze Nadel für die Befestigung des Objekts, in Höhe und Entfernung von der Linse verstellbar. Für die Beobachtung von Flüssigkeiten konstruierte Leeuwenhoek eine Vorrichtung, mit der er ein Wasserfläschchen vor der Linse anbringen konnte.
3 – So primitiv diese Vorrichtung auch war, so entdeckte Leeuwenhoek als erster Organismen in Zahnschleim, die später als Bakterien bezeichnet wurden. Er sah unter anderem die Lebendgeburten der Blattläuse und die Samenzellen im Sperma. Die Vergrößerung eines Flohbeines (Bild) stammt aus seinem Werk „Arcana naturae detecta" (1696).
4 – Als Vertreter der italienischen Forscher sei noch Marcello Malpighi (1628–1694) genannt, Zeitgenosse von Hooke und Leeuwenhoek. Seine Zeichnungen aus „Anatome Plantarum" halten seine Entdeckung fest, daß aus den Galläpfeln an Eichenknospen und -blättern die Larven von Pflanzenwespen schlüpfen.

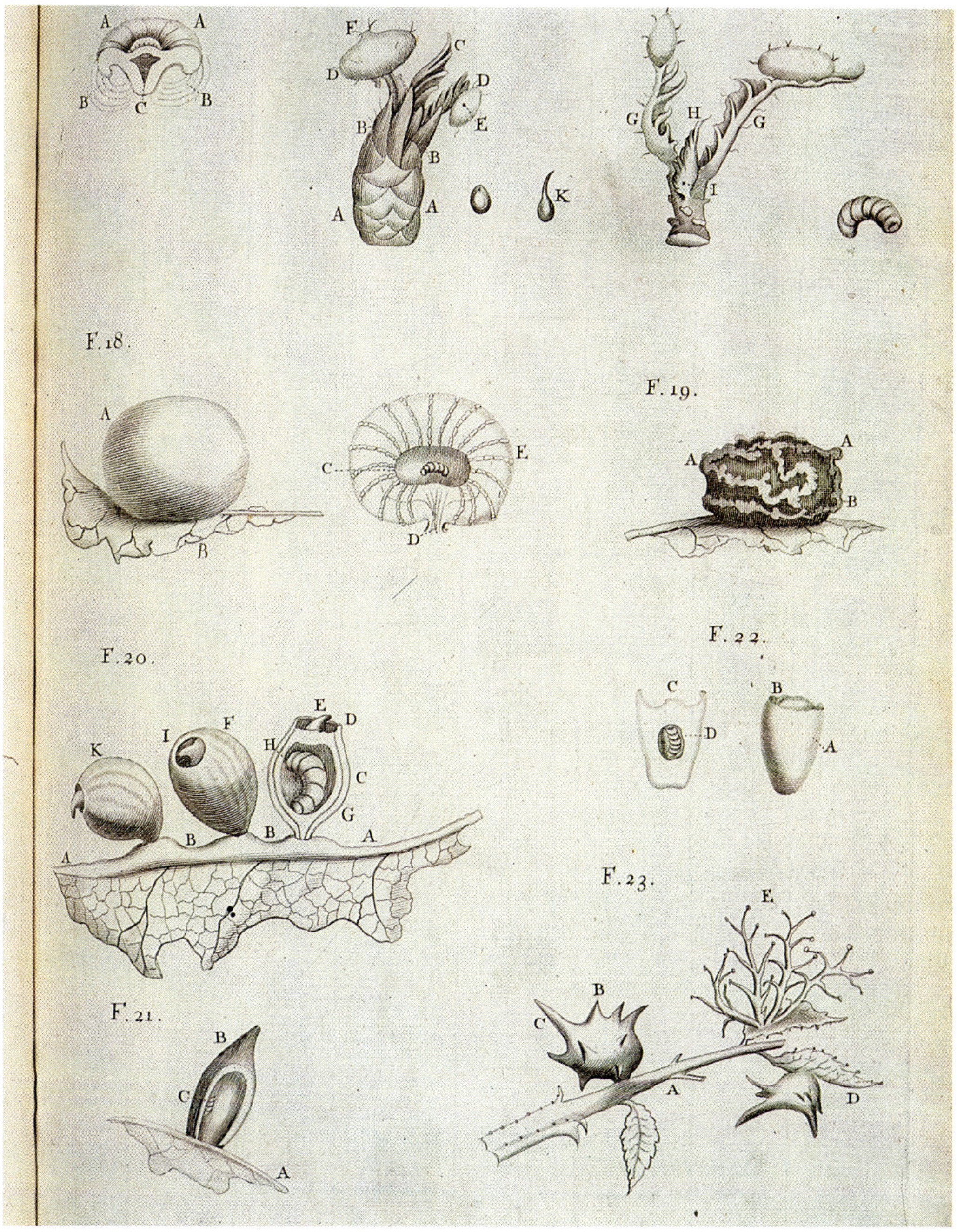

4

lant geschliffen, mit einer Brennweite von nur wenigen Millimetern. Er faßte sie in eine rechteckige Metallplatte von etwa 2,5 mal 4,5 Zentimeter Größe und versah sie mit einem verstellbaren Objekthalter, der durch Schraubgewinde senkrecht und waagerecht eingestellt werden konnte. Die Angaben über die vergrößernde Wirkung seiner „Mikroskop-Lupe" schwanken zwischen 200- und 300facher Vergrößerung. In Leeuwenhoeks Nachlaß soll man 247 Mikroskope und 419 Linsen für verschiedenes Untersuchungsmaterial gefunden haben. Aus bestimmten Äußerungen läßt sich schließen, daß Leeuwenhoek erstmals auf den Gedanken kam, das Untersuchungsobjekt vor einem dunklen Hintergrund von der Seite zu beleuchten. Diese „Dunkelfeldbeleuchtung" spielte später in der Mikroskopie noch eine große Rolle.

„Mikroskopische Gemüths- und Augenergötzung"

Die Neugier der Fürstenhöfe und begüterten Bürger auf dieses neue optische Spielzeug verhalf dem Mikroskop zu einer raschen Verbreitung. Bevorzugtes Beobachtungsobjekt war immer noch der Floh, denn Flöhe waren allenthalben leicht greifbar. Ein findiger Kopf kam sogar auf die Idee, sogenannte „Flohgläser" herzustellen, eine kleine Büchse mit Glasboden und einer stark vergrößernden Linse, in die ein solches Hüpftier eingeschlossen wurde.

1671 traf bei der Royal Society eine Schrift mit dem Titel „Anfänge einer pflanzlichen Anatomie" ein, die von dem aus Coventry stammenden Arzt Nehemiah Grew (1642 bis 1712) verfaßt worden war. Zugleich sachliche und poetische Zeichnungen zeigten Blätter und Stengel, Blüten und Wurzeln, Früchte und Samen, die Grew unter dem Mikroskop seziert hatte. Fast um die gleiche Zeit schickte der Anatomieprofessor Marcello Malpighi (1628–1694) seine „Anatomie der Pflanzen" an die Royal Society.

Malpighi kam mit seinen Arbeiten manchem Rätsel der Natur auf die Spur. Er fand in den Galläpfeln der Eiche das Ei der Wespe und auf der Unterseite der Oleanderblätter die Spaltöffnungen. Er beobachtete und zeichnete die Tracheen, das Atmungsorgan der Insekten, und die feinen Kanäle in der menschlichen Niere. Vor allem aber entdeckte er bei Untersuchungen an Lungengewebe die Kapillaren als feinste Verbindungen zwischen Arterien und Venen – damit erst wurde Harveys Entdeckung des Blutkreislaufs vervollständigt. Malpighi erwies sich auch als

geschickter Präparator. Um Gewebe und Gefäße besser sichtbar zu machen, spritzte er sie mit Wachs aus und nahm damit eine Technik vorweg, die erst viel später wieder aktuell wurde.
Auch Malpighi arbeitete noch mit einem einlinsigen Mikroskop. Zwar hatte sich Leonhard Euler schon um 1764 darum bemüht, die Zweilinser oder auch Doubletten wissenschaftlich exakt zu berechnen. Trotzdem blieb das Zusammenstellen eines Mikroskops noch jahrzehntelang Erfahrungssache. Auch Carl Zeiss in Jena arbeitete in der Anfangszeit noch mit „Pröblern", die die Linsenkombinationen so lange ausprobieren mußten, bis sie stimmten.
Mit Kleinlebewesen, die er aus einem Aufguß (Infusion) gewann und deshalb Infusorien nannte, arbeitete wie viele Mikroskopierer vor ihm auch der vielseitige Martin Frobenius Ledermüller, Leiter des Naturalienkabinetts des Markgrafen von Bayreuth. 1763 faßte er seine Erfahrungen in einem mit Kupferstichen reich illustrierten Buch mit dem Titel „Mikroskopische Gemüths- und Augenergötzung" zusammen. Als einer der ersten betrachtete Ledermüller Kristalle unter dem Mikroskop und beobachtete deren Entstehung. Seinen Lesern empfahl er, es mit Ammoniaksalz zu versuchen: „Da dieses Salz vor anderen geschwind auszudunsten und sich zu configurieren pflegt, so können Liebhaber zu ihrem Vergnügen wohl kein besseres erwehlen."

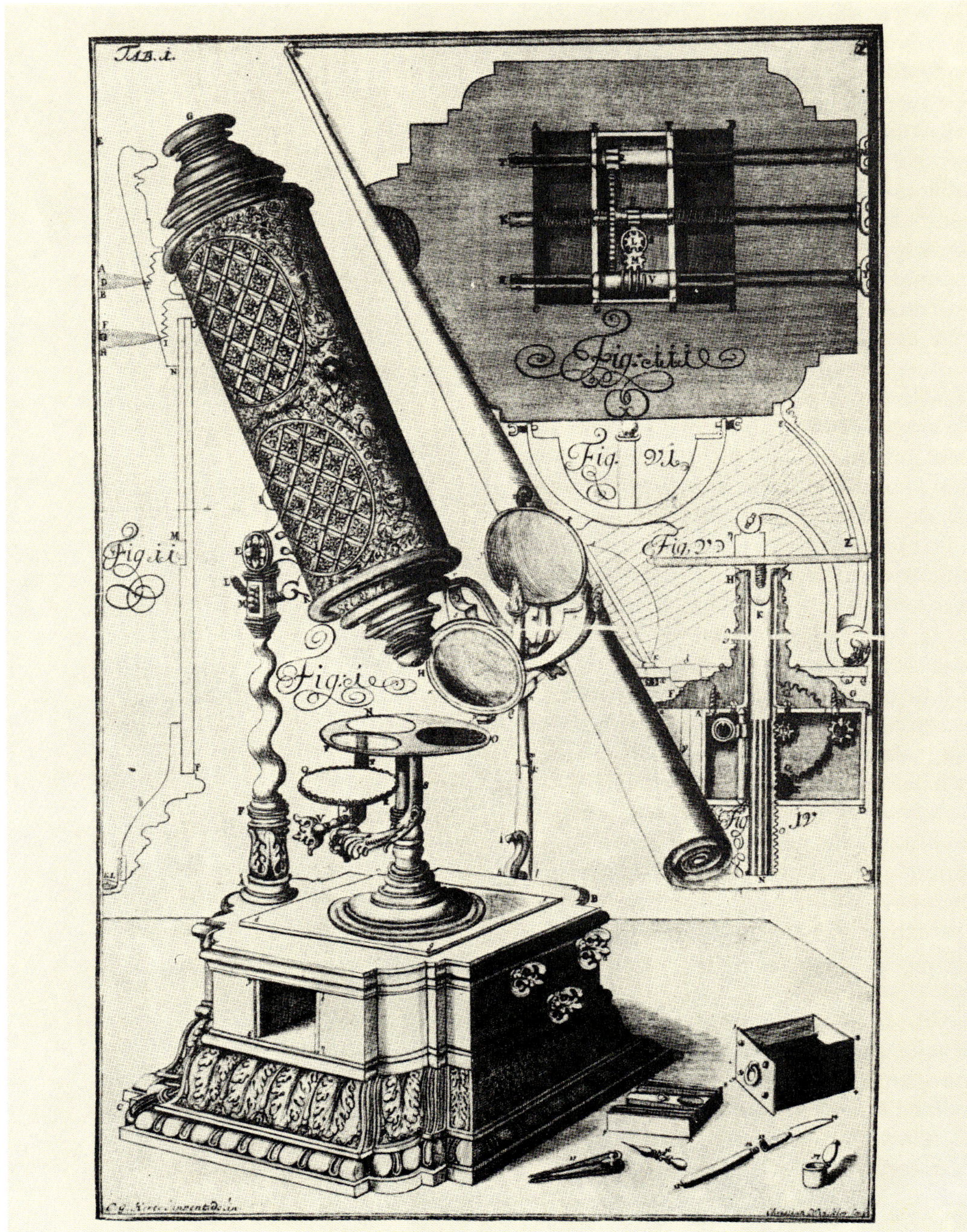

1

Divini und die Abbildungsfehler

Die Bezeichnung Mikroskop tauchte zum erstenmal im Jahre 1614 auf. Bis dahin liefen die Vergrößerungsgeräte unter den Namen „Conspicilia", „Perspicilia" oder „Occhiali". Während Leeuwenhoek mit seiner einzelnen Linse experimentierte, machte sich ein Mann namens Eustachio Divini Gedanken über die störenden Abbildungsfehler der Linsen. Speziell die sphärische Aberration hatte seinen Unwillen erregt. Die Kugelgestalt der Linsenoberfläche bewirkte, daß die von einem Objektpunkt ausgehenden Lichtstrahlen von verschiedenen Linsenzonen unterschiedlich gebrochen wurden. Das heißt, Lichtstrahlen, die durch den Rand der Linse hindurchgingen, vereinigten sich in einem anderen Punkt als Strahlen, die näher am Linsenmittelpunkt gebrochen wurden. Die Folge war, daß bei starker Krümmung der Linsen oder großem Öffnungswinkel, wie man diesen Tatbestand auch nennt, die Bilder unklar und etwas verschwommen erschienen.

Divini fand heraus, daß ein großer Öffnungswinkel sich vermeiden ließ, indem man an die Stelle einzelner starker Linsen mehrere schwächere setzte. 1668 brachte er ein verbessertes Mikroskop heraus, dessen Okular aus zwei plankonvexen Linsen bestand. Dadurch wurde die sphärische Abweichung (Aberration) vermindert, aber zu dem Zeitpunkt hatte man immer noch mit der unangenehmen chromatischen Aberration zu kämpfen, die erst im darauffolgenden Jahrhundert durch Dollond beseitigt wurde.
1716 führte Christian Gottlieb Hertel in Halle den Beleuchtungsspiegel ein, der sich je nach Lichteinfall verstellen ließ. Die Köhlersche Beleuchtungsanordnung, die für eine Beleuchtung des Objekts mit parallelen Lichtstrahlen sorgt und bei der eine Blende die Veränderung des Leuchtfeldes erlaubt, erfand der 1913 geborene deutsche Physiker Horst Köhler erst in unserem Jahrhundert.
1827 stellte Giovanni Battista Amici fest, daß sich bei stärkeren Mikroskopobjektiven große Öffnungswinkel doch nicht vermeiden lassen. Als erster berechnete er stark gewölbte, halbkugelförmige Frontlinsen und führte einige Zeit später die Immersionslinse ein.

Der entscheidende Dichteunterschied

Hinter dem trockenen Wort „Immersionslinse" verbirgt sich eine Erfindung, auf der alle großen Errungenschaften der neuzeitlichen Mikroskopie beruhen. Beim Übergang von einem Medium in ein anderes, in diesem Fall also von Luft in Glas und wieder von Glas in Luft, wird der Lichtstrahl abgelenkt. Die Vereinigung der Strahlen

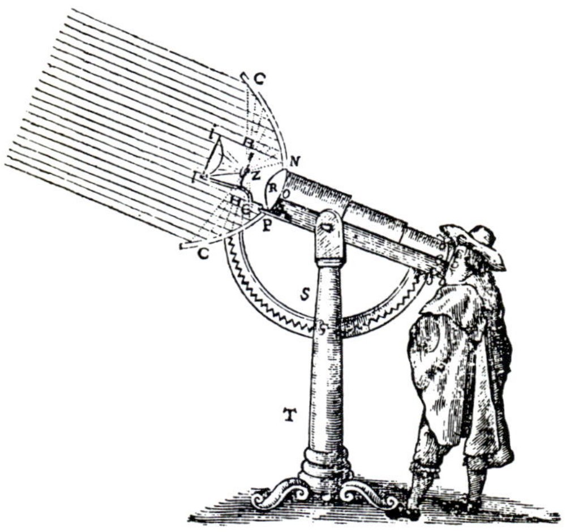

2

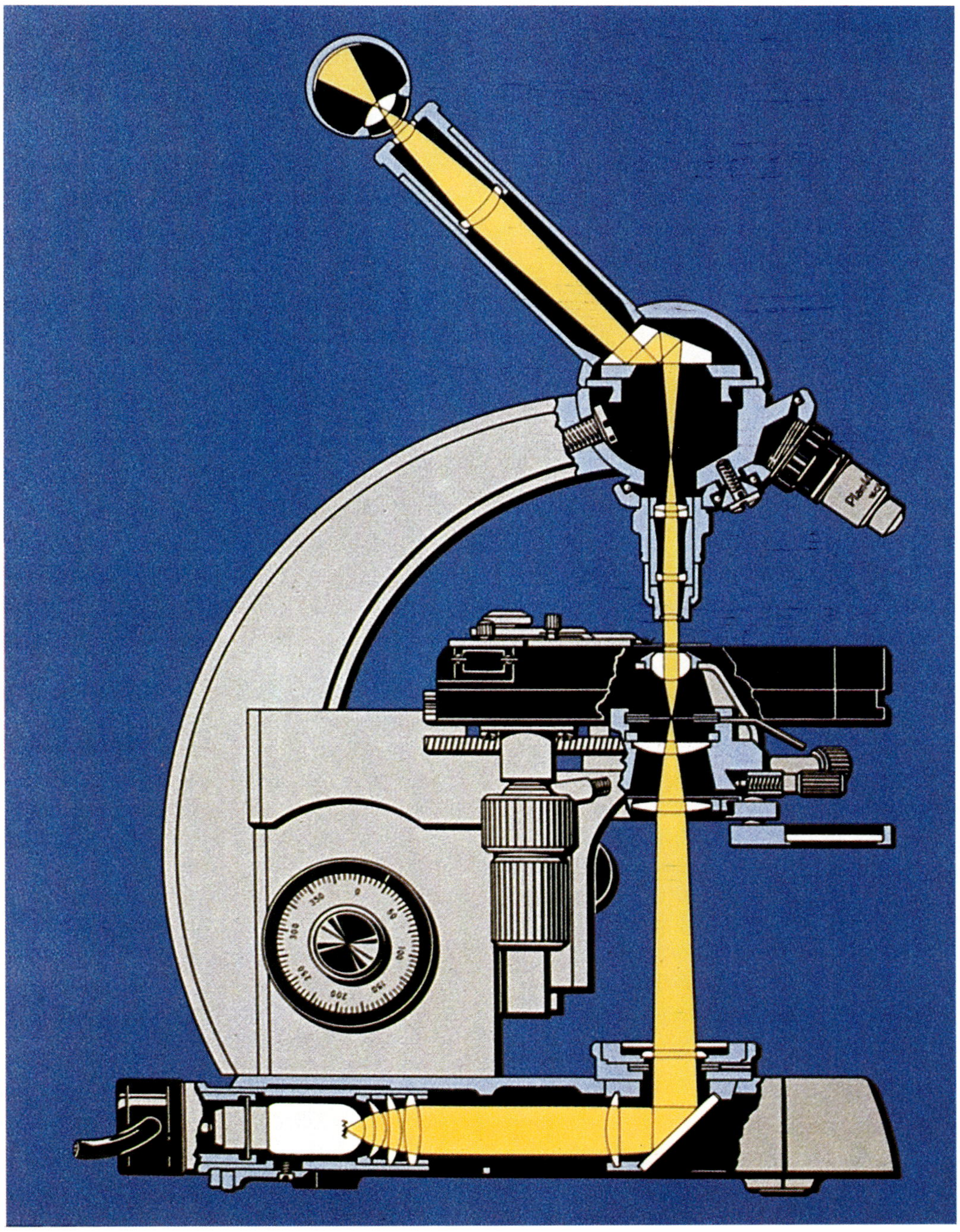

3

1 – Was das Mikroskop von Christian Gottlieb Hertel (um 1712) verspricht, nämlich die Geheimnisse der Natur zu enthüllen (Gravur im Objekttisch „Revelat secreta naturae“), war nur bei richtiger Beleuchtung möglich. Hertel verband sein Mikroskop mit einer Vorrichtung, bei der das Licht einer Öllampe über einen Spiegel und eine Linse für die Auflichtbeobachtung genutzt wurde.
2 – Descartes' angebliches „Fern“rohr, „... das die nahen und erreichbaren Gegenstände möglichst klar ... erscheinen läßt“ (aus seiner „Dioptrique“, 1637). Er empfiehlt, es auf einem Stativ zu befestigen und direkt gegen die Sonne zu richten. Das Glas (NOPR) in der Mitte des parabolischen Hohlspiegels (CC) sammelt das Licht und wirft es auf das Objekt (U). Dieses wird von einem am Hohlspiegel befestigten Arm gehalten.
3 – Strahlengang in einem modernen Zeiss-Mikroskop mit der sogenannten Köhlerschen Beleuchtungseinrichtung im Fuß des Mikroskops.

gelingt um so weniger gut, je schräger die Strahlen auf die einzelnen Trennungsflächen der Medien auftreffen und – das ist jetzt entscheidend für den Erfolg der Immersionslinse – je größer der Dichteunterschied der beiden Medien ist.
Professor Amici sah sich diesen Strahlenverlauf einmal genauer an. Der später zur Abbildung dienende Lichtstrahl geht, vom Spiegel reflektiert, durch die etwa ein Zehntel Millimeter dünne Glasplatte des Objektträgers, durch das Untersuchungsobjekt und durch das daraufliegende Deckgläschen. Soweit, so gut. Aber dann tritt der Lichtstrahl in den Luftraum zwischen Deckglas und Frontlinse des Objektivs ein und muß die den Zwischenraum ausfüllende Luft passieren.
Amicis Überlegung war nun, daß man die üble Wirkung des Übergangs der Strahlen von dünnen in dichte Medien dadurch mindern konnte, daß man den Zwischenraum durch eine stärker lichtbrechende Flüssigkeit mit höherer Dichte als Luft ausfüllte. Er benutzte dazu Wasser, das Deckglas und Objektiv verband. Dadurch gelang es ihm, mit dem Objektivsystem einen erheblich größeren Teil des vom Objekt ausgehenden Lichts noch aufzufangen. Der Optiker und Mikroskopiker Edmund Hartnack (1826–1891), dessen vollendete Mikroskope über die ganze Welt verbreitet waren, griff Amicis Idee auf und benutzte seit 1859 Öl (im allgemeinen Zedernöl) anstelle des Wassers.

Auf dem Weg zum besseren Mikroskop

„Jahrelang haben wir neben wirklicher Optik sozusagen noch Phantasieoptik getrieben, Konstruktionen in Erwägung gezogen mit hypothetischem Glase, das gar nicht existierte, indem wir die Fortschritte diskutierten, die möglich werden würden, wenn einmal die Erzeuger des Rohmaterials dahin zu bringen sein sollten, für fortgeschrittene Aufgaben sich zu interessieren.“ Dieser Stoßseufzer stammt von dem Physiker Ernst Abbe (1840–1905), der sich mit seiner 1873 veröffentlichten Theorie der mikroskopischen Abbildung nicht selbst leuchtender Objekte für alle Zeiten ein Denkmal setzte.
Ernst Carl Abbe wurde in Eisenach als Sohn eines Fabrikarbeiters geboren. Er besuchte zunächst ein Realgymnasium und studierte später auf der Universität von Jena Mathematik und Physik. Nach Aufenthalten in Göttingen und Frankfurt habilitierte er sich schließlich als Privatdozent für Mathematik und Physik in Jena. In Jena blieb er sein Leben lang,

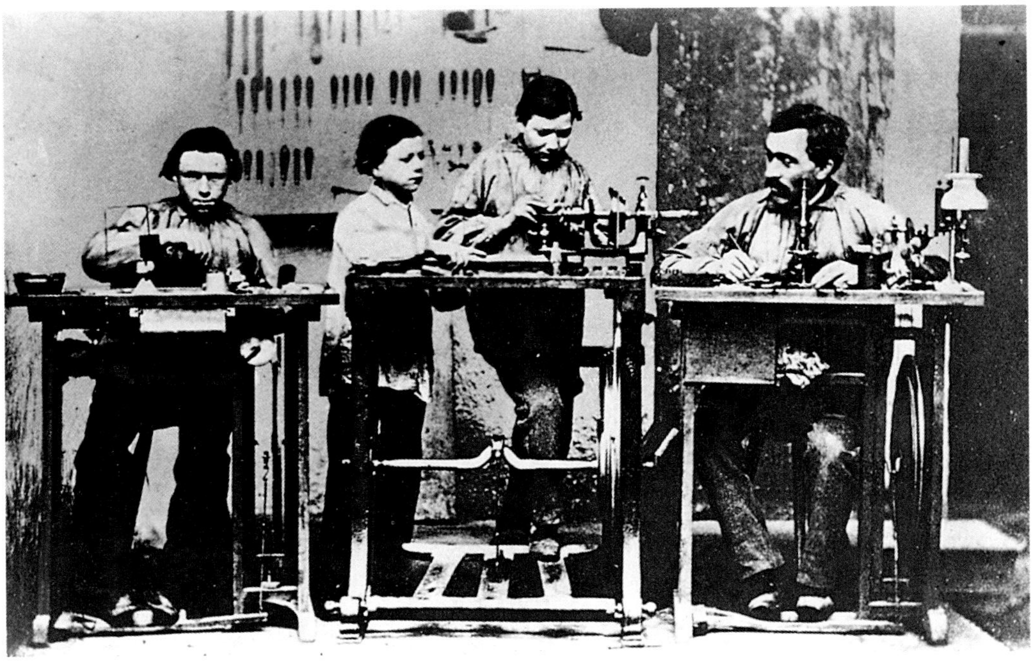

1

1 – Mikroskopfertigung bei Zeiss, Jena, im 19. Jahrhundert. 1846 hatte Carl Zeiss in Jena eine kleine optische Werkstatt gegründet, in der Mikroskope hergestellt wurden. Wie andere Optiker auch, arbeitete er mit „Pröblern". Das Unbehagen an einer solchen probierenden Linsenschleifmethode ließ ihn nach einer wissenschaftlichen Fundierung der Linsenherstellung suchen, die ihm dann Ernst Abbe lieferte (ab 1866). Dabei ergab sich auch die Notwendigkeit neuer Glassorten. So holte er sich den Optiker Otto Schott in seinen Betrieb, und die neuen, auf mathematischen Berechnungen und systematischen Glasschmelzversuchen basierenden Mikroskope übertrafen alle früheren. Robert Koch entdeckte 1882 mit einem solchen verbesserten Mikroskop den Tuberkelbazillus und 1883 den Choleraerreger.
2 – Zeiss-Polarisationsmikroskop (1890).

und hier machte er auch die Bekanntschaft des Feinmechanikers und Industriellen Carl Zeiss (1816–1888), der 1846 die Zeiss-Werke für feinmechanische und optische Erzeugnisse gegründet hatte. Carl Zeiss hatte das Bedürfnis der Wissenschaftler nach besseren Instrumenten erkannt. In der Zeit der neu aufblühenden Zellentheorie waren gute Mikroskope sehr gefragt. Also unternahm Zeiss alles, um die Abbildungsfehler seiner Mikroskope auf ein Mindestmaß zu reduzieren.
Aber der Fehler lag im System. Die Hersteller von Mikroskopen waren auf die unwissenschaftliche Methode des Probierens angewiesen, die Erfolge waren dementsprechend mangelhaft. Zwar hatten sich im Laufe der Zeit gewisse Erfahrungsregeln herauskristallisiert, aber nach wie vor schliff man die Linsen in ungefährer Form und kontrollierte die Bilder, die sie lieferten. Wenn sie schlecht waren, wurden die Linsen weiter abgeschliffen oder weggeworfen.
Zeiss war dieses unwissenschaftliche Arbeiten ein Dorn im Auge. Noch lange Zeit erzählte man in den Jenaer Werkstätten, daß Zeiss einmal eine ganze Serie mangelhafter Mikroskope, die der Werkmeister ohne Beanstandung durchgehen lassen wollte, Stück für Stück mit dem Hammer zertrümmert hatte.

Auf mathematischer Basis

Bei Carl Zeiss setzte sich die Erkenntnis durch, daß man von den Grundgesetzen der Optik ausgehen müsse, daß man den Gang der Lichtstrahlen durch alle Linsen und Zwischenräume in allen Einzelheiten mathematisch genau festlegen könne. Es mußte möglich sein, durch geeignete Formeln Durchmesser, Dicken, Krümmungen und Abstände der Linsen untereinander zu bestimmen. Nach einigen fehlgeschlagenen Versuchen, dieses Problem selbst zu meistern, setzte er sich mit Abbe in Verbindung, der, wie ihm bekannt war, für die Herstellung astronomischer Geräte Interesse gezeigt hatte. Zeiss regte den Physiker im Juli 1866 zu beratender Mitarbeit an den Aufgaben seiner Werkstätte an. 1867 übernahm Abbe bereits die wissenschaftliche Leitung der optischen Werkstätte und wurde 1875 Mitinhaber.
Abbes erste Berechnungen waren ein Schlag ins Wasser. Wie schon Divini 200 Jahre vor ihm, glaubte er, durch Mikroskope mit nur kleinem Öffnungswinkel die sphärische Aberration auf ein Mindestmaß herabdrücken zu können. Aber es stellte sich heraus, daß die neu berechneten Mikroskope schlechtere Bilder mit weniger Einzelheiten lieferten als die alten mit den bereits erprobten Linsensystemen. Die Fehlschläge wirkten sich auch auf die finanzielle Basis der Werkstätten aus.
Das optische Glas mußte aus Frankreich bezogen werden und kostete immerhin 33 Taler das Kilo (nach heutiger Kaufkraft etwa 450 Mark). Zeiss spielte mit dem Gedanken, die Werkstatt zu schließen, wenn sich nicht bald ein Erfolg einstellte. Es war der deutsche Bakteriologe Robert Koch (1843–1910), der Carl Zeiss zum Durchhalten ermutigte. Koch hatte 1876 mit einem Zeiss-Mikroskop den Milzbranderreger entdeckt. Ihm lag viel an einem noch besseren Mikroskop (und mit einem solchen entdeckte er dann 1882 auch den Tuberkelbazillus und 1883 den Choleraerreger).
Abbe beschäftigte sich intensiv mit den Problemen, die mit der Wellennatur des Lichts zusammenhingen. Er erkannte, daß die Beobachtungsmöglichkeiten im Mikroskop eine prinzipielle Schranke besaßen: Das Auflösungsvermögen war durch die Wellenlänge des Lichts begrenzt. Das heißt, zwei Punkte, die ganz dicht nebeneinander lagen, ließen sich nicht mehr unterscheiden, wenn der Abstand geringer als die halbe Lichtwellenlänge war. Diese Grenze konnte auch das beste Mikroskop nicht überspringen. Aber sie erlaubte immerhin eine fast 2000fache Vergrößerung.
1870 legte Abbe seine ersten Berechnungen für hochwertige Objektive und Okulare vor. Nun entstanden Mikroskope, die alle bisher bekannten Instrumente an Bildqualität überragten. Aber dann stagnierte die Arbeit, weil es an geeigneten Gläsern fehlte, die die theoretischen Berechnungen erfüllen konnten und farbsaumfreie Bilder lieferten. Das etwa war die Situation, als Robert Koch den Jenaer Werkstätten einen Besuch abstattete.

Ein Chemiker namens Otto Schott

Robert Koch machte Zeiss und Abbe auf einen vielversprechenden jungen Chemiker namens Otto Schott (1851–1935) aufmerksam. Der aus Witten an der Ruhr stammende Schott hatte aussichtsreiche Versuche mit neuen Glassorten gemacht. Anfang 1881 traf Abbe mit Schott zusammen. Sie beschlossen, die Versuche zur Gewinnung wertvoller optischer Gläser gemeinsam fortzusetzen. Das Versuchslaboratorium wurde nach Jena verlegt. Bald

Zeiss
Jena
7490

gelang es dem Chemiker Schott, eine Reihe neuer Glassorten herzustellen, die eine vollkommen farbsaumfreie Abbildung ermöglichten. Der preußische Staat beteiligte sich mit 60000 Mark an den kostspieligen Experimenten.
1884 entstand das von Schott, Abbe und Zeiss gemeinsam ins Leben gerufene Glaswerk Schott & Genossen. Drei Jahre später konnte diese Glashütte, in der das Mischmaterial nach Gramm und Zentigramm abgewogen wurde und in dem man ganz neue Materialien verwendete, schon 44 verschiedene Gläser verschicken, die unterschiedlichen optischen Zwecken dienten. Diese Gläser waren das letzte, was zu einer Vervollkommnung der Zeiss-Mikroskope noch gefehlt hatte.

1

2

Mikroskop und mikroskopische Technik

Nachdem die optischen Fragen weitgehend geklärt waren, entstanden eine Reihe verschiedener Mikroskoparten für verschiedene Anwendungsbereiche. Das Binokular-Mikroskop besaß ein gewöhnliches Objektiv. Durch eine Vorrichtung aus Prismen wurde der Lichtstrahl in zwei Bündel geteilt und in zwei Röhren zwei Okulargläsern zugeführt. Der vergrößerte Gegenstand erschien im Relief. Zur Beobachtung von Objekten in Aquarien konstruierte man ein spezielles Aquarium-Mikroskop.
1903 erfand der österreichisch-deutsche Chemiker Richard Zsigmondy (1865 bis 1929) zusammen mit dem Physiker Henry Friedrich Wilhelm Siedentopf (1872 bis 1940) das Ultramikroskop, mit dem Teilchen sichtbar gemacht werden konnten, die kleiner waren als die Wellenlänge des sichtbaren Lichts. Sie bedienten sich der physikalischen Tatsache, daß Kolloidpartikelchen das auf sie auftreffende Licht streuten und auf diese Weise um sich herum ein Lichtscheibchen erzeugten, das größer war als sie selbst. Noch heute findet das Ultramikroskop in der Kolloidchemie Verwendung. Auf allen anderen Gebieten, bei denen starke Vergrößerungen notwendig sind, wurde es vom Elektronenmikroskop abgelöst.
Andere Mikroskope arbeiteten mit „manipuliertem Licht“, so das Polarisationsmikroskop, bei dem Objektiv und Okular mit unterschiedlich „gepolten“ Polarisationsfiltern versehen wurden, so daß von farblosen Gesteins- und Kristallproben prächtige farbige Bilder gewonnen werden konnten, die den Aufbau des Materials entschleiern halfen. Auf der Basis von Interferenzerscheinungen, die bei der Überlagerung zweier Lichtwellen entstehen, gelang die Untersuchung von Gesteinsdünnschliffen und die Vornahme spannungsoptischer Experimente bei nichtkristallinen Stoffen mit dem Interferenzmikroskop. Das Phasenkontrastverfahren, für dessen Erfindung der Holländer Frits Zernike 1953 den Nobelpreis erhielt, geht ebenfalls von der Interferenz aus, deren Wirkung jedoch durch ein in den Strahlengang gebrachtes phasenverschiebendes Plättchen wesentlich verstärkt wird. Dadurch wurden die Kontraste und damit die Abbildungsdeutlichkeit wesentlich verbessert.
Bei allen Mikroskopen spielt die Art der Beleuchtung eine große Rolle. Vor allem aber muß gewährleistet sein, daß das Untersuchungsobjekt vom Licht durchstrahlt werden kann. Dazu muß das Objekt so dünn wie möglich sein.
Im Jahre 1850 stellte der englische Mineraloge Henry Clifton Sorby dünne Gesteinsplättchen her, deren Struktur er unter dem Mikroskop untersuchte. Derartige Dünnschliffe sind erforderlich, wenn man Mineralien, Gesteine und Kristalle durchsichtig machen will.
Bei Objekten aus dem Tier- und Pflanzenbereich ist das Verfahren bedeutend komplizierter. Man konstruierte ein sogenanntes Mikrotom (griechisch = Kleinschneider), mit dem man Schnitte von Präparaten bis zu 1/200 Millimeter Dicke anfertigen konnte. Das funktionierte allerdings nur, wenn die zu untersuchenden Gewebe eine gewisse Festigkeit aufwiesen. Weiche Stücke legte man vor dem Schnitt in eine Kältemischung oder Äther und brachte sie so zum Erstarren, oder sie wurden in Stearin oder Paraffin eingeschmolzen.

1 – Ultramikroskop zur Beobachtung von Teilchen, deren Durchmesser kleiner als die Lichtwellenlänge ist. Erfinder: R. A. Zsigmondy und H. F. W. Siedentopf, 1903.
2 – Mikrotom Leitz-Support, um 1880. „Kleinschneider“ zur Herstellung von möglichst dünnen Präparatschnitten werden bereits im 18. Jahrhundert angeboten. Ein verstellbarer Vorschub des zu präparierenden Objekts sowie scharfe Messer sind die wichtigsten Bestandteile.
3 – Manche mikroskopischen Objekte, z. B. lebende Zellen, absorbieren wenig Licht, so daß Einzelheiten kontrastlos und unsichtbar bleiben. Allerdings unterscheiden sich solche Objekte dadurch von ihrer Umgebung, daß sie das Licht anders brechen als diese. Frits Zernike (1888 bis 1966) entwickelte nach 1930 ein Verfahren, das es durch Einfügen eines Plättchens in das optische System des Mikroskops ermöglichte, Objektteile durch die unterschiedliche Lichtbrechung, den Phasenkontrast, sichtbar zu machen. Eine spätere Entwicklung ist die Interferenzmikroskopie. Sie macht sich dieselbe Objekteigenschaft durch die Aufteilung des Strahlengangs im Mikroskop zunutze. Die vier Interferenzmikroskop-Bilder zeigen eine lebende Nervenzelle einer Weinbergschnecke.
4 – Dünnschliff einer Mondgesteinsprobe von Apollo 11, aufgenommen mit einem Zeiss-Fotomikroskop.

Nächste Doppelseite: Mikroskop-Pioniere wie Hooke, Leeuwenhoek, Malpighi und andere mußten ihre Beobachtungen von Hand zeichnen. Das ist durch die Anwendung der Fotografie auf dem Gebiet der Mikroskopie überflüssig geworden. Hier das Foto vom Kopf einer Stechmücke.

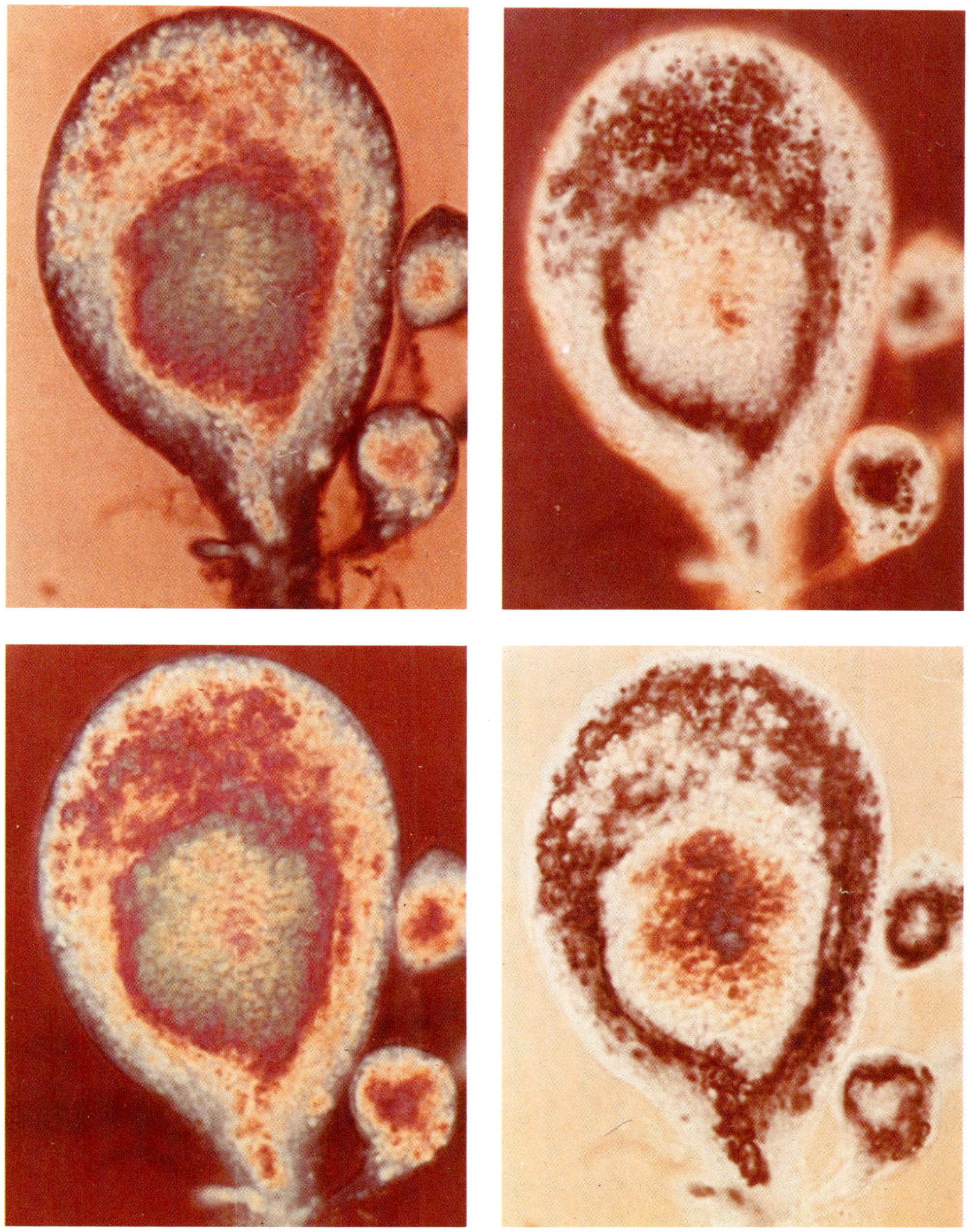

3

4

Bis 1855 wiesen alle mikroskopischen Abbildungen einen großen Nachteil auf: Sie waren ohne Kontraste. Das änderte sich erst, als in diesem Jahr der Wissenschaftler und Anatom Joseph von Gerlach die mikroskopischen Färbemethoden entdeckte. Sie beruhten auf der Eigenschaft der organischen Substanzen, sich mit gelösten Farbstoffen zu durchtränken und diese Farbstoffe dann mehr oder weniger festzuhalten. Robert Koch benutzte bereits die synthetisierbaren Anilinfarbstoffe, um die Untersuchung der Bakterien zu erleichtern. Ungefärbte Bakterien sind nahezu durchsichtig und deshalb sehr schwer zu erkennen. Die Färbemethoden wurden im Laufe der Zeit eine Wissenschaft für sich. Gewöhnlich erfolgt die Färbung mit verschiedenen Farbstoffen, die jeweils eine bestimmte Struktur in den Schnitten anfärben.

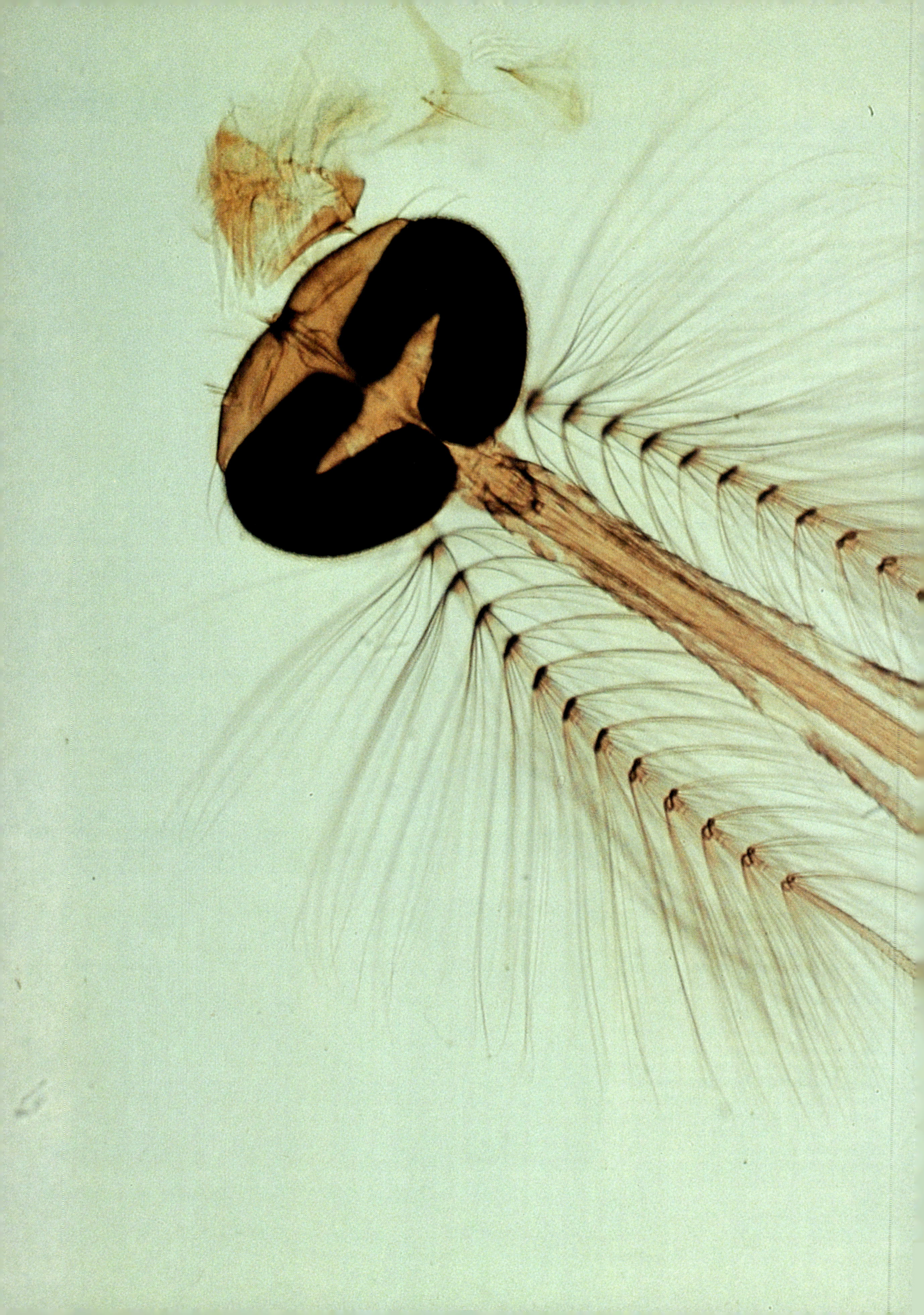

Elektronenstrahlen und Lichtwellen

Die Elektronenmikroskope

Das Auflösungsvermögen eines Lichtmikroskops ist begrenzt. Trotz zahlreicher Verbesserungen und technischer Tricks sind Vergrößerungen über das 2000fache hinaus nicht möglich, weil die Lichtstrahlen zu „grob", zu langwellig sind: Zwei dicht nebeneinander liegende Punkte lassen sich nicht mehr unterscheiden, wenn ihr Abstand geringer ist als die halbe Lichtwellenlänge.
Auf der Suche nach einem Ausweg blieb nur die Möglichkeit, es mit kurzwelligeren Strahlen zu versuchen, beispielsweise mit Elektronenstrahlen. Mit diesem Problem befaßten sich in den zwanziger und dreißiger Jahren unseres Jahrhunderts zahlreiche Physiker. Ihre Arbeit führte zur Konstruktion des Elektronenmikroskops mit seinen verschiedenen Abwandlungen, später zum Ionen-, Röntgen- und Lasermikroskop und zum Ultraschallmikroskop. Mit ihrer Hilfe ist es heute möglich, Atome sichtbar zu machen.

Hans Busch und die Elektronenlinse

Das Elektron ist ein elektrisch negativ geladenes, leichtes Elementarteilchen. Als Baustein der Elektronenhülle des Atoms rast es um den Atomkern wie ein Planet um die Sonne. Als Träger des elektrischen Stroms in Metallen bewegt es sich ähnlich wie ein Gasmolekül in den Zwischenräumen des Kristallgitters. Durch Hitze oder ein elektrisches Feld kann man Elektronen im Vakuum aus dem Metall austreiben – es entsteht ein Elektronenstrahl, auch als Katodenstrahl bezeichnet, weil diese Strahlung von der negativen Elektrode (Katode) einer Vakuum-Entladungsstrecke ausgeht.
Kam den Elektronen nur die Eigenschaft winziger Teilchen zu? Oder traten sie auch als Welle in Erscheinung, wie es beim Licht der Fall ist? Mit dieser Frage setzte sich 1923 der 31jährige französische Physiker Louis Victor Prinz von Broglie (Louis de Broglie) auseinander. Er stellte die Theorie auf, daß Elektronen in zwei gleichberechtigten Erscheinungsformen auftreten: als Teilchen und als Materiewelle. Es gelang wenige Jahre später, die Richtigkeit dieser Theorie de Broglies, der dafür mit dem Nobelpreis ausgezeichnet wurde, nachzuweisen. Neue Vorstellungen vom Aufbau des Atoms und von der Natur chemischer Bindungen waren die Folge.
Lange vor de Broglie befaßten sich Wissenschaftler mit den Elektronen- oder Katodenstrahlen. Der deutsche Mathematiker und Physiker Julius Plücker (1801–1868) untersuchte mit sogenannten Geißlerschen Röhren den durch das Vakuum fließenden elektrischen Strom und beobachtete dabei Fluoreszenz, eine Eigenschaft verschiedener Stoffe, bei Bestrahlung selbst Strahlung der gleichen oder einer größeren Wellenlänge auszusenden. Der Ort des Fluoreszenz-Leuchtens verschob sich unter der Wirkung eines Magnetfeldes, also mußten elektrische Ladungen an der Sache beteiligt sein. Das war um das Jahr 1859.
Johann Wilhelm Hittorf (1824–1914), ein Schüler Plückers, beschrieb 1869 die magnetische Ablenkbarkeit genauer. Er erkannte: „Fällt endlich die magnetische Kurve (= Kraftlinie) mit der Achse des Bündels überall zusammen, so bleibt die Richtung der parallelen Strahlen bei Erregung des Magneten unverändert. – Der große fluoreszierende Kreis, den sie (die Elektronenstrahlen) erzeugen, reduziert sich bei allmählicher Verstärkung des Magneten zuletzt fast auf seinen Mittelpunkt, der dann sehr stark leuchtet und erhitzt wird."
Auf Plücker und Hittorf aufbauend entwickelte Karl Ferdinand Braun (1850 bis 1918) 1897 seine Braunsche Röhre, heute das Herzstück aller Katodenstrahl-Oszillographen, Fernseh- und Radargeräte.
Zu den Physikern, die sich mit der Braunschen Röhre auseinandersetzten, gehörte der in Jüchen bei Grevenbroich geborene Hans Busch (1884–1973), Professor in Jena und Darmstadt. Sein besonderes Augenmerk galt der Konzentrierungsspule der Braunschen Röhre. Er fand heraus, daß diese Spule Elektronen (und verwandte geladene Teilchen) auf ähnliche Weise beeinflußte, wie es Glaslinsen beim sichtbaren Licht taten. Busch gilt, obwohl er nicht über andere Anwendungsmöglichkeiten der Konzentrierungsspule als bei der Braunschen Röhre nachgedacht zu haben scheint, als der Entdecker der Elektronenlinse.

Die Erfindung des Elektronenmikroskops

Ein 24jähriger Doktorand der Ingenieurwissenschaften lieferte die entscheidenden Ideen für den Bau des ersten Elektronenmikroskops, über das am 4. Juni 1931 in Berlin erstmals vorgetragen wurde. Ernst August Friedrich Ruska, 1906 in Heidelberg als fünftes von sieben Kindern des Universitätsprofessors Julius Ruska geboren, studierte an den Technischen Hochschulen München und Berlin Elektrotechnik, erwarb bei Brown-Boveri in Mannheim und bei Siemens & Halske in Berlin praktische Kenntnisse und wurde 1928 in das von Professor Adolf Matthias geleitete Hochspannungsinstitut der Technischen Hochschule Berlin aufgenommen.
Hier befaßte er sich vor allem mit Vakuumtechnik und arbeitete an der Entwicklung eines neuen Katodenstrahl-Oszillographen mit. Dabei stieß er auf die 1926 von Hans Busch aufgestellte Theorie über die Wirkung des Spulenmagnetfeldes als Elektronenlinse. Der experimentellen Nachprüfung dieser Theorie galt seine erste wissenschaftliche Arbeit.
Gemeinsam mit Max Knoll (1897–1969) baute Ruska das erste Elektronenmikroskop. Ihr Versuchsmodell funktionierte, lieferte aber nur Vergrößerungen, die noch lange nicht an die Leistung eines durchschnittlichen Lichtmikroskops heranreichten. Für Ruska wurde die Weiterentwicklung und ständige Verbesserung des Elektronenmikroskops zur Lebensaufgabe. Er ging 1934 in die Industrie und arbeitete ab 1949 am Fritz-Haber-Institut der Max-Planck-Gesellschaft in Berlin-Dahlem mit, in dessen Rahmen er 1955 Direktor eines selbständigen Instituts für Elektronenmikroskopie wurde. Überdies lehrte er an der Freien Universität Berlin als Honorarprofessor für Elektronenoptik und ist Mitherausgeber der Zeitschrift Ultrastructure Research.

Der Kernsatz der Abbe'schen Mikroskoptheorie lautete vereinfacht, daß mit einem Lichtmikroskop nur Punkte eines Objektes unterschieden werden können, die weiter als etwa die halbe Wellenlänge des Lichtes voneinander entfernt sind. Allerdings schloß Abbe nicht aus, daß durch die Entdeckung anderer Kräfte diese Grenze überschritten werden könnte. Und das war der Fall mit den kurzwelligeren Katodenstrahlen – auch Elektronenstrahlen genannt. Forscher wie Plücker, Goldstein Thomson und andere untersuchten im 19. Jahrhundert solche Strahlen, die unter Einwirkung von Hitze oder einem elektrischen Feld von verschiedenen Stoffen ausgehen. Das Elektronenmikroskop – hier eine schematische Darstellung mit aufgeschnittener elektronenoptischer Säule – ist eine Anwendung dieser Entdeckungen, die erst im 20. Jahrhundert gelang.

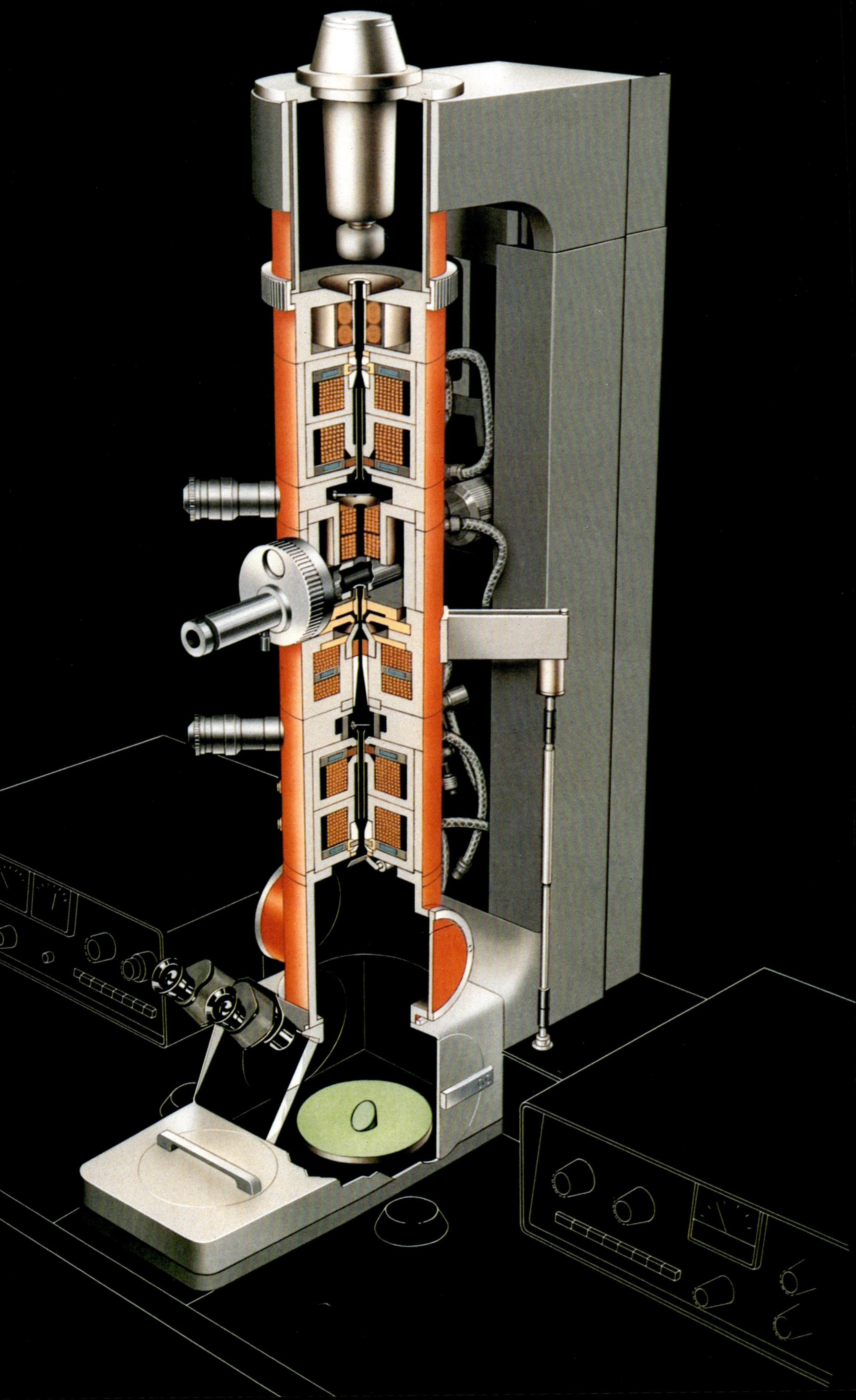

1 – **Max Knoll (r.) und Ernst Ruska bauten 1931 das erste funktionierende Elektronenmikroskop. (Das Foto wurde allerdings erst 1944 aufgenommen.) Siemens stellte ab 1939 serienmäßig solche Mikroskope her.**
2 – **Das Auflösungsvermögen von Elektronenmikroskopen ist bis zum 1000fachen größer als beim Lichtmikroskop. So waren Viren, die viel kleiner sind als Bakterien, vorher nicht zu sehen. Die Aufnahme des stäbchenförmigen Tabakmosaikvirus – Erreger einer Pflanzenkrankheit – von Helmut Ruska (1939) ist zugleich das erste Bild eines Makromoleküls.**
3–4 – **Nachbau und Schema des ersten Elektronenmikroskops von Ruska und Knoll, 1931. Im oberen Teil befindet sich die Elektronen„kanone" im Hochvakuum: Zwischen Katode und Anode werden Elektronen auf halbe Lichtgeschwindigkeit beschleunigt und treffen durch eine Öffnung in der Anode auf das Objekt. Ein Teil der Elektronen wird dabei abgelenkt, ein anderer Teil tritt durch es hindurch, wird durch die magnetisch wirkende Objektivspule wie mit einer Linse gebündelt und zur Abbildung verwendet. Was man sieht, ist die Verteilung der Masse des Objektes.**

1

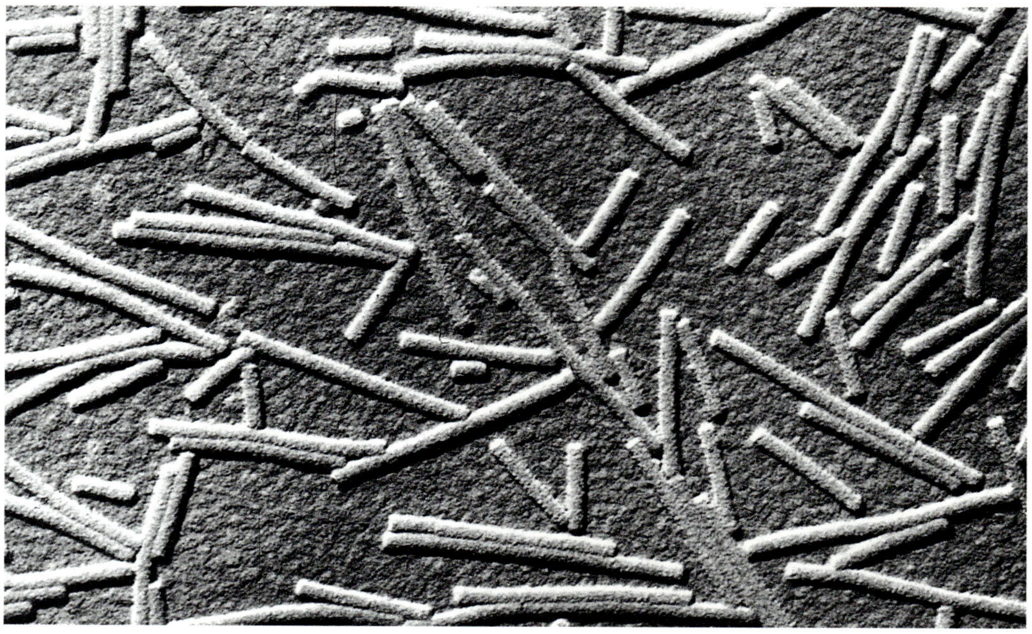
2

Wie das Elektronenmikroskop funktioniert

Auf dem Weg zur Verbesserung des Elektronenmikroskops gewann Ruska den Physiker Bodo von Borries (1905–1956), einen der Kollegen in der Berliner Arbeitsgruppe von Max Knoll, als Mitarbeiter. Mit ihm ging er später auch zu Siemens, wo das Gerät zur Produktionsreife entwickelt wurde (ab 1938 wurde es in Serie hergestellt). Von Bodo von Borries gibt es eine Beschreibung des Elektronenmikroskops mit magnetischen Linsen, die auszugsweise zitiert sei:
„In einem hochevakuierten Gefäß befindet sich eine Glühkatode, aus der Elektronen austreten. Legt man die Katode an eine gegenüber der Anode negative Spannung, so werden die Elektronen durch die Wirkung des elektrischen Feldes zwischen Katode und Anode auf die letztere zu beschleunigt. Der Vorgang ist ähnlich wie bei einer Rundfunkröhre. Während hier die Beschleunigungsspannung nur wenige hundert Volt beträgt, liegen beim Elektronenmikroskop zwischen Katode und Anode meist 80000 Volt, so daß die Geschwindigkeit der Elektronen sehr groß wird; sie liegt bei halber Lichtgeschwindigkeit.
Wenn in der Anode eine Öffnung angebracht ist, so treten die Elektronen in den dahinterliegenden Raum ein und pflanzen sich hier geradlinig fort, solange das Vakuum besteht und weder elektrische noch magnetische Felder vorhanden sind. Die geradlinige Fortpflanzung ist die erste Voraussetzung, wenn Elektronen optisch genutzt werden sollen. Die zweite ist, daß man über Linsen verfügt, mit denen man den Gang der Strahlen in gesetzmäßiger Weise beeinflussen kann. Bestrahlt man nun also ein dünnes Objekt mit Elektronenstrahlen, so dringt je nach der am betreffenden Objektpunkt vorhandenen Massendichte ein Teil der Elektronen durch das Objekt in unveränderter Richtung hindurch, während ein anderer Teil an den Atomen gestreut wird und seine Flugrichtung ändert. Die geradlinig hindurchtretenden Elektronen werden von dem sehr kräftigen und kurzen Magnetfeld, das sich zwischen den Polschuhen einer eisengekapselten Spule ausbildet, gebündelt und wieder in einem Punkt, dem Bildpunkt, vereinigt. Die abgestreuten Strahlen – und zwar ein um so größerer Anteil der auftreffenden Menge, je dichter das Objektiv an der betreffenden Stelle ist – fallen hinter eine Blende und können daher nicht zur Bilderzeugung beitragen.

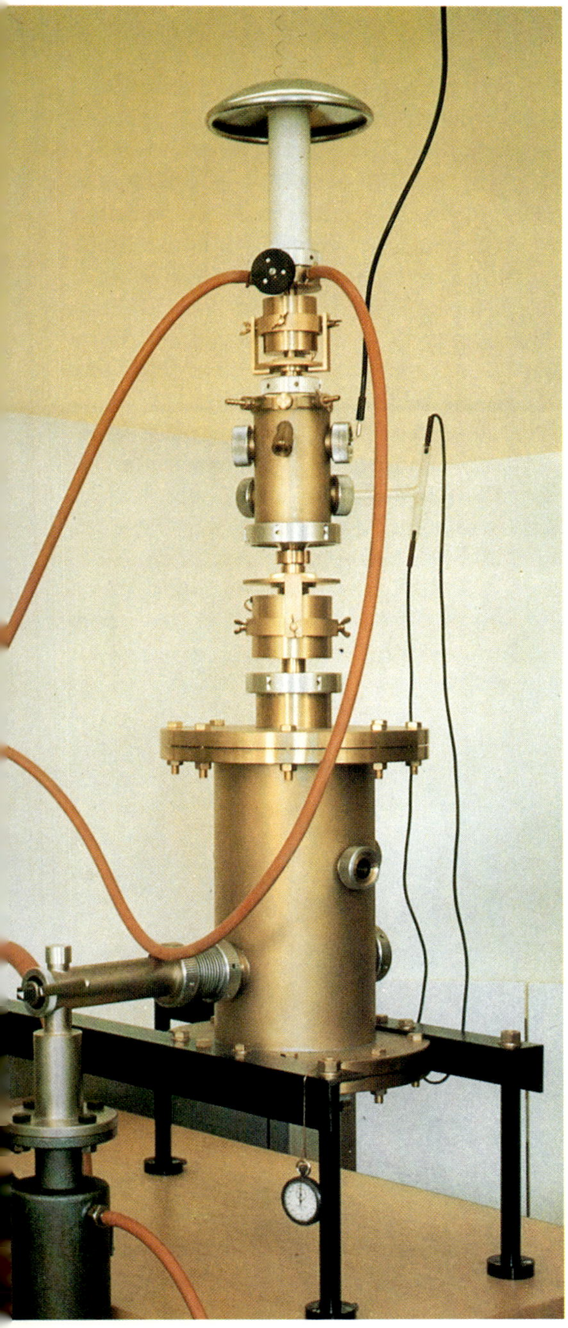

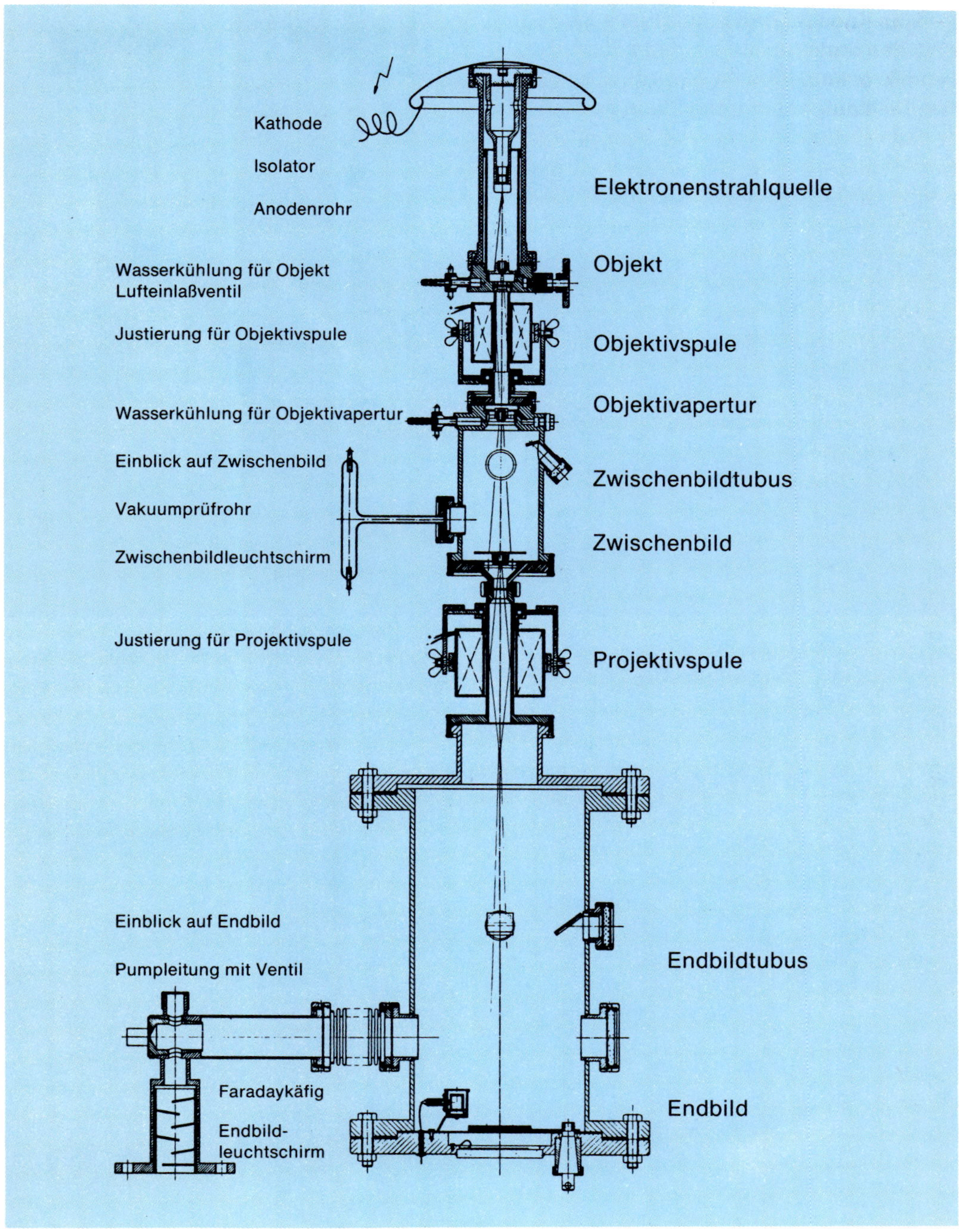

4

Das Elektronenmikroskop bildet somit die Verteilung der Masse des Objektes ab, während das Lichtmikroskop die Verteilung der Farbe oder des optischen Brechungsindex wiedergibt.“ Ende des Zitats.

Eine ganz neue Mikroskopiertechnik

Mit den beim Mikroskopieren üblichen Arbeitsmethoden war beim Elektronenmikroskop nur wenig auszurichten. Es mußten ganz neue Methoden entwickelt werden. Weil die meisten Elektronenmikroskope Durchstrahlungsmikroskope sind (Oberflächenelektronenmikroskope, die nur die Oberfläche des Objekts abbilden, spielen praktisch nur in der Metallkunde eine Rolle), müssen alle Objekte so präpariert werden, daß die Elektronen sie ohne nennenswerte Energieverluste durchdringen können.

Mit dem Mikrotom des Lichtmikroskops werden z. B. von Zellpräparaten Schnitte in Größenordnungen um 1/200 Millimeter Dicke hergestellt. Das Elektronenmikroskop verlangte bedeutend dünnere Schnitte. Seit 1952 erst gibt es das Ultramikrotom mit Schnitten von der Stärke eines hunderttausendstel Millimeters. Aus einer organischen Zelle kann man damit 500 Scheibchen schneiden. Zuvor muß das Gewebe fixiert und in Kunststoff eingebettet werden. Weil der Vorschub des Ultramikrotoms mit mechanischen Mitteln kaum noch zu bewerkstelligen ist, ging man zu thermischen Verfahren über, bei denen die Ausdehnung von Metall bei Erwärmung für den Transport um die winzigen Millimeterbruchteile sorgt.

Metalle und Legierungen werden zunächst mechanisch auf Stärken von 1/10 bis 1/100 Millimeter dünngeschliffen, dann elektrolytisch auf 100 bis 300 Millionstelmillimeter (nm) poliert. Von Metalloberflächen wie von Oberflächen anderer undurchsichtiger Substanzen kann aber auch ein Oberflächenabdruck hergestellt werden, der aus einem hauchdünnen, ablösbaren Film besteht. Er läßt sich durchstrahlen.

Staubförmige Untersuchungsobjekte, beispielsweise Pulver oder Farbpigmente, kann man auf eine 20 bis 50 Millionstelmillimeter dünne Trägerschicht aufstäuben oder in einer Emulsion eintrocknen lassen. Bei der Gefrierätztechnik, die für lebende Strukturen entwickelt wurde, wird das Objekt eingefroren, unter Hochvakuum gespalten, durch kurzes Abdampfen freigelegt und dann zur Herstellung eines Oberflächenabdrucks im Vakuum verwendet.

1

Den Viren auf der Spur

Bakterien hatte man schon im Lichtmikroskop beobachten können. Die Viren, noch gefährlichere Krankheitserreger, blieben dagegen unsichtbar, weil sie bedeutend kleiner sind als Bakterien – bis herunter zu Durchmessern von 25 Millionstelmillimetern, was einer Reihe von 250 Wasserstoffatomen entspricht. Mit dem Elektronenmikroskop konnten jetzt auch Viren beobachtet und fotografiert werden. Dem Mediziner Helmut Ruska (1908–1973), einem jüngeren Bruder von Ernst Ruska, gelangen schon 1938 Aufnahmen von Viren des Kaninchen-Myxoms, der Mäuse-Ektromelie und der Pocken. 1939 konnten er und seine Mitarbeiter Aufnahmen des Tabakmosaikvirus, Erregers einer Pflanzenkrankheit, herstellen. Unter dem Elektronenstrahl entpuppte es sich als

2

1 – Elektrostatisches Elektronenmikroskop von Ernst Brüche und Helmut Johannson, 1932. Fast gleichzeitig mit Knoll und Ruska entwickelten die beiden Wissenschaftler im Forschungsinstitut der AEG ein Mikroskop, das zur Bündelung der Elektronenstrahlen nicht magnetische, sondern elektrische Felder benützt.

2 – Basierend auf Arbeiten von Knoll für Telefunken zum Abtasten von Objektoberflächen mit Elektronenstrahlen, baute Manfred Baron von Ardenne 1937 ein Abtastelektronenmikroskop. Beim zeilenweisen Abtasten werden mit einem feinen Elektronenstrahl auch hier aus der Objektoberfläche Elektronen herausgelöst. Aus ihrer räumlichen Intensitätsverteilung ergibt sich das Bild. Nebenstehend eine Fotografie von Baron von Ardenne mit seinem 1940 gebauten Universal-Elektronenmikroskop.

3 – Hochauflösendes Elektronenmikroskop mit supraleitender Linse aus dem Siemens Forschungslabor.

stäbchenförmiger Kristall. Diese Virus-Aufnahme war zugleich das erste Bild eines Makromoleküls.
Weitere Beobachtungen folgten Schlag auf Schlag, so 1941 die Untersuchung der Bakteriophagen (Bakterienfresser). Diese ebenfalls zu den Viren gehörenden Strukturen dringen in Bakterien ein und übernehmen sozusagen das Kommando über den Mikroorganismus, den sie zur Produktion immer neuer Bakteriophagen veranlassen, bis das Bakterium zerstört ist.
Mit dem ersten Siemens-Elektronenmikroskop machten A. Tiselius und S. Gard 1942 Aufnahmen von Kinderlähmungsviren, gitterförmig angeordneten Kügelchen.
Um die winzigen Untersuchungsobjekte besser sichtbar zu machen, entwickelte der amerikanische Kristallograph Ralph Walter Graystone Wyckoff, 1897 in Geneva im Staat New York geboren, eine neue Technik: Er dampfte einen dünnen Metallüberzug schräg auf das Objekt. Dabei ergab sich im Schatten des Objekts eine metallfreie Zone, die Rückschlüsse auf Form und Größe des Objekts zuließ. Damit war die Elektronenmikroskopie dreidimensional geworden. Die Wyckoffsche Aufdampftechnik mit Platin oder Gold war überdies die Voraussetzung für den Erfolg der späteren Rasterelektronenmikroskope.
Bahnbrechend wirkte das Elektronenmikroskop auch auf dem Gebiet der Erforschung des Blutes. Erstmals konnten nun die winzigen Blutplättchen untersucht werden. Auf metallurgischem Gebiet wurden neue Erkenntnisse gewonnen, ohne die die Raumfahrttechnik so undenkbar gewesen wäre wie gewisse Baustoffe für den Bau von Kernreaktoren.

3

Aus der weiteren Entwicklung

Parallel zur Erfindung des Elektronenmikroskops mit magnetischen Linsen von Ruska entstand zu Beginn der dreißiger Jahre das erste mit elektrischen Linsen ausgestattete Elektronenmikroskop.
Dies war jedoch nicht wie das magnetische Gerät ein Durchstrahlungsmikroskop, sondern ein Emissions-Elektronenmikroskop, das die örtliche Verteilung der Elektronenemission auf der Oberfläche einer Glühkathode bei noch niedriger Vergrößerung und Auflösung sichtbar machte. Es wurde gemeinsam mit Helmut Johannson (1909–1982) konstruiert von dem 1900 in Hamburg geborenen Physiker Ernst Brüche, der von 1928 bis 1945 das Physikalische Laboratorium am AEG-Forschungsinstitut in Berlin leitete.
Das erste Durchstrahlungsmikroskop mit elektrischen Linsen, das das Lichtmikroskop an Auflösungsvermögen übertraf, war 1939 das Werk des 1909 in Münchsmünster in Bayern geborenen Physikers Hans Mahl, der ebenfalls am AEG-Forschungsinstitut gearbeitet hatte und 1954 bei Carl Zeiss in Oberkochen die Leitung der Abteilung Elektronenoptik übernahm.
Mit einem magnetischen Durchstrahlungsmikroskop befaßte sich auch der Elektronenoptiker Manfred Baron von Ardenne, 1907 in Hamburg geboren. Sein Universal-Elektronenmikroskop kam 1940 heraus. Schon 1937 hatte von Ardenne an der Konstruktion eines Abtastelektronenmikroskops gearbeitet, bei dem das Objekt mit einem Elektronenstrahl von sehr kleinem Querschnitt durchstrahlt und zeilenweise abgetastet wird. Dieser Strahlquerschnitt wurde durch zweistufige Verkleinerung der Katode mittels magnetischer Polschuhlinsen erzeugt.
Von 1945 bis 1955 baute von Ardenne in Suchumi in der Sowjetunion ein Institut für elektronische Physik auf. Dann wurde er Professor in Dresden und leitet ein nach ihm benanntes Forschungsinstitut. Von ihm stammen auch zahlreiche Erfindungen auf dem Gebiet der Funk- und Fernsehtechnik.
In den USA beschäftigte sich vor allem der russisch-amerikanische Physiker Wladimir Kosma Zworykin (1889–1982) mit der Weiterentwicklung der deutschen Erfindungen auf dem Gebiet der Elektronenmikroskopie. Zworykin, der 1938 die erste praktisch verwendbare Fernsehkamera, das Ikonoskop, erfunden hatte, gelang gemeinsam mit Morton schon während des Krieges der Bau eines Mikroskopes, das Vergrößerungen bis zu 25000:1 zuließ und eine Auflösung von 5 Nano-

1–2 – Schnitt durch ein modernes Rasterelektronenmikroskop (REM, Elmiskop St 100 F von Siemens). Der Elektronenstrahl tastet das Objekt rasterförmig ab und läßt beispielsweise bei einem Virus noch Untereinheiten erkennen. Hier ein Adeno-Virus, der Durchfallerkrankungen, Augenentzündungen und grippale Infekte verursacht, aufgenommen mit dem REM.
3 – Schematische Darstellung des Feldelektronenmikroskops von E. W. Müller, 1936. Das Untersuchungsobjekt – eine feine Wolframdrahtspitze – wird hier nicht mit Elektronen beschossen, die von einer Katode zur Anode fliegen und dabei das Objekt treffen, sondern diese Spitze ist selber die Katode, und die sich von hier unter Einwirkung eines starken elektrischen Feldes lösenden Elektronen bilden auf einem Leuchtschirm als Anode die Wolframspitze vergrößert ab. Die der Bündelung von Lichtstrahlen im normalen Mikroskop vergleichbare Bündelung der Elektronenstrahlen im üblichen Elektronenmikroskop entfällt hier ganz.
Weitere Experimente veranlaßten Müller aber, 1951 ein Feldionenmikroskop zu bauen, das durch die Ausnützung von positiv geladenen Ionen ein größeres Auflösungsvermögen hatte als das Feldelektronenmikroskop. Die Ionen stammen allerdings nicht aus dem Objekt selber, sondern aus dem Restgas in der unmittelbaren Umgebung des Objektes in der Glasröhre.
4 – Feldionenbild eines Wolframkristalls.
5 – Modernes Feldionenmikroskop im Hahn-Meitner-Institut in Berlin.

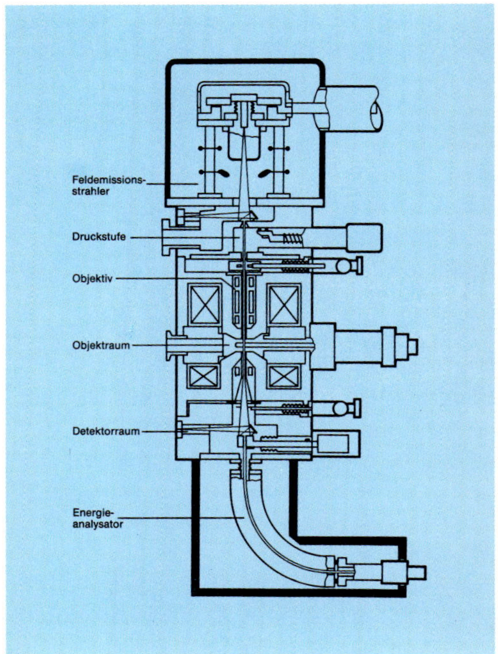

1

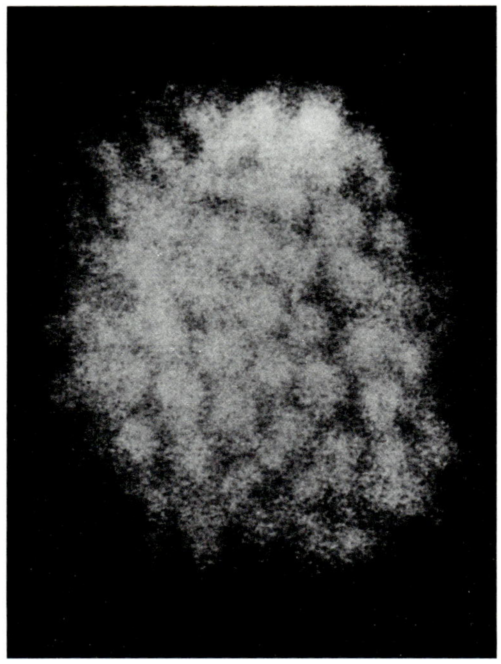
2

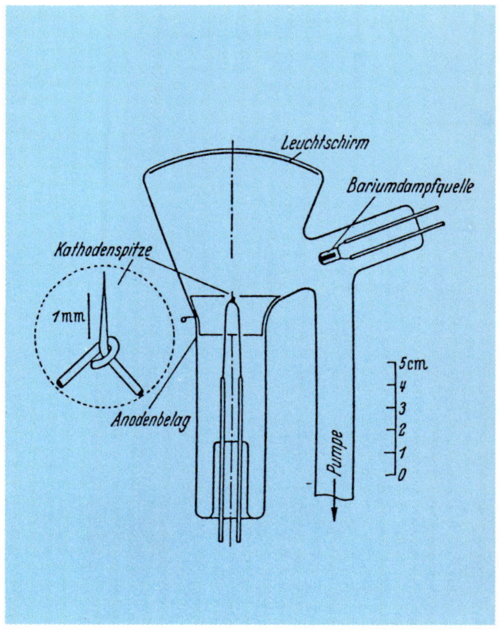

3

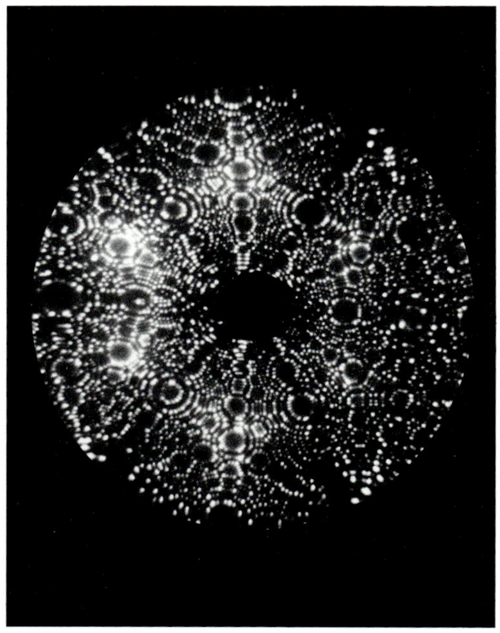
4

meter (nm) erreichte, d. h. eine 40fach bessere Auflösung als die des besten Lichtmikroskops.
Auf etwa dem gleichen Leistungsstand war das Ruska-Mikroskop 1940 bei Siemens in Berlin auch angelangt. 1941 war es möglich, Betriebsspannungen bis zu 220000 Volt zu verwenden. Die normalen Durchstrahlungs-Elektronenmikroskope begnügen sich heute mit Betriebsspannungen bis zu 150000 Volt und erreichen über mehrere Zwischenstufen 200000fache Endvergrößerungen. Dabei lassen sich noch Einzelheiten unterscheiden, die im Präparat drei Zehnmillionstelmillimeter voneinander entfernt sind. Spezielle experimentelle Konstruktionen erhöhen das Auflösungsvermögen unter günstigen Umständen auf ein Zehnmillionstelmillimeter – damit war aber auch die theoretische Grenze des Auflösungsvermögens erreicht, die sich aus der Wellenlänge der Elektronen und der durch den Öffnungsfehler der magnetischen Linse begrenzten Abbildungsapertur ergibt.
Die von Ernst Ruska und Bodo von Borries 1937 begonnene Entwicklung industriell herzustellender Geräte mit Höchstauflösung ist auch heute noch nicht abgeschlossen. Mit modernen Elektronenmikroskopen der Serienfertigung kann man Kristallgitterstrukturen selbst bei kleinstem gegenseitigem Abstand der Gitterebenen auflösen.
Mehr ist auch mit den riesigen Megavolt-Elektronenmikroskopen nicht zu erreichen, die 1970 in Japan und Frankreich aufgestellt wurden. Sie reichen durch mehrere Stockwerke und arbeiten mit Spannungen von drei Millionen Volt, die Elektronen fast bis auf Lichtgeschwindigkeit beschleunigen können.

Das Abtastelektronenmikroskop

Beim herkömmlichen Elektronenmikroskop wird das Präparat mit Elektronenstrahlen „durchleuchtet“. Beim Abtastmikroskop – auch Rasterelektronenmikroskop (REM) genannt – tastet dagegen ein scharf gebündelter Elektronenstrahl die Oberflächenstruktur eines Objekts Zeile für Zeile ab wie bei einem Fernsehbild. Vom abtastenden Strahl werden an der Oberfläche des Präparats Sekundärelektronen ausgelöst. In Spannungen verwandelt und verstärkt, können sie durch eine Bildröhre sichtbar gemacht werden. So entsteht ein kontrastreiches, sehr plastisches Bild von großer Tiefenschärfe. Dabei braucht das Untersuchungsobjekt gar nicht besonders vorbereitet zu werden. Nur bei Substanzen, die den elektrischen Strom nicht leiten, wird ein hauchdünner

5

Film aus Kohle, Gold oder Platin aufgedampft. Dazu gehören z. B. Körpergewebe, Holz, Fasern oder Keramik.

Der Elektronenstrahl wird durch ein elektromagnetisches Objektiv (für hohe Vergrößerungen) oder durch eine integrierte Minilinse (bei niedrigen Vergrößerungen) geformt. Elektromagnetische Ablenksysteme führen ihn zeilenweise über das Bildfeld. Die Zahl der Bildzeilen läßt sich verändern, sie liegt zwischen 400 und 3200 Zeilen mit und ohne Zeilensprung. Ebenso sind Raster bis zu 1000 × 1000 Bildpunkten möglich. Die Auflösung beträgt etwa 10 Nanometer, die Vergrößerung ist von 50fach bis hunderttausendfach einstellbar.

REM-Geräte sind zwar erst seit etwas über einem Jahrzehnt auf dem Markt, haben sich aber auf vielen Gebieten schnell durchgesetzt. Mit REM untersucht beispielsweise das Bundeskriminalamt haarfeine Kratzer auf Tatwerkzeugen oder winzige Spuren von Pulverschmauch. Mit REM überprüft die Waschmittelindustrie, wie dauerwellenstrapaziertes Haar auf ein neues Waschmittel anspricht. REM erlaubt Medizinern, das Einwandern von Krebszellen in gesundes Gewebe zu beobachten, und gibt Computerherstellern die Möglichkeit, die Kontaktschichten ihrer winzigen integrierten Schaltkreise zu überwachen – deutlich, plastisch und scharf.

Feldelektronen- und Feldionenmikroskop

Was der aus Berlin-Dahlem stammende Physiker Erwin Wilhelm Müller (1911 bis 1977) seinen Kollegen auf dem Internationalen Kongreß für Elektronenmikroskopie 1950 in Paris vorführte, war selbst für die Fachleute eine Sensation. Gerade eben hatten sie noch über elektronenmikroskopische Aufnahmen von Polystyrol-Makromolekülen gestaunt. Nun kam dieser Dr. Müller und projizierte mit einer sehr behelfsmäßig wirkenden Apparatur Bariumatome auf die große Leinwand – die ersten sichtbar gemachten Bausteine der Materie. Die Erfindung war nicht einmal neu. Müller hatte sie schon 1936 gemacht und Feldelektronenmikroskop genannt. Und sie klang auch ganz einfach. Es handelte sich um einen luftleer gepumpten Glaskolben mit einer Art Schirm (wie bei einem Fernsehgerät) auf der einen Seite. Ihm gegenüber war eine sehr feine Spitze aus Wolframdraht angebracht. Wenn Erwin Müller zwischen Spitze und Umgebung eine starke elektrische

Spannung wirken ließ, kam es besonders im Bereich der Spitze zu einem starken elektrischen Feld. Dabei brachen Elektronen aus der Spitze heraus und warfen, weit auseinandergezogen, ein millionenfach vergrößertes Bild der Spitze auf den Schirm.
Wenn man auf die haarfeine Spitze Spuren der Stoffe aufdampfte, deren Bauteile untersucht werden sollten, konnte man auf dem Leuchtschirm die Atome der Stoffe als bewegte Lichtpunkte sehen.
1955 berichtete Müller, inzwischen Professor an der amerikanischen Staatsuniversität von Pennsylvania, erstmals über eine Weiterentwicklung seines Verfahrens. Diesmal verwendete er positive Ionen, um die Vorgänge an der Spitze auf dem Bildschirm zu zeigen, und kühlte seine Röhre mit flüssigem Helium zur Leistungssteigerung des Geräts, das er Feldionenmikroskop nannte. Heliumionen zeichneten das Bild der Metallspitze auf den Schirm: die Bausteine der Materie in der Ordnung des Kristallgitters, zehnmillionenmal vergrößert.
Einige der Müllerschen Bilder gehören schon heute zum klassischen Bestand der Wissenschaftsgeschichte. Das Verfahren hat sich bewährt. Für eine allgemeine Anwendung in Technik und Wissenschaft sind beide Mikroskope allerdings zu speziell. Sie erlauben einstweilen nur die Untersuchung einiger schwer schmelzbarer Metalle und Legierungen sowie organischer Großmoleküle. Besonders nützlich sind beide Supermikroskope bei der Untersuchung der Gasadsorption und der Fehlstellen in Kristallgittern. Aber was sie zu bieten haben, ist noch immer so sensationell wie bei der ersten Vorführung.

Ultraschall- und Lasermikroskop

Mit dem Feldionenmikroskop ist die letzte Stufe der Mikroskopentwicklung noch nicht erreicht. 1975 begann in den USA die Serienproduktion eines Ultraschallmikroskops, das von der Stanford-Universität entwickelt wurde. Erfinder des akustischen Rastermikroskops waren die Physiker Calvin F. Quate und Ross Lemons vom Department für Physik und elektronische Apparate der Universität.
Das Gerät erzeugt Ultraschallwellen mit Frequenzen zwischen 500 und 1000 Megahertz (= 500 Millionen bis eine Milliarde Schwingungen in der Sekunde). Das Auflösungsvermögen liegt bei einem Tausendstelmillimeter, ist also nicht sehr hoch. Dafür erlaubt die Ultraschalltechnik die mikroskopische Untersuchung lebender Zellen.
Die zu untersuchende Probe wird auf einen dünnen Plastikfilm aufgebracht und in Wasser zwischen zwei Saphir-Kristallstäben angeordnet. Einer der Stäbe sendet, der zweite empfängt die Schallwellen. Die Enden der Stäbe sind konkav geschliffen, was den Schallwellenstrahl an der Eintrittsstelle in die Probe auf einen winzigen Punkt zentriert. Der empfangende Kristallstab nimmt die Impulse nach deren Durchgang durch das zu untersuchende Präparat auf und leitet sie zu einem „Transducer", wo die je nach der Absorptionsfähigkeit des Präparats veränderten Überschallwellen in elektrische Signale zur Sichtbarmachung auf einem Bildschirm umgesetzt werden. Die Probe wird horizontal und vertikal abgetastet.
An der amerikanischen Universität von Michigan wurde 1975 schließlich das erste Lasermikroskop von dem Chemiker Law-

2

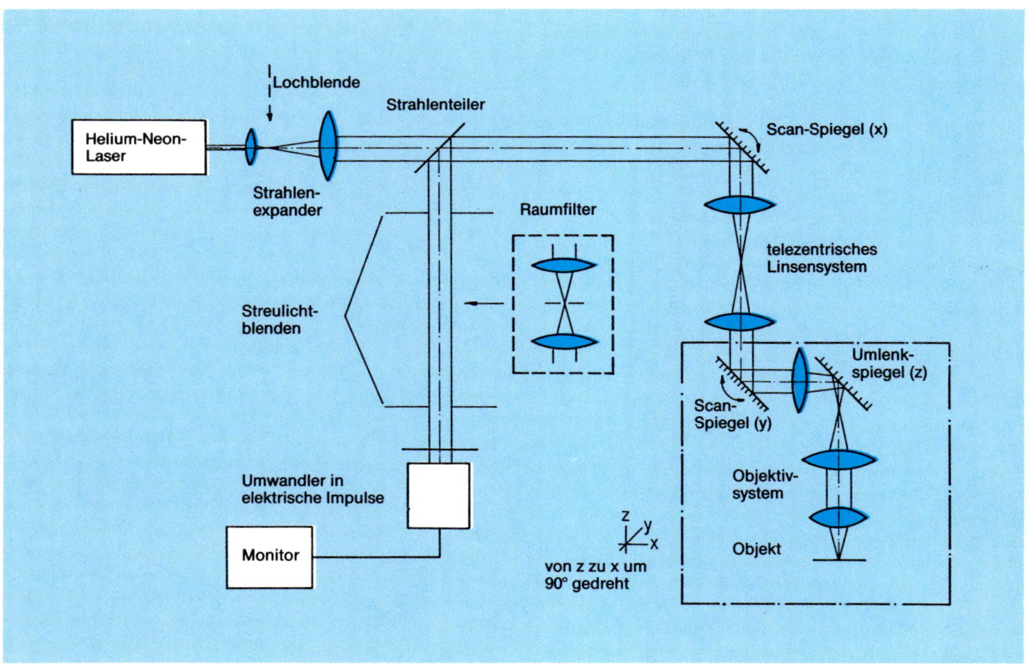

1

1 – Schematische Anordnung eines Laserscan-Mikroskops. Mit einem normalen Mikroskop hat es gemeinsam, daß zur „Beobachtung" des Objektes Lichtstrahlen benützt werden, und zwar Licht mit gleicher Wellenlänge. Wie beim Rasterelektronenmikroskop wird das Objekt zeilenweise abgetastet, und die Bildpunkte werden wieder in optische Signale zurückübersetzt. Dabei sorgen hier die beiden drehbaren Scanspiegel (x und y) für das Abtasten der Zeilen und den Zeilenvorschub. Der auf das Objekt auftreffende Lichtstrahl wird in dieser Anordnung über den Strahlteiler zurückgeführt zum Monitor, könnte aber bei durchsichtigen Objekten auch nach dem Objekt gesammelt und zur Abbildung benützt werden.
2 – Laserscan-Mikroskop mit Steuergerät und Bildschirm.

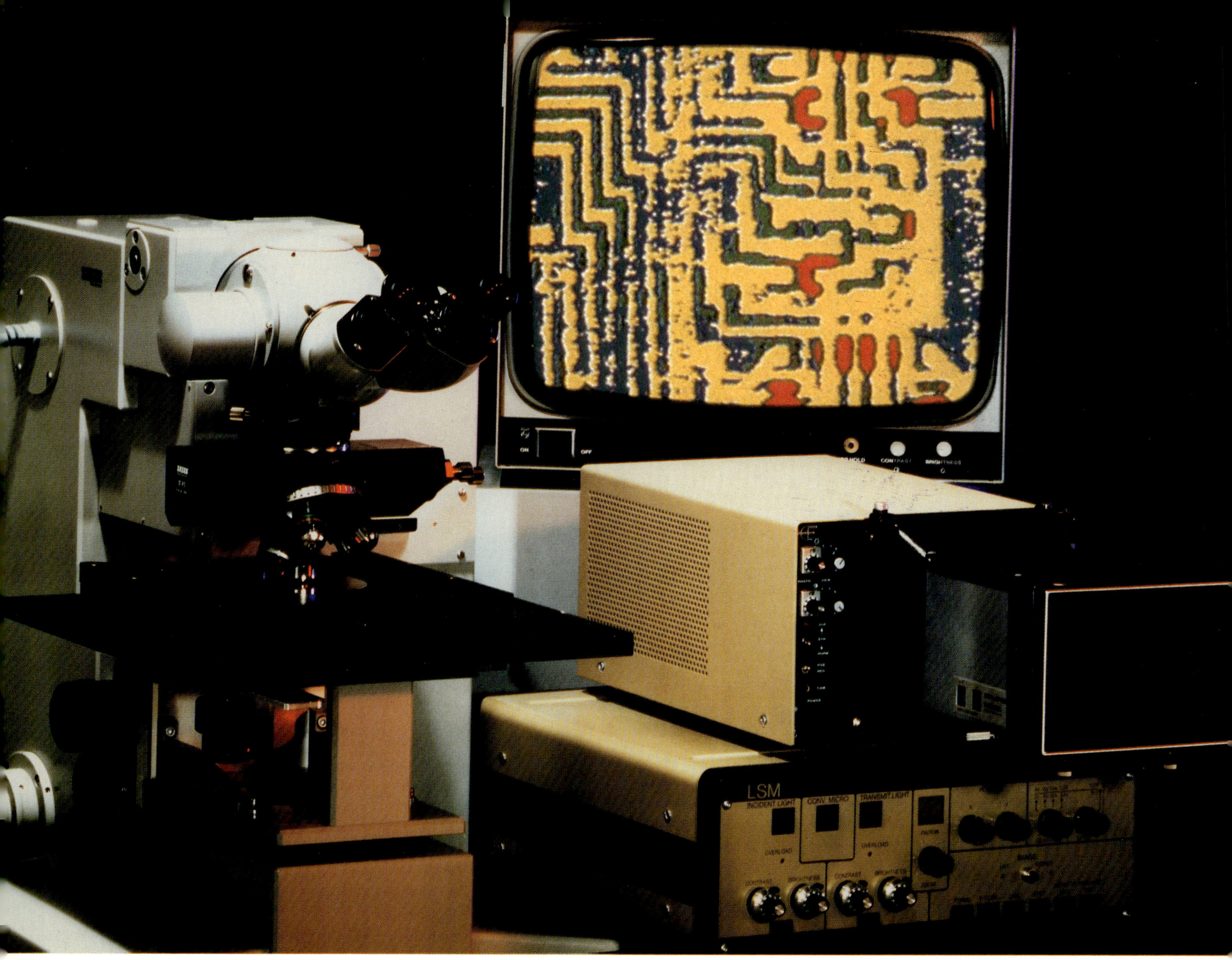

rence S. Bartell und seinem Mitarbeiter Charles L. Ritz entwickelt. Es soll 500millionenfache Vergrößerungen erlauben, allerdings nur von bestimmten Atomen und Molekülen. Das zweistufig arbeitende Gerät ist eine Kombination aus Elektronen- und Lichtmikroskop, wobei das gewöhnliche Mischlicht unterschiedlicher Frequenzen durch Laserlicht ersetzt wird, das in einem Wellenzug schwingt. In der ersten Stufe wird durch extrem kurzwellige Elektronenstrahlen ein Hologramm erzeugt. In der zweiten Stufe tasten Laserstrahlen dieses Hologramm ab und liefern eine stark vergrößerte Abbildung des Objekts. Beim Laserscan-Mikroskop tasten Laserstrahlen das Objekt zeilenweise ab. Ein Bildschirm macht die Bildpunkte sichtbar. Die Abtastsignale können digitalisiert und dann von einem Computer weiterverarbeitet werden.

Das Raster-Tunnel-Mikroskop

Als Spezialmikroskop für die Untersuchung der Oberflächen von Metallen und Halbleitern erfanden vier Mitarbeiter des IBM-Forschungslabors in Rüschlikon bei Zürich, die Physiker Gerd Binnig und Heinrich Rohrer und die Techniker Christoph Gerber und Edmund Weibel, das Raster-Tunnel-Mikroskop (RTM). Sie gingen dabei von einer Untersuchung des sogenannten Tunneleffektes aus. Er tritt beispielsweise bei elektrischen Schaltern auf, deren Metallkontakte im allgemeinen von einer hauchdünnen Oxidschicht überzogen sind. Wird der Schalter betätigt, fließt trotz dieser isolierenden Schicht Strom, falls die Schicht dünn genug ist. Den Elektronen gelingt es in diesem Fall zwar nicht, die Oxidschicht wie einen Berg zu überspringen, sie können diesen Berg aber „durchtunneln". Deshalb spricht man von Tunneleffekt.

Die Forschungsgruppe wies nach, daß dieser Effekt auch zu beobachten ist, wenn zwischen den beiden Kontakten ein winziger Zwischenraum eingehalten wird – in Größenordnungen von etwa einem Millionstelmillimeter (nm). Daraus entstand die Idee des Raster-Tunnel-Mikroskops. Einer der beiden Kontakte, eine fein zugeschliffene Spitze eines Wolframstiftes, wird in diesem Abstand über die Probe gefahren und tastet deren Oberfläche rasterähnlich mit Quer- und Längsbewegungen ab. Dank eines raffinierten Mikroantriebs mit Piezokristallen, die ihre Länge je nach angelegter Spannung minimal ändern, hält die Spitze immer den gleichen Abstand zur Probe ein. Kontrolliert wird der Abstand durch den gemessenen Tunnelstrom. Abgenommen und aufgezeichnet

1

1–2 – **Raster-Tunnel-Mikroskop, Detailaufnahme und Gesamtansicht. Leitende Materialien haben eine Elektronenwolke um sich, bestehend aus Elektronen, die es aufgrund ihrer Welleneigenschaften geschafft haben, die Oberfläche des Leiters zu durch „tunneln". Bringt man nun eine feine Metallnadelspitze so nahe an das leitende Material heran, daß sich beide Elektronenwolken berühren, und legt man eine kleine Spannung an, so fließt ein Strom. Im Raster-Tunnel-Mikroskop wird die Tatsache, daß die Wolke nach außen hin stark abnimmt, zum Abtasten von Oberflächenstrukturen im atomaren Bereich ausgenützt. Die Abbildung ergibt sich aus den Bewegungen der Nadelspitze, die immer gerade so nahe an dem Untersuchungsobjekt entlanggeführt wird, daß zwischen den beiden Elektronenwolken ein konstanter Tunnelstrom fließt.**

wird die Nadelbewegung durch Messen der Spannungen an den Piezokristallen, deren Längenänderungen dadurch definiert sind.
Das klingt sehr theoretisch, läßt aber interessante Ausblicke zu. Denn das RTM kann noch Unebenheiten an Metalloberflächen sichtbar machen, die kleiner sind als der Durchmesser eines Atoms. Anders ausgedrückt: Das Auflösungsvermögen des Supermikroskops für feinste Strukturen an Oberflächen ist ungefähr hundertmal besser als das eines Elektronenmikroskops. Metallurgie und Chemie erhoffen sich vom RTM wichtige Aufschlüsse über Oberflächenprozesse wie die Oxidation (was passiert, wenn Eisen rostet?) und Adsorption.

Glasfasern übertragen Licht

Haarfein ausgezogene Glasfasern verlieren eine der unangenehmsten Eigenschaften des Glases: Sie sind nicht mehr zerbrechlich, sondern flexibel wie Seide. Deshalb kam man schon früh auf den Gedanken, sie ähnlich wie Textilfasern zu verwenden. Krawatten aus Glasseide wurden die große Mode. Es gab glasfaserdurchwebte Tapeten und Vorhangstoffe. Aus Glaswolle lernte man Gicht- und Rheumawatte ebenso herzustellen wie Dämm-Material für den Häuserbau.
An die optischen Eigenschaften der Glasfasern erinnerte man sich erst in unserem Jahrhundert. Es zeigte sich, daß man unter bestimmten Voraussetzungen Lichtenergie durch hauchdünne Glasfasern leiten kann. Medizin und Technik machten sich die Glasfaseroptik zunutze. Und es wird nicht mehr lange dauern, bis Lichtwellenleiter aus eben diesen dünnen Glasfasern den herkömmlichen Fernsprechkabeln Konkurrenz machen werden.

Glasseide und Glaswolle

Im Prinzip ist das Verfahren ganz einfach: Man nehme einen Glasstab, erhitze dessen Ende mit der Glasbläserlampe, ziehe einen dünnen Faden ab und befestige ihn an einer Trommel, die mit einer Geschwindigkeit von etwa 600 bis 700 Umdrehungen in der Minute rotiert. Die Trommel zieht von dem weiterhin erhitzten Glasstab einen dünnen Faden ab und wickelt ihn auf. Der von der Trommel geschnittene Fadenstrang läßt sich beinahe beliebig weiterverarbeiten.
Nach diesem Verfahren arbeiteten schon die Glasbläser von Murano bei Venedig. Sie gelten als die Erfinder der Glasfasertechnik, obwohl schon vor ihnen die Ägypter ähnliche Verfahren gekannt haben müssen. Die Leute von Murano machten aus ihren Glasfasern gewickelte Perlen, Flechtarbeiten und Federbüschel, die den damals so beliebten Reiherfedern ähnelten – man konnte sein Kleid oder seinen Hut damit herausputzen.
Bald ahmten die böhmischen Glasbläser diese Kunst nach. In Paris, Brüssel und Wien wurden Nippsachen aus Glasfasern hergestellt. Um 1830 entstanden in Mailand und vor allem in der Seidenstadt Lyon die ersten Seidenstoffe, bei denen man die Naturseide mit Glasseide streckte. Glasfaserdurchstickte Tapeten und Priesterornate kamen auf.
Diese frühen Glasfasern erreichten noch nicht die Feinheit heutiger Fasern. Das lag am Glas. Erst nachdem J. de Brunfaut in Wien im Jahre 1850 ein neues Glasrezept erfunden hatte, wurde es möglich, die Fasern auf Stärken zwischen $^1/_{100}$ und $^6/_{1000}$ Millimeter auszuziehen (heute gibt es Fasern, die nur $^3/_{1000}$ Millimeter dünn sind). Die neuen Glasfasern ließen sich flechten, weben und knoten, ohne zu brechen. Aus ihnen konnte man Krawatten und Manschetten, Uhrketten und Damenhutputz herstellen, ebenso Armbänder und Netze sowie Kratzbürsten für Vergolder.
Und wenn man ein Glas verwendete, das gekräuselte Fasern erbrachte, bekam man ein Material, das sich trefflich für eine Watte eignete, die auf der Haut sofort ein Gefühl der Wärme erzeugte: Glaswolle hat ein sehr geringes Wärmeleitvermögen. Die wattige Glaswolle diente aber auch als Besatz für Muffen, Hüte und Kappen, als Plüschersatz und zur Herstellung von nachgemachten Straußenfedern. Schließlich konnte man die Glasfaserwolle auch noch für Filtereinsätze verwenden und zum Dämmen von Rohrleitungen oder Wänden.

Das um die Ecke geleitete Licht

Wenn man Glasfasern aus hochtransparenten optischen Gläsern in einen Mantel aus einem anderen Glas mit niedriger Brechungszahl, wenige tausendstel Millimeter dünn, einhüllt, entwickelt die gute alte Faser plötzlich ganz neue Eigenschaften: Das an der Stirnseite eingeleitete Licht bricht sich zickzackförmig an den wie ein Spiegel wirkenden Innenwänden und kommt an der anderen Seite beinahe mit gleicher Lichtstärke wieder heraus. Diese Totalreflexion tritt auch ein, wenn die Faser in Kurven und Biegungen verlegt

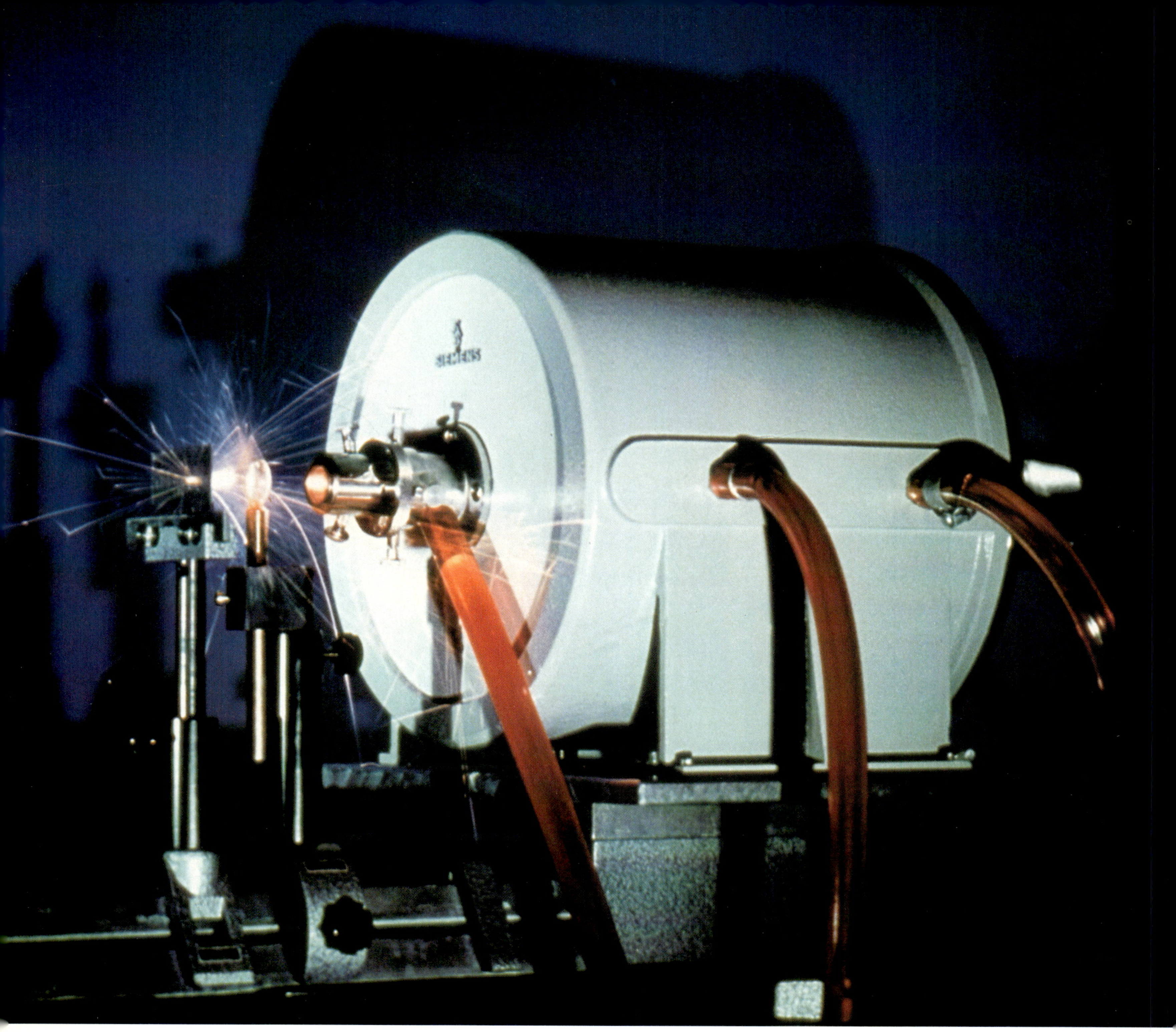

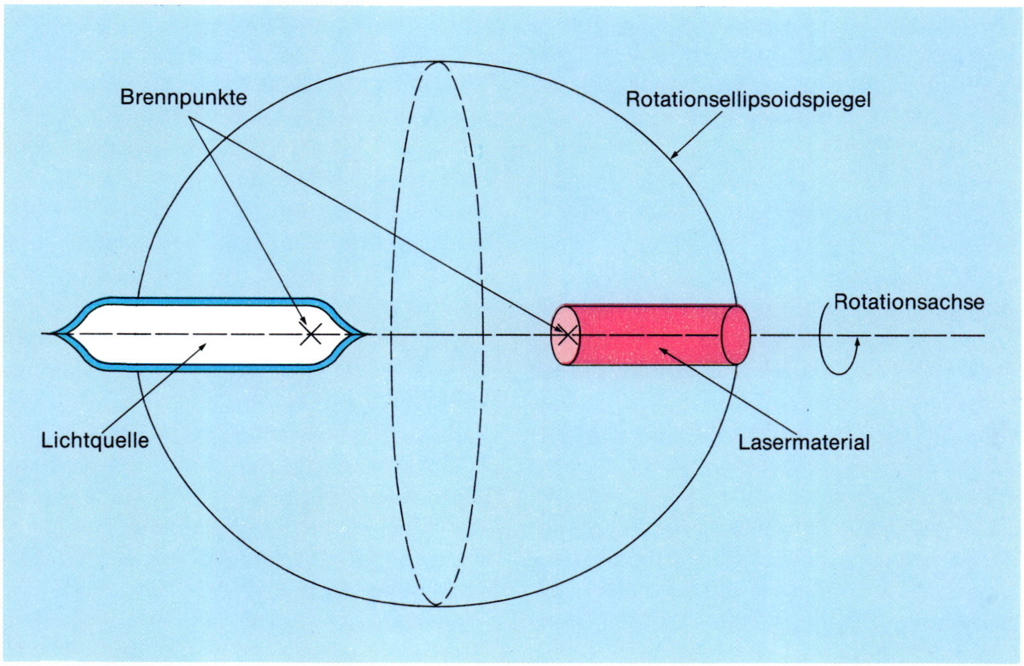

2

1–2 – Dieser Rubinlaser (1967) schießt kleine Löcher in ein Stahlblech. Der Laserstab (75 mm lang) und die Blitzlampe sind von einem Rotationsellipsoidspiegel umgeben. Von der Art des Lasermaterials her handelt es sich um einen Festkörperlaser, von der Art der Aufladung her um einen Impulslaser.

1 – Einer der ersten Kohlendioxid(CO_2)-Laser in Deutschland (1964). Er gehört in die Gruppe der Gaslaser: Das aktive Material befindet sich in einem Gasentladungsrohr mit einem voll- und einem teilverspiegelten Ende. Bei diesem Lasertyp erfolgt die Anregung des Lasers entweder durch das bereits erwähnte optische Pumpen oder durch Elektronenstöße.
2 – Argonlaser für blaues Licht (Gaslaser, die Glasröhre ist mit dem Edelgas Argon gefüllt); ein relativ „handlicher" Laser mit Netzteil für den Betriebsstrom, geeignet für den Einbau in Laserdrucker, medizinische Geräte usw. Er wiegt aber immerhin noch 9 Kilogramm.
3–4 – Detailaufnahme eines Laserdrukkers und Skizze der Gesamtanlage. Was nützt ein schneller Großrechner in der Datenverarbeitung, wenn das Ausdrucken der Daten nicht auch angemessen schnell erfolgen kann! Mit Hilfe eines Lasers werden hier Daten vom Speicher in Typen übersetzt, indem er die elektrischen Ladungsbilder auf eine Fotoleitertrommel überträgt. Eingefärbt und auf Normalpapier umgedruckt, ergibt das ein normales Schriftbild.

1

2

überdies noch einen hohen Wirkungsgrad haben, wird ihnen für Dauerstrich- wie für Impulsbetrieb (beides ist möglich) eine große Zukunft vorausgesagt.

Vom Diamantbohrer zur Laserkanone

Mittlerweile gibt es so viele Möglichkeiten der Laserverwendung, daß selbst die Fachleute den Überblick zu verlieren drohen. Ihre lückenlose Aufzählung würde ein eigenes Buch erfordern. Es seien deshalb einige der spektakulärsten Anwendungsbeispiele stellvertretend für alle anderen erwähnt.
Eine der frühesten praktischen Anwendungen betraf das Bohren winziger Löcher in Uhrensteine für die Schweizer Uhrenindustrie, die jährlich bis zu 700 Millionen solcher Steine zu verarbeiten hatte. Mit einem Festkörperlaser gelang es, vollautomatisch 20000 Bohrungen in der Stunde zu erreichen – ein Mehrfaches dessen, was konventionelle Maschinen schafften. Mit Laserstrahlen werden aber auch jene Industriediamanten durchbohrt, die für das Ziehen feinster Drähte verwendet werden. Gaslaser mit Dauerstrichtechnik lenken die riesigen Bohrmaschinen, mit denen Tunnel gebohrt werden, beispielsweise beim Bau der Münchner U-Bahn. Der Laserstrahl gibt dabei die genaue Leitlinie an. Er ist auf einer Rasterscheibe der Vortriebsmaschine erkennbar, so daß der Maschinenführer jede Abweichung sofort korrigieren kann.
Vielfältig sind die Möglichkeiten, mit Laserstrahlen berührungslos Dicken, Entfernungen und Geschwindigkeiten zu messen – auch auf Gebieten, die bis dahin dem (ungenaueren) Radarsystem vorbehalten waren. Der auf die Oberfläche des zu vermessenden Objekts gerichtete Laserstrahl wird in eine Fotodiode zurückgestrahlt. Das Gerät vergleicht seine Laufzeit mit derjenigen eines Referenzstrahls und ermittelt daraus das Meßergebnis.
Bekannt wurde die Vermessung der Entfernung Erde–Mond. Nachdem es schon 1962 gelungen war, den Mond mit einem Laserstrahl anzupeilen, stellten die Astronauten der Apollo-11-Besatzung bei ihrem ersten historischen Mondbesuch 1969 einen Laserreflektor auf dem Mond auf, der am 1. August desselben Jahres vom Strahl eines im Lick-Observatorium in Kalifornien aufgestellten Riesenimpulslasers angepeilt wurde. Nach knapp 2,5 Sekunden fing das Lick-Teleskop den auf dem Mond reflektierten Strahl auf. Seit diesem Tag kennen wir die Entfernung Erde–Mond auf zwanzig Zentimeter genau.

Die mit Laser-Methoden möglichen zauberhaften Lichteffekte machten sich zuerst die Bühnenbildner zunutze. 1970 staunten die Zuschauer der Opernfestspiele im Münchner Nationaltheater über die stehenden oder auch bewegten Farbfiguren von ätherischer Eleganz, die bei Mozarts „Zauberflöte“ durch den Bühnenraum schwebten. Vor dem Laserstrahl angebrachte geriffelte Glasscheiben streuten, reflektierten und brachen die farbigen Lichtstrahlen auf eindrucksvolle Weise.

Mit Laserstrahlen werden in der Medizin Zähne gebohrt und abgelöste Augen-Netzhäute wieder angeschweißt. Mit Lidar-Geräten (Lasergeräte nach dem Radarprinzip) kann man Luftverschmutzer entlarven, weil sie Staub-, Dunst- und Wolkenschichten jeder Art orten. Superlaser mit Strahlungsleistungen um eine Milliarde Kilowatt sollen helfen, das Pro-

4

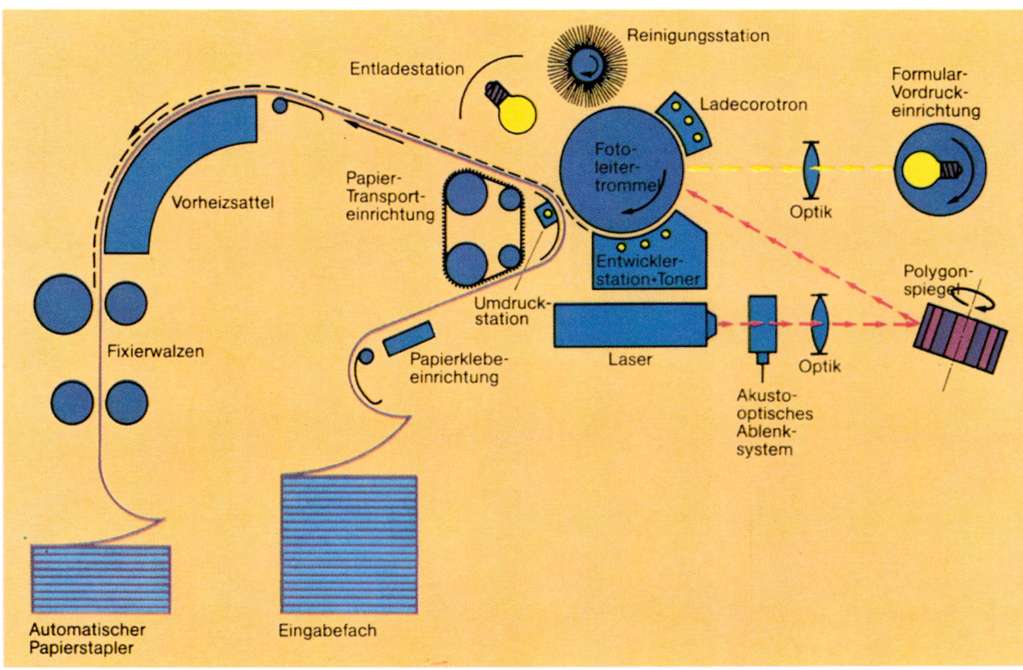

1

2

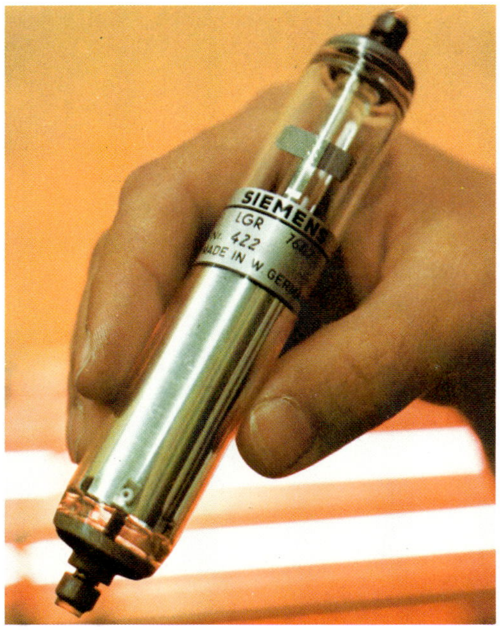

3

4

blem der kontrollierten Kernfusion zu lösen, damit möglicherweise einmal saubere Kernkraftwerke gebaut werden können.
Laser werden aber auch für die Isotopentrennung in der Nukleartechnologie, zum Schneiden von Blechen oder zur Krebsbekämpfung eingesetzt. Das für die Zukunft bedeutendste Anwendungsgebiet wird nach Meinung der Fachleute die Nachrichtentechnik sein. Laserdioden werden schon heute zur Nachrichtenübermittlung über Lichtwellenleiter eingesetzt.
Und natürlich interessieren sich seit jeher auch die Waffentechniker in West und Ost für die Möglichkeiten der Laserstrahlen. Gerade auf diesem Gebiet wurden den normalen Sterblichen immer wieder Meldungen über angebliche „Todesstrahlen" vorgesetzt, über die der Fachmann nur lachen konnte. Zweifellos war hier manchmal ein Wunschtraum der Vater des Gedankens. Und sicherlich ist nur ein Bruchteil dessen bekannt, was auf waffentechnischem Gebiet mit dem Laser schon alles erprobt wurde.
Immerhin sind Laser-Zieleinrichtungen und Entfernungsmeßgeräte, Laser-Ortungsgeräte und Nachrichtenübermittlungsgeräte längst im Einsatz oder in der Erprobung. Ende 1978 gab die amerikanische Marine erstmals das Foto eines Landepanzers mit „Laserkanone" frei, darauf eingerichtet, Panzerabwehr-Lenkraketen vom Typ TOW abzuschießen – eingesetzt wurde ein 400000-Watt-Laser. 1982 wurde in White Sands, New Mexico, ein Testgelände für eine Laserkanone mit einer Leistung von 2,2 Millionen Watt eingerichtet. Und um die gleiche Zeit diskutierten Fachleute Laser-Systeme für den Einsatz im Weltall. Raumstationen mit 10-Millionen-Watt-Lasern sollen für die Anti-Satelliten- und Anti-Raketen-Kriegführung programmiert werden. Gedacht ist an Spiegel mit zehn Meter Durchmesser, die Laserstrahlen über Entfernungen von mehr als 5000 Kilometer ausstrahlen sollen.

Das räumliche Bild: Holografie

Die Londoner erkannten ihre ehrwürdige Royal Academy of Arts, die Königliche Akademie der Künste, nicht mehr wieder. Seit 1769 hatte die Akademie alljährlich eine sommerliche Kunstausstellung mit Werken zeitgenössischer Maler veranstaltet, seit 1870 kam eine Winterausstellung dazu. Aber immer hatte es sich um greifbare Kunstwerke als Ausstellungsgegenstände gehandelt. Nun plötzlich, im März 1977, lud die Akademie zu einem ganz

merkwürdigen Lichtspiel-Spektakulum ein, zu einer Ausstellung, die unter dem Titel „Phantastisches Licht" plastische, aber nicht greifbare Bilder in den Raum zauberte, und das nach einem Verfahren, dessen Erläuterung keiner der 100 Eröffnungs-Ehrengäste begriff.

„Es ist das erste Mal, daß die Königliche Akademie, sonst nur für Kunstwerke bestimmt, dem Publikum eine technische Errungenschaft zeigt", berichtete Egon Larsen etwas verunsichert für die Süddeutsche Zeitung, „großenteils ganz unkünstlerische und profane Dinge wie etwa eine Teetasse, ein Telephon, einen Wasserhahn. Man kann in die Guckkästen, in denen sie auf einer Glasplatte festgehalten wurden, hineinfassen, und das tun die Besucher, denn es ist ganz unglaublich, daß diese Objekte nur Bilder sind. Man will die Tasse, das Telephon, den Wasserhahn anrühren ... und greift ins Nichts. Macht man vor dem Kasten einen Schritt nach rechts oder links, sieht man die Dinge aus anderen Blickwinkeln, als seien sie wirklich da. Modelle von Lokomotiven, Häusern, einer fliegenden Concorde, einem Schädel – alles schwebt da vor Augen, handgreiflich und nicht zu fassen ... Unsere Zeit hat nun ein neues Spielzeug."

Was da in London so eindrucksvoll vorgeführt wurde, war das räumliche Bild, von Laserstrahlen nach einem trickreichen Verfahren entworfen und Holografie genannt.

Die Wellenfrontrekonstruktion

Mit der herkömmlichen Fototechnik kann man kein echtes räumliches Bild aufnehmen. Erst die Lasertechnik schuf die Vor-

1 – Dieser Diodenlaser (hier mit Kühl- und Reglerelementen in einem Gehäuse montiert) gehört in die Gruppe der Halbleiterlaser. Das mit Gleichstrom aktivierbare Lasermaterial ist Galliumarsenid. Der große Vorteil solcher Laser: im Aufbau einfach und sehr klein. Bei Verwendung in der Kommunikationstechnik wird das erzeugte Laserlicht direkt über Glasfasern weitergeleitet.
2 – Laser-Röhrenfertigung bei Siemens.
3 – Helium-Neon-Laser (Gaslaser), einsetzbar als Ziel- bzw. Richtleithilfe beim Bauen oder zu militärischen Zwecken.
4 – Endverstärker des Hochleistungs-Jodlasers Asterix III (Festkörper) des Max-Planck-Instituts in Garching. Er speichert die Anregungsenergie über längere Zeit, um sie dann auf einmal in einem Riesenimpuls abzugeben, daher die Bezeichnung „Riesenimpulslaser".

aussetzungen für ein Aufnahmeverfahren, das die Umwelt nicht nur in einer Ebene abbilden, sondern räumlich wiedergeben kann, also eine „vollständige Aufzeichnung" liefert – und nichts anderes bedeutet das Wort Holografie.
Festgehalten werden bei diesem Verfahren die vom Objekt reflektierten Lichtwellen (die Wellenfront des Objekts), die ein Laserstrahl erzeugt. Das dabei entstehende Wellenfeld wird vom Licht eines zweiten Laserstrahls, der Referenzwelle, überlagert. Das Ergebnis sind Interferenzmuster, die auf einer Schwarzweiß-Fotoplatte festgehalten werden. Unter dem Mikroskop erweisen sich diese Muster als ein Gewirr feinster Linien und Kreise, mit denen das Auge nichts anfangen kann. Erst bei der Durchstrahlung der Platte mit Laserlicht gleicher Wellenlänge entsteht ein dreidimensionales Bild.
Weil die Platte, das Hologramm, nicht nur eine bestimmte Ansicht des Objekts festhält, sondern die optischen Daten aller denkbaren Ansichten, die man von einem Gegenstand aufnehmen könnte, läßt sich das Aufnahmeobjekt von allen Seiten betrachten, vorausgesetzt, man bewegt sich im Rahmen des Laserlichtbündels. Und wie bei der Betrachtung eines realen Gegenstandes verändert sich je nach dem Standort die Perspektive, unter der man das Objekt sieht.
Bei einer holografischen Abbildung einer Skatrunde könnte man also nacheinander allen Spielern in die Karten sehen – eine Vorstellung, die Salvador Dali so faszinierte, daß er ein solches Hologramm schuf.
Übrigens sind die holografisch verschlüsselten Daten nicht etwa dem Objekt entsprechend über die ganze Platte verteilt, sondern jeder Punkt des Hologramms enthält alle Daten. Aus einer winzigen Scherbe des Hologramms kann man deshalb die ganze Platte mit Hilfe von Laserstrahlen rekonstruieren. Bei diesem Verfahren nimmt lediglich das Auflösungsvermögen etwas ab.

Die Erfindung der Holografie

Die linsenlose Fotografie wurde technisch erst möglich nach der Erfindung des kohärenten Laserlichts. Ihr Prinzip ist aber schon viel älter. Ab 1947 beschäftigte sich der 1900 in Ungarn geborene Physiker Dennis Gábor mit der Verbesserung magnetischer Elektronenlinsen und mit Problemen der Interferenzmikroskopie. Gábor, der in Budapest und Berlin studierte, dann am Deutschen Forschungsinstitut für Hochspannungsanlagen und bei Siemens & Halske arbeitete und 1934 nach England ging, wo er Professor für angewandte Elektronenphysik am Imperial College in London wurde, war einem Verfahren auf der Spur, die Abbildungseigenschaften von Elektronenmikroskopen zu verbessern. Er experimentierte dabei mit Elektronen- und Röntgenstrahlen, erzielte aber keine brauchbaren Ergebnisse, weil es an ausreichend kohärenten, für Interferenzversuche geeigneten Strahlen aus dem Elektronen- und Röntgenbereich mangelte. Dann ging er zu Lichtwellen über, deren kohärente Erzeugung ebenfalls noch nicht gelungen war.
Dabei gelang ihm die Entdeckung des Holografie-Prinzips. Gábor konstruierte das erste holografische Gerät der Welt, ein noch ziemlich primitives Mikroskop, das es nur auf eine 150fache Vergrößerung brachte, eben weil es an kohärentem Licht fehlte. Aber er hatte damit den richtigen Weg beschritten – 1971 wurde ihm dafür der Nobelpreis zuerkannt.
Nach der Erfindung des Lasers kamen Emmett N. Leith und Juris Upatnieks, zwei Wissenschaftler von der Universität von Michigan, als erste auf die Idee, den Laser für Gábors linsenlose Fotografie einzusetzen.
In den folgenden Jahren wurde das Verfahren vielfach abgewandelt, ergänzt und weiterentwickelt. Schon 1958 arbeitete der Sowjetrusse Juri Denissjuk an einer Holografietechnik mit räumlicher Aufzeichnung, der Volumen-Holografie oder Wellenfotografie. Robert V. Pole von IBM baute seinen Holocoder, dessen aus Hunderten geschliffener Flächen bestehende Fliegenaugenlinse bei normalem Licht ein Vielfachbild herstellt. Mit dem Laserstrahl wird das räumliche Bild dann unter Verwendung einer weiteren Fliegenaugenlinse verwirklicht.
Andere Methoden verzichten ganz auf den Laser und zerlegen das vom Objekt zurückstrahlende weiße Licht mit Hilfe von Polarisationsfiltern in zwei Bildstrahlen, die sich auf der Platte interferierend überlagern. An die Lasermethode heranreichende Ergebnisse wurden damit einstweilen allerdings noch nicht erzielt.

Holografie in der Praxis

Die Passanten auf New Yorks Fifth Avenue wußten nicht, wie ihnen geschah: Aus dem Schaufenster eines renommierten Juweliergeschäfts streckte sich ihnen eine grazile Damenhand entgegen, die ein kostbares Brillantenkollier darbot. Erst bei näherer Betrachtung erwies sich das Ganze als holografischer Spuk.
Möglicherweise wird es eines Tages, wie von Holografie-Spezialisten vorausgesagt, holografische Porträts, Kunstwerke, Licht-Phantasiegebilde für die Wohnraumdekoration und ähnliche Schöpfungen geben. Und eines Tages könnte auch die Verwirklichung des dreidimensionalen farbigen Fernsehbildes nach holografischen Verfahren vor der Tür stehen – an Techniken dieser Art wird längst gearbeitet.
Einstweilen jedoch stehen technisch-wissenschaftliche Anwendungen im Vordergrund. Mit holografischen Interferenzverfahren kann man beispielsweise die physikalischen Vorgänge in Flammen genau untersuchen – eine Technik, die der Sicherheit von Treibstoff-Tanklagern dient. In der Automobilindustrie werden die Hologramme ruhender und laufender Motoren miteinander vergleichen. Der „fotografierte Lärm" läßt Rückschlüsse auf die Motorenbauweise und auf etwaige Schwachstellen in der Konstruktion zu. Mit ähnlichen Interferenzmethoden kann man das Wachstum von Pflanzen verfolgen, Fingerabdrücke vollautomatisch aussortieren oder Abstrichpräparate in der Krebsvorsorge vergleichen – der Arzt hat dann nur noch einen kleinen Rest der Abstriche mit zweifelhaftem Befund zu überprüfen.
In der Funktechnik und Akustik macht die Holografie mit Radio- oder Schallwellen bestrahlte Objekte sichtbar. In der Geologie dient sie zur Ermittlung von Lagerstätten. In der Optik kann man mit ihrer Hilfe Objektive überprüfen und korrigieren. In der Datenverarbeitung ergeben sich neue Möglichkeiten der Speicherung und Aufzeichnung von Daten – ein zu diesem Zweck entwickelter Lithium-Niobat-Kristall von einem Zentimeter Kantenlänge kann heute schon 1000 Hologramme speichern. Die Reproduktionstechnik wird eines Tages vielleicht plastische Bilder drukken können. Auch das von Dennis Gábor angestrebte Ziel, die Verbesserung der Mikro- und Ultramikroskopie, rückt dank verbesserter holografischer Verfahren der Verwirklichung näher. 1963 begann der amerikanische Physiker George Stroke an der New Yorker Staatsuniversität mit Versuchen, auf holografisch-mikroskopischem Weg molekulare Strukturen sichtbar zu machen. Erst 1976 konnte er Brauchbares präsentieren.
Stroke, unterstützt von Maurice Halioua, Venugopal Srinivasan und Raghupathy Sarma, durchstrahlte bestimmte Kristalle mit Röntgenstrahlen. Die dabei erzeugten Abbildungen wurden datentechnisch umgesetzt und von einem Computer in ein Hologramm verwandelt, das mit Helium-

Ohne Laserlicht gäbe es keine Holografie, keine räumliche Aufzeichnung und Wiedergabe eines Objektes, denn dazu braucht man zwei Lichtstrahlen gleicher Phasenlänge und gleicher Schwingungsweite (Amplitude). Auf der holografischen Platte werden die Amplituden- und Phasenverteilung und damit die räumliche Intensitätsverteilung des Lichtes aufgezeichnet. Strahlt man das Hologramm dann mit gleich schwingendem Licht an, so entsteht unmittelbar dahinter wieder die ursprüngliche Amplituden- und Phasenverteilung des Lichtes, die sich ergab, als die beiden Laserstrahlen auf das Objekt auftrafen und von diesem gebeugt oder gestreut wurden.

1–2 – Holografische Anordnung zur Untersuchung der Vorgänge in Flammen (ganz im Vordergrund die holografische Platte, hinten links der Laser).

2

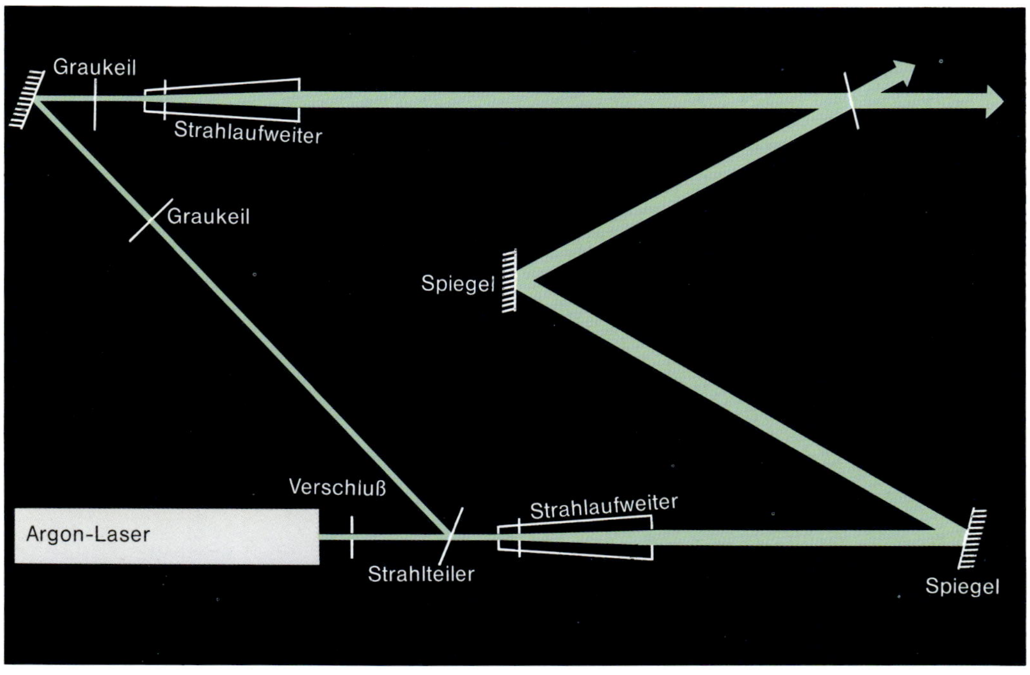

Neon-Gaslaserlicht dreidimensional sichtbar gemacht werden konnte.
„Bisher konnten wir lediglich eine Partitur schreiben", meinte Stroke im Hinblick auf die lange Entwicklungsdauer seines Projektionsverfahrens, „nun sind wir endlich in der Lage, richtige Musik zu machen." Und das amerikanische Nachrichtenmagazin Time merkte dazu an: „Es bleibt noch viel Arbeit zu tun, bevor Stroke eine ganze Sinfonie schafft und die vollständige Struktur eines jeden Moleküls zeigen kann."

Die Multiplex-Holografie

1982 kam erstmals das Röntgen-Raumbild ins Gespräch, hergestellt mit Hilfe einer raffinierten Kombination aus konventionellem Röntgenbild, Computer-Tomografie und Holografie. Die ersten dreidimensionalen Abbildungen menschlicher Organe fertigte der japanische Forscher J. Tsujiuchi vom Tokyo Institute of Technology an.
Einstweilen stehen der praktischen Anwendung jedoch noch gravierende Probleme entgegen. Die Röntgenbelastung des zu untersuchenden Patienten ist viel zu hoch (für eine Darstellung des gesamten Körpers müssen rund 2000 Aufnahmen gemacht werden). Außerdem weisen die Röntgenaufnahmen unterschiedliche Grauwertabstufungen auf, sind also nicht miteinander vergleichbar.
An der Beseitigung dieser Nachteile wird gearbeitet, unter anderem im Institut für Angewandte Strahlentechnik (BIAS) in Bremen, wo sich der Physiker Werner Jüptner mit der neuen Technik beschäftigt. Beispielsweise ist daran gedacht, nur eine begrenzte Anzahl von Röntgenaufnahmen anzufertigen und die fehlenden Daten von einem Computer „interpolieren" zu lassen. Auch dann bleibt noch die Schwierigkeit, daß die Computerberechnung des Datenmaterials für die Bildanalyse und -wiedergabe selbst bei modernsten Rechnern mehrere Stunden in Anspruch nimmt.
Sollte sich die Multiplex-Holografie durchsetzen, könnte ein uralter Traum der Mediziner, der „gläserne Mensch", Wirklichkeit werden, denn es wäre dann möglich, jedes beliebige Organ bis hin zum dünnsten Blutgefäß oder zur winzigsten Nervenfaser dreidimensional abzubilden, ohne eine aufwendige Operation vornehmen zu müssen.

Astronomische Geräte

Das astronomische Fernrohr

Auf dem Leuchtturm von Alexandria in Ägypten, so berichtet eine arabische Legende, habe es einen riesigen Spiegel gegeben, mit dem man die Schiffe schon sehen konnte, wenn sie in Griechenland absegelten. Das ist natürlich nicht möglich, wenn auch der Leuchtturm von Alexandria zu den berühmten Sieben Weltwundern gerechnet wurde – schon die Erdkrümmung hätte eine solche „Weitsicht" verhindert. Aber die Legende zeigt, daß es die Idee der optischen Fernbeobachtung lange vor ihrer (relativ späten) Erfindung gab.
Fernrohre kamen erst zu Beginn des 17. Jahrhunderts auf. Sie waren aus heutiger Sicht nicht einfach optische Geräte, mit denen man Himmel und Erde beobachten konnte, sondern auch Symbole einer Entwicklung, die einer Revolution gleichkam. Denn das Fernrohr stand am Wendepunkt, am Übergang vom blinden Glauben an überkommene Traditionen zur Erkenntnis der Naturgesetze durch die experimentelle Methode. Die „neue Wissenschaft" kam auf.

Christoph Kolumbus und das Fernrohr

Es gibt eine berühmte Briefmarke, herausgegeben von den damals zu Großbritannien gehörenden westindischen Inseln St. Kitts-Nevis, die Christoph Kolumbus, den Entdecker dieser Inseln, an Bord eines seiner Schiffe zeigt, wie er mit dem Fernrohr in die Weite späht. Kolumbus war 1493 auf St. Kitts, er starb im Jahre 1506. Von seinem Todestag an sollten noch über 100 Jahre bis zur Erfindung des Fernrohrs vergehen. Das hatte die zuständige Postverwaltung, die die Marke 1903 herausgab, übersehen – und sie entschuldigte sich damit, eigentlich sei Kolumbus ja gar nicht gemeint gewesen, sondern ein beliebiger anderer Seemann. Aber das glaubte ihr niemand.
Wenn es bis zu Beginn des 17. Jahrhunderts kein Fernrohr gab – wie orientierten sich die Seefahrer bis zu diesem Zeitpunkt? Zum In-die-Ferne-Spähen gab es bestenfalls linsenlose Tuben in Röhrenform. Solche Geräte, die Sonnenlicht abschirmten und den Blick konzentrierten, sind schon um das Jahr 900 nachgewiesen, sowohl in Europa als auch bei den Arabern.
Unter den sonstigen Orientierungshilfen ist vor allem das Astrolabium zu erwähnen, auch „mathematischer Edelstein" genannt und vor allem angewendet für die Messung der Höhe eines Himmelskörpers. Es bestand aus einer mit Gradeinteilung versehenen Metallscheibe mit einer Datumslinie und einem drehbaren Zeiger (Alhidade). Bei Messungen wurde das Astrolabium so aufgehängt, daß die Datumslinie parallel zum Horizont verlief. Dann drehte man die Alhidade, bis sie auf den betreffenden Stern zeigte, dessen Höhe nun auf der Gradskala abgelesen werden konnte. Auf diese Weise konnte man sowohl die Zeit bestimmen als auch die Nordrichtung ermitteln.
Der gegen Ende des 13. Jahrhunderts von dem Italiener Johannes Campanus aus Novara erfundene Quadrant, der auf früher schon bekannte Mauerquadranten zurückging, diente ebenfalls der Höhenmessung von Sternen. Dabei handelte es sich um einen Viertelkreis (was auch der Name besagt) mit einer Winkelteilung an seiner Peripherie und einer Visiereinrichtung entlang einem Radius. Ein im Kreismittelpunkt angebrachter Arm (oder ein Pendel) zeigte beim aufgehängten Gerät auf der Teilung die Gradzahl der Höhe an.

Bis Anfang des 17. Jahrhunderts waren Seefahrer und Astronomen auf die Beobachtungen mit dem bloßen Auge angewiesen. Und selbst nach der Erfindung des Fernrohrs hatte man lange mit unscharfen Bildern und verschiedenen Linsenfehlern zu kämpfen. Der englische Optiker John Dollond (1706–1761) ließ sich als erster 1758 seine farbkorrigierten Linsen patentieren. Sein Linsenfernrohr (Bild) stammt noch aus der Zeit davor (um 1750). Es handelt sich um ein sogenanntes Äquatoreal: Das Fernrohr ist so ausgerichtet, daß es sich zum einen um eine Achse drehen läßt, die parallel zur Erdachse montiert ist, zum anderen um eine dazu senkrecht stehende Achse (parallaktische Montierung). Auf diese Weise konnte das Fernrohr leicht den sich scheinbar bewegenden Himmelskörpern nachgeführt werden.

1

2

3

4

Den Jakobsstab (Baculus Jacobi), wohl im 13. Jahrhundert von Jacob ben Makir erfunden und nach ihm benannt, verwendete man dazu, den Abstandswinkel zwischen zwei Sternen zu messen oder ebenfalls die Höhe eines Sterns über dem Horizont zu ermitteln. Er bestand aus einem Stab mit Gradeinteilung, auf dem im rechten Winkel ein Querstab angebracht war. Der Querstab wurde mit dem Stab ans Auge gehalten und so lange verschoben, bis das Visier an dem einen Ende auf den Horizont und das am anderen Ende auf den Stern oder die Sonne eingestellt war. Die abgelesene Gradzahl erlaubte die Höhenfeststellung des Sterns anhand einer Winkeltabelle.

Im 14. Jahrhundert arbeiteten die Astronomen dann schon mit Winkelfunktionen. Der Sextant als Winkelmeßgerät kam erst viel später auf – er war auf optische Bauteile (Fernrohr, Spiegel) angewiesen. Sein Funktionsprinzip entwickelte Isaac Newton im Jahre 1699, die technische Verwirklichung geht auf John Hadley (1731) zurück.

Janssen, Lipperhey und das „Kijkglas"

Daß man die gegen Ende des 13. Jahrhunderts aufgekommenen Linsen auch für Himmelsbeobachtungen einsetzen könnte, meinte schon der gelehrte Engländer Roger Bacon (1214 bis nach 1292), der 1250 schrieb: „Was weit entfernt ist, muß ganz nah erscheinen, und umgekehrt. Denn es könnten durchsichtige Medien so für das Auge angeordnet werden ..., daß wir ein Ding in der Ferne sehen können ... Ja, wir würden Sonne und Mond gleichsam vom Himmel herabziehen."

Ähnlichen Spekulationen gab sich um 1500 auch Leonardo da Vinci (1452–1519) hin, in dessen Notizen es heißt: „Mache Gläser für die Augen, um den Mond groß zu sehen." Zur Verwirklichung kam er jedoch nicht.

Über die Erfindung des Fernrohrs gibt es zwar eine Menge hochwissenschaftlicher Bücher mit spitzfindigen Schlußfolgerungen, aber nur wenig stichhaltige Dokumente. Festzustehen scheint, daß die ersten Fernrohre spätestens 1608 im holländischen Middelburg gebaut wurden. Dabei sind vor allem zwei Namen von Bedeutung: Zacharias Janssen und Jan Lipperhey.

Was Janssen, von Beruf Brillenmacher und möglicherweise einer der Erfinder des Mikroskops, anbetrifft, so gibt es zwei Versionen (die beide nur Legenden sein können), wie es zum ersten Fernrohr kam.

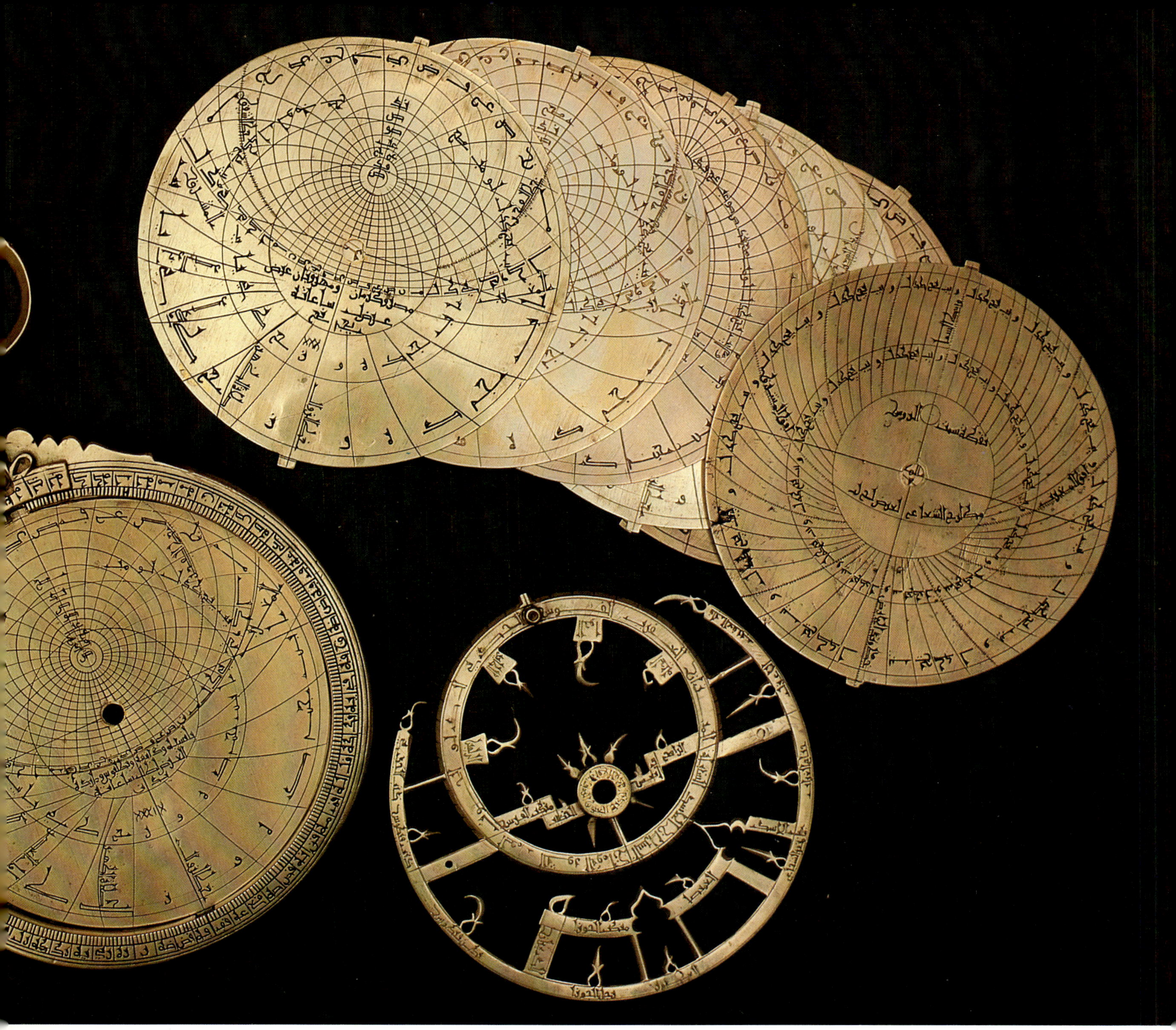

Die eine berichtet, Kinder hätten mit Linsen gespielt und den Middelburger Kirchturm betrachtet. Dabei habe sich ihnen ein stark vergrößertes, aber auf dem Kopf stehendes Bild gezeigt. Die andere Version behauptet, Janssen sei 1604 in den Besitz eines aus Italien stammenden Fernrohres mit der Jahreszahlaufschrift 1590 gekommen und habe es nachgebaut. Diese Fassung überlieferte allerdings erstmals eine 1903 erschienene Schrift von C. de Waard jr. mit dem Titel „De uitvinding der Verrekijker" (Die Erfindung der Fernrohre), und der Autor beruft sich dabei auf eine Aussage des Sohnes von Zacharias Janssen.

Belegt sind dagegen die Angaben über Jan Lipperhey. Er bot am 2. Oktober 1608 Fürst Maurits und den Ständen der Niederlande ein für Kriegszwecke gedachtes Teleskop an, das ein seitenrichtiges Bild zeigte. Lipperhey nannte es „Kijkglas" (Fernglas) und erbat ein Patent für dreißig Jahre oder eine jährliche Rente. Das wurde ihm abgeschlagen. Aber die Behörden ersuchten den Erfinder, ein Kijkglas zu konstruieren, durch das man beidäugig hindurchsehen konnte. Das machte keine Schwierigkeiten. Die Stände bestellten daraufhin drei Binokular-Ferngläser, wofür sie den stolzen Preis von 900 Gulden (nach heutigem Wert etwa 8000 Mark) zahlten, und empfahlen den Erfinder weiter. Ein Patent lehnten sie ab, „weil zu viele Leute von dieser Erfindung Kenntnis haben". Denn 15 Tage nach Lipperhey war schon der zweite Patentantrag eingegangen. Er stammte von Jaakob Metius aus Alkmar und wurde ebenfalls abgewiesen.

Lipperhey baute nun fleißig Ferngläser. Eines davon wurde noch 1608 König

1 – Die Briefmarke von St. Kitts-Nevis, Westindien, läßt Christoph Kolumbus die Neue Welt durch ein Fernrohr bewundern – hundert Jahre bevor es überhaupt erfunden wurde.
2 – Ältester erhaltener ganzmetallener Azimutalquadrant (Viertel-Meßkreis), um 1560, zur Bestimmung des Höhenwinkels eines Sterns und zum Ablesen der horizontalen Richtung (Azimut) auf dem horizontalen Meßkreis.
3 – Sextant (Sechstelkreis, 16./17. Jahrhundert, Nachbau). Auch hier wird ein Stern mit dem Visierlineal angepeilt und der Höhenwinkel am Meßkreis abgelesen.
4 – Arabisches Astrolabium (1086), zerlegt, mit 6 Scheiben für verschiedene geographische Breiten. Mit diesem Gerät kann man Gestirnshöhen messen, die Zeit (nachts), den Ort und Auf- und Untergang der Gestirne bestimmen.

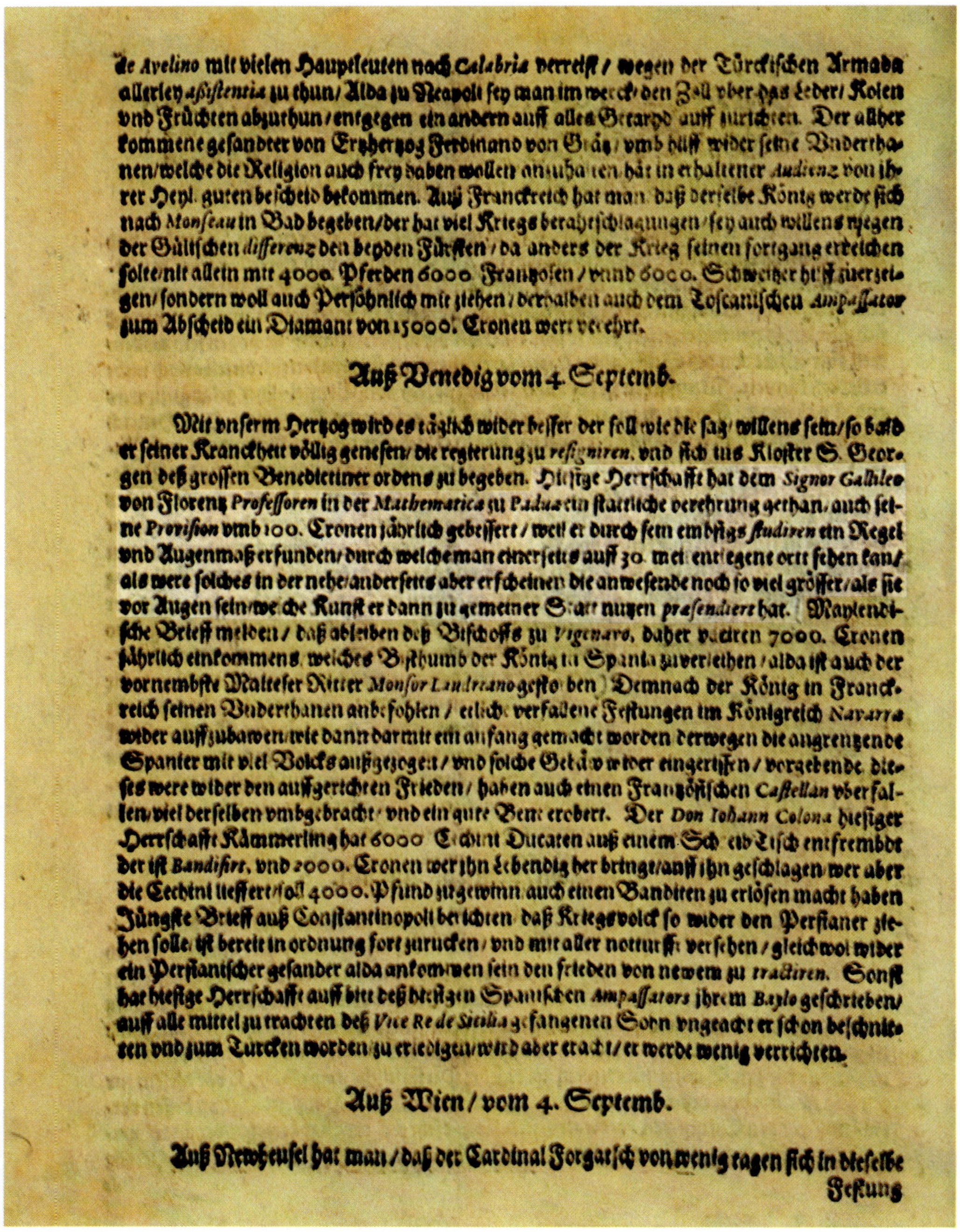

de Avelino mit vielen Hauptleuten nach Calabria verreist / wegen der Türckischen Armada allerley assistentia zu thun / Alda zu Neapoli sey man im werck den Zoll vber das Leder / Kolen vnd Früchten abzuthun / entgegen ein andern auff alles Getaydt auff zurichten. Der allher kommene gesandter von Ertzhertzog Ferdinando von Grätz / vmb hülff wider seine Vnderthanen / welche die Religion auch frey haben wollen anzuhalten / hat in erhaltener Audienz von ihrer Heyl. guten bescheid bekommen. Auß Franckreich hat man / daß derselbe König werde sich nach Monseau in Bad begeben / der hat viel Kriegs berathschlagungen / sey auch willens wegen der Gülischen differenz den beyden Fürsten / da anders der Krieg seinen fortgang erreichen solte / nit allein mit 4000. Pferden 6000 Frantzosen / vnnd 6000. Schweitzer hülff zuertzeigen / sondern woll auch Persöhnlich mit ziehen / derhalben auch dem Toscanischen Ampassator zum Abscheid ein Diamant von 15000. Cronen werth verehrt.

Auß Venedig vom 4. Septemb.

Mit vnserm Hertzog wird es täglich wider besser der soll wie die sag / willens sein / so bald er seiner Kranckheit völlig genesen / die regierung zu resigniren, vnd sich ins Kloster S. Georgen deß grossen Benedictiner ordens zu begeben. Hiesige Herrschafft hat dem Signor Gallileo von Florentz Professoren in der Mathematica zu Padua ein stattliche verehrung gethan / auch seine Provision vmb 100. Cronen jährlich gebessert / weil er durch sein embsigs studiren ein Regel vnd Augenmaß erfunden / durch welche man einerseits auff 30. meil entlegene ortt sehen kan / als were solches in der nehe / anderseits aber erscheinen die anwesende noch so viel grösser / als sie vor Augen sein / welche Kunst er dann zu gemeiner Statt nutzen præsendiert hat. Mayländische Brieff melden / daß ableiben deß Bischoffs zu Vigenaro, daher vaciren 7000. Cronen jährlich einkommens / welches Bisthumb der König in Spania zuverleihen / alda ist auch der vornembste Malteser Ritter Monsor Landriano gestorben. Demnach der König in Franckreich seinen Vnderthanen anbefohlen / etliche verfallene Festungen im Königreich Navarra wider auffzubawen / wie dann darmit ein anfang gemacht worden / derwegen die angrentzende Spanier mit viel Volcks auffgezogen / vnd solche Gebäw wider eingerissen / vorgebende dieses were wider den auffgerichten Frieden / haben auch einen Frantzösischen Castellan vberfallen / viel derselben vmbgebracht / vnd ein gute Beut erobert. Der Don Iohann Colona hiesiger Herrschafft Kämmerling hat 6000 Zechini Ducaten auß einem Schreib Tisch entfrembdet / der ist Bandisirt, vnd 2000. Cronen wer ihn lebendig her bringt / auff ihn geschlagen / wer aber die Zechini liefert / soll 4000. Pfund zugewinn / auch einen Banditen zu erlösen macht haben. Jüngste Brieff auß Constantinopoli berichten / daß Kriegsvolck so wider den Persianer ziehen solle / ist bereit in ordnung fort zurucken / vnd mit aller notturfft versehen / gleichwol wider ein Persianischer gesander alda ankommen sein den frieden von newem zu tractiren. Sonst hat hiesige Herrschafft auff bitt deß hiesigen Spanischen Ampassators ihrem Baylo geschrieben / auff alle mittel zu trachten deß Vice Re de Sicilia gefangenen Sohn vngeacht er schon beschnitten vnd zum Türcken worden zu erledigen / wird aber erachtet / er werde wenig verrichten.

Auß Wien / vom 4. Septemb.

Auß Newheusel hat man / daß der Cardinal Forgatsch von wenig tagen sich in dieselbe Festung

1 – Am 4. September 1609 berichtet eine der frühesten Zeitungen, die „Relation", über Galilei und seine neuartige Methode, weit entfernte Objekte nah zu sehen. Die ersten Fernrohre tauchten 1608 im holländischen Middelburg auf und wurden sehr schnell bekannt: Galilei baute sich aufgrund der Informationen über das holländische Fernrohr selber eines.

2 – Zwei Fernrohre von Galilei, beide mit einem Tubus aus Holz (136 und 92 Zentimeter lang), das untere noch mit Leder überzogen. Darunter in einer verzierten Fassung die Objektivlinse, mit der Galilei die Jupitermonde entdeckte.
Vom Typ her ist das Galileische Fernrohr ein Refraktor, da die Vergrößerung durch Lichtbrechung mittels Glaslinsen entsteht. Die dem Objekt zugewandte Objektivlinse ist konvex, die Okularlinse beim Auge konkav. Heute haben noch Operngläser ein solches Linsensystem. Es hat den Nachteil, daß bei starker Vergrößerung das Gesichtsfeld sehr klein ist. Außerdem waren aufgrund der unzureichenden Linsenschleifmethoden die Bilder sehr verschwommen.

3 – Galileis Aufzeichnungen über seine Beobachtungen der Jupitermonde. Zuerst entdeckte er, daß der Erdmond keine glatte und vollkommen runde Kugel ist, sondern gebirgig, daß es mehr Sterne gibt, als man mit bloßem Auge sehen kann, und daß die Milchstraße aus unzähligen Sternen zusammengesetzt ist. Mit solchen Beobachtungen und der Entdeckung von vier Monden, die den Jupiter umkreisen, trug er wesentlich zur Erschütterung des von der Kirche verfochtenen Weltbildes bei. In einigen Fällen war er nicht der erste, aber der schnellste, der diese Beobachtungen veröffentlichte.

Heinrich IV. von Frankreich zum Geschenk gemacht. Auf der Frankfurter Messe bot ein reisender Kaufmann aus den Niederlanden oder aus Belgien das Kijkglas ebenfalls 1608 an – das erste Fernglas in Deutschland. 1609 konnte man das Fernglas in Pariser Läden kaufen. Erstmals 1608 heißt es in einer französischen Broschüre, man könne das Kijkglas auch „zum Betrachten von Sternen, welche normalerweise ihrer Kleinheit wegen außer Sicht sind", verwenden.

Was Lipperhey erfunden hatte und was später holländisches oder Galileisches Fernrohr genannt wurde, war ein Gerät mit einem bikonvexen Objektiv und einem konkaven Okular. Es zeigte deshalb die Umwelt seitenrichtig und bildete später die Grundlage von Ferngläsern und Feldstechern aller Art. In der Astronomie wurde es bald vom astronomischen oder Keplerschen Fernrohr, das seitenverkehrt abbildet, weil bei ihm sowohl Objektiv als auch Okular konvexe Linsen aufweisen, verdrängt.

Galileis Erfindung einer Nacht

„Hiesige Herrschaft hat dem Signor Gallileo von Florentz, Professoren in der Mathematica zu Padua, eine stattliche Verehrung gethan, auch seine Provision umb 100 Cronen jährlich gebessert, weil er durch sein embsigs studiren ein Regel und Augenmaß erfunden, durch welche man einerseits auff 30 meil entlegene ortt sehen kan, als were solches in der nehe, anderseits aber erscheinen die anwesende noch viel grösser, als sie vor Augen sein, welche Kunst er dann zu gemeiner Statt nutzen präsendiert hat."

Solchermaßen berichtete die in Straßburg erscheinende „Relation Aller Fürnemen vnd gedenckckwürdigen Historien", eine der frühesten Zeitungen, in ihrer Nr. 37 aus dem Jahre 1609.

Wie war es zu dieser Zweiterfindung gekommen? Lassen wir dazu Galileo Galilei (1564–1642), den damals 44jährigen Professor zu Padua, mit eigenen Worten berichten:

„Vor ungefähr zehn Monaten kam mir ein Gerücht zu Ohren, von einem Niederländer sei ein Augenglas hergestellt worden, mit dessen Hilfe man sichtbare Gegenstände, die weit entfernt waren, so deutlich wahrnahm, als sehe man sie aus der Nähe. Von dieser wahrhaft erstaunlichen Erfindung kursierten etliche Erfahrungsberichte, denen einige Glauben schenkten, andere nicht. Dasselbe wurde mir wenige Tage später in einem Brief von dem

2

3
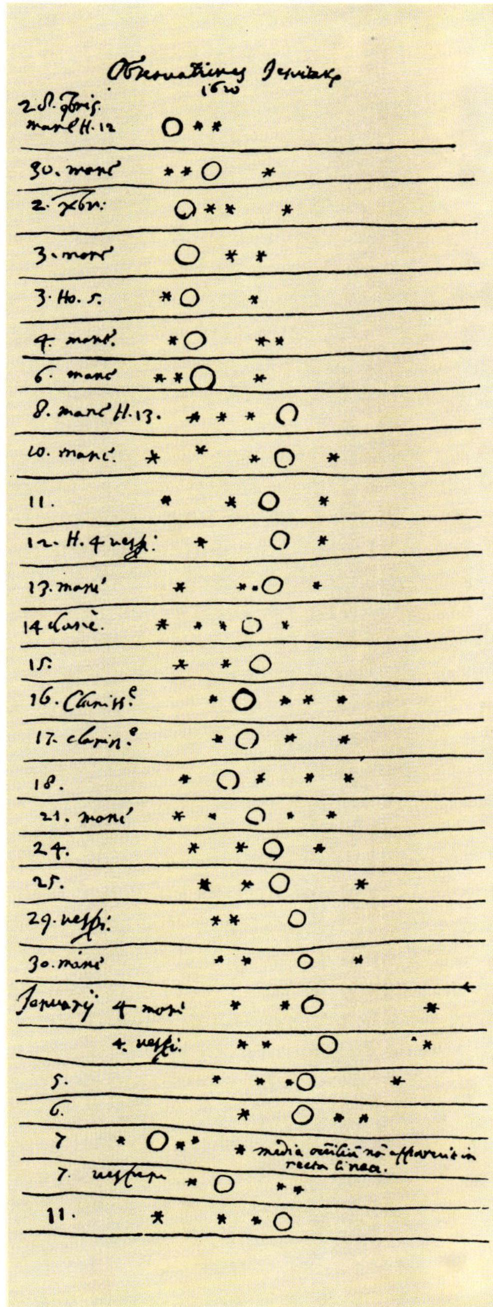

französischen Edelmann Jacques Badouère aus Paris bestätigt.
Das war schließlich der Anlaß, daß ich mich ganz der Aufgabe widmete, das Prinzip zu erforschen sowie Mittel zu ersinnen, durch die ich zur Erfindung eines ähnlichen Gerätes würde kommen können. Sie gelang mir wenig später, nachdem ich mich in die Lehre von der Brechung des Lichts vertieft hatte. Ich bereitete mir zunächst ein Bleirohr und paßte in seine Enden zwei Glaslinsen ein, eine plankonvexe und eine plankonkave. Das Auge an der Konkavlinse, sah ich die Gegenstände dreimal näher, als wenn man sie nur mit bloßem Auge betrachtet. Danach fertigte ich mir ein genaueres Rohr, das die Gegenstände mehr als sechzigmal vergrößerte. Schließlich ist mir der Bau eines so vorzüglichen Gerätes gelungen, daß ich die Gegenstände ungefähr tausendmal größer und mehr als dreißigmal näher sah, als wenn man sie nur mit dem natürlichen Sehvermögen betrachtet.“
Diese Ausführungen machte Galilei in einem Brief an seinen Schwager Benedetto Landucci, datiert vom 20. August 1609. Überliefert ist, daß Galilei die Nacherfindung des Fernrohrs in einer einzigen Nacht gelang – was durchaus im Bereich des Möglichen liegt, denn es ging schließlich, nachdem das Prinzip erst einmal erkannt war, nur um das Zusammenbauen von zwei Linsen, was ihm nicht schwerfallen konnte.
Galilei führte dem Dogen von Venedig das neue Gerät vor – auch er hob, wie Lipperhey, die militärischen Möglichkeiten hervor, denn mit dem Fernrohr konnte man beispielsweise die Annäherung feindlicher Schiffe frühzeitig erkennen. Der Erfinder wurde reich belohnt – mit einer lebenslangen Bestätigung seiner Professur in Padua, einer Verdreifachung seiner Bezüge und einer Extrabelohnung. Und während der Rat von Venedig darüber nachsann, wie man die Kapitäne der venezianischen Flotte am schnellsten mit Fernrohren ausrüsten könnte, begann Galileo Galilei mit der Beobachtung der Sterne.

Galileis Fernrohr-Entdeckungen

Innerhalb weniger Monate machte der Professor in Padua die erstaunlichsten Entdeckungen mit dem Teleskop. Zuerst richtete er es auf den Mond und „sah auf den ersten Blick, daß er nicht die glatte Kugel ist, wovon die Kumpanei der Philosophen fabelt. Er hat Höhen und Tiefen, große dunkle Flächen, die man für

Meere halten könnte, und viele runde Wallgebirge, die wie Pfauenaugen aussehen."
Die Planeten stellen sich ihm dar wie kleine Monde. „Aber die Fixsterne werden vom unbewaffneten Auge niemals mit kreisförmiger Begrenzung gesehen, sondern immer strahlend und ständig funkelnd. Sie erscheinen im Fernrohr wie mit bloßem Auge betrachtet, wenn auch etwas größer ... Der Sehwinkel wird nicht vom eigentlichen Sternkörperchen bestimmt, sondern vom Strahlenkranz, der ihn umgibt."
Dann kam die Milchstraße an die Reihe. Nach seiner Überzeugung war sie „nichts anderes als eine Ansammlung von unzähligen, in Haufen gruppierten Sternen ... Was man aber noch erstaunlicher finden wird, ist, daß die bis auf den heutigen Tag so genannten Nebel in Wirklichkeit Haufen von kleinen, außerordentlich eng stehenden Sternen sind."
Als seine wichtigste Entdeckung bezeichnete Galilei indessen jene „Wandelsterne, die von Anbeginn der Welt bis auf unsere Zeit niemals gesehen worden sind". Am 7. Januar 1610 betrachtete er den Planeten Jupiter: „Ich sah drei kleine, aber helle Sternchen bei ihm stehen. Sie versetzten mich, obwohl ich sie zunächst zu den Fixsternen zählte, dennoch in einiges Erstaunen, weil sie auf einer vollkommen geraden Linie parallel zur Ekliptik zu liegen und heller als die anderen Sterne gleicher Größe zu glänzen schienen."
Zwei Monate lang richtete Galilei sein Fernrohr immer wieder auf den Jupiter und stellte fest, daß die drei kleinen Sternchen ihre Position wechselten. Schließlich fand er noch einen vierten Stern, der sich ebenso verhielt. Es handelte sich, daran bestand bald kein Zweifel mehr, um Satelliten oder Monde des Jupiter: Galilei hatte vier der insgesamt zwölf Jupitermonde entdeckt. Kurz darauf erschien sein gedruckter Bericht über die Beobachtungen, der „Sidereus Nuncius", die Nachricht von neuen Sternen. Galilei hatte Angst, es könnte ihm jemand zuvorkommen, obwohl er nicht daran zweifelte, noch weitere Entdeckungen machen zu können. Tatsächlich erkannte er schon im Juli 1610 die Gestalt des Saturn, beobachtete im November die Sonnenflecken und im Dezember die Phasen der Venus.

Der Professor und die Inquisition

Galilei scheint ein recht sensibler, im Umgang mit anderen Menschen nicht besonders begabter Mann gewesen zu sein. Besonders heftig reagierte er, wenn ihm jemand seine Entdeckung streitig zu machen drohte, wie es der aus Gunzenhausen stammende Astronom Simon Mayr (1573 bis 1624), genannt Marius, tat. Mayr behauptete, die Jupitermonde vor Galilei entdeckt zu haben. Zwar war die Entdekkung erst zwei Jahre später veröffentlicht worden, aber Mayr versuchte nachzuweisen, daß sein Prioritätsanspruch berechtigt war – mit einem Vorsprung von einer Woche, der sich daraus ergab, daß er nach dem Kalender der Protestanten rechnete, Galilei aber nach dem Gregorianischen Kalender.
„Derselbe Bursche Simon Mayr aus Gunzenhausen, der sich gern mit fremden Federn schmückt, hat schamloserweise Dinge, die ich entdeckte, in seinem Buch gedruckt", entrüstete sich Galilei. Die Historiker stellten viel später fest, daß beide Entdeckungen etwa gleichzeitig und unabhängig voneinander gemacht worden sein müssen. Überdies hatte Mayr sorgfältiger beobachtet und genauer berechnet. Außerdem stammen die noch heute verwendeten Namen der vier zuerst entdeckten Jupitermonde von ihm: Io, Europa, Ganymed und Kallisto. Und schließlich war es Mayr, der als erster Astronom den Andromedanebel erwähnte, das am weitesten entfernte Himmelsobjekt, das man ohne Fernrohr sehen kann.
Galileis Fernrohr stieß keineswegs bei allen Gelehrten auf einhellige Zustimmung. Viele von ihnen weigerten sich, auch nur einen Blick durch das Teleskop zu werfen, taten es als Teufelszeug ab und bezeichneten Galileis Entdeckungen als optische Täuschungen.
Die weitere Entwicklung ist bekannt. Was Galilei durch das Fernrohr gesehen hatte, bestärkte ihn in der Überzeugung, es müsse mit der von Kopernikus aufgestellten Theorie, daß die Sonne und nicht die Erde im Mittelpunkt des Alls stehe, doch seine Richtigkeit haben. Als 69jähriger mußte er sich als Ketzer vor dem Inquisitionsgericht verantworten. Galilei sah sich gezwungen, von seinen Überzeugungen abzurücken. Die Hand auf der Bibel, schwor er kniend ab: „Ich schwöre ab, verdamme und verabscheue mit aufrichtigem Herzen und ungeheucheltem Glauben meine Irrtümer und Ketzereien. Ich schwöre, daß ich in Zukunft niemals mehr etwas sagen oder mündlich oder schriftlich behaupten will, daraus man einen ähnlichen Verdacht gegen mich schöpfen könnte. So wahr mir Gott helfe."
Das Schicksal Giordano Brunos – er war 1600 in Rom auf dem Campo de' Fiori als Ketzer verbrannt worden, weil er kompromißlos die Lehre von der Unendlichkeit des Weltalls vertreten hatte – bleibt Galilei erspart. Das Urteil fällt milde aus. Der Ketzer Galilei wird unter Hausarrest gestellt, er verbringt die letzten acht Jahre seines Lebens in seiner Villa bei Florenz, zurückgezogen, aber durchaus nicht von der Welt abgeschnitten. Daß er bei Abschluß seines Verfahrens und nach der feierlichen Abbitte gesagt haben soll: „Und sie bewegt sich doch!" (die Erde um die Sonne nämlich), ist eine nachträglich erfundene Legende.

Keplers astronomisches Fernrohr

Im Jahre 1609, als Galilei in Padua seine aufsehenerregenden Fernrohr-Entdekkungen machte, lebte Johannes Kepler (1571–1630) als kaiserlicher Mathematiker und Hofastronom Rudolfs II. in Prag. Er hatte in diesem Jahr seine ersten beiden Gesetze über die Planetenbewegungen aufgestellt und in dem Werk „Astronomia nova" veröffentlicht: 1. die Planeten bewegen sich in Ellipsen, in deren einem Brennpunkt die Sonne steht, 2. ein Planet bewegt sich nicht mit gleichförmiger Geschwindigkeit, sondern so, daß eine Linie, die von jedem Standpunkt des Planeten zur Sonne gezogen wird, in gleichen Zeiten gleiche Flächen überstreicht. (Das 3. Keplersche Gesetz folgte zehn Jahre später: Die Quadrate der Planetenumlaufzeiten sind proportional den Kuben der mittleren Entfernungen zur Sonne.) 1610 überbrachte ihm Giulio de' Medici, der toskanische Botschafter in Prag, ein Exemplar von Galileis „Sidereus Nuncius". Er war so beeindruckt davon, daß er Galilei einen längeren Brief schrieb, der sofort als Stellungnahme des prominenten Kollegen gedruckt wurde.
Kepler bewies in diesem berühmten Brief seherische Fähigkeiten, die später als Voraussage der Weltraumfahrt gedeutet wurden: „Wer hätte doch ehedem geglaubt, das Befahren des unendlichen Ozeans werde ruhiger und sicherer sein als das der engen Adria, der Ostsee oder des Ärmelkanals? Gib nur die Schiffe oder richtigen Segel für die Himmelsluft her, und es werden auch die Menschen da sein, die sich vor der entsetzlichen Weite nicht fürchten. Und so, als ob die wagemutigen Reisenden schon morgen vor der Tür ständen, wollen wir die Astronomie für sie begründen, ich die des Mondes, du, Galilei, die des Jupiters."
Die Begeisterung Keplers für Galilei kühlte sich ab, als es Giulio de' Medici nicht gelingen wollte, Galilei zur Lieferung eines Fernrohres an Kepler zu bewegen (in Prag gab es nur wenige gut brauchbare Kopien des Lipperhey-Kijkers zu kaufen).

Galilei war vollauf damit beschäftigt, gekrönte Häupter mit Fernrohren zu bedenken – seit 1611 wurden sie, nach einem Vorschlag des griechischen Mathematikers Johannes Demisiani, Teleskope (Ferngucker) genannt. Aber dank Galileis Spenderfreude kam Kepler doch zu einem brauchbaren Fernrohr. Der Herzog von Bayern hatte auch auf Galileis Liste gestanden, er gab sein Teleskop an Kepler weiter.

Im August 1610 vollzog Kepler die Beobachtungen Galileis nach und sah auch die Jupitermonde selbst. Noch im selben Monat schrieb er sein Buch „Dioptrik“, eines der klassischen Werke der Optik, das auch für heutige Begriffe noch fast alles enthält, was über die Grundlagen der Optik zu sagen ist – einschließlich der erläuternden Diagramme. Es erschien 1611. Im Abschnitt „Problem 86“ beschreibt Kepler den Bau eines neuen Fernrohres, bestehend aus zwei Konvexlinsen. Es lieferte ein größeres und schärferes Bild als die Geräte Galileis. Daß es seitenverkehrt erschien, spielte für die astronomische Arbeit keine Rolle. Kepler beschränkte sich nicht auf eine Bauanleitung, sondern lieferte die Theorie dazu, wie er es auch bei seiner Beschreibung eines neuen, zusammengesetzten Mikroskops und bei seinen Untersuchungen am Parabolspiegel tat, die zur Entwicklung des Spiegelteleskops führten. Er gilt dank seiner klaren, weit vorausschauenden Darlegungen bis heute als Begründer der modernen geometrischen Optik.

In seinem privaten Dasein war Kepler eher vom Unglück verfolgt. 1612 starben seine Frau und sein zweiter Sohn, und weil auch sein kaiserlicher Schirmherr, Rudolf II., das Zeitliche segnete, mußte

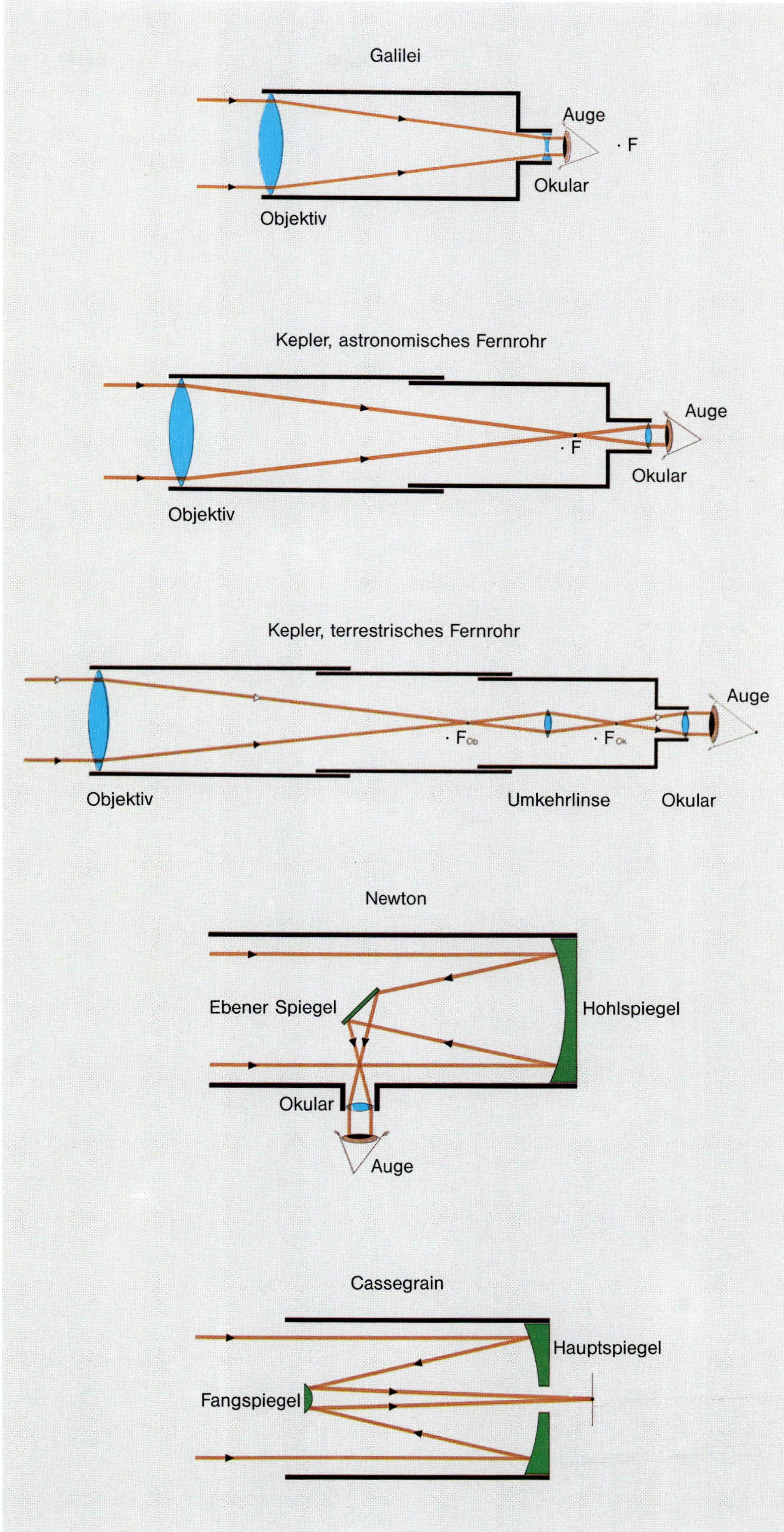

Verschiedene Fernrohrtypen:
– Holländisches oder Galileisches Fernrohr, konvexe Objektivlinse, konkave Okularlinse, aufrecht stehendes Bild.
– Keplersches Fernrohr (1611) für astronomische Beobachtungen, Objektiv- und Okularlinse konvex, größeres Gesichtsfeld, aber auf dem Kopf stehendes Bild.
– Keplersches „terrestrisches“ oder Erdfernrohr (1611), mit einer dritten Linse zur Umkehrung des Bildes, wegen zu geringer Helligkeit aber nicht für astronomische Beobachtungen geeignet.
– Newton, Spiegelfernrohr (1668); anstelle der Linsen hat es einen Hohlspiegel, der das Licht reflektiert, und einen zweiten, flachen Spiegel, der das Licht zum Okular hin sammelt.
– Cassegrain, Spiegelfernrohr mit einem konkaven Hauptspiegel und einem konvexen Fangspiegel.

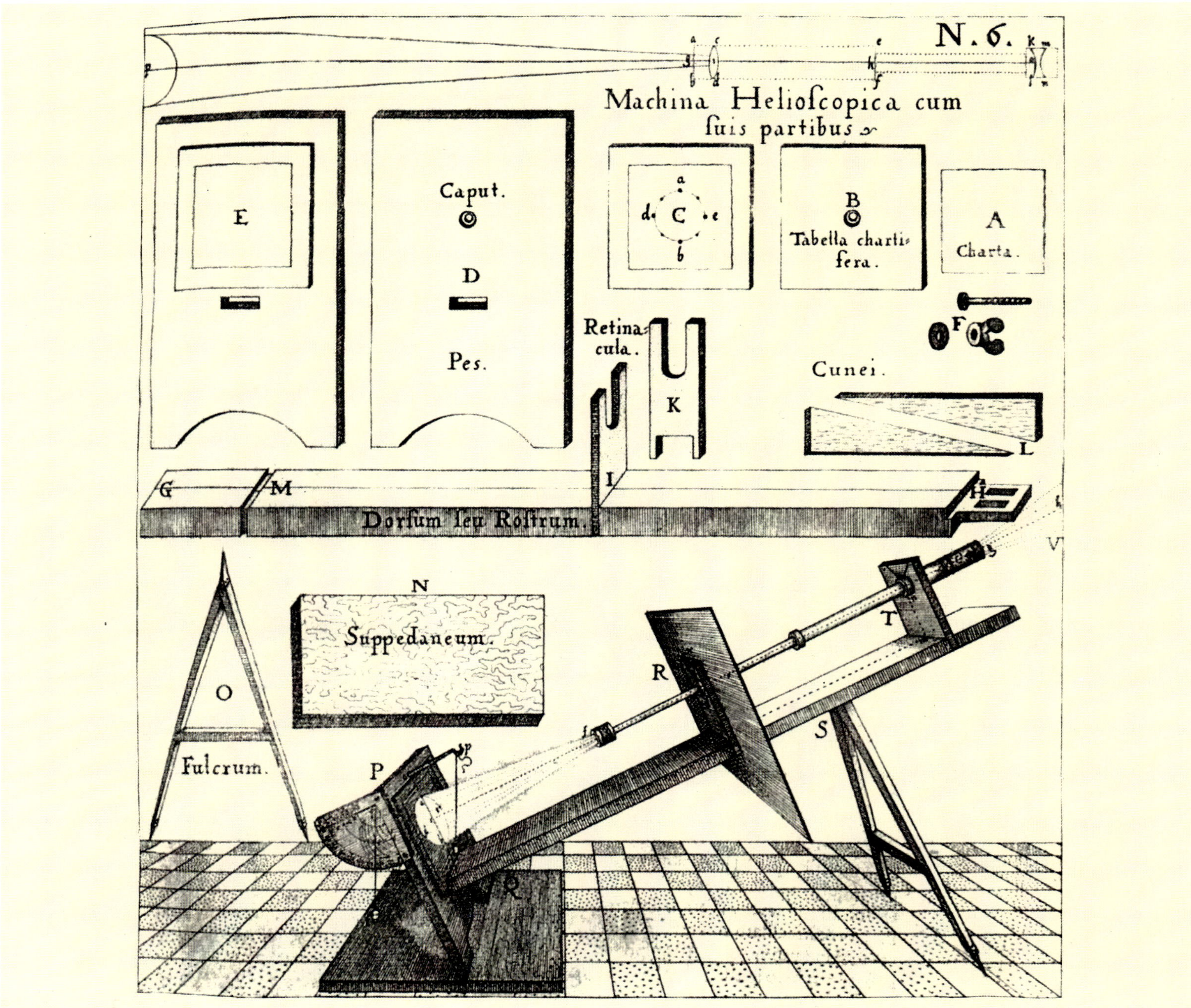

1

er Prag verlassen und sich in Linz als Lehrer durchschlagen. 1620 wurde seine alte Mutter als Hexe angeklagt und im württembergischen Leonberg eingekerkert. Nur mit Mühe konnte er ihre Freilassung erreichen. 1626 floh er, der Ketzerei verdächtigt, bei Nacht und Nebel nach Ulm, wo die Rudolfinischen Tafeln gedruckt wurden, umfangreiche Berechnungen der Sternörter für nautische Zwecke, auf Arbeiten von Keplers Lehrer Tycho Brahe und auf Keplers eigenen Untersuchungen fußend, Vorläufer der heutigen Gestirntabellen.

Für zwei Jahre ging er dann nach Sagan in Schlesien, von Kaiser Ferdinand II. mit einer kleinen Pension bedacht. Aber die Zahlungen blieben aus, so daß sich Kepler auf die Reise nach Regensburg machte, um rückständige Beträge in Höhe von 11817 Gulden einzutreiben. Hier starb er drei Tage nach seiner Ankunft, am 15. November 1630. Als Protestant wurde er außerhalb der Stadtmauern beigesetzt. In den Wirren des Dreißigjährigen Krieges ging die Kenntnis von seinem Grab verloren.

Von Christoph Scheiner zu Bernard Lyot

Galilei hatte bei Fernrohrbetrachtungen der Sonne die Sonnenflecken beobachtet und seinen Anspruch, auch auf diesem Gebiet der erste gewesen zu sein, wütend verteidigt. Damit lag er aber falsch. Der erste, der von Sonnenflecken berichtete, war 1610 der Ostfriese Johannes Fabricius. Ihm fiel auf, wie die Flecken über die Sonnenscheibe wanderten, am westlichen Rand verschwanden, zehn Tage später wieder am östlichen Rand erschienen. „Dies ließ mich auf eine Rotation der Flecken schließen", schrieb Fabricius, „aber ich wollte mein Urteil nicht auf einer einzigen Umdrehung aufbauen, sondern auf mehrere, aufeinanderfolgende." Also setzte er seine Untersuchungen geduldig fort.

Im März 1611, bevor Fabricius seine Entdeckungen veröffentlicht hatte, entdeckte auch der in Ingolstadt lebende Jesuitenpater Christoph Scheiner (1575–1650) die Sonnenflecken. Die Veröffentlichung stieß indessen auf Schwierigkeiten. Scheiners kirchlicher Vorgesetzter Busaeus riet zur Vorsicht – in den klassischen Quellen, vor allem bei Aristoteles, sei über Sonnenflecken nichts zu finden. Überdies waren seit Giordano Brunos Feuertod erst elf Jahre vergangen.

Da Scheiner selbst weder der Kopernika-

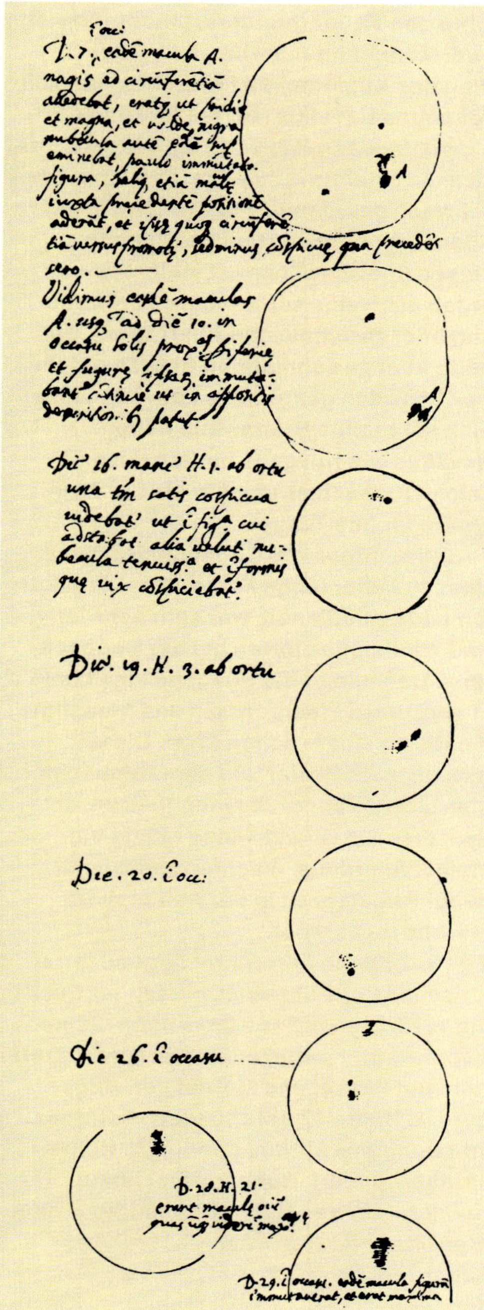

2

Natürlich richteten die Forscher das Fernrohr auch auf die Sonne, fast gleichzeitig (1610/1611) sowohl Johann Fabricius und Christoph Scheiner als auch Thomas Harriot und Galileo Galilei. Sie entdeckten dabei die Sonnenflecken.
1 – Der Jesuit Christoph Scheiner (1575 bis 1650) forschte im Auftrag der Kirche, um für die Bekämpfung des neuen Kopernikanischen Weltbildes Argumente zu haben. Da aber Sonnenflecken nicht in das Weltbild der Kirche hineinpaßten, mußte er seine tatsächlichen Beobachtungen unter einem Decknamen veröffentlichen. Scheiner war es, der Keplers Vorschlag für ein Fernrohr ausführte (zwischen 1613 und 1617). Er war auch der erste, der ein Fernrohr fest montierte, und zwar so, daß das Bild der Sonne auf einen Schirm projiziert wurde. Das schonte die Augen. Im Bild dieses Scheinersche Helioskop aus seinem Werk „Rosa ursina“ (1626).
2 – Galileis Aufzeichnungen über die Sonnenflecken, veröffentlicht 1613 in seinen „Briefen über die Sonnenflecken“. Er und auch Fabricius stellten fest, daß die Flecken ihre Lage veränderten, ein Hinweis auf eine Drehung der Sonne um ihre eigene Achse.

nischen Theorie anhing noch für vorstellbar hielt, daß etwas so Klares und Reines wie die Sonne mit Flecken behaftet sein könnte, interpretierte er seine Beobachtungen als kleine Objekte, die die Sonne umkreisten, jedoch nicht zu ihr gehörten. Überdies wurden seine Feststellungen unter einem höchste Vorsicht verratenden Pseudonym gedruckt. Es lautete: „Der Autor, der einen Kommentar abwartet, bevor er seinen richtigen Namen preisgibt.“ Galilei seinerseits dürfte die Sonnenflecken erst einige Monate später, nicht vor Oktober 1611, entdeckt haben. Er selbst gab den November 1610 als erstes Beobachtungsdatum an und bestritt Scheiners Prioritätsansprüche hartnäckig.

Christoph Scheiner war es, der sich nach wenig erfolgreichen eigenen Versuchen dazu entschloß, ein neues Teleskop nach den Vorschlägen Keplers zu bauen. Er stellte es 1613 vor. Kepler selbst hatte dazu nur die Theorie geliefert. 1630 berichtete Scheiner über ein speziell für die Sonnenbeobachtung konstruiertes Fernrohr, das er mit einer Glasblende versah und Helioskop nannte. Damit konnte man die Sonne betrachten, ohne sich die Augen zu verbrennen.

Die Sonnenkorona allerdings vermochte auch das Helioskop nicht zu entschleiern. Zu ihrer Beobachtung mußten die Astronomen eine Sonnenfinsternis abwarten. Nur wenn die Sonnenscheibe total vom Mond verdeckt war, konnte man die Hunderttausende von Kilometern in den Weltraum emporschießenden Protuberanzen deutlich sehen.

Ein Gerät für die Erforschung des Sonnenrandes kam erst 1930 auf. Es wurde Koronograph genannt. Sein Erfinder, der französische Astrophysiker Bernard Lyot (1897–1952), deckte bei seinem Sonnenfernrohr die Sonnenstrahlung mit einer Kegelblende ab und verwendete Linsen aus besonders klarem Glas – das geringste Streulicht konnte die Korona überstrahlen und für das Auge unsichtbar machen. Der Streulichtverhinderung dient auch die Aufstellung von Koronographen in Hochgebirgslagen ohne Staub und Dunst, etwa auf dem Wendelstein in Deutschland oder auf dem Sacramento Peak in den USA.

Christiaan Huygens und das Luftteleskop

Die ersten astronomischen Fernrohre von Scheiner dürften über eine 30- bis 40fache Vergrößerung kaum hinausgekommen sein. Es war klar, daß man mit stärkeren Teleskopen weiter in den Weltraum hineinreichen und neue Entdeckungen machen konnte. Dazu brauchte man vor allem bessere Linsen.

Mit etwa 100facher Vergrößerung arbeitete als erster der niederländische Astronom, Mathematiker und Physiker Christiaan Huygens (1629–1695). Er half 1655 seinem Bruder beim Bau eines neuen Fernrohrs und erfand bei dieser Gelegenheit ein Linsenschleifverfahren, das die störenden Farbränder, die Achromasie, weitgehend ausschaltete. Huygens erreichte das, indem er zwei plankonvexe Kronglaslinsen verwendete, die ihre Krümmungen dem Objektiv zuwandten. Von ihm stammen die ersten riesigen Luftteleskope, bei denen Objektiv und Okular nicht in eine Röhre eingepaßt, sondern auf einer Stabkonstruktion frei befestigt waren. Mit einem dieser Geräte, einem sieben Meter langen Teleskop, sah er beispielsweise 1656 die Gas- und Staubwolke des Orion-Nebels.

Huygens entdeckte aber auch einen großen Saturnmond, den er Titan nannte. Im selben Jahr sah er einen den Saturn umgebenden dünnen Ring, den der Italiener Giovanni Domenico Cassini (1625–1712) im Jahre 1675 als Doppelring identifizierte (daß der Saturn insgesamt vermutlich sechs Ringe hat, ist erst seit 1979 bekannt, als die Pionier-Raumsonde Saturnfotos zur Erde funkte). Außerdem bemerkte Huygens als erster Oberflächenstrukturen auf dem Mars.

Als Hilfseinrichtung zum besseren Anvisieren von Objekten führte Adrien Auzout 1667 das Fadenkreuz ein. Der französische Astronom Jean Picard (1620–1682) war der erste, der das Fernrohr nicht nur als Beobachtungs-, sondern auch als Winkelmeßgerät verwendete. Er koppelte da-

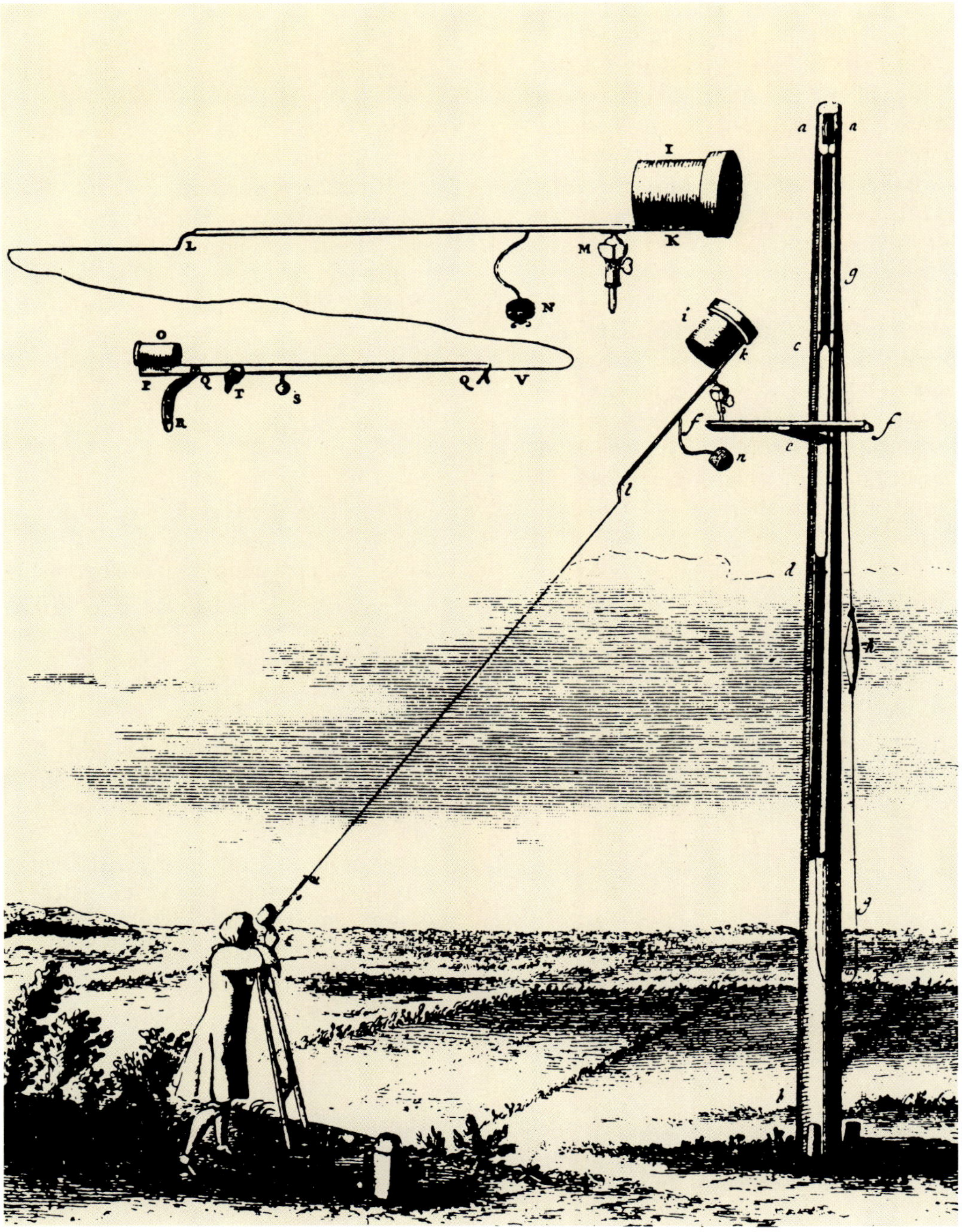

1

Mitte des 17. Jahrhunderts bemühten sich zwei Männer intensiv um die Verbesserung des Keplerschen Fernrohrs, nämlich Johannes Hevelius (1611–1687) und Christiaan Huygens (1629–1695). Sie machten sich die Erfahrung zunutze, daß Linsen mit schwach gekrümmter Oberfläche bessere Bilder ergeben als stark gekrümmte Linsen (die schwächere Lichtbrechung ergab auch eine schwächere Farbstreuung oder chromatische Aberration). Das hätte aber zu sehr langen Rohren geführt, weil schwach gekrümmte konvexe Linsen eine sehr lange Brennweite haben. Hevelius wie Huygens bauten deshalb solche Rieseninstrumente als Luftfern-„rohre" (ohne Tubus).

1 – Luftfernrohr von Christaan Huygens. Über 40 Meter lange Fernrohre aufzustellen und zu bedienen, war sehr schwierig, und Windstöße störten bei der Beobachtung. Deshalb baute Huygens eine Linse in ein kurzes Eisenrohr ein und befestigte dieses an einem hohen Mast. Die Entfernung zum Okular und dem Beobachter überbrückte er durch einen Seilzug, mit dem man die Objektivlinse richtig einstellte. Allerdings machten sich auch dabei Turbulenzen in der Atmosphäre störend bemerkbar.

2 – Historische Fernrohre: liegend terrestrisches Fernrohr von Christopher Cock um 1673. Stehend von links nach rechts: Pappfernrohr unbekannter Herkunft; Fernrohr von Wiesel und Mattmüller, Augsburg, 2. Hälfte 17. Jahrhundert; Fernrohr von Benjamin Martin, London, 2. Hälfte 18. Jahrhundert, Rohr aus Fischhaut; Holzfernrohr von Utzschneider und Fraunhofer, nach 1819; Messingfernrohr von Simon Ploessl, Wien, 1. Hälfte 19. Jahrhundert; venezianisches Fernrohr um 1750.

zu sein Fernrohr mit dem von Huygens erfundenen Fadenmikrometer, einem Winkelmeßinstrument mit Kreisteilung und Fadenkreuz, das noch Messungen in der Größenordnung einiger Bogensekunden erlaubte.
Neben das Himmelsfernrohr mit seinem seitenverkehrten Bild war schon 1645 das terrestrische Fernrohr für Beobachtungen auf der Erde getreten. Der Kapuzinerpater Anton Maria Schyrl (Schyrlaeus) aus dem böhmischen Kloster Rheita beschrieb es als erster und gebrauchte in seinem Buch erstmalig auch die Bezeichnungen Objektiv (für die Objektivlinse) und Okular (für die Augenlinse). Pater Schyrl ersetzte die einfache Objektivlinse durch ein aus mehreren Linsen bestehendes System und erreichte damit die Umkehrung des Bildes, wie sie heute bei jedem Fernglas selbstverständlich ist.

Von den Perspektiv-Gläsern oder Telescopia

Wie war der Stand der Dinge um das Jahr 1700, knappe hundert Jahre nach der Erfindung des Fernrohrs, das einstweilen noch Perspektiv genannt wurde? Ein Nürnberger Optiker bot um diese Zeit, wie einem alten Lexikon zu entnehmen ist, folgende zehn Modelle an: 1. ein Fernperspektiv, mit dem man auf etliche Meilen Wegs ganz deutlich sehen kann; 2. ein weiteres, etwas schwächeres Fernperspektiv; 3. ein Sternperspektiv, durch das man unzählbare Sterne sieht, die man sonst nicht sehen kann; 4. allerhand kleine Perspektive, durch die man mit zwei Augen zugleich sehen kann; 5. Perspektive, die überaus viel einfassen, man kann mit ihnen eine Stadt oder eine Armee zu Land oder zu Wasser auf einmal sehen; 6. ein Perspektiv, durch das mehrere Personen zugleich hindurchblicken können; 7. Perspektive, mit denen man alles umkehren kann, so daß die Leute auf den Köpfen stehen; 8. Perspektive, mit denen man alles rechts sieht, was links ist; 9. Perspektive, „damit man in einem Zimmer, auf einem Sessel sitzend oder Bette liegend, alles, was vor der Hausthüre, auf dem Platz, überzwerch der Gassen, oben auf dem Dach, ja um und um alles sehen kann"; 10. Kriegsperspektive, auch Polemoskope genannt, für den Gebrauch in belagerten Festungen gedacht, damit man den Feind im Graben arbeiten sehen kann, ohne von ihm gesehen zu werden und Schaden zu nehmen. Die frühen holländischen Teleskope vergrößerten nur dreifach. Der britische Mathematiker Thomas Harriott brachte es um 1620 auf eine fünfzigfache Vergrößerung.

Mehr sehen mit Fraunhofers Linsen

Zwar war es 1758 dem englischen Optiker John Dollond (1706–1761) gelungen, achromatische Objektive herzustellen, die die Abbildungsqualität der Fernrohre bedeutend verbesserten (mehr darüber im Abschnitt über die Mikroskope). Auch er konnte jedoch nicht viel daran ändern, daß es technisch nicht möglich war, Glaslinsen mit einem größeren Durchmesser als zehn Zentimeter zu schleifen. Das Linsenfernrohr geriet deshalb in einen Konkurrenzkampf mit dem 1663 erfundenen Spiegelteleskop, das mit einem praktisch beliebig großen Hohlspiegel bedeutend bessere Ergebnisse erzielte.
Den Ausschlag für eine (wenn auch zeitlich begrenzte) Renaissance des Linsenteleskops gab der in Straubing geborene Optiker Joseph Fraunhofer (1787–1826). Der aus ärmlichen Verhältnissen stammende Junge kam 1799 zu dem Münchner Spiegelmacher und Glasschleifer Weichselberger in die Lehre. Durch einen glücklichen Zufall überlebte er zwei Jahre später den Einsturz des Weichselberger-Hauses in der Nähe der Frauenkirche. Der Unglücksfall machte einen Münchner Unternehmer auf den jungen Mann aufmerksam: Joseph von Utzschneider, der eine Ledermanufaktur betrieb, sich in das mechanische Institut von Liebherr & Reichenbach einkaufte und diesem bald ein optisches Institut angliederte. Utzschneider hielt die Verbindung zu Fraunhofer aufrecht, der inzwischen damit begonnen hatte, Linsen zu schleifen und sich ohne fremde Hilfe umfassende optische und mathematische Kenntnisse anzueignen. Und als Utzschneider mit seiner Produktion optischer Geräte nicht mehr weiterkam, weil Napoleons Kontinentalsperre den Rohglas-Nachschub aus England blockierte, richtete er im Benediktinerkloster von Benediktbeuern eine Glasschmelzerei ein und holte sich den jungen Fraunhofer als Optiker.
Bald gelang es Fraunhofer, die Glasqualität zu verbessern, zu welchem Zweck er eine Rührmaschine und neue chemische Zusätze zur Glasschmelze erfand. Vor allem aber arbeitete er Verfahren aus, um die optischen Eigenschaften der Gläser bestimmen und etwaige Glasfehler erkennen zu können. Als 22jähriger wurde Fraunhofer in die Firma aufgenommen, die ab 1809 Utzschneider, Reichenbach & Fraunhofer hieß.
Nun beschäftigte sich Fraunhofer mit dem Problem, die errechneten Daten auf die Schleif- und Poliervorgänge der Linsen zu übertragen und die Einhaltung der Tole-

ranzen zu überprüfen. Seine Geräte erlaubten noch die Feststellung einer Abweichung von 1/4000 Millimeter. Vor allem arbeitete Fraunhofer mit einem Interferenzverfahren, bei dem sich etwaige Linsenfehler durch Farbenringe zu erkennen gaben.
Bei der Bestimmung der Brechzahlen seiner Linsen verwendete Fraunhofer ein Prisma. Dabei fand er 1814 im Spektrum des Sonnenlichts viele dunkle Linien – eine Entdeckung, die der Engländer William Hyde Wollaston (1766–1828) schon vor ihm gemacht hatte. Davon wußte Fraunhofer allerdings nichts. Im Gegensatz zu Wollaston, dem nur sieben solcher Absorptionslinien aufgefallen waren, beobachtete er 574 (heute sind mehr als 10000 bekannt) und bezeichnete die jeweils deutlichste in jeder Farbe. Die Fraunhoferschen Linien schufen später die Voraussetzungen für die von Kirchhoff und Bunsen entwickelte Spektralanalyse, ein für Astronomen, Physiker und Chemiker gleichermaßen bedeutsames Verfahren.
Schon Fraunhofer hatte ein Prisma im Brennpunkt eines Fernrohres angebracht, um das Spektrum des Sternenlichts zu beobachten – es wich vom Sonnenlicht ab. Aber diese Entdeckung geriet in Vergessenheit. Die Wissenschaftler nahmen seine Berichte darüber nicht zur Kenntnis. Sie wehrten sich auch lange dagegen, Fraunhofer in den erlauchten Kreis der Akademie der Wissenschaften aufzunehmen, weil er nicht studiert habe. Erst 1821 kam die Aufnahme dann doch zustande, allerdings wurde Fraunhofer nur außerordentliches Mitglied.
Mit Fraunhofers Verfahren gelang es nun, auch größere und dazu noch homogenere Linsen herzustellen. Noch zu seinen Lebzeiten wurde für die Dorpater Sternwarte ein Teleskop mit einer neunzölligen Linse (= rund 22,5 Zentimeter) geliefert, das größte seiner Epoche. Bis dahin hatte man es für unmöglich gehalten, ein solches Instrument überhaupt zu bauen. Joseph Fraunhofer, 1824 in den Adelsstand erhoben, war kein langes Leben beschieden. Er starb als 39jähriger am 7. Juni 1826 „an einem Brustleiden". Die Münchner errichteten ihm ein Standbild aus Erz.
Es dauerte lange, bis seine Nachfolger es lernten, ebenso hervorragende Gläser herzustellen wie Fraunhofer. Vor seinem Tod hatte er das Geheimnis seiner Schmelzverfahren in einem versiegelten Umschlag im Ministerium hinterlegt. Zwar wurde der Umschlag nach langwierigen Verhandlungen Utzschneider ausgehändigt. Aber trotzdem mißlangen die ersten Güsse, und ein 1826 von der bayerischen Regierung bestellter zwölfzölliger Refraktor konnte so erst 1834 geliefert werden.

Es gab noch andere Möglichkeiten, die chromatische Aberration zu vermeiden, außer den riesenlangen Rohren für schwach gekrümmte Linsen: andere bzw. bessere Glassorten. Wir erwähnten bereits (S. 257), daß sich John Dollond 1758 in England eine farbkorrigierte Linse patentieren ließ, die aus einer konvexen Kronglaslinse und einer stärker brechenden konkaven Flintglaslinse bestand. Aber über einen Durchmesser von 10 Zentimetern kam man dabei nicht hinaus. Als Joseph Fraunhofer (1787–1826) als Optiker in den Betrieb von Utzschneider & Reichenbach eintrat und besseres Glas und bessere Schleif- und Prüfmethoden einführte, änderte sich das. Bild: Glasschmelze im Kloster Benediktbeuern, wo Fraunhofer und der Glasmacher Guinand ihre Schmelzversuche machten.

Alvan Clarc und der Yerkes-Refraktor

Viele Astronomen, Physiker und Optiker wirkten in den Jahren nach Fraunhofer an der weiteren Verbesserung der Linsenherstellung, vor allem aber an deren noch genauerer Berechnung, mit. 1818 gab Carl Friedrich Gauß (1777–1855), Direktor der Sternwarte zu Göttingen, Konstruktionen für Objektive mit geringerer sphärischer und chromatischer Aberration an. 1832 erfanden der Astronom Joseph Johann Littrow und der Instrumentenmacher Simon Ploessl in Wien eine verbesserte Anordnung der Linsen des achromatischen Fernrohrs: Sie trennten die Kron- und die Flintglaslinse voneinander. 1867 verbesserte Hugo Adolph von Steinheil (1832 bis 1893) die Verfahren zur Berechnung von Objektiven. 1873 führte Ernst Abbe (1840 bis 1905) solche Berechnungen erstmals nicht auf der Basis der geometrischen Optik, sondern auf derjenigen der Wellenoptik durch und leitete damit eine neue Epoche der Optik ein.
Parallel zu diesen Entwicklungen wurden die Fernrohrobjektive immer größer. Zwischen 1850 und 1900 wuchsen die Durchmesser von 50 Zentimeter auf einen Meter. Damit war aber auch die Höchstgrenze erreicht. Große Linsen waren nicht nur sehr schwierig zu gießen und zu schleifen, sie hingen auch nach dem Einbau in das Fernrohr durch und verursachten Verzerrungen. Kurz vor der Jahrhundertwende wurde das größte Linsenfernrohr der Welt, der 102 Zentimeter durchmessende Yerkes-Refraktor, in Betrieb genommen.

1

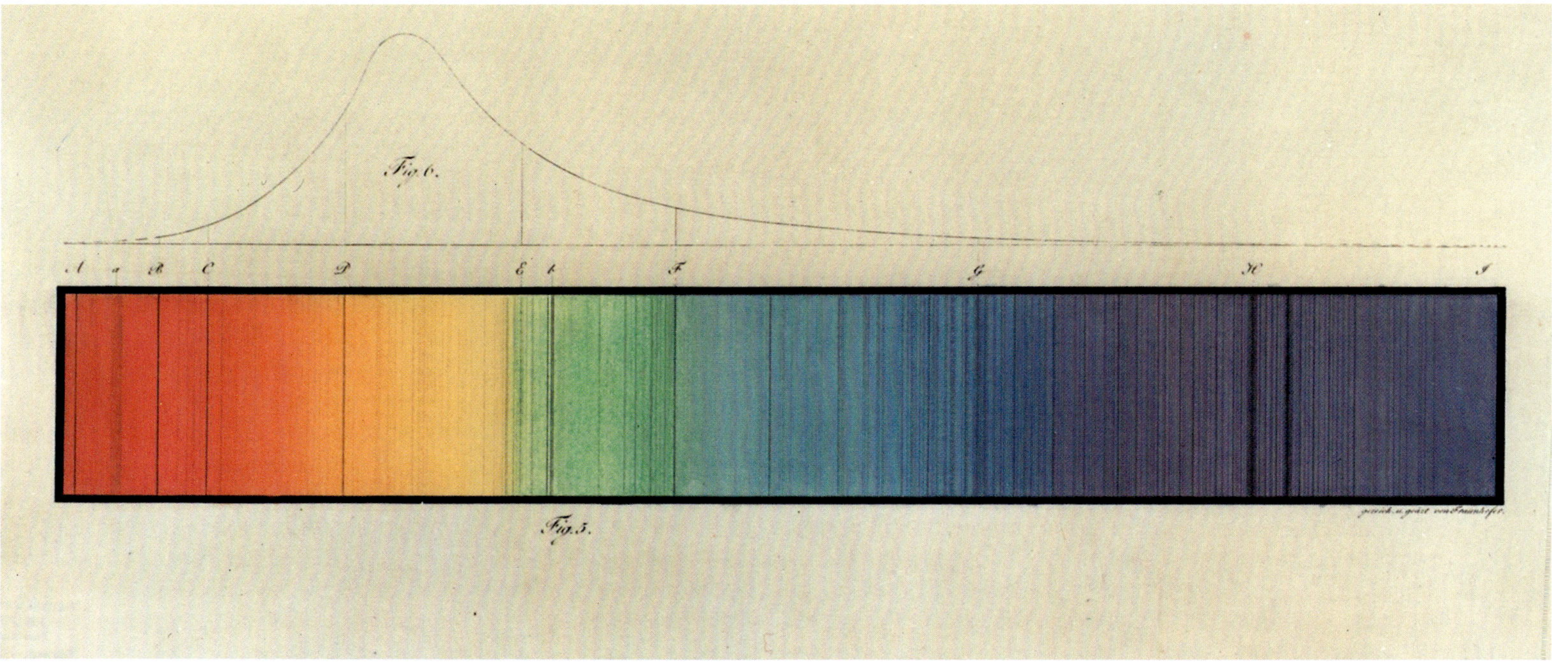

2

1 – Prismenspektralapparat von Fraunhofer, um 1813. Fraunhofer arbeitete intensiv an einem Verfahren, die Brechungs- und Zerstreuungseigenschaften verschiedener Glassorten zu untersuchen und zu messen. Er baute zu diesem Zweck ein Winkelmeßgerät (Theodolit) so um, daß er das Farbenspektrum des durch ein Glasprisma fallenden Lichtes untersuchen konnte. Dabei entdeckte er dunkle Linien im Spektrum des Sonnenlichtes. Sie wurden später nach ihm als „Fraunhofersche Linien" bezeichnet.
2 – Zeichnung von Fraunhofer, 1814. Er stellte fest, daß die dunklen Linien immer an derselben Stelle des Spektrums vorhanden sind, insgesamt fand er 574 und bezeichnete die stärksten mit Buchstaben. Dagegen unterschied sich das Licht verschiedener Fixsterne sowohl untereinander als auch von dem der Sonne in der Lage eben dieser dunklen Linien. Fraunhofer fand damals nicht die Ursache für diese auffällige Erscheinung, aber er hatte eine Möglichkeit, die Brechungseigenschaften einzelner Glassorten wissenschaftlich festzustellen und die Qualität seiner Linsen zu verbessern. Heute kann man mit entsprechend feineren Meßgeräten über zehntausend solcher Fraunhoferschen Linien im Sonnenspektrum nachweisen.
3 – Das größte Linsenfernrohr überhaupt, der Yerkes-Refraktor in dem nach dem Geldgeber benannten Yerkes-Observatorium bei Chicago. Die Linsenöffnung hatte einen Durchmesser von 102 Zentimetern. Mit ihm wurden Sterne beobachtet, deren Entfernungen von uns sechzehnmillionenmal so groß wie die der Sonne von der Erde ist.

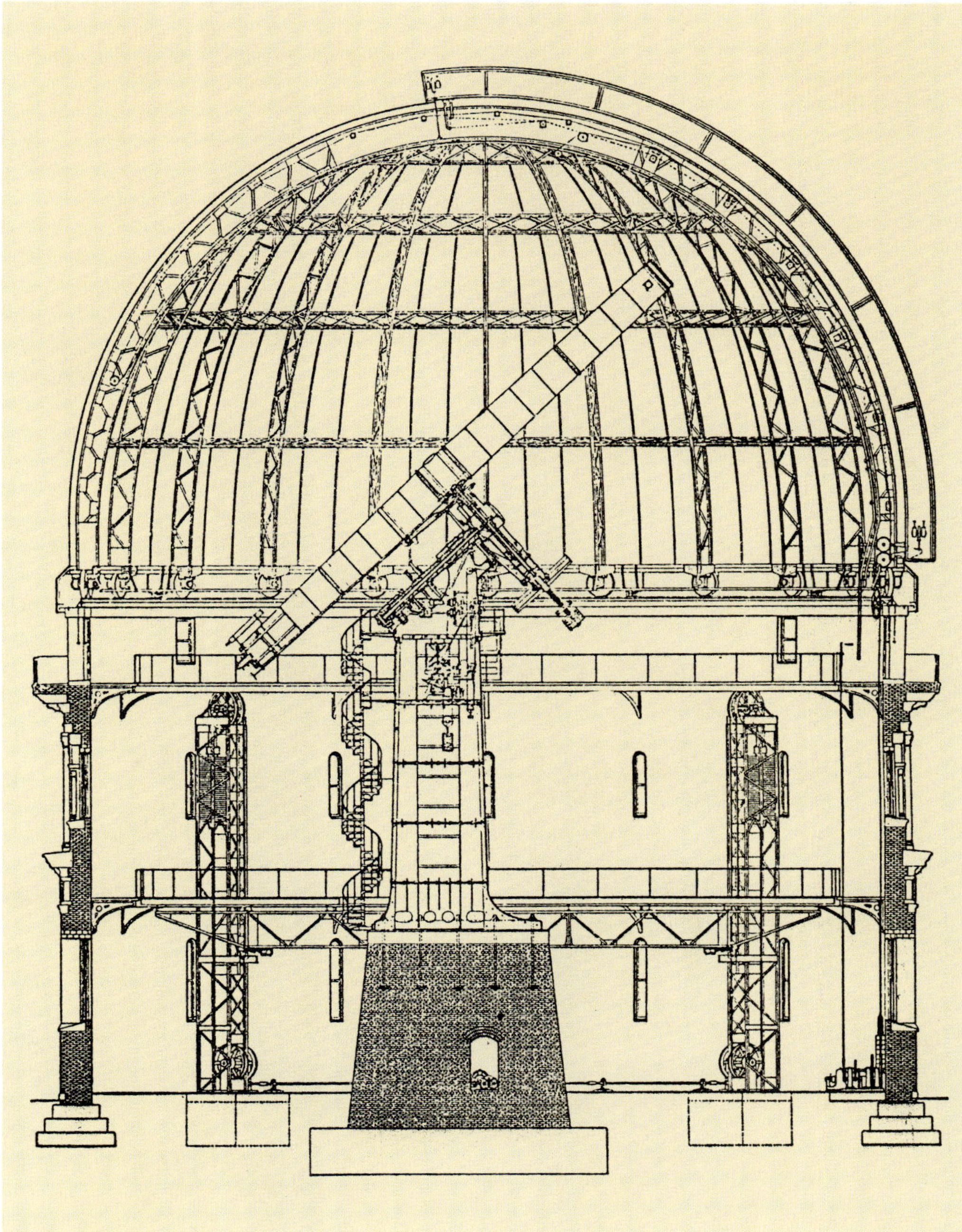
3

Ein größeres wurde nicht gebaut. Die Entwicklung verlagerte sich nun bei den Großteleskopen ganz auf die Spiegelteleskope.
Bauherr des Yerkes-Refraktors war das nach dem amerikanischen Industriellen Ch. T. Yerkes benannte Yerkes-Observatorium am Lake Geneva in den USA, dessen Direktor damals der Astronom George Ellery Hale (1868–1938) war, der spätere Erbauer des Mount-Palomar-Observatoriums. Konstruiert wurde das Superfernrohr von dem Astronomen Alvan Graham Clark (1832–1897), der zuvor schon ein 91-Zentimeter-Teleskop für die Lick-Sternwarte gebaut hatte.
Über die Entstehung des Yerkes-Refraktors heißt es in einer zeitgenössischen Quelle: „Das Glas ist in der Mitte sechs Zentimeter und am Rande vier Zentimeter stark; der Glaswert der beiden nötigen rohen Scheiben stellt sich auf 10000 Dollar, und er ist bei zwei Hauptgesellschaften Bostons versichert worden. Wenn erst beide Linsen des Objektivs vollendet und gefaßt sein werden, so wird dieser Teil des großen Fernrohrs gegen 65000 Dollar kosten." Und zur Aufstellung: „Hoffen wir, daß in der Tat die Luft dort oben an Beständigkeit so wenig zu wünschen übrig lasse, daß das neue Rohr zur Erweiterung der Himmelsherrschaft wesentlich beitrage."

Das Spiegelteleskop

Beim Spiegelteleskop fallen die vom Objekt ausgehenden Lichtstrahlen auf einen Hohlspiegel. Weil dessen Brennpunkt im Inneren der Teleskopröhre liegt, muß das Bild nach außen gespiegelt werden, bevor man es durch das Objektiv betrachten kann. Das geschieht bei den drei wichtigsten Systemen mit Hilfe eines kleinen Hohlspiegels (Gregory), eines Planspiegels (Newton) oder eines Wölbspiegels (Cassegrain) mit Ablenkung durch eine kleine Öffnung im Hauptspiegel oder durch die Wand der Teleskopröhre. Bei Sternfotos nimmt die fotografische Platte den Platz des Objektivs ein.
Spiegelteleskope, auch Reflektoren genannt, kann man mit bedeutend größerer Öffnung bauen als Refraktoren. Aber nicht das war der Grund für das Aufkommen der Reflektoren im 17. Jahrhundert, sondern die Erfahrung, daß Spiegel im Gegensatz zu Linsen keine lästigen Farbabweichungen zeigen. Dazu kam, daß beim Spiegel nur eine Oberfläche geschliffen werden muß – bei den Linsen sind es zwei.

1

Isaac Newton und seine Vorläufer

Die erste Nachricht über das Prinzip des Spiegelteleskops stammt aus dem Jahre 1571. In diesem Jahr erschien in London das Werk „A Geometrical Practise, named Pantometria" von Leonard Digges, in dessen 21. Kapitel der Autor auf die Bauweise eines solchen Teleskops eingeht – einigermaßen kurz, weil Digges darüber noch ein eigenes Traktat herauszugeben beabsichtigte, aber durchaus verständlich. Und offenbar hatte Digges das Gerät auch wirklich gebaut. Jedenfalls behauptet das sein Sohn Thomas in einem Vorwort zum Buch seines (offenbar kurz vor dem Erscheinungstermin verstorbenen) Vaters.

1616 verbreitete sich der Jesuit Nicolaus Zucchi (1586–1670) über eine Art Spiegelteleskop, das mit Okularlinsen ausgerüstet werden sollte. Mit einem Parabolspiegel operierte Marin Mersenne im Jahre 1639, hatte aber keinen Erfolg damit.

Der erste praktisch brauchbare Vorschlag für den Bau eines Spiegelteleskops stammt von dem schottischen Mathematiker und Astronomen James Gregory (1638–1675). Er wurde 1663 veröffentlicht, aber nie verwirklicht, weil Gregory die Kunst des Schleifens gekrümmter Glasoberflächen nicht beherrschte. Schließlich kam ihm Newton mit seinem Teleskop zuvor. Gregory erblindete und starb schon als 37jähriger. Zuvor erlebte er noch, daß Newtons Gegner, der Physiker Robert Hooke (1635–1703), ein Spiegelteleskop nach Gregory-Vorbild baute und der Royal Society schenkte.

Sir Isaac Newton (1642–1727), der Gregorys Entwurf offenbar nicht kannte, konstruierte das erste „reflektierende Teleskop", mit dem man auch wirklich arbeiten konnte, im Jahre 1668. Es war vergleichsweise winzig: 13,5 Zentimeter lang und 2,5 Zentimeter im Durchmesser. Man konnte damit aber 30- bis 40fach vergrößern. Ein etwas größeres Teleskop baute Newton 1671 und führte es zuerst König Karl II., dann der Royal Society vor, die ihn daraufhin zu ihrem Mitglied wählte. Später wurde er ihr Präsident und blieb es bis zu seinem Tod.

William Herschel entdeckt den Uranus

Als im Jahre 1756 die Regimentskapelle der Hannoveraner Grenadiere nach England verlegt wurde, mußte auch der 18jährige Oboist Friedrich Wilhelm Herschel (1738–1822) mitgehen. Er benutzte die Gelegenheit, die englische Sprache zu lernen, die er bald perfekt beherrschte. Nach

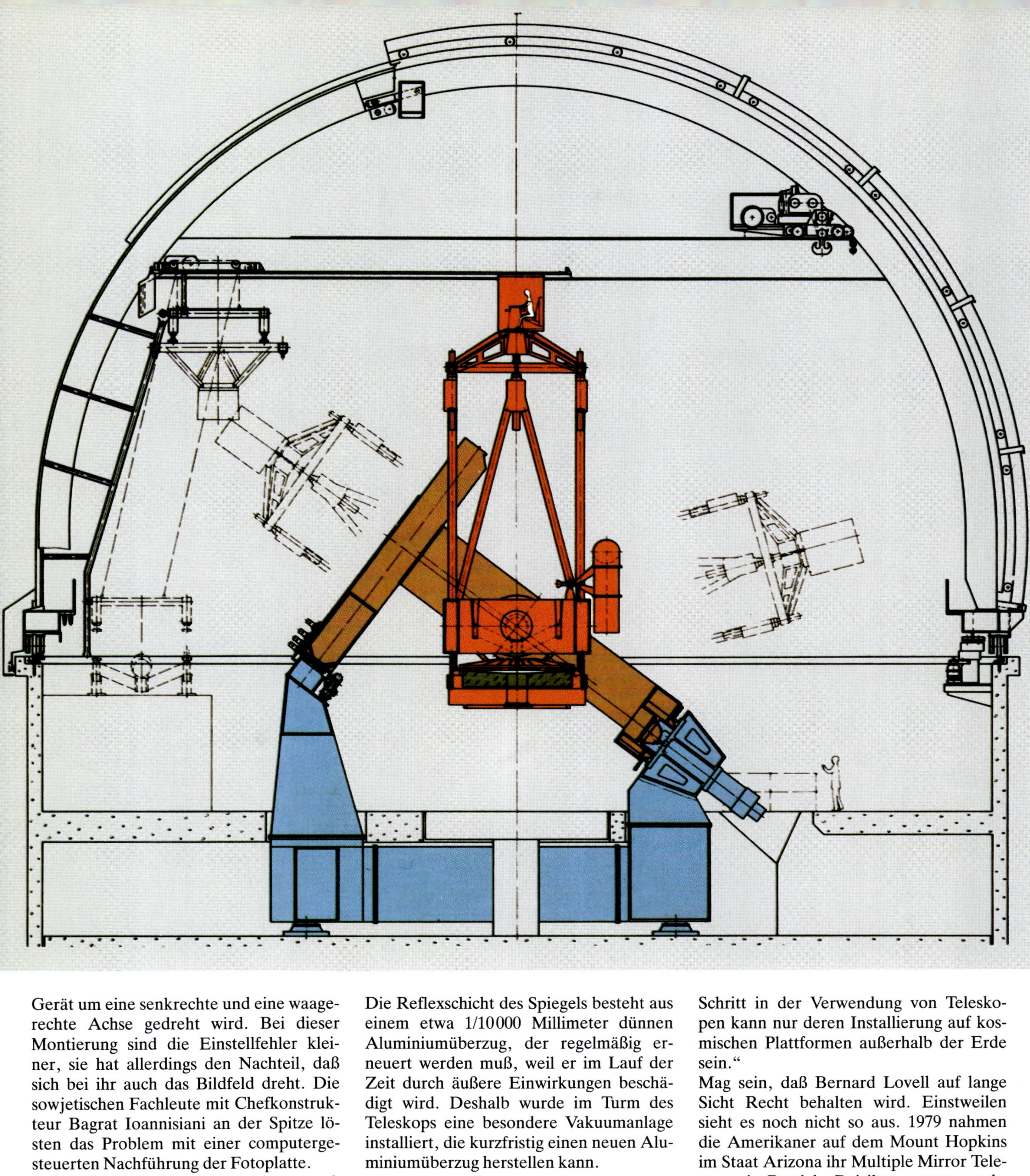

Gerät um eine senkrechte und eine waagerechte Achse gedreht wird. Bei dieser Montierung sind die Einstellfehler kleiner, sie hat allerdings den Nachteil, daß sich bei ihr auch das Bildfeld dreht. Die sowjetischen Fachleute mit Chefkonstrukteur Bagrat Ioannisiani an der Spitze lösten das Problem mit einer computergesteuerten Nachführung der Fotoplatte.

Besondere Vorkehrungen wurden getroffen, um Spiegelverformungen durch Temperaturschwankungen in den Griff zu bekommen (ganz ausschalten lassen sie sich nicht), wobei ebenfalls der Computer mitwirkt. Da der Spiegel zu Beginn der nächtlichen Beobachtungen möglichst die gleiche Temperatur haben soll wie die Außenluft, wird er mit Hilfe einer Kühlanlage rechtzeitig auf die von den Meteorologen vorausgesagte Außentemperatur der Nacht heruntergekühlt.

Die Reflexschicht des Spiegels besteht aus einem etwa 1/10000 Millimeter dünnen Aluminiumüberzug, der regelmäßig erneuert werden muß, weil er im Lauf der Zeit durch äußere Einwirkungen beschädigt wird. Deshalb wurde im Turm des Teleskops eine besondere Vakuumanlage installiert, die kurzfristig einen neuen Aluminiumüberzug herstellen kann.

Die Generation der Multi-Spiegel

„Ich glaube, dies ist das größte von allen optischen Teleskopen, die jemals auf der Erde gebaut werden", sagte Bernard Lovell, Vizepräsident der Internationalen Astronomischen Union, über BTA 6, „denn es reicht bis an jene Schranken heran, die die Erdatmosphäre der Beobachtung des Weltalls setzt. Der nächste Schritt in der Verwendung von Teleskopen kann nur deren Installierung auf kosmischen Plattformen außerhalb der Erde sein."

Mag sein, daß Bernard Lovell auf lange Sicht Recht behalten wird. Einstweilen sieht es noch nicht so aus. 1979 nahmen die Amerikaner auf dem Mount Hopkins im Staat Arizona ihr Multiple Mirror Telescope in Betrieb. Bei ihm ersetzen sechs Parabolspiegel von 1,80 Meter Durchmesser, die um eine zentrale Achse montiert sind, den sonst üblichen einzigen Reflektor. Das einfallende Licht wird zu einem gemeinsamen Brennpunkt gelenkt. Die Anlage verfügt über die Kapazität eines konventionellen 4,5-Meter-Spiegels. Nach dem gleichen Verfahren wird in den USA eine Anlage mit sechs Spiegeln von je zehn Meter Durchmesser geplant.

Ein Multi-Spiegel-Gerät wird auch in der

1

3

4

Herstellungsprozeß eines Teleskopspiegels:

1 – 40 Tonnen Schmelzgut werden geschmolzen, etwa 20 Tage lang bei 1600 °C flüssig gehalten und schließlich bei etwa 1400 °C in eine Form gegossen.

2 – Der Glasrohling nach Entfernung der Seitenwände, kurz bevor er in einen Kühlofen kommt. Das muß innerhalb einer halben Stunde geschehen, damit er nicht zu ungleichmäßig abkühlt und dann springt. In dem zugemauerten Kühlofen wird der Rohling dann in etwa fünf Monaten auf Außentemperatur gebracht, auf die eigentliche Rohform des Spiegels geschnitten und keramisiert. Das dauert weitere acht Monate.

3 – Spezielle Anlage zur Bearbeitung des Spiegels: eine Drehscheibe und ein Schwenkkran für Schleif- und Polierschalen. Ausgangspunkt der Bearbeitung ist eine gleichmäßig kugelförmig gewölbte (sphärische) Spiegeloberfläche.

4–5 – Mit kleiner werdenden Polierschalen – hier wird gerade eine 1,6 Meter große Polierschale auf den Spiegel mit Poliermittel aufgesetzt – erreicht man dann die notwendige „asphärische Deformation“. Hierbei kommt es auf eine Genauigkeit an, die im Bereich von 30 nm liegt (1 nm = 1 Milliardstelmeter).

2

5

1

Sowjetunion diskutiert, bestehend aus 500 sechseckigen, etwa einen Quadratmeter großen Spiegelflächen, die sich zu einem 25-Meter-Spiegel ergänzen. Die Anlage soll siebzehnmal mehr Licht einfangen können als der Sechsmeterspiegel im Kaukasus.

Europäische Astronomen sind da bedeutend bescheidener, was nicht zuletzt eine Kostenfrage ist. Für ein Superteleskop reicht ein Betrag von einer halben Milliarde Mark schon nicht mehr aus. Deutsche Wissenschaftler forschen beispielsweise auf dem chilenischen Andenberg La Silla, wo in europäischem Verbund von der European Southern Observatory-Organisation (ESO) zwölf Teleskope errichtet wurden, darunter ein sehr beachtlicher 3,6-Meter-Spiegel. Ein Mehrfachforschungsinstitut, das über einen 3,5-Meter-Reflektor verfügt, errichtete das Max-Planck-Institut für Astronomie auf dem höchsten Berg der spanischen Sierra de los Filabres, dem Calar Alto.

Die Planetarien

In dem kreisrunden Saal verlöscht das Licht. Die Zuschauer blicken erwartungsvoll zur halbkugelig geformten Aluminiumkuppel hinauf, die sich fast unmerklich in ein naturgetreues Abbild des nächtlichen Himmels verwandelt. Der künstliche Sternhimmel dreht sich in ostwestlicher Richtung. Immer neue Sternbilder tauchen auf, Planeten ziehen ihre Bahn, der Mond bewegt sich über die Kuppel und verschwindet an ihrem unteren Rand. In der Mitte des Zuschauerraums steht eine Apparatur, die sich leise surrend dreht: das Projektionsplanetarium. Illusionsmaschinen dieser Art, Meisterwerke der Optik und Elektronik, gibt es seit 1923. Aber das Planetarium als Nachbildung der Himmelsmechanik ist viel älter: über 2600 Jahre.

Das archimedische Kunstwerk

Von den frühesten Planetarien sind keine technischen Einzelheiten überliefert. Die älteste Maschine dieser Art soll um 600 v. Chr. auf der winzigen Insel Antikythera, unweit von Kreta, gebaut worden sein. Rund 400 Jahre später stellte der griechische Mathematiker und vielseitige Mechaniker Archimedes (um 285–212 v. Chr.) ein Sphärensystem her, das mit Wasserkraft angetrieben wurde und auf den Überlegungen des Naturforschers Eudoxos von Knidos (etwa 408–355 v. Chr.)

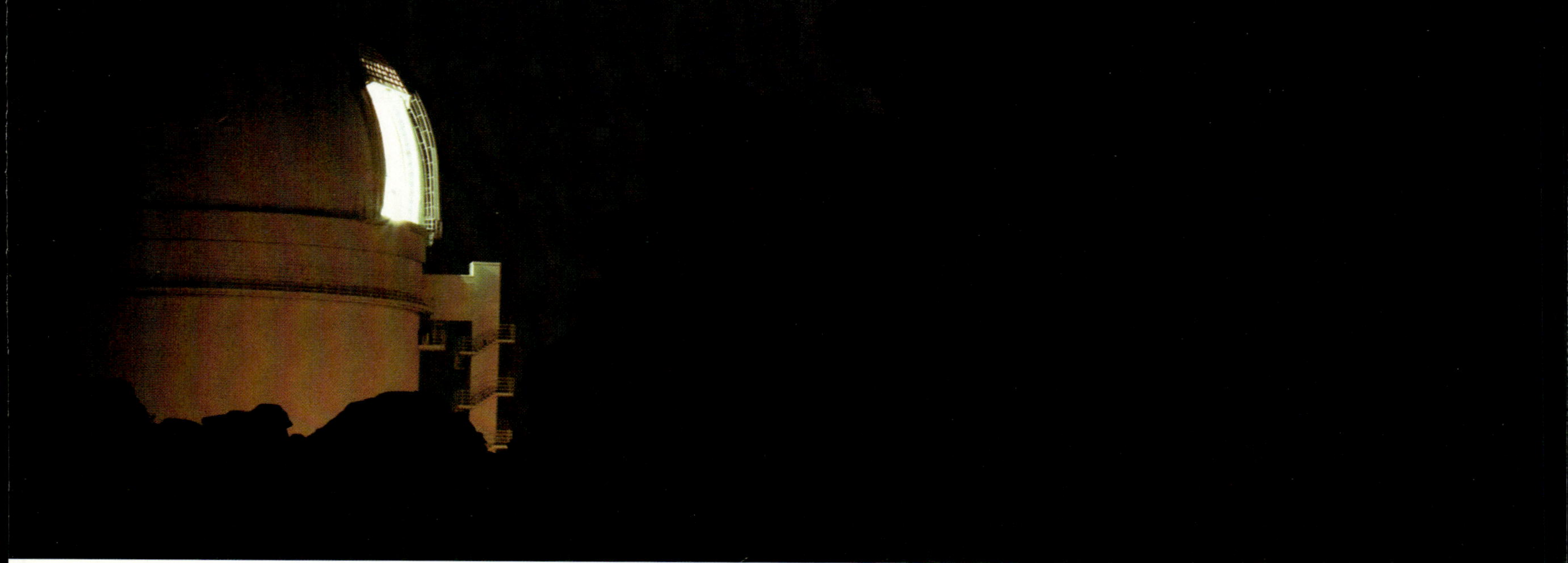

3

Das Forschungsinstitut des Max-Planck-Instituts für Astronomie auf dem 2168 Meter hohen Calar Alto in Südspanien.
1 – Das 3,5-Meter-Spiegelteleskop von Zeiss, dessen Herstellungsprozeß wir auf der vorhergehenden Doppelseite verfolgen konnten, in Aktion. Es ist 22 Meter hoch und wiegt insgesamt 430 Tonnen, der Spiegel allein wiegt 14 Tonnen. Computer sorgen für Positionierung und Nachführung.
2 – Calar Alto bei Nacht. Das Teleskop erforscht Sternensysteme, die bis zu 10 Milliarden Lichtjahre von uns entfernt sind.
3 – Gesamtanlage auf dem Calar Alto: Kuppelbauten für verschieden große Reflektoren und Meßgeräte.

1

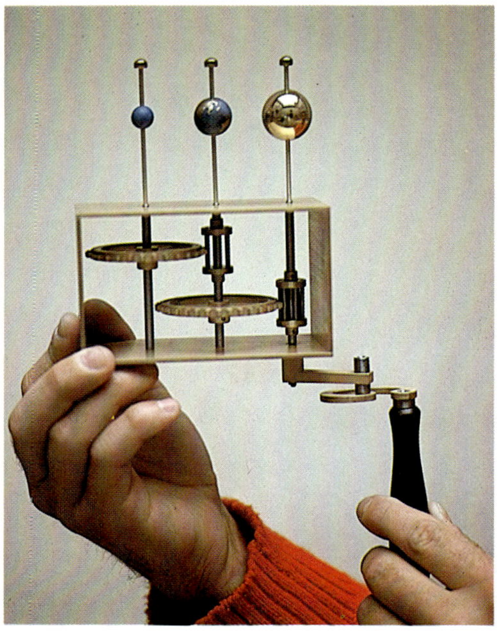
2

3

beruhte. Jedenfalls behauptet das der römische Politiker Marcus Tullius Cicero (106–43 v. Chr.), der das archimedische Kunstwerk in Rom zu sehen bekam. Dorthin war es von dem Feldherrn Marcus Claudius Marcellus verschleppt worden, der 212 die Eroberung von Syrakus geleitet hatte. Bei diesem Kampf war Archimedes von einem römischen Soldaten getötet worden, obwohl Marcellus ausdrücklich befohlen hatte, den berühmten Erfinder und Wissenschaftler zu schonen. Der Überlieferung nach war Archimedes damit beschäftigt, mit einem Stock geometrische Figuren in den Sand zu zeichnen, als die Römer anrückten. Er wies den voranstürmenden Soldaten mit den Worten „Störe meine Kreise nicht!“ ab – und wurde erschlagen.

Cicero berichtet von dem archimedischen Planetarium, in dessen Mittelpunkt (selbstverständlich) die Erde stand, bei einer einzigen Umdrehung habe die Maschine die verschiedenen Bewegungen von Sonne, Mond und fünf Planeten dargestellt. Mehr ist darüber nicht bekannt, und auch die Planetarien des Poseidonios (135–51 v. Chr.) und des vielseitigen Mechanikers Heron von Alexandria (1. Jahrhundert n. Chr.) kennen wir nur vom Hörensagen.

Immerhin fanden griechische Schwammtaucher im Jahre 1902 in sechzig Meter Wassertiefe die Reste einer Konstruktion, die als astronomisches Gerät identifiziert wurde. Sie war mit Kammrädern aus Bronze und Dreieckzähnen mit einem Flankenwinkel von 60 Grad ausgerüstet, besaß schon Kronrad und Welle sowie Zahnräder, die auf Achsen mit quadratischen Zapfen montiert waren. Fachleute vertraten die Meinung, dieses Planetarium sei auf den ägyptischen Kalender eingestellt gewesen. Sie datierten es auf etwa 82 v. Chr. Ein ähnliches Gerät beschrieb auch der arabische Gelehrte al Biruni um das Jahr 1000.

Arabischen Mathematikern und Astronomen dürfte auch das Planetarium zuzuschreiben sein, das der Sultan von Damaskus im Jahre 1232 dem Kaiser Friedrich II. (1194–1250), einem Freund arabischer Kultur und Förderer der Wissenschaften, überreichen ließ. Andere Planetarien der Frühzeit waren die um 1320 von Richard von Wallingford konstruierte kunstreiche astronomische Uhr, auf der die Stellungen von Sonne, Mond und Sternen und auch die Zeiten von Ebbe und Flut zu sehen waren. Wallingford hinterließ zwar kein Modell seiner planetarischen Uhr, wohl aber eine Art Handbuch mit einer Gebrauchsanweisung für das verschollene In-

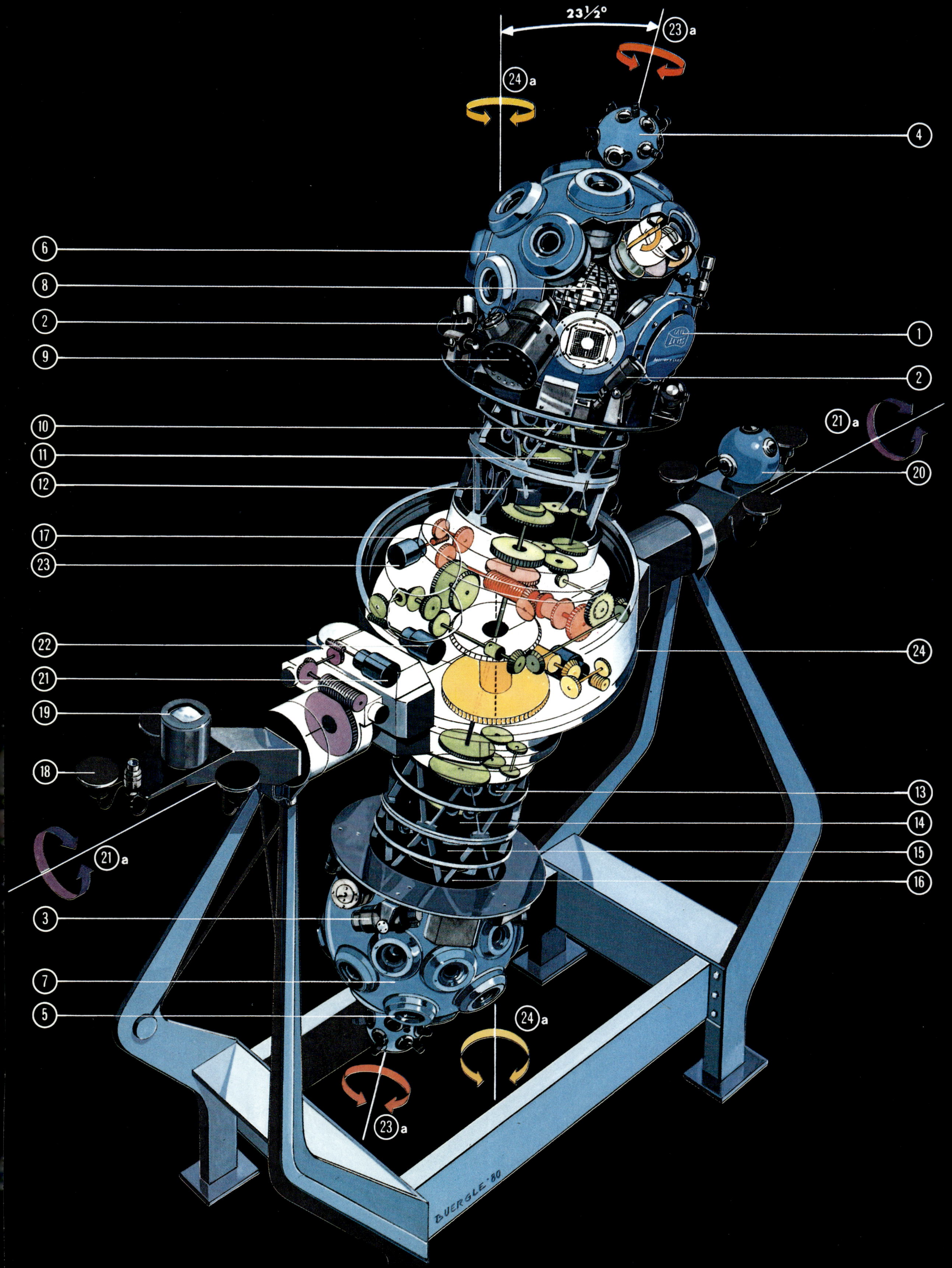

23½°
23a
24a
4
6
8
2
9
1
2
10
11
12
21a
20
17
23
22
24
21
19
18
13
14
15
21a
16
3
7
5
24a
23a
BUERGLE '80

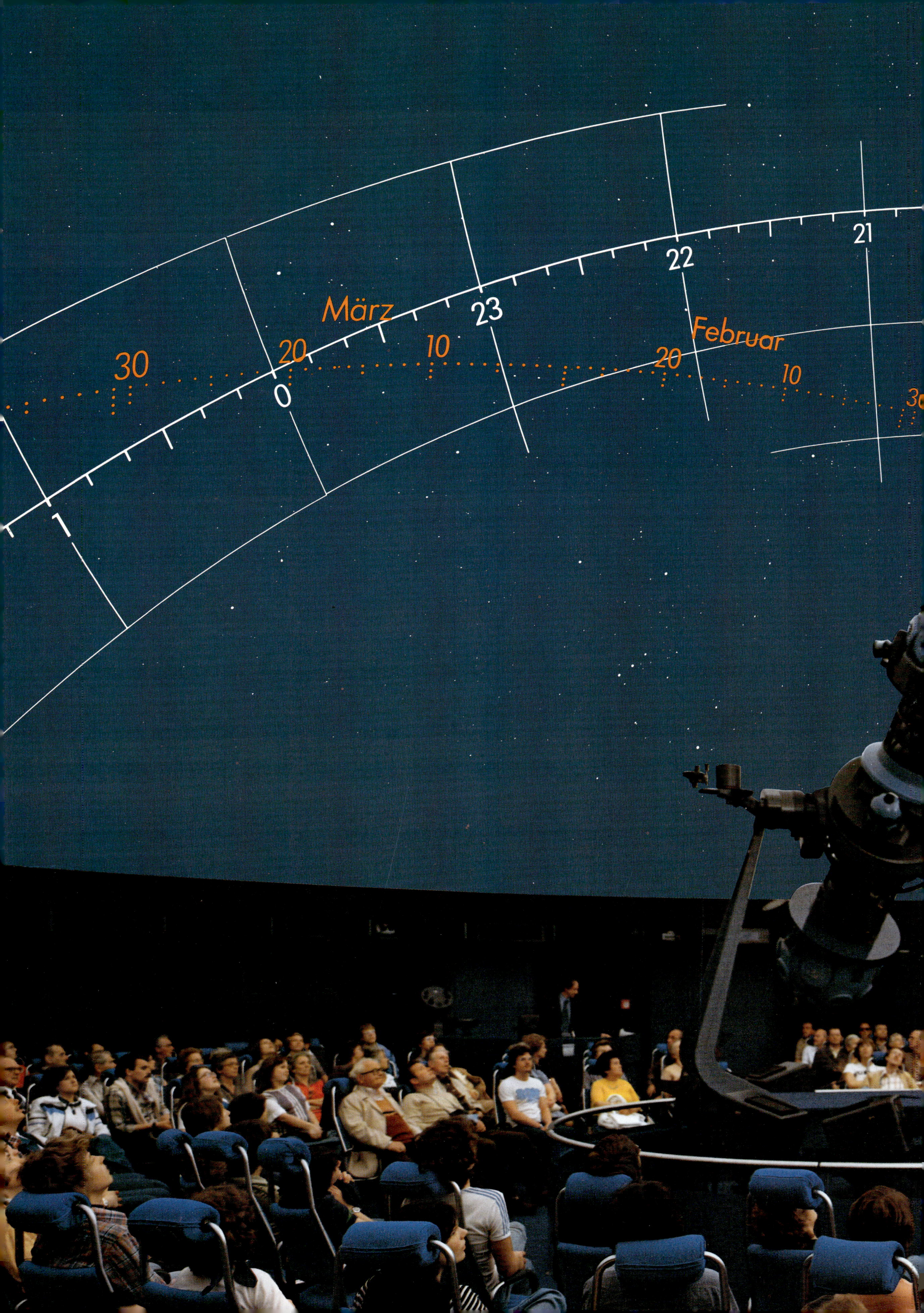

März
Februar
30
20
10
20
10
23
22
21
0
1

20
19
18
17
Januar
20
10
30
Dezember
20
10
30

mit unterschiedlicher Zeitraffung vorgeführt werden: in 50 Sekunden, zwei oder vier Minuten.
Von diesem ersten Modell wurden nur zwei Exemplare gebaut; neben dem einen für das Deutsche Museum ein zweites, konstruktiv bereits verbessertes, das nach Zwischenstationen in Düsseldorf und Liegnitz 1934 endgültig in Den Haag aufgestellt wurde. Beide lieferten eindrucksvolle Projektionen, hatten aber auch einen entscheidenden Nachteil: Es konnte lediglich der Sternhimmel projiziert werden, wie er sich unter 48 Grad nördlicher Breite präsentierte. Die südlichen Himmelsgefilde blieben ausgespart.
Beim Modell II wurde das anders. Es stellte sozusagen eine Verdoppelung von Modell I dar. Statt einer Fixsternkugel und einem Planetenkäfig hatte es je zwei, für den nördlichen und den südlichen Sternhimmel. Damit bekam das Planetarium seine berühmte Hantelform, wurde aber auch erheblich größer: zu voller Höhe ausgefahren, erhob es sich fünf Meter über dem Saalboden. Weil aber auch die Fixsternkugeln von 50 auf 75 Zentimeter Durchmesser vergrößert und überdies die Lampenleistungen erhöht wurden, war es nun möglich, auch die Projektionskuppeln größer und eindrucksvoller zu bauen. Sie haben heute im allgemeinen einen Durchmesser von zwanzig Metern. Modell II wurde zum Standardtyp, der sich weltweit durchsetzte. Dem 1926 in Barmen in Betrieb genommenen Gerät schlossen sich neue Planetarien in neun anderen deutschen Städten an. 1927 wurde in Wien das erste Auslandsplanetarium eröffnet.

Computer steuern das Himmelsgeschehen

Bis 1937 wurden in Jena 25 Planetarien gebaut. Im Zweiten Weltkrieg ruhte die Produktion; bis auf das Hamburger Gerät fielen alle anderen Planetarien in Deutschland mit mehr oder weniger starken Zerstörungen dem Krieg zum Opfer. Als nach Kriegsende die Produktion in Jena wieder aufgenommen wurde, ging das erste verbesserte Planetarium als „Geschenk des deutschen Volkes" aus dem mittlerweile verstaatlichten Betrieb anläßlich von dessen 70. Geburtstag am 21. Dezember 1949 an Josef Stalin und wurde in Stalingrad, dem heutigen Wolgograd, aufgestellt. Die 1948 nach Westdeutschland verlegte Carl-Zeiss-Stiftung baute neue Werke auf. Nach einem Übergangsmodell (III) wurde im neuen Zeiss-Werk in Oberkochen das Modell IV als neues Standardmodell entwickelt.
Den letzten und nach Meinung der Zeiss-Leute endgültigen Stand der Planetariumstechnik stellt das Modell VI A dar, dessen erste Ausführung 1977 in Stuttgart eingeweiht wurde. Es wird über Computer gesteuert. Ein zollbreites Magnetband mit vierzehn Kanälen liefert die nötigen Informationen an die in sieben mannshohen Schränken untergebrachte Steuerelektronik. Es ist für 72-Minuten-Vorführungen ausreichend und enthält alle Impulse für die Regelung der Helligkeit und die exakte Wiedergabe der Bewegungsabläufe aller Projektoren. Wer das Gerät bedienen will, braucht einen eigenen „Führerschein", der erst nach Absolvierung eines Kurses mit anschließender Abschlußprüfung ausgestellt wird.
Das Projektionsplanetarium VI A liefert mit völlig neuen Konstruktionselementen die perfekte Illusion. Irisblenden vor den sehr hellen Gasentladungslampen regulieren die Fixstern-Helligkeitsgrade. Auch die Helligkeit der Planeten ist einzeln regulierbar. Und sogar das leichte Flackern der Sterne, die in freier Natur zu beobachtende Szintillation, läßt sich optisch-elektronisch simulieren. Man kann sie indessen auch abstellen, beispielsweise wenn ein Planetarium zur Ausbildung von Astronauten verwendet wird – im Raum außerhalb der Atmosphäre gibt es keine Szintillation.
Die neuen Steuerungseinrichtungen erlauben erstmals auch die stufenlose Steuerung des Planetariums. Ein Erdentag spult sich, je nach Wunsch, in Zeiträumen zwischen 30 Sekunden oder 36 Minuten ab, ebenso ein Sonnenjahr. Um die Illusion vollkommen zu machen, können bestimmte Panoramen auf den Horizont projiziert werden – bis zu sechs je Vorstellung. So ist es beispielsweise möglich, den Stuttgarter Abendhimmel zu erleben, sich dann das Weltall von einer Marslandschaft aus zu besehen und die Reise dann, umgeben von arktischen Eisbergen (mit den dazu passenden Himmelserscheinungen), zu beenden.
In Zukunftsromanen kommen immer wieder Zeitmaschinen vor, mit deren Hilfe man in die Vergangenheit oder Zukunft reisen kann. Wahrscheinlich wird man sie in der beschriebenen Form niemals bauen können. Die einzigen Zeitmaschinen, die es wirklich gibt, sind die Planetarien, die uns das Himmelsgeschehen so darbieten können, wie es sich beispielsweise zur Zeit von Christi Geburt oder im Jahr 2500 geboten hat oder bieten wird. Und das mit perfekter Technik. Denn das projizierte Firmament ist dem echten so täuschend ähnlich, daß immer wieder Planetariumsbesucher die Frage stellen, wann denn nun eigentlich im Verlauf der Vorführung die Kuppel geöffnet worden sei, um den echten Himmel vorzuführen. Die Kuppel läßt sich gar nicht öffnen.

Die Radioteleskope

Sterne, die Licht aussenden, kann man mit Hilfe von Linsenfernrohren und Spiegelteleskopen beobachten, und zwar im günstigsten Fall mit einer Reichweite von etwa zwei Milliarden Lichtjahren. Daß es auch Himmelsobjekte gibt, die elektromagnetische Wellen aus dem Bereich der Radiofrequenzen aussenden, ist erst seit einigen Jahrzehnten bekannt. Diese Wellen kann man nicht sehen.
Es ist zwar möglich, sie im Lautsprecher zu hören, wenn man sie entsprechend verstärkt. Sie machen sich dann durch Rauschen und Pfeifen, Knurren und Krachen bemerkbar. Aber aus diesen Geräuschen ist nicht viel abzuleiten. Die mit großen Spezialantennen, den Radioteleskopen, aufgefangenen Impulse werden deshalb auf Magnetband aufgezeichnet und mit Hilfe von Computern ausgewertet. Reichweite der Radioastronomie: ungefähr 15 Milliarden Lichtjahre.

Karl Jansky und das fremde Rauschen

Auf dem Gelände einer ehemaligen Kartoffelfarm in Holmdel, südlich von New York, war kurz vor Weihnachten des Jahres 1931 der 26jährige amerikanische Radioingenieur Karl Guthe Jansky (1905 bis 1950), Angestellter der Bell Telephone Laboratories, mit einer nicht besonders spannenden Arbeit beschäftigt. Er sollte herausfinden, welche Ursache die häufigen atmosphärischen Störungen hatten, die den transatlantischen und den Küstenfunkverkehr beeinträchtigten. Also saß er seine Dienststunden am Funkempfänger ab und lauschte auf das Knattern und Knacken, Prasseln und Krachen im Kopfhörer.
Die Bell-Leute hatten für diese Überwachungsaufgabe eine spezielle Antenne gebaut, bestehend aus einem Holzgestell mit zehn rechteckigen Einzelsystemen. Sie sah wie die Tragfläche eines alten Doppeldeckers aus, und weil man die ganze Anlage auf einer Holzschiene drehen konnte, wurde sie von ihren Erbauern Merry-go-round genannt, was soviel wie Karussell bedeutet. Zu Janskys Aufgaben gehörte es, diese Antenne alle zwanzig Minuten weiterzudrehen, was beim eisigen Winterwind für ihn kein reines Vergnügen war.
Bald konnte Jansky die verschiedenen Ty-

pen von atmosphärischen Störungen auseinanderhalten. Er erkannte ein bestimmtes Krachen als Gewitterstörung, ein charakteristisches Prasseln als das Geräusch eines nicht entstörten Elektromotors und ein typisches Knattern als die verzerrte Impulsfolge eines falsch eingestellten Telegrafiesenders.
Aber eines Tages, bei einer bestimmten Antenneneinstellung, war da ein zusätzliches Geräusch, das er noch nie gehört hatte. Es klang wie ein ziemlich lautes, stetiges Wispern und überlagerte alle anderen Geräusche. Jansky vergewisserte sich, daß es den normalen Funkempfang nicht störte. Er überprüfte es an einem Sonntag und wußte nun, daß es nicht etwa von einer nahen Fabrik stammen konnte. Und er stellte fest, daß das Geräusch bei Sonnenaufgang schwächer wurde.
Sein Abteilungsdirektor, Henry Guttman, erlaubte eine leichte Veränderung der Antennenmontierung, so daß es nun möglich war, die Antenne schräg nach oben in den Himmel zu richten. Neue Beobachtungen ergaben, daß das Geräusch jeden Morgen vier Minuten früher einsetzte als am Morgen davor. Jansky schlug in einem astronomischen Lehrbuch nach und fand die Lösung: Als Folge der Drehung der Erde um die Sonne verschieben sich Auf- und Untergang der Sterne täglich um vier Minuten. Das Geräusch mußte also von den Sternen kommen.
Nun ging Jansky systematisch vor. Ab 1. Januar 1932 legte er eine Tabelle an und notierte seine Beobachtungen. Mit ihr ging er zu einem Professor der Columbia-Universität, um ihm die Sache vorzutragen. Der Professor hielt den Empfang von Radiosignalen aus dem Weltraum durchaus für möglich. Er lokalisierte sogar den Ursprung der Geräusche. Die Quelle mußte sich im Sternbild des Schützen befinden, etwa 26000 Lichtjahre von der Erde entfernt.
Abermals wurde die Antenne verbessert. Nun waren genaue Gradangaben für die Strahlungsrichtung möglich. Jansky beobachtete unentwegt weiter. Nach anderthalb Jahren gab es für ihn keinen Zweifel mehr über den Ursprung der Strahlung. Er schrieb einen ausführlichen Bericht darüber, den Direktor Guttman wohlwollend entgegennahm. Die Firma fragte erst bei dem von Jansky konsultierten Professor nach, ob es mit der Sache seine Richtigkeit haben könne. Als das bestätigt wurde, gab sie das Material an die PR-Abteilung weiter. Am 5. Mai 1933 berichtete die New York Times unter der Schlagzeile „Neuartige Radiowellen aus dem Zentrum der Milchstraße" über Janskys Feststellungen. Andere Zeitungen und Rundfunksender folgten (einer von ihnen übertrug sogar das Originalgeräusch aus Janskys Funkbude).
Schnell wurden die Radiowellen aus dem Weltraum zum Tagesgespräch. Jansky wurde mit Briefen überschüttet; zum Teil warnten sie ihn davor, allzu tief in die Geheimnisse der Natur einzudringen, weil das das kosmische Gleichgewicht stören könne. Aber dann ebbte das Interesse ebenso schnell wieder ab, und Jansky, der gehofft hatte, mit Unterstützung der Bell Laboratories eine bessere, schüsselförmige Antenne für weitere Forschungen bauen zu können, erlebte eine Abfuhr. Für firmenfremde Untersuchungen habe man kein Geld, hieß es.
So wurde die Geburtsstunde der Radioastronomie verschlafen. Karl Jansky kehrte wieder zu den ihm aufgetragenen Arbeiten zurück. Ihm blieb nichts als der Ruf eines „atmosphärischen Geräuschexperten", von dem die Fachleute nichts wissen wollten, weil er nicht vom Fach war. 1950 starb er im Alter von 44 Jahren. Viel später erst ehrte man ihn, indem man die Einheit der Radiostrahlen-Intensität nach ihm benannte.

Grote Rebers erstes Radioteleskop

Einen Mann gab es doch, dem Karl Janskys Entdeckung keine Ruhe ließ. Er hieß Grote Reber, war wie Jansky Radioingenieur und stammte aus Wheaton im Staat Illinois, wo er am 22. Dezember 1911 geboren war. Reber war tagsüber damit ausgelastet, Rundfunkgeräte zu reparieren. Abends beschäftigte er sich damit, in seinem Garten ein Radioteleskop zu bauen. Es sah aus wie eine große Tortenplatte, hatte einen Durchmesser von 9,45 Metern und trug in der Mitte einen aufrechtstehenden Stab. Eigentlich hatte er die Antenne von einer Konstruktionsfirma bauen lassen wollen. Aber die von ihr verlangten 7000 Dollar konnte er nicht aufbringen.
Jahrelang blieb Grote Reber, der dort weiterarbeitete, wo Jansky aufgehört hatte, der einzige Radioastronom der Welt. Mit immensem Fleiß durchforschte er den Himmel und fand eine ganze Reihe von Radioquellen: im Sternbild des Adler, im Großen Hund, im Schwan. Bald konnte er die erste Radiokarte des Himmels anlegen. 1940 veröffentlichte er seine Forschungsergebnisse. Aber auch diesmal war aus der Schar der Astronomen niemand bereit, sie zur Kenntnis zu nehmen.
Dann kam (für Amerika) der Krieg, und mit ihm kamen die neuen Radargeräte, die Annäherungen feindlicher Flugzeuge frühzeitig meldeten. Die Engländer säumten die ganze Kanalküste mit Geräten dieser Art. Einige davon gaben im Frühjahr 1942 merkwürdige krachende Geräusche von sich. Die britischen Kommandostellen befürchteten schon, daß es den Deutschen gelungen sei, das Radarnetz zu blockieren. Sicherheitshalber fragten sie einen Physiker um Rat: Stanley Hey überprüfte die Sache und stellte fest, daß zur fraglichen Zeit alle gestörten Radarschirme auf die Sonne gerichtet waren. Damit stand erstens fest, daß die Deutschen unschuldig waren, und zweitens, daß auch die Sonne zu den Radiostrahlern gehörte. Ähnliche Beobachtungen machten auch die Radarfachleute in den USA, in Australien und den Niederlanden.
Nun erst merkten die Astronomen auf. Der Krieg war kaum zu Ende, da richteten sie die Spiegel der Radargeräte auf den Himmel und fanden eine ganze Reihe neuer Radioquellen. Der Erfolg vervielfachte sich, als man erst daran ging, größere Parabolspiegel-Antennen zu bauen. In den folgenden Jahren wurde aus der Radioastronomie sehr schnell ein eigener Forschungszweig, der sich von der klassischen Astronomie abspaltete und eine geradezu explosionsartige Entwicklung durchmachte, was seine Methodik und seine Innovationen betraf.

Die theoretischen Grundlagen

Für die meisten Wellenlängen des elektromagnetischen Spektrums ist die Stickstoff-Sauerstoff-Atmosphäre der Erde undurchlässig. Eine wichtige Ausnahme stellt das sichtbare Licht dar. Es erreicht die Erdoberfläche durch das „optische Fenster", und zwar einschließlich eines Teils der angrenzenden infraroten und ultravioletten Strahlung.
Daneben gibt es aber auch einige Radiofrequenzen, die bis zum Erdboden durchdringen. Sie machen die Radioastronomie möglich und bilden für die Astronomen das „zweite Fenster" oder „Radiofenster". Die für Radioteleskope nutzbaren Frequenzen machen nur einen schmalen Ausschnitt aus dem Wellenspektrum aus. Sie umfassen den Zentimeter-, Dezimeter- und Ultrakurzwellenbereich und einen Teil des Kurzwellenbereichs (dieser ist aber für Parabolantennen schon nicht mehr interessant).
Gegenüber den optischen Astronomen haben die Radioastronomen einige entscheidende Vorteile. Beispielsweise können sie auf den meisten Frequenzen auch bei Tag arbeiten, weil das Licht den Radiowellenempfang nicht beeinträchtigt.

Auch eine Wolkendecke macht ihnen nichts aus, sie läßt die Strahlung durch. Nachteile sind dagegen, daß der verwendeten Wellenlängen wegen riesige Antennensysteme eingesetzt werden müssen und daß die unmittelbare Erkenntnis der aufgefangenen Impulse nicht möglich ist – sie müssen nach ihrer Verstärkung erst aufbereitet werden, bevor sie eine ablesbare Form haben.
Es gibt heute im wesentlichen drei Arten radioastronomischer Antennen. Die Einzelteleskope, mit einem Parabolspiegel ausgerüstet, können in ihrer beweglichen Form höchstens mit einem Durchmesser von hundert Metern gebaut werden. Bei fester, unbeweglicher Montage sind größere Durchmesser möglich, die Beobachtungsmöglichkeiten jedoch stark eingeschränkt. Als Arrays oder Synthesisteleskope werden kreuz-, T- oder Y-förmige Antennen bezeichnet. Radioastronomen nennen sie scherzhaft auch „Matratzenteleskope", weil sie wie riesige Drahtmatratzen aussehen, die sich Hunderte von Metern über Land erstrecken. Dieser Antennentyp mit großer Basis entstand aus Versuchen mit zwei voneinander entfernt aufgebauten, aber zusammengeschalteten Einzelantennen (nach dem Verfahren der Interferometrie, von dem noch zu sprechen sein wird).
Schließlich gibt es noch die Möglichkeit, zwei oder mehrere große Einzelteleskope parallel zu schalten. Dabei sind Basisweiten von Tausenden von Kilometern und ein Winkelauflösungsvermögen zu erreichen, das die Leistung auch der größten optischen Teleskope übertrifft. Dieses Verfahren wird Langstreckeninterferometrie genannt und lieferte bisher die sensationellsten radioastronomischen Ergebnisse.

Die großen Reflektor-Radioteleskope

Mit dem größten Radioteleskop, dem ein ganzes Tal ausfüllenden 305-Meter-Reflektor des Arecibo Ionospheric Observatory von Arecibo in Puerto Rico, warteten die Amerikaner schon im Jahre 1963 auf. Das US-Verteidigungsministerium ließ die Anlage ursprünglich für Beobachtungen der Ionosphäre errichten, verwendete sie dann aber auch für radioastronomische Forschungen. Da der Reflektor unbeweglich eingebaut ist, hat er nur einen auf etwa 24 Grad um den Zenit beschränkten Beobachtungsbereich. Andere Techniken haben ihn überholt.
Unter den voll beweglichen Teleskopen war lange Jahre das mit einem 76,2-Meter-Parabolspiegel ausgerüstete Radioteleskop der britischen Universität Manchester von Jodrell Bank das größte der Welt. Es wurde 1957 in Betrieb genommen, ist 2000 Tonnen schwer und verfügt über eine geschlossene Spiegelfläche, um auch noch die 21-Zentimeter-Strahlung der zwischen den Sternen befindlichen Wasserstoffwolken auffangen zu können. Für die Montierung des Teleskops verwendeten die Engländer den Unterbau eines Schlachtschiff-Geschützes. In den USA entstand 1962 das Greenbank-Teleskop des National Radio Astronomy Observatory mit einem 91,50-Meter-Spiegel, der allerdings nur im Meridian beweglich ist. Zur gleichen Anlage gehört ein voll bewegliches 42-Meter-Teleskop.
Das größte bisher errichtete frei bewegliche Teleskop steht in einem Tal der Nordeifel bei Effelsberg, südwestlich von Bonn. Es gehört dem Max-Planck-Institut für Radioastronomie und wurde am 12. Mai 1971 eingeweiht. Sechzig Wissenschaftler und neunzig Techniker sind für seinen Betrieb verantwortlich. Ihr Ziel ist es, an die Grenzen des Weltraums vorzustoßen und zur Klärung der Frage beizutragen, wie unser Kosmos entstanden sein könnte.
Das Effelsberger Teleskop hat eine schüsselförmige Antenne mit einem Durchmesser von hundert Metern. Für sie wurde eine Konstruktion entwickelt, deren einzelne Teile elastisch miteinander verbunden sind, so daß der Spiegel in allen Kippstellungen und auch bei starkem Wind eine Genauigkeit von einem Millimeter beibehält, auch wenn sich Verformungen bis zu drei Zentimetern einstellen. Weil sich dabei der Brennpunkt verlagert, wird die Hornantenne im Zentrum des Spiegels in solchen Fällen automatisch nachgeführt.
Die Antenne läßt sich so drehen und schwenken, daß jedes beliebige Himmelsobjekt verfolgt werden kann. Die aufgefangene Strahlung wird an den Empfänger weitergegeben, der sie verstärkt und der magnetischen Aufzeichnung (nach dem Prinzip eines Videorecorders) zuleitet. Computer steuern die Antennenbewegungen, sie werten aber auch die Beobachtungs- und Meßergebnisse aus.
Oberstes Gesetz beim Bau der Anlage war höchste Präzision. 154 Betonpfeiler stützen das Fundament, sie reichen bis zu elf Meter tief in den Boden. Das Fundament trägt zwei fünfzig Meter hohe Türme, auf denen die Tragekonstruktion für den Spiegel lagert. Die Laufschiene, auf der sich der ganze Koloß im Kreis drehen kann, wurde mit einer Genauigkeit von zwei Zehntelmillimetern justiert. Für den Fundamentring mußte die Herstellerfirma eine Setzung von weniger als einem Millimeter in fünf Jahren garantieren.
Die Reichweite des Effelsberg-Teleskops liegt bei 12 bis 15 Milliarden Lichtjahren. Sein Arbeitsbereich sind Radiofrequenzen vom Millimeterbereich bis zu 50 Zentimeter Wellenlänge. Das Winkelauflösungsvermögen beträgt bei einer Wellenlänge von fünf Zentimetern 2,5 Bogenminuten.
Mit kleineren Spiegeln ist bei der Beobachtung der für die Sternentstehung besonders interessanten Wellenlängen unterhalb eines Millimeters, den Submillimeterwellen, auszukommen. Zur Zeit entsteht auf dem 4200 Meter hohen Mauna Kea auf Hawaii, einem Eldorado für Astronomen mit zahlreichen Forschungseinrichtungen, ein 15-Meter-Radioteleskop für Submillimeterwellen. Es wird gemeinsam von britischen und niederländischen Forschungsorganisationen errichtet.

Antennenmatratzen für den Kurzwellenempfang

Etwa um das Jahr 1960 setzte sich bei den Radioastronomen die Erkenntnis durch, daß die Erforschung auch der kurzwelligen Radiofrequenzen lohnende Ergebnisse bringen müsse. In zahlreichen Ländern, so in Australien, den USA, der UdSSR, in England und Kanada wurden in der Folgezeit Antennen für die von den Radioastronomen als Dekameterstrahlung bezeichneten Kurzwellen (Wellenlänge etwa 10 bis 30 Meter) gebaut. Dabei handelte es sich stets um sogenannte Array-, Reihen- oder Synthesisantennen, scherzhaft Matratzen genannt.
Für Dekameterwellen sind Parabolanten-

Ein neues Fenster zum Universum tat sich auf, nachdem das sichtbare Licht als ein Teil im großen Spektrum elektromagnetischer Wellen verstanden wurde und sich Wissenschaftler und Techniker der Untersuchung der wesentlich langsameren Radiowellen zuwandten. Mit Empfängern, die eigentlich für den Funkverkehr gedacht waren, kam man Radiowellen auf die Spur, die nur aus dem Weltraum stammen konnten.
Das größte in der Reihe der Reflektor-Radioteleskope ist das des Arecibo Ionospheric Observatory in Puerto Rico (1963). Es füllt ein ganzes Tal aus und hat einen Reflektor-Durchmesser von 305 Metern.

1

2

3

4

Die Radioastronomen verwenden zur Beobachtung sowohl Einzelantennen als auch ganze Antennenanlagen. Größe und erforderliche Genauigkeit hängen davon ab, in welchem Wellenlängenbereich man arbeiten will. So muß ein Instrument für 9-Zentimeter-Wellen auf etwa 1 Zentimeter genau sein, und im Grund könnte man dazu Maschendraht verwenden, sofern dessen Löcher nur viel kleiner als die Wellenlänge sind. Die Wellenlänge des sichtbaren Lichtes, die im Bereich von 380–780 Tausendstelmillimetern liegt, erfordert bei optischen Teleskopen eine entsprechend hohe Genauigkeit bei der Bearbeitung der Spiegeloberfläche. Das bedeutet zum Beispiel für das 3,5-Meter-Spiegelteleskop von Calar Alto (s. S. 278), daß es auf 30–40 Tausendstelmillimeter genau geschliffen sein muß. Vom Prinzip her funktionieren Teleskope für Lichtwellen und Radiowellen aber gleich: Die auf den Spiegel auftreffenden Wellen werden reflektiert, von einer genau im Brennpunkt stehenden Antenne aufgenommen und für die Auswertung verstärkt.

1–2 – Das Radioteleskop von Arecibo ist zwar mit seinem 305-Meter-Spiegel das größte Einzelteleskop überhaupt, aber seine Schale ist fest montiert und sein Beobachtungsbereich auf etwa 24 Grad um den Zenit beschränkt. Das bisher größte voll schwenkbare Radioteleskop steht in Effelsberg in der Eifel und hat einen Spiegeldurchmesser von 100 Metern. Der Parabolspiegel besteht aus 2353 Aluminiumplatten und ist 1000 Tonnen schwer. Das Fundament ruht auf 154 Betonpfeilern, die bis zu 11 Meter tief in den felsigen Untergrund eingelassen sind.

3 – Horizontal läßt sich das ganze Teleskop (Gesamthöhe 98 Meter) auf einer Laufschiene drehen, die auf zwei Zehntelmillimeter genau justiert ist. Die Detailaufnahme zeigt einen der vier Punkte, an denen das Teleskop in der Laufschiene aufsitzt.

4 – Detailaufnahme der Hornantenne im Brennpunkt des großen Reflektors.

nen ungeeignet. Sie können nur Wellen in einem Punkt sammeln, deren Wellenlänge bedeutend kürzer ist als ihr Spiegeldurchmesser. Wollte man das Effelsberg-Teleskop auf Dekameterwellen umstellen, müßte man ihm einen Reflektor von zehn Kilometer Durchmesser verpassen. Weil es sich so verhält, verwendet man Arrays, die aus Hunderten von Einzelantennen bestehen. Sie wirken wie Ausschnitte aus einem Riesenspiegel, obwohl sie nicht die nötige Krümmung aufweisen (diese wird nachträglich elektronisch „hineingerechnet").

Über Reihenantennen verfügten mehrere Observatorien schon Ende der fünfziger Jahre. Eine der größten Antennen dieser Art wurde bei Molonglo in Australien gebaut und hat die Form eines riesigen Kreuzes mit 1,6 Kilometer langen Balken.

In T-Form wurde die Array-Antenne des größten sowjetischen Dekameter-Observatoriums im Kaukasus errichtet. Die UTR-2 genannte Antenne bedeckt eine Fläche von sechzehn Hektar. Ihr aus 1440 Einzelantennen bestehender Hauptast ist sechzig Meter breit und 1,86 Kilometer lang, der rechtwinklig dazu aufgebaute Querast ist 900 Meter lang und besteht nochmals aus 600 aktiven Antennenelementen. Im Gegensatz zu den meisten anderen Array-Antennen ist UTR-2 nicht nur für eine bestimmte Wellenlänge gedacht, sondern arbeitet als Breitbandantenne im Bereich zwischen 30 und etwa 7,5 Meter Wellenlänge. Die Anlage ist zwar ortsfest, hat aber eine elektrische Strahlsteuerung, die das Abtasten eines bestimmten Himmelsbereiches erlaubt.

Interferometrie im Teleskop-Verbund

Wenn man mit Parabolspiegel-Teleskopen ein hohes Winkelauflösungsvermögen erreichen will, schaltet man mehrere von ihnen hintereinander. Das geschah beispielsweise mit großem Erfolg in den Niederlanden, wo bei Westerbork 1970 eine solche Anlage in Betrieb genommen wurde. Ihre zwölf Parabolantennen stehen in einer 1,6 Kilometer langen Reihe, sie bilden ein Interferometer, dessen Leistungen dem eines Riesenspiegels mit 1,6 Kilometer Durchmesser entsprechen. Das Auflösungsvermögen eines Teleskopspiegels wird nämlich durch den Abstand der äußersten Segmente bestimmt. Beim Zusammenschalten mehrerer Teleskope ist der Abstand der beiden äußersten Antennen für das Auflösungsvermögen maßgebend. Die dazwischen aufgebauten Antennen – je mehr, desto besser – machen die gelieferten Informationen präziser und umfassender.

Eine aus 27 Parabolantennen bestehende Anlage bauten auch die USA. Jeder Spiegel des bei Socorro im Bundesstaat New Mexico errichteten Beobachtungsgerätes hat 25 Meter Durchmesser. Die Antennen sind auf einem Y-förmigen Schienenstrang montiert, dessen Arme 20 Kilometer lang sind. Bei völlig ausgefahrenen Antennen ergibt sich die gleiche Bildschärfe, die mit einem Riesenreflektor von 27 Kilometer Durchmesser zu erreichen wäre.

Die jüngste Entwicklung auf dem Gebiet der Interferometrie hat zu „Gemeinschaftsmessungen" vieler, oft Tausende von Kilometern auseinander liegender Radioteleskope geführt. Beim Verfahren der Very Long Baseline Interferometry (VLBI) arbeiten beispielsweise Teleskope in den USA, in England, in Deutschland und in der UdSSR zusammen. Da es im Gegensatz zur normalen Interferometrie nicht möglich ist, die Stationen mit Hilfe von Kabelverbindungen zu synchronisieren, nimmt jedes Observatorium nach vorausbestimmtem Plan seine Messungen auf Band. Die einzelnen Bänder werden dann „zusammengerechnet". Damit sie wirklich synchron laufen, werden Atomuhren verwendet, die eine auf Bruchteile von Mikrosekunden genaue Abstimmung ermöglichen. Nach dem VLBI-Verfahren ist ein Winkelauflösungsvermögen in der Größenordnung einiger zehntausendstel Bogensekunden zu erreichen. Das gibt den Radioastronomen die Möglichkeit, die Kerne von außerhalb der Milchstraße gelegenen Objekten zu erforschen.

Mit Einzelelementen, deren Meßergebnisse zusammengeschaltet werden, arbeitet auch das größte Radioteleskop der Welt, Ratan 600 im nördlichen Kaukasus. Die Anlage verfügt weder über Parabolantennen noch über „Matratzen". Sie besteht aus kreisförmig angeordneten Aluminiumreflektoren, deren Stellung computergesteuert verändert werden kann. Jeder Reflektor ist 15 Quadratmeter groß, es gibt insgesamt 895 davon. Der Reflektorkreis hat einen Durchmesser von 600 Metern und einen Umfang von etwa zwei Kilometern. Die von den Reflektoren aufgefangenen Impulse werden auf Empfänger geleitet, die im Inneren des Kreises auf Schienen beweglich montiert sind.

Aufgaben und Erfolge der Radioastronomie

Es ist an dieser Stelle unmöglich, ein vollständiges Bild der radioastronomischen Forschungsergebnisse zu liefern. Auf die wichtigsten Arbeitsgebiete sei jedoch hingewiesen.

Von besonderem Interesse für die Radioastronomie waren von vornherein jene Galaxien (Milchstraßensysteme), die intensive Radiostrahlung aussenden – und unter ihnen vor allem die Radiogalaxien mit Doppelstruktur. Bei ihrer Untersuchung wurden zusammenstoßende und explodierende, auseinanderweichende und sich neubildende Galaxien entdeckt. Untersuchungsthema war und ist aber auch die Frage, warum ursprünglich scheibenförmige Galaxien spiralförmige Arme ausbilden – und welche Entwicklungsstadien eine Galaxie eigentlich durchmacht.

Überhaupt erst von der Radioastronomie entdeckt wurden unter anderem die Quasare, Radioquellen, die im optischen Fernrohr wie Sterne aussehen (daher die Bezeichnung quasistellare Objekte, abge-

Das Auflösungsvermögen eines Radioteleskopes hängt vom Abstand der äußersten Reflektorsegmente ab. Deshalb kann man statt eines großen Spiegels mit beispielsweise 100 Meter Durchmesser ein ähnliches Auflösungsvermögen auch mit zwei kleineren Einzelteleskopen erreichen, die im entsprechenden Abstand voneinander aufgestellt sind (Interferometer). Das Problem ist dabei vor allem, wie die getrennt aufgenommenen Signale wieder zusammengeschaltet werden können. Bei kleineren Abständen geschah das noch über Kabel, dann über Funk, und inzwischen ist es möglich, Tausende von Kilometern voneinander entfernte Teleskope mit Hilfe von Atomuhren oder Lasern zusammenzuschalten.

Ratan 600 in Selentschukskaja im Kaukasus ist eine aus 895 Einzelreflektoren bestehende, kreisförmige Teleskopanlage, die größte dieser Art auf der Welt. Der Durchmesser des Kreises beträgt 600 Meter. Zusammengeschaltet werden die Einzelsignale von Empfängern im Innern des Kreises.

kürzt Quasare), aber keine sein können. Wie die Radiogalaxien strahlen auch die Quasare besonders stark; sie verwenden auf die Radiostrahlung mindestens soviel Energie wie auf die optische Emission. In beiden Fällen handelt es sich bei der Radiostrahlung um Synchrotronstrahlung, so benannt nach den Synchrotron-Teilchenbeschleunigern, bei denen sie zuerst beobachtet wurde. Sie beruht nicht auf thermischen Vorgängen, sondern auf der Bewegung von Elektronen mit nahezu Lichtgeschwindigkeit.

Auf den Spuren der „Weltraumchemie“ bewegen sich die Untersuchungen der interstellaren Materie, der hochverdünnten Gaswolken im Raum zwischen den Sternen. 1951 wurde, gleichzeitig in Harvard, Leiden und Australien, erstmals die Strahlung des neutralen Wasserstoffs von 21 Zentimeter Wellenlänge mit Hilfe der Linienspektroskopie entdeckt. Inzwischen kennt man viele in der interstellaren Materie vertretene Elemente und Moleküle, darunter auch organische. Und man beginnt zu begreifen, warum sich die interstellaren Gaswolken nicht gleichmäßig im Raum ausdehnen. Sie sind offenbar in einen Mantel aus mehrere tausend Grad heißem Gas gehüllt, mit dem sie sich im Druckgleichgewicht befinden. Für die Mantelaufheizung sorgen kosmische Strahlen oder Röntgenstrahlen. Besonders kompakte Wolken dieser Art könnten nach Überzeugung der Radioastronomen am Beginn der Entstehung neuer Sterne stehen.

Zu den rätselhaftesten Objekten, mit denen uns die Radioastronomie bekanntgemacht hat, gehören die Pulsare, extrem schnell rotierende, rhythmisch Radiofrequenzen ausstrahlende Zwergsterne. Im optischen Fernrohr bleiben sie unsichtbar. Aus dem mit der Exaktheit einer Atomuhr ablaufenden Strahlungsrhythmus hat man darauf geschlossen, daß die Pulsare sich in Eigenschwingungen befinden oder entsprechend schnell rotieren. Ihre Dichte ist unvorstellbar hoch. Ein Kubikzentimeter Materie der zu den Neutronensternen gehörenden Pulsare wiegt zehn bis hundert Millionen Tonnen.

Bei einem von ihnen wurde ein Magnetfeld beobachtet, dessen Stärke man auf hundert Milliarden Gauß geschätzt hat – eine Feldstärke, die sich in irdischen Labors nicht einmal annähernd herstellen läßt. Weitere Untersuchungen klärten auch auf, woher die schon seit vielen Jahrzehnten bekannte kosmische Strahlung stammt: von den Pulsaren.

Mit diesen Arbeitsergebnissen steht die Radioastronomie trotz allem erst am An-

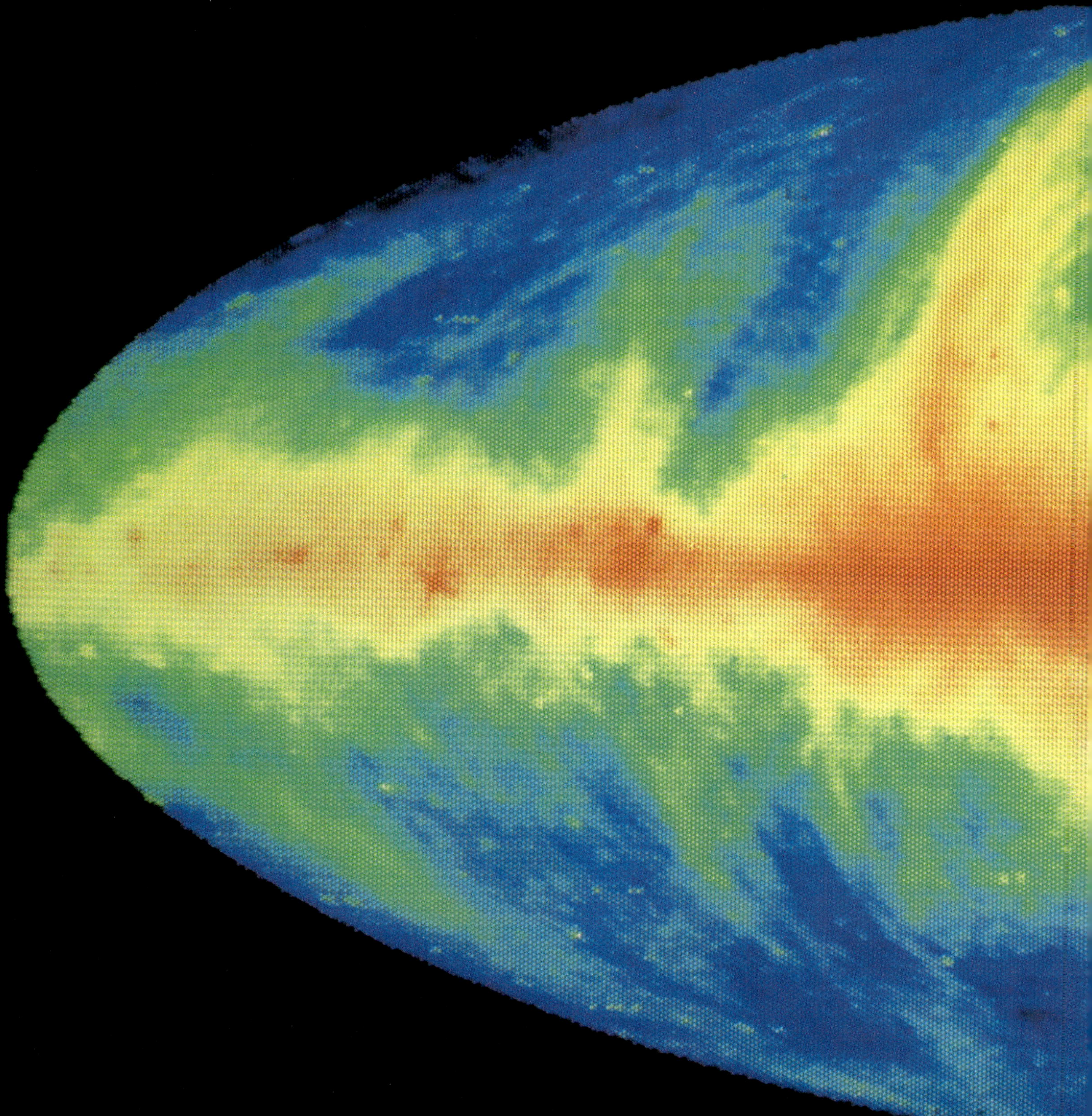

Radiobild der Milchstraße und schematische Darstellung, gewonnen aufgrund von 20 Millionen radioastronomischen Meßwerten. Das Bonner Max-Planck-Institut für Radioastronomie, zu dem das Teleskop in Effelsberg gehört, hat sie in 15 Jahren gesammelt. Wir „wissen" nun, daß die Milchstraße „unsere Sterneninsel" ist, auf der wir durchs All driften, daß dieses System – Galaxis genannt – spiralförmig um einen Kern rotiert, zu dem hin es sich wie zu einer flachen Scheibe verdickt. Schwerkraftmäßig ist unsere Galaxie mit den Nachbargalaxien Andromedanebel, Große und Kleine Magellansche Wolke und einigen anderen verbunden, mit denen wir gemeinsam „reisen", während sich andere Galaxienhaufen von uns wegbewegen. Die Entfernung von der Erde bis zur Nachbargalaxie Andromedanebel beträgt über zwei Millionen Lichtjahre!

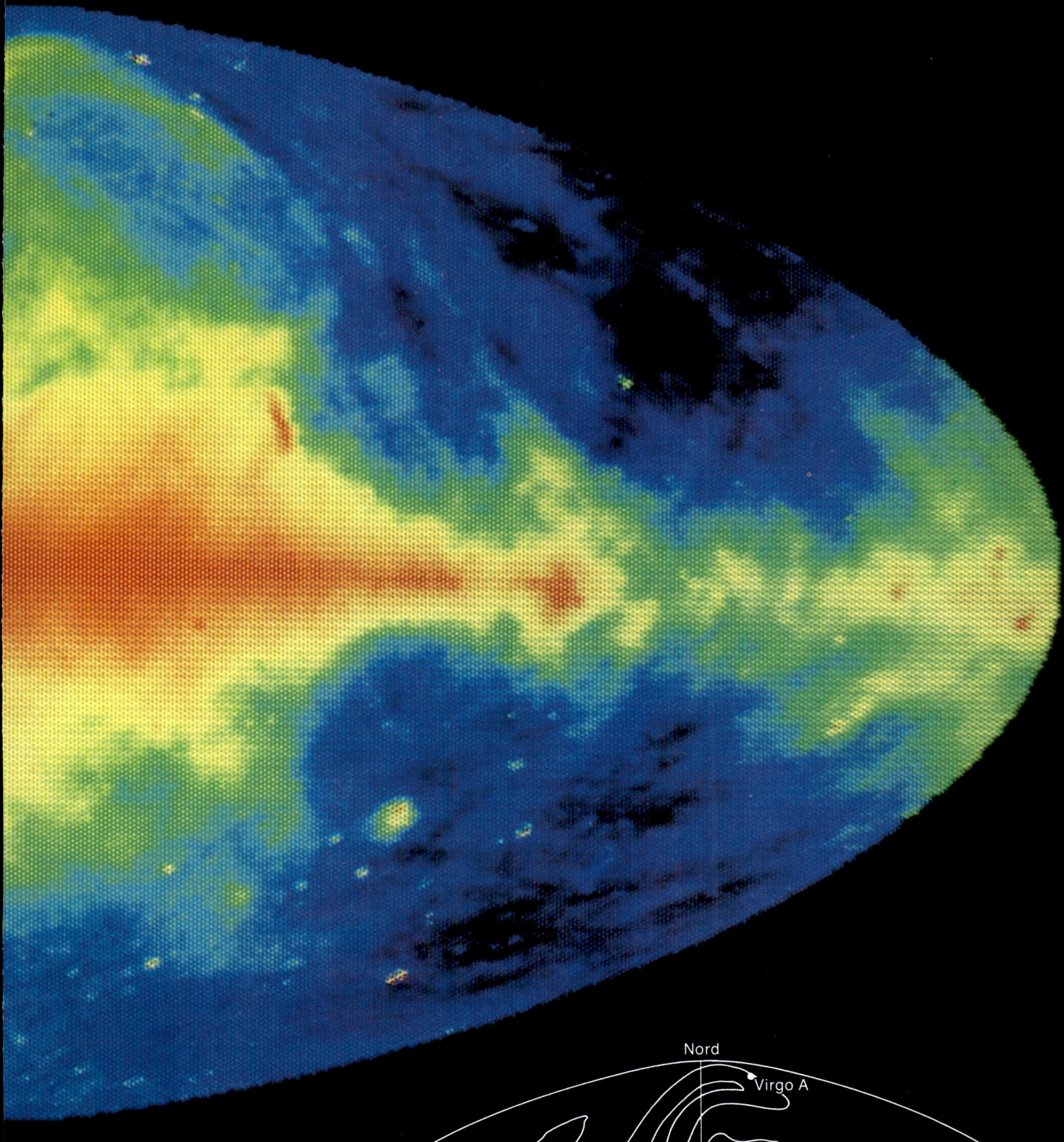

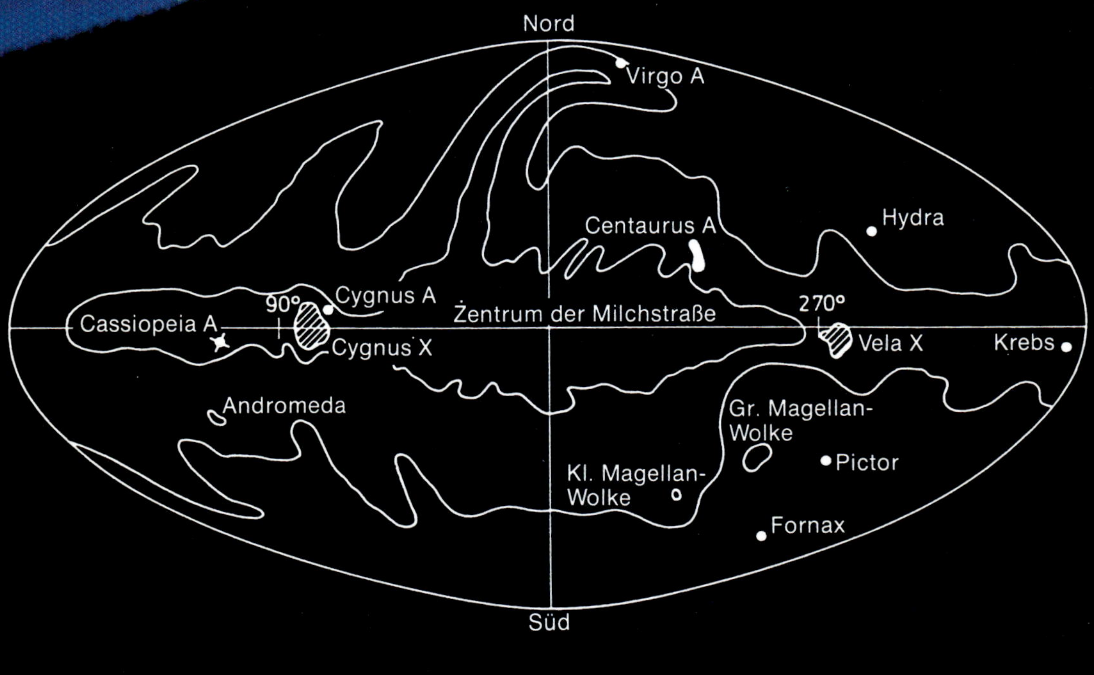
Nord
Virgo A
Hydra
Centaurus A
Cygnus A
90°
270°
Cassiopeia A
Zentrum der Milchstraße
Cygnus X
Vela X
Krebs
Andromeda
Gr. Magellan-Wolke
Pictor
Kl. Magellan-Wolke
Fornax
Süd

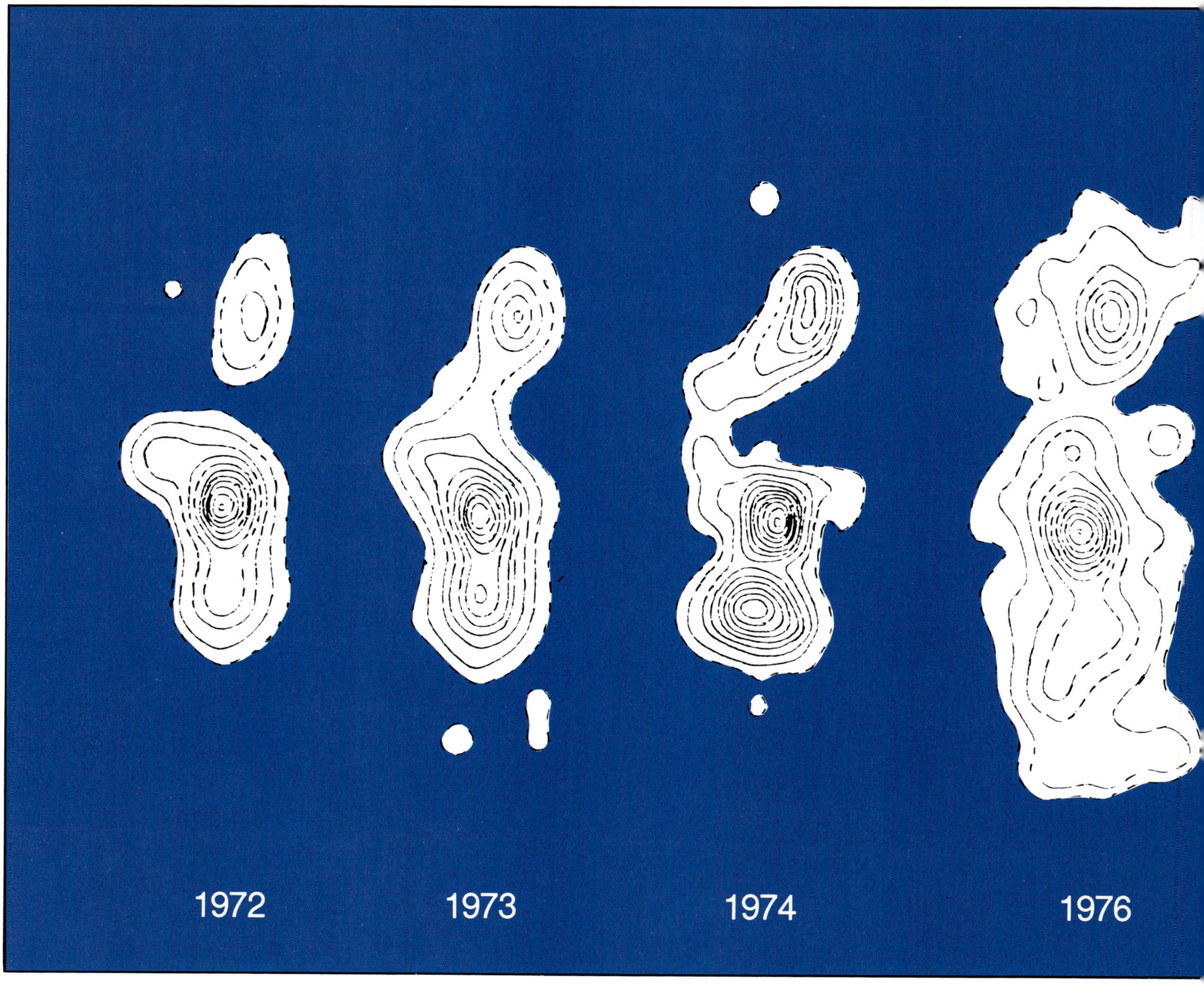

fang, und die Zahl der Rätsel ist im Lauf der Jahre immer größer geworden. „Weder die kühnsten Vorstellungen der Theoretiker noch die Kapazität modernster Elektronenrechner reichen aus, um für die Fülle der Daten, die uns die Radioastronomie bis heute geliefert hat, eindeutige Erklärungen zu geben", sagte ein sowjetischer Forscher. Und schon bei der Einweihung des Effelsberg-Teleskops im Jahre 1971 erklärte Professor Otto Hachenberg, Direktor des Max-Planck-Instituts für Radioastronomie, man könne „vermuten, daß in dieser Welt alles, was nicht explizit physikalisch ausgeschlossen werden muß, auch irgendwo vorkommen kann und wirkt. Der Kosmos ist für uns ein großes physikalisches Laboratorium geworden, in dem wir auch das beobachten können, was wir in irdischen Maßstäben nie realisieren könnten".

Weltraumastronomie

Was der Mensch in den letzten Jahrzehnten unternommen hat, um sich persönlich an Ort und Stelle (wie beim Mond) oder mit Hilfe raffinierter unbemannter Maschinen (wie bei der Sonne und den Planeten) ein genaueres Bild von der Beschaffenheit der nächsterreichbaren Himmelskörper machen zu können, gehört streng-genommen nicht mehr in den Bereich der Astronomie, sondern zur Raumfahrt, sei aber wenigstens an einigen Beispielen erläutert, um den Gesamteindruck abzurunden.
Zwar ist der Wunschtraum mancher Astronomen, etwa auf dem Mond ein Hunderttausende von Kilometern langes radioastronomisches Antennensystem zu errichten, um endlich auch die letzten Geheimnisse des Alls zu entschleiern, bisher nicht in Erfüllung gegangen. Aber eine Vielzahl anderer weltraumastronomischer Aktivitäten haben unser Wissen innerhalb kurzer Zeit bedeutend erweitert. Von ihnen ist hier die Rede in einer kurzen Zusammenfassung.

Ballons, Raketen, Satelliten

Ein Erdsatellit mit der Aufgabe, astronomische Beobachtungen anzustellen, kostet viel Geld. Außerdem geht er eines Tages nach Erfüllung seiner Aufgabe verloren. Seit einigen Jahren werden deshalb in der extraterrestrischen Forschung mit Teleskopen ausgestattete Höhenforschungsballons verwendet. Sie steigen in Höhen zwischen 40 und 50 Kilometern auf, wo Lichtstreuung und Turbulenzen der Atmosphäre praktisch keine Rolle mehr

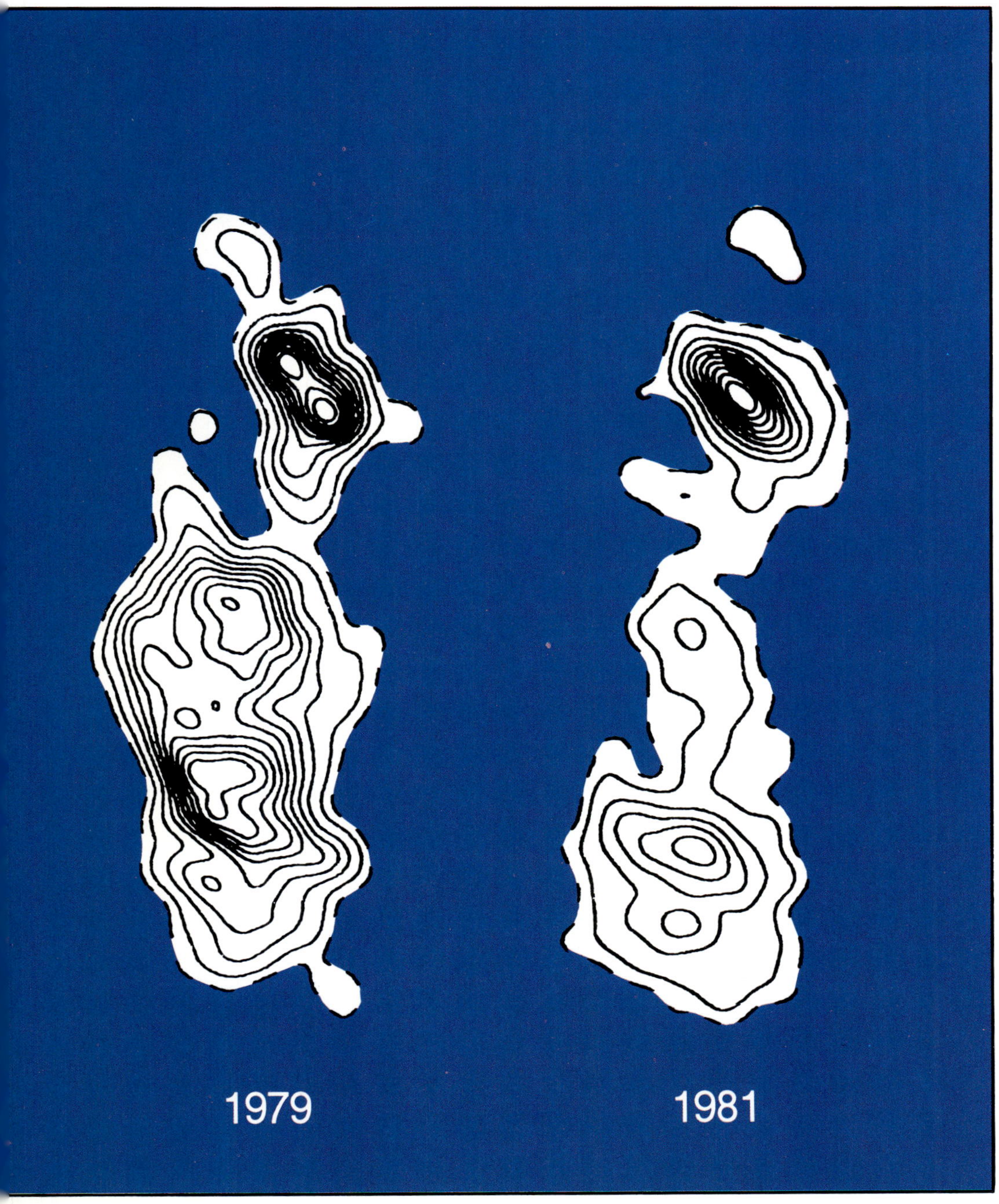

Die Galaxie NGC 1275 (NGC = New General Catalogue) ist 250 Millionen Lichtjahre von uns entfernt. Sie gehört in die Gruppe der sogenannten Seyfert-Galaxien, so benannt nach dem amerikanischen Astrophysiker Carl K. Seyfert (1911–1960). Er entdeckte in den vierziger Jahren winzige strahlende Lichtpunkte, die sich als Zentren von spiralförmigen Galaxien herausstellten, wo sich Gase mit hoher Geschwindigkeit bewegen und auch Radiowellen abstrahlen. Später konnte man bestimmte Lichtpunkte mit bestimmten Radioquellen identifizieren und nannte sie quasistellare Objekte, „Quasare“, also sternartige Objekte, weil sie keine Sterne sein konnten. Es sind nämlich die hochenergetischen Zentren von Galaxien, nur wesentlich stärkere als die von Seyfert gefundenen.
Mit Hilfe der interkontinentalen radioastronomischen Interferometrie (s. S. 296) gelingt es, Veränderungen solcher Radioquellen sichtbar zu machen, wie hier in der Zentralquelle der Galaxie NGC 1275 in den Jahren 1972 bis 1981.

spielen. Ihre Ergebnisse werden über Funk abgerufen oder auch gespeichert und nach Bergung des am Fallschirm niedergehenden Geräts ausgewertet. Im allgemeinen kann die Ausrüstung mehrfach verwendet werden.
Höhenraketen sind dagegen nur für den einmaligen Gebrauch bestimmt. Sie nehmen während ihres kurzen Fluges Messungen vor, die rechtzeitig vor dem Absturz zur Erde gefunkt werden. Im Vergleich zu den Ballons sind die Raketen teuer.
Der erste in eine Erdumlaufbahn gebrachte Erdsatellit war der am 4. Oktober 1957 vom sowjetischen Startplatz Baikonur aufgestiegene Sputnik I. Seit dieser Zeit wurden Tausende von Satelliten gestartet, die ganz unterschiedlichen Zielen dienten. Der amerikanische Satellit Explorer I lieferte beispielsweise erste Hinweise auf die kosmische Strahlung. Immer beim Erreichen einer bestimmten Höhe stieg die Zahl der gemessenen Teilchen stark an und sank dann bald wieder ab. Schließlich setzte das Meßgerät ganz aus. Bei den folgenden Satelliten der Explorer-Serie wurden die Zählrohre abgeschirmt. Sie lieferten den Nachweis, daß zwei konzentrische Strahlungsgürtel mit hochenergetischer Strahlung die Erde einhüllen – die später nach dem Initiator der Meßversuche, dem 1914 geborenen amerikanischen Physiker James Alfred van Allen, als Van-Allen-Gürtel bezeichneten Strahlungsgürtel.
Ein anderes Stichwort: Sonnenwind. Erdsatelliten erforschten die im wesentlichen aus Protonen und Elektronen bestehende Teilchenströmung, die von der Sonne ausgeht, und untersuchten die Zusammenhänge zwischen Sonnenwind und Erdmagnetfeld. 1962 startete die erste Sonnenbeobachtungsstation, Orbiting Solar Observatory OSO 1, konnte seine Aufgabe aber wegen Ausfalls der Lagekontrolldüsen nicht erfüllen. Erst drei Jahre später zog OSO 2 seine Bahn. Er war für 13 verschiedene Messungen ausgerüstet, vor allem für Beobachtungen im Bereich der Ultraviolett-, Röntgen- und Gammastrahlung des elektromagnetischen Spektrums. OSO 2 wies unter anderem nach, daß die unsichtbare kurzwellige Strahlung der Sonne im Gegensatz zum sichtbaren Licht erheblichen Schwankungen ausgesetzt ist.
Ende 1963 startete dann der erste astronomische Satellit, dem bald weitere folgten. Die Orbiting Astronomical Observatories (OAO) hatten die Aufgabe der Himmelserkundung in unterschiedlichen Spektralbereichen. Speziell mit den veränderlichen Röntgenquellen befaßte sich der Small Astronomical Satellite SAS A. Der

1

2

Sonden, Raketen und Satelliten dringen in den Weltraum vor, und Daten und Bilder haben auch für die Astronomie wertvolle Erkenntnisse gebracht.

1 – Apollo 11, am 21. 7. 1969. Der Astronaut Neil Armstrong war der erste Mensch, der einen anderen Himmelskörper betreten hat.

2 – Mariner 10 erforschte als erste Raumsonde Merkur und schickte mehr als 500 Bilder zur Erde.

3 – Bild des größten Planeten, Jupiter, aufgenommen von der Raumsonde Voyager 1 Ende 1978.

4 – Die Venus aus einer Entfernung von 59000 Kilometern (Pionier-Sonde, 1979).

5 – Mit Greifarmen holte die Viking 2 Bodenproben vom Mars, um nach Spuren organischen Lebens zu suchen.

6 – Mit diesem phantastischen Bild des Saturns möchten wir den kurzen Ausflug ins All und auch dieses Buch beschließen.

5

3

4

6

erste Röntgensatellit entdeckte innerhalb kurzer Zeit 339 Himmelsobjekte.
Zu erwähnen sind schließlich noch die verschiedenen unbemannten Satelliten und Sonden, die den Mond umrundeten oder auf ihm landeten und Informationen übermittelten, die der Vorbereitung der bemannten Raumfahrt dienten.

Raumstationen und Raumsonden

Die amerikanischen Mondlandeunternehmen der Apollo-Serie mit der ersten menschlichen Mondlandung am 21. Juli 1969 um 3 Uhr, 56 Minuten und 20 Sekunden mitteleuropäischer Zeit waren die Höhepunkte der bemannten Weltraumfahrt. Die Astronauten dieses Fluges und der folgenden Flüge (es waren insgesamt sechs) hatten ein umfangreiches Forschungsprogramm zu erfüllen, ließen zahlreiche Meßgeräte auf dem Mond zurück, die zum großen Teil noch heute funktionieren, und brachten über 400 Kilogramm Mondgestein mit auf die Erde, mit dessen Untersuchung sich zahlreiche Institute befaßten.
Es folgten im Weltraum sowjetische und amerikanische Raumstationen mit längerdauernden Aufenthalten, wobei sich ein Teil des Arbeitsprogramms auch auf die Beobachtung von Himmelserscheinungen bezog. Die amerikanische Station Skylab 2 beispielsweise, die die Erde in 435 Kilometern Höhe umkreiste, war auch mit einem fest montierten Observatorium ausgerüstet, das unter anderem für Beobachtungen der Sonnenkorona eingesetzt wurde.
Raumsonden besuchten die Planeten Merkur, Mars, Venus und schließlich auch Jupiter und Saturn. Schon 1961 schickten die Sowjets die erste Planetensonde auf eine elliptische Umlaufbahn um die Venus. Sie funkte 15 Tage lang ihre Meßdaten zur Erde. Allein bis 1972 folgten sieben weitere Sonden, von denen einige weich auf dem Planeten landeten. Die amerikanischen Mariner-Sonden kamen teilweise bis auf 5000 Kilometer an die Venusoberfläche heran und schickten sensationelle Fotos zur Erde. Im Dezember 1978 trafen innerhalb kurzer Zeit gleich vier Raumsonden bei Venus ein, zwei amerikanische vom Pionier-Typ und zwei sowjetische vom Venus-Typ. Sie registrierten heftige elektrische Entladungen und mysteriöse Glühbrände auf dem Boden oder dicht darüber. Eine Pionier-Sonde stellte einen 11278 Meter hohen Berg auf der Venus fest, ebenso einen 6000 Meter tiefen Cañon. Die schon früher beobachteten hohen Temperaturen wurden bestätigt: Auf der Venus ist es mindestens 480 Grad Celsius heiß. Und über die Polregionen des blauen Planeten rasen Wirbelstürme mit einer Windgeschwindigkeit von über 600 Kilometern in der Stunde.
Auch der Mars wurde 1962 zuerst von den Sowjets besucht. Er war bisher Ziel von 14 Raumsonden. Die Mariner- und Pionier-Sonden der Amerikaner entdeckten interessante Einzelheiten von der Struktur, Atmosphäre und Temperatur des roten Sterns. Daraus konnte man schließen, daß es in Spuren Wasserstoff und Sauerstoff gibt, wohl hauptsächlich in den weißen Polkappen, deren Umfang einem jahreszeitlichen Wechsel unterworfen ist. Die aus Stickstoff bestehende Atmosphäre ist dünn. Theoretisch wäre es jedoch denkbar, daß es auf dem Mars primitive Formen von Leben gab. Um das genauer zu untersuchen, schickten die Amerikaner zwei Viking-Sonden zum Mars, die speziell ausgerüstete Laboratorien absetzten. Mit einem Greifarm wurden Bodenproben aufgenommen und von Analysegeräten untersucht. Organisches Leben wurde dabei jedoch weder eindeutig festgestellt noch ausdrücklich ausgeschlossen.
Die ersten Farbfotos des sonnennächsten Planeten Merkur lieferte 1974 die Raumsonde Mariner 10. Sie zeigten eine pokkennarbige graue Oberfläche voller Krater und Schluchten.
Vom riesigen Planeten Jupiter (11,2 Erddurchmesser, 318 Erdmassen) meldeten Pionier-Sonden, er sei ähnlich wie Venus von Wolken verhüllt und wohl von überwiegend flüssiger Konsistenz. Im Frühjahr 1979 fand Voyager 1 einen Ring. Messungen ergaben die rätselhafte Tatsache, daß der Gigant offenbar mehr Energie abstrahlt, als er von der Sonne erhält.
Die beiden am weitesten von der Sonne entfernten Planeten Neptun und Pluto wurden nicht von Raumsonden besucht. Auch der Planet Uranus steht erst für 1986 auf dem Reiseprogramm einer Sonde. Er birgt möglicherweise Überraschungen. Schon 1977 wurden bei ihm neun Ringe beobachtet, die auch mit dem schärfsten Teleskop nicht zu entschleiern gewesen waren.
Im September 1979 fand schließlich das erste irdische Rendezvous mit dem Planeten Saturn statt. Pionier 11 funkte mehr als 50 Bilder aus 1,55 Milliarden Kilometer Entfernung zur Erde. Aus ihnen war zu entnehmen, daß der gelbe Gasriese Saturn von sechs Ringen umgeben ist – nicht von vier, wie bisher angenommen. Sie bestehen aus Eis oder eisbedeckten Felsbrocken. Die Pionier-Meßergebnisse lieferten Hinweise auf einen elften Saturnmond.
Mit besonderer Spannung erwarteten die NASA-Wissenschaftler Meßdaten, die den Saturnmond Titan betrafen. Weil dieser Mond eine Art Atmosphäre zu haben scheint, gehört er zu den Himmelsobjekten unseres Sonnensystems, auf denen es möglicherweise Spuren primitiven Lebens geben könnte. Aber ausgerechnet diese Daten gingen verloren, weil zu der betreffenden Zeit eine Sonneneruption den Funkempfang unmöglich machte.
Da Pionier 11 nach Erfüllung seiner Aufgabe das Sonnensystem verlassen hat – nach NASA-Berechnungen wird die Sonde frühestens nach 40000 Jahren in die Nähe eines anderen Himmelskörpers geraten –, sind von ihm keine Erkenntnisse mehr zu erwarten. Aber schon ist eine neue Saturnsonde unterwegs, die uns sicherlich über die Frage aufklären wird, ob auf dem Titan Titanen leben.

Synoptische Zeittafel

Schallaufzeichnung	Foto- und Filmtechnik	Optische Techniken
		2000 v. Chr. Bronzespiegel in Port-Alban, Neuenburger See, Schweiz
		7. Jahrhundert v. Chr. Ninive: plankonvexe Linse aus Bergkristall
		6. Jahrhundert v. Chr. Anaximenes (Griechenland): Regenbogen eine Naturerscheinung
		4. Jahrhundert v. Chr. Aristoteles (Griechenland): Regenbogen Spiegelung des Sonnenlichts an den Wolken
		300 v. Chr. Spiegelindustrie in Etrurien
		3. Jahrhundert v. Chr. Archimedes (Griechenland): Planetarium
	um 250 v. Chr. Archimedes (Griechenland): Prinzip der Camera obscura	
Chr. Geb.		
		1. Jahrhundert Berichte über Glasspiegel Schusterkugel als Vergrößerungsglas
um 100 Heron von Alexandria: Gottesruhe		
		um 1000 Alhazen: Linsen und Hohlspiegel
		13. Jahrhundert R. Bacon (England): Beschreibung von Linsen Lesegläser
		um 1250 Italien: Spiegel aus Muranoglas
		um 1300 Erfindung der Brille
14. Jahrhundert Stiftwalzen in Turmglockenspielen		
	15. Jahrhundert Leonardo da Vinci (Italien): Beschreibung einer Camera obscura	15. Jahrhundert Bügelbrille
		um 1450 Brille für Kurzsichtige
		16. Jahrhundert Spiegelglas mit Zinnamalgam-Beschichtung Linsen als Lupen
um 1550 Flötenuhr	1550 G. Cardano (Italien): Camera obscura mit Linse	
	1568 D. Barbaro: Camera obscura mit Blende	
		1590 Z. Janssen (Niederlande): Mikroskop
		1608 J. Lipperhey (Niederlande): Fernrohr
		1609 G. Galilei (Italien): Fernrohr

Schallaufzeichnung

um 1700
G. Barberi (Italien): „Orgue de Barberi"

1737
J. de Vaucanson (Frankreich): mechanischer Flötenspieler

1809
E. F. F. Chladni (Deutschland): Klangfiguren

1820
H. C. Oersted (Dänemark): Elektromagnetismus

Foto- und Filmtechnik

1666
I. Newton (England): Spektrum des Lichts

1685
J. Zahn: Camera obscura mit Ablenkspiegel

1725
J. H. Schulze (Deutschland): Versuche mit Silbernitrat

1758
J. Dollond (England): achromatisches Objektiv

um 1800
T. Wedgwood (England): verband Camera obscura mit lichtempfindlichem Material

1801
J. W. Ritter (Deutschland): Schwärzung von Silberchlorid durch unsichtbare Strahlung

1824
J. N. Niepce (Frankreich): 1. Metallbild (Asphaltverfahren)

Optische Techniken

1611
J. Kepler (Deutschland): astronomisches Fernrohr, gebaut von C. Scheiner

1612
G. Galilei (Italien): verbessertes Mikroskop

um 1620
W. van Roijen Snellius (Niederlande): optisches Brechungsgesetz

1632
W. Schickard (Deutschland): Tellurium

1665
I. Newton (England): Teilchen-Theorie des Lichts

1668
I. Newton (England): Spiegelteleskop

1673
A. van Leeuwenhoek (Niederlande): entdeckte die roten Blutkörperchen

1688
L. L. de Nehon (Frankreich): Spiegelglas-Guß

1695
C. Huygens (Niederlande): Wellen-Theorie des Lichts

1716
C. G. Hertel (Deutschland): Beleuchtungsspiegel

ab 1800
T. Young (England): Beugung und Interferenz

Schallaufzeichnung

1831
M. Faraday (England): Induktion

1850
F. T. Kaufmann (Deutschland): Orchestrion

1857
L. Scott: Phonautograph

Foto- und Filmtechnik

1832
J. A. F. Plateau (Belgien): Phenakistiskop

1839
L. J. M. Daguerre (Frankreich): Daguerreotypie
C. A. von Steinheil (Deutschland): tubusförmige Kamera, 1. Metallkamera
W. H. F. Talbot (England): Calotypie (Talbotypie)
A. P. de Séguier (Frankreich): Balgenkamera

1840
C. Chevalier (Frankreich): Doppellinse
J. B. L. Foucault (Frankreich): 1. Mikrofotos

1841
W. H. F. Talbot (England): Patent für Calotypie
P. W. F. Voigtländer (Österreich): Messingkamera

1843
W. H. F. Talbot (England): Natriumthiosulfat zum Fixieren

1844
W. H. F. Talbot (England): 1. fotografischer Bildband

1848
C. A. Niepce de Saint-Victor (Frankreich): Glas-Trockenplatte

1851
W. H. F. Talbot (England): Blitzlicht-Versuche
F. S. Archer (England): Naßplattenverfahren

1852
F. von Uchatius (Österreich): projizierbare lebende Bilder

1854
T. E. Merrit: Magazinkamera

1855
J. C. Maxwell (England): additives Farbmischverfahren

1856
J. W. Draper (USA): Mikroskopfotografie

1858
G. F. Tournachon (Frankreich): Ballonfotografie

Optische Techniken

1825
G. B. Airy (England): Astigmatismus des Auges

1827
G. B. Amici: Immersionslinse

1843
Drayton: Spiegelglas mit Silberbeschichtung

1854
I. Porro (Italien): Prismenfernglas

1855
J. von Gerlach: mikroskopische Färbemethoden

Schallaufzeichnung	**Foto- und Filmtechnik**	**Optische Techniken**
	1861 T. Sutton (England): Spiegelreflexkamera mit Klappspiegel 1862 A. L. Ducos du Hauron (Frankreich): Theorie der Farbfotografie 1865 R. P. P. Dagron (Frankreich): Mikrofilm	
1868 MacTammany: Lochstreifensteuerung für mechanische Orgel		
	1869 J. W. Hyatt (USA): Celluloid	
		1870 E. Abbe (Deutschland): wissenschaftliche Grundlage des Mikroskops
	1871 R. L. Maddox (England): Gelatine-Trockenplatte	
		1873 J. C. Maxwell (England): elektromagnetische Lichttheorie
1877 T. A. Edison (USA): Phonograph C. Cros (Frankreich): Wachsplatte	1877 E. Reynand: Praxinoskop	
	1880 1. Spiegelreflexkamera E. Muybridge (England): Zoopraxiskop	
1881 C. Ader (Frankreich): 1. Stereoübertragung		
	1882 E. J. Marey (Frankreich): fotografische Flinte 1883 O. Anschütz (Deutschland): Schlitzverschluß 1884 G. W. Eastman (USA): Papierfilm C. R. Smith (USA): Monocular Duplex 1885 H. D. Taylor (England): tragbares Photometer	
1887 E. Berliner (Deutschland): US-Patent für sein Grammophon	1887 O. Anschütz (Deutschland): Elektrotachyskop ab 1887 Magnesiumpulver zum Blitzen 1887 T. R. Dallmeyer, F. Beauchamp: Zentralverschluß H. Goodwin (USA): Celluloidfilm	1887 A. E. Fick (Schweiz): Kontaktlinsen
1888 O. Smith (USA): 1. Vorschlag Tondrahtgerät	1888 G. W. Eastman (USA): Kodak Nr. 1 E. J. Marey (Frankreich): Rollfilmkamera	
1889 L. Glass (USA): erste Musikbox mit Münzeinwurf	1889 G. W. Eastman (USA): Celluloidfilm auf Rollen T. A. Edison (USA): Kinetograph E. Reynaud (Frankreich): Optisches Theater	

Schallaufzeichnung

1895
E. Berliner: Schellackplatte

1898
W. Poulsen (Dänemark): funktionsfähiges Magnettongerät mit Draht

um 1900
Votey (USA): Pianola

1904
B. Welte (Deutschland): elektrisches Klavier
doppelseitig bespielbare Schallplatte

1905
J. C. Dunton (USA): Multiphone

1906
J. Gabel (USA): Automatic Entertainer

1907
J. W. Rayleigh (England): Phasentheorie des Schalls

1912
T. A. Edison (USA): 1. Langspielplatte

1915
Plattenspieler mit Elektromotor

1921
Firma Max Kohl (Deutschland): Telegraphon

Foto- und Filmtechnik

1891
S. N. Turner: Celluloidfilm mit Papierzwischenlage
T. R. Dallmeyer: 1. Teleobjektiv
T. A. Edison (USA): Kinetoskop

1895
Brüder Lumière (Frankreich): Cinématographe
1. öffentliches Kino in Paris

1896
O. Meßter (Deutschland): Malteserkreuz-Einsatz

1897
F. Browning (USA): Klappkamera
O. Meßter (Deutschland): Zeitlupenkamera

ab 1900
Boxkameras
Großbildwände und Tonverfahren

1902
P. Rudolph: Tessar-Objektiv

1903
G. W. Eastman (USA): Non-curl-Film
Brüder Lumière (Frankreich): Autochromeverfahren

1906
Wratten & Wainwright (England): panchromatische Platten
G. A. Smith (England): Kinemacolor-Technik

ab 1910
zweiäugige Spiegelreflexkameras

1911
Agfa: Agfa-Farbenplatte

1912
F. Deckel: Compur-Verschluß
L. Gaumont: Chronochromtechnik

1921
H. Vogt, J. B. Engl, J. Massolle (Deutschland): Lichttonverfahren
F. Zecca (Frankreich): Schmalfilm

1923
R. Hill: Sky-Kamera mit Fischaugenobjektiv

Optische Techniken

1897
F. Braun (Deutschland): Braunsche Röhre

ab 1900
Glas-Ziehverfahren

1903
R. Zsigmondy, H. F. W. Siedentopf: Ultramikroskop

1923
W. Bauersfeld (Deutschland): Projektionsplanetarium

Schallaufzeichnung

1925
Deutschland/USA: Plattenaufnahme mit Mikrofon, Wiedergabe über Verstärker und Lautsprecher
E. Kellogg, C. Rice (USA): elektrodynamischer Konuslautsprecher

1927
USA: vollelektrische Musikboxen kommen auf den Markt

1928
F. Pfleumer (Deutschland): magnetisierbare Papierbänder

1929
E. Blattner (England): Blattnerphone

1931
RCA-Victor (USA): 1. öffentliche Vorführung einer LP mit $33\frac{1}{3}$ U/min
A. D. Blumlein (England): 45-Grad-Stereo-Schrift

1932
EMI (England): 1. Stereoschallplatte
BASF (Deutschland): Azetylzellulosebänder

1933
E. Schüller (Deutschland): Ringkopf

1935
AEG (Deutschland): Magnetophon K1

1940
H. J. von Braunmühl, W. Weber (Deutschland): Hochfrequenz-Vormagnetisierung

Foto- und Filmtechnik

1925
O. Barnack (Deutschland): Leica
P. Vierkötter: Kolbenblitzlampe mit Elektrozündung
H. Chrétien (Frankreich): CinemaScope-System

1926
Agfa: Standard Klappkamera
Bell Telephone Co. (USA): Nadeltonverfahren
Niezoldi & Krämer: 1. europ. 16-Millimeter-Kamera

1928
Ilford: panchromatischer Rollfilm
Zeiss Ikon: Ikonette
Kodak: Recordak-Verfahren

1929
Fox (USA): 1. Breitwandspielfilm

1930
Hauff Ultra: voll orthochromatischer Film
Agfa: Isochrom-Film
Technicolor (USA): subtraktive Dreifarbentechnik

1931
Kodak: Kodak-Verichrome-Film

1932
F. Kaftanski (Deutschland): Minifex (Kleinstkamera)
Weston (USA): Universal Meter 617
P. Gossen (Deutschland): Photolux

1933
Kodak: Kodak-Panatomic-Film
Spiegelreflexsystem für Kleinbildfotografie

1935
Kodak: Kodachrome-Film

1936
Ihagee (Dresden): einäugige Spiegelreflexkamera
W. Zapp: Minox
Agfa: Agfacolor-Neu

1937
Agfa: Negativ-Positiv-Verfahren

ab 1937
Vario-Objektive (Gummilinsen)

1938
Kodak: automatische Belichtungssteuerung über Selenfotozelle

Optische Techniken

1926
H. Busch (Deutschland): Theorie der Elektronenlinse

1931
E. A. F. Ruska, M. Knoll (Deutschland): Elektronenmikroskop
E. Brüche, H. Johannson: Emissions-Elektronenmikroskop
B. Schmidt (Deutschland): Schmidt-Spiegel
K. G. Jansky (USA): Radioteleskopie

1936
E. W. Müller (Deutschland): Feldelektronenmikroskop

1937
G. Reber (USA): Radioteleskop

1938
Kontaktlinsen aus Kunststoff

1940
M. von Ardenne (Deutschland): Universal-Elektronenmikroskop

Schallaufzeichnung

1942
E. Rhein (Deutschland): Füllschrift-verfahren
1943
AEG (Deutschland): 1. Tonbandgerät mit Kassette

1948
USA: Langspielplatte auf Vinylbasis
P. Goldmark (USA): Langspielplatte mit Mikrorillen
RCA (USA): Mikrorillenplatte mit 45 U/min

1952
AEG (Deutschland): Magnetophon KL 15

1958
Stereoplatten auf dem Markt

um 1965
Philips (Niederlande): Kassettenrecorder
1966
R. M. Dolby (USA): Rauschunterdrückung

Foto- und Filmtechnik

1942
Kodak: farbiger Infrarotfilm

1947
E. H. Land (USA): Polaroid-Sofortbild-kamera

1952
USA: 1. 3-D-Film
F. Waller (USA): Cinerama-Verfahren
1953
USA: 1. CinemaScope-Breitwandfilm
1955
L. Nilsson (Schweden): endoskopische Aufnahmen
W. Disney (USA): Circarama

1959
Meopta (ČSSR): transistorgesteuerter Verschluß
Metz: 1. einteiliges Elektronenblitzgerät

1962
elektronischer Compur-Verschluß

1963
Copal-Electric-Verschluß
Kodak: Instamatic-Kameras und Kassettenverfahren
1964
Kodak: High Resolution Platte
um 1965
Super-Acht-Film

1967
Blitz mit automatischer Lichtmengen-steuerung

1972
Kodak: Kodak Pocket Instamatic
1973
E. H. Land (USA): SX-70-Kamera

Optische Techniken

1948
D. Gábor: Holografie
G. E. Hale (USA): Hale-Teleskop

1950
A. Kastler: optisches Pumpen
1951
C. H. Townes (USA): Maser-Prinzip

1955
E. W. Müller (Deutschland): Feldionen-mikroskop
N. S. Kapany (England): Glasfaser-Lichtleiter

1959
Pilkington Brothers Ltd. (England): Floatglas
1960
T. Maiman (USA): Laser
1961
A. Javan, W. R. Bennett, D. R. Herriott: Gaslaser
1962
USA: Sonnenbeobachtungsstation OSO 1
Halbleiterlaser

1966
C. Kao (USA): Telefonieren über Lichtleitfasern

1971
Deutschland: Radioteleskop Effelsberg

Schallaufzeichnung

1979
Digitalschallplatte (Compact Disc)

Foto- und Filmtechnik

1976
Kodak: Kodak-Sofortbildsystem

1978
Polaroid-Land (USA): Polavisionsverfahren

1980
Blitz mit Mikrocomputertechnik

1981
Sony (Japan): Mavica, elektronische Standbildaufzeichnung (digitale Fotografie)

1982
Kodak: Disc-Kamera

1983
Polaroid-Land (USA): Dia-Sofortbildfilm

1984
Canon (Japan): computergesteuerte Kamera mit Monitor
Minolta (Japan): „redende" Kamera

Optische Techniken

1975
C. F. Quate, R. Lemons (USA): Ultraschallmikroskop (Serienproduktion)
L. S. Bartell, C. L. Ritz (USA): Lasermikroskop
UdSSR: BTA 6 (Spiegelteleskop)

1977
USA: 1. öffentliche Glasfaser-Telefonleitung

1978
USA: 1. „Laserkanone"

1979
Deutschland: Glasfaserkabel-Versuche in Berlin
USA: Multi-Spiegel-Teleskop

1982
Tsujiuchi (Japan): Multiplex-Holografie

1983
IBM (Zürich): Raster-Tunnel-Mikroskop

Ein Wort des Dankes

Um ein so umfassendes Werk wie das hier vorliegende herausbringen zu können, waren Autor und Verlag auf vielfältige Unterstützung angewiesen, insbesondere bei der Beschaffung von Bildmaterial. Nur zum Teil konnte auf Archivfotos zurückgegriffen werden, viele Bilddokumente mußten neu aufgenommen werden. Museen, Bibliotheken, Firmen und andere Institutionen haben uns geholfen, indem sie uns entweder eigene Fotos zur Reproduktion überließen oder es unserem Fotografen ermöglichten, teils wertvollste Originale neu aufzunehmen. Ihnen allen sagen Autor und Verlag sehr herzlich Dank für ihr freundliches Entgegenkommen. Die Ziffern hinter den Namen verweisen auf die Seitenzahlen. Bei mehreren Abbildungen auf einer Seite verweisen die Ziffern in Klammern auf die Bildnummern.

AEG-TELEFUNKEN, Braunschweig 10, 50 (1), 51 (4–6), 52/53 (1–5), 56 (1), 57 (4), 185 (3)
Agfa-Gevaert Foto-Historama, Leverkusen 76, 79 (4), 80 (1), 83, 87 (2), 88/89, 91 (3), 94/95, 96 (1), 99 (3), 100/101 (1–4), 106/107, 112/113 (1–4), 115 (3–6), 117 (1–4), 118 (1,2,4), 119 (3–6), 120 (4), 121 (6), 125 (6–7), 131 (6), 133 (3–4), 138 (1–2), 142/143, 149 (5), 155, 162/163 (1), 164 (1)
Arecibo Observatory, Puerto Rico 293
BASF Aktiengesellschaft, Ludwigshafen 50 (3), 54/55 (1–3)
Bell & Howell GmbH, Friedberg 189 (2)
British Library, London 210 (1)
British Museum, London 208 (1)
Brönner Verlag, Frankfurt 300/301
Canon-Europhoto GmbH, Willich 128 (1–3)
Deutsche Bibliothek, Deutsches Musikarchiv, Berlin 23 (4), 24/25 (alle), 26/27
Deutsches Museum, München 46/47 (1–3), 48 (1), 97 (4), 109 (4), 110 (1), 111 (2–3), 120 (1–2), 121 (3), 124 (3), 125 (5), 129 (4–9), 130/131 (1–2), 137 (3), 140 (1), 157 (3), 159 (5.7), 168/169 (1–8), 172 (2), 173 (4–5), 184 (1), 186 (1), 187 (3), 189 (1), 236 (1), 270 (1–2), 273 (2), 284 (1)
Deutsches Rundfunkmuseum e.V., Berlin 57 (2–3), 61 (2)
Develop Dr. Eisbein GmbH & Co., Gerlingen 144 (1)
Edison National Historic Site, West Orange, New Jersey 14 (1), 159 (2,4)
Gossen GmbH, Erlangen 131 (3,7–10)
Hahn-Meitner-Institut für Kernforschung, Berlin 238 (3–4), 239 (5)
Heimatmuseum Eschwege 98 (1–2)
IBM Forschungslaboratorium Zürich, Rüschlikon 242 (1), 243 (2)
Impulsphysik GmbH, Hamburg 185 (4)
Kerschensteinerschule, Stuttgart 13 (3)
Kodak AG, Stuttgart 103 (1), 104/105 (1–5), 114 (2), 120 (5), 126 (1–2), 130 (4), 139 (3–6), 146 (2), 189 (3)
Kodak Museum, Harrow 84 (3), 148 (2–3)
Gert Koshofer, Bergisch Gladbach 137 (4), 176/177 (1.3), 179 (1–5), 180 (1–3), 183 (2)
Fried. Krupp GmbH, Duisburg 294 (3)
Ingenieurbüro Falk Kynast, Idstein 153 (3)
Ernst Leitz Wetzlar GmbH, Wetzlar 122/123 (alle)
Ed. Liesegang, Düsseldorf 140 (2–3)
Linhof Präzisions-Kamera-Werke GmbH, München 114 (1)
Professor Dr. Ludolf von Mackensen, Kassel 206 (1), 258/259 (2–4), 272 (1), 282 (1–3)
Max-Planck-Institut für Quantenoptik, Garching 252/253 (4)
Max-Planck-Institut für Radioastronomie, Bonn 294 (4), 298/299
Metz Apparatewerke, Fürth 133 (1–2.5–7)
Musée Nicéphore Niepce, Ville de Chalon-sur-Saône 108 (1)
Museum Boerhaave, Leiden 203 (2)
Museum für mechanische Musikinstrumente, Baden-Baden 65, 67 (2–3), 69 (2), 72/73 (1–7), 75 (2)
Museum of the History of Science, Oxford 283 (4)
Optisches Museum der Zeiss-Werke, Oberkochen 111 (4), 119 (7), 127 (3–6), 131 (5), 150 (3–4), 151 (5–6), 192, 209 (2), 212 (1), 213 (2), 214, 216 (1), 217 (2), 218 (2), 219 (3), 220 (1), 222 (1–2), 225 (3), 226 (1), 227 (2), 228 (1), 229 (3–4), 230/231, 233, 234 (1–2), 235 (3), 240/241 (1–2), 267 (2), 277 (3), 278/279 (1–5), 280/281 (1–3), 284 (2), 285 (3), 286 (1), 287 (2), 288/289
Pentax Handelsgesellschaft mbH, Hamburg 124 (4)
Dr. Wolfgang Pfeiffer, Aalen 263
Philips GmbH, Hamburg 31 (2), 57 (5)
Phono-Museum, St. Georgen 2, 16/17, 19 (2–4), 32/33, 34/35 (2–8), 36/37, 40 (2), 41 (6)
Polaroid GmbH, Offenbach 145 (5–6)
PolyGram Record Service, Hannover 21, 38 (3), 42 (1), 60 (1)
Prontor-Werk Alfred Gauthier GmbH, Wildbad 129 (10–12)
Eduard Rhein, Cannes 29 (2–3)
Professor Dr. Ernst Ruska, Berlin 235 (4)
Schott Glaswerke, Mainz 218 (1)
Science Museum, London 81 (2), 90 (1–2), 161 (1), 167 (2)
Hermann E. Sieger, Lorch 190/191 (alle), 258 (1)
Siemens AG, München 237 (3), 238 (1–2), 244 (2–3), 245 (4), 246 (1–2), 247 (3–4), 249 (1), 250 (1–2), 251 (3–4), 252 (1–3)
Siemens Museum, München 40 (5), 171 (1–3), 172 (1), 175, 183 (3)
Société Française de Photographie, Paris 85 (4), 92 (1)
Sony Deutschland GmbH, Köln 41 (7)
Sowjetunion Heute/Presseagentur Nowosti, Köln 276 (1–2), 297
Staatlicher Mathematisch-Physikalischer Salon, Forschungsstelle, Dresden 207 (2), 257
Stiftung Deutsche Kinemathek, Berlin 176 (2)
TELDEC Schallplatten GmbH, Hamburg 43 (2–5)
Telefunken, Fernseh und Rundfunk GmbH, Hannover 63 (4)
Universität Basel, Öffentliche Bibliothek 198/199
Universität Freiburg, Institut für Forsteinrichtung und Forstliche Betriebswirtschaft, Abt. Luftbildmessung und -interpretation 153 (2)
Universitätsbibliothek Heidelberg, Handschriftenabteilung 260 (1)
U.S.Information Service, Bonn 302/303 (1–6)
Vereinigte Motorverlage Stuttgart 30 (1)
Heinrich Wöhlk Institut für Contact-Linsen GmbH & Co., Schönkirchen 219 (4–5)
Württembergische Landesbibliothek, Stuttgart 13 (1–2), 78 (1.3), 194 (1), 195 (2), 221 (2), 223 (4), 264 (1)
Zeiss, Oberkochen
s. Optisches Museum der Zeiss-Werke
Zentralbibliothek, Zürich 203 (1)

Bildquellen

Die Ziffern verweisen auf die Seitenzahlen. Bei mehreren Abbildungen auf einer Seite verweisen die Ziffern in Klammern auf die Bildnummern.

AEG-TELEFUNKEN, Braunschweig 51 (5–6)
Agfa-Gevaert Foto-Historama, Leverkusen 83, 87 (2), 91 (3), 119 (3), 138 (1–2), 142/143
Arecibo Observatory, Puerto Rico 293
BASF Aktiengesellschaft, Ludwigshafen 50 (3), 54/55 (1–3)
Bell & Howell GmbH, Friedberg 189 (2)
Bonnier Fakta Bokförlag AB, Stockholm 152 (1)
Breker, Uwe H., Köln 49 (2), 108 (2), 118 (4), 124 (2), 144 (2–4), 186 (2)
British Library, London 210 (1)
British Museum, London 208 (1)
Brönner Verlag, Frankfurt 300/301
Bernhard Bürkle, Stuttgart 294/295 (2)
Deutsches Museum, München 48 (1), 97 (4), 109 (4), 111 (2), 125 (5), 159 (7), 172 (2), 184 (1), 270 (2), 284 (1)
Develop Dr. Eisbein GmbH & Co., Gerlingen 144 (1)
Edison National Historic Site, West Orange, New Jersey 14 (1), 159 (2,4)
Frankfurter Fachverlag, Michael Kohl KG, Frankfurt 22 (1–2), 29 (1), 50 (2), 61 (3), 62 (1–2)
Gööck, Roland 15 (2), 22 (3), 38 (2), 39 (4), 58 (1), 71 (2), 78 (2), 96 (3), 103 (2), 271 (3)
Gossen GmbH, Erlangen 131 (3,7–10)
Hahn-Meitner-Institut für Kernforschung, Berlin 238 (3–4), 239 (5)
Dagmar Hailer-Hamann, Stuttgart 255 (1)
Erhard Hehl, Tiefenbronn 185 (2), 294 (1)
Heimatmuseum Eschwege 98 (1–2)
Historia-Photo, Hamburg 161 (2), 173 (3), 236 (2)
IBM Forschungslaboratorium Zürich, Rüschlikon 242 (1), 243 (2)
Impulsphysik GmbH, Hamburg 185 (4)
Klinkhardt & Biermann, München 40 (1.3)
Kodak AG, Stuttgart 103 (1), 104/105 (1–5), 114 (2), 120 (5), 126 (1–2), 130 (4), 139 (3–6), 146 (2), 189 (3)
Kodak Museum, Harrow 84 (3), 148 (2–3)
Gert Koshofer, Bergisch Gladbach 137 (4), 176/177 (1.3), 179 (1–5), 180 (1–3), 183 (2)
Fried. Krupp GmbH, Duisburg 294 (3)
Ingenieurbüro Falk Kynast, Idstein 153 (3)
laenderpress/Lessing, Düsseldorf 200/201, 204 (1), 211 (2)
Ernst Leitz Wetzlar GmbH, Wetzlar 122/123 (alle)
Ed. Liesegang, Düsseldorf 140 (2–3)
Linhof Präzisions-Kamera-Werke GmbH, München 114 (1)
Professor Dr. Ludolf von Mackensen, Kassel 206 (1), 258/259 (2–4), 272 (1), 282 (1–3)
Max-Planck-Institut für Quantenoptik, Garching 252/253 (4)
Max-Planck-Institut für Radioastronomie, Bonn 294 (4), 298/299
Metz Apparatewerke, Fürth 133 (1–2,5–7)
Musée Nicéphore Niepce, Ville de Chalon-sur-Saône 108 (1)
Museum Boerhaave, Leiden 203 (2)
Museum of the History of Science, Oxford 283 (4)
Lennart Nilsson, in „Ein Kind entsteht“, Mosaik Verlag, München 152 (1)
Optisches Museum der Zeiss-Werke, Oberkochen 111 (4), 119 (7), 127 (3–6), 131 (5), 150 (3–4), 151 (5–6), 192, 209 (2), 212 (1), 213 (2), 214, 216 (1), 217 (2), 218 (2), 219 (3), 220 (1), 222 (1–2), 225 (3), 226 (1), 227 (2), 228 (1), 229 (3–4), 230/231, 233, 234 (1–2), 235 (3), 240/241 (1–2), 267 (2), 277 (3), 278/279 (1–5), 280/281 (1–3), 284 (2), 285 (3), 286 (1), 287 (2), 288/289
Pentax Handelsgesellschaft mbH, Hamburg 124 (4)
Dr. Wolfgang Pfeiffer, Aalen 263
Philips GmbH, Hamburg 31 (2), 57 (5)
Polaroid GmbH, Offenbach 145 (5–6)
PolyGram Record Service, Hannover 21, 38 (3), 42 (1), 60 (1)
Prontor-Werk Alfred Gauthier GmbH, Wildbad 129 (10–12)
Eduard Rhein, Cannes 29 (2–3)
Professor Dr. Ernst Ruska, Berlin 235 (4)
Scala, Antella (Firenze) 261 (2)
Toni Schneiders, Lindau 268/269
Axel Schönbucher, Stuttgart 255 (2)
Schott Glaswerke, Mainz 218 (1)
Science Museum, London 81 (2), 90 (1–2), 161 (1), 167 (2)
Hermann E. Sieger, Lorch 190/191 (alle), 258 (1)
Siemens AG, München 237 (3), 238 (1–2), 244 (2–3), 245 (4), 246 (1–2), 247 (3–4), 249 (1), 250 (1–2), 251 (3–4), 252 (1–3)
Siemens Museum, München 40 (5), 171 (1–3), 172 (1), 175, 183 (3)
Sirius Bildarchiv/Erhard Hehl 2, 10, 16/17, 19 (2–4), 32/33, 34/35 (2–8), 36/37, 40 (2), 41 (6), 46/47 (1–3), 50 (1), 51 (4), 52/53 (1–5), 56 (1), 57 (2–4), 61 (2), 65, 67 (2–3), 69 (2), 72/73 (1–7), 75 (2), 76, 79 (4), 80 (1), 88/89, 91 (3), 94/95, 96 (1), 98 (1–2), 99 (3), 100/101 (1–4), 106/107, 110 (1), 111 (3), 112/113 (1–4), 115 (3–6), 117 (1–4), 118 (1–2,4), 119 (5–6), 120 (1–2,4), 121 (3,6), 124 (3), 125 (6–7), 129 (4–9), 130 (1), 131 (2,6), 133 (3–4), 137 (3), 140 (1), 149 (5), 155, 157 (3), 159 (5), 162/163 (1), 164 (1), 168/169 (1–8), 173 (4–5), 185 (3), 186 (1), 187 (3), 189 (1), 236 (1), 270 (1), 273 (2)
Sirius Bildarchiv/Edmond van Hoorick 196/197
Sirius Bildarchiv/Günther Schmidt 115 (7), 146 (1)
Sirius Bildarchiv/Wolfgang Schumann 23 (4), 24/25 (alle), 26/27
Sirius Bildarchiv/Angelika Weigand 13 (3)
Société Française de Photographie, Paris 85 (4), 92 (1)
Sony Deutschland GmbH, Köln 41 (7)
Sowjetunion Heute/Presseagentur Nowosti, Köln 276 (1–2), 297
Staatlicher Mathematisch-Physikalischer Salon, Forschungsstelle, Dresden 207 (2), 257
Stiftung Deutsche Kinemathek, Berlin 176 (2)
TELDEC/Horst Nebe 43 (2–5)
Telefunken, Fernseh und Rundfunk GmbH, Hannover 63 (4)
Ullstein Bilderdienst, Berlin 183 (1)
Universität Basel, Öffentliche Bibliothek 198/199
Universität Freiburg, Institut für Forsteinrichtung und Forstliche Betriebswirtschaft, Abt. Luftbildmessung und -interpretation 153 (2)
Universitätsbibliothek Heidelberg, Handschriftenabteilung 260 (1)
U.S.Information Service, Bonn 302/303 (1–6)
Vereinigte Motorverlage Stuttgart, High-Fidelity-Jahrbuch 1980, 30 (1)
Verlagsarchiv 13 (4–5), 18 (1), 34 (1), 38 (1), 39 (5), 40 (4), 45 (1–2), 59 (2–4), 62 (3), 66 (1), 70 (1), 74 (1), 84 (1–2), 86 (1), 93 (2–4), 96 (2), 108 (3), 124 (1), 134 (1), 135 (2–6), 136 (1), 137 (2), 148 (1), 149 (4), 150 (1–2), 151 (7–8), 156 (1–2), 158 (1), 159 (3,6), 161 (3), 162 (2), 165 (2), 167 (1), 181 (4), 200 (l.), 203 (3), 205 (2), 222 (3), 224 (1), 225 (2), 244 (1), 249 (2), 261 (3), 265 (2), 266 (1), 273 (3), 274 (1–2)
vwi Werbung GmbH, Herrsching 128 (1–3)
Richard Weich, Konstanz 68 (1)
Heinrich Wöhlk Institut für Contact-Linsen GmbH & Co., Schönkirchen 219 (4–5)
Württembergische Landesbibliothek, Stuttgart 13 (1–2), 78 (1,3), 194 (1), 195 (2), 221 (2), 223 (4), 264 (1)
Zeiss, Oberkochen
s. Optisches Museum der Zeiss-Werke
Zentralbibliothek, Zürich 203 (1)
Zentrale Farbbild Agentur GmbH, Düsseldorf 228 (2)

Namen- und Sachregister

Halbfett gedruckte Seitenzahlen verweisen auf Bildunterschriften.
Die Umlaute ä, ö und ü sind alphabetisch wie a, o und u behandelt (Cäsar hinter Casanova).
Entsprechend dem Text wurde der Schreibung mit f statt ph im allgemeinen der Vorzug gegeben (Fotograf statt Photograph), ausgenommen Namen und Warenzeichnen (Klischograph).
Bei Buch-, Zeitungs- und Zeitschriftentiteln ist im Alphabet der erste Artikel im Nominativ weggelassen (Times statt The Times).
Bei Regenten ist statt der Lebensdaten die Regierungszeit angegeben.

Bereits erschienen

Schrift · Druck Musik

Drucktechnik und Grafik

Von der Keilschrift zum Druck
Die schriftliche Mitteilung – Bücher werden vervielfältigt – Gutenberg und das Werk der Bücher – Die Entwicklung nach Gutenberg – Der Druck von Musiknoten

Schnelle Maschinen für den Buchdruck
Von der Handpresse zum Tiegel – Die Erfindung der Schnellpresse – Vom Holzstich zum Klischee – Der Druck von Druckplatten – Das Rotationsdruckverfahren

Neue Techniken dringen vor
Aloys Senefelder und der Steindruck – Der Offsetdruck setzt sich durch – Der Tiefdruck hat viele Väter – Siebdruck, die „vierte Technik" – Drucktechnik heute und übermorgen – In Milliardenauflage: Briefmarkendruck

Vom Handsatz zum Computersatz
Handsatz – Maschinensatz – Elektronischer Satz

Die Entwicklung der Buchbinderei
Der handwerkliche Bucheinband – Die industrielle Buchbinderei

Landkarte und Globus
Das Abbild der Erdoberfläche – Die Erdoberfläche wird vermessen – Der Globus

Schreiben und Vervielfältigen

Schreiben mit der Hand
Gänsekiel und Stahlfeder – Füllfederhalter – Bleistift – Kugel- und Dochtschreiber

Schreiben mit der Maschine
Die Väter der Schreibmaschine – Die „Remington" und ihre Zeitgenossen – Die „Underwood"-Revolution – Die elektrische Schreibmaschine

Vervielfältigungstechniken
Vom Pauspapier zur Wachsmatrize – Von der Lichtpause zur Xerokopie

Schriften für besondere Zwecke
Stenografie – Blindenschrift – Sonderschriften

Musikinstrumente

Saiteninstrumente
Lyra und Harfe – Laute und Gitarre – Die Geige

Blasinstrumente
Flöteninstrumente – Rohrblattinstrumente – Blechblasinstrumente

Das Klavier
Die Mechanik der Tasteninstrumente

Die Orgel
Die Magd des Herrn

Harmonikainstrumente
Von der Mundharmonika bis zum Harmonium

Elektronische Musik
Der Tanz der Elektronen

Als nächster Band erscheint

Landwirtschaft · Nahrung Medizin

Landwirtschaft

Jagd und Fischerei
Frühe Jäger – Große Zeit der Jägerei – Jagd mit Feuerwaffen – Nahrung aus dem Wasser – Seefischfang

Der Ackerbau
Landwirtschaft – Ackerfrüchte – Landwirtschaft und Technik – Haustiere

Düngung und Pflanzenschutz
Naturdünger – Agrikulturchemie – Ammoniaksynthese – Schädlingsbekämpfung

Pflanzen und Tierzucht
Das Geheimnis der Vererbung – Pflanzenzüchtungen – Tierzucht

Entwässerung und Bewässerung
Landgewinnung – Bewässerung – Regenmacher – Meerwasserentsalzung

Nahrung

Nahrung und Ernährung
Die Wissenschaft von der Ernährung – Die Gärung

Aufbereitungsverfahren
Müllerei – Bäckerei – Milchprodukte – Margarine – Zucker – Erbswurst und Frühstücksflocken

Konservierung
Lufttrocknen, Pökeln – Konserve – Künstliche Kälte – Gefriertrocknung, Bestrahlung

Getränke
Bier – Wein – Destillation von Alkohol – Kaffee – Tee – Kakao

Der Tabak
Die Geschichte vom blauen Dunst

Gesundheit

Diagnoseverfahren
Stethoskop – Blutdruckmessung – Ophthalmoskop – Elektrokardiographie – Elektroenzephalographie – Endoskopie – Röntgenstrahlen – Computer-Tomographie

Behandlungsverfahren
Akupunktur – Anästhesie – Asepsis – Bluttransfusion – Knochennagelung – Druckdifferenzverfahren – Herz-Lungen-Maschine – Künstliche Niere – Herzschrittmacher – Strahlentherapie

Die Medikamente
Goldene Pillen – Schutzimpfung – Serumheilkunde – Chemotherapie – Antibiotika – Insulin – Die Pille

Transplantationen
Die Nierentransplantation – Herztransplantation – Replantationen

Prothesen
Stelzfuß und eiserne Hand – Gehirnströme steuern Prothesen – Hörgeräte – Sehhilfen – Ersatzteile für den Menschen

Die Zahnheilkunde
Der Zahnwurm geht um – Zahnersatz – Die Zahnbohrmaschinen

Körperpflege und Kosmetik
Bäder – Seife – Kosmetik – Parfüm – Dauerwelle – Zahnbürste – Rasierapparat – Sprühdosen

Weitere exklusive Geschenkbände aus der

sigloch edition

Jeder Band zwischen 472 und 560 Seiten,
mit über 600, meist farbigen Abbildungen,
Format 23,5 × 33 cm

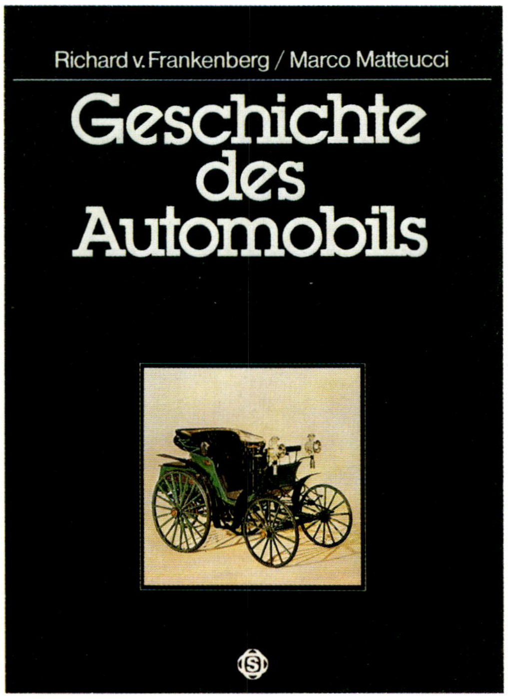